世界商用木材名典

非洲、欧洲、大洋洲篇

张余仁等　编译

中国海关出版社有限公司
中国·北京

图书在版编目（CIP）数据

世界商用木材名典. 非洲、欧洲、大洋洲篇：拉丁、英、汉/张余仁等编译.
—北京：中国海关出版社有限公司，2020.7

ISBN 978-7-5175-0444-3

Ⅰ.①世… Ⅱ.①张… Ⅲ.①木材—介绍—拉、英、汉 Ⅳ.①S781

中国版本图书馆 CIP 数据核字（2020）第 123703 号

世界商用木材名典（非洲、欧洲、大洋洲篇）

SHIJIE SHANGYONG MUCAI MINGDIAN（FEIZHOU、OUZHOU、DAYANGZHOU PIAN）

作　　者：张余仁等

责任编辑：景小卫

出版发行：中国海关出版社有限公司

社　　址：北京市朝阳区东四环南路甲 1 号　　邮政编码：100023

网　　址：www.hgcbs.com.cn

编 辑 部：01065194242-7538（电话）　　01065194231（传真）

发 行 部：01065194221/27/38/46（电话）　　01065194233（传真）

社办书店：01065195616（电话）　　01065195127（传真）

http://www.customskb.com/book（网址）

印　　刷：北京铭成印刷有限公司　　经　　销：新华书店

开　　本：787mm×1092mm　1/16

印　　张：39　　字　　数：972 千字

版　　次：2020 年 7 月第 1 版

印　　次：2020 年 7 月第 1 次印刷

书　　号：ISBN　978-7-5175-0444-3

定　　价：120.00 元

编委会

左 1：蒋庆阳，1992 年 10 月出生于黑龙江省大庆市，2015 年毕业于东北林业大学，高级木材检验员。

左 2：杨秀明，1957 年 9 月出生于上海市杨浦区，1992 年毕业于南京林业大学，国家级木材检验员。

左 3：张余仁，1957 年 11 月出生于江苏省扬州市，1982 年毕业于南京农业大学，高级工程师。

左 4：李智强，1990 年 11 月出生于云南省保山市，2013 年毕业于黑龙江林业职业技术学院，高级木材检验员。

序

木材一直是我国长期进口的大宗商品之一，随着我国对外开放的不断扩大，进口木材的国别地区也在不断增多，采购足迹已遍及五大洲的100多个国家和地区，年进口量1亿多立方米。据《中国木材行业市场需求与投资咨询报告》显示，我国已经成为全球木材进口数量和木制品出口数量最大的国家，进口木材量约占全球贸易总量的10%。由于进口树种越来越多，十分繁杂，用途广泛，而国内对进口木材树种、材性及其开发利用等相关领域的研究滞后，现存的介绍木材树种名称等信息的专著，已无法满足市场的发展需求，编译一部树种名称信息量更大的专著已迫在眉睫。

杨家驹先生于2000年主编的《世界商品木材拉英汉名称》一书共收录了797个属、3247个树种，为进口木材贸易提供了便利，发挥了积极的作用。根据我国有关法律法规之规定，进口木材报关及在国内市场流通时必须使用规范的中文名称，仅有拉丁学名和英文名称是不行的。“世界商用木材名典”系列丛书收录了20231个树种（隶属于248个科、2130个属），可满足进口木材市场可持续发展的迫切需求，为进口报关、市场流通破解了难题，为规范和促进木材市场的健康发展、提升贸易便利化提供了保障，为检验鉴定、消费维权、行政执法等提供了参考依据。

我国是《濒危野生动植物种国际贸易公约》（CITES）的183个缔约方之一。每个物种都是人类同住地球村的朋友，保护生物多样性、保护生存环境是全人类共同的神圣职责。在全球60065个树种中，约有1500种处于濒危状态，2016年被CITES列入濒危保护的木材树种有290余种，2019年已增加到了520余种，这个数字还会上升。我国海关总署已将打击走私濒危物种纳入“蓝天行动”计划，本套丛书适时添加了对濒危木材树种的特别提示，可指导商家如实申报，有利于国家对濒危物种的管理，有利于海关打击走私，切实履行我国的国际义务。此外，本套丛书还增列世界海关组织规定统一使用的所有属的原木协调制度编码（HS CODE），这是跨行业融合之举，读者使用本套丛书可以同时查询到三项重要信息，更加实用、更加便捷高效。

张余仁先生于20世纪80年代初在原上海商检局从事进口木材检验鉴定工作，杨秀明女士是国家级木材检验员，其带领的编译团队具有丰富的实际工作经验。本套丛书是当下收录树种最全、信息量最大的专业工具书，可对进出口木材贸易、国内市场流通、生产加工消费起到一定的指导作用，可供海关、市场监管等执法部门、木材贸易商家、木制品厂家等生产流通领域、检测机构、科研院校等单位的广大读者使用。

中国工程院院士、南京林业大学原校长：曹福亮

2020 年 6 月

前　言

森林是人类走向文明的起点。远古祖先从树叶蔽身、削木以战、构木为巢、钻木取火……的艰苦岁月中一路走来，木材一直伴随着人类的成长。在世间万物中，因为只有人类能够感知有机与无机之间的界限，故人类有与生俱来的亲生命性和亲自然性。木材来自大自然，与人类亲密无间，因材质性能得天独厚，纹理外观天然漂亮，便于加工使用，可以调节气候、净化空气，是最好的固碳载体等，而倍受人类喜爱。外国人喜欢木材侧重于科学性和实用性，而中国人不只如此，更升华至精神文化层面。在中国的五行观念中，唯一有生命的是“木”；在汉字中带有“木”字偏旁的字有1020个，占汉字总量的1.8%。人与木相伴方为“休”，家中有木方为“闲”。此外，带“木”字的成语有620个，占成语总量的2%；还有许多与木有关的谚语和典故在民间流传，至于歌颂树木的诗词歌赋更是数不胜数。

由此可见，世人皆喜木，国人更偏爱。也正因如此，随着人类社会的进步、经济建设的发展及开发利用水平的提高，全人类对木材需求的持续增长与全球森林资源减少的矛盾一直长期存在，为此，很多国家采取了合理砍伐与植树造林政策并举，从滥砍滥伐过渡到有序砍伐；也有一些国家禁止砍伐。中国自古少林，用木又多。远古时代，我国的森林覆盖率最高为64%，尔后，历朝历代逐渐下降，到民国时期达到最低，为12.5%。中华人民共和国成立后，经党和国家几代领导人前赴后继，率领全国人民共同努力，我国的森林覆盖率才有所回升，于1999年恢复到16.55%。进入新时代，习近平总书记指出要加快生态文明体制改革，建设美丽中国，2018年我国的森林覆盖率提升至22.96%，世界排名上升至第137位，我国也因此得到了联合国粮食及农业组织（FAO）的高度评价。

既要保护有限的森林资源，又要满足经济建设和人民生活对木材日益增长的需求，国家在严禁滥砍滥伐和大力倡导植树造林的同时，不得不将目光瞄向海外市场，一是放开经营权限，鼓励大众进口；二是逐步下调关税，让利于民，为全球采购铺平道路。我国已经成为全球进口木材数量和出口木制品数量最大的国家，随着全球采购的力度加大，不断有新国家、新地区的新树种进入国内木材市场。根据进出口货物报关的有关规定，进口木材报关不仅要有拉丁学名和英文名称，而且必须有中文名称；根据《中华人民共和国产品质量法》的有关规定，木材及木制品在国内市场流通时也必须使用规范的中文名称。但这方面的研究与翻译滞后，相关文献已不能适应国内外木材市场的巨大变化，人们迫切需要一部覆盖面更广、信息量更大、更加科学实用的专业工具书，以解进口木材贸易及国内市场流通的燃眉之急，助推木材产业在新时期的新发展。

根据2017年国际植物园保护联盟（BGCI）携手全球植物学机构的最新权威统计，全世界树木种类共有60065种，我国进口木材涉及五大洲的100多个国家和地区，树种繁杂，用途广泛。本着尊重历史、维护权威、去繁就简、便捷实用、搁置争议等原则，编者查阅了大量的国内外有关文献资料，共收录了2130个属、20231个树种的信息，按洲分册出版，便于读者查询、使用。本套丛书的关键点和最大难点是确定每个树种的中文名称，对于国内资料已有记载的中文名称，编者在核对校正的基础上采纳。凡已有中文名称与《濒危野生动植物种国际贸易公约》（CITES）濒危木材树种附录或国家标准中的中文名称不一致的，一律以CITES濒危木材树种附录或国家标准为准。凡学名或地方名与《进出口税则商品及品目注释》不一致的，一律以后者为准。对尚无中文名称的树种，编者依据一定的原则进行翻译（详见编制说明），力求做到人无我有、人有我优。又因全球树种资源极其丰富，无法包罗万象，为便捷实用，不得不合理取舍，在大而全、简而精中求平衡，尽可能满足不同读者的需求。此外，本套丛书同时收录了濒危木材树种信息，增列了世界海关组织统一规定使用的所有属的原木HS CODE，读者可以一次性查询到三个方面的重要信息，提高使用效率。

毋庸置疑，编译工作量非常之大，遇到的各种问题又非常之多，由于编者水平有限，书中的疏漏、不足之处在所难免，恳请同行和广大读者不吝指正。编者虽不是专家学者，但都是木材爱好者，乐为木材事业奉献毕生精力，希望能抛砖引玉，将本套丛书的未尽事宜留给后人去改进，不断完善。

在本套丛书付梓之际，编者对南京林业大学教授丁雨龙、徐立安，副教授唐进根、杨绍陇，海关总署税收征管局（上海）、上海海关、张家港海关、上海市市场监管局等部门的有关领导，国家林业和草原局驻上海森林资源监督专员办事处、中华人民共和国濒危物种进出口管理办公室上海办事处、江苏万林现代物流股份有限公司，以及为本套丛书的出版给予过支持和帮助的所有单位和人员表示最诚挚的感谢！

编　者

2020年6月

目 录

编制说明

1. 本套丛书共收录 20231 个树种（隶属于 248 个科、2130 个属）的商用木材学名、主要产地、中文名称和地方名等信息。为便于读者查阅与使用，本套丛书根据木材产地，按洲分册出版。学名即拉丁名；地方名即商用名，多为英文或法文，也有一些是意大利文、葡萄牙文、西班牙文等其他语种，其中还有少数是根据当地人惯用称谓的发音拼写而成。此外，凡在海关总署关税征管司编著的《进出口税则商品及品目注释》（以下简称《品目注释》）中已有的学名与地方名，皆以《品目注释》为准。

2. 由于植物分类学家经常会对植物的归属进行重新分类，使得有些植物科名发生变化。本书所有科名均采用学术界权威分类方法，或尊重官方权威部门确定的科名编录。例如，豆科植物种类繁多，是种子植物的第三大科，有些植物学家将其分成了三个科，即含羞草科、蝶形花科和苏木科（又称云实科），并被广泛认可，本书尊重学术权威编录，这三个科即为《红木：GB/T 18107—2017》中的“豆科 Leguminosae”和 CITES 濒危木材树种附录中的“豆科 Leguminosae（Fabaceae）”。

又如，此前大叶里卡木（*Licania macrophylla*）属于蔷薇科（Rosaceae）利堪蔷薇属（*Licania*），因有些植物分类学家将大叶里卡木等相关树种从蔷薇科中分离出来，新命名为“金橡实科（Chrysobalanaceae）”，但大叶里卡木的中文名称、学名及其属名不变，且已被国家标准采用，本书尊重官方权威编录。

3. 所列木材的主要产地不一定是其属地，与行政区划无关，而是根据树种生长地域所在洲进行区分。例如，新喀里多尼亚为法国的海外属地之一，但该岛位于太平洋上，便将其编入了大洋洲篇。若同一树种在几大洲均有分布，在相关分册中亦予收录，以便读者查阅。经统计，共有 1625 个树种至少在两大洲均有分布，本套丛书收录各大洲的树种情况如下：

亚洲：7849 个树种，隶属于 169 个科、968 个属；

美洲：7408 个树种，隶属于 186 个科、1131 个属；

大洋洲：2748 个树种，隶属于 140 个科、621 个属；

非洲：3172 个树种，隶属于 138 个科、712 个属；

欧洲：679 个树种，隶属于 89 个科、214 个属。

部分树种的主要产地中大产地与小产地会同时存在，例如，美拉尼西亚群岛为大产地，包括斐济、所罗门、巴布亚新几内亚等小产地；又如，安的列斯群岛为大产地，包括大安的列斯群岛、小安的列斯群岛等小产地，因产地之间对同一树种也会有不同称谓（不同的地方名），为防缺失，书中将大、小产地一并收录，力争产地信息在书中皆可查到。

个别树种的产地为某些岛屿，因无法考证其所属洲，编者根据其地理位置，按就近原则将其编入相关分册。例如，安达曼群岛位于孟加拉湾与缅甸海之间、十度海峡之北，因无法准确界定其属于亚洲还是大洋洲，编者按就近原则将其编入亚洲篇。

4. 针对 2017 年国际植物园保护联盟（BGCI）携手全球植物学机构的最新权威统计

公布的全世界60065个树种，编者经查阅相关文献资料予以筛选，剔除灌木，保留乔木。本套丛书采用的树木定义是：如仅一根主干，可长到2米以上的乔木；如多干（丛生），最粗干的胸高直径可达5厘米以上的乔木。本套丛书所列木材指能成材的前者。

5. 为增强本套丛书的实用性，书中收录了《濒危野生动植物种国际贸易公约》（CITES）截至2019年9月公布的濒危木材树种及其管控级别作为附录，并在对应树种中文名称中用①、②、③加以提示，具体说明如下：

①：一级管控（CITES濒危木材树种附录Ⅰ），指有灭绝危险的物种，禁止商业贸易，特殊情况除外。有些国家特有的珍稀动植物可以用作展示交流、科研教学或进行拯救性保护等。

②：二级管控（CITES濒危木材树种附录Ⅱ），指那些目前虽未濒临灭绝，但若对贸易不严加控制，就很有可能灭绝的物种。

③：三级管控（CITES濒危木材树种附录Ⅲ），指某一缔约方提出在其管辖范围内应当管控开发利用，需要得到其他缔约方合作控制贸易的物种。这些树种在某国或某地区属于濒危物种，但在其他国家或地区不是，针对这种情况，本套丛书在同一属名下予以分列，以便读者识别，但种的数量统计不变。

CITES濒危木材树种附录对有些科属树种的描述比较笼统，例如，“柿树科柿属所有种（马达加斯加种群）”“黄檀属所有种（巴西黑黄檀除外）”等，在实际工作中很难准确把握。为求真求全，编者尽可能把某属所有种所包含的树种数量搞清楚，并将其管控级别标注在中文名称之后。本套丛书收录的此类濒危木材树种信息如下：

豆科黄檀属288个树种；

瑞香科沉香属10个树种、棱柱木属12个树种、拟沉香属1个树种；

蒺藜科愈疮木属6个树种。

至于CITES濒危木材树种附录中提及的“柿树科柿属所有种（马达加斯加种群）”“楝科洋椿属所有种（新热带种群）”“楝科大叶桃花心木（新热带种群）”“檀香科非洲沙针（布隆迪、埃塞俄比亚、肯尼亚、卢旺达、乌干达和坦桑尼亚联合共和国种群）”，编者将濒危种群信息在同一属名下予以分列，以便读者识别，但种的数量统计不变。

6. 本套丛书在属名（科名）处增列了原木的6位税号，这是世界海关组织（WCO）统一规定使用的协调制度编码（HS CODE），可以指导读者快速查询、申报，提高通关效率。

根据世界海关组织协调制度归类原则，原木按照树种分为11大类，即共有11个与之相对应的HS CODE，其中针叶材3类，包括松木、冷杉及云杉，以及其他针叶木；阔叶材8类，包括红柳桉、其他热带木、栎木（橡木）、山毛榉、桦木、杨木、桉木、除上述树种外的其他原木树种。尽管柳桉因颜色不同而拥有不同的HS CODE，但仍属于同一个属，只是将除红柳桉以外的其他柳桉归入“除上述树种外的其他原木树种”，本套丛书根据《品目注释》规定亦予分列，但属的数量统计不变。

此外，根据世界海关组织统一分类标准规定，原木HS CODE的确定，不仅要考虑其树种，还要考虑其加工状态，本套丛书所附HS CODE所限定的原木加工状态均为砍伐后天然状态的木材，未用油漆、着色剂、杂酚油或其他防腐剂处理。

7. 各树种依据其学名拉丁文字母排序，以便检索查询。凡在书中出现的植物学异名、杂交种名、亚种名、培育种名和变种名均可按此方法检索查询。

对于植物学异名，凡在 CITES 濒危木材树种附录、《品目注释》中已有的异名（= *属或种加词*）均予保留。对于在《品目注释》中虽有，但在 CITES 濒危木材树种附录中没有的异名，例如，大美木豆学名为 *Pericopsis elata*，异名为 *Afrormosia elata*；又如，刺猬紫檀学名为 *Pterocarpus erinaceus*，异名为 *Pterocarpus africanus*，考虑到科学性与实用性，以及尊重官方权威，书中亦予收录。对新出现的树种异名，考虑到其变化较大，尚存争议，原则上不予收录。

此外，对于杂交种名（*属* X *种加词*）、亚种名（*种名* subsp. *亚种名*）、培育种名（*种名* cv. ‘培育种名’）、变种名（*种名* var. *变种名*）亦予保留。如：

（1）灰红树杨的杂交种名为：*Populus* X *canescens*；

（2）香味异翅香（*Anisoptera thurifera*）的亚种名为：多雄异翅香（*Anisoptera thurifera* subsp. *Polyandra*）；

（3）黑杨（*Populus nigra*）的培育种名为：俄黑杨（*Populus nigra* cv. ‘Harkoviensis’）；

（4）毛果冷杉（*Abies lasiocarpa*）的变种名为：亚利桑那州冷杉（*Abies lasiocarpa* var. *arizonica*）。

8. 凡有地方名的树种，说明该树种木材在市场上已有流通。凡地方名数量超过 20 个的，受篇幅所限，编者适量择取。

9. 索引部分，中文名称索引根据汉语拼音排序，地方名索引根据英文字母排序，其后对应的数字即序号，以便读者快速查找定位该树种。

10. 关于中文名称的确定，根据国家有关法律法规的规定，本套丛书沿用已有的、规范的中文名称，对国内市场中流通的俗名不予收录，避免混乱。当已有的中文名称与 CITES 濒危木材树种附录或国家标准中的中文名称不一致时，本套丛书遵循以下原则的先后顺序收录：

CITES 濒危木材树种附录中的中文名称；

国家标准中的中文名称；

已有的中文名称。但将有些树种的中文名称由音译改为意译，例如，*Abies cilicica* 音译为“奇里乞亚冷杉”，本套丛书意译为“纤毛冷杉”。

11. 对没有中文名称的树种，编者遵循如下规则汉译：

依据学名的字意汉译；

依据学名的译音汉译；

参考地方名的英文或相关语种的含义汉译；

参考多识植物百科网站的汉译；

遵循“名从前人，名从主人”的原则汉译；

自译的中文名称原则上不超过 3 个字（带有地域名或属名的除外）；

尽量使用通俗汉字，以便记忆。

制定一套相对规范的木材树种名称翻译原则很有必要，尽管会遇到各种各样的难处，我们也应尽可能地敦促使用规范的中文名称，力求准确和相对稳定，力争做到切实有利于木材产业发展和业内人士交流。在树种中文名称翻译方面，其实没有绝对的权威，我们应用发展的眼光和包容的心态看待这一问题，希望在实践中趋于统一，在修订中予以改正，使之不断完善。

随着对原始森林开发利用的不断深入，新树种也会不断出现，尤其是非洲和美洲的木材树种会增加较多，研发及编译工作永无止境，本套丛书收录的树种信息依然有限，有待日后不断地补充完善。

索引

商用木材中文名称索引

（按汉语拼音排序）

D

E

F

H

L

M

N

O

P

Y

商用木材地方名索引

（按英文字母顺序排序）

B

D

E

F

J

K

M

O

Q

R

U

V

W

X

Y

Z

非洲篇

商用木材名称及产地

序号	学名	主要产地	中文名称	地方名
	Abies **(PINACEAE)** **冷杉属(松科)**	**HS CODE** **4403.23(截面尺寸≥15cm)或4403.24(截面尺寸<15cm)**		
1	*Abies numidica*	阿尔及利亚、非洲北部	阿尔及利亚冷杉	abete algerino; sapin numidie
	Abutilon **(MALVACEAE)** **苘麻属(锦葵科)**		**HS CODE** **4403.99**	
2	*Abutilon longicuspe*	非洲	长尖苘麻	zada bauakh
	Acacia **(MIMOSACEAE)** **相思树属(含羞草科)**		**HS CODE** **4403.49**	
3	*Acacia albida*	肯尼亚	微白相思	ana-tree; anaboom; anadoring; apple-ring cacia; molele; mpogoro; msangusangu; mu he; mukosho; white thorn
4	*Acacia amythethophylla*	津巴布韦	众叶相思	chitataunga; chitatsunga; chiungatsi kidzi; large-leaved acacia; muguunga; munanga
5	*Acacia arenaria*	南非	沙蒿相思	ivikani; muparapara; muroto; sand acacia; sanddoring
6	*Acacia ataxacantha*	塞内加尔、津巴布韦	火焰相思	dede; flame acacia; flamethorn; gato; kato; mukakanyuro; mukomborak ombora; muluwa; musavamhan ga; rukato; tierbos; umbabmbangwe; umqaqawe; uthathawu
7	*Acacia bellula*	马达加斯加	波纹相思	tsiandalana
8	*Acacia borleae*	南非	博莱亚相思	gomdoring; lubibi; sticky acacia; ubhidi
9	*Acacia brevispica*	尼日利亚	繁叶相思	prickly thorn; uke
10	*Acacia brosigi*	非洲	布罗相思	mkambala; muhengere
11	*Acacia burkei*	南非	黑猴相思	aapiesdoorn; apiesdoreng; black monkey thorn; bruinapies doring; geelapiesd oring; swart apiesdoring
12	*Acacia bussei*	非洲东部	巴斯相思	golol; sarman
13	*Acacia caffra*	南非	南非相思	cat-thorn; common hook thorn; katdoring; motholo; umthole; waterthorn
14	*Acacia catechu*	中非、非洲东部	儿茶金合欢	cutch-tree; mgenda; mgunga
15	*Acacia dalzieli*	尼日利亚	圆头相思	gaba chara; gwanno

序号	学名	主要产地	中文名称	地方名
16	*Acacia davyi*	南非	达维相思	iphuthwa；isikwishi；umgamba
17	*Acacia dealbata*	留尼汪岛	银荆相思	acacia bernier；acacia blanc；aroma；bee wattle；silver wattle；wattle bark
18	*Acacia erioloba*	南非、津巴布韦	耳荚相思	acacia africana；camel-thorn；giraffe thorn；kameeldoorn；kameeldoring；kameltorne；omumbonde；rubber thorn tree；swartkameel；umohlo
19	*Acacia erubescens*	南非	红柄相思	blouhaak；blue thorn；geelhaak；katnael；molotol；withaakk；yellow bark acacia
20	*Acacia etbaica*	非洲	短枝相思	arrad；garrad；mgunga；sserrao
21	*Acacia exuvialis*	南非	蜕皮相思	risavana；scaly acacia
22	*Acacia fleckii*	南非	斑点相思	bladdoring；blade thorn；mhahu；mokoka；plate thorn；sand-veld acacia；sandveld acacia
23	*Acacia galpinii*	南非、津巴布韦	盖氏相思	apeisdoreng；apiesdoring；chinanga；kalaunga；mokala；mokgapa；mologaga；monkey thorn；south african wattle；sydafrikansk akacia；umkaya；utungabayeni
24	*Acacia gerrardii*	津巴布韦、乌干达	格氏相思	aapkop；grey-haired acacia；isinga；mutongole；redthorn；rooidoring；rooihaak；umphuze
25	*Acacia giraffae*	南非	古腊夫相思	camel thorn
26	*Acacia goetzei*	津巴布韦	紫荚相思	purple-podacacia
27	*Acacia grandicornuta*	南非	大角相思	horingdoring；horned acacia；umdongoleing；umngampondo
28	*Acacia haematoxylon*	南非	毛刺相思	basterkameel；grey camel thorn；kaboom；mokholo；rooi-ebbehout；vaalkameel doring
29	*Acacia hebeclada*	南非	烛荚相思	assiedoring；candlepod acacia；candle pod acacia；candle thorn；mouse bush；sekhi；setsi；trassiedoring
30	*Acacia hereroensis*	南非	异形相思	arid hook thorn；bergdoring；bergthorn；false hook-thorn；mountain-thorn；mountain thorn；red thorn；red thorned acacia；rooihaak

序号	学名	主要产地	中文名称	地方名
31	*Acacia heterophylla*	留尼汪岛	异叶相思	chene de bourbon; mountain tamarind; tamarin; tamarin de la réunion; tamarin des hauts; tamarin des houts
32	*Acacia hockii*	非洲东部	霍氏相思	kagunga nischwa; mulaa; shittimwood; white thorn acacia
33	*Acacia karroo*	津巴布韦、南非	卡鲁相思	cape thorn-tree; cape-thorn-tree; doringboom; isikhombe; isinga; karoodoring; mimosa; mimosa-thorn; mubayamhon doro; muunga; soetdoring; sweet-thorn; thorn-tree; umnga; whitethorn
34	*Acacia katangensis*	非洲	加丹相思	african rosewood
35	*Acacia kirkii*	南非	柯氏相思	flood-plain acacia; flood plains thorn; ijwairi; moralo
36	*Acacia lahai*	非洲	拉海相思	african rosewood; mateluk; redthorn; tigrigna
37	*Acacia luederitzii*	南非	鲁氏相思	kangaragana; moku; mooku
38	*Acacia mearnsii*	塞内加尔	米氏相思	basboom; fanwattle; gonakie; green wattle; muwati
39	*Acacia melanoxylon*	非洲	黑相思	australia blackwood; blackwood; swarthout
40	*Acacia mellifera*	南非、津巴布韦、埃及	具蜜金合欢	black thorn; haakdoring; hookthorn; katogwa; kittir; muguhungu; mukotokwa; wynruit
41	*Acacia monga*	非洲	蒙加相思	african rosewood
42	*Acacia montis-usti*	南非	蒙蒂斯相思	brandberg acacia; ysterhout
43	*Acacia nigrescens*	津巴布韦、赞比亚、南非、莫桑比克、非洲东部、坦桑尼亚	黑丽相思	african acacia; chinanga; crocodile-bark tree; gakaunga; knobthorn; knoppiesdo ring; micaia escura; mkambala; mukayo; mukuu; munanga; nenjele; nkoho; sitantasokwe; umkhaya
44	*Acacia nilotica*	加纳、苏丹、尼日利亚、津巴布韦、非洲西部、乌干达、塞内加尔	尼洛相思	acacia saline; babul; bagana; bagaroua; banigna; changaviha; diabe; fouon; gabaruwa; gaoudi; gonakie; isanqawe; magarua; nombe; okuturyang; pegueninga; rimiouin; salaha; scented thorn; sunt; tamat

序号	学名	主要产地	中文名称	地方名
45	*Acacia oerfota*	埃及	欧弗塔相思	laot
46	*Acacia polyacantha*	津巴布韦、尼日利亚、非洲西部、苏丹、非洲东部、塞内加尔	多刺相思	african catechu；chiungadzi；farichin shafo；gadzawuwu；kakamout；karki；kola；kovakova；kumbar shafo；luntwele；mgulugunga；mubayamhon doro；mugone；mukwakwa；munanga；pataelami；sinein；umohlo；umpumbu
47	*Acacia pubescens*	非洲	短柔毛相思	basboom
48	*Acacia pycnantha*	莫桑比克	密花相思	broad leaved wattle；pycnantha wattle
49	*Acacia reficiens*	南非	雷菲相思	gos；omungondo；redthorn；redumbrella thorn
50	*Acacia rehmanniana*	南非、乌干达	雷曼尼相思	engelsedoring；engelsmans doring；mgaba；musivhitha；mweramanyo
51	*Acacia robusta*	南非、津巴布韦	大相思	ankle thorn；brakdoring；brosdoring；enkeldoring；mundale；oudoring；sesani；splendid acacia；splendid thorn；umgamanzi；umhlabunga；umngamanzi；vumbangwenya
52	*Acacia robynsiana*	南非	罗比相思	radio-tree
53	*Acacia rovumae*	马达加斯加	罗伏相思	palisander；roibokida；roibontsika；roimbitsika
54	*Acacia schweinfurthii*	南非	施氏相思	river climbing acacia；ubobe；ubobhe；ugagane；uthathawe
55	*Acacia senegal*	塞内加尔、尼日利亚	塞内加尔金合欢	african acacia；arabic gum；arabic gumtree；arabische gomboom；arabiskt gummitrad；dakulau nakwora；gommier veritable；gum tree；gutagamba arabe；hashab；kolkol；muhama；three-thorned acacia；verek
56	*Acacia seyal*	尼日利亚、苏丹、塞内加尔、阿尔及利亚、马拉维	阿尔及利亚相思木	dushe；dussa；erafi；gishishiya；jimshi；red talah；sourour；talh；talh hamera；talii；tamat
57	*Acacia sieberiana*	塞内加尔、尼日利亚、加纳、苏丹、扎伊尔、乌干达	西伯相思	african rosewood；alouki；bauji；fara kaya；flat-top thorn；kouk；monga；munga；muwawa；paper-bark acacia；paperbark thorn
58	*Acacia sieberiana* var. *vermoesenii*	津巴布韦	西氏相思	paper-bark acacia；umsasane

序号	学名	主要产地	中文名称	地方名
59	*Acacia stefanini*	非洲东部	斯坦相思	kansak
60	*Acacia stenocarpa*	非洲东部、乌干达	窄果相思	dammal；muti；olli；rugando
61	*Acacia swazica*	南非	斯瓦相思	swazi acacia；ukhalimele；ukhamele
62	*Acacia tortilis*	非洲北部、阿尔及利亚	缠绕相思	abser；talha；umbrella thorn
63	*Acacia welwitschii*	南非	魏氏相思	delagoa-thorn
64	*Acacia xanthophloea*	南非、津巴布韦	黄皮相思	fever-tree；jelenga；koorsboome；sulphur bark；sulphur-bark；umhlosinga
	Acalypha **(EUPHORBIACEAE)** **铁苋菜属（大戟科）**		**HS CODE** **4403.99**	
65	*Acalypha glabrata*	南非	光滑铁苋菜	forest false-nettle；isithombothi；isitomboti；silky berry；uthobothi-tree
66	*Acalypha gracilis*	南非	细铁苋菜	shortstalk copperleaf；slender threeseed mercury；three-seeded mercury
	Acer **(ACERACEAE)** **槭属（槭树科）**		**HS CODE** **4403.99**	
67	*Acer obtusatum*	阿尔及利亚	钝槭	arabic keikob；erable napolitain
	Acioa **(ROSACEAE)** **似针蔷薇属（蔷薇科）**		**HS CODE** **4403.99**	
68	*Acioa barteri*	利比里亚	巴卡似针蔷薇	monkey-fruit
69	*Acioa letestui*	喀麦隆	勒泰斯似针蔷薇	floredu cameroun
70	*Acioa scabrifolia*	科特迪瓦、利比里亚	糙叶似针蔷薇	guilinti；see
	Adansonia **(MALVACEAE)** **猴面包属（锦葵科）**		**HS CODE** **4403.99**	
71	*Adansonia digitata*	加纳、塞内加尔、马达加斯加、热带地区、津巴布韦、非洲西部、埃塞俄比亚、莫桑比克、尼日利亚、利比里亚	手指状猴面包	adido；affenbrotbaum；alagba；aloo；apebrodstrad；apenbroodboom；baobab；boababdadie；cream-of-tartar tree；dead-rat tree；dima；dodo；gouit；imbondeiro；imputeiro；kelle；kuka；mbuyu；molambeira；monkey-bread tree；muuya；muwu；oshe；salo；umkhomo

序号	学名	主要产地	中文名称	地方名
72	*Adansonia grandidieri*	马达加斯加	格氏猴面包树②#	
73	*Adansonia madagascariensis*	马达加斯加	马达加斯加猴面包	baobab de madagascar; baobab of madagascar; bontona; bozibe; reine-ala
74	*Adansonia rubrostipa*	马达加斯加	鲁罗斯猴面包	baobab de madagascar; fony; fony baobab; petit baobab de madagascar
	***Adenanthera*（MIMOSACEAE）** **孔雀豆属（含羞草科）**		**HS CODE** **4403.99**	
75	*Adenanthera pavonina*	加纳、非洲东部	孔雀豆木	acacia coral; barbados coralwood; bead-tree; false sandalwood; mimosa; peacock-tree; peonia; red sandalwood; zumbic tree
	***Adina*（RUBIACEAE）** **水团花属（茜草科）**		**HS CODE** **4403.49**	
76	*Adina microcephala*	莫桑比克、非洲西部、尼日利亚、非洲东部、南非	小球水团花木	adina; african teak; bara; kadanyar rafi; matumi; mgwina; mingerhout; mugonga; mugonha; muonha; mwenya; water shea nut; wild oleander
77	*Adina microcephala* var. *galpinii*	南非	东非水团花木	transvaal teak
	***Aeschynomene*（FABACEAE）** **合萌属（蝶形花科）**		**HS CODE** **4403.99**	
78	*Aeschynomene elaphroxylon*	乍得、尼日利亚、非洲东部、非洲北部、中非	轻合萌	ambach; ambadj; ambash; ambatch; ambatsch; ambatschholz; ambatsh; balsa wood tree; bimba; pith tree; spongewood
	***Afrocrania*（CORNACEAE）** **阿夫山茱萸属（山茱萸科）**		**HS CODE** **4403.99**	
79	*Afrocrania volkensii*	肯尼亚	福氏阿夫山茱萸木	afrocrania; mnyandege; mukorombosi

树种中文名称中①、②、③的具体说明详见编制说明部分的阐释。

序号	学名	主要产地	中文名称	地方名
	Afzelia (CAESALPINIACEAE) 缅茄属（苏木科）		HS CODE 4403.49	
80	*Afzelia africana*	非洲西部、中非、加纳、科特迪瓦、尼日利亚、乌干达、喀麦隆、扎伊尔、赤道几内亚、刚果、塞内加尔、苏丹、塞拉利昂、几内亚比绍、加蓬、肯尼亚、莫桑比克、安哥拉	非洲缅茄	african mahogany; african oak; afzeliaholz; ahanta; alinyan; ayan; azodau; bignani; bombanga; chanfuta; doussie; gbende; kanwo; kontahwood; kpendei; lingue; liwamba; lucky-bean tree; mangala; mbaka; mussacossa; papao; papawu; sungula; uvala; welu; yamicha
81	*Afzelia bella*	非洲西部、科特迪瓦、尼日利亚、加纳、赤道几内亚、扎伊尔、刚果、喀麦隆、塞内加尔、肯尼亚、莫桑比克、安哥拉、几内亚比绍	雅洁缅茄	afzelia; aligna; arinja; ayan; azodau; bignani; bolengu; butona; doussie; dussie; edoussie; kokongo; kpendei; lencon; lingue; mchumbi; mkumbakusi; mtumbi; musco; mwanba; papaosungula; uvala; yamicha
82	*Afzelia bijuga*	马达加斯加	二对缅茄	hintsy
83	*Afzelia bipindensis*	喀麦隆、尼日利亚、乌干达、扎伊尔、赤道几内亚、刚果、几内亚比绍、加蓬、肯尼亚、莫桑比克、安哥拉、非洲西部	喀麦隆缅茄	african oak; afzelia; alinyan; azodau; belungung; bignani; bolengu; bombanga; butona; doussie; doussie rouge; dussie; edoussie; kokongo; kpendei; lengue; liwamba; mchumbi; mkumbakusi; mtumbi; musco; mwanba; odoliyan; orodo; tindalo; uvala; yamicha; yellow afzelia
84	*Afzelia bracteata*	利比里亚、科特迪瓦	具苞缅茄	afzelia; koazodau; konta-mahagoni; smar-ne-eh
85	*Afzelia cuanzensis*	塞拉利昂	昆森缅茄	kpendei
86	*Afzelia microcarpa*	科特迪瓦	小果缅茄	asemigniri; azodau
87	*Afzelia pachyloba*	喀麦隆、尼日利亚、乌干达、扎伊尔、赤道几内亚、刚果、中非、加蓬、肯尼亚	厚叶缅茄	afzelia; aligna; azodau; bignani; bolengu; bombanga; butona; doussie blanc; gayohi; kokongo; kpendei; lencon; liwamba; mangala; mkumbakusi; mtumbi; mwanba; olombi; orodo; papao; sungula; uvala

序号	学名	主要产地	中文名称	地方名
88	*Afzelia quanzensis*	莫桑比克、坦桑尼亚、尼日利亚、乌干达、扎伊尔、津巴布韦、非洲东部、南非、肯尼亚、中非、赞比亚	安哥拉缅茄	afzelia；alinyan；anyan；bolengu；chamfuta；chanfuta；chemnen；doussie；gayoje；hlafuta；insena；jamfuta；kibalebale；liwamba；mambakofi；mbambakosi；mbembakofi；mkongomwa；mupapa；musacosse；mwande；ompow；orodo；sina；umkamba
	Aganope **（FABACEAE）** **双束鱼藤属（蝶形花科）**		**HS CODE 4403.99**	
89	*Aganope impressa*	加纳	凹脉双束鱼藤	hahuma；mfintima
90	*Aganope leucobotrya*	加纳	串双束鱼藤	anso-huma；ansu-dua；awunia；mahandaro；zossoa
	Aidia **（RUBIACEAE）** **茜树属（茜草科）**		**HS CODE 4403.99**	
91	*Aidia genipaeflora*	利比里亚	吉尼帕茜树	blar-jee
92	*Aidia genipiflora*	科特迪瓦	粗壮茜树	ouokouti
93	*Aidia micrantha*	扎伊尔、津巴布韦	小花茜树	bokenzu；false coffee
94	*Aidia ochroleuca*	非洲	黄白茜树	dibanga；tsania
	Albizia **（MIMOSACEAE）** **合欢属（含羞草科）**		**HS CODE 4403.49**	
95	*Albizia adianthifolia*	扎伊尔、科特迪瓦、喀麦隆、尼日利亚、非洲西部、中非、塞内加尔、南非、津巴布韦、埃塞俄比亚、非洲东部、肯尼亚、安哥拉、乌干达、加纳、马达加斯加、利比里亚	热非合欢	abua；ananzo；bakbaboi；goane mchane；kuangan；libamba；mbama；mchani mbao；mepepe；mfuranyi；munjerenje；mushebeya；ngole；oamab；okuro；omulera；platkroon；possi；rough-bark flat-crown；salieman；san；sifou；volomborana；wehu；west african albizia；yatandza；za-nasa
96	*Albizia altissima*	几内亚、非洲东部、科特迪瓦	高合欢	bent-pod；bent pod；foraberu；gambia pod；gongoi；kough oli；ta；tomatomda
97	*Albizia amara*	津巴布韦	苦合欢	arrada；bitter albizia；muchangiza；mugarahanga；mugunduzi；muora；oil cake tree；umbola；zideno
98	*Albizia angolensis*	安哥拉	安哥拉合欢	

序号	学名	主要产地	中文名称	地方名
99	*Albizia anthelmintica*	南非	光瓣合欢	aroeboom; aru; arub; aruboom; bitter false-thorn; bittervalsdoring; bonthout; kersieblom boom; monoga; oumaboom; oumahout; worm-bark false thorn; worm-cure albizia; wurmbasvalsdoring
100	*Albizia antunesiana*	津巴布韦、赞比亚	安图尼合欢	kamba dacihamba; kawizi; mgando; mgnado; mudyahumba; mugaranyenze; mukomba; musase; pepe; purple-leaved albizia; umnonjwana
101	*Albizia arenicola*	马达加斯加	沙生合欢	alomborona
102	*Albizia attopeuense*	马达加斯加	阿托普合欢	
103	*Albizia aylmeri*	苏丹	艾梅里合欢	sereira
104	*Albizia balabaka*	马达加斯加	巴拉合欢	alomboro mahalao
105	*Albizia bernieri*	马达加斯加	贝尼合欢	alomboro; falaydambo; hazomborona; kifiatry
106	*Albizia boinensis*	马达加斯加	博伊合欢	fandrianak anga; palisander; tsitohizan olomalaina
107	*Albizia boivini*	马达加斯加	博维尼合欢	kintsankit sana; manary boraka
108	*Albizia brevifolia*	津巴布韦	短叶合欢	mmola; mola albizia; molalakgaka; mosala kgwale; mountain albizia
109	*Albizia chevalieri*	尼日利亚	谢瓦合欢	katsari
110	*Albizia coriaria*	科特迪瓦、莫桑比克、乌干达、扎伊尔	革质合欢	kounderon; mugavu; mukurue; musase; musisa; musita; mutalnpindi; nongo; oiyo; omubele; oyo; tarobam
111	*Albizia fastigiata*	安哥拉	直枝合欢	mongo
112	*Albizia ferruginea*	刚果、科特迪瓦、乌干达、加纳、尼日利亚、喀麦隆、扎伊尔、非洲西部、加蓬、塞拉利昂	锈色合欢	african albizzia; awienfosamina; ayinre; dikekeleke; ebamba; elongwamba; evouvous; iatandza; iatzanda; kupaussulo; latandza; mangola; muchole; musorongo; newei; nongo; sifou; uwowe
113	*Albizia forbesii*	南非	宽叶合欢	rinyani; umnala; umnala albizia

序号	学名	主要产地	中文名称	地方名
114	*Albizia gigantea*	加纳、尼日利亚、科特迪瓦、扎伊尔、塞拉利昂、乌干达	巨柱合欢	awiemfo-samina; ayinre; iataandza; iatzanda; musasa; newei; nongo; okuro; sakachi; turu bossolo; turu dogo; uwowe
115	*Albizia glaberrima*	科特迪瓦、马达加斯加、刚果、非洲西部	格拉伯合欢	african albizzia; aloukouaka; fandrianak anga; kassakassa; mfuranju; mushebeya; nongo
116	*Albizia glabripetala*	非洲西部	光合欢	
117	*Albizia grandibracteata*	肯尼亚、乌干达	大苞片合欢	mukonzuli; musabera; nkwasi; nongo rojo; nongo rosso; nongo rouge; red nongo
118	*Albizia grandistipulata*	扎伊尔	花叶合欢	mushebere
119	*Albizia greveana*	马达加斯加	格雷合欢	fanaponga; farapaka; mendoravi; rengana
120	*Albizia guachapele*	马达加斯加	沼生合欢	
121	*Albizia gummifera*	喀麦隆、多哥、尼日利亚、加纳、塞拉利昂、科特迪瓦、乌干达、利比里亚、中非、扎伊尔、埃塞俄比亚、塞内加尔、莫桑比克、肯尼亚、非洲西部、安哥拉、津巴布韦、马达加斯加	胶状合欢	angok; angoyem; bakbwe; bangban; bombomvouli; chikwani; doussie; ebamba; imala; kapetanzovu; mayumki; mfuranji; mucarba; mucherenje; musasa; mushebeya; okuro; omulera; pampena; peacock flower; sakachi; saliemo; sambalahy
122	*Albizia harveyi*	南非	哈维合欢	bleekblaar boom; false-thorn; sickle-leaved; umthololwane
123	*Albizia laurentii*	刚果	劳氏合欢	mabango
124	*Albizia lebbeck*	科摩罗群岛、留尼汪岛、马达加斯加、苏丹、加纳	大叶合欢	boisnoir desbas; bonara; bugre; chacha; granboyah; labakh; lebbeck; noix braises; siris; weru
125	*Albizia odorata*	马达加斯加	香合欢	bivaraina; mandrisa; tainakanga
126	*Albizia polyphylla*	马达加斯加	多叶合欢	alimboro; alomborona; halamboro
127	*Albizia pospischili*	非洲	波皮斯合欢	mfrikiu; nyanda
128	*Albizia rhombifolia*	科特迪瓦	菱叶合欢	kue; kure
129	*Albizia schimperiana*	喀麦隆、科特迪瓦、埃塞俄比亚、扎伊尔、津巴布韦、肯尼亚、非洲东部、安哥拉、乌干达、利比里亚	大荚合欢	albigia; angoyem; bangbaye; carciace; ebamba; imala; large-podded; mepepe; mfuranyi; mkenge; muanza; mucherenje; mulongo; munjerenje; mushebele; mushebeya; ober; omulera; saliemo; set

序号	学名	主要产地	中文名称	地方名
130	*Albizia suluensis*	南非	苏伦合欢	ingwebu enkulu; unyazangoma; zulu albizia
131	*Albizia tanganyicensis*	津巴布韦	纸皮合欢	dzuvudzuvu; fever-tree; koorsboom; mutondolus aka; paperbark albizia; paper-barktree; umphaphama
132	*Albizia tulearensis*	马达加斯加	图拉合欢	daromavo; mendoravy
133	*Albizia versicolor*	坦桑尼亚、安哥拉、非洲西部、刚果、加纳、尼日利亚、扎伊尔、喀麦隆、中非、莫桑比克、津巴布韦、乌干达、科特迪瓦、南非、利比里亚	异叶合欢	african albizzia; albizia; ebamba; elongwamba; essac; evouvous; iatandza; jatandza; mtanga; muchole; musorongo; nongo; ouochi; pampena; poison-pod albigia; segavu; sifou; umbhangazi; umphiso; umvanghaas; uwowe; yatandza; zazangue
134	*Albizia viridis*	安哥拉	绿叶合欢	manariboty; sambalahy
135	*Albizia welwitschii*	喀麦隆	魏氏合欢	amo; bobai; essac; isaka; ongo ayem
136	*Albizia zimmermannii*	津巴布韦	齐氏合欢	woodland long-podded albizia
137	*Albizia zygia*	加纳、喀麦隆、多哥、尼日利亚、塞拉利昂、科特迪瓦、利比里亚、非洲西部、塞内加尔、莫桑比克、乌干达、扎伊尔	西非合欢	akor; albizia; angoyem; asihue; ayinreta; bakbwe; bangbaye; essak; evouvous; kakpara; kokpara; koli; kouket; latandza; murongo; musabera; nkwasi; nongoohura; okura; pampena; pangalan; pau de raio; sakachi; sifou; ubam; west african albigia; yatandza
	***Alchornea*（EUPHORBIACEAE）** **山麻杆属（大戟科）**		**HS CODE 4403.49**	
138	*Alchornea cordifolia*	喀麦隆、利比里亚、加纳、非洲西部	心叶山麻杆	aboe; blu-koh; buka; christmasbush; dovewood; jama; tschufou
139	*Alchornea hirtella*	津巴布韦	红毛山麻杆	forest bead-string
140	*Alchornea laxiflora*	南非	疏花山麻杆	murunda-ma lofha; pou; rouge; transvaal alchornea
	***Aleurites*（EUPHORBIACEAE）** **石栗属（大戟科）**		**HS CODE 4403.99**	
141	*Aleurites moluccana*	马达加斯加、留尼汪岛	石栗	avellano; bakoly; bancoulier; jabilla extranjera

序号	学名	主要产地	中文名称	地方名
	Allanblackia **(GUTTIFERAE)** **阿兰藤黄属（藤黄科）**		**HS CODE** **4403. 99**	
142	*Allanblackia floribunda*	加蓬、科特迪瓦、非洲西部、刚果、喀麦隆、利比里亚	多花阿兰藤黄	agnuhe; akumase; alabenun; anane; atta; bombolo; bouandjo; bundji; ewotobe; eyec; kiongo; lalanjo; lami; limon; orogbo; ouotera; owote limon; sangoun; vegetable fallow tree; wohote
143	*Allanblackia kisonghi*	扎伊尔	基桑阿兰藤黄	kisonghi; kisonghia
144	*Allanblackia klainei*	喀麦隆、扎伊尔	极硬兰藤黄	anyoe; ebungo matatolo; nsangomo; nyonne; nyonzo
145	*Allanblackia leucantha*	加纳	白花阿兰藤黄	bofwe
146	*Allanblackia parviflora*	利比里亚、加纳	小花阿兰藤黄	ouotera; vegetable fallow tree
147	*Allanblackia sacleuxi*	安哥拉	萨克阿兰藤黄	mbunze
148	*Allanblackia stanerana*	刚果	斯坦阿兰藤黄	bondji
149	*Allanblackia stuhlmanii*	坦桑尼亚	斯氏阿兰藤黄	allanblackia; mkanfi; mkange; mkani; mkanya; mkanye; mkimbo; msambo; msambu; mwaka; sambie
	Allophylus **(SAPINDACEAE)** **异木患属（无患子科）**		**HS CODE** **4403. 99**	
150	*Allophylus abyssinicus*	非洲东部	埃塞俄比亚异木患	imbuya; losin; lusasari; m'shame; mushami
151	*Allophylus africanus*	南非、科特迪瓦、扎伊尔、非洲西部	非洲异木患	african allophylus; akaito; dwindwina; kotia; mbangwe; miula-swag allo; ouangran; teba; umutete; weti; wobyebye
152	*Allophylus chirindensis*	津巴布韦	彻尔异木患	large-leaved allophylus; long-leaved allophylus
153	*Allophylus cobbe*	马达加斯加	卡贝异木患	maia; taolamitro; vandra
154	*Allophylus decipiens*	南非	疏毛异木患	red-berry-tree; rooibessie boom; umcandatha mbo
155	*Allophylus dregeanus*	南非	德雷克异木患	one-leaf allophylus
156	*Allophylus melanocarpus*	南非	黑果异木患	black-fruited allophylus; kieriehout
157	*Allophylus natalensis*	南非	南非异木患	natal allophylus; umhlohlela
158	*Allophylus subcoriaceus*	乌干达	革质异木患	mutete
159	*Allophylus talbotii*	利比里亚	塔氏异木患	doo-vlehn

序号	学名	主要产地	中文名称	地方名
	Alluaudia (**DIDIEREACEAE**) **亚龙木属(刺戟木科)**		**HS CODE** **4403.99**	
160	*Alluaudia procera*	马达加斯加	亚龙木	fantilotra; fantsi-holitra; fantsilotra; fantsiolotra
	Alniphyllum (**STYRACACEAE**) **赤杨叶属(野茉莉科)**		**HS CODE** **4403.99**	
161	*Alniphyllum fortunei*	马达加斯加	拟赤杨叶	
	Alnus (**BETULACEAE**) **桤木属(桦木科)**		**HS CODE** **4403.99**	
162	*Alnus glutinosa*	阿尔及利亚	欧洲桤木	aulne noir; aune; black alder; hamarayah; tegharcif
	Alstonia (**APOCYNACEAE**) **鸡骨常山属(夹竹桃科)**		**HS CODE** **4403.49**	
163	*Alstonia boonei*	乌干达、尼日利亚、扎伊尔、加纳、刚果、喀麦隆、科特迪瓦、塞拉利昂、安哥拉、非洲东部、非洲西部、利比里亚	模型灯架木	ahim; ahun; akuka; alstonia; boasumba; bokuk; cheesewood; duku; ebu; ekouk; emien; kaika; mouhain; mujuwa; niomba; patternwood; sindru; stoolwood; tsongoti; tsongutti; yung
164	*Alstonia congensis*	喀麦隆、尼日利亚、扎伊尔、加纳、塞内加尔、科特迪瓦、加蓬、非洲西部、中非、乌干达、塞拉利昂、安哥拉、非洲东部、刚果、利比里亚	刚果灯架木	ahun; akokamol; alstonia; bakunin; bokouka; eckon; etsien; jujua; kaika; kokomatt; mujuwa; niomba; nokue; ongruie; onyamedua; oouronzi; patternwood; pfouey; senuro; stoolwood; tsongutti; uguwa; wokuka
165	*Alstonia gilletii*	尼日利亚、扎伊尔、塞内加尔、加蓬、刚果、科特迪瓦、乌干达、塞拉利昂、安哥拉、加纳、利比里亚	纪氏灯架木	ahun; akuka; alstonia; bantangforo; bokuk; duku; ebo; ekouk; emien; jujua; kaiwi; lumpundu; mujwa; mungenge; mutondo; niomba; sindru; songuti; tsongati; uguwa; ukhu; yung
166	*Alstonia scholaris*	加纳	糖胶树	sindra
	Amanoa (**EUPHORBIACEAE**) **阿马大戟属(大戟科)**		**HS CODE** **4403.99**	
167	*Amanoa bracteosa*	利比里亚、科特迪瓦	多苞阿马大戟木	amanoa; hauto; hauto; hoto; njagbone

序号	学名	主要产地	中文名称	地方名
	Amblygonocarpus （**MIMOSACEAE**） **钝棱豆属（含羞草科）**		**HS CODE** **4403.49**	
168	*Amblygonocarpus andongensis*	莫桑比克、中非、非洲东部、赞比亚、尼日利亚、乌干达、津巴布韦	阿洞钝棱豆	banga wanga；bangawanga；kapanga；kiriya tamata；kolo；lizo；mjerigwe；mubyimbyi；mululwe；mutiria；scotsman rattle；tsege；umnonjwana
169	*Amblygonocarpus obtusangulus*	非洲	钝棱豆	
	Amphimas（**FABACEAE**） **双雄苏木属（蝶形花科）**		**HS CODE** **4403.49**	
170	*Amphimas ferrugineus*	喀麦隆、加蓬、刚果、扎伊尔、科特迪瓦、利比里亚、非洲西部	锈色双雄苏木	afie；bokanga；chickebati；edjen；edjin；edzil；gworluh；latiadzi；muizi；mursi；salaki mfutu；vahnchu；wenge bianco
171	*Amphimas klaineanus*	非洲	克莱双雄苏木	
172	*Amphimas pterocarpoides*	喀麦隆、非洲西部、加纳、刚果、扎伊尔、科特迪瓦、加蓬、利比里亚	双雄苏木	asanfran；bokanga；chickebati；edjen；edjin；edzi；edzil；edzui；gworluh；latiadzi；m'futu；melegba；muizi；ogiya；salaki；vahnchu；wenge bianco
	Anacardium（**ANACARDIACEAE**） **腰果属（漆树科）**		**HS CODE** **4403.49**	
173	*Anacardium occidentale*	塞内加尔、加纳	西方腰果木	acajou pommier；atia；cacajuil；cajuil；cajuito；yevutsa
	Andira（**FABACEAE**） **甘蓝豆属（蝶形花科）**		**HS CODE** **4403.49**	
174	*Andira inermis*	尼日利亚	无刺甘蓝豆	angelim；angelin；bastard cabbage；bois olive；cabbage angelin；gwaska；kurarn；madobia；pheasantwood；roode kabbes；uchyrana；wildolive
	Andrachne（**EUPHORBIACEAE**） **连丝木属（大戟科）**		**HS CODE** **4403.99**	
175	*Andrachne aspera*	南非	粗糙连丝木	
176	*Andrachne ovalis*	南非	卵形连丝木	andrachne；umbeza
	Andromeda（**ERICACEAE**） **青姬木属（杜鹃科）**		**HS CODE** **4403.99**	
177	*Andromeda pyrifolia*	留尼汪岛	梨叶青姬木	bois de mapou

序号	学名	主要产地	中文名称	地方名
	Androstachys **(EUPHORBIACEAE)** **钉状雄蕊大戟属(大戟科)**		**HS CODE** **4403.49**	
178	*Androstachys johnsonii*	莫桑比克、南非、津巴布韦	药氏钉状雄蕊大戟	bekungu; cimbirre; ironwood; lebombo-ysterhout; lobombo ironwood; mercrusse; mezimbite; musimbiti; muzimbiti; nsimbitsi; simbeti; simbi-tree; umsimbitsi; wildekweper
179	*Androstachys rufibarbis*	马达加斯加	棕褐钉状雄蕊大戟	merana
180	*Androstachys viticoides*	马达加斯加	璃状钉状雄蕊大戟	merana; merana faux
	Angylocalyx **(FABACEAE)** **北羚豆属(蝶形花科)**		**HS CODE** **4403.99**	
181	*Angylocalyx boutiqueanus*	利比里亚	精品北羚豆	
182	*Angylocalyx braunii*	利比里亚	布氏北羚豆	
183	*Angylocalyx oligophyllus*	利比里亚	少叶北羚豆	gboe-dah; krah-dro
184	*Angylocalyx pynaertii*	中非、刚果	皮氏北羚豆	bolda; eber
185	*Angylocalyx schumannianus*	刚果	舒曼尼北羚豆	eber
186	*Angylocalyx zenkeri*	刚果	森柯儿北羚豆	
	Aningeria **(SAPOTACEAE)** **阿林山榄属(山榄科)**		**HS CODE** **4403.49**	
187	*Aningeria adolfi-friedericii*	喀麦隆、加蓬、科特迪瓦、埃塞俄比亚、安哥拉、刚果、尼日利亚、中非、乌干达、肯尼亚、加纳、扎伊尔	阿氏阿林山榄	abam; akatio; alokotimon; aniegre; aningeria; aouame; cararo; kali; kararo; kombe; landosan; longhi blanc; mukali; mukangu; mutokc; osan; rogoli; sanfena; tanganyika; tebi; tutu
188	*Aningeria altissima*	肯尼亚、乌干达	阿林山榄	asamfona; grogoli; mboulou; mukali; mukangu; muna; njuri; osan
189	*Aningeria pseudoracemosa*	科特迪瓦、非洲西部、安哥拉、尼日利亚、肯尼亚、乌干达	聚果阿林山榄	anegre; aniegre; aningeria; kali; landosan; mukali; muna; osan
190	*Aningeria robusta*	喀麦隆、加蓬、科特迪瓦、非洲东部、非洲西部、加纳、埃塞俄比亚、安哥拉、尼日利亚、中非、乌干达、肯尼亚、刚果、扎伊尔	粗状阿林山榄	abam; agnegre; akatio; alokotimon; alokutumon; anaingueri; aningeria; aouame; asanfena; cararo; grogoli; kararo; landosan; mukali; mukanga; mukangu; mutoke; osan; sanfena; tanganyika; tutu

序号	学名	主要产地	中文名称	地方名
191	*Aningeria superba*	安哥拉、刚果	艳丽阿林山榄	kali; mukali
	Anisophyllea (**ANISOPHYLLEACEAE**) **异叶树属（四柱木科）**		**HS CODE** **4403.99**	
192	*Anisophyllea boehmi*	非洲东部	波姆氏异叶树	muwaha; msindui
193	*Anisophyllea laurina*	几内亚、塞拉利昂、扎伊尔	桂叶异叶树	bois miseria; kanti; kantingui; legno miseria; monkey apple; moofungo; palo miseria; pau miseria
194	*Anisophyllea manausensis*	非洲	马纳森异叶树	
195	*Anisophyllea meniaudi*	科特迪瓦	曼尼异叶树	arelie
196	*Anisophyllea myriosticta*	刚果	米里奥异叶树	mbundu
197	*Anisophyllea obtusifolia*	非洲东部	钝叶异叶树	msaamti
	Annona (**ANNONACEAE**) **番荔枝属（番荔枝科）**		**HS CODE** **4403.99**	
198	*Annona muricata*	加纳、非洲西部	刺果番荔枝	deboo; debou
199	*Annona senegalensis*	刚果、尼日利亚、南非	塞内加尔番荔枝	bilolo; gwandar daji; mfila; muyembe; umphofu; umtelembu; wild custard apple
200	*Annona squamosa*	尼日利亚	斯夸番荔枝	apple-bush; mamon; sweetsop
	Anogeissus (**COMBRETACEAE**) **榆绿木属（使君子科）**		**HS CODE** **4403.99**	
201	*Anogeissus leiocarpa*	非洲西部、塞内加尔、苏丹、加纳、科特迪瓦、尼日利亚	平果榆绿木	ayin; chewstick; diechi; echeche; gued; gueyane; hehe; kakanla; kalama; kamna; kane; kankala; kanna; kodelia; krekete; marika; marike; oga; shiga; tsetse
	Anonidium (**ANNONACEAE**) **阿诺属（番荔枝科）**		**HS CODE** **4403.99**	
202	*Anonidium mannii*	加纳、刚果、喀麦隆、扎伊尔	曼氏阿诺木	asumpa; bob; bombi; ebom; ehom; tahu; tshilembel embe
	Anopyxis (**RHIZOPHORACEAE**) **小红树属（红树科）**		**HS CODE** **4403.49**	
203	*Anopyxis ealaensis*	非洲	伊氏小红树	

序号	学名	主要产地	中文名称	地方名
204	*Anopyxis klaineana*	加纳、科特迪瓦、刚果、喀麦隆、中非、加蓬、利比里亚	克莱小红树	abari; ankyi; bobenkusu; bodioa; chemouan; evam; gazo; hainde; kassehui; kokote; kpomuisi; mbamouili; mbeliko; noudougou; oboto; pobreroi; weng
205	*Anopyxis laurina*	非洲	桂叶小红树	
	Anthocleista **(GENTIANACEAE)** **星花莉属（龙胆科）**		**HS CODE 4403. 99**	
206	*Anthocleista grandiflora*	津巴布韦	大花星花莉	big leaf; gururu; mugopogopo; muyama; tobacco-tree
207	*Anthocleista kerstingi*	非洲西部	克尔斯星花莉	kuwondon
208	*Anthocleista liebrechtsiana*	刚果	利布星花莉	bangabob; lesser forest fever tree; mangagob
209	*Anthocleista madagascariensis*	马达加斯加	星花莉	caria; landemy; varia
210	*Anthocleista nobilis*	喀麦隆、加蓬、科特迪瓦、利比里亚	显著星花莉	abangak; ahinebe; ayinda; ayinebe; babam; bopolo-polo; brobro; cabbage palm; cabbage tree; dweh; mbebame; mouvougou; ororo; ossindio
211	*Anthocleista schweinfurthii*	刚果	施氏星花莉	bangagob; mkungu maji; mtambuu mwitu
212	*Anthocleista vogelii*	喀麦隆、刚果、加蓬	沃氏星花莉	ahinebe; ayenda; ayinda; bola-bola; ouroria
213	*Anthocleista zambesiaca*	非洲	高山星花莉	mutunguru
214	*Anthocleista zenkeri*	喀麦隆	森柯儿星花莉	bokolopolo; touonne
	Anthonotha **(CAESALPINIACEAE)** **隐腺豆属（苏木科）**		**HS CODE 4403. 49**	
215	*Anthonotha cladantha*	喀麦隆	枝花隐腺豆	akoungele; flower
216	*Anthonotha crassifolia*	科特迪瓦	厚叶隐腺豆	rere; reredes savanes
217	*Anthonotha explicans*	利比里亚、扎伊尔、科特迪瓦	长梗隐腺豆	gob-boh; rerede tabou; zoe
218	*Anthonotha fragrans*	科特迪瓦、喀麦隆、刚果	香隐腺豆	adonmoteu; bokonda; ecobem; gbun gon; kibakoko; kibakoro; oebem

序号	学名	主要产地	中文名称	地方名
219	*Anthonotha macrophylla*	刚果、利比里亚、扎伊尔、喀麦隆、加蓬、科特迪瓦	大叶隐腺豆	aba; akok; bivi; bomota; bomoto; enak; gounou gounou; kassusu; okambo; ototore; pititere; rerea long fruit; samantaa; zoe
220	*Anthonotha sassandraensis*	科特迪瓦	萨桑德隐腺豆	rere de sassandra
221	*Anthonotha vignei*	科特迪瓦	维氏隐腺豆	bape
	Anthostema **(EUPHORBIACEAE) 莲花戟属（大戟科）**		**HS CODE 4403.99**	
222	*Anthostema aubryanum*	加蓬、几内亚、喀麦隆、科特迪瓦	奥布莲花戟	asohin; asonna; assongha; assongho; assonha; assoua; assoun; douolon; essane; kan; meuli; moudzandji; ochongo; oshongo; ossongho; ossongo
223	*Anthostema madagascariense*	马达加斯加	马达加斯加莲花戟	baby; mandravoky
224	*Anthostema senegalense*	几内亚	塞内加尔莲花戟	kofama
	Antiaris **(MORACEAE) 箭毒木属（桑科）**		**HS CODE 4403.49**	
225	*Antiaris african*	塞拉利昂	非洲箭毒木	
226	*Antiaris toxicaria* (= *africana*) (= *welwitschii*)	塞拉利昂、科特迪瓦、中非、加蓬、喀麦隆、非洲东部、非洲西部、坦桑尼亚、加纳、扎伊尔、马里、乌干达、几内亚、塞内加尔、利比里亚、刚果、肯尼亚、尼日利亚、安哥拉	箭毒木	akeche; akede; andoum; bark cloth tree; bofun; bonkongo; boufou; bovili; cencen; egyan; ejan; false iroko; gbole; handame; honton; kakulu; kalambana; kirundo; kodzo; kyenkyen; nguetyana; ogiovu; oguiovou; poisontree; pou; sansama; ssare; tsangu; upas; zaadi
227	*Antiaris usambarensis*	非洲东部	乌桑巴箭毒木	mkuzu; tanzania antiaris; uganda antiaris
228	*Antiaris welwischii*	非洲	魏氏箭毒木	
	Antidesma **(EUPHORBIACEAE) 五月茶属（大戟科）**		**HS CODE 4403.99**	
229	*Antidesma hildebrandtii*	科摩罗群岛	赫氏五月茶	mouehemba
230	*Antidesma laciniatum*	科特迪瓦	条裂五月茶	etti

序号	学名	主要产地	中文名称	地方名
231	*Antidesma madagascariensis*	毛里求斯、留尼汪岛	马达加斯加五月茶	bigaignon；bigaignon batard；bois bigaignon；bois doiseaux；boisde cabri
232	*Antidesma membranaceum*	利比里亚、刚果	膜叶五月茶	du-ah-dor；kinenga
233	*Antidesma petiolare*	马达加斯加	具柄五月茶	manavahatra
234	*Antidesma venosum*	津巴布韦、南非	多脉五月茶	antidesma；chimande；chisama；isangowane；isibangaml otha；mhungamunyu；murungamunyu；musambarab wabwa；musambasi；mushongo；tasselberry
235	*Antidesma vogelianum*	刚果	沃格利五月茶	didim
	Antirhea（**RUBIACEAE**） **毛茶属（茜草科）**		**HS CODE** **4403. 99**	
236	*Antirhea borbonica*	留尼汪岛	博尼卡毛茶	bois doiseaux；bois losteau
237	*Antirhea verticillata*	毛里求斯	轮叶毛茶	bois loustau；loustau
	Antrocaryon（**ANACARDIACEAE**） **洞果漆属（漆树科）**		**HS CODE** **4403. 99**	
238	*Antrocaryon klaineanum*	尼日利亚、喀麦隆、加蓬、科特迪瓦	洞果漆	akoua；angokom；anguekong；bongongi；bougongi；diolo；engongui；enguongui；laminguila；mongongo；ndooson；nganga；oganganhedo；ombega；onsongongo；onzabili；onzakon；osongongo；ozakome；ozongongo；white mahogany
239	*Antrocaryon mannii*	喀麦隆、加蓬、科特迪瓦	曼氏洞果漆	onzabili
240	*Antrocaryon micraster*	几内亚、科特迪瓦、加纳、非洲西部、刚果	小星洞果漆	akoua；angonga；angongo；anguekong；antrocaryon；aprokuma；bougongi；ha-okete；mongongo；n'gongo；ngongo；onzabili
241	*Antrocaryon nannanii*	中非、刚果、非洲西部、扎伊尔	安氏洞果漆	akoua；antrocaryon；aprokuma；assana；bougongi；gonyo；ha-akete；mugongo；mumbu；ngongo；onzabili
	Aparisthmium（**EUPHORBIACEAE**） **棉麻杆属（大戟科）**		**HS CODE** **4403. 99**	
242	*Aparisthmium cordatum*	喀麦隆	心形棉麻杆	aboe

序号	学名	主要产地	中文名称	地方名
	Aphananthe **(CANNABACEAE)** 糙叶树属（大麻科）		**HS CODE 4403.99**	
243	*Aphananthe sakalava*	马达加斯加	萨卡糙叶树	hidina
	Aphania **(SAPINDACEAE)** 滇赤才属（无患子科）		**HS CODE 4403.99**	
244	*Aphania senegalensis*	塞内加尔	塞内加尔滇赤才	cerise du senegal; kelle; kewer; sibil
	Aphloia **(APHLOIACEAE)** 脱皮檀属（脱皮檀科）		**HS CODE 4403.99**	
245	*Aphloia integrifolia*	塞舌尔群岛	全缘叶脱皮檀	bois merle
246	*Aphloia theiformis*	南非、津巴布韦、留尼汪岛、毛里求斯	蒂西脱皮檀	albinoberry; bois fandamane; boisde gouyave; change ecorce; fandamane; gouyavier marron; goyavier sauvage; mdananda; munyere; nyakalwew; yellow-wood
	Apodytes **(ICACINACEAE)** 柴龙属（茶茱萸科）		**HS CODE 4403.99**	
247	*Apodytes acutifolia*	非洲	尖叶柴龙树	mugonyone; vanda; white pear
248	*Apodytes dimidiata*	莫桑比克、中非、非洲东部、肯尼亚、南非、乌干达、津巴布韦	柴龙树	figuiera brava; lufefe; mugonyone; munyamadzi; musvipa; mwasanyiko; pearwood; umdagana; umdakane; umdakane; vanda; wanda; white pear
249	*Apodytes hazomaitso*	马达加斯加	哈佐柴龙树	hazamaitso
	Aporrhiza **(SAPINDACEAE)** 阿波里属（无患子科）		**HS CODE 4403.99**	
250	*Aporrhiza paniculata*	非洲	锥花阿波里	
251	*Aporrhiza talbotii*	利比里亚、科特迪瓦	塔氏阿波里	di-peh; kinkin
252	*Aporrhiza urophylla*	科特迪瓦	尾叶阿波里	kainkain
	Araliopsis **(RUTACEAE)** 类五加芸香属（芸香科）		**HS CODE 4403.99**	
253	*Araliopsis tabouensis*	科特迪瓦、利比里亚	类五加芸香木	grenian; kploe
	Araucaria **(ARAUCARIACEAE)** 南洋杉属（南洋杉科）		**HS CODE 4403.25（截面尺寸≥15cm）或 4403.26（截面尺寸<15cm）**	
254	*Araucaria allspecies*	坦桑尼亚	南洋杉	
255	*Araucaria columnaris*	非洲	柱状南洋杉	cook's pine; pin colonnaire

序号	学名	主要产地	中文名称	地方名
	Arbutus **(ERICACEAE)** **乔杜鹃木属（杜鹃科）**		**HS CODE** **4403.99**	
256	*Arbutus canariensis*	加那利群岛	加那利乔杜鹃木	madrono canario
	Ardisia **(MYRSINACEAE)** **紫金牛属（紫金牛科）**		**HS CODE** **4403.99**	
257	*Ardisia didymopora*	马达加斯加	多伊紫金牛	kabokala
	Argania **(SAPOTACEAE)** **山羊榄属（山榄科）**		**HS CODE** **4403.99**	
258	*Argania spinosa*	摩洛哥	摩洛哥山羊榄	argan; arganier
	Artocarpus **(MORACEAE)** **波罗蜜属（桑科）**		**HS CODE** **4403.49**	
259	*Artocarpus altilis*	热带地区、留尼汪岛、科特迪瓦、尼日利亚	面包树	albopan; arbre pain; arbrea pain; artocarpe; buen pan; okwa-beke; pande fruta
260	*Artocarpus heterophyllus*	热带地区、留尼汪岛、加蓬	波罗蜜	albopan; brotfrucht baum; buenpan; jacque; jacquier; pande fruta; pau joca
	Asteropeia **(ASTEROPEIACEAE)** **翼萼茶属（翼萼茶科）**		**HS CODE** **4403.99**	
261	*Asteropeia micraster*	马达加斯加	小星翼萼茶	fanolamena; manoka mena; manoka mona; manokamena; moramena
262	*Asteropeia multiflora*	马达加斯加	多花翼萼茶	andrevola; bobankarana; fanolafotsy
263	*Asteropeia rhopaloides*	马达加斯加	菱叶翼萼茶	manko; manoka jaune; manoka mavo; manoko jaune; manouka jaune; yellow manoko
	Atalaya **(SAPINDACEAE)** **椒木患属（无患子科）**		**HS CODE** **4403.99**	
264	*Atalaya alata*	南非	翼状椒木患	umzondo; winged atalaya
265	*Atalaya capensis*	南非	开普椒木患	cape atalaya
266	*Atalaya natalensis*	南非	南非椒木患	natal atalaya; umhlambila
	Aubregrinia **(SAPOTACEAE)** **异八室榄属（山榄科）**		**HS CODE** **4403.99**	
267	*Aubregrinia taiensis*	科特迪瓦	异八室榄	zankoresou

序号	学名	主要产地	中文名称	地方名
	Aucoumea（**BURSERACEAE**） **奥克榄属（橄榄科）**		**HS CODE** **4403.49**	
268	*Aucoumea klaineana*	加蓬、扎伊尔、非洲西部、赤道几内亚、几内亚、刚果	奥克榄	aangoumea; acoume; african cedar; akume; anguma; bengouma; cambogala; ehye; gaboon; hetere; koumi; mofoumou; mokoumi; moncoumi; moukoumi; nyangala; okaka; okoume nyangala; okuome; oukoume; picus mahogany; zonga
	Aulacocalyx（**RUBIACEAE**） **沟萼茜属（茜草科）**		**HS CODE** **4403.99**	
269	*Aulacocalyx diervilleoides*	津巴布韦	羊角沟萼茜	miniature bells; mudododo
270	*Aulacocalyx jasminiflora*	利比里亚	茉叶沟萼茜	play-je-nee
	Autranella（**SAPOTACEAE**） **奥特山榄属（山榄科）**		**HS CODE** **4403.49**	
271	*Autranella congolensis*	喀麦隆、刚果、南非、加蓬、尼日利亚、中非、扎伊尔、安哥拉	奥特山榄	adazok; agulu; ajazoc; anzala; banga; bonjabi; bouanga; dukulungu; elang; elangzok; fino; guiozoc; kabulungu; kolo; koungoulou; lapanga; mafamuti; moabi; mtua; muku; mukulungu; nbanga; ovango; uku; yoli
	Averrhoa（**OXALIDACEAE**） **阳桃属（酢浆草科）**		**HS CODE** **4403.99**	
272	*Averrhoa carambola*	安哥拉	阳桃	camerunga; vinagrillo
	Avicennia（**VERBENACEAE**） **海榄雌属（马鞭草科）**		**HS CODE** **4403.99**	
273	*Avicennia eucalyptifolia*	加蓬	硬叶海榄雌木	
274	*Avicennia germinans*	加蓬、加纳、喀麦隆、扎伊尔、安哥拉、马达加斯加、科特迪瓦、几内亚	萌发海榄雌木	abangboua; amutsi; asokpolo; asoporo; boandjo; boango; bokouda; mangle paloma; manglier; mangue; mosotry; olive mangrove; paletuvier blanc; sanar; tarrafe; white mangrove

序号	学名	主要产地	中文名称	地方名
275	*Avicennia marina*	马达加斯加、南非	海榄雌木	afiafy; boango; isikungathi; mangle boton; olive mangrove; white mangrove
	Azadirachta **(MELIACEAE)** **蒜楝属（楝科）**		**HS CODE** **4403.99**	
276	*Azadirachta indica*	加纳、苏丹	蒜楝木	neem; nimtree
	Azima **(SALVADORACEAE)** **刺茉莉属（刺茉莉科）**		**HS CODE** **4403.99**	
277	*Azima tetracantha*	南非	刺茉莉	beesting-bush; firethorn; stinkbush
	Baccaurea **(EUPHORBIACEAE)** **木奶果属（大戟科）**		**HS CODE** **4403.99**	
278	*Baccaurea bonneti*	科特迪瓦	波内提木奶果	habizacue; kuatieguale
	Bachmannia **(CAPPARACEAE)** **四指柑属（山柑科）**		**HS CODE** **4403.99**	
279	*Bachmannia woodii*	南非	伍氏四指柑	four-finger bush; umtswantsw antsa; viervingerbos
	Baikiaea **(CAESALPINIACEAE)** **红苏木属（苏木科）**		**HS CODE** **4403.49**	
280	*Baikiaea insignis*	喀麦隆、乌干达、南非	显著红苏木	ekoabem edea; kobakoba; mkoba; nkoba; nkobakoba
281	*Baikiaea plurijuga*	津巴布韦、赞比亚、南非、非洲东部、安哥拉	多小叶红苏木	gusi; igusi; ikusi; mkushi; mugusi; redwood; rhodesian chestnut; rhodesian mokusi; rhodesian redwood; teckde rhodesie; umguzu; umkusu; umpapa
282	*Baikiaea robynsii*	扎伊尔	罗氏红苏木	ikongokola; waka-ikong okolo
	Baillonella **(SAPOTACEAE)** **毒籽山榄属（山榄科）**		**HS CODE** **4403.49**	
283	*Baillonella djave*	喀麦隆、加蓬、南非、扎伊尔、尼日利亚、刚果、非洲西部、加纳	德贾夫毒籽山榄	abing; adzap; adzo; african pearwood; african poison; dimpampi; djave; elang; maoai; moabi; mouabi; n'djave; njabi; noumgou; numugu; nungu; oerere; oko; opapea; orere
284	*Baillonella lacera*	非洲西部	莱塞拉毒籽山榄	aganokwi
285	*Baillonella pierreana*	加蓬	皮埃尔毒籽山榄	orere

序号	学名	主要产地	中文名称	地方名
286	*Baillonella toxisperma*	喀麦隆、加蓬、南非、尼日利亚、安哥拉、非洲中部	毒籽山榄	adjab; adjop; adzap; african pearwood; ayap; dimpampi; djava; moabi; njabi; orere; pero d'africa
	Balanites (ZYGOPHYLLACEAE) 卤刺树属（蒺藜科）		**HS CODE** **4403. 99**	
287	*Balanites aegyptiaca*	尼日利亚、塞内加尔、摩洛哥、非洲北部、苏丹、非洲东部、津巴布韦、南非、非洲西部	埃及卤刺树	aduwa; ayalid; balanites; desert date; guerbe hono; gushiocho; heglig; mkonga; mourotoki; muongo; novire; nulu; nyahoka; segaine; soump; taborak; tchaichot; teborak; thron tree; torchwood
288	*Balanites maughamii*	南非	毛氏卤刺树	torchfruit-tree; torchwood
289	*Balanites pedicellaris*	南非	花梗卤刺树	minor torchwood; ugobandlovana
290	*Balanites tomentosa*	非洲	毛卤刺树	desert date; heglig; soapberry-tree
291	*Balanites wilsoniana*	加纳、科特迪瓦、安哥拉	威尔索卤刺树	ashanti krobo-dua; bechieta; buza pundi
	Baphia (FABACEAE) 杂色豆属（蝶形花科）		**HS CODE** **4403. 49**	
292	*Baphia acuminata*	扎伊尔	披针叶杂色豆	mossomba
293	*Baphia bangweolensis*	扎伊尔	孟加拉杂色豆	
294	*Baphia bequaerti*	扎伊尔	贝奎尔杂色豆	moopaala
295	*Baphia dewevrei*	扎伊尔	杜韦弗杂色豆	winsinsi
296	*Baphia kirkii*	非洲	柯氏杂色豆	baphia; camwood
297	*Baphia laurentii*	扎伊尔	劳氏蒂杂色豆	kimiseh
298	*Baphia laurifolia*	喀麦隆、加蓬	月桂叶杂色豆	akok; ebarmebene; fakoue; mfang-oswe
299	*Baphia leptobotrys*	喀麦隆	窄枝杂色豆	elemetok
300	*Baphia nitida*	非洲中部、非洲西部、科特迪瓦、尼日利亚、加纳	光亮杂色豆	afrikaans sandelhout; angale; angola; angolaholz; bala; barwood; cambalholz; camwood; ekuro; eseme; irosun; odwen; odwene; odzori; okoua; owiwi; sanderswood; senema; ubara; ufie; ukpa
301	*Baphia odorata*	扎伊尔	香杂色豆	wangu

序号	学名	主要产地	中文名称	地方名
302	*Baphia pubescens*	加纳、科特迪瓦、尼日利亚	短柔毛杂色豆	african camwood; afrikansk camwood; ashanti ejun-kobiri; camwood; camwood africano; edwunkobini; odwen; toubesso; tuibesso; ubara
303	*Baphia racemosa*	南非	聚果杂色豆	isifithi; violet pea
304	*Baphia wollastoni*	乌干达	沃拉斯杂色豆	murungurungu
	***Barringtonia* (LECYTHIDACEAE)** **玉蕊属（玉蕊科）**		**HS CODE** **4403.49**	
305	*Barringtonia asiatica*	留尼汪岛	亚洲玉蕊	aduwa; ayalid; balanites; desert date; guerbe hono; gushiocho; heglig; mkonga; mourotoki; muongo; novire; nulu; nyahoka; segaine; soump; taborak; tchaichot; teborak; thron tree; torchwood
306	*Barringtonia calyptrata*	塞内加尔	卡利普玉蕊	achrouteriadu
307	*Barringtonia racemosa*	南非、非洲东部	聚果玉蕊	brack-water mangroveff-tree; hippo apple; massinhana; mlulu; powderpuff-tree; wild guava
	***Baudouinia* (CAESALPINIACEAE)** **猕猴豆属（苏木科）**		**HS CODE** **4403.99**	
308	*Baudouinia fluggeiformis*	马达加斯加	弗卢格猕猴豆	manjakaben itany
309	*Baudouinia louvelii*	非洲	卢氏猕猴豆	piro
	***Bauhinia* (CAESALPINIACEAE)** **羊蹄甲属（苏木科）**		**HS CODE** **4403.99**	
310	*Bauhinia aurantiaca*	留尼汪岛	橙黄羊蹄甲	bauhinie
311	*Bauhinia galpinii*	南非	嘉氏羊蹄甲	lowveld bauhinia; pride-of-de kaap; red butterfly-tree; sabot boeuf rouge
312	*Bauhinia monandra*	马达加斯加	单雄蕊羊蹄甲	banaka; banakya grandes feuilles; pink orchid tree
313	*Bauhinia petersiana*	津巴布韦	彼得沙羊蹄甲	camel's foot; chigwendere; imondo; mubwekeke; munando; mupondo; white bauhinia
314	*Bauhinia reticulata*	尼日利亚、喀麦隆、苏丹、非洲西部	网状羊蹄甲	kalgo; kargo; kharub; klo; nyama; otokotaka; tambarib; tamenasi
315	*Bauhinia rufescens*	尼日利亚、苏丹、塞内加尔	红羊蹄甲	jirga; kulkul; matsagi; rand; tsatsagi

序号	学名	主要产地	中文名称	地方名
316	*Bauhinia thonningii*	津巴布韦、塞内加尔、扎伊尔、莫桑比克、乌干达	佟氏羊蹄甲	camel-foot; fara; ihabahaba; kifoo-umbie; kolokotso; mecequece; mubaba; muhuku; musekesa; mutukutu; ogal; ogali; rhodesian bauhinia; wild bauhinia
317	*Bauhinia tomentosa*	南非、乌干达	毛羊蹄甲	hairy bauhinia; isithibath ibana; ogal; ogali
	Beilschmiedia **(LAURACEAE)** **琼楠属（樟科）**		**HS CODE** **4403.49**	
318	*Beilschmiedia bitehi*	科特迪瓦	比提希琼楠	bitei
319	*Beilschmiedia congolana*	加蓬、科特迪瓦、扎伊尔、刚果、利比里亚	刚果琼楠	akom; bitehi; bongolu; bonzale; brun kanda; cedar; dkwintofi; kilundeke; nkonengu; todo
320	*Beilschmiedia corbisieri*	扎伊尔	寇氏琼楠	bongolu; nkonengu
321	*Beilschmiedia diversiflora*	非洲	异叶琼楠	brown kanda; kanda
322	*Beilschmiedia djalonensis*	科特迪瓦	贾隆琼楠	bitei
323	*Beilschmiedia gaboonensis*	加蓬、科特迪瓦、扎伊尔、喀麦隆、利比里亚、刚果	加蓬琼楠	akom; bitehi; bongolu; bonzale; kanda; kilundeke; kwintofi; liboundou; nkonengu; rose kanda; todo
324	*Beilschmiedia grandifolia*	喀麦隆	大叶琼楠	kanda
325	*Beilschmiedia hutchinsoniana*	加蓬、科特迪瓦、扎伊尔、利比里亚、喀麦隆、刚果	哈钦琼楠	akom; bitehi; bongolu; bonzale; cedar; dkwintofi; kanda; kilundeke; nkonengu; nkonengui; todo
326	*Beilschmiedia jacques-felixii*	喀麦隆	雅克琼楠	kanda
327	*Beilschmiedia kweo*	坦桑尼亚	可氏琼楠	kweo; mfimbo
328	*Beilschmiedia latouzei*	喀麦隆	拉图琼楠	canda; kanda
329	*Beilschmiedia letouzeyi*	加蓬、喀麦隆、科特迪瓦、扎伊尔、利比里亚、刚果	勒托琼楠	akom; bitehi; bongolu; bonzale; brun kanda; kilundeke; kwintofi; nkonengii; nkonengu; todo
330	*Beilschmiedia louisii*	非洲	卢氏琼楠	kamuani

序号	学名	主要产地	中文名称	地方名
331	*Beilschmiedia mannii*	喀麦隆、加蓬、科特迪瓦、利比里亚、扎伊尔、刚果	曼氏琼楠	akok; akom; atiokouo; beay; bitehi; bongolu; bonzale; gboko nisa; kanda; kilundeke; kwintofi; nkonengii; nkonengu; pogo; rose kanda; spicy cedar; todo; zoe-kpoe
332	*Beilschmiedia membranifolia*	喀麦隆	膜叶琼楠	ovan
333	*Beilschmiedia nitida*	刚果	密茎琼楠	todo
334	*Beilschmiedia oblongifolia*	喀麦隆、刚果、加蓬	长圆叶琼楠	kanda
335	*Beilschmiedia obscaras* var. *angustifolius*	非洲	鳞琼楠	kanda
336	*Beilschmiedia obscura*	喀麦隆	模糊琼楠	kanda
337	*Beilschmiedia pierreana*	刚果	皮埃尔琼楠	gomboko
338	*Beilschmiedia ugandensis*	非洲东部	乌干达琼楠	mwasa
339	*Beilschmiedia velutina*	马达加斯加	绒叶琼楠	demoka
340	*Beilschmiedia zeylanica*	非洲	锡兰琼楠	
	Berchemia **(RHAMNACEAE)** **勾儿茶属（鼠李科）**		**HS CODE** **4403. 99**	
341	*Berchemia discolor*	津巴布韦、南非	变色勾儿茶	aba; bird plum; brown ivory; dog plum; matatya; mountain date; mugaramhanga; munhacha; munyii; nyii; umncaga; umnyii; wild almond
342	*Berchemia racemosa*	津巴布韦	聚果勾儿茶	
343	*Berchemia zeyheri*	非洲东部、南非、津巴布韦、莫桑比克	南非勾儿茶	dina; mnai; mucarane; mulatchine; mumbeza; musukachuma; mutsonga; muvhunambezo; nyii; pau preto; pink ivorywood; red ivory; red ivorywood; rooihout; sungangona; umgoloti; umnini; umnyiyi
	Berlinia **(CAESALPINIACEAE)** **鞋木属（苏木科）**		**HS CODE** **4403. 49**	
344	*Berlinia acuminata*	喀麦隆、加纳、尼日利亚、科特迪瓦、加蓬、利比里亚、非洲西部、塞拉利昂、刚果、塞内加尔	尖叶鞋木	abem; agyemera; ajia; apado; beguan; berlinia; ebiara; eborha; ekpogoi; essaben; ghordurorh; kibibi; kpendei; melegba; melegbra; mpossa; obuba; obwa; pacouli; redoak; ububa; wupa

序号	学名	主要产地	中文名称	地方名
345	*Berlinia angolensis*	非洲东部	安哥拉鞋木	mukwe
346	*Berlinia auriculata*	喀麦隆、加纳、尼日利亚、非洲西部、利比里亚、塞拉利昂、科特迪瓦、塞内加尔	耳状鞋木	abem; agyemera; apado; berlinia; ebiara; ekpogoi; essoule; esule; gborduorh; kibibi; kpendei; melegba; obwa; pacouli; ponyere; rode berlinia; sau; ububa; wupa
347	*Berlinia bracteosa*	喀麦隆、加蓬、加纳、尼日利亚、刚果、利比里亚、安哥拉、塞拉利昂、扎伊尔、科特迪瓦、塞内加尔	多苞鞋木	abem; afrikanisch zebraholz; agyemera; apoda; berlinia; ebamba; ebiara; eniamianga; gborduorh; ibora; kibambara; kotoprepre; kpendei; ligbala; melegbra; obolo; pacouli; ponyere; sarkpei; sau; ububa; wupa
348	*Berlinia confusa*	喀麦隆、尼日利亚、加蓬、刚果、科特迪瓦	鞋木	abem; berlinia; ebiara; ekpogoi; esabem; essabem; m'possa; melegba; melegba des galleries; melegbra; pocouli; sarkpei
349	*Berlinia globifera*	扎伊尔	球形鞋木	mutondo
350	*Berlinia grandiflora*	喀麦隆、加纳、非洲西部、非洲中部、加蓬、尼日利亚、利比里亚、刚果、科特迪瓦	大花鞋木	abem; adema; berlinia; ebiara; ekpogoi; esabem; essabem; essoule; gborduroh; kibibi; korhoa; kotoprepre; kpendei; melegba; melegba des galeries; melegbra; pocouli; sarkpei; schoenmake rsboom; wupa
351	*Berlinia kerstingi*	非洲西部	克斯汀鞋木	tau
352	*Berlinia ledermannii*	非洲	莱氏鞋木	alumbi
353	*Berlinia niembaensis*	刚果、非洲西部	尼姆巴鞋木	berlinia; fara-doka; mutobo; mutondo
354	*Berlinia occidentalis*	科特迪瓦	西方鞋木	ebiara; pocouli
355	*Berlinia tomentella*	科特迪瓦	柔毛鞋木	komelegba
356	*Berlinia tomentosa*	非洲西部	毛鞋木	tou
357	*Berlinia viridicans*	刚果	绿色鞋木	mpossa
358	*Berlinia zeyhert*	刚果	泽赫特鞋木	pau-rosa
	***Bersama* (MELIANTHACEAE)** **娑羽树属（密花科）**		**HS CODE** **4403.99**	
359	*Bersama abyssinica*	南非、科特迪瓦、津巴布韦	埃塞俄比亚娑羽树	bitterbark; kofo; munyahava; mwangwakwao; winged bersama
360	*Bersama holsti*	非洲东部、乌干达	霍尔斯娑羽树	mshinda'ng uruwe; mutango

序号	学名	主要产地	中文名称	地方名
361	*Bersama lucens*	南非	光亮娑羽树	shiny-leaf berasama; undiyaza
362	*Bersama paullinioides*	利比里亚	保罗利娑羽树	je-rah-kpar
363	*Bersama stayneri*	南非	斯坦尼娑羽树	bersama; stayner bersama
364	*Bersama swinnyi*	南非	斯温尼娑羽树	isindiyandiya; swinny bersama
365	*Bersama swynnertonii*	津巴布韦	斯氏娑羽树	purple bersama
366	*Bersama transvaalensis*	南非	特兰斯瓦娑羽树	white essenwood; witessenhout
367	*Bersama tysoniana*	南非	泰索尼娑羽树	bastard sneezewood; bitterbark; wild quinine tree
	Bertiera **(RUBIACEAE)** **舒榄属（茜草科）**		**HS CODE** **4403. 99**	
368	*Bertiera racemosa*	加纳	聚果舒榄	matandua
	Bixa **(BIXACEAE)** **红木树属（红木科）**		**HS CODE** **4403. 99**	
369	*Bixa orellana*	科特迪瓦	红木树	anato; annatto; lipstick tree; mzingifuri; recouyer; rocou; rocouyer; roucou; urucu; urucuzeiro
	Blighia **(SAPINDACEAE)** **阿开木属（无患子科）**		**HS CODE** **4403. 99**	
370	*Blighia sapida*	喀麦隆、加纳、利比里亚、科特迪瓦、非洲西部	美味阿开木	abale; abikotor; achin; adza; akee apple; ayigbe atia; baza; finzan; kaka gros fruits; ndamba; ngwin; peso; sugo; takwadua
371	*Blighia unijugata*	加纳、科特迪瓦、扎伊尔、喀麦隆、乌干达、津巴布韦	两叶阿开木	akye; akyere; ankye biri; ankyewa; awole; bebi; boso; dimumabuba; edwundwuna; engong; isin-oko; muikuni; nkuzanyana; triangle tops
372	*Blighia welwitschii*	刚果、科特迪瓦、利比里亚	韦氏阿开木	angu; bokoko; boosa; goue; kaka; mutaco; oloko; tsana; ukpe nofua
	Bombax **(BOMBACACEAE)** **木棉属（木棉科）**		**HS CODE** **4403. 49**	
373	*Bombax brevicuspe*	科特迪瓦、利比里亚、非洲西部、莫桑比克、喀麦隆、加蓬、加纳	短尖木棉	akagaouan; alone; alone bombax; condrotti; ju-ihn; kingue; kondroti; kunkuntumi; mungura; ogumalanga; ogumalonga; onyina-koben; west african bombax

序号	学名	主要产地	中文名称	地方名
374	*Bombax buonopozense*	科特迪瓦、多哥、非洲中部、非洲西部、加纳、加蓬、几内亚、喀麦隆、尼日利亚、苏丹、莫桑比克	西非木棉	adabo; afobie; akata; akonkore; bombax; boumou; djoey; east african bombax; ekuba; esodoum; essodum; fulo; gurjiya; kapocktrad; kuntunkum; kuriya; mboba; mounorou; obokha; ponponla; sanbugo; silk cottontree; ukim
375	*Bombax costatum*	塞内加尔、尼日利亚	科斯塔木棉	bombax; bonkon; gurjiya; kapokier; kuruhi
376	*Bombax flammeum*	非洲东部	火焰色木棉	east african bombax
377	*Bombax pentandrum*	非洲	五雄蕊木棉	
378	*Bombax rhodognaphalon*	坦桑尼亚	红鼠麴木棉	mezuma
	***Bonamia*（CONVOLVULACEAE）** **睡帽藤属（旋花科）**		**HS CODE 4403.99**	
379	*Bonamia cymosa*	利比里亚	小果睡帽藤	doo
380	*Bonamia maripoides*	利比里亚	马里睡帽藤	
	***Borassus*（PALMAE）** **树头榈属（棕榈科）**		**HS CODE 4403.99**	
381	*Borassus aethiopum*	加纳、尼日利亚、南非、几内亚、几内亚比绍、非洲中部、科特迪瓦、塞内加尔、扎伊尔、非洲西部、苏丹	树头榈	ago beam; arac palm; breeblaar palmboom; cibe; dendo; ekube; giginya; khas; kounitaye; kube; makube; mohamma; oggo; palmyra palm; ronier; seniot; wiedzo; wlo
382	*Borassus flabellifer*	非洲中部、科特迪瓦、非洲西部	扇叶树头榈	ago-palme; palmier ronier; pero; ronier
	***Boscia*（CAPPARACEAE）** **牧羊柑属（山柑科）**		**HS CODE 4403.99**	
383	*Boscia albitrunca*	南非	白化牧羊柑	coffeetree; matoppie; shepherd's tree; white-stem; witgat; witstam
384	*Boscia angustifolia*	塞内加尔、肯尼亚	狭叶牧羊柑	anza; anzagi; laoro; tiredic; umuzizi
385	*Boscia foetida*	南非	粗壮牧羊柑	knoudoring; stinkbos; witgat
386	*Boscia microphylla*	南非	小叶牧羊柑	kaoko; small-leaved boschia
387	*Boscia mossambicensis*	南非	莫桑牧羊柑	witgatboom
388	*Boscia oleoides*	南非	奥雷牧羊柑	emigrants-tree; white-stem; witbasboom; witgat

序号	学名	主要产地	中文名称	地方名
389	*Boscia salicifolia*	津巴布韦	柳叶牧羊柑	kabombwe；mtukila；mudemara；mungezi；murunganya ma；musauti；mutiri；willow-leaved boscia；zure
390	*Boscia senegalensis*	塞内加尔	塞内加尔牧羊柑	diandam
391	*Boscia tomentosa*	南非	毛牧羊柑	hairy boschia
	Bosqueia（MORACEAE） **热非桑属（桑科）**		**HS CODE 4403. 99**	
392	*Bosqueia angolensis*	安哥拉	安哥拉热非桑	
393	*Bosqueia phoberos*	肯尼亚	热非桑	bosqueia
	Boswellia（BURSERACEAE） **乳香树属（橄榄科）**		**HS CODE 4403. 99**	
394	*Boswellia dalzielii*	尼日利亚	异叶乳香树	ararabi；basamu；hano
395	*Boswellia frereana*	非洲东部	弗瑞纳乳香树	maidi
396	*Boswellia papyrifera*	尼日利亚	纸皮乳香树	basamu
	Brabejum（PROTEACEAE） **铁咖啡属（山龙眼科）**		**HS CODE 4403. 99**	
397	*Brabejum stellatifolium*	南非	辐射叶铁咖啡	amandelboom；bitter almond；ghoeboontjie；red stinkwood；wild almond
	Brachylaena（COMPOSITAE） **短被菊属（菊科）**		**HS CODE 4403. 49**	
398	*Brachylaena discolor*	南非	变色短被菊	coast silverleaf；vaalbos
399	*Brachylaena elliptica*	南非	椭圆短被菊	firesticks；suurbos
400	*Brachylaena glabra*	南非	平滑短被菊	malbar；umphahla
401	*Brachylaena huillensis*	南非	韦伦斯短被菊	huilla brachylaena；isimemela
402	*Brachylaena hutchinsii*	肯尼亚、坦桑尼亚	哈氏短被菊	mkarambaki；mubuubu；muhugu；muhugwe；muhuhu；olmagogo；watho
403	*Brachylaena ilicifolia*	南非	冬青叶短被菊	bitterblaar；igqeba
404	*Brachylaena merana*	马达加斯加	梅拉纳短被菊	merana
405	*Brachylaena microphylla*	马达加斯加	小叶短被菊	masinjana；masinjoana
406	*Brachylaena neriifolia*	南非	夹竹桃叶短被菊	water witels
407	*Brachylaena ramiflora*	马达加斯加	枝花短被菊	common hazel；european hazel；hazeltree；hazotokana

序号	学名	主要产地	中文名称	地方名
408	*Brachylaena rotundata*	津巴布韦	圆形短被菊	bosvaalbos; mupakamabwe; mupasa; transvaal silver-tree; umngqebe; umpahla; yellow brachylaena
409	*Brachylaena transvaalensis*	南非	特兰斯短被菊	salie; transvaal-silver-tree; vaalboom; vaalbos
410	*Brachylaena uniflora*	南非	单花短被菊	iphala lehlathi; natal brachylaena
	Brachystegia（**CAESALPINIACEAE**） 短盖豆属（苏木科）		**HS CODE** **4403. 49**	
411	*Brachystegia allenii*	津巴布韦	阿氏短盖豆	escarpment brachystegia
412	*Brachystegia appendiculata*	非洲东部	附属体短盖豆	mtundu; okwen
413	*Brachystegia bequaeti*	扎伊尔	贝奎提短盖豆	musamba
414	*Brachystegia boehmii*	津巴布韦、坦桑尼亚、赞比亚、莫桑比克、南非	波氏短盖豆	itshabela; mafash; mchabela; mienzi; mjombo; molo; msasa; mtondo; mufuti; mundu; mupfuti; muputu; okwen; pfute; umvombo
415	*Brachystegia bragae*	非洲东部	布拉格短盖豆	mtondo; mtundu; spiciformis
416	*Brachystegia cynometroides*	非洲东部、喀麦隆、塞拉利昂、利比里亚、科特迪瓦、非洲中部、尼日利亚	短盖豆	african elm; bodgei; bondu; ekop; ekop-naga; goeguehn; guoong; maga; meblo; meblo okwen; naga; okwen; poli; tebako
417	*Brachystegia edulis*	利比里亚	可食短盖豆	
418	*Brachystegia eurycoma*	尼日利亚、喀麦隆、非洲中部	粗毛短盖豆	achi; african elm; akume; amouk; brachystegia; ekop-naga; naga; okwen
419	*Brachystegia filiformis*	南非	丝状短盖豆	mjombo
420	*Brachystegia fleuryana*	非洲	弗勒里短盖豆	zebrano
421	*Brachystegia glaucescens*	津巴布韦	白变短盖豆	guzhe; mountain acacia; muunze; tsotso; umbuze
422	*Brachystegia gossweileri*	安哥拉	高斯短盖豆	mussamba
423	*Brachystegia hockii*	扎伊尔、非洲东部	霍氏短盖豆	kaputu; mtondo; mtundu; spiciformis
424	*Brachystegia kennedyi*	尼日利亚、科特迪瓦、喀麦隆	肯尼迪短盖豆	brachystegia; meblo; naga; okwen

序号	学名	主要产地	中文名称	地方名
425	*Brachystegia laurentii*	加蓬、刚果、扎伊尔、喀麦隆	劳氏短盖豆	ariella; bomanga; bombanga; boomanga; ekop blanc; ekop leke; manga; mendgua; mendoo; mendou; nzang; nzoubeu; yegna
426	*Brachystegia leonensis*	利比里亚、塞拉利昂、科特迪瓦、非洲中部、非洲西部	利昂短盖豆	african elm; bodgei; bondu; bougnoutou; ekop naga; goeguehn; guoong; meblo; okwen; poli; tebacco; tebako; zingana
427	*Brachystegia longifolia*	肯尼亚	长叶短盖豆	nangwesu
428	*Brachystegia merana*	马达加斯加	梅拉纳短盖豆	merampamelona; merana famelona
429	*Brachystegia mildbraedii*	刚果、喀麦隆、非洲中部、加蓬、扎伊尔	米氏短盖豆	bomanga; bombanga; ekop; ekop-evene; ekop-leke; evene; m'pai; manga; n'zang; n'zobeu; yegna
430	*Brachystegia mimosaefolia*	扎伊尔	含羞草叶短盖豆	ngalati
431	*Brachystegia mpalensis*	非洲东部	姆帕短盖豆	mtondo; mtundu; spiciformis
432	*Brachystegia nigerica*	尼日利亚	尼日利亚短盖豆	achi; african elm; akume; bodgei; brachystegia; ekop naga; meblo; naga; okwen; tebako
433	*Brachystegia nzang*	非洲	喃扎短盖豆	
434	*Brachystegia spiciformis*	津巴布韦、非洲东部、非洲中部、刚果、莫桑比克、安哥拉、南非	美丽短盖豆	igonde; kaputu; mdlenga; missassa; mtondo; mtundu; mupanda; muputu; musasa; mutstasa; myombo; okwen; speciformis
435	*Brachystegia triluga*	非洲东部	特里短盖豆	mtondo; mtundu; speciformis
436	*Brachystegia utilis*	津巴布韦	良木短盖豆	false mufuti; mukangadze; munobva; nyarwatsi
437	*Brachystegia venosa*	非洲东部	细脉短盖豆	mtondo; mtundu; speciformis
	Bredia **(MELASTOMATACEAE)** **野海棠属(野牡丹科)**		**HS CODE** **4403.99**	
438	*Bredia hirsuta*	刚果	毛野海棠	
439	*Bredia okinawensis*	刚果	冲绳野海棠	
440	*Bredia yaeyamensis*	刚果	石垣野海棠	
	Brenierea **(CAESALPINIACEAE)** **扁竹豆属(苏木科)**		**HS CODE** **4403.99**	
441	*Brenierea insignis*	马达加斯加	显著扁竹豆	andraba; andrambe; raabe; tsirihony; tsiriona; tsirionana; tsiriony

序号	学名	主要产地	中文名称	地方名
442	*Brenierea phylloxylloides*	马达加斯加	叶状扁竹豆	
	Breonadia **（RUBIACEAE）柳团花属（茜草科）**		**HS CODE 4403. 99**	
443	*Breonadia microcephaia*	津巴布韦	小叶柳团花	
444	*Breonadia salicina*	津巴布韦、南非、马达加斯加	李柳团花	limbo; minger hout; muona; muwona; muwonya; sohy
	Breonia **（RUBIACEAE）帽团花属（茜草科）**		**HS CODE 4403. 99**	
445	*Breonia chinensis*	马达加斯加	中华帽团花	
446	*Breonia decidua*	马达加斯加	落叶帽团花	malompangady
447	*Breonia keliravina*	马达加斯加	克拉维帽团花	malompangady
448	*Breonia madagascariensis*	马达加斯加	马达加斯加帽团花	molapangady; molompangady; molopangady
449	*Breonia perrieri*	马达加斯加	佩里帽团花	valotra
	Bretschneidera **（BRETSCHNEIDERACEAE）南华木属（南华木科）**			**HS CODE 4403. 99**
450	*Bretschneidera sinensis*	科特迪瓦	伯乐树	
	Breviea **（SAPOTACEAE）长籽山榄属（山榄科）**		**HS CODE 4403. 49**	
451	*Breviea leptosperma*	加纳、尼日利亚、科特迪瓦	长籽山榄	apobeaon; sankammire
452	*Breviea sericea*	科特迪瓦、非洲中部	绢毛长籽山榄	apobeaou; apobeau; koloma; mwema; sankabin; sankammire
	Bridelia **（EUPHORBIACEAE）土密树属（大戟科）**		**HS CODE 4403. 49**	
453	*Bridelia atroviridis*	津巴布韦、科特迪瓦	黑绿土密树	rare forest bridelia; tchikue; tougbi
454	*Bridelia balansae*	科特迪瓦	巴兰塞土密树	
455	*Bridelia brideliifolia*	科特迪瓦	布氏土密树	
456	*Bridelia cathartica*	南非	软枝土密树	umnwangazi
457	*Bridelia cocolobaefolia*	马达加斯加	海葡萄叶土密树	arina
458	*Bridelia ferruginea*	喀麦隆、尼日利亚、非洲西部、科特迪瓦	锈色土密树	kirni; kirrne; kisni; kolu; sca

序号	学名	主要产地	中文名称	地方名
459	*Bridelia grandis*	加蓬、科特迪瓦、非洲西部	大土密树	assas; doaando; ogangan; opepea; orangan; sasse; tchikouebi; tchikuebi; tschikue
460	*Bridelia insulana*	非洲	岛叶土密树	
461	*Bridelia macrocarpa*	非洲	大果土密树	
462	*Bridelia micrantha*	加纳、非洲西部、津巴布韦、喀麦隆、南非、科特迪瓦、非洲中部、乌干达	小花土密树	apakyisie; assas; awogye; badi; essat; ewolet; ewoulet; inhlalamag wababa; kataza; katazamiti; mitzeerie; msopa; mudzinza; mukodokodo; mushungunu; mutorarwizi; mutugusi; mzerie; ogarwe; tchikue; tougbibi; umhlalamag wababa
463	*Bridelia mollis*	南非	软土密树	bushman bridelia; mokokwele; swatima
464	*Bridelia ripicola*	刚果	里皮土密树	ekoutouhou
465	*Bridelia scleroneura*	尼日利亚、加纳	斯克莱土密树	kisni; sareso okure
466	*Bridelia scleroneuroides*	乌干达	斯勒土密树	orweiso
467	*Bridelia speciosa*	科特迪瓦、加蓬、喀麦隆	美丽土密树	apas; assas; ataba; chikue; chioukoue; ekouane; eouoleveu; epakotroubo; moutsetsendi; nkala; ossesainde; otindia; serraka; tchikoue; tchioukoue; tchomboko; tougbi
468	*Bridelia tulasneana*	马达加斯加	图拉斯土密树	arina; hazoanafo
	Brochoneura **(MYRISTICACEAE)** **寒脂楠属（肉豆蔻科）**		**HS CODE** **4403. 99**	
469	*Brochoneura usambarensis*	非洲	乌桑巴寒脂楠	tambala
	Bruguiera **(RHIZOPHORACEAE)** **木榄属（红树科）**		**HS CODE** **4403. 99**	
470	*Bruguiera gymnorhiza*	南非、莫桑比克、非洲东部、马达加斯加	木榄	black mangrove; cigar mangrove; infinze; infize; isikungati; mangue encanado; mefinze; mshinzi; paletuvier incarnat; paletuvier rouge; tsilolona; tsitolona; tsitolony

序号	学名	主要产地	中文名称	地方名
	Buchholzia (CAPPARACEAE) 香椰子属（山柑科）		**HS CODE** **4403.99**	
471	*Buchholzia coriacea*	科特迪瓦、刚果、喀麦隆	革叶香椰子	abo; amizi; amon; bad; miran
472	*Buchholzia macrophylla*	喀麦隆	大叶香椰子	
473	*Buchholzia macrothyrsa*	科特迪瓦	巨枝香椰子	mbandi
474	*Buchholzia tholloniana*	喀麦隆	托洛香椰子	mbandi
	Buddleja (SCROPHULARIACEAE) 醉鱼草属（玄参科）		**HS CODE** **4403.99**	
475	*Buddleja auriculata*	南非	耳状醉鱼草	winter wild buddleia
476	*Buddleja corrugata*	南非	波纹醉鱼草	high-mountain sage; lelora
477	*Buddleja glomerata*	南非	聚花醉鱼草	kakkerlak; niesbos
478	*Buddleja polystachya*	南非	多穗醉鱼草	buddleia
479	*Buddleja pulchella*	南非	华丽醉鱼草	beautiful buddleia
480	*Buddleja saligna*	南非	柳叶醉鱼草	bastard olive; olive buddleia
481	*Buddleja salviifolia*	南非	鼠尾草叶醉鱼草	mountain sage; wild sage
	Burkea (CAESALPINIACEAE) 伯克苏木属（苏木科）		**HS CODE** **4403.49**	
482	*Burkea africana*	南非、非洲中部、尼日利亚、津巴布韦、莫桑比克、几内亚、非洲西部、非洲东部、坦桑尼亚、马拉维、赞比亚、加纳、科特迪瓦、苏丹	伯克苏木	aradibo; bakin makarfo; burkea; cimbe; combo kourou; false ash; kapanga; kinkiri; malawi; mkarati; mucarala; mukapati; musheshe; mwansabuso; pinimo; siachibula; tschisili; umnondo; wild seringa; wildesering
	Bussea (CAESALPINIACEAE) 奥契瑟苏木属（苏木科）		**HS CODE** **4403.99**	
483	*Bussea occidentalis*	加纳、科特迪瓦、利比里亚	西方奥契瑟苏木	ateretere; bonaminta; boomoue; bosmoue; dabugrohi; dahn-hay; dahn-kay; homaide; homaidi; kotoprepre; nomotcho; samanta; samante; takorowa
484	*Bussea sakalava*	加纳	萨卡拉瓦奥契瑟苏木	

序号	学名	主要产地	中文名称	地方名
	Buxus **(BUXACEAE)** **黄杨属(黄杨科)**		**HS CODE** **4403.99**	
485	*Buxus hildebrandtii*	非洲东部	赫氏黄杨木	guedar
486	*Buxus macowanii*	南非	海角黄杨木	africaanse buksboom; african box; african boxwood; afrikansk buxbom; boxwood; cape box; cape boxwood; colonial box; east african box; east london boxwood; notobuxus; south african boxwood
487	*Buxus natalensis*	南非	南非黄杨木	box wattle; gala-gala; galagala; igalagala; luxwezo; natal box; ukuxeza
488	*Buxus sempervirens*	非洲北部	欧洲黄杨木	bois beni; boj; boksboom; bosso verde; box; common box; feasshur; nordisches ebenholz; north african boxwood
	Cadaba **(CAPPARACEAE)** **蛭果柑属(山柑科)**		**HS CODE** **4403.99**	
489	*Cadaba aphylla*	南非	无叶蛭果柑	bloustamrm; bobbejaanarm; swartstorm
490	*Cadaba farinosa*	非洲	粉毛蛭果柑	sernak
491	*Cadaba natalensis*	南非	南非蛭果柑	amangwe-azidlayo; cadaba; unoqungwa
	Caesalpinia **(CAESALPINIACEAE)** **苏木属(苏木科)**		**HS CODE** **4403.49**	
492	*Caesalpinia angolense*	非洲西部	安哥拉苏木	
493	*Caesalpinia arenosa*	非洲西部	沙棘苏木	barba de gallo
494	*Caesalpinia insolita*	非洲	紫荆苏木	
495	*Caesalpinia madagascariensis*	马达加斯加	马达加斯加苏木	
	Calantica **(FLACOURTIACEAE)** **帽轮木属(大风子科)**		**HS CODE** **4403.99**	
496	*Calantica cerasifolia*	马达加斯加	樱叶帽轮木	hazombato
	Callitris **(CUPRESSACEAE)** **澳柏属(柏科)**		**HS CODE** **4403.25(截面尺寸≥15cm)或4403.26(截面尺寸<15cm)**	
497	*Callitris arborea*	南非	树状澳柏	cedar
498	*Callitris columellaris*	非洲	籽心柱澳柏	white cypress pine
499	*Callitris cupressoides*	南非	库斯澳柏	sapreewood

序号	学名	主要产地	中文名称	地方名
500	*Callitris juniperoides*	南非	塞德隆澳柏	cederboom
501	*Callitris preissii*	非洲	南澳柏	slender cypress pine；turpentine pine
	***Calodendrum*（RUTACEAE）** **美木芸香木属（芸香科）**		**HS CODE** **4403. 99**	
502	*Calodendrum capense*	肯尼亚、南非、津巴布韦	好望角美木芸香木	cape chestnut；umbaba；umbomvo；wild chestnut；wilde kastanie
503	*Calodendrum eickii*	非洲	埃氏美木芸香木	mhombo
	***Caloncoba*（ACHARIACEAE）** **卡洛大风子属（青钟麻科）**		**HS CODE** **4403. 99**	
504	*Caloncoba brevipes*	科特迪瓦、利比里亚	短柄卡洛大风子木	dolie；klehn
505	*Caloncoba echinata*	利比里亚、科特迪瓦	多刺卡洛大风子木	dooh；flan-chu；gorli
506	*Caloncoba glauca*	赤道几内亚、喀麦隆、扎伊尔、加蓬、非洲西部	平滑卡洛大风子木	caloncoba；jabopfouey；kapalu；kikuakua-bukala；mehame-megoma；miamen gomo；miamgomo；miami-ngoma；miengumo；mongomo；tangolo
507	*Caloncoba welwitschii*	刚果、喀麦隆、加蓬	维氏洛大风子木	kikicaku；kikuaku；kikuakua；kuakua；kwan-kwan；miamen gomo；miamingono
	***Calophyllum*（GUTTIFERAE）** **海棠木属（藤黄科）**		**HS CODE** **4403. 49**	
508	*Calophyllum antillanum*	留尼汪岛	拉美红厚壳木	alexandrian laurel；antilles calophyllum；beauty leaf；galba；galba；mast wood；santa maria；tacamahaca rouge；west indian laurel
509	*Calophyllum drouhardii*	马达加斯加	久氏红厚壳木	vintanina
510	*Calophyllum inophyllum*	非洲中部、毛里求斯、马达加斯加	海棠木	alexandrian laurel；bois tatamak；fooraha；foraha；fourha；peenaga
511	*Calophyllum parviflorum*	马达加斯加	小花红厚壳木	bintangor；vintanina
512	*Calophyllum spurium*	留尼汪岛	刺叶海棠木	takamaca
513	*Calophyllum tacamahaca*	毛里求斯、留尼汪岛	塔卡海棠木	tacamahaca blanc；takamaka；takamaka des hauts；takamaka rouge；tatamaka

序号	学名	主要产地	中文名称	地方名
514	*Calophyllum vitiense*	马达加斯加	乌塞海棠木	vintanina
	Calotropis **(ASCLEPIADACEAE)** **牛角瓜属（萝藦科）**		**HS CODE** **4403.99**	
515	*Calotropis procera*	非洲北部、塞内加尔	高大牛角瓜木	coton de france; korounka; paftone; tourha
	Calpocalyx **(MIMOSACEAE)** **瓮萼豆属（含羞草科）**		**HS CODE** **4403.99**	
516	*Calpocalyx aubrevillei*	利比里亚、喀麦隆、塞拉利昂、科特迪瓦	奥布瓮萼豆木	baa; calpocalyx; guepizou; man-toue; marou-tou
517	*Calpocalyx brevibracteata*	利比里亚、科特迪瓦、加纳	短苞瓮萼豆木	kpu-ah; petepre; samanta; tre-tre
518	*Calpocalyx dinklagei*	喀麦隆	花瓮萼豆木	abgang mekoue; endiele; minsi
519	*Calpocalyx heitzii*	赤道几内亚、加蓬、喀麦隆	海氏瓮萼豆木	miam; miama; mississe; okpagheze
520	*Calpocalyx klainei*	喀麦隆、加蓬、赤道几内亚、几内亚	瓮萼豆木	amia; bebamme; bon; endoa; lende; miama; mississe; motoudon
	Canarium **(BURSERACEAE)** **橄榄属（橄榄科）**		**HS CODE** **4403.49**	
521	*Canarium boivinii*	马达加斯加	博氏橄榄	ramy; ramy fotsy; ramy rouge
522	*Canarium madagascariense*	马达加斯加	马达加斯加橄榄	madagascar canarium; ramy; ramy blanc; ramy rouge; rany blanc; white ramy
523	*Canarium mauritianum*	毛里求斯	毛里求斯橄榄	colophane
524	*Canarium paniculatum*	毛里求斯	圆锥橄榄	bois de colophane; bois de colophane franc; colophane; colophanholz
525	*Canarium schweinfurthii*	喀麦隆、赤道几内亚、加蓬、几内亚比绍、非洲东部、非洲西部、加纳、利比里亚、科特迪瓦、扎伊尔、尼日利亚、塞拉利昂、乌干达、马里、安哥拉、刚果、非洲中部	非洲橄榄	aboel; african canarium; afrikansk canarium; ako; anikantuhu; atile; bediwonia; bili; bininkala; boele; buhura; canarium; kurutwe; labe; mahogany; mbidinkala; mombcle; mubili; musanke; nyegye; okoume; olengue; ombili; omusanki; wotua; yatu
526	*Canarium velutinum*	加纳、加蓬、几内亚	毛橄榄	abe

序号	学名	主要产地	中文名称	地方名
	Canthium（**RUBIACEAE**） **鱼骨木属（茜草科）**		**HS CODE** **4403.99**	
527	*Canthium crassum*	扎伊尔	厚叶鱼骨木	imengela
528	*Canthium gilfillanii*	南非	吉氏鱼骨木	velvet-leaved canthium
529	*Canthium hispidum*	利比里亚	多毛鱼骨木	wro-doo
530	*Canthium huillense*	南非	莫尼鱼骨木	groenboom；monyonyana
531	*Canthium lactescens*	津巴布韦	窄叶鱼骨木	gummy canthium
532	*Canthium locuples*	南非	富鱼骨木	codd canthium
533	*Canthium mundianum*	南非	颗粒鱼骨木	klipels；rock alder；rock elder
534	*Canthium obovatum*	南非	倒卵鱼骨木	black alder；elandshoorn；kwar；quar
535	*Canthium pauciflorum*	南非	少花鱼骨木	klots
536	*Canthium rubrocostatum*	肯尼亚	红中脉鱼骨木	murathahiga；ruasi
537	*Canthium setiflorum*	南非	红花鱼骨木	bristly canthium
538	*Canthium siebenlistii*	非洲	喀氏鱼骨木	mvirumwitu
539	*Canthium spinosum*	南非	尖刺鱼骨木	bokke-droll；coastal canthium；coastal turkey-berry；doringbokdrol；doringklipels；isiphamba；isiphambatho；spiny canthium；thorny rock-alder；thorny turkey-berry；ubuchopho benja
540	*Canthium suberosum*	南非	纳氏鱼骨木	pineapple-bark
541	*Canthium tekbe*	科特迪瓦	科特迪瓦鱼骨木	tekbe；teke
542	*Canthium venosum*	利比里亚、南非	静脉鱼骨木	bokdrol；common turkeyberry；kay-ne-doo；turkeyberry
	Capparis（**CAPPARACEAE**） **山柑属（山柑科）**		**HS CODE** **4403.99**	
543	*Capparis tomentosa*	南非	毛山柑	caper；caper bush；imfihlo；mbada paka；mkoyo；umabusanee；wag-'n-bie tjie-climber；wag-'n-bie tjie-tree；wollerige kapperbos；woolly caper-bush
	Capurodendron（**SAPOTACEAE**） **帽榄属（山榄科）**		**HS CODE** **4403.99**	
544	*Capurodendron ankaranense*	马达加斯加	卡伦帽榄	hazobe

序号	学名	主要产地	中文名称	地方名
545	*Capurodendron rubrocostatum*	马达加斯加	红冠帽榄	hazobe；nato
	***Carallia*（RHIZOPHORACEAE）** **竹节树属（红树科）**		**HS CODE** **4403.49**	
546	*Carallia brachiata*	马达加斯加	竹节树	laka mainty；lakamainty
547	*Carallia madagascariensis*	马达加斯加	马达加斯加竹节树	pitsikahi batana
	***Carapa*（MELIACEAE）** **蟹木楝属（楝科）**		**HS CODE** **4403.49**	
548	*Carapa gogo*	非洲西部	蔻首蟹木楝	gogo
549	*Carapa microcarpa*	喀麦隆、科特迪瓦、马达加斯加	小果苦油楝	bope bambale；dona；kobi；kulipia
550	*Carapa procera*	赤道几内亚、利比里亚、乌干达、尼日利亚、科特迪瓦、刚果、加纳、几内亚比绍、扎伊尔、安哥拉、非洲中部、喀麦隆、塞拉利昂、非洲西部、莫桑比克、塞内加尔、加蓬	高大蟹木楝	aberikuy；agogo；alla；andiroba；asoroa；bete；crabnut；crabwood africain；crappo africano；engang；etiem；goondi；guiana crabwood；ibbegogo；mutongana；nbukulu；nkpi；osuobise；toonkordah；uganda krappa；umbi；umushwati
551	*Carapa velutina*	科特迪瓦、苏丹	毛蟹木楝	akumasse；bibi-abe；bombax；kobi；sorowa
	***Carphalea*（RUBIACEAE）** **繁星花属（茜草科）**		**HS CODE** **4403.99**	
552	*Carphalea kirondron*	南非	繁星花	
553	*Carphalea pubescens*	南非、津巴布韦	短柔毛繁星花	cups-and-saucers；munchola；muntyoka；palagwe
	***Casearia*（FLACOURTIACEAE）** **嘉赐属（大风子科）**		**HS CODE** **4403.99**	
554	*Casearia battiscombei*	非洲东部、肯尼亚、坦桑尼亚、津巴布韦	巴提嘉赐	casearia；mlikawandu；muirungi；muwhawhati；white matua
555	*Casearia dinklagei*	科特迪瓦、利比里亚	丁克嘉赐	guezou；nu-eh-blay-chu
556	*Casearia engleri*	肯尼亚	恩格嘉赐	mukunguru；musandi
557	*Casearia fragilis*	留尼汪岛	卡萨嘉赐	bois de cabri
558	*Casearia gladiiformis*	南非	角豆嘉赐	umjuluka-tree

序号	学名	主要产地	中文名称	地方名
	Cassia （**CAESALPINIACEAE**） 铁刀木属（苏木科）		**HS CODE** **4403. 49**	
559	*Cassia abbreviata*	津巴布韦、南非	小叶铁刀木	cloth-of-gold; isihaqa; kersboom; long-pod cassia; mhahanyama; mululwe; muremberembe; muvheneka; numanyama; peulbos; rabai; urme
560	*Cassia arereh*	尼日利亚	阿雷铁刀木	malga; schitoloby
561	*Cassia aubrevillei*	科特迪瓦	红花铁刀木	akofiamenda
562	*Cassia fikifiki*	科特迪瓦	西亚铁刀木	fikifiki
563	*Cassia fistula*	非洲东部	腊肠树	mkemini; mkwisimkwi
564	*Cassia mannii*	扎伊尔	曼氏铁刀木	bosala
565	*Cassia meridionalis*	马达加斯加	子午铁刀木	andapary
566	*Cassia sieberiana*	刚果、尼日利亚、苏丹、几内亚、塞内加尔、科特迪瓦、非洲西部	西柏铁刀木	kiduki; malga; sendigne; sindia; sindian; sinedia; sinnia; tschamanu
	Cassine （**CELASTRACEAE**） 藏红卫矛属（卫矛科）		**HS CODE** **4403. 99**	
567	*Cassine aethiopica*	津巴布韦、南非	马蹄藏红卫矛	cape cherry; chirambaku para; inqayi elibomvu; kooboobеrry
568	*Cassine aquifolium*	非洲东部	尖叶藏红卫矛	guva
569	*Cassine barbara*	南非	芭拉藏红卫矛	barsbessie
570	*Cassine buchananii*	肯尼亚	布氏藏红卫矛	cassine; elaeodendron; mutimweru
571	*Cassine burkeana*	南非	伯克藏红卫矛	transvaal lapelhout
572	*Cassine crocea*	南非	藏红卫矛	olivetier jaune; saffraan; saffraanhout; saffranhout; saffron; saffron cassine; saffronwood; umbomvane; umbovani; umkulu
573	*Cassine eucleaeformis*	南非	叶氏藏红卫矛	ihlalamanzini; witsybasboom
574	*Cassine humbertii*	马达加斯加	贝蒂藏红卫矛	manendraka
575	*Cassine orientale*	毛里求斯、留尼汪岛	东方藏红卫矛	bois d'olive; bois rouge; nourrouc; olive; rouge blanca grandes feui; rouge oriental
576	*Cassine papillosa*	南非	瘤状藏红卫矛	ikhukhuze; saffron-red cassine; umaquanda

序号	学名	主要产地	中文名称	地方名
577	*Cassine peragua*	南非	双栀藏红卫矛	bastard saffron; hottentot cherry; lepelhout
578	*Cassine schlechteriana*	津巴布韦	鼠尾藏红卫矛	large-leaved cassine
579	*Cassine schweinfurthiana*	非洲东部	富尔藏红卫矛	guva
580	*Cassine stuhlmanni*	非洲	斯图藏红卫矛	kigogweka
581	*Cassine tetragona*	南非	四棱藏红卫矛	bob cherry; droelewer
582	*Cassine transvaalensis*	津巴布韦	特兰斯藏红卫矛	ingwavuma; mudangwa; mupetakafengu; oupitjie; three-petalled cassine; umgugudu
	Cassipourea **(RHIZOPHORACEAE)** **红柱树属（红树科）**		**HS CODE 4403. 49**	
583	*Cassipourea afzelii*	利比里亚	非洲红柱树	ju-ehn-jrah
584	*Cassipourea congoensis*	坦桑尼亚、津巴布韦、非洲东部、扎伊尔、肯尼亚、乌干达、科特迪瓦、南非	锥果红柱树	funzare; lesser onionwood; m'saizi; mpetete; msengera; musaisi; musaizi; ndiri; ndiro; nguessou; onionwood; pillarwood
585	*Cassipourea elliottii*	非洲	椭叶红柱树	
586	*Cassipourea euryoides*	非洲	宽叶红柱树	ngome
587	*Cassipourea firestoneana*	利比里亚	火棘红柱树	kut-wahn; saffronwood
588	*Cassipourea flanaganii*	南非	佛手红柱树	bastard onionwood; isithushana; tolbollie
589	*Cassipourea gummiflua*	津巴布韦	胶梅红柱树	mazembe; onionwood
590	*Cassipourea hiotou*	科特迪瓦	硫头红柱树	hiotou
591	*Cassipourea malosana*	非洲	红柱树	nekazito; pillarwood
592	*Cassipourea mollis*	非洲	软红柱树	mlugalla
593	*Cassipourea mossambicensis*	南非	南非红柱树	mozambique onionwood; umbomvane
594	*Cassipourea nialatou*	科特迪瓦	拉图红柱树	nialatou
595	*Cassipourea ruwensorensis*	非洲	卢森红柱树	mukoloho
	Castanea **(FAGACEAE)** **栗属（壳斗科）**		**HS CODE 4403. 99**	
596	*Castanea sativa*	阿尔及利亚、非洲北部	欧洲栗木	chataignier; chestnut; edelkastanie

序号	学名	主要产地	中文名称	地方名
	Casuarina （CASUARINACEAE） 木麻黄属（木麻黄科）		HS CODE 4403. 99	
597	*Casuarina collina*	留尼汪岛	黄花木麻黄	filao de la nouvelle holande
598	*Casuarina equisetifolia*	塞内加尔、索马里、留尼汪岛、非洲中部、加纳	木麻黄	boisde filao；chowku；filaodu senegal；filaopays；knotsboom；mvindya；mvinje；mwinja；whistling pine
599	*Casuarina glauca*	留尼汪岛	青冈木麻黄	filao multipliant
	Catunaregam （RUBIACEAE） 山石榴属（茜草科）		HS CODE 4403. 99	
600	*Catunaregam nilotica*	尼日利亚	奥尼山石榴	chibra
601	*Catunaregam spinosa*	非洲北部	山石榴	karay；mihuasungu
	Cavacoa （EUPHORBIACEAE） 金丝桐属（大戟科）		HS CODE 4403. 99	
602	*Cavacoa aurea*	南非	金黄金丝桐	cavacoa；south african hickory；umbuku
603	*Cavacoa quintasii*	南非	卡氏金丝桐	
	Cedrela （MELIACEAE） 洋椿属（楝科）		HS CODE 4403. 49	
604	*Cedrela odorata*	非洲中部	香洋椿	indisches mahagoni
	Cedrelopsis （RUTACEAE） 香皮椿属（芸香科）		HS CODE 4403. 99	
605	*Cedrelopsis grevei*	马达加斯加	香皮椿	kathrafay；katrafay
	Cedrus （PINACEAE） 雪松属（松科）	HS CODE 4403. 25（截面尺寸≥15cm）或 4403. 26（截面尺寸<15cm）		
606	*Cedrus atlantica*	非洲	北非雪松	
607	*Cedrus atlantica* var. *glauca*	非洲北部阿特拉斯山及大西洋沿岸地区	青冈大西洋雪松	blue atlas cerar
608	*Cedrus libani*	非洲北部、阿尔及利亚	黎巴嫩雪松	cedar；cosson；libanon zeder；true cedar
	Ceiba （BOMBACACEAE） 吉贝属（木棉科）		HS CODE 4403. 49	
609	*Ceiba anfractuosum*	加蓬	中巴吉贝	fromager

序号	学名	主要产地	中文名称	地方名
610	*Ceiba pentandra*	非洲西部、科特迪瓦、尼日利亚、加纳、塞拉利昂、加蓬、塞内加尔、喀麦隆、刚果、利比里亚、马达加斯加、非洲中部、扎伊尔、莫桑比克	五雄吉贝	adabo; agueghe; anie; araba; banda; bantang; benten; bentenier; bintaforo; capokier; corkwood; doum; dragonnier; egungan; eniangua; fromagera kapok; gung; hamba; kakantrie; kapokboom; kapokier; mafumeira; nguehie; nyina; ogouma; okha; sufi; tonko; ukim; ungwe
	Celtis **(ULMACEAE)** **朴属（榆科）**		**HS CODE** **4403. 49**	
611	*Celtis adolfi-friderici*	非洲中部、科特迪瓦、加纳、乌干达、加蓬、尼日利亚、刚果、非洲西部、喀麦隆	非洲朴	african celtis; asanbli; bagolaro africano; black isa; celtis; diania; engo; esa-biri; isamere; isankesua; kiliakamba; kokou; kolohonfe; lohonfe; mboul; mgua; mwei; ohia; sepie; tongo
612	*Celtis africana*	肯尼亚、非洲中部、乌干达、南非、津巴布韦	白朴	african celtis; akasinsa; cambedoo; camdeboo; camdeboo stinkwood; candeboo; celtis; kamutuna; kaout; kasisa; mugara; mukonachando; murundu; musvutaderere; pillarwood; sydafrikansk stinktra; umdlautu; white stinkwood
613	*Celtis australis*	阿尔及利亚	南方朴	falabreguier; ikikeb; ivirez; micocoulier; tighzaz
614	*Celtis bequaerti*	非洲	贝奎朴	gombe; shiunza
615	*Celtis biondii*	非洲	紫弹朴	
616	*Celtis brieyi*	刚果	刚果朴	diania; dibetu; engo; esa-biri; kiliakamba; lohonfe
617	*Celtis durandii*	非洲中部、南非、喀麦隆、乌干达	杜氏朴	african celtis; afrikaanse celtis; afrikansk celtis; ba; bagolaro africano; bastard white stinkwood; esa; liniumbu; luniumbu; namanuka; odou; ohia; stinkwood; umvumvu
618	*Celtis ehrenbergiana*	南非	埃伦朴	
619	*Celtis fragifera*	非洲	香朴	lokonfi

序号	学名	主要产地	中文名称	地方名
620	*Celtis gomphophylla*	喀麦隆、科特迪瓦、刚果、埃塞俄比亚、加纳、津巴布韦、尼日利亚、扎伊尔、莫桑比克、乌干达、肯尼亚、南非	特拉朴	aka；asan；ba；bolunde；ciai；esa；guneti；guniti；hako；ita；kayombo；koasan；luniumbu；metuzite；motocomo；mugunduzi；mukokukoma；namanuka；odou；shiunza；stinkwood
621	*Celtis integrifolia*	非洲西部、尼日利亚、苏丹、科特迪瓦、塞内加尔	全缘叶朴	diki；dukki；kokoa；kokoja；labinga；mboue；mboul；mgua；tongo；tyentyem；zuwo
622	*Celtis lactea*	非洲东部	乳朴	difou；east african mulberry；kankate；mecodze
623	*Celtis madagascariensis*	留尼汪岛	蕉朴	andreze
624	*Celtis mildbraedii*	非洲中部、刚果、喀麦隆、科特迪瓦、加纳、扎伊尔、安哥拉、加蓬、埃塞俄比亚、尼日利亚、非洲西部、莫桑比克、乌干达、津巴布韦、肯尼亚	米氏朴	african celtis；afrikaanse celtis；asan；bolole；bolunde；cabende；capitango；celtis；ita；kabaranga；kayombo；lohonfe；lufogo；motocomo；mubokukoma；mwei；namanuka；odou；shiunza；stinkwood；tongo；uzinhlu
625	*Celtis philippensis*	科特迪瓦	菲律宾朴	kolohonfe；kolohonge
626	*Celtis rhamnifolia*	南非、埃塞俄比亚、莫桑比克	鼠李朴	cambeboo stinkwood；kaout；msucandiro
627	*Celtis tessmannii*	扎伊尔、刚果	曼尼朴	diania；engo；esa-biri；kiliakamba；lohonfe
628	*Celtis wightii*	非洲西部	魏氏朴	patakli
629	*Celtis zenkeri*	非洲中部、刚果、科特迪瓦、埃塞俄比亚、加纳、尼日利亚、扎伊尔、乌干达、喀麦隆、肯尼亚	热非朴	african celtis；afrikaanse celtis；asan；bagolaro africano；bolunde；ciai；ita；kayombo；lohonfe；lufugo；luniumbu；mgua；motocomo；mubokukoma；mwei；namanuka；odou；ohia；shiunza；stinkwood；tongo
	***Cephalanthus*（RUBIACEAE）** **风箱树属（茜草科）**		**HS CODE** **4403.99**	
630	*Cephalanthus natalensis*	南非	南非风箱树	quinineberry；strawberry-tree

序号	学名	主要产地	中文名称	地方名
	Cephalosphaera **(MYRISTICACEAE)** **球花肉豆蔻属(肉豆蔻科)**		**HS CODE** **4403.49**	
631	*Cephalosphaera usambarensis*	非洲中部、坦桑尼亚	球花肉豆蔻木	ekoune; mtambara
	Ceratonia **(CAESALPINIACEAE)** **角豆苏木属(苏木科)**		**HS CODE** **4403.99**	
632	*Ceratonia siliqua*	阿尔及利亚	长角豆苏木	arabic kharroub; carob; caroubier
	Cerbera **(APOCYNACEAE)** **海杧果属(夹竹桃科)**		**HS CODE** **4403.99**	
633	*Cerbera venenifera*	马达加斯加	筒形海杧果	tangena
	Ceriops **(RHIZOPHORACEAE)** **角果木属(红树科)**		**HS CODE** **4403.99**	
634	*Ceriops tagal*	马达加斯加、莫桑比克、非洲中部、南非	塔加尔角果木	honkolavy; honkovairy; mangue encanado; mkandala; mucandara; n'kandella; paletuvier femelle; paletuvier incarnat; paletuvier rouge; tagal mangrove
	Chaetachme **(CANNABACEAE)** **刺朴属(大麻科)**		**HS CODE** **4403.99**	
635	*Chaetachme aristata*	南非、科特迪瓦、肯尼亚	棘榆	basterwitpeer; kopokoi; maiyuyu; umbambangwe; umkovoti
	Chionanthus **(OLEACEAE)** **流苏木属(木犀科)**		**HS CODE** **4403.99**	
636	*Chionanthus croomeana*	毛里求斯	鳄梨流苏木	bois de sandale
637	*Chionanthus mannii*	科特迪瓦	曼氏流苏木	agua-egbua; akodiombi; akokotona; akoriue; zakueriombi
	Chlorophora **(MORACEAE)** **绿柄桑属(桑科)**		**HS CODE** **4403.49**	
638	*Chlorophora* (= *Milicia*) *regia*	非洲	高贵绿柄桑	abang; iroko; kambata; mandji; mereira; mvule; odum; roko; semli; semme
639	*Chlorophora* (= *Milicia*) *excelsa*	非洲	大绿柄桑	abang; intula; iroko; kambala; mandji; mereira; mvule; rokko; semli; tula
	Chloroxylon **(RUTACEAE)** **绿木属(芸香科)**		**HS CODE** **4403.49**	
640	*Chloroxylon faho*	马达加斯加	法奥绿木	faho; hazondita

序号	学名	主要产地	中文名称	地方名
641	*Chloroxylon swietenia*	马达加斯加	缎绿木	ceylon satinwood； east indian satinwood； faho
	Chrysobalanus （**ROSACEAE**） **可可李属（蔷薇科）**		**HS CODE** **4403. 99**	
642	*Chrysobalanus ellipticus*	利比里亚	椭圆可可李	nseki； palm-doh； tah
643	*Chrysobalanus icaco*	非洲西部、刚果、科特迪瓦、加蓬、利比里亚	伊卡科可可李	ababele； fat-pork； foli-mpendo； groube； hanfuru； mpemdo； pahn-doh； pork-fat apple； tah
	Chrysophyllum （**SAPOTACEAE**） **金叶树属（山榄科）**		**HS CODE** **4403. 49**	
644	*Chrysophyllum africanum*	非洲	西非金叶树	abam； aningueri； bleing； otien
645	*Chrysophyllum albidum*	加纳、乌干达、刚果	微白金叶树	akasa； akassa； longhi； longui； mululu； nkalate； white star apple
646	*chrysophyllum argenteum*	非洲	银金叶树	apobeau； mwema； sankabin； sankammire
647	*Chrysophyllum beguei*	科特迪瓦、刚果、喀麦隆	白花金叶树	aningueri rouge-yapo； bozezele； dita； esseng
648	*Chrysophyllum boivinianum*	乌干达、非洲中部	黄叶金叶树	mulyanyonyi； musenia
649	*Chrysophyllum cuneifolium*	科特迪瓦	楔形叶金叶树	
650	*Chrysophyllum durifructum*	科特迪瓦	硬叶金叶树	
651	*Chrysophyllum* (= *Gambeyobotrys*) *giganteum*	科特迪瓦、加蓬	巨叶金叶树	agnegre； aniegre rouge； aningre； koanandio
652	*Chrysophyllum gorungosanum*	津巴布韦、南非	金叶树	fluted milkwood； milkwood； muchanje； muhlanzwa； mutswatswa
653	*Chrysophyllum imperiale*	喀麦隆	高贵金叶树	
654	*Chrysophyllum lacourtianum*	喀麦隆、刚果、加蓬、科特迪瓦、扎伊尔、非洲中部	拉库金叶树	abamm； akatio； aningueri rouge； bamboutouli； bohambi； boubambou； ebeb； eyaban； foum； kalumeka dimpampi； longhi； longui； mbebame； mumpampi
655	*Chrysophyllum lungi*	扎伊尔	轮叶金叶树	longui

序号	学名	主要产地	中文名称	地方名
656	*Chrysophyllum pentagonocarpum*	喀麦隆、加蓬、科特迪瓦	五齿果金叶树	akosi；mbebame
657	*Chrysophyllum perpulchrum*	科特迪瓦、几内亚、刚果、利比里亚、扎伊尔、非洲中部	直叶金叶树	akatio；aningueri rouge；aningueri rouge bleing；daboigui；kilibambu；longhi；longui；mululu；samfona；samfonda
658	*Chrysophyllum pruniforme*	科特迪瓦、刚果、加蓬	裸叶金叶树	boa；etati-etati；prunier du gabon
659	*Chrysophyllum subnudum*	喀麦隆、刚果、科特迪瓦、加蓬、非洲中部	波状金叶树	abam；akatio；anandio；aningueri rouge；bohambi；bopambu；ebam-bisana；ebama；kankabe；longhi；longui；longui noir；mbebame；otien；vounda
660	*Chrysophyllum viridifolium*	南非	绿叶金叶树	amasethole；ehlathi；umgwinya
661	*Chrysophyllum welwitschii*	利比里亚	威氏金叶树	beari；behn
	***Chytranthus*（LECYTHIDACEAE）** **热美玉蕊属（玉蕊科）**		**HS CODE** **4403. 99**	
662	*Chytranthus brunneo-tomentosus*	非洲	白花热美玉蕊	
663	*Chytranthus cauliflorus*	非洲	茎花热美玉蕊	
664	*Chytranthus edulis*	加蓬	贻贝热美玉蕊	tienndebele
665	*Chytranthus macrophyllus*	加蓬	大叶热美玉蕊	ngon
666	*Chytranthus mannii*	非洲西部	曼氏热美玉蕊	pecego；pecegueiro
667	*Chytranthus setosus*	扎伊尔、利比里亚	刚毛热美玉蕊	bondombe；nye-fe-ohn
	***Cinnamomum*（LAURACEAE）** **樟属（樟科）**		**HS CODE** **4403. 99**	
668	*Cinnamomum camphora*	留尼汪岛	香樟	camphrier
669	*Cinnamomum fragrans*	马达加斯加、非洲东部	桂花樟	metrobeant ina；santal vert；santal vert de zanzibar；taggarwood
	***Cissus*（VITACEAE）** **白粉藤属（葡萄科）**		**HS CODE** **4403. 99**	
670	*Cissus adenocarpa*	非洲	腺籽白粉藤	tongwa
671	*Cissus dinklagei*	扎伊尔	丁克白粉藤	bolalenga

序号	学名	主要产地	中文名称	地方名
672	*Cissus producta*	利比里亚	尾叶白粉藤	kray doo
	Citropsis **（RUTACEAE）** **樱桃橘属（芸香科）**		**HS CODE 4403. 99**	
673	*Citropsis daweana*	津巴布韦	大叶樱桃橘	wild citrus
	Citrus **（RUTACEAE）** **柑橘属（芸香科）**		**HS CODE 4403. 99**	
674	*Citrus decumana*	留尼汪岛	去皮柑橘	citron doux；citronnier doux
675	*Citrus medica*	非洲北部	大花柑橘	trendj
	Cladostemon **（CAPPARACEAE）** **三指柑属（山柑科）**		**HS CODE 4403. 49**	
676	*Cladostemon kirkii*	南非	三指柑	umtegweni
	Clausena **（RUTACEAE）** **黄皮属（芸香科）**		**HS CODE 4403. 49**	
677	*Clausena angolensis*	埃塞俄比亚、非洲中部、南非、坦桑尼亚、乌干达、津巴布韦、肯尼亚、扎伊尔	安哥拉黄皮	dero；mafu；miyinja；mkunguni；mudanhatsindi；mukarakati；muke；muwirowiro；muyinja；rigo；shigulotso；signilu
678	*Clausena anisata*	津巴布韦、乌干达	安尼莎黄皮	manukambire；musaniki；musokolindu；mutonwa；muvhunambezo；perdepis；ruvengahonye
679	*Clausena meliodes*	非洲中部	楝状黄皮木	mkunguni
	Cleistanthus **（EUPHORBIACEAE）** **闭花木属（大戟科）**		**HS CODE 4403. 99**	
680	*Cleistanthus capuronii*	马达加斯加	卷尾闭花木	lohindry
681	*Cleistanthus inundatus*	扎伊尔	干湿闭花木	inkaka
682	*Cleistanthus kasaiensis*	刚果	卡赛闭花木	lukiandzo
683	*Cleistanthus mildbraedii*	非洲	米氏闭花木	pongo lufike
684	*Cleistanthus patens*	非洲	伸展闭花木	otu
685	*Cleistanthus polystachyus*	科特迪瓦	多穗闭花木	ouore ouore
686	*Cleistanthus schlechteri*	南非	斯氏闭花木	umzithi-tree
	Cleistochlamys **（ANNONACEAE）** **紫梨木属（番荔枝科）**		**HS CODE 4403. 99**	
687	*Cleistochlamys kirkii*	非洲东部	克氏紫梨木	koliongo；mgandu

序号	学名	主要产地	中文名称	地方名
	Cleistopholis **（ANNONACEAE）** **闭鳞番荔枝属（番荔枝科）**		**HS CODE** **4403. 49**	
688	*Cleistopholis glauca*	加蓬、刚果、扎伊尔	青冈闭鳞番荔枝	avom；lukunzu；mbelmbol；montole；otu；ovok；sobou；sobu
689	*Cleistopholis patens*	喀麦隆、加纳、尼日利亚、多哥、利比里亚、加蓬、科特迪瓦、扎伊尔、塞拉利昂、非洲西部、刚果	闭鳞番荔枝	afwom；aheri；apako；bodioa；bofu；bontolei；cobou；doumzou；entie；fanke；kivunga；kotopuan；lukunzu；moigbame；moigbwamy；niwanjor；oke；ovok；potopu；serpoi；sobou；welengele；wisane nkyene
690	*Cleistopholis ripicola*	刚果	里氏闭鳞番荔枝	mabango
691	*Cleistopholis staudt*	喀麦隆、刚果	斯氏闭鳞番荔枝	ahom；luzingu
	Clerodendrum **（VERBENACEAE）** **大青属（马鞭草科）**		**HS CODE** **4403. 99**	
692	*Clerodendrum glabrum*	津巴布韦、南非	光叶大青	munyakache mbere；ruwudziwudzi；umdolo；umhlahlamp ethu；umhlambuzi；umnukanja；umqaqongo；umqotshanja；verbena-tree
	Clutia **（EUPHORBIACEAE）** **铁远志属（大戟科）**		**HS CODE** **4403. 99**	
693	*Clutia abyssinica*	南非	埃塞俄比亚铁远志	clutia
694	*Clutia kilimanscharica*	南非	克莉曼铁远志	
	Cocculus **（MENISPERMACEAE）** **木防己属（防己科）**		**HS CODE** **4403. 99**	
695	*Cocculus pendulus*	非洲北部	悬垂木防己	amateltel
	Cocos **（PALMAE）** **椰子属（棕榈科）**		**HS CODE** **4403. 99**	
696	*Cocos nucifera*	加蓬、非洲西部	椰子	ibamba；manga；mbang-ntanga；mbang-putu；mbanga；mbari-ibamba；mbari-muta ngeni；mbari-putu；mnaze；mumbanga；mutangeni；ntangani；omangatanga；yevune
	Coelocaryon **（MYRISTICACEAE）** **凹果豆蔻属（肉豆蔻科）**		**HS CODE** **4403. 49**	
697	*Coelocaryon botryoides*	刚果	串果凹果豆蔻	ebondo
698	*Coelocaryon klainei*	非洲中部	极硬凹果豆蔻	bosaka；egbenrin；kolomeko；oboula

序号	学名	主要产地	中文名称	地方名
699	*Coelocaryon oxycarpum*	科特迪瓦、利比里亚	尖凹果豆蔻	ekoune；kinkono-won；kiukuma-uon；vieda；wild nutmeg；wrahn-beh
700	*Coelocaryon preussii*	扎伊尔、非洲中部、刚果、喀麦隆、赤道几内亚、加蓬	普氏凹果豆蔻	bokolofe；bosaka；dissako；ebutzok；egbenrin；ekoune；kikubi lomba；kolomeko；koumbisoukou；lombaa-kumbi；lombakumbi；nzangalomba；oboula
	Coffea **（RUBIACEAE）** **咖啡属（茜草科）**		**HS CODE 4403.99**	
701	*Coffea arabica*	津巴布韦	小果咖啡	mukofi
702	*Coffea canephora*	科特迪瓦	中果咖啡	cafeier kouilou
703	*Coffea floribunda*	南非	多花咖啡	isikhuphas hane；kraussia
704	*Coffea liberica*	科特迪瓦	大果咖啡	cafeier；cafeier indenie
705	*Coffea mauritiana*	留尼汪岛	毛里求斯咖啡	cafe marron；cafeier marron
706	*Coffea racemosa*	南非	聚果咖啡	coffeetree
707	*Coffea stenophylla*	科特迪瓦	狭叶咖啡	cafeier sauvage
708	*Coffea zanguebariae*	津巴布韦	非洲咖啡	large-leaved wild coffee；wild long-leaved coffee
	Cola **（STERCULIACEAE）** **非洲梧桐属（梧桐科）**		**HS CODE 4403.99**	
709	*Cola acuminata*	喀麦隆、科特迪瓦、尼日利亚、加纳、利比里亚、莫桑比克、几内亚、塞内加尔、马里、非洲西部、非洲中部、扎伊尔、安哥拉、加蓬、塞拉利昂	披针叶非洲梧桐	abeu；abil；alou；apo；awasi；bissy；bouale；buesse；cola；cola-tree；coleira；dibanga；doe-fiah；eyabeu；goora-nut；goura；ibel；kola-nut；kola-tree；korra；kumunu；mabanga；ngourou；riquesa；toloi；woro
710	*Cola attiensis*	科特迪瓦	阿提克非洲梧桐	aoussou
711	*Cola ballayi*	加蓬、喀麦隆	巴拉伊非洲梧桐	abel；colatier；eyabe；idoumbeni；kolatier；mbouangha；mbwangha；mgouanha；moualekoumbi；orende rouge
712	*Cola buntingii*	非洲西部、利比里亚、科特迪瓦	邦氏非洲梧桐	bola；bush-kola；doloko；gaoue；gnibi；kar-we-eh；karweeh；lobo
713	*Cola caricifolia*	利比里亚、加纳、科特迪瓦	莎草叶非洲梧桐	blom-poe；dodowa；kakoua

序号	学名	主要产地	中文名称	地方名
714	*Cola chlamydantha*	扎伊尔、科特迪瓦、加纳	衣拉非洲梧桐	bompomlolo；bompompolo；doloko；kandaba-esseri
715	*Cola cordifolia*	科特迪瓦、加纳、塞内加尔、非洲西部、几内亚比绍、非洲中部	非洲梧桐	amhio；avoa；awari-kokori；boka；dauta；dugbongbore；mandjandja；mujugangoma；ntaba；nutssu-nutssu；ouara；taba；tabackle；uu-ti；watakpuo；watepuo
716	*Cola crispifolia*	加蓬	香蒲非洲梧桐	annchioin
717	*Cola digitata*	利比里亚、喀麦隆	掌状非洲梧桐	day-ne-waye；ekom；kolatier
718	*Cola gigantea*	非洲中部、刚果、科特迪瓦、乌干达	大非洲梧桐	boko；gboko gdes flles；grand ouara；mujugangoma
719	*Cola greenwayi*	津巴布韦	格林非洲梧桐	hairy cola
720	*Cola griseiflora*	刚果、扎伊尔	灰非洲梧桐	eguel；loniama；loniana
721	*Cola heterophylla*	科特迪瓦、喀麦隆	异叶非洲梧桐	akeato；efok；epok
722	*Cola hypochrysea*	喀麦隆	小菊芋非洲梧桐	efok bilobi
723	*Cola lateritia*	非洲中部、利比里亚、加蓬	劳里非洲梧桐	baboko；bo-ah；booni；ebouboure；mendeneu
724	*Cola laurifolia*	科特迪瓦、几内亚	月桂叶非洲梧桐	komonbelo；manomkaou balinga
725	*Cola microcarpa*	南非	小果非洲梧桐	umngqosho；umqosho；vanquisher
726	*Cola mirabilis*	科特迪瓦	奇异非洲梧桐	gnibi；gnili；guibi；komou aguire
727	*Cola natalensis*	南非	南非梧桐	natal cola；umtenenenda；wild mango
728	*Cola nitida*	科特迪瓦、尼日利亚、加纳、利比里亚、非洲西部、喀麦隆、马里、扎伊尔、塞拉利昂	密茎非洲梧桐	alou；aouasse；awasi；awasse；besi；bitter kola；bitter-cola；bola；buesse；colatier；dibe；ewese；goro；halu；hapo；kolatier；kouala；kumunu；mabanga；mbuesse；oro；tohn-we-eh；toloi；woro
729	*Cola proteiformis*	科特迪瓦	变形非洲梧桐	acajou resineux；banda；gniangon；kokosi；kokotsi；kouanda；kuanda；mbraoua；niangon；nyangon；yangon
730	*Cola rostrata*	喀麦隆、刚果	垂花非洲梧桐	ako ele；akoele；ko；kozab
731	*Cola vallaya*	加蓬	瓦莱拉非洲梧桐	ombene-obeni
732	*Cola verticillata*	刚果	轮叶非洲梧桐	kan gabili；kasu kumbi；kasu-kimbi

序号	学名	主要产地	中文名称	地方名
	***Colletoecema*（RUBIACEAE）** **黏托木属（茜草科）**		**HS CODE** **4403.99**	
733	*Colletoecema dewevrei*	刚果、非洲中部	杜氏黏托木	egas；koussou
	***Colophospermum*（CAESALPINIACEAE）** **可乐豆属（苏木科）**		**HS CODE** **4403.49**	
734	*Colophospermum mopane*	非洲东部	可乐豆木	mopaani
	***Colubrina*（RHAMNACEAE）** **蛇藤属（鼠李科）**		**HS CODE** **4403.99**	
735	*Colubrina faralaotra*	马达加斯加	法鲁拉蛇藤	faralaotra
	***Combretodendron*（LECYTHIDACEAE）** **风车玉蕊属（玉蕊科）**		**HS CODE** **4403.99**	
736	*Combretodendron africanum*	非洲	非洲风车玉蕊	
737	*Combretodendron macrocarpu*	加纳、科特迪瓦、尼日利亚、刚果	大果风车玉蕊	abin；abing；essia；wuio；zbale
	***Combretum*（COMBRETACEAE）** **风车子属（使君子科）**		**HS CODE** **4403.99**	
738	*Combretum apiculatum*	津巴布韦、南非	细尖风车子	chikukute；mudziyaishe；mugodo；mugoro；red bushwillow；rooibos；russet combretum；tsingidzi；umbondo；umbondwe
739	*Combretum bracteosum*	南非	长苞风车子	hiccough-nut
740	*Combretum caffrum*	南非	卡夫风车子	cape bushwillow；kaap vaderlands wilg；umdubu
741	*Combretum collinum*	津巴布韦、南非、尼日利亚	科林纳风车子	boza；farin taramniya；jan ganyi；jan taramniya；mgukulama；mufitikarenje；muramba；muruka；mvuva；rhodesian bushwillow；rhodesian combretum；umkhosikazei；variable combretum；zulu bushwillow；zulu combretum
742	*Combretum elaeagnoides*	津巴布韦	长柄风车子	large-fruited jesse-bush
743	*Combretum engleri*	南非	棕风车子	engler combretum
744	*Combretum erythrophyllum*	津巴布韦、南非	红叶风车子	bushwillow；mupumha；mutepe；river combretum；umdubu；vaderlands wilg；willow-bush；yellow-wood

序号	学名	主要产地	中文名称	地方名
745	*Combretum fragrans*	津巴布韦	香风车子	ibaghabagha; ivezha; mboza; mufiti; mugwabwa; muparu rapweza; mupweza; ternate combretum
746	*Combretum glutinosum*	塞内加尔	胶状风车子	rhatt; yambacata
747	*Combretum hereroense*	津巴布韦、南非	赫雷罗风车子	amaivemugoro; kierieklap per; leadwood; mouse-eared combretum; murovamhuru; mutechane; potsa; russet bushwillow; steelboom
748	*Combretum imberbe*	津巴布韦、南非、非洲东部、莫桑比克	风车子	hardekool; ivory-tree; leadwood; mbwele; mgunumbwe; monzo; mssumbiye; muanga; muchenarota; munangara; mutsviri; muyando; ubimba; umtswili
749	*Combretum kraussii*	南非	克氏风车子	boswilg; forest bushwillow; forest combretum; read-leaf; roodblad; rooiblad
750	*Combretum lecananthum*	尼日利亚	盘花风车子	chiriri; dagera
751	*Combretum micranthum*	尼日利亚、塞内加尔	小花风车子	fara geza; geza; okan; senegal
752	*Combretum microphyllum*	南非	小叶风车子	burningbush; flame creeper
753	*Combretum moggii*	南非	莫氏风车子	mogg combretum
754	*Combretum molle*	津巴布韦、乌干达、非洲西部、尼日利亚	软风车子	karanga; mubondo; mudziyaishe; mugodo; muhwiyambudzi; mupakamabwe; mupembere; oduk; sessoi; ssissiku; umbondwe; wuyan damo
755	*Combretum odontopetalum*	扎伊尔	齿瓣风车子	moolamma
756	*Combretum paniculatum*	尼日利亚、加纳、乌干达	圆锥风车子	kariva; omevah; rukaraigo
757	*Combretum psidioides*	南非	皮迪风车子	dinter combretum
758	*Combretum racemosum*	乌干达	总状风车子	mwerene
759	*Combretum schumannii*	非洲东部	舒氏风车子	african rosewood; mackongola; mgurure; mkongolo
760	*Combretum wattii*	南非	瓦氏风车子	watt combretum
761	*Combretum woodii*	南非	毛蕊风车子	combretum-wood; iwaphu; umbondwe

序号	学名	主要产地	中文名称	地方名
762	*Combretum zeyheri*	津巴布韦、非洲东部、南非	南非风车子	mlama; muchenja; mufukani; mupemberekono; muruka; mutechane; mutisiyane; niklaaskla pper; raasblaar; umbondo; zeyher bushwillow
	Commiphora **(BURSERACEAE)** **没药树属（橄榄科）**		**HS CODE** **4403.99**	
763	*Commiphora africana*	索马里、津巴布韦、非洲东部、塞内加尔	非洲没药树	agag; iminyela; msagasi; mubvuka; mubwabwa; mugugudo; ngotot; oanka; poison-grub commiphora
764	*Commiphora anacardiifolia*	南非	心叶没药树	large-leaf commiphora
765	*Commiphora angolensis*	南非	安哥拉没药树	angolan commiphora
766	*Commiphora aprevalii*	马达加斯加	阿氏没药树	daromavo
767	*Commiphora barorum*	马达加斯加	巴罗没药树	arofu; arofy
768	*Commiphora caerulea*	津巴布韦	翠没药树	bluebark commiphora
769	*Commiphora capensis*	南非	开普没药树	cape commiphora
770	*Commiphora edulis*	津巴布韦	毛叶没药树	bulyagela; jefu-jefu; light-stem med commiphora; muchororo; mumwatikati; muntwokela; rough-leaved commiphora
771	*Commiphora erythraea*	非洲	红没药树	gafalholz
772	*Commiphora glandulosa*	南非	腺叶没药树	kanniedood
773	*Commiphora glaucescens*	南非	白变没药树	sea-green commiphora
774	*Commiphora harveyi*	南非	哈维氏没药树	iminyele; usigankomo
775	*Commiphora marlothii*	津巴布韦	马氏没药树	chiwirowiro; mopapama; mufunuka; mukuhunu; munyera; mupepe; mutedza; mutsvedzambira; nyanzoni; papapa; paper-tree; paperbark
776	*Commiphora merkeri*	南非	梅尔没药树	zebra commiphora
777	*Commiphora mollis*	津巴布韦、南非	软没药树	gihuti; iminyela; kuhuti; mponda; muchamwa; mugompe; mugumbati; nkunu; shisenga; umkwazakwaza

序号	学名	主要产地	中文名称	地方名
778	*Commiphora mossambicensis*	南非	滑没药树	mdonho; mozambique commiphora; mponda
779	*Commiphora myrrha*	非洲	没药树	myrrh
780	*Commiphora neglecta*	南非	瓦氏没药树	neglected commiphora; shisenga
781	*Commiphora pterocarpa*	马达加斯加	凤眼没药树	arofy
782	*Commiphora pyracanthoides*	津巴布韦、南非	火棘没药树	chifata; iminyela; mugugudo; munyera; musambwa; shifati; siachimuwa; spiny commiphora
783	*Commiphora rugosa*	非洲	藿香没药树	mtinje
784	*Commiphora saxicola*	南非	岩黄连没药树	rock commiphora
785	*Commiphora schimperi*	南非	多味没药树	seroka
786	*Commiphora simplicifolia*	马达加斯加	单叶没药树	bekatse
787	*Commiphora stellulata*	马达加斯加	石斑没药树	daromavo
788	*Commiphora tenuipetiolata*	南非	特努没药树	stainbark commiphora
789	*Commiphora virgata*	南非	维加塔没药树	twiggy commiphora
790	*Commiphora woodii*	南非	伍氏没药树	corktree-wood; umhlunguthi
791	*Commiphora zanzibarica*	南非	赞齐没药树	jobe commiphora
792	*Commiphora zimmermanni*	非洲	紫没药树	mkunguni
	Conocarpus **(COMBRETACEAE)** **圆锥果属（使君子科）**		**HS CODE** **4403. 99**	
793	*Conocarpus erectus*	加纳、非洲西部、非洲中部、科特迪瓦	直立圆锥果木	asokolo; asopolo; florida button; grijze mangrove; kaba; manglier gris; nja; paletuvier
	Copaifera **(CAESALPINIACEAE)** **香脂苏木属（苏木科）**		**HS CODE** **4403. 49**	
794	*Copaifera letestui*	加蓬	加蓬香脂苏木	geombi
795	*Copaifera mildbraedii*	科特迪瓦、加蓬、非洲中部、扎伊尔、塞拉利昂、加纳、尼日利亚、利比里亚	香脂苏木	allihia; andem-evine; bilombi; bofelele; buini; entedua; etimoe; indemba; nkara; nomatou; ovbialeke; salikunda; teedeh; yama
796	*Copaifera mopane*	非洲	蝶翅香脂苏木	

序号	学名	主要产地	中文名称	地方名
797	*Copaifera religiosa*	刚果、加蓬、扎伊尔	神圣香脂苏木	anizem; anzem; copaifera; motombi; muvenghi
798	*Copaifera salikounda*	科特迪瓦、加蓬、利比里亚、非洲中部、扎伊尔、加纳、塞拉利昂、喀麦隆、刚果、尼日利亚	西非香脂苏木	allihia; andem-evine; bilombi; bofelele; bubinga; buini; ebot; entedua; etimoe; muteli; mutombe; mutombi; muvenghi; nomatou; olumi rouge; otombi; ovbialeke; salikunda; teedeh; yama
	Cordia **(BORAGINACEAE)** **破布木属（紫草科）**		**HS CODE** **4403.49**	
799	*Cordia abyssinica*	非洲东部、非洲西部、津巴布韦、坦桑尼亚、肯尼亚	埃塞俄比亚破布木	african cordia; cordia d'afrique; east african cordia; large-leaved cordia; mringaringa; mufhafha; mukumari; mutsikiri; oostafrika anse cordia
800	*Cordia africana*	尼日利亚、埃塞俄比亚、肯尼亚	非洲破布木	aliliba; auhi; east african cordia; mringi; mukebu; mukumari; mukumasi; muringa; nabukwi
801	*Cordia amplifolia*	留尼汪岛	广叶破布木	teck d'arabie
802	*Cordia batesi*	喀麦隆	巴蒂斯破布木	otobaye; wernham
803	*Cordia caffra*	南非	南非破布木	ouhout; septee
804	*Cordia goetzei*	津巴布韦	戈兹破布木	bluebark cordia
805	*Cordia grandicalyx*	南非	大萼花破布木	round-leaf cordia; togwe
806	*Cordia milenii*	加纳、非洲东部、非洲西部、尼日利亚、喀麦隆、肯尼亚、乌干达	米氏破布木	african cordia; akaboa; aliiba; bomba; chineboa; cordia; ebais; kvenedua; kyeneboa; melomebe; mugoma; mukumari; mutumba; omah; sumba; tweneboa; tweneduro
807	*Cordia monoica*	非洲	直纹破布木	mnembu; mschem
808	*Cordia myxa*	埃及	毛叶破布木	sebestan plum
809	*Cordia ovalis*	南非	卵圆形破布木	sandpaper cordia; sandpaper-tree
810	*Cordia pilosissima*	南非	毛蕊破布木	hairy cordia
811	*Cordia platythyrsa*	非洲东部、非洲西部、科特迪瓦、尼日利亚、刚果、喀麦隆、非洲中部	巨伞破布木	african cordia; bon; cordia; cordia d'afrique; do; ebaij; ebais; ebaya; ebe; mukumari; omo; pooli; puli; sumba; west african cordia
812	*Cordia senegalensis*	科特迪瓦	塞内加尔破布木	bona

序号	学名	主要产地	中文名称	地方名
813	*Cordia subcordata*	马达加斯加	心叶破布木	antafabory
814	*Cordia vignei*	科特迪瓦	维尼破布木	kobona
	Cordyla **(CAESALPINIACEAE)** **棒状苏木属（苏木科）**		**HS CODE 4403.49**	
815	*Cordyla africana*	南非、津巴布韦、苏丹、非洲中部、非洲东部、坦桑尼亚	非洲棒状苏木	cordyla; deki; dimb; dougoura; metondo; mgwata; mpachamu; mroma; mtondo; mukumari; mutondo; n'dimba; ntondo; sunbird-tree; wild mango
816	*Cordyla haraka*	马达加斯加	哈拉卡棒状苏木	haraka
817	*Cordyla madagascariensis*	马达加斯加	马达加斯加棒状苏木	anakaraka; madiroala
818	*Cordyla pinnata*	塞内加尔、几内亚比绍、莫桑比克	羽状棒状苏木	dimb; dimbo; doki; doura; metondo
819	*Cordyla senegalensis*	塞内加尔	塞内加尔棒状苏木	dimb
	Corymbia **(MYRTACEAE)** **伞房桉属（桃金娘科）**		**HS CODE 4403.99**	
820	*Corymbia citriodora*	马达加斯加	柠檬伞房桉	lemon-scented gum; spotted gum
821	*Corymbia gummifera*	马达加斯加	胶状伞房桉	gummifera gum
822	*Corymbia viminalis*	南非	多枝伞房桉	manna gum; viminalis gum
	Corynanthe **(RUBIACEAE)** **棒花属（茜草科）**		**HS CODE 4403.49**	
823	*Corynanthe bequaertii*	非洲	贝氏棒花	akel; tsanya
824	*Corynanthe dolichocarpa*	喀麦隆	长梗棒花	ako
825	*Corynanthe gabonensis*	加蓬	加蓬棒花	sanha rosada
826	*Corynanthe pachyceras*	喀麦隆、科特迪瓦	厚角棒花	akalan; ake; akelet; akellang; djombeoua; gaouo; kiuma; kiumbra; mbrahu; mbraoua; nloue
827	*Corynanthe paniculata*	喀麦隆、非洲西部、扎伊尔、刚果、安哥拉、加纳、非洲中部	锥花棒花	akel; akel gaouo; divangwa; endong; gaouo; gulu; kadingulu; luenga; olikiba; pam-prama; pamprana; sagna; sakala; tsanya

序号	学名	主要产地	中文名称	地方名
	Coula **（OLACACEAE）** **柯拉铁青属（铁青树科）**		**HS CODE** **4403.49**	
828	*Coula edulis*	利比里亚、科特迪瓦、加蓬、喀麦隆、扎伊尔、尼日利亚、刚果、非洲西部	柯拉铁青木	assan；atcha；bahia；bengomba；bodoua；boguie；bokumia；coula；couninou；dipouta；ebo；egoume；ehoume；ewomae；icounindou；kommol；koumounou；mugumunu；okolla；ongumba；skoumbi；tokei；ukudo；woula
	Craibia **（FABACEAE）** **木豌豆属（蝶形花科）**		**HS CODE** **4403.99**	
829	*Craibia affinis*	非洲	近缘木豌豆	
830	*Craibia atlantica*	科特迪瓦	大西洋木豌豆	vianpou
831	*Craibia brevicaudata*	津巴布韦	短尾木豌豆	mushabvu；mushamba；mutsaratsara
832	*Craibia brownii*	非洲	南方木豌豆	
833	*Craibia zimmermannii*	南非	齐氏木豌豆	craibia；ubambo-livenyoka
	Crassula **（CRASSULACEAE）** **青锁龙属（景天科）**		**HS CODE** **4403.99**	
834	*Crassula arborescens*	南非	景天树	beestebal；kerka；kerky
835	*Crassula portulacea*	南非	厚叶景天	kerky；plakkies
	Crataegus **（ROSACEAE）** **山楂属（蔷薇科）**		**HS CODE** **4403.99**	
836	*Crataegus azarolus*	阿尔及利亚	杜鹃山楂	arabic demim；azerolier-aubepine；kabyle azrour
837	*Crataegus rhipidophylla*	非洲北部	扁桃叶山楂	aubepine；aubrpine；espino rojo；ghunza；hawtorn；maytree；meidoorn；north african hawthorn；rossospino；rundhagtorn
	Craterispermum **（RUBIACEAE）** **粥棒树属（茜草科）**		**HS CODE** **4403.99**	
838	*Craterispermum caudatum*	科特迪瓦	马尾粥棒树	akaingo
839	*Craterispermum cerinanthum*	非洲	黄花粥棒树	
840	*Craterispermum laurinum*	喀麦隆、科特迪瓦、马达加斯加	月桂粥棒树	bisama；gomongain；hazombary

序号	学名	主要产地	中文名称	地方名
841	*Craterispermum microdon*	塞舌尔群岛	蒙微粥棒树	bois doux
842	*Craterispermum montanum*	非洲西部	山地粥棒树	macambrara
843	*Craterispermum schweinfurthii*	津巴布韦、扎伊尔	施氏粥棒树	mudotasadza; oki; porridge-stick
	Crescentia **(BIGNONIACEAE)** **葫芦树属（紫葳科）**		**HS CODE 4403. 99**	
844	*Crescentia cujete*	加纳	葫芦树	dwerabadua
	Crossopteryx **(RUBIACEAE)** **绣晶木属（茜草科）**		**HS CODE 4403. 99**	
845	*Crossopteryx febrifuga*	加纳、非洲西部、南非、津巴布韦、尼日利亚、科特迪瓦	常山绣晶木	african-bark; banda; crystal-bark; kashin awaki; kombegwa; mubakatirwa; mukoko; mukombigo; muteyo; nkombekwa; ordeal-tree; pakyisie; pasau; sibiri; teben; tyenyeolo
	Croton **(EUPHORBIACEAE)** **巴豆属（大戟科）**		**HS CODE 4403. 49**	
846	*Croton benzoe*	毛里求斯	安神巴豆	benzoin
847	*Croton brieyi*	刚果	布里耶巴豆	dibimbi
848	*Croton gratissimus*	津巴布韦	愉悦巴豆	bergboegoe; boog; gunukira; iliboyane; inkiza emhlope; kunukila mpati; lavender croton; laventelbos; mubangwa; mufandamengwe; mufarata
849	*Croton humblotii*	科摩罗群岛	洪氏巴豆	mandaytsirony
850	*Croton macrostachys*	非洲东部、南非、乌干达、科特迪瓦	长穗巴豆	apete; mshunduzi; mukuruguru; mulangu; mulugu; musoga; musogasoga; mutundu; tambukh; umusogasoga
851	*Croton megalobotrys*	津巴布韦、扎伊尔	聚花巴豆	chisimbitsana; feverberry croton; lowveld croton; mtoowa; mubvuguta; mugugu; mushyi; musuluti; mutonga; xunguxungu
852	*Croton megalocarpus*	肯尼亚、非洲东部、坦桑尼亚	聚果巴豆	croton; makinduri; mlalai; muhande; mukinduri; musine
853	*Croton mongue*	马达加斯加、非洲中部	蒙格巴豆	molanga; mongy

序号	学名	主要产地	中文名称	地方名
854	*Croton myriaster*	马达加斯加	迈里亚巴豆	mongya petite feuille
855	*Croton nubangu*	扎伊尔	努班古巴豆	croton
856	*Croton oligandrum*	喀麦隆、刚果、加蓬	浓液巴豆	azala；bamba；mbamba；n'donon；n'gueul；ngeul；ngueul；obamba
857	*Croton sylvaticus*	南非、津巴布韦	森林巴豆	croton；forest croton；mount selinda linden；musukuta；umfeze；woodland croton
858	*Croton tchibangensis*	加蓬	奇班巴豆	mele
859	*Croton zambesicus*	南非、科特迪瓦、尼日利亚	赞比西巴豆	bergboegoe；boog；fafo；koriba
	***Crotonogyne*（EUPHORBIACEAE）** **巴豆桐属（大戟科）**		**HS CODE 4403.99**	
860	*Crotonogyne giorgii*	扎伊尔	乔尔吉巴豆桐	botumbakamba
	***Crudia*（CAESALPINIACEAE）** **库地豆属（苏木科）**		**HS CODE 4403.99**	
861	*Crudia gabonensis*	科特迪瓦	加蓬库地豆	dobotou
862	*Crudia harmsiana*	扎伊尔	哈姆库地豆	mboyo
863	*Crudia klainei*	科特迪瓦	极硬库地豆	haratou des lagunes
864	*Crudia laurentii*	扎伊尔	罗氏库地豆	esenge
865	*Crudia senegalensis*	科特迪瓦	塞内加尔库地豆	haratou
	***Cryptocarya*（LAURACEAE）** **厚壳桂属（樟科）**		**HS CODE 4403.99**	
866	*Cryptocarya angustifolia*	南非	狭叶厚壳桂	bloulier；bloulourier
867	*Cryptocarya lacrimans*	马达加斯加	垂柳厚壳桂	hazoviavy
868	*Cryptocarya latifolia*	南非	阔叶厚壳桂	bastard stinkwood；basterswar tstinkhout；umpanzite；umthungwa；wild quince；wildekweper
869	*Cryptocarya liebertiana*	津巴布韦、南非	利贝厚壳桂	mokgwakala bata；wild quince；wildekweper
870	*Cryptocarya louvelii*	马达加斯加	卢氏厚壳桂	longotra；longotra mena；longotra roja；longotra rossa；longotra rouge；red longotra；rod longotra
871	*Cryptocarya myrtifolia*	南非	番樱桃叶厚壳桂	camphor-tree；kanferboom；umthungwa

序号	学名	主要产地	中文名称	地方名
872	*Cryptocarya perrieri*	马达加斯加	帕里厚壳桂	longotra; longotra bianca; longotra blanc; longotra blanca; longotra fotsy; longotra mena; white longotra; witte longotra
873	*Cryptocarya scintillans*	马达加斯加	闪光厚壳桂	longobato
874	*Cryptocarya thouvenotii*	马达加斯加	胡韦氏厚壳桂	tavola manitra; tavolo; tavolo manitra
875	*Cryptocarya vacciniifolia*	马达加斯加	牛痘厚壳桂	tavolo manitra
876	*Cryptocarya woodii*	南非	伍氏厚壳桂	bastard camphor-tree; isithungwa; umthongwane
877	*Cryptocarya wyliei*	南非	威利厚壳桂	inqayana
	Cryptomeria **(CUPRESSACEAE)** **柳杉属（柏科）**	**HS CODE** **4403. 25（截面尺寸≥15cm）或 4403. 26（截面尺寸<15cm）**		
878	*Cryptomeria japonica*	留尼汪岛	日本柳杉	cryptomeria
	Cryptosepalum **(CAESALPINIACEAE)** **隐萼豆属（苏木科）**	**HS CODE** **4403. 49**		
879	*Cryptosepalum congolanum*	扎伊尔	刚果隐萼豆	ikongokaolo
880	*Cryptosepalum exfoliatum*	非洲	外叶隐萼豆	
881	*Cryptosepalum staudtii*	喀麦隆	斯氏隐萼豆	ekop tani
882	*Cryptosepalum tetraphyllum*	科特迪瓦	四叶隐萼豆	pantou
	Ctenolophon **(CTENOLOPHONACEAE)** **垂籽树属（垂籽树科）**	**HS CODE** **4403. 99**		
883	*Ctenolophon englerianus*	加蓬	大叶垂籽树	okip
884	*Ctenolophon grandifolius*	非洲	巨圆垂籽树	
	Cunonia **合椿梅属（火把树科）**	***HS CODE*** **4403. 99**		
885	*Cunonia capensis*	南非	开普合椿梅	red aldar; red alder; red cedar; red els; rood els; rooi-els; umqwashube
	Cupania **(SAPINDACEAE)** **野蜜莓属（无患子科）**	**HS CODE** **4403. 99**		
886	*Cupania alternifolia*	毛里求斯、留尼汪岛	互叶野蜜莓	boisgaulettes; gaulette batard; gaulette blanc
887	*Cupania borbonica*	留尼汪岛	菱角野蜜莓	boisde gaulette blanc

序号	学名	主要产地	中文名称	地方名
888	*Cupania laevis*	毛里求斯、留尼汪岛	平滑野蜜莓	boissagaie; gaulette marron; sagaille blanc; tan georges
889	*Cupania sideroxylon*	留尼汪岛、毛里求斯	铁木野蜜莓	bourbon ironwood
	Cupaniopsis **(SAPINDACEAE)** **鸮蜜莓属（无患子科）**		**HS CODE** **4403.99**	
890	*Cupaniopsis apiocarpa*	马达加斯加	梨果鸮蜜莓	chene blanc
	Cupressus **(CUPRESSACEAE)** **柏木属（柏科）**	**HS CODE** **4403.25（截面尺寸≥15cm）或 4403.26（截面尺寸<15cm）**		
891	*Cupressus lusitanica*	非洲东部、南非	墨西哥柏木	east african cypress; lindley cypress; lindley's cypress
892	*Cupressus macrocarpa*	非洲东部	大果柏木	east african cypress
893	*Cupressus sempervirens*	非洲东部	常绿柏木	east african cypress
	Curtisia **(CORNACEAE)** **短山茱萸属（山茱萸科）**		**HS CODE** **4403.99**	
894	*Curtisia dentata*	南非、津巴布韦	重齿短山茱萸木	assagaaihout; assagaiwood; assegai; assegai-tree; assegaiwood; bois de zagaie; cape lacewood; cape lancewood; curtisea; leaved beech; madera de azagaya; mubotjo; muchekamani; nmnoiso; umagunda; umnoiso; zulu
895	*Curtisia faginea*	非洲	山毛榉叶短山茱萸木	assagai
	Cussonia **(ARALIACEAE)** **黑五加属（五加科）**		**HS CODE** **4403.99**	
896	*Cussonia angolensis*	安哥拉	安哥拉黑五加	
897	*Cussonia arborea*	科特迪瓦、津巴布韦、非洲西部、乌干达	树状黑五加	akoumpgo; akwongbo; cabbage-tree; fegblo; kongolu; kontebora; mufenje; mushenje; mutobvi; obbo; osi; umelemele; umpilibili; umsenga; usi
898	*Cussonia bancoensis*	科特迪瓦	班科黑五加	ringhalla
899	*Cussonia chartacea*	南非	纸叶黑五加	umsenge; umsengembuzi
900	*Cussonia kraussii*	南非	克氏黑五加	krauss' cabbage-tree; sambreelboom
901	*Cussonia longipedicellata*	马达加斯加	长花黑五加	vantsilana
902	*Cussonia natalensis*	南非	南非黑五加	kiepersol; natal cabbage-tree

序号	学名	主要产地	中文名称	地方名
903	*Cussonia nigerica*	尼日利亚	尼日利亚黑五加	elephant sugarcane; gwabsa; takandar giwa
904	*Cussonia paniculata*	南非	锥花黑五加	highland cabbage-tree
905	*Cussonia spicata*	津巴布韦、南非	穗花黑五加	cabbage-tree; cabbagewood; kiepersol; matoomba; mufenje; musheme; mushenje; sambreelboom
906	*Cussonia thyrsiflora*	南非	百里香黑五加	dune cabbage-tree; dune kiepersol
	Cylicodiscus **(MIMOSACEAE)** **圆盘豆属（含羞草科）**		**HS CODE** **4403.49**	
907	*Cylicodiscus gabunensis*	加纳、科特迪瓦、喀麦隆、非洲西部、尼日利亚、非洲中部、加蓬、塞拉利昂、利比里亚、刚果	加蓬圆盘豆	adadawa; adoum; adun; african greenheart; ajaigi; anyan; bokoka; bouemon; denya; edoum; ekam; emang; kendum; lisan; mbeli-deli; muduma; odekowese; odenya; olisan; osung; owese
	Cynometra **(CAESALPINIACEAE)** **喃喃果属（苏木科）**		**HS CODE** **4403.49**	
908	*Cynometra alexandri*	刚果、乌干达、扎伊尔	乌干达喃喃果	angu muhimbi; baira; bapa; beira; bosengere; ironwood; muhimbi; tembwe; uganda ironwood; utuna; zebrano; zingana
909	*Cynometra alfleplaei*	喀麦隆、加蓬	阿尔弗喃喃果	izingana
910	*Cynometra ananta*	喀麦隆、加纳、科特迪瓦、利比里亚	假凤梨喃喃果	amouk; ananta; apome; awonia; baka-kounini; dah; ekob; malas; takorowa
911	*Cynometra dewevrei*	扎伊尔	杜氏喃喃果	otuna
912	*Cynometra hankei*	喀麦隆、扎伊尔、刚果、乌干达	喀麦隆喃喃果	amouk; angu; baraka; bokombolo; botuna; ekob; ekop-nganga; ironwood; muhimbi; nganga; nkokom; wehu; zebrano; zingana
913	*Cynometra le-testui*	刚果	刚果喃喃果	banda kibotila
914	*Cynometra lujae*	喀麦隆、非洲西部、加蓬	卢杰喃果苏木	allen; amouk; bois zebre; izingana; vamu; zebra; zebrano; zingana
915	*Cynometra madagascariensis*	马达加斯加	马六喃喃果	mampay a petit feuille
916	*Cynometra megalophylla*	非洲西部、科特迪瓦	大叶喃喃果	katschikau tscha; kiria; patapara
917	*Cynometra vogelii*	科特迪瓦、苏丹	佛氏喃喃果	tiupe; tondo

序号	学名	主要产地	中文名称	地方名
918	*Cynometra webberi*	肯尼亚	肯尼亚喃果苏木	mfunda
	Cyphomandra **（SOLANACEAE）** **树番茄属（茄科）**		**HS CODE 4403. 99**	
919	*Cyphomandra betacea*	乌干达	树番茄	nyanya ez'omuti；tree-tomato
	Cyrtogonone **（EUPHORBIACEAE）** **银背桐属（大戟科）**		**HS CODE 4403. 99**	
920	*Cyrtogonone argentea*	喀麦隆、加蓬	银背桐	akikoulou；issote；mabeghe；mabere
	Dacryodes **（BURSERACEAE）** **蜡烛木属（橄榄科）**		**HS CODE 4403. 49**	
921	*Dacryodes buettneri*	加蓬、刚果、赤道几内亚、南非、非洲西部、喀麦隆	中非蜡烛木	assia；bidikala；ezigo；massikou；mouguengueri；mousighou；mousighou bisiya；moussikou；musiku；osigho；osighou；ossan weguia；ozigo；tchibudimbu
922	*Dacryodes ebatom*	加蓬	埃巴蜡烛木	ebatom
923	*Dacryodes edulis*	加蓬、喀麦隆、赤道几内亚、非洲西部、扎伊尔、刚果、尼日利亚	食果蜡烛木	adzom；antaga；asamingung；atanga；bccya；bebuhago；bofelenga；bosao；esasia；igaganga；kisafou；kisafoukala；kisafukala；mbil；monsafou；motsegui；moutchegou；native pear；ollem；orumu；osagho；safoukala；safoutier；safu
924	*Dacryodes heterotricha*	非洲中部及西部	异毛蜡烛木	bidinkala；mouganga；safukala
925	*Dacryodes igaganga*	加蓬、喀麦隆、科特迪瓦、尼日利亚	蜡烛木	adzum；antaga；bamisa；beuhago；bosao；diganga；eben；esasia；eyemediome；geyeumeyume；ibagho；igaganga；kisafou；mokoba；onumu；osegou；ossabel；ossamvegne
926	*Dacryodes klaineana* (= *Pahylobus deliciosa*)	刚果、科特迪瓦、利比里亚、非洲西部、尼日利亚、加蓬	克莱蜡烛木	adjouaba；adwea；egbo；odonomokyuku；orumu；tomm；zeon
927	*Dacryodes letestui*	加蓬、刚果、扎伊尔	莫温蜡烛木	gangala；mouganga；mouvendo；munsafu-nsafu；nganga；ozigo
928	*Dacryodes macrophylla*	喀麦隆、刚果、加蓬	大叶蜡烛木	atom
929	*Dacryodes normandii*	加蓬、赤道几内亚	诺氏蜡烛木	diganga；koma；mouganga；ossabel

序号	学名	主要产地	中文名称	地方名
930	*Dacryodes pubescens*	安哥拉、加蓬、刚果、扎伊尔	短柔毛蜡烛木	bidinkala; kapatupatu; kisafukala; mbidikala; mouganga; mubaya; muganga; nkala; ozigo; safoukala; safucala; safunkala; tchibudimbu
	Dactylopetalum **(RHIZOPHORACEAE)** **掌瓣红树属（红树科）**		**HS CODE 4403.99**	
931	*Dactylopetalum barteri*	加蓬	巴泰掌瓣红树	oboountchoa
	Dalbergia **(FABACEAE)** **黄檀属（蝶形花科）**		**HS CODE 4403.49**	
932	*Dalbergia abrahamii*	马达加斯加	阿氏黄檀②	
933	*Dalbergia acariiantha*	坦桑尼亚	顶花黄檀②	
934	*Dalbergia acutifoliolata*	赞比亚	尖叶黄檀②	
935	*Dalbergia adami*	利比里亚、塞内加尔	阿达米黄檀②	
936	*Dalbergia africana*	非洲	非洲黄檀②	pau santo africana
937	*Dalbergia afzeliana*	非洲	合欢黄檀②	
938	*Dalbergia ajudana*	贝宁	阿祖达黄檀②	
939	*Dalbergia albiflora*	非洲	白花黄檀②	
940	*Dalbergia altissima*	非洲	高大黄檀②	
941	*Dalbergia andapensis*	马达加斯加	安达黄檀②	
942	*Dalbergia arbutifolia*	非洲	杨梅叶黄檀②	
943	*Dalbergia armata*	南非	刺黄檀②	hluhluwe-climber; monkey-rope
944	*Dalbergia assamica*	肯尼亚	紫花黄檀②	
945	*Dalbergia aurea*	马达加斯加	金黄黄檀②	
946	*Dalbergia bakeri*	非洲	鼓状黄檀②	
947	*Dalbergia baroni*	马达加斯加	巴罗尼黄檀②	asiatic rosewood; brun palissandre; hhazovola; madagascar rosewood; palissandre; palissandre brum; palissandre voamboana; palissandro del madagascar; tamatava; voamboana; voamboana mainty; voamboana mavo
948	*Dalbergia bathiei*	马达加斯加、坦桑尼亚	巴蒂埃黄檀②	
949	*Dalbergia bignonae*	非洲	大叶黄檀②	
950	*Dalbergia boehmii*	马达加斯加	勃氏黄檀②	

序号	学名	主要产地	中文名称	地方名
951	*Dalbergia bojeri*	马达加斯加	博杰里黄檀②	
952	*Dalbergia brachystachya*	马达加斯加	短枝黄檀②	
953	*Dalbergia bracteolata*	马达加斯加	小苞黄檀②	
954	*Dalbergia campenonii*	马达加斯加	坎氏黄檀②	
955	*Dalbergia capuronii*	马达加斯加	卡氏黄檀②	
956	*Dalbergia carringtoniana*	安哥拉	卡林黄檀②	
957	*Dalbergia chapelieri*	马达加斯加	秃花黄檀②	
958	*Dalbergia chlorocarpa*	马达加斯加	黄果黄檀②	manari toloho；manary；manary tsiatondro
959	*Dalbergia commiphoroides*	非洲	合叶黄檀②	
960	*Dalbergia congensis*	非洲	康根黄檀②	
961	*Dalbergia crispa*	非洲	密花黄檀②	
962	*Dalbergia dalzielii*	非洲	达氏黄檀②	
963	*Dalbergia davidii*	马达加斯加	达氏达维②	
964	*Dalbergia delphinensis*	马达加斯加	德尔黄檀②	
965	*Dalbergia ealaensis*	非洲	伊莱黄檀②	
966	*Dalbergia emirnensis*	马达加斯加	埃米尔黄檀②	
967	*Dalbergia eremicola*	肯尼亚、索马里	埃雷米黄檀②	
968	*Dalbergia erubescens*	马达加斯加	红柄黄檀②	
969	*Dalbergia fischeri*	非洲	费氏黄檀②	
970	*Dalbergia florifera*	非洲	弗洛黄檀②	
971	*Dalbergia fouilloyana*	加蓬	福伊洛黄檀②	
972	*Dalbergia gautieri*	马达加斯加	高蒂埃黄檀②	
973	*Dalbergia gentilii*	刚果	龙胆黄檀②	
974	*Dalbergia gilbertii*	刚果	吉尔伯黄檀②	
975	*Dalbergia glaberrima*	马达加斯加	格拉伯黄檀②	
976	*Dalbergia glaucocarpa*	马达加斯加	粉果黄檀②	
977	*Dalbergia gossweileri*	非洲	戈斯黄檀②	
978	*Dalbergia grandibracteata*	非洲	大苞黄檀②	

序号	学名	主要产地	中文名称	地方名
979	*Dalbergia greveana*	马达加斯加	格雷黄檀②	african cocobolo; french rosewood; konigsholz; madagascar palissander; madagascar rosewood; madagaskar-palisander; majunga rosewood; manary; manipika; palissandre; palissandre de majunga; palissandre violet
980	*Dalbergia heudelotii*	非洲	霍氏黄檀②	
981	*Dalbergia hildebrandtii*	马达加斯加	希氏黄檀②	
982	*Dalbergia hirticalyx*	马达加斯加	毛萼黄檀②	
983	*Dalbergia hostilis*	马达加斯加	霍斯黄檀②	
984	*Dalbergia humbertii*	马达加斯加	洪氏黄檀②	manary; manary toloho
985	*Dalbergia ikopensis*	马达加斯加	伊克黄檀②	palissandre
986	*Dalbergia isoloensis*	马达加斯加	索诺黄檀②	manary
987	*Dalbergia kisantuensis*	非洲	桑基黄檀②	
988	*Dalbergia lastoursvillensis*	加蓬	拉斯托黄檀②	
989	*Dalbergia laxiflora*	刚果	疏花黄檀②	
990	*Dalbergia lemurica*	马达加斯加	利莫里亚黄檀②	
991	*Dalbergia librevillensis*	加蓬	利伯黄檀②	
992	*Dalbergia louisii*	非洲	路氏黄檀②	
993	*Dalbergia louvelii*	马达加斯加	卢氏黑黄檀②	adramena; bois de rose
994	*Dalbergia macrosperma*	安哥拉	大籽黄檀②	
995	*Dalbergia madagascariensis*	马达加斯加	马达加斯加黄檀②	
996	*Dalbergia malangensis*	非洲	马兰黄檀②	
997	*Dalbergia manongarivensis*	马达加斯加	磨石黄檀②	
998	*Dalbergia maritima*	马达加斯加	海岸黄檀②	andramena a petites feuilles
999	*Dalbergia melanoxylon*	非洲中部、非洲东部、塞内加尔、津巴布韦、苏丹、南非、多哥、乌干达、莫桑比克、肯尼亚、马拉维、坦桑尼亚、赞比亚、埃塞俄比亚	东非黑黄檀②	african blackwood; african grenadillo; afrikansk grenadille; afrikanskt svarttra; babanus; blackwood; chilutsu; dialambam; ebene; ebenholz; faiti; funiti; grenadilla; motangu; mufulamamba; mufunjo; mugembe; mukelete; mukudziti; mumhingwe; pingo; samachi; shami; subbeh; tareh

序号	学名	主要产地	中文名称	地方名
1000	*Dalbergia nitidula*	津巴布韦	微药黄檀②	mupezana；murima；shiny dalbergia
1001	*Dalbergia noldeae*	安哥拉、几内亚比绍	诺勒黄檀②	
1002	*Dalbergia oblongifolia*	非洲	长圆叶黄檀②	
1003	*Dalbergia obovata*	南非、马达加斯加	倒卵叶黄檀②	african cocobolo；madagascar rosewood；manarizoby；udukuduku；umzungulu
1004	*Dalbergia occulta*	马达加斯加	隐距黄檀②	
1005	*Dalbergia orientalis*	马达加斯加	东方黄檀②	
1006	*Dalbergia pachycarpa*	非洲	厚果黄檀②	
1007	*Dalbergia peltieri*	马达加斯加	佩蒂利黄檀②	
1008	*Dalbergia perrieri*	马达加斯加	佩里黄檀②	palissandre
1009	*Dalbergia pervillei*	马达加斯加	穿孔黄檀②	
1010	*Dalbergia plerocarpifolia*	马达加斯加	多苞黄檀②	sovoka
1011	*Dalbergia pluriflora*	安哥拉	多花黄檀②	
1012	*Dalbergia polhillii*	马达加斯加	褐氏黄檀②	manary；manary malandy
1013	*Dalbergia pseudobaronii*	马达加斯加	假转黄檀②	voaboana
1014	*Dalbergia pterocarpifolia*	马达加斯加	翼赤黄檀②	soroka
1015	*Dalbergia purpurascens*	马达加斯加	紫叶黄檀②	manary；manary bomby；manary tsiatondro；manipika；mauary vatany
1016	*Dalbergia retusa*	马达加斯加	微凹黄檀②	manarizoby
1017	*Dalbergia rufa*	非洲	卢法黄檀②	
1018	*Dalbergia rugosa*	非洲	皱叶黄檀②	
1019	*Dalbergia sambesiaca*	莫桑比克	桑比黄檀②	
1020	*Dalbergia saxatilis*	尼日利亚	黑眉黄檀②	african blackwood
1021	*Dalbergia setifera*	非洲	毛黄檀②	
1022	*Dalbergia suaresensis*	马达加斯加	苏亚斯黄檀②	
1023	*Dalbergia teixeirae*	安哥拉	泰克黄檀②	
1024	*Dalbergia toxicaria*	马达加斯加	箭毒黄檀②	manari zoby；manarizoby；palissandre
1025	*Dalbergia trichocarpa*	马达加斯加	毛果黄檀②	manary；manary boty；manipika
1026	*Dalbergia tricolor*	马达加斯加	三色黄檀②	tsiandalana

序号	学名	主要产地	中文名称	地方名
1027	*Dalbergia tsaratananensis*	马达加斯加	萨拉坦黄檀②	
1028	*Dalbergia tsiandalana*	马达加斯加	茨安达拉黄檀②	
1029	*Dalbergia uarandensis*	索马里	乌兰黄檀②	
1030	*Dalbergia urschii*	马达加斯加	乌氏黄檀②	
1031	*Dalbergia vacciniifolia*	肯尼亚、坦桑尼亚	瓦氏黄檀②	
1032	*Dalbergia viguieri*	马达加斯加	威格尔黄檀②	
	Daniellia **（CAESALPINIACEAE）** **西非苏木属（苏木科）**		**HS CODE** **4403. 49**	
1033	*Daniellia klainei*	加纳、尼日利亚、加蓬、利比里亚、扎伊尔、塞拉利昂、喀麦隆、非洲中部、赤道几内亚、刚果	西非苏木	ahedua; akpanya; bisseye; blaang; bolengu; bungbo; daniella; eye-dua; faro; gbessi; lonlaviol grande feuille; mpanju; ogea; olengue; olingue; oziya; singa; whoe
1034	*Daniellia oblonga*	科特迪瓦、喀麦隆	长圆苏木	faro; frakuan; kuanga; nsu; ogea
1035	*Daniellia ogea*	加纳、尼日利亚、利比里亚、扎伊尔、塞拉利昂、科特迪瓦、非洲中部、非洲西部、几内亚比绍、加蓬、喀麦隆、赤道几内亚、塞内加尔、刚果	干地西非苏木	ahedua; akpanya; bolengu; copal; daniellia; ehyedua; eyedua; insenso; juya; lonlaviol; mpanju; naou; ogea; ojuya; okineten; omugo; oziya; pau incense; sandan; santang; singa; sru-ah; tchitola; whoe
1036	*Daniellia oliveri*	加纳、非洲西部、尼日利亚、几内亚、几内亚比绍、科特迪瓦、塞内加尔	奥氏西非苏木	balsam-tree copaiba; daniellia; evin; ila; kadaura; maje; pau incenso; pau inceso; sandan; santan; sanya; su
1037	*Daniellia pynaertii*	刚果、科特迪瓦	白花西非苏木	badima; faro; faro del ouest
1038	*Daniellia soyauxii*	扎伊尔、加蓬、刚果	索氏西非苏木	daniella; egnougnouma; faro; ivonde; lonlaviol; n'dola; singa
1039	*Daniellia thurifera*	加纳、尼日利亚、利比里亚、塞内加尔、扎伊尔、塞拉利昂、喀麦隆、加蓬、非洲中部、非洲西部、科特迪瓦、几内亚、几内亚比绍、赤道几内亚、刚果	乳香西非苏木	ahedua; akpanya; bolengu; copal gum; copaltree; daniella; daniellia; gbese; gloute; hyedua; incenso; insenso; juya; lipiti; lonlaviol; masche; ogia; ojuya; okineten; orokpo; saingja; santan; santang; singa; sopi; tchitola; whoe

序号	学名	主要产地	中文名称	地方名
	Dasylepis **(ACHARIACEAE)** **毛鳞木属（青钟麻科）**		**HS CODE** **4403.99**	
1040	*Dasylepis integra*	非洲	毛鳞木	kigwandi
	Deinbollia **(SAPINDACEAE)** **沙木患属（无患子科）**		**HS CODE** **4403.99**	
1041	*Deinbollia acuminata*	科特迪瓦	披针叶沙木患	
1042	*Deinbollia grandifolia*	科特迪瓦、利比里亚	大叶沙木患	ekosuba; kaiisa; kausa; ngua abo; pohn
1043	*Deinbollia kilimandscharica*	利比里亚	曼德沙木患	
1044	*Deinbollia oblongifolia*	南非	长圆沙木患	soapberry; umasibele
1045	*Deinbollia polypus*	利比里亚	多肉沙木患	bu-eh
1046	*Deinbollia xanthocarpa*	南非	黄果沙木患	yellow-fruit dienbollia
	Delonix **(CAESALPINIACEAE)** **凤凰木属（苏木科）**		**HS CODE** **4403.99**	
1047	*Delonix leucantha*	马达加斯加	白花凤凰木	alomboronala
	Desbordesia **(IRVINGIACEAE)** **德斯木属（苞芽树科）**		**HS CODE** **4403.49**	
1048	*Desbordesia glaucescens*	喀麦隆、加蓬	白变德斯木	alef; alep; ando-ongue; banga; liang; omang
1049	*Desbordesia insignis*	喀麦隆、加蓬	显著德斯木	alep; ando ongoue; banga; belebe; bwibanjoc; moulinda; moulinde; ntenga; nteva; olinda; opavess; oreva; tebe; utevo; yodo
1050	*Desbordesia pierreana*	加蓬、喀麦隆	皮氏德斯木	alep; bwiba banjo; lia; m'man; man; n'doua; oman; teba
	Detarium **(CAESALPINIACEAE)** **荚髓苏木属（苏木科）**		**HS CODE** **4403.49**	
1051	*Detarium chevalieri*	非洲西部	耶里荚髓苏木	etimoe
1052	*Detarium heudelotianum*	科特迪瓦、利比里亚、加蓬	休德荚髓苏木	bodo; dita; gelombi; ilombi; kolei; kpay; muregi; olumi noir; tallow-tree; tamba
1053	*Detarium macrocarpum*	几内亚、加蓬、喀麦隆、非洲西部、非洲中部、赤道几内亚	大果荚髓苏木	aboranzogh; aboranzork; alen; allen; amouk; boire; bossipi; eboto; enouk; enuk; mambode
1054	*Detarium microcarpum*	塞内加尔、非洲西部	小果荚髓苏木	detah; digpapate; naparli; pepapati; zaklu

序号	学名	主要产地	中文名称	地方名
1055	*Detarium senegalense*	苏丹、几内亚比绍、科特迪瓦、非洲西部、加纳、利比里亚、塞拉利昂、塞内加尔、尼日利亚	塞内加尔荚髓苏木	bobode; boire; bowiwasi; cudoce; dattock; depapate; ditah; dupwill; kita; kodaga; kolei; kpay; kpuyai; lolei; mamboda; mambode; ogwega; papie; takyikyiroa; tallow-tree; tallow-wood; tamba; tambacoumba; taura
	Deuteromallotus **(EUPHORBIACEAE)** **东京桐属（大戟科）**		**HS CODE 4403.99**	
1056	*Deuteromallotus capuronii*	马达加斯加	小花东京桐	herotrazo
	Dialium **(CAESALPINIACEAE)** **摘亚木属（苏木科）**		**HS CODE 4403.49**	
1057	*Dialium angolense*	扎伊尔	安哥拉摘亚木	kafungu; kakoma
1058	*Dialium aubrevillei*	科特迪瓦、加蓬	雷氏摘亚木	kropio; mfoum eyoum
1059	*Dialium bipindense*	加蓬、非洲西部、喀麦隆	拜平摘亚木	adwuba; afambeou; alep; amamba pombolo; angan; awan; awin; dina; eyoum; giakaba; kindzou; mfan; n'ti bioume; okene; penzi
1060	*Dialium corbisieri*	扎伊尔、刚果	穆苏摘亚木	bofale; bomanga; dialium; lomanga; lukenga; mususu
1061	*Dialium dinklagei*	科特迪瓦、非洲西部、喀麦隆	丹摘亚木	afambeou; eyoum; mfang afun
1062	*Dialium englerianum*	津巴布韦、扎伊尔、安哥拉	白摘亚木	kalahari podberry; motukundu; musala; mussaia; mususu; mvee; umbee; usimba
1063	*Dialium excelsum*	非洲西部	大摘亚木	dialium; eyoum
1064	*Dialium guianense*	南非	圭亚那摘亚木	guapac; wapac
1065	*Dialium guineense*	加纳、科特迪瓦、喀麦隆、加蓬、扎伊尔、赤道几内亚、几内亚、塞内加尔、刚果、非洲西部、尼日利亚、几内亚比绍、苏丹、塞拉利昂、莫桑比克	抗盐摘亚木	adwuba; afambeou; asanamba; atsitoe; avuli; banaye; bimbi; bombala; cossito; espadu; ikoumbi; kasudu; kofina; kossito; mbanga; mfang; neece; okromfe; omvong; osena fufuo; pauveludo; penzi; pullewood; uarie; veludo; warie; zigbli
1066	*Dialium holtzii*	非洲	霍氏摘亚木	mpepete
1067	*Dialium laurenti*	扎伊尔	劳氏摘亚木	dikusu; djinda

序号	学名	主要产地	中文名称	地方名
1068	*Dialium macranthum*	非洲	大齿摘亚木	bombaba
1069	*Dialium madagascariense*	马达加斯加	马达加斯加摘亚木	
1070	*Dialium occidentale*	非洲	西方摘亚木	
1071	*Dialium orientale*	非洲	东方摘亚木	mpepete；shisoble
1072	*Dialium pachyphyllum*	扎伊尔、喀麦隆、非洲西部、刚果、非洲中部、安哥拉	厚叶摘亚木	bokukulu；bombaba；djiladjila；djungu；elimilimi；issouk；kelinkeki；mbasso；mbodia；memboki；menzomu；musung；ntzungu；omwong；penza
1073	*Dialium pentandrum*	非洲	五雄蕊摘亚木	dibote
1074	*Dialium schlechteri*	南非	狭叶摘亚木	sherbet-tree；thiba-tree；umthiba
1075	*Dialium soyauxii*	非洲西部	索氏摘亚木	eyoum
1076	*Dialium tessmannii*	加蓬	塞斯摘亚木	mfoum onvong
1077	*Dialium unifoliolatum*	喀麦隆	独角摘亚木	
	***Dichaetanthera*（MELASTOMATACEAE） 二聚花属（野牡丹科）**		**HS CODE 4403. 99**	
1078	*Dichaetanthera africana*	喀麦隆、科特迪瓦	非洲二聚花	esan；essan；mfang mfonda；poto
1079	*Dichaetanthera corymbosa*	科特迪瓦	伞房二聚花	
	***Dichapetalum*（DICHAPETALACEAE） 毒鼠子属（毒鼠子科）**		**HS CODE 4403. 99**	
1080	*Dichapetalum madagascariense*	科特迪瓦	马达加斯加毒鼠子	bagba
	***Dichostemma*（EUPHORBIACEAE） 异杯戟属（大戟科）**		**HS CODE 4403. 99**	
1081	*Dichostemma glaucescens*	喀麦隆、刚果	异杯戟	ka；kaa；kagoue；kah；mvoulentsa
	***Dichrostachys*（MIMOSACEAE） 代儿茶属（含羞草科）**		**HS CODE 4403. 99**	
1082	*Dichrostachys cinerea*	塞内加尔、加纳、津巴布韦、尼日利亚、苏丹、乌干达、非洲西部、南非	代儿茶	acacia aclochette；aklike；chinese lanterns；dundu；dundum；funga nyumba；kadada；klike；kra；litsenge；mugee；mupangara；musekera；muwanika；olaho；sicklebush；sikkelbos；ssossosi；ugagane

序号	学名	主要产地	中文名称	地方名
	***Dictyandra* (RUBIACEAE)** **迪安属（茜草科）**		**HS CODE** **4403.99**	
1083	*Dictyandra arborescens*	科特迪瓦	迪安	kamaia; kamaia biesua
	***Didelotia* (CAESALPINIACEAE)** **代德苏木属（苏木科）**		**HS CODE** **4403.49**	
1084	*Didelotia africana*	非洲西部、科特迪瓦、加蓬、喀麦隆	重代德苏木	african rosewood; amazakoue; angok; broutou; bubinga; bubingo; ebama; egoume; ekevazingo; ekopgombe; gombe; ian; ibanda; jan; keowazingo; kevazingo; nkewazingo; nomele; nsu; ogbonele; omebaba; owang; simingan
1085	*Didelotia afzelii*	科特迪瓦	阿氏代德苏木	gombe
1086	*Didelotia brevipaniculata*	几内亚比绍、利比里亚、喀麦隆、科特迪瓦、加蓬、赤道几内亚	锥花代德苏木	anchoung; andiung; andoung; bondu; ekop zing; ekop-zing; ekopzing; ekpo; gombe; mundungu; sapo; toubaouate; touwe; zing
1087	*Didelotia duparquetiana*	加蓬	巴奎代德苏木	mowongda; mpandja; n'vana
1088	*Didelotia idae*	利比里亚、科特迪瓦、喀麦隆	代德苏木	bondu; broutou; gombe; ngoo; woronggbonch
1089	*Didelotia letouzeyi*	喀麦隆、刚果、加蓬	喀麦隆代德苏木	angok; ekop gombe; gombe; lianou; moudoungou
1090	*Didelotia morelii*	加蓬	雷利代德苏木	mundungu
1091	*Didelotia spinosa*	南非	多刺代德苏木	daisy-tree; perdebos; slaaibosee
	***Dillenia* (DILLENIACEAE)** **五桠果属（五桠果科）**		**HS CODE** **4403.49**	
1092	*Dillenia ferruginea*	塞舌尔群岛	锈色五桠果	bois rouge
1093	*Dillenia triquetra*	马达加斯加	三角五桠果	bararaka; loparimbar ika
	***Dilobeia* (PROTEACEAE)** **马达加斯加山龙眼属（山龙眼科）**		**HS CODE** **4403.99**	
1094	*Dilobeia thouarsi*	马达加斯加	马达加斯加山龙眼	vivaona; vivoana; vivoana mankaleo; vivone
	***Diogoa* (OLACACEAE)** **脊肤木属（铁青树科）**		**HS CODE** **4403.99**	
1095	*Diogoa zenkeri*	刚果、喀麦隆	森柯儿脊肤木	kumunu babongo; mbazoa

序号	学名	主要产地	中文名称	地方名
	***Diospyros*（EBENACEAE）柿属** **柿属（柿树科）**		**HS CODE** **4403.49**	
1096	*Diospyros abyssinica*	南非、津巴布韦、非洲东部、乌干达、肯尼亚、坦桑尼亚、索马里	埃塞俄比亚柿木	blackbark; giant diospyros; m'airozi; mpimbia; mpimbya; mpimbyi; msambu; muhoko; muirosi; munyakungu; nserere; omihoko
1097	*Diospyros acocksii*	南非	科西柿木	orange river diospyros
1098	*Diospyros atropurpurea*	非洲西部、坦桑尼亚	暗紫柿木	african ebony
1099	*Diospyros bipindensis*	刚果	双宾果柿木	loumakaka
1100	*Diospyros borbonica*	留尼汪岛	玫瑰柿木	bois nois des houts
1101	*Diospyros canaliculata*	科特迪瓦	福寿螺柿木	baimbrou
1102	*Diospyros chitoniophora*	马达加斯加	厚壳柿木②	mapingo
1103	*Diospyros cinnabarina*	非洲中部	朱砂柿木	osangbekwe
1104	*Diospyros conocarpa*	非洲中部	锥果柿木	osang
1105	*Diospyros cooperi*	利比里亚	竹叶柿木	blu-chu
1106	*Diospyros crassiflora*	尼日利亚、非洲中部、喀麦隆、赤道几内亚、刚果、加蓬、非洲西部、加纳、科特迪瓦	厚瓣乌木	abokpo; aborkpor; african ebony; afrikaans ebben; afrikansk ebenholts; billetwood; cameroon ebony; ebano africano; ebene; kanrou; kusibiri; loumaka; loumakaka; mavini; nyareti; omenowa; osibin; sanza-minika; tivila; zwart ebben
1107	*Diospyros cupulifera*	马达加斯加	库图里柿木②	maintpototra
1108	*Diospyros cytantha*	非洲西部	西坦柿木	ebene; ebony
1109	*Diospyros dendo*	非洲中部、非洲东部、非洲西部、喀麦隆、刚果、加蓬、安哥拉	西非柿木	african ebony; afrikaans ebben; afrikansk ebenholts; bibindi; ebano africano; ebano de gabon; ebene; ebene du gabon; ebony; gabon ebbenhout; gabon-ebenholts; gaboon ebony; igedudu; west african ebony
1110	*Diospyros dichroa*	非洲西部	常山柿木	
1111	*Diospyros dichrophylla*	南非	二色柿木	poison peach; tolbos
1112	*Diospyros dicryaneura*	南非	双花柿木	
1113	*Diospyros evila*	非洲	埃维拉柿木	
1114	*Diospyros ferrea*	津巴布韦、多哥、非洲中部、科特迪瓦	铁乌木	bristle-fruited diospyros; dokoche; galarigal; ironwood; kihagilo; ngavi

序号	学名	主要产地	中文名称	地方名
1115	*Diospyros fragrans*	喀麦隆、非洲西部	香柿木	bong; ebene; ebony; elem
1116	*Diospyros gabunensis*	利比里亚、科特迪瓦	加布柿木	kahrn; karhn; rookra; sanza-mini kaa grande feuilles
1117	*Diospyros glabra*	南非	光滑柿木	bloubessie; kraaibessie; kresbessie
1118	*Diospyros gracilescens*	喀麦隆	细柿木	kraaibessie; kresbessie; malwini; ossang
1119	*Diospyros gracipiles*	喀麦隆	格尔柿木	
1120	*Diospyros haplostylis*	莫桑比克	莫桑比克乌木	ebano de mozambique; ebano di mozambique; ebene de mozambique; mozambique ebben; mozambique ebony
1121	*Diospyros hazomainty*	马达加斯加	马达加斯加乌木②	ebano de madagascar; ebano di macassar; ebene de madagascar; madagascar ebben; madagascar ebony; madagaskar-ebenholts
1122	*Diospyros heudelotii*	科特迪瓦	希德柿木	manbagavi; ngavia petites feuilles
1123	*Diospyros hoyleana*	扎伊尔、喀麦隆、加蓬	聚叶柿木	ifili a lungu; kodena; maba
1124	*Diospyros inhacaensis*	南非	印合香柿木	inhaca diospyros; isitomani
1125	*Diospyros insculpta*	非洲	卡尔塔柿木	african ebony
1126	*Diospyros iturensis*	扎伊尔、刚果	铁叶柿木	ilo; lou
1127	*Diospyros japonica*	刚果	山柿木	
1128	*Diospyros kamerunensis*	加纳、利比里亚、科特迪瓦、非洲西部	喀麦隆柿木	african ebony; drcb-bah; dre-bah; kake; omanowa; omenawa; omenowa; sefflay
1129	*Diospyros kirkii*	津巴布韦	基尔柿木	mushenje; pink diospyros
1130	*Diospyros lanceolata*	马达加斯加	剑叶柿木②	mampingo
1131	*Diospyros linderi*	利比里亚	德里柿木	pahn
1132	*Diospyros lokohensis*	马达加斯加	黄果柿木②	forafoky petit feuille
1133	*Diospyros longiflora*	加蓬	长花柿木	mvarfina
1134	*Diospyros lycioides*	南非、津巴布韦	利乔斯柿木	blackbark; bloubos; bluebush; monkey plum; mushawebungu; musvotamhungu; mutsvirikiti; mutsvitsva; nyatsvipa; red star apple; star apple; umnqandane; umqathuva; zwartbast

序号	学名	主要产地	中文名称	地方名
1135	*Diospyros mannii*	刚果、喀麦隆、加蓬、科特迪瓦	曼氏乌木	dekeng; deking; demi-deuil; ebene; ebony; epinde pinde; epinde pinde emassangue; esoua; essenlipen; mbout; moufinzi; mvakfina; mvarfina; n gavi a gros fruits; n'sa evila; ngavia gros fruits; ovinezi; warfine
1136	*Diospyros mauritiana*	毛里求斯	青枣柿木	ebony
1137	*Diospyros melanida*	留尼汪岛、毛里求斯	梅兰达柿木	bois d'ebene; ebene marbre
1138	*Diospyros mespiliformis*	肯尼亚、南非、乌干达、津巴布韦、塞内加尔、尼日利亚、加纳、多哥、几内亚、马里、苏丹、扎伊尔、非洲中部、冈比亚、非洲东部、赞比亚、科特迪瓦、非洲西部	西非乌木	african ebony; bergem; donko; douegna; ebenier; ebony; ferdamu; kaiwa; kankono; kanran; kukuo; matoomba; mbumbuli; mdlawuzo; mierhout; mschinde; muchenja; mukuchumswa; mushenje; mushuma; okisibiri; rhodesian ebony; sunsu; swamp ebony; tingalo; toma
1139	*Diospyros monbuttensis*	非洲西部、多哥、科特迪瓦	蒙巴特柿木	aggan-egbo; ekpave; etjannaka; lia-nuwasa ure; niamiebaka
1140	*Diospyros natalensis*	南非、津巴布韦	南非柿木	acorn diospyros; mugurura; natal diospyros; smalblad; umasinda
1141	*Diospyros pemeri*	马达加斯加	佩梅里柿木②	ebene madagascar
1142	*Diospyros perrieri*	马达加斯加	帕氏乌木②	ebano de madagascar; ebene; ebene de madagascar; ebony; hazozoby; lopinga; madagascar ebben; madagascar ebony; madagaskar ebenholz; mapingo
1143	*Diospyros physocalycina*	科特迪瓦	聚果柿木	baimbrou
1144	*Diospyros piscatoria*	非洲中部、加纳、喀麦隆、加蓬	加蓬乌木	african ebony; afrikaans ebben; afrikansk ebenholts; benkyi; ebano africano; elem; gabon ebbenhout; gabon ebony; madagascar ebony
1145	*Diospyros polystemon*	喀麦隆	多蕊柿木	ossanga
1146	*Diospyros quiloensis*	南非、津巴布韦	锥花柿木	crocodile-bark; kashishe; musiabwele; mutshwele
1147	*Diospyros reticulata*	毛里求斯	网脉柿木	ebony
1148	*Diospyros rotundifolia*	南非	圆叶柿木	dune diospyros

序号	学名	主要产地	中文名称	地方名
1149	*Diospyros sansa-minika*	科特迪瓦、利比里亚、喀麦隆、非洲西部	利比里亚柿木	african ebony；afrikansk ebenholts；assoseka；assumseka；buobi；ebano africano；ebene；elem ou zoofim；erikisse；kenya ebben；kohr；kusibiri；minika；nguobi；okusibiri；sanza；sanza minika
1150	*Diospyros senensis*	南非、津巴布韦	西柿木	peeling-bark diospyros
1151	*Diospyros simii*	南非	西米柿木	kraaibessie；sim talbos
1152	*Diospyros soubreana*	科特迪瓦	苏布柿木	piakambo
1153	*Diospyros suaveolens*	非洲西部、喀麦隆	香甜柿木	benin ebony；osang mevini；owindefam
1154	*Diospyros tesselaria*	毛里求斯	泰斯莱柿木	black ebony；bois d'ebene；bois d'ebene noir；ebene；ebony
1155	*Diospyros thomasii*	利比里亚	托氏柿木	dib-bah；gboe-kpay；guay-ve-neh；guay-ve-ney；sefflay
1156	*Diospyros toxicaria*	马达加斯加	毒柿木②	ebano de madagascar；ebano di macassar；ebene de madagascar；madagascar ebben；madagascar ebony
1157	*Diospyros villosa*	南非	毛柿木	shaggy diospyros
1158	*Diospyros villosiuscula*	南非	长毛柿木	
1159	*Diospyros viridicans*	科特迪瓦	绿柿木	kekemi
1160	*Diospyros whyteana*	南非	卫斯皮柿木	african bladdernut；blackbark；mkuka；swartbas
1161	*Diospyros xanthochlamys*	尼日利亚	黄原柿木	okahimi
	***Diphasia*（RUTACEAE）** **双室铁木属（芸香科）**		**HS CODE** **4403. 99**	
1162	*Diphasia angolensis*	科特迪瓦	安哥拉双室铁木	iolo pubescent
	***Discoglypremna*（EUPHORBIACEAE）** **南蛇桐属（大戟科）**		**HS CODE** **4403. 99**	
1163	*Discoglypremna caloneura*	喀麦隆、加蓬、科特迪瓦、非洲中部、刚果、利比里亚	美脉南蛇桐	aheb；akoret；apohia；athieghe；bokassou；dimimbidia mamba；leh-bohn；monzekeke bale；otua-nzam；toute

序号	学名	主要产地	中文名称	地方名
	Distemonanthus（CAESALPINIACEAE） 双蕊苏木属（苏木科）		**HS CODE** **4403. 49**	
1164	*Distemonanthus benthamianus*	非洲西部、加蓬、非洲中部、尼日利亚、加纳、科特迪瓦、喀麦隆、利比里亚、几内亚、多哥	双蕊苏木	afrikanisch citronenholz; afrikansk citrontra; akoret; anayran; atieghe; ayan; bomsamdua; bonsamdua; bosong; citronenholz; duabai; duabei; eli-bengan; gwadau; kokrodua; moulenda; movinguie; muvenghi; ogamignia; ogueminia; okpe; oqueminia; sebako; tabako
1165	*Distemonanthus calonuera*	喀麦隆、科特迪瓦	喀麦隆双蕊苏木	aieghe; aoret
	Dodonaea（SAPINDACEAE） 车桑子属（无患子科）		**HS CODE** **4403. 99**	
1166	*Dodonaea salicifolia*	留尼汪岛	柳叶车桑子	bois de rainette; bois de reinette; reinette
1167	*Dodonaea viscosa*	南非、津巴布韦、非洲中部	车桑子	bosysterhout; dodonea; msutue; mua; mukonachan do; munhenderu; mupumha; musambapfumo; mutepe-pumha; sand olive; sukandarira
	Dombeya（MALVACEAE） 非洲芙蓉属（锦葵科）		**HS CODE** **4403. 99**	
1168	*Dombeya acerifolia*	马达加斯加	槭叶非洲芙蓉	hafatra mena; hafondrano fotsy; hafondrano mena; hafotra; hafotra mena
1169	*Dombeya ambositrensis*	马达加斯加	安城非洲芙蓉	hafotra mena
1170	*Dombeya angulata*	留尼汪岛	角状非洲芙蓉	bois de mahot
1171	*Dombeya autumnalis*	南非	秋叶非洲芙蓉	autumn dombeya
1172	*Dombeya biumbellata*	马达加斯加	拉塔非洲芙蓉	hafotra
1173	*Dombeya bruceana*	非洲	布鲁非洲芙蓉	zellim bauakh
1174	*Dombeya burgessiae*	南非、非洲东部、肯尼亚	非洲芙蓉	ibunda; kenya ash; m'keo; mukao; mukeo; pink dombeya
1175	*Dombeya cymosa*	南非	小果非洲芙蓉	small-flowered dombeya; uzingati
1176	*Dombeya elliptica*	马达加斯加	椭圆非洲芙蓉	hafotra mena
1177	*Dombeya goetzenii*	肯尼亚	格氏非洲芙蓉	kenya ash; mukeo; omukole
1178	*Dombeya kirkii*	南非、乌干达	柯氏非洲芙蓉	kirk dombeya; mshafusho; mukole

序号	学名	主要产地	中文名称	地方名
1179	*Dombeya lancifolia*	留尼汪岛、马达加斯加	剑叶非洲芙蓉	hafotra mbarahazo; mahot blanc
1180	*Dombeya lucida*	南非	亮叶非洲芙蓉	dombeya
1181	*Dombeya malacoxylon*	非洲	白克非洲芙蓉	mkeyu
1182	*Dombeya melanoxylon*	圣赫勒拿	黑非洲芙蓉	ebenholz; ebony
1183	*Dombeya populnea*	留尼汪岛	马蹄非洲芙蓉	bois de senteur; bois galeux; senteur bleu
1184	*Dombeya pulchra*	南非	美丽非洲芙蓉	blombos
1185	*Dombeya punctata*	留尼汪岛	点状非洲芙蓉	mahot rougea petites feui
1186	*Dombeya quinqueseta*	加纳	昆克非洲芙蓉	kodohure; nkrunya; osofoa
1187	*Dombeya rotundifolia*	南非、津巴布韦	圆叶非洲芙蓉	blossom-tree; chitohwe; drolpeer; mupunduru; musiyasitu; mutohwechuru; mutondokatura; mutongotowa; mutunhondo; muwani; round leaf dombeya; umwane; wild pear
1188	*Dombeya spectabilis*	非洲东部	大非洲芙蓉	matowo
1189	*Dombeya tiliacea*	南非	紫非洲芙蓉	forest dog rose; forest dombeya; little dog rose
1190	*Dombeya umbellata*	留尼汪岛	伞花非洲芙蓉	mahota feuilles rondes
	Doratoxylon **(SAPINDACEAE)** **矛木患属（无患子科）**		**HS CODE 4403.99**	
1191	*Doratoxylon apetalum*	留尼汪岛	无瓣矛木患	bois de gaulette; bois de gaulette rouge
1192	*Doratoxylon mauritianum*	毛里求斯、留尼汪岛	毛里求斯矛木患	bois de sagai rouge; bois de sagaye; saigaille rouge
	Dovyalis **(FLACOURTIACEAE)** **锡兰莓属（大风子科）**		**HS CODE 4403.99**	
1193	*Dovyalis caffra*	津巴布韦	毛锡兰莓	dingan apricot; kei apple; munhungura; musvisviro ndo; mutsovorit svoto; umqokolo; wild apricot
1194	*Dovyalis longispina*	南非	长柄锡兰莓	long-spine dovyalis
1195	*Dovyalis lucida*	南非	亮叶锡兰莓	wild apricot; wild idungamuzi
1196	*Dovyalis macrocalyx*	乌干达、津巴布韦	大萼锡兰莓	mutunku; shaggy-fruited dovyalis
1197	*Dovyalis rhamnoides*	南非	菱叶锡兰莓	cape cranberry; coffee plum; crownberry; wineberry

序号	学名	主要产地	中文名称	地方名
1198	*Dovyalis rotundifolia*	南非	圆叶锡兰莓	suurbessie；wild apricot
1199	*Dovyalis zeyheri*	南非	南非锡兰莓	transvaal wild apricot；umnyazuma
	Dracaena (AGAVACEAE) 龙血树属（龙舌兰科）		**HS CODE 4403.99**	
1200	*Dracaena arborea*	科特迪瓦、扎伊尔	树状龙血树	elouevo；wanganga
1201	*Dracaena draco*	加那利群岛	龙血树	drachenbaum；dragon-tree
1202	*Dracaena fragrans*	喀麦隆、加蓬	香龙血树	alen okpoue；alologpo；bouliboba；elim nkak；labinkong；laini mienzam；ozogoue；tongo
1203	*Dracaena mannii*	刚果、科特迪瓦	曼氏龙血树	balizambi；viviro
1204	*Dracaena perrotteti*	科特迪瓦	丝状龙血树	adjonde；main；nkiebe
1205	*Dracaena reflexa*	津巴布韦	扁平龙血树	small-leaved dragon-tree
1206	*Dracaena usambarensis*	南非	剑形龙血树	kosi dracaena
	Drypetes (EUPHORBIACEAE) 核果木属（大戟科）		**HS CODE 4403.49**	
1207	*Drypetes afzelii*	利比里亚	细叶核果木	duay-gray；to-ye
1208	*Drypetes arguta*	南非	软枣核果木	bastard white ironwood；kushwane-tree
1209	*Drypetes armoracia*	非洲	莫拉核果木	akot；tohissakata
1210	*Drypetes aubrevillei*	科特迪瓦	奥布核果木	piatou
1211	*Drypetes aylmeri*	科特迪瓦	艾尔核果木	motikioro
1212	*Drypetes caustica*	留尼汪岛	干皮核果木	bois de prune blanc；corce blanc batard
1213	*Drypetes coriifolia*	马达加斯加	革叶核果木	hasompasika
1214	*Drypetes floribunda*	加纳、利比里亚	多花核果木	kle；kleti；pepperbark；swam-beh
1215	*Drypetes gabonensis*	加蓬、赤道几内亚	加蓬核果木	hilem；olem
1216	*Drypetes gerrardii*	南非、津巴布韦、非洲东部	吉氏核果木	bastard white ironwood；forest ironwood；hairy drypetes；ironwood；m'nyenye；mtonge；umhlagela；umthwakele；white bastard ironwood
1217	*Drypetes gossweileri*	刚果、扎伊尔、喀麦隆	高氏核果木	akot；boshimi；efetete；egakom；ekouot；etekele；muyungu；okhuaba；olelang；tchissakata；yungu
1218	*Drypetes ivorensis*	利比里亚	静脉核果木	kpahn-wee
1219	*Drypetes natalensis*	南非	南非核果木	natal drypetes；stijj
1220	*Drypetes paxii*	刚果、喀麦隆	帕氏核果木	banie-afou；ehalctombo；ewaletombo

序号	学名	主要产地	中文名称	地方名
1221	*Drypetes pellegrini*	科特迪瓦	佩莱核果木	kahibehi
1222	*Drypetes principum*	科特迪瓦	密花核果木	mottikoro
	***Duboscia*（TILIACEAE）** **热非椴属（椴树科）**		**HS CODE** **4403. 49**	
1223	*Duboscia caudata*	加蓬	尾状热非椴	akak
1224	*Duboscia macrocarpa*	加蓬、喀麦隆、科特迪瓦、刚果	大果热非椴	aka；akak；akaou assan；akark；mboula；otoumon；pianro
1225	*Duboscia viridiflora*	非洲西部	热非椴	akak；okpeghede；pianro；prukuma
	***Echium*（BORAGINACEAE）** **蓝蓟属（紫草科）**		**HS CODE** **4403. 99**	
1226	*Echium aculeatum*	非洲	刚毛蓝蓟	
1227	*Echium bourgeauanum*	非洲	硬毛蓝蓟	
1228	*Echium fastuosum*	加那利群岛	狭长蓝蓟	echium
1229	*Echium giganteum*	非洲	巨形蓝蓟	
1230	*Echium leucophaeum*	非洲	白蓝蓟	
1231	*Echium virescens*	非洲	金边蓝蓟	
	***Ehretia*（BORAGINACEAE）** **厚壳树属（紫草科）**		**HS CODE** **4403. 99**	
1232	*Ehretia abyssinica*	非洲	埃塞俄比亚厚壳树	kirroah
1233	*Ehretia amoena*	南非	美丽厚壳树	stamperhout；umklelehout
1234	*Ehretia cymosa*	科特迪瓦、津巴布韦、非洲西部	小果厚壳树	lauso；mutsahware；okoni
1235	*Ehretia rigida*	南非	硬厚壳树	cape lilak；deurmekaabos；puzzle-bush；stamperwood
1236	*Ehretia trachyphylla*	科特迪瓦	糙叶厚壳树	komboui
	***Ekebergia*（MELIACEAE）** **类梣楝属（楝科）**		**HS CODE** **4403. 99**	
1237	*Ekebergia benguelensis*	津巴布韦	小檗类梣楝	mudyamhofu；mudyavarungu；mukwiramhofu；munyimonyimo；mupumhanhuka；mupuri；mutoma；muvhuranyimo；wild dog plum

序号	学名	主要产地	中文名称	地方名
1238	*Ekebergia capensis*	南非、津巴布韦、肯尼亚、埃塞俄比亚	好望角类桦楝	capa ash; ekebergia; esschenhout; essenhout; essenwood; hautuiquas essen; jukongu; koosho; mgwenyezinja; mongko; mudanhatsi ndi; muknogu; munyimonyimo; umgwenysinga; umgwenyuizinja; umyeamate; zombo
1239	*Ekebergia pterophylla*	南非	紫类桦楝	basternies hout; rock essenhout
1240	*Ekebergia rueppelliana*	肯尼亚	肯尼亚类桦楝	mufumba
1241	*Ekebergia senegalensis*	塞内加尔、几内亚、非洲西部、尼日利亚、莫桑比克、科特迪瓦	塞内加尔类桦楝	boubabamati; coudan; frimu-abalu; madachin dutsi; n'gilicaia muchito; politiama
	***Elaeis*（PALMAE）** **油棕属（棕榈科）**		**HS CODE** **4403.99**	
1242	*Elaeis guineensis*	莫桑比克、加蓬、非洲西部、科特迪瓦	油棕	alen; alen-bingom; cusombu; dembudu; gevei; lesombe; mbari-divasa; musombe; musomo; muvei; nkowe-mbani; oevei; okadia mavasa; okpe; osombe; ovei; palmiera huile; usombo
1243	*Elaeis nigrescens*	加蓬	黑油棕	alen
	***Elaeocarpus*（ELAEOCARPACEAE）** **杜英属（杜英科）**		**HS CODE** **4403.99**	
1244	*Elaeocarpus quadrilobus*	马达加斯加	四联杜英	small-leaved voanana; voanana; voanana apetites feuilles
1245	*Elaeocarpus subserratus*	马达加斯加	塞拉杜英	maharodona; mokaranand ahy
	***Elaeophorbia*（EUPHORBIACEAE）** **核果大戟属（大戟科）**		**HS CODE** **4403.99**	
1246	*Elaeophorbia drupifera*	加纳	核果大戟木	adidi
1247	*Elaeophorbia grandifolia*	科特迪瓦	大叶核果大戟木	hie
	***Enantia*（ANNONACEAE）** **恩南番荔枝属（番荔枝科）**		**HS CODE** **4403.49**	
1248	*Enantia affinis*	非洲西部	近缘恩南番荔枝	moaamba mbuaki
1249	*Enantia ambigua*	非洲	恩南番荔枝	enantia; nfoo

序号	学名	主要产地	中文名称	地方名
1250	*Enantia chlorantha*	喀麦隆、尼日利亚、科特迪瓦、利比里亚、非洲西部、加蓬、非洲中部、刚果	绿花恩南番荔枝	african yellow-wood; baoue; belvi; bonuku bololo; bopalo; ehranbabogo; esuro; jaune; kpaini; mbawe; mbuaki; moamba mbuaki; moambe jaune; mpoulai; muamba jaune; muamba ubenki; muemba ubenga; osopupa; sohn; yellow-wood
1251	*Enantia lebrunii*	科特迪瓦	莱氏恩南番荔枝	baoue; dubima
1252	*Enantia pilosa*	扎伊尔	毛刺恩南番荔枝	lombalomba
1253	*Enantia polycarpa*	科特迪瓦、非洲西部、利比里亚、加纳	多果恩南番荔枝木	baoue; belvi; dubima; haoue; kodoben; osopupa
	***Encephalartos* (ZAMIACEAE)** **非洲铁属（泽米铁科）**		**HS CODE** **4403.99**	
1254	*Encephalartos altensteinii*	南非	白非洲铁	bread-tree; broodboom; ujobane
1255	*Encephalartos eugene-maraisii*	南非	尤金非洲铁	bergpalm; waterberg cycad
1256	*Encephalartos friderici-guilielmi*	南非	弗里非洲铁	bread-tree; cycad; kafferbroo dboom
1257	*Encephalartos ghellinckii*	南非	海伦非洲铁	drakensberg cycad; isidawu; mount-aux-sources cycad
1258	*Encephalartos inopinus*	南非	指状非洲铁	cycad
1259	*Encephalartos laevifolius*	南非	光叶非洲铁	cycad
1260	*Encephalartos lanatus*	南非	毛非洲铁	cycad
1261	*Encephalartos latifrons*	南非	宽叶非洲铁	cycad
1262	*Encephalartos lebomboensis*	南非	莱恩非洲铁	isigqiki-somkhovu; lebombo cycad
1263	*Encephalartos lehmannii*	南非	曼恩非洲铁	karoo cycad
1264	*Encephalartos longifolius*	南非	长叶非洲铁	bread palm; broodboom
1265	*Encephalartos natalensis*	南非	南非非洲铁	giant cycad; natal cycad; umngquabe

序号	学名	主要产地	中文名称	地方名
1266	*Encephalartos paucidentatus*	南非	佩恩非洲铁	modjadji palm
1267	*Encephalartos princeps*	南非	普恩非洲铁	kei river cycad
1268	*Encephalartos transvenosus*	南非	静脉非洲铁	modjadji cycad; modjadji palm; modjadji tshifhanga; mutondolo
1269	*Encephalartos woodii*	南非	伍氏非洲铁	cycad
	***Endodesmia*（GUTTIFERAE）** **金管木属（藤黄科）**		**HS CODE 4403. 99**	
1270	*Endodesmia calophylloides*	加蓬	金管木	mfass; noum ossol
	***Englerophytum*（SAPOTACEAE）** **蜜乳榄属（山榄科）**		**HS CODE 4403. 99**	
1271	*Englerophytum congolense*	刚果	刚果蜜乳榄	
1272	*Englerophytum magalismontanum*	津巴布韦	蜜乳榄	muchanje; muhlanzwa; muhorongwa; musaswa; mutsikidzi; stamvrug; stemfruit; umhlautshwa; wild plum
1273	*Englerophytum natalense*	南非	纳塔蜜乳榄	munyamata; natal sweet plum; umthungwane
1274	*Englerophytum oblanceolatum*	非洲	扁豆蜜乳榄	munyamata
1275	*Englerophytum stelechantha*	非洲	石栗蜜乳榄	
	***Entada*（MIMOSACEAE）** **榼藤属（含羞草科）**		**HS CODE 4403. 99**	
1276	*Entada abyssinica*	几内亚、马达加斯加、非洲西部、乌干达、喀麦隆、赞比亚	埃塞俄比亚榼藤	dialan; fano; fany; ketschikan tscha; kiria; mpazy; mwolola; ondulu; tawatsa; tsou; zambia
1277	*Entada africana*	塞内加尔	非洲榼藤	samenete
1278	*Entada chrysostachys*	非洲西部	金针榼藤	
1279	*Entada louvelii*	喀麦隆	榼藤	
1280	*Entada pervillei*	非洲西部	柔嫩榼藤	
	***Entandrophragma*（MELIACEAE）** **非洲楝属（楝科）**		**HS CODE 4403. 49**	
1281	*Entandrophragma acuminata*	加纳、喀麦隆、尼日利亚、扎伊尔、科特迪瓦	披针叶非洲楝	edinam; edoussie; gedu lohor; gedu noha; kalungi; tiama

序号	学名	主要产地	中文名称	地方名
1282	*Entandrophragma angolense*	加蓬、非洲西部、科特迪瓦、南非、安哥拉、利比里亚、喀麦隆、乌干达、尼日利亚、赤道几内亚、加纳、刚果、非洲中部、非洲东部、扎伊尔	安哥拉非洲楝	abenbegne; acajou blanc; acajou frise; dedu lohor; doetue; dongomanguila; edinam; endinam-tiama; esaki; gedu lohor; gedu noha; gedulohor; ijebu; ipaki; kaiguigo; kalungi; khalagbagbese; kiluka; kouprie; lombo; mogano tiama; mukusu; njokubore; ombolombolo; penkwa
1283	*Entandrophragma bussei*	非洲东部	细丝非洲楝	mbolo mahogany; mouondue
1284	*Entandrophragma candollei*	科特迪瓦、扎伊尔、尼日利亚、喀麦隆、利比里亚、加纳、刚果、非洲西部、安哥拉	大非洲楝	acajou kossipo; asore; boubousson rouge; candollei; dianuni; doetou; esaka; geflecktes mahagoni; ikwapobo; ipaki; kouessie; lifaki; lifuko; mossia; mpembe; penkwa-akowaa; sapeli; timbi; unscented mahogany; vroudi
1285	*Entandrophragma caudatum*	津巴布韦、莫桑比克	尾状非洲楝	banana-tree; jungamtave; mountain mahogany; mpapama; mupingiri; muvungoti; umsikili; umzomondo
1286	*Entandrophragma choriandrum*	喀麦隆	绒毛非洲楝	edoucie
1287	*Entandrophragma congoense*	非洲	刚果非洲楝	acuminata; adenbegne; dongomanguila; edinam; gedu-nohor; kiluka; lifaki; mukusu; tiama; vovo
1288	*Entandrophragma cylindricum*	喀麦隆、刚果、赤道几内亚、加纳、科特迪瓦、乌干达、非洲西部、尼日利亚、非洲中部、加蓬、利比里亚、扎伊尔、安哥拉、非洲东部	筒状非洲楝	abebay; abitigbro; agiekpoge; apenkwa; assie-sapelli; bobwe; bonamba; bosse bossosoua; botsife; boubousson; kenguigo; kwabohora; liboyo; lifaki; momboyo; mouniangala; sapele; sapelewood; sotsife; ukwekan; undianuno
1289	*Entandrophragma delevoyi*	加纳、喀麦隆、尼日利亚、扎伊尔、坦桑尼亚、非洲东部、刚果、南非、科特迪瓦	莱沃非洲楝	edinam; edoussie; gedu lohor; gedu noha; kalungi; mofwe; mtembo; mufumangoma; mufumbi; muonga; muyovu; tiama; utile
1290	*Entandrophragma dolicarpum*	加纳、喀麦隆、尼日利亚、扎伊尔、科特迪瓦	长果楝	edinam; edoussie; gedu lohor; gedu noha; gedu nohor; kalungi; tiama

序号	学名	主要产地	中文名称	地方名
1291	*Entandrophragma ekebergioides*	安哥拉	类樫非洲楝	mutaco
1292	*Entandrophragma excelsum*	乌干达、刚果	高大非洲楝	mrie；muffumbi；mufumbi；muyovu；utile
1293	*Entandrophragma ferrugineum*	科特迪瓦、非洲中部	铁杆非洲楝	lokoba；lokobo；lokolo；onabou；tiama；tiama-tiama
1294	*Entandrophragma leplaei*	扎伊尔、喀麦隆、非洲中部	西非洲楝	gedu nohor；kalungi；tiama；timba；tshimaye
1295	*Entandrophragma palustre*	扎伊尔	沼泽非洲楝	lifake na mayi；lifaki；mai；sapele dur
1296	*Entandrophragma pierrei*	扎伊尔	密花非洲楝	kalungi
1297	*Entandrophragma rederi*	喀麦隆	德里非洲楝	false assie；gedu nohor；tiama
1298	*Entandrophragma roburoides*	扎伊尔	罗布非洲楝	lifaki
1299	*Entandrophragma rufa*	科特迪瓦	红花非洲楝	cedrat；kaiguigo；makua；n'guissou；tiama
1300	*Entandrophragma spicatum* (= *Wulfhorstia ekebergioides*)	安哥拉、南非	刺古非洲楝	mutaco；woodland mahogany
1301	*Entandrophragma stolzii*	非洲西部	斯氏非洲楝	entandroph ragma mahogany
1302	*Entandrophragma tomentosum*	科特迪瓦	毛非洲楝	aboudikro；acajou aboudikro
1303	*Entandrophragma utile*	赤道几内亚、加蓬、喀麦隆、科特迪瓦、扎伊尔、加纳、尼日利亚、南非、利比里亚、安哥拉、非洲中部、刚果、莫桑比克、非洲西部、乌干达、塞拉利昂、非洲东部	良木非洲楝	abebay；acajou abeubeu；acajou mebrou；acajou sapeli；acajou sapelli；acajou sapo；akuk；asseng assie；assie timbi；bada；bosse rouge；koukinjok；mbeel；mebrou；mebrou zuiri；mogano sipo；mufumbi mahogany；oganga；ombolombolo；papala；sapele；sapeli mahogany；undianuno；utile
	***Enterolobium*（MIMOSACEAE）** **象耳豆属（含羞草科）**		**HS CODE 4403. 49**	
1304	*Enterolobium cyclocarpum*	塞内加尔	环果象耳豆	ir

序号	学名	主要产地	中文名称	地方名
	Ephedra **(EPHEDRACEAE)** **木贼麻黄属（麻黄科）**		**HS CODE** **4403.99**	
1305	*Ephedra alata*	非洲北部	翼木贼麻黄	alenda
	Erica **(ERICACEAE)** **欧石楠属（杜鹃科）**		**HS CODE** **4403.99**	
1306	*Erica arborea*	非洲	树状欧石楠	briar; schakhdo
1307	*Erica caffra*	南非	南非欧石楠	sweet-scented heath; water heath; waterheide
1308	*Erica catervaeflora*	南非	白花欧石楠	heather-tree; heuningboom
1309	*Erica inconstans*	南非	坎斯欧石楠	inconstant erica
	Erismadelphus **(VOCHYSIACEAE)** **宿囊花属（独蕊科）**		**HS CODE** **4403.99**	
1310	*Erismadelphus exsul*	喀麦隆、加蓬、刚果	宿囊花木	afok bilobi; angoa; angoua; essang-afane; guissagui; kensagui; moussoungou; otsagui
	Erythrina **(FABACEAE)** **刺桐属（蝶形花科）**		**HS CODE** **4403.99**	
1311	*Erythrina abyssinica*	津巴布韦、非洲东部	埃塞俄比亚刺桐	lucky-beantree; m'huti; munhimbiti; mutete; mutiti; mutsiti; red-hot-poker-tree; soaueh; umgqogqogqo
1312	*Erythrina caffra*	南非	南非刺桐	cape kafferboom; coraltree; kafferboom; kaffirboom; lucky-bean tree; umsinsi
1313	*Erythrina excelsa*	刚果	大刺桐	embenkoussou
1314	*Erythrina latissima*	南非	最广刺桐	broad-leaf kafferboom; corktree; hairy kafferboom
1315	*Erythrina lysistemon*	津巴布韦	疏松蕊刺桐	kanniedood; lucky-beantree; mutsodzo; transvaal kafferboom
1316	*Erythrina madagascariensis*	马达加斯加	马达加斯加刺桐	
1317	*Erythrina mildbraedii*	喀麦隆、刚果、科特迪瓦	红花刺桐	angam; bial; ouossoupalie; ouossoupaliea fleurs rouges
1318	*Erythrina schliebenii*	尼日利亚	贝尼刺桐	
1319	*Erythrina senegalensis*	尼日利亚、非洲西部、科特迪瓦	塞内加尔刺桐	ma jiriya; minjiriya; nyimu; ologun sheshe; timeba; usiere; yrewo
1320	*Erythrina sigmoidea*	非洲西部	乙状刺桐	

序号	学名	主要产地	中文名称	地方名
1321	*Erythrina variegata*	非洲中部、留尼汪岛	斑状刺桐	blotched; dadap; erythrine de l'inde; nourouc; pignon d'inde; variegated; variegatus-a-um irregularly coloured
1322	*Erythrina vogelii*	科特迪瓦	弗氏刺桐	oussoupalie; oussoupaliea fleurs rouge; oussoupaliea fleurs rouges; red-flowering oussoupalie
	Erythrophleum **(CAESALPINIACEAE)** **格木属（苏木科）**		**HS CODE 4403. 49**	
1323	*Erythrophleum africanum*	扎伊尔、安哥拉、非洲中部、赞比亚、津巴布韦	非洲格木	kahimbi; missanda; mkarati; moosaasi; mubako; mubulwebule; mubulwebulwe; mukoso; mungaia; mushati; nyandwe; ordeal-tree; umbako; umkonkotsi; ununza-tree
1324	*Erythrophleum coumingo*	马达加斯加	红小叶格木	kimanga
1325	*Erythrophleum guineense*	非洲	几内亚格木	
1326	*Erythrophleum ivorense*	喀麦隆、科特迪瓦、几内亚比绍、扎伊尔、非洲中部、赤道几内亚、加蓬、尼日利亚、加纳、利比里亚、塞拉利昂、莫桑比克、南非、非洲东部、赞比亚、坦桑尼亚、刚果	科特迪瓦格木	alui; baier; buirane; dikasaa-kassa; elon; elondo; elone; eloun; elun; gogwi; ipomi; jru; kassa; mancone; manconi; massanda; mauve; messanda; mishenga; muave; muavi; mwavi; potrodom; sasswood; sassybark; sassywood; tali; zutu
1327	*Erythrophleum lasianthum*	南非	红花格木	ordeal-tree; rooihout; umkhwangu
1328	*Erythrophleum le-testui*	安哥拉	安哥拉格木	nkassa
1329	*Erythrophleum suaveolens*	科特迪瓦、南非、加蓬、几内亚比绍、非洲中部、扎伊尔、喀麦隆、安哥拉、刚果、乌干达、赤道几内亚、非洲西部、尼日利亚、津巴布韦、利比里亚、塞拉利昂、莫桑比克、加纳、肯尼亚、坦桑尼亚、塞内加尔	香甜格木	adjouga; alui; amerere; atiouya; bobala; bolondo; bomanga; buirane; dikasaa-kassa; eboum; ibo; kassa-kassa; loundi; mbaka; mishenga; missanda; missandra; moumou; muave; muvumu; ngero; ordeal-bark; potordom; sassywood

序号	学名	主要产地	中文名称	地方名
	Erythrophysa **(SAPINDACEAE)** **红栾属（无患子科）**		**HS CODE** **4403.99**	
1330	*Erythrophysa aesculina*	马达加斯加	七叶红栾	andibohitse
1331	*Erythrophysa alata*	南非	翅红栾	klapperbos; namaqualand red balloon; sumoe
1332	*Erythrophysa humbertii*	南非	弥勒红栾	
1333	*Erythrophysa transvaalensis*	南非	特兰斯红栾	transvaal red balloon; wild jacaranda
	Erythrospermum **(ACHARIACEAE)** **红子木属（青钟麻科）**		**HS CODE** **4403.99**	
1334	*Erythrospermum amplifolium*	毛里求斯	阔红子木	gros copeau
1335	*Erythrospermum monticolum*	毛里求斯	红子木	bois manioc
	Erythroxylum **(ERYTHROXYLACEAE)** **古柯属（古柯科）**		**HS CODE** **4403.49**	
1336	*Erythroxylum amazonicum*	马达加斯加	亚马孙古柯	menahilahy
1337	*Erythroxylum corymbosum*	马达加斯加	伞房古柯	haditravy
1338	*Erythroxylum delagoense*	南非	香古柯	small leaf erythroxylum; stone-digger
1339	*Erythroxylum elegans*	马达加斯加	条形古柯	menahi vavy
1340	*Erythroxylum emarginatum*	津巴布韦	凹叶古柯	common coca tree; mudekeko; mutsanzuti; mwenge; notched erythroxylon; rundo; rutsitu; uqadansube
1341	*Erythroxylum firmum*	马达加斯加	马达加斯加古柯	menahilahy
1342	*Erythroxylum hypericifolium*	留尼汪岛	金丝古柯	balai des bas; balai des bois; bois d'huile; bois de des dames; bois de rat; boisa balais
1343	*Erythroxylum kapplerianum*	留尼汪岛	卡普勒古柯	
1344	*Erythroxylum laurifolium*	留尼汪岛、毛里求斯	月桂叶古柯	bois de ronde; boisa flambeaux; boise de ronde; ronde; ronglea grandes feuilles

序号	学名	主要产地	中文名称	地方名
1345	*Erythroxylum mannii*	加纳、塞拉利昂、喀麦隆、非洲中部、科特迪瓦、加蓬、扎伊尔	曼氏古柯	ashanti benchi；bimini；dabe；ditsumi；edissier；landa；lukienzo；nkanza
1346	*Erythroxylum pictum*	南非	苦味古柯	kanferboom；umcaka
1347	*Erythroxylum sphaeranthum*	马达加斯加	球花古柯	menahi vavy
1348	*Erythroxylum zambesiacum*	津巴布韦	红菱古柯	zambezi coca-tree
	Eucalyptus **（MYRTACEAE）** **桉属（桃金娘科）**		**HS CODE** **4403.98**	
1349	*Eucalyptus algeriensis*	阿尔及利亚	阿尔及利亚桉	red gum；rouge eucalyptus
1350	*Eucalyptus botryoides*	刚果	串果桉	mahogany gum
1351	*Eucalyptus camaldulensis*	刚果、南非	赤桉	murray red gum；river red gum；rostrata gum
1352	*Eucalyptus cephalocarpa*	南非	灰桉	argyle apple；cinerea gum
1353	*Eucalyptus cladocalyx*	南非	棒萼桉	cladocalyx gum；sugar gum
1354	*Eucalyptus cornuta*	南非	角蕾桉	cornuta gum；yate-of-western australia
1355	*Eucalyptus cypellocarpa*	南非	灰山桉	boxwood；goniocalyx gum；mountain grey gum
1356	*Eucalyptus dalrympleana*	南非	火桉	dalrympleana gum；mountain gum
1357	*Eucalyptus delegatensis*	南非	高山桉	mountain red ash；stringybark；tasmanian oak
1358	*Eucalyptus diversicolor*	南非	异色桉	karri
1359	*Eucalyptus fastigata*	南非	扫枝桉	brownbarrel；cuttail；fastigata gum；stringybark
1360	*Eucalyptus fraxinoides*	南非	莓叶桉	fraxinoides gum；whiteash
1361	*Eucalyptus globoidea*	非洲	球状桉	scabra gum
1362	*Eucalyptus globulus*	南非、马达加斯加	蓝桉	bloekom；blue gum；maiden gum；spotted gum；tasmanian blue gum
1363	*Eucalyptus gracilis*	刚果	巨桉	grandis gum；rose gum
1364	*Eucalyptus leucoxylon*	马达加斯加	黄胶桉	leucoxylon gum；yellow gum
1365	*Eucalyptus lindleyana*	非洲	利亚桉	river peppermint
1366	*Eucalyptus macarthurii*	南非	毛氏桉	macarthuri gum

序号	学名	主要产地	中文名称	地方名
1367	*Eucalyptus microcorys*	南非、坦桑尼亚	小帽桉	microcorys gum; tallow-wood
1368	*Eucalyptus muelleriana*	南非	黄纤皮桉	muelleriana gum; queensland yellow stringybark; yellow stringybark
1369	*Eucalyptus nitens*	南非	亮果桉	nitens gum; shining gum
1370	*Eucalyptus numerosa*	南非	莫托桉	numerosa gum; river peppermint
1371	*Eucalyptus obliqua*	南非	斜叶桉	australian oak; brown-top stringybark; messmate stringybark; stringybark; tasmanian oak
1372	*Eucalyptus oreades*	南非	蓝白蜡桉	blue mountains ash; smoothbark ash
1373	*Eucalyptus paniculata*	刚果	锥花桉	black ironbark; grey ironbark; ironbark; paniculata gum
1374	*Eucalyptus pilularis*	马达加斯加	弹丸桉	piluaris gum
1375	*Eucalyptus piperita*	马达加斯加	黄连桉	piperita gum
1376	*Eucalyptus polyanthemos*	南非	多花桉	polyanthemos gum
1377	*Eucalyptus propinqua*	南非	小果灰桉	grey gum; propinqua gum
1378	*Eucalyptus regnans*	非洲	王桉	australian mountain ash; mountain ash; tasmanian oak
1379	*Eucalyptus resinifera*	刚果	树脂桉	resinifera gum
1380	*Eucalyptus robusta*	刚果	大叶桉	robusta gum; swamp gum
1381	*Eucalyptus rubida*	南非	河红桉	candlebark; rubida gum
1382	*Eucalyptus saligna*	南非、肯尼亚	柳叶桉	blue gum; eucalipto sauce; eucalitto salice; eucalyptus saligna; kiviny; saligna; saligna gum; sydney blue gum
1383	*Eucalyptus sideroxylon*	南非	铁木桉	black ironbark; ironbark; red ironbark; red-flowering ironbark
1384	*Eucalyptus sieberi*	非洲	银顶白蜡桉	sieberana gum; silvertop ash
1385	*Eucalyptus smithii*	南非	史氏桉	smithii gum
1386	*Eucalyptus tenuipes*	莫桑比克	细桉	narrow-leaved mahogany
1387	*Eucalyptus tereticornis*	马达加斯加	细叶桉	forest red gum; tereticornis gum
1388	*Eucalyptus virgata*	南非	假叶桉	sieberiana gum; white ironbark
	Euclea **(EBENACEAE)** **卡柿属（柿树科）**		**HS CODE** **4403.99**	
1389	*Euclea coriacea*	南非	革叶卡柿	gwarri; mohlakolana

序号	学名	主要产地	中文名称	地方名
1390	*Euclea crispa*	南非	密花卡柿	bosch guarri；gwarri；gwarri-bush；mukinyei
1391	*Euclea divinorum*	津巴布韦	卵核卡柿	diamond-leaved euclea；hlangulo；magic gwarri；mubhubhunu；mudzivirir atsuro；muguirameno；munyenya；mushangura；umhlangula；umtshekesane
1392	*Euclea linearis*	南非	线形卡柿	smalblaar gwarri
1393	*Euclea natalensis*	津巴布韦	南非卡柿	chipambati；large-leaved euclea；muranze；mushangura；natal ebony；natal gwarri；nyakabvuri；umtshekesa ne wentaba
1394	*Euclea pseudebenus*	南非	假核卡柿	cape；cape ebony；ebony；omusema；tsawib；wild ebony
1395	*Euclea racemosa*	南非、津巴布韦	聚果卡柿	guarri-bush；kersibos；sea gwarri；seehwarrie
1396	*Euclea schimperi*	南非	辛佩卡柿	gwarri；mdara
1397	*Euclea tomentosa*	南非	毛卡柿	heuningghw arrie；klipkers
1398	*Euclea undulata*	南非	波状卡柿	bastard bloubos；karoo gwarri；raasbessie
	Eugenia **（MYRTACEAE）** **番樱桃属（桃金娘科）**		**HS CODE** **4403. 49**	
1399	*Eugenia australis*	留尼汪岛	南方番樱桃	bois de peche marron
1400	*Eugenia capensis*	南非	好望角番樱桃	dune myrtle；dune-bush
1401	*Eugenia condensata*	马达加斯加	凝叶番樱桃	rotra；rotra mena
1402	*Eugenia coriacea*	留尼汪岛	革叶番樱桃	bois de nefle
1403	*Eugenia cotinifolia*	毛里求斯	紫叶番樱桃	bois clou；clou
1404	*Eugenia cuneifolia*	马达加斯加	楔叶番樱桃	eugenia rotra；rotra
1405	*Eugenia emirnensis*	马达加斯加	埃米尔番樱桃	rotra
1406	*Eugenia glomerata*	毛里求斯、留尼汪岛	聚花番樱桃	bois de pomme
1407	*Eugenia mespilioides*	留尼汪岛	细枝番樱桃	bois de neflesa grande feuill
1408	*Eugenia natalitia*	南非	纳他利番樱桃	natal myrtle；umbonzane
1409	*Eugenia parkeri*	马达加斯加	线果番樱桃	rotra；routra
1410	*Eugenia parviflora*	马达加斯加	小花番樱桃	
1411	*Eugenia phillyreaefolia*	马达加斯加	红景天叶番樱桃	rotra

序号	学名	主要产地	中文名称	地方名
1412	*Eugenia rowlandi*	科特迪瓦	罗兰番樱桃	akuedo; asafra; esafra; essafra
1413	*Eugenia whytei*	利比里亚	怀泰番樱桃	bloe; mor-way-dah
1414	*Eugenia zeyheri*	南非	南非番樱桃	black tea-bush; cherry-bush; wild myrtle; wild sambos
1415	*Eugenia zuluensis*	南非	祖鲁番樱桃	paperbark myrtle; umbomvana
	***Euodia* (RUTACEAE)** **吴茱萸属（芸香科）**		**HS CODE** **4403.99**	
1416	*Euodia fatraina*	马达加斯加	法特吴茱萸	manombary
	***Euonymus* (CELASTRACEAE)** **卫矛属（卫矛科）**		**HS CODE** **4403.99**	
1417	*Euonymus europaea*	莫桑比克	欧洲卫矛	bonetero; evonymo; zaragatoa
1418	*Euonymus fortunei*	莫桑比克	柳花卫矛	
	***Euphorbia* (EUPHORBIACEAE)** **大戟属（大戟科）**		**HS CODE** **4403.99**	
1419	*Euphorbia canariensis*	非洲	加那利大戟	
1420	*Euphorbia candelabrum*	埃塞俄比亚	烛台大戟	kolkwal
1421	*Euphorbia confinalis*	南非	红叶大戟	lebombo euphorbia; tshikonde-ngela
1422	*Euphorbia cooperi*	南非	琉璃大戟	umhlonhlo; umphapha euphorbia
1423	*Euphorbia curvirama*	南非	库维大戟	curved euphorbea
1424	*Euphorbia evansii*	南非	伊氏大戟	evans' euphorbia
1425	*Euphorbia excelsa*	南非	大大戟	lydenburg euphorbia
1426	*Euphorbia grandidens*	南非	奥尔大戟	umhlonhlo; warted euphorbia
1427	*Euphorbia ingens*	南非	大戟	abaphaphi-tree; candelbra-tree; umhlonhlo
1428	*Euphorbia keithii*	南非	欧拉大戟	keith euphorbia
1429	*Euphorbia poissoni*	非洲西部	白花大戟	dididire
1430	*Euphorbia sekukuniensis*	南非	泽库宁大戟	sekukuniland euphorbia
1431	*Euphorbia tetragona*	南非	四棱大戟	square-stemmed euphorbia; umhlonhlo
1432	*Euphorbia tirucalli*	津巴布韦	绿玉大戟	heji ye mukaka; ingotsha; kraal naboom; kraalmelkbos; milkbush; rubber hedge; rusungwe; tsoketa; tsokotela

序号	学名	主要产地	中文名称	地方名
1433	*Euphorbia triangularis*	南非	三角大戟	naboom; three-angled euphorbia; umhlonhlo
1434	*Euphorbia zoutpansbergensis*	南非	南非大戟	soutspanberg euphorbia
	Eurypetalum（**CAESALPINIACEAE**） **贝壳豆属（苏木科）**		**HS CODE** **4403.99**	
1435	*Eurypetalum batesii*	非洲西部	巴氏贝壳豆	andzileis
	Excoecaria（**EUPHORBIACEAE**） **海漆属（大戟科）**		**HS CODE** **4403.99**	
1436	*Excoecaria agallocha*	喀麦隆	海漆木	adlerholz
1437	*Excoecaria bussei*	津巴布韦	长苞海漆木	pawnbroker-tree
1438	*Excoecaria venenifera*	非洲东部	威斯海漆木	mtanga
	Fagara（**RUTACEAE**） **崖椒属（芸香科）**		**HS CODE** **4403.49**	
1439	*Fagara amaniensis*	扎伊尔	阿曼崖椒木	amani satinwood
1440	*Fagara angolensis*	利比里亚	安哥拉崖椒木	gbu-aye; pfui
1441	*Fagara davyi*	南非	硬崖椒木	forest knobwood; knobwood; perdepramboom
1442	*Fagara discolor*	刚果	变色崖椒木	banza
1443	*Fagara flava*	扎伊尔	黄崖椒木	
1444	*Fagara heitzii*	加蓬、刚果、扎伊尔	软崖椒木	olon
1445	*Fagara homblei*	扎伊尔	霍布崖椒木	mpopwe
1446	*Fagara inaeoqualis*	非洲几内亚湾及刚果盆地	奥伦崖椒木	olon
1447	*Fagara macrophylla*	塞拉利昂、安哥拉	大叶崖椒木	east african satinwood
1448	*Fagara mildbreadii*	肯尼亚	肯尼亚崖椒木	simbari
1449	*Fagara tessmannii*	尼日利亚、科特迪瓦、喀麦隆、刚果、扎伊尔、肯尼亚、赤道几内亚、加蓬、利比里亚、塞拉利昂、加纳	特氏崖椒木	atogbo; bahe; bungo; gong grandes feuilles; hangwa; kanyabumba; lisumba; muhono; mungutsende; nungutsende; okor; olon dur; olonvogo; pahe; sagli; shikkuma; uto; witkoran; yea
1450	*Fagara usambarensis*	非洲	乌巴崖椒木	kilabe
1451	*Fagara welwitschii*	扎伊尔	韦氏崖椒木	libelokote; liberokuta

序号	学名	主要产地	中文名称	地方名
	Fagaropsis **（RUTACEAE）** **类崖椒属（芸香科）**		**HS CODE** **4403. 99**	
1452	*Fagaropsis angolensis*	非洲东部	安哥拉类崖椒木	mafu
	Faguetia **（ANACARDIACEAE）** **镰果漆属（漆树科）**		**HS CODE** **4403. 99**	
1453	*Faguetia falcata*	马达加斯加	四方镰果漆	hasa；hasy
	Faidherbia **（FABACEAE）** **环荚合欢属（蝶形花科）**		**HS CODE** **4403. 99**	
1454	*Faidherbia albida*	肯尼亚、苏丹、非洲北部、南非、津巴布韦、塞内加尔、尼日利亚、赞比亚、几内亚比绍	环荚合欢	ahetes；ana-tree；anaboom；cadde；gawo；harar；hlofungu；kababu；kad；kenya acaciamukababu；mukalaunga；musangu；pao ferida；umpumbu；whitethorn
	Faucherea **（SAPOTACEAE）** **马达加斯加山榄属（山榄科）**		**HS CODE** **4403. 99**	
1455	*Faucherea ambrensis*	马达加斯加	安布马达加斯加山榄	nato
1456	*Faucherea duclitan*	马达加斯加	杜利马达加斯加山榄	nato
1457	*Faucherea hexandra*	马达加斯加	六蕊马达加斯加山榄	nato
1458	*Faucherea laciniata*	马达加斯加	马达加斯加山榄	nato
1459	*Faucherea parvifolia*	马达加斯加	小叶马达加斯加山榄	nato jiroko；nato keliravina；natoa petites feuilles；small-leaved nato
1460	*Faucherea thouvenotii*	马达加斯加	图氏马达加斯加山榄	nato
	Faurea **（PROTEACEAE）** **柳绵木属（山龙眼科）**		**HS CODE** **4403. 99**	
1461	*Faurea discolor*	赞比亚、扎伊尔	变色柳棉木	musokoto；saninga
1462	*Faurea galpinii*	南非	嘉氏柳棉木	bosboekenhout；rooiboekenhout
1463	*Faurea macnaughtonii*	南非	马氏柳棉木	bosboekenhout；egossa boekenhout；isafo；terblans；terblanz；terblanz-wood；treblans
1464	*Faurea saligna*	津巴布韦、南非、扎伊尔	柳叶柳棉木	african beech；beechwood；kapfutsa；mugarahorwe；munyanganza；mutsatsati；muzhenje；red boekenhout；rooi-boeke nhout；rooiboeken hout；saninga；transvaal boekenhout；umdwadwa

序号	学名	主要产地	中文名称	地方名
1465	*Faurea speciosa*	南非、津巴布韦、非洲东部	美丽柳棉木	beechwood；bogenhout；breeblaar boekenhout；broad-leaved beechwood；kapfutsa；large-leaf beechwood；mkoko；mogwapi；mugarahorwe；mukaragati；munyanganza；mutsatsati；muzhenje；nujunge；umdwadwa
1466	*Faurea usambarensis*	非洲	桑曼柳棉木	bogenhout；nujunge
	***Fernandoa*（BIGNONIACEAE）** **厚膜树属（紫葳科）**		**HS CODE** **4403. 99**	
1467	*Fernandoa adolfi-fridericii*	非洲中部	阿氏厚膜树	benzeme
	***Feronia*（RUTACEAE）** **象橘属（芸香科）**		**HS CODE** **4403. 99**	
1468	*Feronia gabonensis*	加蓬	加蓬象橘木	poirea poudre des pahouin
	***Ficalhoa*（SLADENIACEAE）** **裂果柃属（肋果茶科）**		**HS CODE** **4403. 99**	
1469	*Ficalhoa laurifolia*	坦桑尼亚	裂果柃	ficalhoa；mkuka；mumbulu
	***Ficus*（MORACEAE）** **榕树属（桑科）**		**HS CODE** **4403. 99**	
1470	*Ficus asperifolia*	尼日利亚	糙叶榕	malaya banyan；oval leaved big tree；ukonk；ukwok
1471	*Ficus assimilis*	马达加斯加	同化榕	karay
1472	*Ficus barbidens*	非洲西部	巴比登榕	logo
1473	*Ficus bembicicarpa*	非洲西部	百叶榕	keda
1474	*Ficus bizanae*	南非	双子榕	pondland fig
1475	*Ficus burtt-davyi*	南非	伯特榕	burtt davy fig；hottentots tou
1476	*Ficus capensis*	非洲	好望角榕	broom cluster fig；cape big；loro
1477	*Ficus capreaefolia*	津巴布韦	海风藤榕	kuwane；mubharante；muchowani；mukaramadzi；mukowe；munharauta；mupara；rough-leaved fig；sandpaper fig；skurwevy；willow wild fig
1478	*Ficus carica*	阿尔及利亚	无花果	common big pibu；figuier；kerma；tankoletz
1479	*Ficus cordata*	南非	心形榕	melkboom；melkhout；omukuju
1480	*Ficus craterostoma*	南非	柳叶榕	bastard natalfig；blunt deaved big；natal wild fig
1481	*Ficus craterostroma*	科特迪瓦	环形榕	anomani

序号	学名	主要产地	中文名称	地方名
1482	*Ficus dicranostyla*	科特迪瓦、非洲西部	迪诺榕	iretundo；keda；mamoribadi；souce
1483	*Ficus djalonensis*	科特迪瓦	大叶榕	diangoble
1484	*Ficus djurensis*	非洲西部	朱利榕	tura
1485	*Ficus exasperata*	喀麦隆、加蓬、科特迪瓦、非洲西部、津巴布韦、尼日利亚、加纳	粗糙榕	akoo；akou；akoul；dede；fola；forest sandpaper fig；mufubu；oboba；oyankwren
1486	*Ficus fischeri*	非洲	费希尔榕	mbila；populardemed fig；savana fig
1487	*Ficus glumosa*	非洲东部	胶榕	
1488	*Ficus guerichiana*	南非	盖里希榕	laurel fig
1489	*Ficus ingens*	津巴布韦、尼日利亚	庞大榕	idotsi；inkiwane；kawuri；mutsamvi；mutsamvo；red-leaved wild fig；umgonswane
1490	*Ficus kiloneura*	南非	基洛榕	thousand-nerved fig
1491	*Ficus kirkii*	津巴布韦	柯氏榕	dowetowe；mutsamvo
1492	*Ficus lutea*	津巴布韦、南非、科特迪瓦、尼日利亚	黄叶榕	dowetowe；giant-leaf fig；giant-leaved fig；motti；mupawa；obadan；tabani-ka-sama；touch-me-and-you-get-it；umvubu omkhulu
1493	*Ficus melleri*	马达加斯加	梅勒里榕	manoko
1494	*Ficus mucuso*	多哥、非洲东部、科特迪瓦、刚果、乌干达	姆库榕	amouti；bambra；doumbourou；dounbourou；ete；mkuju；moutoko；mukunyu；nian
1495	*Ficus natalensis*	南非、肯尼亚	南非榕	banyan-tree；barkcloth fig；figuier mugumu；kenya-wildevijg；mugumu；natal fig；natal fikus；natal wild fig；tree-killer；umthombe；wild fig-tree
1496	*Ficus ovata*	科特迪瓦	倒卵圆榕	sokouy
1497	*Ficus platyclada*	马达加斯加	侧柏榕	kivozo
1498	*Ficus platyphylla*	尼日利亚、非洲西部	宽叶榕	gamji；tisomu
1499	*Ficus polita*	尼日利亚、南非	波利塔榕	durumi；polished fig
1500	*Ficus pretoriae*	南非	比勒陀利亚榕	isisantu；wildevy；wonderboom
1501	*Ficus punctata*	加蓬	点状榕	mbengue；otouma
1502	*Ficus recurvata*	科特迪瓦、扎伊尔	回归榕	abono；andom
1503	*Ficus rubra*	留尼汪岛、科摩罗群岛	红榕	affache blanc；mzingara

序号	学名	主要产地	中文名称	地方名
1504	*Ficus rumphii*	留尼汪岛	鲁氏榕	affache rouge
1505	*Ficus sansibarica*	津巴布韦	桑巴榕	angola fig；large-fruited fig；mutsamvo；wildevy；zanzibar fig
1506	*Ficus saussureana*	刚果、乌干达、科特迪瓦	索苏纳榕	ekel grandes feuilles；musira；mutoma；nonko；umuvuma
1507	*Ficus securva*	科特迪瓦	三叶榕	diango
1508	*Ficus smutsii*	南非	施氏榕	smut fig-tree
1509	*Ficus soldanella*	南非	索达内榕	impayi；klipvy；rock fig；rotsevy
1510	*Ficus sonderi*	南非	桑得丽榕	rooitou；rotsvyboom；sonder wild fig
1511	*Ficus stuhlmannii*	津巴布韦、非洲东部	斯氏榕	inkokhokho；lowveld fig；mgumo
1512	*Ficus sur*	喀麦隆、科特迪瓦、津巴布韦、肯尼亚、南非、尼日利亚、非洲西部	苏尔榕	atol；aturu；bosvy；cape fig；cape wild fig；farin baure；fig-bush；firesticks；furu kissem；grootvy；haguey；mkuya；muchowana；mukuyu；muonde；poro；umkhiwa；uwar yara；wild fig
1513	*Ficus sycomorus*	尼日利亚、南非、塞内加尔、津巴布韦、非洲东部、乌干达、扎伊尔	西科榕	baure；common cluster fig；fico selvatico；figuier sauvage；gang；higo selvatico；kuwane；mukuyukona；muonde；musvunguzu；sycamoor；sycamore；sycamore fig；sycomore fig；umkhiwa；vilt fikontrad；wilde vijgeboom；wildevyboom；wild fig；wild fig-tree
1514	*Ficus teloukat*	非洲北部	特鲁卡榕	figuier
1515	*Ficus thonningii*	利比里亚、尼日利亚、科特迪瓦、津巴布韦、非洲西部、苏丹、非洲东部、肯尼亚	佟氏榕	bowae；chediya；diabale；intenjane；kedia；loro；m'guma；maguma；musvasvi；mutsamvi；mutsamvo；small fig-tree；umtende；wild fig
1516	*Ficus trichopoda*	科特迪瓦、南非	特里榕	donkoro；hippo fig；umvubu；wild rubbertree
1517	*Ficus umbellata*	科特迪瓦	伞形榕	popo
1518	*Ficus umbrosa*	非洲西部	乌姆布榕	tisemu
1519	*Ficus vallis*	尼日利亚、非洲西部	山谷榕	aloma；dulu；furu bukoku；ogunro
1520	*Ficus variifolia*	刚果、科特迪瓦	杂色榕	kikuya；pepeangrou afou；tshipangila
1521	*Ficus verruculosa*	南非	疣枝榕	gomoti-bush；swamp fig；water fig

序号	学名	主要产地	中文名称	地方名
1522	*Ficus vogeliana*	喀麦隆、利比里亚、加蓬	沃格里榕	atol; blorh; ekol; fig-tree; gonwi; igogozo; itoundoulou; izogozo; lekoko; ntene; teul; toll; tsul
	Filicium **(SAPINDACEAE)** **蕨叶无患子属（无患子科）**		**HS CODE** **4403. 99**	
1523	*Filicium decipiens*	津巴布韦、科摩罗群岛	蕨叶无患子	fern-leaf; fern tree; mdouri
	Fillaeopsis **(MIMOSACEAE)** **菲尔豆属（含羞草科）**		**HS CODE** **4403. 49**	
1524	*Fillaeopsis discophora*	加蓬、非洲西部、喀麦隆、非洲中部、刚果	菲尔豆	allo; angongi; bongongi; elon; enoumnoume; eon; etotom; etotum; moulala; ngonokung; nieuk
	Firmiana **(STERCULIACEAE)** **梧桐属（梧桐科）**		**HS CODE** **4403. 99**	
1525	*Firmiana klaineana*	加蓬	克莱梧桐	juvon
1526	*Firmiana spireana*	加蓬	刺梧桐	ingou
	Flacourtia **(FLACOURTIACEAE)** **刺篱木属（大风子科）**		**HS CODE** **4403. 99**	
1527	*Flacourtia indica*	津巴布韦、非洲东部、留尼汪岛、马达加斯加、塞舌尔群岛	刺篱木	batoka plum; batoko-pflaume; dasasandu dasaya; muntumbula; mutombototo; mutudza; mutunguru; muvhamba-nguvho; nunguru; oshere; prune malgache; prunier male; ramontchi; tuza; umqokolo; urntunduluka
	Flueggea **(EUPHORBIACEAE)** **白饭树属（大戟科）**		**HS CODE** **4403. 99**	
1528	*Flueggea virosa*	乌干达、南非	白饭树	mwera; umyaweyawe; whiteberry-bush
	Foetidia **(LECYTHIDACEAE)** **恶臭树属（玉蕊科）**		**HS CODE** **4403. 99**	
1529	*Foetidia asymetrica*	马达加斯加	差异恶臭木	manambao
1530	*Foetidia clusioides*	马达加斯加	山竹恶臭木	hafotra; nato hafotra; stinhwood tree
1531	*Foetidia mauritiana*	留尼汪岛、毛里求斯	毛里塔尼亚恶臭木	bois puant; puant
1532	*Foetidia obliqua*	马达加斯加	倾斜恶臭木	ambakiloha

序号	学名	主要产地	中文名称	地方名
	Frangula **(RHAMNACEAE)** **裸芽鼠李属（鼠李科）**		**HS CODE** **4403.99**	
1533	*Frangula alnus*	非洲	欧裸芽鼠李	black alder; pulverholz
	Fraxinus **(OLEACEAE)** **白蜡树属（木犀科）**		**HS CODE** **4403.99**	
1534	*Fraxinus excelsior*	非洲	欧洲白蜡树	almindelig ash; common ash; dark heart olive ash; english curley ash; murran; olive ash
	Friesodielsia **(ANNONACEAE)** **尖花藤属（番荔枝科）**		**HS CODE** **4403.99**	
1535	*Friesodielsia obovata*	津巴布韦、南非	倒卵叶尖花藤	muchinga; mukondekon de; munyani; northern dwababerry; tonoa; umkozombo
	Funtumia **(APOCYNACEAE)** **野橡胶树属（夹竹桃科）**		**HS CODE** **4403.49**	
1536	*Funtumia africana*	科特迪瓦、加纳、刚果、肯尼亚、利比里亚、乌干达、喀麦隆、非洲西部、加蓬、扎伊尔、莫桑比克	非洲野橡胶树	adiakoua; adrakof; adrakoi; afashanti maman; affromouondou; bastard wild rubber; bbuboi; bobole; egui; eluniumbu; manan-wala; mukama; mutundi; namukago; namukagu; nkago; ouala; paucadeiro; pauvisco; pelin; rubber; rubbertree; wild rubbertree
1537	*Funtumia elastica*	科特迪瓦、喀麦隆、刚果、加纳、乌干达、莫桑比克、非洲西部	野橡胶树	alougru; arbre caoutchouc; auyau; bebeti; boole; damba; dinjongoholz; dorose populu; efurumundu; ete; funtumia rubbertree; musanda; namukagu; ngonga; nkago; ofruntum; ofuntum; pechi; pri; twi; urubasu; wild rubber; wild rubbertree
1538	*Funtumia latifolia*	乌干达	阔叶野橡胶树	lgwi; musanda; rubber; wild bastard
	Gaertnera **(RUBIACEAE)** **拟九节属（茜草科）**		**HS CODE** **4403.99**	
1539	*Gaertnera cooperi*	利比里亚	库珀拟九节	dweh-vah; zar-deh-jay
1540	*Gaertnera paniculata*	科特迪瓦、几内亚、非洲东部	锥花拟九节	aplati; aplati; kaneelpisie; mekan-nkan gui; mtankouni
1541	*Gaertnera psychotrioides*	毛里求斯	精神拟九节	bois banane

序号	学名	主要产地	中文名称	地方名
1542	*Gaertnera salicifolia*	利比里亚	柳叶拟九节	mohr-chu
1543	*Gaertnera vaginata*	马达加斯加、毛里求斯	鞘柄拟九节	bois rose
	Gambeya **(SAPOTACEAE)** **甘比山榄属（山榄科）**		**HS CODE** **4403. 49**	
1544	*Gambeya africana*	喀麦隆、刚果、科特迪瓦、加纳、非洲中部、利比里亚、加蓬	非洲甘比山榄	abam; akatio; alasema; aningueri rouge; atabene; bebam; bohambi; eyaban; kilibambu grandes feuilles; longhi; longui rouge; mbebame; otien; samfona
1545	*Gambeya boiviniana*	马达加斯加	博维甘比山榄	famelona; famelona agrandes feuilles
1546	*Gambeya boukokoensis*	刚果	布卡甘比山榄	bazeze
1547	*Gambeya comoriense*	科摩罗群岛	科莫甘比山榄	bangoma
1548	*Gambeya delovoyi*	科特迪瓦	德洛沃甘比山榄	akatio
1549	*Gambeya gigantea*	科特迪瓦	巨柱甘比山榄	abam; famelona; gambeya; geant; lekoanandio
1550	*Gambeya kali*	刚果	卡利甘比山榄	kali; longhi
1551	*Gambeya lacourtiana*	刚果盆地、喀麦隆	乳白甘比山榄	abam; aningrewood; bopambu; longhi; rouge
1552	*Gambeya madagascariensis*	马达加斯加	马岛甘比山榄木	famelona a grandes feuilles; large-leaved famelona
1553	*Gambeya subnuda*	非洲	苏布甘比山榄	
1554	*Gambeya taiense*	科特迪瓦	泰恩甘比山榄	anandioa petit fruits
	Ganophyllum **(SAPINDACEAE)** **甘欧属（无患子科）**		**HS CODE** **4403. 99**	
1555	*Ganophyllum giganteum*	刚果	高大甘欧木	zembili
	Garcinia **(GUTTIFERAE)** **藤黄属（藤黄科）**		**HS CODE** **4403. 99**	
1556	*Garcinia afzelii*	科特迪瓦	细叶藤黄	tiokoue
1557	*Garcinia buchananii*	津巴布韦、乌干达	布氏藤黄	granite garcinia; munywanywa; musale; musali; mutunduru
1558	*Garcinia cola*	加纳	科拉藤黄	bitter cola
1559	*Garcinia conrauana*	喀麦隆	竹节藤黄	essok
1560	*Garcinia epunctata*	利比里亚、扎伊尔	无斑藤黄	chewstick; munango

序号	学名	主要产地	中文名称	地方名
1561	*Garcinia gerrardii*	南非、非洲东部	格氏藤黄	forest mangosteen; m'ntava; munyawa; umbindi
1562	*Garcinia kilossana*	非洲东部	基萨纳藤黄	mkowe
1563	*Garcinia klaineana*	加蓬	克莱藤黄	biale; bwaye; byala; murenda; muwala; nge-nge; ngne-ngne; omwali; otenda; owade; owale; wali; weli
1564	*Garcinia kola*	科特迪瓦、扎伊尔、加纳、非洲西部、喀麦隆、利比里亚、刚果	科卡藤黄	aouolie; bitter cola; bompoma; chewstick; ebongagnagne; goro; kofe; loualou; onie; swa-meh; tweappia; zahnputholz
1565	*Garcinia livingstonei*	津巴布韦	里氏藤黄	african mangosteen; himbi; livingstone garcinia; mukovonga; munhinzwa; mupimbi; murorongwe; mutungwa; sina; uphimbi
1566	*Garcinia lucida*	喀麦隆	亮叶藤黄	esok; essok
1567	*Garcinia mannii*	尼日利亚、利比里亚、喀麦隆、非洲西部、科特迪瓦、塞拉利昂、加纳	曼氏藤黄	aromo; chewstick; ebam; ebongo maya; kar; kollopello; koouru; koworo; munango; ndoneani; nsoko; nsokodua; okuta; onie; ouey
1568	*Garcinia punctata*	扎伊尔、喀麦隆、刚果	斑藤黄	bosefe; bouelebandjo; essok; garcinia; kibangu
1569	*Garcinia smeathmannii*	科特迪瓦	斯氏藤黄	mamie kini; oropoupati
1570	*Garcinia verrucosa*	马达加斯加	疣状藤黄	kijy voalava
	***Gardenia*（RUBIACEAE）** **栀子属（茜草科）**		**HS CODE** **4403. 99**	
1571	*Gardenia abbeokutae*	利比里亚	阿博库栀子	ple-chu
1572	*Gardenia amoena*	南非	美丽栀子	kaffir cherry; opgeitjies
1573	*Gardenia cornuta*	南非	角状栀子	horned gardenia; umhalahle; wilde-appel
1574	*Gardenia erubescens*	尼日利亚	红苞栀子	gaude
1575	*Gardenia imperialis*	科特迪瓦	帝国栀子	bogbine
1576	*Gardenia jovis-tonantis*	津巴布韦、南非、尼日利亚、非洲西部、加纳	乔维斯栀子	cchinandara; chigalamat onga; katambiri; kau; keure; kpetekplebi; mutara; mutarura; nabuli; namprane; nassarli; niamprani; nsalala; peteprebi; tshiralala; umvalasang wana

序号	学名	主要产地	中文名称	地方名
1577	*Gardenia ternifolia*	尼日利亚	三叶栀子	gauden kura
1578	*Gardenia thunbergi*	南非、非洲中部、非洲西部	黄花栀子	buffelsbal；fifei；forest gardenia；kaukutoku；kilindira-mgunda；langana；wild gardenia
1579	*Gardenia triacantha*	塞内加尔	多刺栀子	diboutone；liboutone
	***Gastonia*（ARALIACEAE） 软皮枫属（五加科）**		**HS CODE 4403.99**	
1580	*Gastonia cutispongia*	留尼汪岛	海绵状软皮枫	bois d'eponge
	***Geniostoma*（LOGANIACEAE） 髯管花属（马钱科）**		**HS CODE 4403.99**	
1581	*Geniostoma borbonicum*	留尼汪岛	博尼库髯管花	bois de coeur bleu
	***Gerrardina*（FLACOURTIACEAE） 柳红莓属（大风子科）**		**HS CODE 4403.99**	
1582	*Gerrardina foliosa*	南非	多叶柳红莓	ilethi；umaluleka
	***Gilbertiodendron*（CAESALPINIACEAE） 大瓣苏木属（苏木科）**		**HS CODE 4403.49**	
1583	*Gilbertiodendron bilineatum*	科特迪瓦	比林塔大瓣苏木	medjilagba-bili
1584	*Gilbertiodendron brachystegioides*	加蓬、喀麦隆	短叶大瓣苏木	abeum；bandai；ekob；essoue
1585	*Gilbertiodendron dewevrei*	加蓬、刚果、扎伊尔、非洲中部、喀麦隆、尼日利亚、非洲西部、利比里亚、科特迪瓦	大瓣苏木	abeum；abeum grandes feuilles；abimba；bimbi ngoulou；bolafa；ekoaben；imbali；kombulu；ligundu；limbali；mbau；molapa；mulule；muncumbi；nabu；nabukwi；otabo；sehmeh；zebrano；zebrawood
1586	*Gilbertiodendron grandiflorum*	加蓬、刚果、几内亚、喀麦隆	大花瓣苏木	abome；banda；barda；ekoabem
1587	*Gilbertiodendron ivorense*	利比里亚	伊伦斯大瓣苏木	african oak；lu-glen-batu；mwapaeh；sehn
1588	*Gilbertiodendron klainei*	加蓬、喀麦隆	极硬大瓣苏木	abeum；motoudou
1589	*Gilbertiodendron limba*	加纳、喀麦隆、科特迪瓦	林巴大瓣苏木	afanu；akemereibli；bimbi；essabem；gyagyen；kotopapa；kusipapa；mbombi；medjilagba；ndukwon；nyonne；tagyen；tetekogyambra；tetiwon；wulfran

序号	学名	主要产地	中文名称	地方名
1590	*Gilbertiodendron mayombense*	刚果、扎伊尔	基弗大瓣苏木	kifusa；mbanda；n'gaia
1591	*Gilbertiodendron mildbraedii*	非洲	米氏大瓣苏木	gilletiodendron
1592	*Gilbertiodendron ogoouense*	刚果	奥古尤大瓣苏木	kibayu；mbikiti
1593	*Gilbertiodendron preussii*	非洲西部、加蓬、非洲中部、科特迪瓦、利比里亚	普氏大瓣苏木	abenm；abeum；ekobem；ekpogoi；limbali；red oak；sehmeh；tetekon-gyammera；vaa
1594	*Gilbertiodendron splendidum*	非洲西部、科特迪瓦、加纳	华美大瓣苏木	limbali；medjilagba；medjilagba a grande fruits；wassaw ajamera
1595	*Gilbertiodendron unijugum*	加蓬	单对大瓣苏木	abem；abemeli
	Gilletiodendron **（CAESALPINIACEAE）愈疮豆属（苏木科）**		**HS CODE 4403.99**	
1596	*Gilletiodendron glandulosum*	塞内加尔	腺叶愈疮豆	kololo
1597	*Gilletiodendron kisantuense*	科特迪瓦、加蓬	基桑图愈疮豆	faux apome；mbanegue
1598	*Gilletiodendron mildbraedii*	非洲西部	米氏愈疮豆	gilletiode ndron
1599	*Gilletiodendron pierreanum*	加蓬	皮耶姆愈疮豆	ebebiliba；mbana
	Givotia **（EUPHORBIACEAE）杨巴豆属（大戟科）**		**HS CODE 4403.99**	
1600	*Givotia madagascariensis*	马达加斯加	马达加斯加杨巴豆	farafaka；farafotsy
	Gleditsia **（CAESALPINIACEAE）皂荚木属（苏木科）**		**HS CODE 4403.99**	
1601	*Gleditsia africana*	非洲	非洲皂荚木	missanda
	Gluema **（SAPOTACEAE）苏梭果属（山榄科）**		**HS CODE 4403.99**	
1602	*Gluema ivorensis*	科特迪瓦、加蓬、刚果	艾弗苏梭果	adiepingoa；adzacon；mvombili
	Gluta **（ANACARDIACEAE）胶漆树属（漆树科）**		**HS CODE 4403.49**	
1603	*Gluta turtur*	马达加斯加	马达加斯加胶漆木	rengas；toro-toro；torotoro；tourtour

序号	学名	主要产地	中文名称	地方名
	Gmelina（**VERBENACEAE**） **石梓属（马鞭草科）**		**HS CODE** **4403. 49**	
1604	*Gmelina arborea*	赞比亚、冈比亚	石梓	gmelina; gumari; gumhar; yamane
	Gonioma（**APOCYNACEAE**） **南非夹竹桃属（夹竹桃科）**		**HS CODE** **4403. 99**	
1605	*Gonioma kamassi*	南非、非洲中部	南非夹竹桃木	african boxwood; buchs; buis kamassi; cape boxwood; east london box; east london boxwood; false box; kamassi; kamassi boxwood; kamassi-wood; kamassihout; knysna boxwood; south african boxwood; west african box
	Gossweilerodendron（**CAESALPINIACEAE**） **红桃豆属（苏木科）**			**HS CODE** **4403. 49**
1606	*Gossweilerodendron balsamiferum*	刚果、尼日利亚、扎伊尔、非洲西部、加蓬、喀麦隆、安哥拉	红桃豆	achi; achiara; agbara; egba; emonga; ijaw; loshierin; mahogany; mpere; mtola; mupaka; mutsekamam bole; ntola; okimeten; pue; sinedon; tola branca; tschibudimbu; tshitoke; ubelu; wamba; white tola; yoruba
1607	*Gossweilerodendron joveri*	非洲	乔维红桃豆	
	Greenwayodendron（**ANNONACEAE**） **栋梁木属（番荔枝科）**		**HS CODE** **4403. 99**	
1608	*Greenwayodendron suaveolens*	刚果、扎伊尔、加蓬	香甜栋梁木	dep; moamba; moamba noir; moambe noir; molinda; muamba fiote; polinda
	Grevillea（**PROTEACEAE**） **银桦属（山龙眼科）**		**HS CODE** **4403. 99**	
1609	*Grevillea robusta*	非洲东部、南非、留尼汪岛	银桦	afrikaans silky oak; australian silky oak; australische silky oak; east african silky oak; grevillaire; kawilia; lacewood; silvergrecillia; southern silkyoak; tuggan-tug gan
	Grewia（**TILIACEAE**） **扁担杆属（椴树科）**		**HS CODE** **4403. 99**	
1610	*Grewia amplifolia*	马达加斯加	广叶扁担杆	berehoka
1611	*Grewia apetala*	马达加斯加	无瓣扁担杆	afopotsy

序号	学名	主要产地	中文名称	地方名
1612	*Grewia bicolor*	南非、塞内加尔、非洲东部	双色扁担杆	basterrosy ntjiebos; kel; mkoma; two-coloured grewia
1613	*Grewia caffra*	南非	南非扁担杆	doringtou; spiny grewia
1614	*Grewia canescens*	非洲北部	灰堇扁担杆	owa zungea
1615	*Grewia conocarpa*	非洲	锥果扁担杆	mdati
1616	*Grewia coriacea*	喀麦隆、刚果、加蓬	革叶扁担杆	akenden; akendeng; donghu; ebongoadoi; ekong; lidoughi; muwondji; mvalabissiki; n'sonesou; ngwagiri; okongea; okongi; poumboul
1617	*Grewia cuneifolia*	马达加斯加	楔形扁担杆	afofrantsotry
1618	*Grewia faucherei*	马达加斯加	法舍利扁担杆	hafotra fotsy
1619	*Grewia ferruginea*	非洲	锈色扁担杆	zungea
1620	*Grewia flava*	南非	黄花扁担杆	brandy-bush; raisin-bush
1621	*Grewia gigantiflora*	非洲西部	巨花扁担杆	tolabu; yumbu
1622	*Grewia hexamita*	南非	六边扁担杆	lowveld grewia; umsipane
1623	*Grewia lasiocarpa*	南非	长果扁担杆	elephants-ear grewia; shaggy-fruited grewia; umhlolo
1624	*Grewia microcarpa*	非洲	小果扁担杆	mkole
1625	*Grewia microthyrsa*	南非	微径扁担杆	isanywane; tongaland grewia
1626	*Grewia mollis*	尼日利亚	软扁担杆	kurukubi
1627	*Grewia monticola*	南非、津巴布韦	山地扁担杆	donkeyberry; grey grewia; mountain grewia; mubura; muguramhanda; munjiri; mupimbiri; mutewa; mutongoro; sihani; umklampunzi; umpumpulwane; vaalrrosyn tjiebos
1628	*Grewia nucifera*	马达加斯加	纽西费扁担杆	alampona
1629	*Grewia occidentalis*	南非	西方扁担杆	assegaiwood; bow-wood; buttonwood; four-corners; kruisbessie; starflower
1630	*Grewia oligoneura*	喀麦隆	少脉扁担杆	afendek
1631	*Grewia platyclada*	非洲中部	宽枝扁担杆	mpelemese
1632	*Grewia tenax*	非洲北部	硬扁担杆	ganger; gangerum; terrakat
1633	*Grewia thouvenotii*	马达加斯加	韦诺蒂扁担杆	hafotra mena
	***Grisollea* (ICACINACEAE)** **潮汐木属（茶茱萸科）**		**HS CODE** **4403.99**	
1634	*Grisollea myrianthea*	科摩罗群岛	多花潮汐木	barabai

序号	学名	主要产地	中文名称	地方名
	Guarea **（MELIACEAE）** **驼峰楝属（楝科）**		**HS CODE** **4403.49**	
1635	*Guarea bipindeana*	科特迪瓦	比宾驼峰楝	mutigbanaye
1636	*Guarea cedrata*	科特迪瓦、加纳、尼日利亚、非洲中部、扎伊尔、非洲西部、加蓬、利比里亚、喀麦隆、刚果	白驼峰楝	acajou bosse; african cedar; akuraten; bosse bianco; bosse blanc; ebegebemba; edoucie; egangemva; egbemva; krassain; krassi; kwabohora; lofun; nguanua; nguissu; nufua; obobo nufua; oboho; scented guarea; timba; ugbokpo; white guarea
1637	*Guarea glomerulata*	喀麦隆	球序驼峰楝	scented mahogany; shinglewood
1638	*Guarea laurentii*	非洲中部、科特迪瓦、非洲西部、刚果	劳氏驼峰楝	bombolo; bosse; bosse clair; diambi; diambi ditoko; ditoko; guarea; mbenie; mokte
1639	*Guarea thompsonii*	扎伊尔、尼日利亚、南非、利比里亚、肯尼亚、加纳、非洲中部、科特迪瓦、加蓬、喀麦隆、刚果、非洲西部	黑驼峰楝	acajou banaye; akpaku; bohindah; bolon; bossi; cedar mahogany; diambi; ebanghemwa; ebegebemva; guetsimou afou; kwabohoro; lombe; metchibanale; mietandabo; mobeka; nouguatan; nvedzo; obobo-nekwi; sidu; teminini; ugbokpo; wangali
	Guibourtia **（CAESALPINIACEAE）** **古夷苏木属（苏木科）**		**HS CODE** **4403.49**	
1640	*Guibourtia arnoldiana*	非洲西部、科特迪瓦、安哥拉、非洲中部、刚果、扎伊尔、喀麦隆、加蓬	阿诺古夷苏木	african rosewood; amazakoue; benge; bubinga; eban; essingang; ian; kevasingo; kouan; libenge; mbenge; mutenye; nomele; nsu; ogbon-eli; olive walnut; omebaba; ovoga; simingan; tropical oliver; tungi; walola
1641	*Guibourtia* (= *Copaifera*) *coleosperma*	津巴布韦、莫桑比克、安哥拉、非洲东部、南非、赞比亚	鞘籽古夷苏木	african teak; bastard mopane; bastard teak; chacate; copal; copalier; copalwood; mchibi; motsaodi; musibe; muzuale; rhodesian copalwood; umtshibi; umtzibi
1642	*Guibourtia conjugata*	莫桑比克、津巴布韦、南非	成对古夷苏木	chacate preto; mungenje; mungonya; ntsotso; small false mopani; tsotso; tsotso-tree

序号	学名	主要产地	中文名称	地方名
1643	*Guibourtia copallifera*	科特迪瓦、几内亚	伞形古夷苏木	copalier de guinee; guinea-jarntra; kaki; kobo-tree; legno ferro; palo ferro; pau ferro
1644	*Guibourtia demeusei*	非洲西部、加蓬、喀麦隆、扎伊尔、非洲中部、赤道几内亚	德米古夷苏木②	african rosewood; akume; benia; bofaka; bokongo; bubinga; buvenga; ebana; kevazingo; kongo; mbaka; mobaka; mokonko; okweni; oveng; tondonbaka; west afrika-rosenholz; west afrikanisc hes rosenholz
1645	*Guibourtia ehie*	非洲西部、科特迪瓦、加纳、非洲中部、喀麦隆、尼日利亚、加蓬、赤道几内亚、利比里亚	爱里古夷苏木	african rosewood; amazakoue; anokye; black hyedua; eban; essingang; hyeduanini; kevazingo; kiwa kpwaele; mongoy; mozambique; nsu; omebaba; ovangkol; ovoga; palissando; red bubinga; simingan; whimawe
1646	*Guibourtia pellegriniana*	非洲西部、喀麦隆、非洲中部、加蓬、刚果、赤道几内亚、扎伊尔	佩莱古夷苏木②	african rosewood; bubinga; buvenga; ebana; essingang; kevasingo; kevazingo; lianu; ovang; waka; west afrikanisc hes rosenholz
1647	*Guibourtia tessmannii*	加蓬、科特迪瓦、刚果、喀麦隆、非洲中部、非洲西部、赤道几内亚、扎伊尔	特氏古夷苏木②	african rosewood; amazakoue; boubinga; bubingo; buvenga; ebana; kevasingo; kevazingo; mouhoulou; nomele; nsu; okweni; oveng; owong; simingan; waka; west afrika-rosenholz; west afrikanisc hes rosenholz
	***Guiera*（COMBRETACEAE）** **回元茶属（使君子科）**		**HS CODE** **4403. 99**	
1648	*Guiera senegalensis*	塞内加尔、尼日利亚	塞内加尔回元茶	nguer; sabara
	***Gymnosporia*（CELASTRACEAE）** **裸石属（卫矛科）**		**HS CODE** **4403. 99**	
1649	*Gymnosporia arbutifolia*	非洲东部	杨梅叶裸石木	dambele
1650	*Gymnosporia senegalensis*	尼日利亚、加纳、乌干达	塞内加尔裸石木	bakororo; kumakuafo; kunkushewa; manfaladi; namijin tsada; nyabuliko; shepolo-hun

序号	学名	主要产地	中文名称	地方名
	Gyrocarpus（**HERNANDIACEAE**） **旋翼果属（莲叶桐科）**		**HS CODE** **4403.99**	
1651	*Gyrocarpus jacquinii*	津巴布韦	雅克尼旋翼果	dara；mbawa；muganavalo；mundari；propeller-tree
	Hagenia（**ROSACEAE**） **苦苏花属（蔷薇科）**		**HS CODE** **4403.99**	
1652	*Hagenia abyssinica*	埃塞俄比亚、坦桑尼亚、非洲东部	苦苏花	doucia；hagenia；kosso；mruziruzi；olkijabe
	Hallea（**RUBIACEAE**） **帽柱木属（茜草科）**		**HS CODE** **4403.49**	
1653	*Hallea ciliata*	非洲	纤毛帽柱木	
1654	*Hallea ledermannii*	科特迪瓦、尼日利亚、非洲西部、刚果、喀麦隆、利比里亚、加蓬、赤道几内亚、加纳、扎伊尔、塞拉利昂、安哥拉、乌干达	莱氏帽柱木	abura；agofa；andinding；bakia；bouanda；elelom；elelon；elilom；floye；longwa；mboi；mivuko；mobi；mukonia；mvuku；nzingu；omuzigo；poplar；sabahu；subaha；tiglio africano；voukou；vuku
1655	*Hallea pobeguini*	科特迪瓦	波贝帽柱木	sibo
1656	*Hallea rubrostipulata*	非洲东部	鲁罗斯帽柱木	abura；lombelombe
1657	*Hallea stipulosa*	非洲中部、加纳、尼日利亚、非洲西部、喀麦隆、科特迪瓦、加蓬、马达加斯加、利比里亚、扎伊尔、安哥拉、乌干达、几内亚	托叶帽柱木	abura；agofa；agouwa；aphobesam；aramo；burocossa；eba；edoku；elelom；elelommzame；elelon；elilom；elolom；mujiwa；mukonja；mvuku；ntovo；ogouwa；ohombe；ossoupou；ovbevbe；popo；sefoa；tobou；vukus；woda；wouwoko；wuwoko
	Hannoa（**SIMAROUBACEAE**） **哈诺苦木属（苦木科）**		**HS CODE** **4403.99**	
1658	*Hannoa klaineana*	科特迪瓦、喀麦隆、利比里亚	克莱哈诺苦木	ati；dondagwengo；efe；effe；effeu；efoutie；haiefai；hete-bake；hotoro；noube；zauh
1659	*Hannoa undulata*	几内亚、非洲西部、加纳、尼日利亚	波状哈诺苦木	dialfelkete；digbere；glantori；kelantoro；takandar giwa；yayabe
	Haplormosia（**FABACEAE**） **单链豆属（蝶形花科）**		**HS CODE** **4403.49**	
1660	*Haplormosia monophylla*	加蓬、科特迪瓦、利比里亚、非洲西部	单叶单链豆	akoriko；black gum；haplormosia；idewa；kah；larme；liberian blackgum

序号	学名	主要产地	中文名称	地方名
	Hardwickia **（CAESALPINIACEAE）** **印度苏木属（苏木科）**		**HS CODE** **4403.99**	
1661	*Hardwickia mopane*	非洲东部、津巴布韦、南非、莫桑比克、非洲中部、赞比亚	莫帕内印度苏木	butterfly wings; butterfly-tree; ipanhe; ironwood; msano; mopaani; mopane; mopani; musaru; mwani; nxanatsi; rhodesian ironwood; sanya; shanatsi; turpentine-tree
	Harpephyllum **（ANACARDIACEAE）** **镰枣属（漆树科）**		**HS CODE** **4403.99**	
1662	*Harpephyllum caffrum*	南非	卡非镰枣	kafferpruim; kaffir date; kaffir fir; kaffir plum; suurpruim
	Harpullia **（SAPINDACEAE）** **假山萝属（无患子科）**		**HS CODE** **4403.99**	
1663	*Harpullia madagascariensis*	马达加斯加	马达加斯加假山萝	hazompoza
	Hartogia **（CELASTRACEAE）** **雄鹿形属（卫矛科）**		**HS CODE** **4403.99**	
1664	*Hartogia schinoides*	南非	斯希尼雄鹿形	ladlewood; smalblad; spoonwood
	Harungana **（HYPERICACEAE）** **合掌树属（金丝桃科）**		**HS CODE** **4403.99**	
1665	*Harungana madagascariensis*	喀麦隆、加蓬、扎伊尔、刚果、马达加斯加、塞拉利昂、津巴布韦、非洲东部、科特迪瓦	马达加斯加合掌树	atonda; atsui; bontone; edenak; gina; guttier du gabon; harongana; m've; mbeli; mbura; mukaranga; mupfukusi; mutseti; mutsodzo; mutune; namahasi; namasahi; ogina; orange-milk-tree; ouombe; pau sangue; zambeze
1666	*Harungana paniculata*	加纳、扎伊尔、科特迪瓦、喀麦隆	锥花合掌树	dua ben; kusua; musembo; ngodua; oduben; ouombe; sousouana
	Heisteria **（OLACACEAE）** **折帽果属（铁青树科）**		**HS CODE** **4403.99**	
1667	*Heisteria parvifolia*	科特迪瓦、利比里亚、扎伊尔、喀麦隆、尼日利亚	小叶折帽果	amimimon; balsa; lilembe; messemekoue; messi mekoue; poe-neh-day; white-nut
1668	*Heisteria trillesiana*	加蓬、喀麦隆、刚果	特利纳折帽果	akamba; ben; ekep; gegamba; igamba; kamba; mpassa; mugamba; ngos; ngosou vyas; nkamba; noisette des bois; nsone-side; ogamba; pasi; viass; vioss; vya

序号	学名	主要产地	中文名称	地方名
	Heritiera **(STERCULIACEAE)** 银叶树属（梧桐科）		**HS CODE 4403. 49**	
1669	*Heritiera* (= *Tarrietia*) *densiflora*	加蓬、利比里亚、喀麦隆、塞拉利昂	密花银叶树	agoaue; de-orh; niangon; nyankom; ogoue; ogoune; whismore; yawe; yawi
1670	*Heritiera littoralis*	马达加斯加、塞舌尔群岛	滨银叶树	moromony
1671	*Heritiera* (= *Tarrie*) *utilis*	非洲西部、加纳、加蓬、科特迪瓦、利比里亚、喀麦隆、塞拉利昂	良木银叶树	acajou resineux; african mahogany; akewau; attabini; banda; besogone; dahmlu; deohr; engongkom; gniangon; kokotzi; niankuma; nyanwune; ogooue; pablie; sanon; whismore; wishmore; wismore; yangon; yawei
	Hernandia **(HERNANDIACEAE)** 莲叶桐属（莲叶桐科）		**HS CODE 4403. 99**	
1672	*Hernandia beninensis*	加蓬	贝尼斯莲叶桐	oloumboli-loumboi; otolbe
1673	*Hernandia nymphaefolia*	留尼汪岛、塞舌尔群岛	美丽莲叶桐	bois blanc; puka vaka
1674	*Hernandia voyroni*	马达加斯加	沃罗尼莲叶桐	camphorwood; camphrier faux; hazom alanga; hazomalanga; hazomaly
	Heteromorpha **(APIACEAE)** 变芹木属（伞形科）		**HS CODE 4403. 99**	
1675	*Heteromorpha arborescens*	南非	树状变芹木	kraaihout; parsnip-tree; stinkbos
	Heteropyxis **(MYRTACEAE)** 薰衣树属（桃金娘科）		**HS CODE 4403. 99**	
1676	*Heteropyxis natalensis*	津巴布韦、南非	南非薰衣树	chisurudza; inkiza ye ntaba; lavender-tree; laventelboom; mubanda; mutandavar ombo; nyakanebve; ubanda
	Hevea **(EUPHORBIACEAE)** 橡胶树属（大戟科）		**HS CODE 4403. 49**	
1677	*Hevea brasiliensis*	利比里亚	橡胶树	rubbertree
	Hexalobus **(ANNONACEAE)** 六裂番荔枝属（番荔枝科）		**HS CODE 4403. 99**	
1678	*Hexalobus crispiflorus*	加蓬、喀麦隆、科特迪瓦	六裂番荔枝	evoma; leoue; mimpanda; mouvounda; movounda; ouey; ovonda; ovounda; owoe; owounda; owui; sielebe

序号	学名	主要产地	中文名称	地方名
1679	*Hexalobus monopetalus*	津巴布韦、几内亚、塞内加尔、非洲西部	单瓣六裂番荔枝	baboons-breakfast; fouaguau; koundie; mukorongwa; mukwingwiziri; munyani; mupodzongwa; musakama; ntumbula; shakama plum; tschabola buanda; tumbalaka; wild custard apple
	***Heywoodia*（EUPHORBIACEAE）** 显瓣木属（大戟科）		**HS CODE 4403. 99**	
1680	*Heywoodia lucens*	南非	光亮显瓣木	cape ebony
	***Hibiscus*（MALVACEAE）** 木槿属（锦葵科）		**HS CODE 4403. 99**	
1681	*Hibiscus bojeranus*	马达加斯加	博吉斯木槿	ma
1682	*Hibiscus boryanus*	留尼汪岛	博亚斯木槿	mahot batard
1683	*Hibiscus columnaris*	留尼汪岛	柱状木槿	bois rempart
1684	*Hibiscus lasiococcus*	马达加斯加	拉西科木槿	alampona; alampona vavy; halampona
1685	*Hibiscus mandrarensis*	马达加斯加	马达加斯加木槿	halampona
1686	*Hibiscus mangindranensis*	马达加斯加	曼金德木槿	antesina
1687	*Hibiscus sterculiaefolius*	非洲西部	斯特木槿	arbre aux palabres; tabako
1688	*Hibiscus tiliaceus*	马达加斯加、加蓬、南非、莫桑比克、尼日利亚	黄槿	baro; bois flot; evonoue; katoenboom; lagoon hibiscus; linden hibiscus; milola; otutu; umlolwa; varo; wild hibiscus
	***Hippobromus*（SAPINDACEAE）** 马木患属（无患子科）		**HS CODE 4403. 99**	
1689	*Hippobromus pauciflorus*	南非	少花马木患	baster perdepis; horsewood; horsewoud; paardepis; pardepis; uqume
	***Holarrhena*（APOCYNACEAE）** 止泻木属（夹竹桃科）		**HS CODE 4403. 99**	
1690	*Holarrhena floribunda*	非洲西部、塞内加尔、加纳、喀麦隆、科特迪瓦	多花止泻木	false rubbertree; foumatiaf; kromi; male rubbertree; male-of-the-ire; ndamba; nukui; osese; sese; sohoue
1691	*Holarrhena pubescens*	津巴布韦	短柔毛止泻木	chigakufa; jasmine-tree; muhatsu; mukashumukono; mukashumurume; shikahla-kahlwane
1692	*Holarrhena wulfsbergii*	加纳、科特迪瓦	沃氏止泻木	osese

序号	学名	主要产地	中文名称	地方名
	Holoptelea **（ULMACEAE）** **古榆属（榆科）**		**HS CODE** **4403. 49**	
1693	*Holoptelea grandis*	喀麦隆、非洲中部、刚果、科特迪瓦、加纳、尼日利亚	大古榆	aheb；anakwa nemba；avep；avep-ele；aweb；awep；gomboul；kekele；mbosso；mumuti；nemba；nemba-mbobolo；olazo；onakwa；ulazo
	Homalium **（FLACOURTIACEAE）** **天料木属（大风子科）**		**HS CODE** **4403. 99**	
1694	*Homalium africanum*	喀麦隆、科特迪瓦、刚果、加蓬	非洲天料木	abe；akoima；akoissou；akonibia；ambafolo；ambalofo；lebingue；mbafoughele；mbapfolo
1695	*Homalium albiflorum*	马达加斯加	白花天料木	lalimpitom onto
1696	*Homalium aubrevillei*	科特迪瓦	奥布雷天料木	docla；dokla
1697	*Homalium axillare*	留尼汪岛	叶轴花天料木	bois de bassin noir
1698	*Homalium dentatum*	南非	齿叶天料木	bastard white ironwood；ikomanzi
1699	*Homalium letestui*	喀麦隆、利比里亚、刚果、科特迪瓦	勒特斯天料木	abena；bro-kpah；lebe；ligandu；melefoufou
1700	*Homalium longistylum*	科特迪瓦、喀麦隆、加蓬、扎伊尔	长柱天料木	akohisi；awono；mvenezo；njuwe
1701	*Homalium micranthum*	马达加斯加	小花天料木	jaganito malandy
1702	*Homalium neurophyllum*	科特迪瓦	筋叶天料木	bebi
1703	*Homalium nudiflorum*	马达加斯加	裸花天料木	fotsiakara
1704	*Homalium paniculatum*	留尼汪岛、毛里求斯	圆锥天料木	bassin blanc；bois de bassin；bois de gaulette；corce blanc；riviere
1705	*Homalium rufescens*	南非	红天料木	bastard red ironwood；homalium
1706	*Homalium scleroxylon*	马达加斯加	硬木天料木	voapaka
1707	*Homalium smythei*	利比里亚	斯迈蒂天料木	bro-kpar；pleh-ju-eh
	Hoplestigma **（HOPLESTIGMATACEAE）** **单柱花属（单柱花科）**		**HS CODE** **4403. 99**	
1708	*Hoplestigma klaineanum*	加蓬、科特迪瓦	克莱单柱花	dzignc；niouetou
	Hua **（HUACEAE）** **蒜树属（蒜树科）**		**HS CODE** **4403. 99**	
1709	*Hua gaboni*	加蓬、扎伊尔	加博尼蒜树	arbrea ail；essoun；lioczo；liviza；olombewa；surdyacolo；syndiakolo；tshibafubafu

序号	学名	主要产地	中文名称	地方名
	Hugonia （LINACEAE） 亚麻藤属（亚麻科）		**HS CODE** **4403.99**	
1710	*Hugonia planchonii*	利比里亚	普氏亚麻藤	bu-ah-vohn-doo
	Humbertia （CONVOLVULACEAE） 茶鹃木属（旋花科）		**HS CODE** **4403.99**	
1711	*Humbertia madagascariensis*	马达加斯加	马达加斯加茶鹃木	endranendra；endranendrana；fantsinakoho；fantsinakoko；indraindry
1712	*Humiria gabonensis*	加蓬	加蓬茶鹃木	djouga
	Hunteria （APOCYNACEAE） 仔榄树属（夹竹桃科）		**HS CODE** **4403.99**	
1713	*Hunteria umbellata*	非洲西部、科特迪瓦、尼日利亚、加蓬	伞花仔榄树	buis ibero；demouain；demouin；diperetou；hainfain；kakana；oak；obero
	Hura （EUPHORBIACEAE） 沙箱大戟属（大戟科）		**HS CODE** **4403.49**	
1714	*Hura crepitans*	加纳	沙箱大戟木	abru koyin；bois du diable
	Hydrangea （HYDRANGEACEAE） 八仙花属（绣球科）		**HS CODE** **4403.99**	
1715	*Hydrangea macrophylla*	加那利群岛	大叶八仙花	hortensie
	Hylodendron （CAESALPINIACEAE） 丛枝苏木属（苏木科）		**HS CODE** **4403.99**	
1716	*Hylodendron gabunense*	喀麦隆、非洲中部、加蓬	丛枝苏木	alan；bokondji；boma；bona；bongongi；mbanda；moana；mpango；mvana；mvanda；mvane；pango；pindja
	Hymenaea （CAESALPINIACEAE） 孪叶苏木属（苏木科）		**HS CODE** **4403.99**	
1717	*Hymenaea verrucosum*	马达加斯加、非洲中部、坦桑尼亚	多疣孪叶苏木	copalier；mandrorofo；masandarusi；msandarusi；shandaruzi
	Hymenocardia （EUPHORBIACEAE） 心翼茶属（大戟科）		**HS CODE** **4403.99**	
1718	*Hymenocardia acida*	多哥、津巴布韦、尼日利亚、刚果、乌干达、非洲西部	酸心翼茶	edatie；heart-fruit；jan iche；jan yaro；koussa；mutatabamk ubebe；okango；tschenyenga
1719	*Hymenocardia heudelotii*	科特迪瓦	霍氏心翼茶	gonde

序号	学名	主要产地	中文名称	地方名
1720	*Hymenocardia ulmoides*	南非、非洲西部	乌莫迪心翼茶	hymenocardia; taboia; umandla
	Hymenodictyon **(RUBIACEAE)** **土连翅属（茜草科）**		**HS CODE** **4403.99**	
1721	*Hymenodictyon floribundum*	科特迪瓦	多花土连翅	touo; tuo
	Hypericum **(GUTTIFERAE)** **金丝桃属（藤黄科）**		**HS CODE** **4403.99**	
1722	*Hypericum foliosum*	加那利群岛	多叶金丝桃	blattreich es hartheu
1723	*Hypericum revolutum*	留尼汪岛、南非	卷叶金丝桃	ambaville; ambaville jaune; bois de fleurs jaunes; curry-bush; fleur jaune; forest primrose; penticosia
	Hypodaphnis **(LAURACEAE)** **棠桂属（樟科）**		**HS CODE** **4403.99**	
1724	*Hypodaphnis zenkeri*	喀麦隆	森柯儿棠桂	atak
	Ilex **(AQUIFOLIACEAE)** **冬青属（冬青科）**		**HS CODE** **4403.99**	
1725	*Ilex aquifolium*	摩洛哥、非洲北部、阿尔及利亚、突尼斯	圣诞树	houx; iguersel; ilsel; meslier epineux; pardon; petty-whin
1726	*Ilex canariensis*	加那利群岛	加那利冬青	acebino; acevino
1727	*Ilex mitis*	安哥拉、喀麦隆、坦桑尼亚、津巴布韦、非洲东部、南非	柔软冬青	cape holly; ilex; m'ndonye; msaira; musumara; omunyabagu; sijarira; umduma; water-tree; whitewood; wild holly
1728	*Ilex monticola*	马达加斯加	山地冬青	hazondrano
	Indigofera **(FABACEAE)** **木蓝属（蝶形花科）**		**HS CODE** **4403.99**	
1729	*Indigofera cylindrica*	南非	白茅木蓝	indigofera-tree
1730	*Indigofera natalensis*	南非	南非木蓝	insiphane encane; natal indigofera
1731	*Indigofera semitrijuga*	毛里求斯、非洲西部	半裂木蓝	tagjao; tajjaoua
	Inhambanella **(SAPOTACEAE)** **狂榄属（山榄科）**		**HS CODE** **4403.99**	
1732	*Inhambanella guereensis*	刚果、科特迪瓦	盖雷安狂榄	bela; kantou
1733	*Inhambanella henriquesii*	莫桑比克、南非	亨氏狂榄	congo rose; inhambanella; umthungulu

序号	学名	主要产地	中文名称	地方名
	Intsia（CAESALPINIACEAE） 印茄属（苏木科）		**HS CODE** **4403.49**	
1734	*Intsia bijuga*	马达加斯加、南非、几内亚、塞舌尔群岛	二对印茄	epel; gaiac; hintsy; hintzi; hintzy; ipil; kajoe; madagascar teak; merbau; miraboo; mirabow; moluks ijzerhout; teck de madagascar
	Irvingia（IRVINGIACEAE） 苞芽树属（苞芽树科）		**HS CODE** **4403.49**	
1735	*Irvingia excelsa*	非洲西部	大苞芽树	mbou
1736	*Irvingia gabonensis*	非洲西部、尼日利亚、喀麦隆、加蓬、赤道几内亚、塞拉利昂、科特迪瓦、扎伊尔、刚果	加蓬苞芽树	adeka; african mango; agboborou; boboru; bofalanoa; bopala; bope; bwiba bambale; dikanut; lubigniati; meba; mombula; muiba; ndisok; ndock; ogboin; okerli; opopa; peke; udika; wanini; weke; wild mango
1737	*Irvingia grandifolia*	喀麦隆、扎伊尔、刚果、非洲中部、非洲西部、加蓬	大叶苞芽树	andok ngewe; andok ngol; bolo ou bonjolo; ikele; irvingia; koka; kuma-kuma; lendo; liar; mukoma; olene; zembila
1738	*Irvingia klainei*	加蓬	极硬苞芽树	akowa; allo; allom; alombo; asong'o; esong; mupayu; muvadju; muvayu; oba w'alombo; ovayo
1739	*Irvingia robur*	扎伊尔、安哥拉	星苞芽树	bejsa; cuma
1740	*Irvingia wombulu*	扎伊尔	沃布鲁苞芽树	bobolu; ifetete; mombolu; wombolu
	Isoberlinia（CAESALPINIACEAE） 准鞋木属（苏木科）		**HS CODE** **4403.99**	
1741	*Isoberlinia angolensis*	非洲	安哥拉准鞋木	berlinia; fara-doka; mutobo; mutondo
1742	*Isoberlinia doka*	尼日利亚、科特迪瓦、非洲中部	准鞋木	abogo; doka; kosau; san; sau; vuba
1743	*Isoberlinia globiflora*	非洲	球花准鞋木	mchenga
1744	*Isoberlinia scheffleri*	坦桑尼亚	坦桑准鞋木	mbarika
1745	*Isoberlinia tomentosa*	尼日利亚、赞比亚	毛准鞋木	berlinia; fara doka; fara-doka; mutobo; mutondo
	Isolona（ANNONACEAE） 同瓣香属（番荔枝科）		**HS CODE** **4403.99**	
1746	*Isolona campanulata*	科特迪瓦	钟花同瓣香	ouroviti
1747	*Isolona cooperi*	利比里亚	库珀同瓣香	koo-gbeh

序号	学名	主要产地	中文名称	地方名
1748	*Isolona dewevrei*	喀麦隆	德韦同瓣香	kokop
1749	*Isolona hexaloba*	安哥拉	六裂同瓣香	dondonge; mbelzok; nomntom
1750	*Isolona klaineana*	加蓬	克莱纳同瓣香	ofol; ogoha
1751	*Isolona madagascariensis*	马达加斯加	蕉同瓣香	fanavy
	***Ixora*（RUBIACEAE）** **龙船花属（茜草科）**		**HS CODE** **4403.99**	
1752	*Ixora divaricata*	利比里亚	展枝龙船花	kpon-doe
1753	*Ixora griffithii*	利比里亚	裸茎龙船花	war-bueh
1754	*Ixora laxiflora*	利比里亚	疏花龙船花	tud-wan
	***Jacaranda*（BIGNONIACEAE）** **蓝花楹属（紫葳科）**		**HS CODE** **4403.49**	
1755	*Jacaranda mimosifolia*	南非、非洲东部	含羞草叶蓝花楹木	flamboyant bleu; jacaranda; mimosa-leaved jacaranda
	***Jatropha*（EUPHORBIACEAE）** **麻风树属（大戟科）**		**HS CODE** **4403.99**	
1756	*Jatropha mahafalensis*	马达加斯加	马哈麻风树	atratra
	***Jubaeopsis*（PALMAE）** **南非椰子树属（棕榈科）**		**HS CODE** **4403.99**	
1757	*Jubaeopsis caffra*	南非	南非椰子树	dwarf pondland palm; inkomba; kaffir palm; mkambati palm; palmboom; pondland coconut; river palm
	***Juglans*（JUGLANDACEAE）** **核桃属（胡桃科）**		**HS CODE** **4403.99**	
1758	*Juglans regia*	留尼汪岛	核桃	carpathian walnut; common walnut; gretski aryekh; kashi gurumi; nogal; noix commune akhor; walnut
	***Julbernardia*（CAESALPINIACEAE）** **热非豆属（苏木科）**		**HS CODE** **4403.49**	
1759	*Julbernardia brieyi*	非洲	布里热非豆	mbanda
1760	*Julbernardia globiflora*	津巴布韦、莫桑比克、坦桑尼亚、赞比亚	球花热非豆	ishungu; mchenga; mgera; mgombo; miombo; miongo; mnondo; msima; muimbi; munhondo; muongo; musungu; mutondo; muwa; myombo; umshonkwe
1761	*Julbernardia paniculata*	赞比亚	锥花热非豆	mutondo

序号	学名	主要产地	中文名称	地方名
1762	*Julbernardia pellegriniana*	非洲	佩莱热非豆	awoura; beli
1763	*Julbernardia* (= *Berlinia*) *seretii*	刚果、扎伊尔、非洲中部、非洲西部、加蓬、喀麦隆	热非豆	alumbi; bambesa; black mubangu; ekop; ekop-zingana; makabo; man-ekop; moundoumba; mubangu; mubangu negro; mubangu nero; mubangu noir; zebrawood; zwarte mubangu
	Juniperus **(CUPRESSACEAE)** **刺柏属（柏科）**		**HS CODE** **4403.25（截面尺寸≥15cm）或 4403.26（截面尺寸<15cm）**	
1764	*Juniperus cedrus*	加那利群岛	加拉利刺柏	canario-en; canario jeneverboom; eedro canario; enebro canario; genevrier canaries; genevrier des canaries; ginepro canario; kanaren-wacholder; kanarya ardici; sabina-tree; seederhadakas
1765	*Juniperus communis*	非洲北部	欧洲刺柏	common juniper; enebro comun de suecia; genevrier commun de suede; ginepro svedese; svensken; swedish juniper; trad-en; zweedse jeneverbes
1766	*Juniperus oxycedrus*	非洲北部	刺柏	genevrier oxycedre; taga
1767	*Juniperus phoenicea*	加那利群岛、利比亚、摩洛哥、非洲北部	阿伯刺桧	arabian juniper; arabische jeneverbes; arabische jeneverbes; arabisken; arar; cedrolicio; enebrolicio; genevrier de phenicie; ginepro licio; karpass juniper; phoenician juniper; phonizischer sadebaum; rock red cedar; sabina negral; sabine maritime
1768	*Juniperus procera*	非洲东部、埃塞俄比亚、肯尼亚、乌干达、坦桑尼亚、津巴布韦	非洲桧	african cedar; african juniper; afrikaanse potloodceder; afrikansken; cedar; east african juniper; gatira; ginepro abissino; mbalu; mbechera; mhangati; mlala; mtarakwa; muangati; nderakwa; ostafrika zeder; tarakit; thed; tolokyo; zahdi; zeder
1769	*Juniperus thurifera*	阿尔及利亚、摩洛哥	香桧	berber aioual; enebro espanol; genevrier porte-encens; genevrier thurifere; ginepro spagnuolo; incense juniper; rokelse-en; spanish juniper; wierook-jeneverbes

序号	学名	主要产地	中文名称	地方名
	Justicia （ACANTHACEAE） 爵床属（海榄雌科）		**HS CODE** **4403.99**	
1770	*Justicia adhatodioides*	南非	阿达爵床	isipheka；pistol-bush
	Kania （MYRTACEAE） 长隔水桉属（桃金娘科）		**HS CODE** **4403.99**	
1771	*Kania eugenoides*	科特迪瓦	尤金长隔水桉	kania
	Keayodendron （EUPHORBIACEAE） 土盘树属（大戟科）		**HS CODE** **4403.99**	
1772	*Keayodendron bridelioides*	喀麦隆、科特迪瓦、刚果	布里德土盘树	abipele；abondi；kohaingue；lok；look
	Khaya （MELIACEAE） 卡雅楝属（楝科）		**HS CODE** **4403.49**	
1773	*Khaya anthotheca*	喀麦隆、科特迪瓦、非洲西部、非洲中部、非洲东部、加纳、尼日利亚、几内亚、几内亚比绍、塞拉利昂、加蓬、乌干达、南非、安哥拉、多哥	白卡雅楝	acajou；acajou blanc；acajou sassandra；akuk；batwiri；biribu；gadeau；grand bassam；kiree；kwabohori；lacuma；loko；madachi；nofwa；nufwa；nussangue；oganwo；sekondi mahogany；white khaya；white mahogany；white mangona；zaminguila
1774	*Khaya canaliculata*	扎伊尔	微管卡雅楝	pseudo-senga
1775	*Khaya caudata*	肯尼亚	尾状卡雅楝	african mahogany
1776	*Khaya grandifoliola*	尼日利亚、科特迪瓦、非洲西部、加纳、苏丹、几内亚、几内亚比绍、塞拉利昂、加蓬、乌干达、喀麦隆、塞内加尔、多哥	大叶卡雅楝	acajou；acajou blanc；afrikansk mahogny；akuk；apenewa；bandora；bele；benin-mahagoni；grand bassam；ira；kiree；kwabaho；lacuma；madachi；mahogany；mangona；mario；murraya；sekondi mahogany；senegal mahogany；tido
1777	*Khaya grandis*	加纳、非洲西部、尼日利亚	大卡雅楝	odubin；oganwe；oguanco；ogwangu
1778	*Khaya ivorensis*	科特迪瓦、加蓬、喀麦隆、加纳、尼日利亚、几内亚、几内亚比绍、赤道几内亚、多哥	红卡雅楝	abeubeu；acajou；african mahogany；afrikanisch mahagoni；afrikansk mahogny；ahafo；akuk；ambia-mahagoni；bakanda；bissilonga；caoba africana；coast mahogany；diala；dialairi；doukouma；dubini；samanguila；undianunu；zamanguila；zoele

序号	学名	主要产地	中文名称	地方名
1779	*Khaya klainei*	非洲西部、科特迪瓦、加纳、加蓬、尼日利亚、几内亚、几内亚比绍、喀麦隆、多哥	极硬卡雅楝	acajou; biribu; bissilonga; diala; dukuma; dupuin; grand bassam; ira; krala; kwabaho; lacuma; lagos mahogany; lahou; loko; madachi; mangona; nsamanguila; nsamgilla; oganwo; samanguila; sekondi mahogany; zaminguila
1780	*Khaya madagascariensis*	马达加斯加	马达加斯加卡雅楝	acajou de madagascar; haxomena; hazomena; hazonema; madagaskar-mahagoni
1781	*Khaya nyasica*	非洲东部、坦桑尼亚、科摩罗群岛、马拉维、莫桑比克、津巴布韦、赞比亚、扎伊尔、非洲中部	非洲卡雅楝	acajou umbaua; african mahogany; afrikaans mahonie; afrikansk mahogny; caoba africana; mbamba; mbawa; mkangazi; mogano africano; mubaba; muwawa; portuguese mahogany; rhodesian mahogany; umbaua
1782	*Khaya senegalensis*	科特迪瓦、塞内加尔、非洲西部、几内亚、非洲中部、冈比亚、加纳、尼日利亚、苏丹、几内亚比绍、马里、塞拉利昂、加蓬、乌干达、喀麦隆、多哥	塞内加尔卡雅楝	acajou blanc; acajou grand lahou; cal-cedra; caoba africana; diala; dubini; dukuma; kuntunkuri; kwabaho; lacuma; lagos mahogany; loko; madachi; mahogany; mangona; mario; murraya; senegal mahogany; tiro; tit; zaminguila
1783	*Khaya wildemani*	扎伊尔	韦德卡雅楝	dibwe-mutshi
	Kigelia **(BIGNONIACEAE)** **吊灯树属（紫葳科）**		**HS CODE** **4403. 99**	
1784	*Kigelia aethiopica*	扎伊尔、非洲东部、乌干达、苏丹	埃塞俄比亚吊灯树	kifungwela; msahua; ntandi; oyago; sausage-tree; um shutter
1785	*Kigelia africana*	埃塞俄比亚、肯尼亚、津巴布韦、塞内加尔、非洲西部、喀麦隆、莫桑比克、科特迪瓦、多哥	非洲吊灯树	albero di salsiccia; cucumbertree; fetish-bean; fungosi; german sausage-tree; ietedem; leberwurst baum; mumvee; musonya; muzungula; muzunguru; njakpe; njakpokpo; sausage-tree; tombo; umvebe; vheve; worstboom
1786	*Kigelia moosa*	莫桑比克、乌干达	莫萨吊灯树	moosa; musa; sausage-tree
1787	*Kigelia pinnata*	非洲	羽叶吊灯树	fungosi

序号	学名	主要产地	中文名称	地方名
	Kiggelaria (ACHARIACEAE) 类桃大风子属（青钟麻科）		HS CODE 4403.99	
1788	*Kiggelaria africana*	南非、津巴布韦	非洲类桃大风子木	kanyama; kiggelaria; mumboza; murungamunyu; porkwood; speekhout; spekhout; wild peach; wildeperske
1789	*Kiggelaria drageana*	南非	德雷类桃大风子	natal mahogany; natal-mahagoni
	Klaineanthus (EUPHORBIACEAE) 西非桐属（大戟科）		HS CODE 4403.99	
1790	*Klaineanthus gaboniae*	扎伊尔、刚果	加蓬西非桐	engangate; mokila; nom okekela
	Klainedoxa (IRVINGIACEAE) 热非粘木属（苞芽树科）		HS CODE 4403.49	
1791	*Klainedoxa buesgenii*	非洲西部	步氏热非粘木	eveuss; ikele; kroma; kuma-kuma; ngon
1792	*Klainedoxa dybowskii*	加蓬	戴氏热非粘木	licondo
1793	*Klainedoxa gabonensis*	加蓬、刚果、赤道几内亚、科特迪瓦、利比里亚、非洲西部、乌干达、喀麦隆	加蓬克莱木	awesi; ayesi; bewinda; egnass; eveuss; goe; ikele; kondjo; lindaki; mongoumoug ouma; mugoma; ngondo; njion; nkondjo; nteta; ogoma; okip; okuma; vikeko; zembi
1794	*Klainedoxa grandifolia*	刚果盆地	大叶热非粘木	faro; ikele; zembili
1795	*Klainedoxa latifolia*	喀麦隆、加蓬、南非	阔叶热非粘木	bwiba banjo; evess; eveuss; ide; ize; mangoma; n'gom; owingue; ozonga; ozouga; yese
1796	*Klainedoxa longifolia*	扎伊尔	长叶热非粘木	ekelle; ikele; lolo
1797	*Klainedoxa ovalifolia*	扎伊尔	圆叶热非粘木	adelopo; adolumbi; alumbi; beko; tshinshiba
1798	*Klainedoxa sphaerocarpa*	喀麦隆、加蓬	球果热非粘木	eveuss
1799	*Klainedoxa trillesii*	加蓬	特氏热非粘木	evel
	Kleinhovia (STERCULIACEAE) 鹧鸪麻属（梧桐科）		HS CODE 4403.99	
1800	*Kleinhovia hospita*	留尼汪岛	鹧鸪麻	mahot fleur
	Labourdonnaisia (SAPOTACEAE) 洋香榄属（山榄科）		HS CODE 4403.99	
1801	*Labourdonnaisia calophylloides*	毛里求斯、留尼汪岛	凯乐洋香榄	natte legentil; petit natte

序号	学名	主要产地	中文名称	地方名
	Lachnostylis **(EUPHORBIACEAE)** **石炭木属（大戟科）**		**HS CODE** **4403.99**	
1802	*Lachnostylis bilocularis*	南非	双房石炭木	klipboom
1803	*Lachnostylis hirta*	南非	毛石炭木	coalwood；koolhout
	Laguncularia **(COMBRETACEAE)** **假红树属（使君子科）**		**HS CODE** **4403.99**	
1804	*Laguncularia racemosa*	加纳、非洲中部、科特迪瓦、非洲西部	聚果假红树木	abin；mangle blanco；manglier blanc；mangrovia bianca；nja；vit mangrove；white button；white mangrove；witte mangrove
	Lannea **(ANACARDIACEAE)** **厚皮树属（漆树科）**		**HS CODE** **4403.49**	
1805	*Lannea acida*	塞内加尔、非洲西部、尼日利亚	酸厚皮树	bimbo；ekualokpoe；faru；farun mutane；kala；tyetyebu
1806	*Lannea acidissima*	科特迪瓦、喀麦隆、加纳	极酸玛厚皮树	abracouele；adoubrouya；atou-krouya；bore-pore；duko；durgo；ekikaja；glegleti；kakoro；kumbi；kumenini；lannea；loloti；n'nou；poto-poin；tchiko；tchio
1807	*Lannea barteri*	尼日利亚、乌干达、非洲西部	巴泰厚皮树	faru；farun doya；mbumbu；muwumbo；patandeu；timbatau；tingbatau
1808	*Lannea buettneri*	非洲西部	布特厚皮树	kudupou
1809	*Lannea coromandelica*	非洲	厚皮树	jhintang；oichang
1810	*Lannea discolor*	津巴布韦、南非	异色厚皮树	broomdruif；chizhenje；grape-tree；live-long；mugan acha；mumbumumbu；mupuri；mupwanda；mushamba；sigangatsha；tjigangatja；tree-grape
1811	*Lannea egregia*	非洲西部	火红厚皮树	kudupou
1812	*Lannea nigritana*	科特迪瓦	尼格厚皮树	loloti des savanes
1813	*Lannea schweinfurthii*	津巴布韦	施氏厚皮树	muba；mucheche；musototo；musvinwa；mutumbi；sivata；umganunduna；umganunkomo
1814	*Lannea stuhlmannii*	南非	斯氏厚皮树	bastard marula；grape-tree

序号	学名	主要产地	中文名称	地方名
1815	*Lannea welwitschii*	喀麦隆、科特迪瓦、扎伊尔、刚果、非洲中部	韦氏厚皮树	acajou magona; dodongo; doloti; ekikaja; ekoa; ekoe; ekoue; kumbi; kumenini; lannea; leko; loloti; magona; mombanda; munkombo; nkumbi; songe
1816	*Lannea zenkeri*	加蓬、喀麦隆	森柯儿厚皮树	alom; ekoa; ekoll; oloumi
	Lasianthus **(RUBIACEAE)** **粗叶木属（茜草科）**		**HS CODE 4403.99**	
1817	*Lasianthus cyanocarpus*	非洲	鸡屎树	
1818	*Lasianthus rhinocerotis*	非洲	犀角粗叶木	
	Laurophyllus **(ANACARDIACEAE)** **傲骨漆属（漆树科）**		**HS CODE 4403.99**	
1819	*Laurophyllus capensis*	南非	卡佩傲骨漆	filabossie; vlakwitels
	Laurus **(LAURACEAE)** **月桂属（樟科）**		**HS CODE 4403.99**	
1820	*Laurus canariensis*	加那利群岛	加那利月桂	laurel; loro; loro laurel
	Lawsonia **(LYTHRACEAE)** **散沫花属（千屈菜科）**		**HS CODE 4403.99**	
1821	*Lawsonia inermis*	尼日利亚	散沫花	egyptian privet
	Lebrunia **(GUTTIFERAE)** **热非藤黄属（藤黄科）**		**HS CODE 4403.49**	
1822	*Lebrunia bushaie*	刚果	热非藤黄木	bushaie
	Lecomtedoxa **(SAPOTACEAE)** **赤道西非山榄属（山榄科）**		**HS CODE 4403.99**	
1823	*Lecomtedoxa heitzeana*	加蓬	赫兹赤道西非山榄	adzacon
1824	*Lecomtedoxa klaineana*	加蓬、赤道几内亚	克莱赤道西非山榄	acole; nguembe; ogoumo; ogounou; oguembe; oguomo; okolangouma; okolanguma; ougounou
	Leea **(LEEACEAE)** **火筒树属（火筒树科）**		**HS CODE 4403.99**	
1825	*Leea guineensis*	利比里亚	几内亚火筒树	ze-eh
	Lepidobotrys **(LEPIDOBOTRYACEAE)** **鳞球穗属（鳞球穗科）**		**HS CODE 4403.99**	
1826	*Lepidobotrys staudtii*	刚果	斯氏鳞球穗	mombo

序号	学名	主要产地	中文名称	地方名
	***Lepidopetalum*（SAPINDACEAE）** **鳞翅属（无患子科）**		**HS CODE** **4403. 99**	
1827	*Lepidopetalum senegalensis*	塞内加尔	塞内加尔鳞翅	
	***Lepisanthes*（SAPINDACEAE）** **鳞花木属（无患子科）**		**HS CODE** **4403. 99**	
1828	*Lepisanthes senegalensis*	科特迪瓦	塞内加尔鳞花木	mottiodji
	***Leptactina*（RUBIACEAE）** **沙星花属（茜草科）**		**HS CODE** **4403. 99**	
1829	*Leptactina seretii*	扎伊尔	赛氏沙星花	bokekete
	***Leptaulus*（CARDIOPTERIDACEAE）** **瑞榄属（心翼果科）**		**HS CODE** **4403. 99**	
1830	*Leptaulus citroides*	马达加斯加	簇花瑞榄	mandaomona; mandoamona
1831	*Leptaulus daphnoides*	科特迪瓦	达夫诺瑞榄	eborodumuen; koacagniba ka; parandedi
	***Letestua*（SAPOTACEAE）** **莱特山榄属（山榄科）**		**HS CODE** **4403. 49**	
1832	*Letestua durissima*	刚果、加蓬	莱特山榄	congotali; dimagnimou irri; kong-afane; kongotali; kunk-afane; mbimo etchepolo
	***Lettowianthus*（ANNONACEAE）** **星依兰属（番荔枝科）**		**HS CODE** **4403. 99**	
1833	*Lettowianthus stellatus*	非洲东部	斯特拉星依兰	mtototo
	***Leucadendron*（PROTEACEAE）** **木百合属（山龙眼科）**		**HS CODE** **4403. 99**	
1834	*Leucadendron argenteum*	南非	银叶木百合	silver-tree; silverleaf; silvertop-tree; silwerboom; witteboom
1835	*Leucadendron eucalyptifolium*	南非	尤加利木百合	geelbos
1836	*Leucadendron procerum*	南非	棕毛木百合	kienabossie; langbeentjie
1837	*Leucadendron sabulosum*	南非	萨布木百合	geelbos
	***Licania*（CHRYSOBALANACEAE）** **利堪蔷薇属（金橡实科）**		**HS CODE** **4403. 49**	
1838	*Licania elaeosperma*	刚果	常春藤利堪蔷薇	mombokola

序号	学名	主要产地	中文名称	地方名
	Limonia **(RUTACEAE)** **象橘属（芸香科）**		**HS CODE** **4403.99**	
1839	*Limonia madagascariensis*	马达加斯加	马达加斯加象橘	bois d'anis; bois d'anisette
	Lindackeria **(FLACOURTIACEAE)** **雀杨属（大风子科）**		**HS CODE** **4403.99**	
1840	*Lindackeria dentata*	科特迪瓦	重齿椎雀杨	dedebroguisse
	Linociera **(OLEACEAE)** **李榄属（木犀科）**		**HS CODE** **4403.99**	
1841	*Linociera battiscombei*	南非	巴基斯李榄	kenya olive
1842	*Linociera cyanocarpa*	留尼汪岛	氰果李榄	coeur bleu
1843	*Linociera foveolata*	南非	蜂窝李榄	bastard ironwood; fine-leaf ironwood; ironwood
1844	*Linociera peglerae*	南非	佩莱李榄	pegler black ironwood; pegler olive
1845	*Linociera welwitschi*	非洲	韦氏李榄	lolyondo
	Litchi **(SAPINDACEAE)** **荔枝属（无患子科）**		**HS CODE** **4403.99**	
1846	*Litchi chinensis*	留尼汪岛	荔枝	litchi
	Litsea **(LAURACEAE)** **木姜子属（樟科）**		**HS CODE** **4403.99**	
1847	*Litsea glutinosa*	留尼汪岛	潺胶木姜子	avocat marron; litsee
1848	*Litsea laurifolia*	留尼汪岛	月桂叶木姜子	avocatier marron
1849	*Litsea sebifera*	科摩罗群岛	蜡质木姜子	avocat marron
	Loesenera **(CAESALPINIACEAE)** **洛氏豆属（苏木科）**		**HS CODE** **4403.99**	
1850	*Loesenera kalantha*	利比里亚、科特迪瓦	洛氏豆	gba; geni; jen-nee; soasegbe; zouocebe
	Lonchocarpus **(FABACEAE)** **合生果属（蝶形花科）**		**HS CODE** **4403.49**	
1851	*Lonchocarpus brevicaudatus*	非洲	短尾合生果	mhande
1852	*Lonchocarpus capassa*	津巴布韦	卡帕合生果	chiwirowiro; dungamuzi; ichitamuzi; ipanda; lance-tree; mukololo; mumerafodya; muodzo; mupanda; mupandapanda; muyamharad zi; panda-tree; panza; raintree

序号	学名	主要产地	中文名称	地方名
1853	*Lonchocarpus cyanescens*	利比里亚	青绿合生果	big-leaf indigo; blu; wee-chu
1854	*Lonchocarpus laxiflorus*	塞内加尔、尼日利亚	疏花合生果	akoul; farin sansame
1855	*Lonchocarpus nelsii*	津巴布韦	内氏合生果	appelblaar; ipanda
1856	*Lonchocarpus sericeus*	科特迪瓦、加纳、非洲西部、加蓬	塞里合生果	akuisi-amba; dukwa; ekopa; kwadwo-ama nin; labladzi; lo; santew; totoro; venekouer
1857	*Lonchocarpus stuhlmanni*	非洲中部	斯图曼合生果	msewa
1858	*Lonchocarpus sutherlandii*	南非	萨氏合生果	bastard umzimbeet; giant umzimbeet; umqunye
	Lophira **(OCHNACEAE)** **红铁木属（金莲木科）**		**HS CODE 4403. 49**	
1859	*Lophira alata*	尼日利亚、利比里亚、喀麦隆、非洲西部、赤道几内亚、加蓬、几内亚、科特迪瓦、刚果、加纳、非洲中部、塞拉利昂、几内亚比绍、苏丹、乌干达	翼红铁木	aba; african oak; akogha; atoue; aya; azobe; bakundu; bangassi; bankile; faboy; fauh; heisenholz; latsa; ndonga; nona; ojingobobo; okikopom; okoga; ottugba; parapara; ponhon; ringa; sap; ugbeberi; umowenek; wowoue
1860	*Lophira barteri*	非洲	巴特红铁木	azobe; bongossi; ekki; red ironwood
1861	*Lophira lanceolata*	非洲西部、几内亚	剑叶红铁木	african oak; dwarf red ironwood; malanga; mene
1862	*Lophira procera*	非洲	高大红铁木	
	Lovoa **(MELIACEAE)** **虎斑楝属（楝科）**		**HS CODE 4403. 49**	
1863	*Lovoa brownii*	非洲西部	南方虎斑楝	nkoba; uganda walnut
1864	*Lovoa mildbraedii*	非洲中部	米氏虎斑楝	dibetou; dibetu
1865	*Lovoa swynnertonii*	非洲中部、津巴布韦、肯尼亚	肯尼亚虎斑楝	brown mahogany; dibetou; knoba; mukongoro; mukusu; muwawa; muwawamuts uku
1866	*Lovoa trichilioides* (= *klaineana*)	非洲西部、非洲中部、加纳、尼日利亚、加蓬、喀麦隆、科特迪瓦、扎伊尔、赤道几内亚、刚果、几内亚、塞拉利昂	毛洛沃楝	abanfi; abuwe; african walnut; alonawood; alone; alop; amonilla; anamemila; apetou; black mahogany; bombolu; congowood; dibetu; dilobo; dominguila; embero; eyan; nkoba; penkwa; pepedoum; pereko; sida; temaire; tigerwood; tikossou; urhearike; wnaimei

序号	学名	主要产地	中文名称	地方名
	Loxostylis **(ANACARDIACEAE)** **焦油漆属（漆树科）**		**HS CODE** **4403. 99**	
1867	*Loxostylis alata*	南非	翼状焦油漆	teerhout；tierhout；wild peppertree
	Lumnitzera **(COMBRETACEAE)** **榄李属（使君子科）**		**HS CODE** **4403. 99**	
1868	*Lumnitzera racemosa*	南非	聚果榄李	kosi mangrove
	Macaranga **(EUPHORBIACEAE)** **血桐属（大戟科）**		**HS CODE** **4403. 99**	
1869	*Macaranga barteri*	喀麦隆、科特迪瓦	巴尔血桐	assas；tofe dola
1870	*Macaranga capensis*	南非、非洲东部、津巴布韦	好望角血桐	macaranga；mkumba；mufukusham akaya；munyakomo；musoswe；spiny macaranga；swamp poplar；umbengale
1871	*Macaranga conglomerata*	坦桑尼亚	砾岩血桐	macaranga；muhaa
1872	*Macaranga cuspidata*	马达加斯加	尖连血桐	mongy
1873	*Macaranga danguyana*	马达加斯加	丹古血桐	fofotra
1874	*Macaranga ferruginea*	马达加斯加	锈色血桐	mokaranana ou mongy；mongy
1875	*Macaranga heudelotii*	科特迪瓦、喀麦隆	黑血桐	abo；aboue；assas；eco；ekua；eson；etchoa；tofe
1876	*Macaranga hurifolia*	喀麦隆	胡里血桐	assas
1877	*Macaranga kilimandscharica*	肯尼亚、扎伊尔	里曼血桐	macaranga；muhaa；muhoti；mukuhakuha；mushasha；omuburashasha；omusasa
1878	*Macaranga mellifera*	津巴布韦	梅莱血桐	mountain macaranga；mufukusham akaya；musoswe
1879	*Macaranga monandra*	喀麦隆	单雄蕊血桐	asas
1880	*Macaranga perrieri*	马达加斯加	佩里血桐	mokaranandahi
1881	*Macaranga poggei*	扎伊尔	伯吉血桐	elelembo
1882	*Macaranga racemosa*	马达加斯加	聚果榕血桐	mokarana
1883	*Macaranga rowlandii*	加纳	罗氏迪血桐	akafekafei
1884	*Macaranga schweinfurthii*	乌干达	弗蒂血桐	luwessu；macaranga
1885	*Macaranga spinosa*	科特迪瓦	多刺血桐	tofe
	Macarisia **(RHIZOPHORACEAE)** **岛红树属（红树科）**		**HS CODE** **4403. 99**	
1886	*Macarisia lanceolata*	马达加斯加	剑叶岛红树	hazomalany
1887	*Macarisia pyramidata*	马达加斯加	锥叶岛红树	hazomalany

序号	学名	主要产地	中文名称	地方名
	***Maclura*（MORACEAE）** **桑橙属（桑科）**		**HS CODE** **4403. 49**	
1888	*Maclura africana*	非洲	非洲桑橙	
1889	*Maclura tinctoria*	科特迪瓦	染料桑橙	fustet
	***Macroberlinia*（CAESALPINIACEAE）** **大鞋木豆属（苏木科）**		**HS CODE** **4403. 99**	
1890	*Macroberlinia bracteosa*	非洲西部	多苞片大瓣苏木	abem；berlinia；ebiara；ekpogoi
	***Macrolobium*（CAESALPINIACEAE）** **巨瓣苏木属（苏木科）**		**HS CODE** **4403. 49**	
1891	*Macrolobium dewevrei*	非洲	德韦巨瓣苏木	
1892	*Macrolobium fragrans*	刚果盆地	香巨瓣苏木	kibakoko
1893	*Macrolobium macrophyllum*	刚果盆地	大叶巨瓣苏木	kassusu
	***Maesa*（MYRSINACEAE）** **杜茎山属（紫金牛科）**		**HS CODE** **4403. 99**	
1894	*Maesa lanceolata*	津巴布韦、非洲东部、科特迪瓦、南非	剑叶杜茎山	inhlavubele；m'ndonye；mudovatova；musungwa；ndwatwa；saoria；sarnana；umpongaponga
	***Maesobotrya*（EUPHORBIACEAE）** **杜茎茶属（大戟科）**		**HS CODE** **4403. 99**	
1895	*Maesobotrya barteri*	科特迪瓦	巴特杜茎茶	wouniogpa
1896	*Maesobotrya dusenii*	非洲	杜氏杜茎茶	esang afane
1897	*Maesobotrya floribunda*	科特迪瓦	众花杜茎茶	senan
1898	*Maesobotrya staudtii*	扎伊尔	斯氏杜茎茶	wengete
	***Maesopsis*（RHAMNACEAE）** **类杜茎鼠李属（鼠李科）**		**HS CODE** **4403. 99**	
1899	*Maesopsis eminii*	加纳、非洲西部、利比里亚、刚果、坦桑尼亚、乌干达、扎伊尔、喀麦隆、尼日利亚、科特迪瓦、肯尼亚、非洲中部	类杜茎鼠李木	ashanti ongwam-tua；awaru；botondo；buaywreh；eigilogbon；esenge；manassati；mbarika；muguruka；muhongera；muhumula；musizi；mutere；ndunga；nkanguele；nsira；omuhumula；omuside；ovbiogikwe
	***Majidea*（SAPINDACEAE）** **马杰木属（无患子科）**		**HS CODE** **4403. 99**	
1900	*Majidea fosteri*	科特迪瓦、非洲中部	马杰木	badue；keremon；kueze；majidea；shiarambatsa

序号	学名	主要产地	中文名称	地方名
	Malacantha **(SAPOTACEAE)** **马那山榄属（山榄科）**		**HS CODE** **4403.49**	
1901	*Malacantha robusta*	科特迪瓦	大马那山榄	alocotimon; alokwstumon; anaingueri; aningueri; aouame; avome; awame; seria abla; tebi
1902	*Malacantha superba*	扎伊尔	艳丽马那山榄	mukala
	Mallotus **(EUPHORBIACEAE)** **野桐属（大戟科）**		**HS CODE** **4403.99**	
1903	*Mallotus integrifolius*	毛里求斯	全缘叶野桐	bois pigeon; pigeon
1904	*Mallotus subulatus*	加蓬	子叶野桐	asogomon
	Mammea **(GUTTIFERAE)** **黄果藤黄属（藤黄科）**		**HS CODE** **4403.99**	
1905	*Mammea africana*	加蓬、喀麦隆、加纳、利比里亚、科特迪瓦、塞拉利昂、扎伊尔、非洲西部、非洲中部、刚果、安哥拉、尼日利亚	非洲黄果藤黄木	
1906	*Mammea bongo*	马达加斯加	邦戈黄果藤黄木	bongo; vongo
1907	*Mammea ebboro*	加蓬、喀麦隆	埃博黄果藤黄木	eborro; ebot; maboro
1908	*Mammea klaineana*	喀麦隆、加蓬	克莱黄果藤黄木	abot-zoc; abricot d'afrique; banga; ebor; ebornzok; ibeka; ibore; ilolo; mbaga; mbanga
	Mangifera **(ANACARDIACEAE)** **杧果属（漆树科）**		**HS CODE** **4403.49**	
1909	*Mangifera africana*	加蓬	非洲杧果	nguembe
1910	*Mangifera indica*	马达加斯加、留尼汪岛	印度杧果	amba; mangowood; manguier; ondogo
	Manilkara **(SAPOTACEAE)** **铁线子属（山榄科）**		**HS CODE** **4403.49**	
1911	*Manilkara aborata*	南非、乌干达	阿波拉铁线子	doka; nkunya
1912	*Manilkara argentea*	喀麦隆	银铁线子	adjap osoe; azang
1913	*Manilkara concolor*	南非	康色铁线子	amasthole amphlophe; umncambu
1914	*Manilkara cuneifolia*	非洲东部	楔叶铁线子	nkunya
1915	*Manilkara discolor*	南非	变色铁线子	mgambo; red milkwood; umnweba

序号	学名	主要产地	中文名称	地方名
1916	*Manilkara fouilloyana*	非洲中部	福伊铁线子	fou mounguinza
1917	*Manilkara lacera*	非洲西部、喀麦隆、加蓬、利比里亚、科特迪瓦	撕裂铁线子	aboga fou；adzacon；african pearlwood；african pearwood；basipi；berekankum；fou；isonguin；kpangkun；mbims；ntaguaya；owimon；wueti
1918	*Manilkara le-testui*	刚果	莫温铁线子	kiluku
1919	*Manilkara mabokeensis*	非洲中部	马尼山榄	aboga sisina；adzagon；moguinza；monghinza
1920	*Manilkara mochisia*	津巴布韦	莫奇铁线子	lowveld milkberry；mkonse；mupongwani；muse；mwambo；ngwambo；umncambu；wambu
1921	*Manilkara multinervis*	非洲西部、科特迪瓦	多脉铁线子	ewati；eweli somu；sisina
1922	*Manilkara obovata*	科特迪瓦、利比里亚、多哥、几内亚、加蓬、刚果、乌干达、非洲中部	倒卵叶铁线子	anandjo；anangueri；ananyo；beh；fou；hato；kouce；mbimo；mkunya；monghinza；nkunya；tuinynelli
1923	*Manilkara pellegriniana*	刚果	佩莱铁线子	alili；mounie
1924	*Manilkara sulcata*	非洲	皱状铁线子	mzensi
1925	*Manilkara sylvestris*	科特迪瓦	野生铁线子	monghinza；sisina de foret
1926	*Manilkara welwitschii*	科特迪瓦	千岁兰铁线子	matanou
	***Mansonia*（STERCULIACEAE）** **曼森梧桐属（梧桐科）**		**HS CODE 4403.49**	
1927	*Mansonia altissima*	科特迪瓦、非洲西部、尼日利亚、加纳、喀麦隆、非洲中部、刚果	曼森梧桐	african black walnut；african walnut；afun；aprend；aprono；bete；bodua；essai；gouloui；guissepa；koul；mansonia；nkoul；odo；ofun；otutu；pruno；purono；urodo；yomba
1928	*Mansonia nymphaeifolia*	非洲中部	睡莲叶曼森梧桐	bete
	***Maprounea*（EUPHORBIACEAE）** **头序柏属（大戟科）**		**HS CODE 4403.99**	
1929	*Maprounea africana*	南非	非洲头序柏	african maprounea
1930	*Maprounea membranacea*	喀麦隆、加蓬	膜叶头序柏	ebebam；iinessa；osseh

序号	学名	主要产地	中文名称	地方名
	***Maranthes*（ROSACEAE）** **象竹属（蔷薇科）**		**HS CODE** **4403. 99**	
1931	*Maranthes aubrevillei*	科特迪瓦	阿布维象竹	aramona feuilles
1932	*Maranthes chrysophylla*	科特迪瓦、加蓬、利比里亚	金叶象竹	kioro; mebameneu; ve-ay-dweh
1933	*Maranthes gabunensis*	加蓬、刚果	加蓬象竹	afatouk; agatok; lutela
1934	*Maranthes glabra*	科特迪瓦、扎伊尔、刚果、加蓬、利比里亚	光滑甘草象竹	aramon; bofale; bofali; congo sougue; essou; kelengoi; kilala; kivindi; mbikiti; mokandza; mungundu; ndulu; oungou; zwahn
1935	*Maranthes goetzeniana*	津巴布韦	戈策象竹	mutungwe
1936	*Maranthes kerstingii*	非洲中部、喀麦隆、非洲西部、利比里亚	柯氏象竹	bakanza; kanga; okpe; zwahn
1937	*Maranthes polyandra*	扎伊尔	多蕊象竹	mukuwe
1938	*Maranthes robusta*	科特迪瓦、加蓬	大象竹	aramo; aramon; aroba; badi; bocoma; bokoma; koaramon; oboto; oroba; ponene; promene
	***Mareya*（EUPHORBIACEAE）** **山柳桐属（大戟科）**		**HS CODE** **4403. 99**	
1939	*Mareya micrantha*	利比里亚、加纳、科特迪瓦	小花山柳桐	chew; dubrefwo; nguangua; oyia
	***Margaritaria*（EUPHORBIACEAE）** **篮子木属（大戟科）**		**HS CODE** **4403. 99**	
1940	*Margaritaria discoidea*	科特迪瓦、加纳、南非、几内亚、非洲西部、刚果、利比里亚	盘状篮子木	adjansi; adzadze; apapaya; benkyi; egossa rooipeer; fessouba; koe; kongkonga; mete; moussan hoe; moussan houe; mpinga; mukarara; musa-noue; pepesia; tenouba; tenoura; umphunzito
	***Markhamia*（BIGNONIACEAE）** **猫尾木属（紫葳科）**		**HS CODE** **4403. 49**	
1941	*Markhamia acuminata*	津巴布韦、南非	披针叶毛猫尾木	beantree; chidane; mubikanyemba; mugopa; mundale; mupfeya; musikavaka dzi; musiranyati; mutsikanyati; shidzanyi; umpetakwale
1942	*Markhamia hildebrandtii*	非洲	黑蒂猫尾木	mogu; muu
1943	*Markhamia lanata*	非洲	棉猫尾木	mbapa

序号	学名	主要产地	中文名称	地方名
1944	*Markhamia lutea*	非洲中部、刚果、肯尼亚、莫桑比克、喀麦隆、扎伊尔、非洲东部、乌干达	猫尾木	abbe; lusambya; malanga; msambia; mushavu; mushawi; nsambia; nsambya; siala; sisimasa; umusambya
1945	*Markhamia platycalyx*	非洲	宽萼猫尾木	musambya
1946	*Markhamia tomentosa*	喀麦隆、非洲西部、刚果、科特迪瓦	毛猫尾木	angossa; angoussa; aya; ewoula; modouka; mpessi; osse; tomboro; tschitschine
	Marquesia **(DIPTEROCARPACEAE)** **柄蕊香属（龙脑香科）**		**HS CODE 4403.99**	
1947	*Marquesia acuminata*	非洲	披针叶柄蕊香	mulunga; musanya; museshe
1948	*Marquesia macroura*	赞比亚、中非、扎伊尔	大尾柄蕊香	moosesjie; mufuka; musanya; museshe; museshi; musesji; musesjie
	Martretia **(EUPHORBIACEAE)** **碟须果属（大戟科）**		**HS CODE 4403.99**	
1949	*Martretia quadricornis*	刚果	四角蝶须果	banda ingabu
	Maurocenia **(CELASTRACEAE)** **鹫樱属（卫矛科）**		**HS CODE 4403.99**	
1950	*Maurocenia frangularia*	南非	鹫樱树	aasvoelbessie; hottentot cherry; hottentots kerbos
	Maytenus **(CELASTRACEAE)** **美登卫矛属（卫矛科）**		**HS CODE 4403.99**	
1951	*Maytenus acuminatus*	南非	尖叶美登卫矛	joli coeur; silkbark; zybast
1952	*Maytenus buxifolia*	南非	黄杨叶美登卫矛	isibubu
1953	*Maytenus heterophylla*	南非、津巴布韦	异叶美登卫矛	buchs; chihlangwa; chivhunaba dza; chizhuzhu; confetti-bush; gifdoring; ibabala tune; isihlangu; muqoqoba; musosaguva; musosawafa; mutsotsova; pendoring; spikethorn
1954	*Maytenus linearis*	南非	细叶美登卫矛	western pendoring
1955	*Maytenus mossambicensis*	南非	黄粗尾美登卫矛	mozambique maytenus
1956	*Maytenus nemorosa*	南非	刺果美登卫矛	forest maytenus
1957	*Maytenus oleoides*	南非	欧蕾美登卫矛	klipkerbos; mountain maytenus
1958	*Maytenus peduncularis*	南非	长梗美登卫矛	blackwood; cape blackwood; swarthout; umngqi

序号	学名	主要产地	中文名称	地方名
1959	*Maytenus procumbens*	南非	匍匐美登卫矛	coast maytenus; umphophono no
1960	*Maytenus senegalensis*	津巴布韦、南非	塞内加尔美登卫矛	chihlangwa; chivhunaba dza; chizhuzhu; confetti-bush; ibabala tune; isihlangu; mugaranjiva; muqoqoba; musosaguva; musosawafa; musukameno; mutsotsova
1961	*Maytenus undatus*	津巴布韦、乌干达	波纹美登卫矛	iqayi emhlope; koko-tree; serunyikizo; south african holly; zellimo
	Meiocarpidium **(ANNONACEAE)** **毛桃木属（番荔枝科）**		**HS CODE** **4403. 99**	
1962	*Meiocarpidium lepidotum*	喀麦隆、非洲中部、加蓬	鳞腺毛桃木	amvim; belengue; mpevi
	Melaleuca **(MYRTACEAE)** **白千层属（桃金娘科）**		**HS CODE** **4403. 99**	
1963	*Melaleuca leucadendra*	马达加斯加	白千层	niouli
	Melia **(MELIACEAE)** **楝属（楝科）**		**HS CODE** **4403. 49**	
1964	*Melia azedarach*	莫桑比克、尼日利亚、马达加斯加、留尼汪岛、热带地区、加纳	苦楝	bomboloia n'puto; foreign kurna; kandelaka; kurna-na-sara; lauriergrec; lilas; margosier; persian lilac; pride-of-india
1965	*Melia bambolo*	莫桑比克	波姆楝	bombolo; lunumidella
1966	*Melia volkensii*	非洲	瓦氏楝	mukawe
	Memecylon **(MELASTOMATACEAE)** **谷木属（野牡丹科）**		**HS CODE** **4403. 99**	
1967	*Memecylon afzelii*	利比里亚	细叶谷木	te-ay-chu
1968	*Memecylon faucherei*	马达加斯加	佛尺谷木	tsimahama satsokina fotsy
1969	*Memecylon fleuryi*	科特迪瓦	毛谷木	arele
1970	*Memecylon grandiflorum*	南非	大花谷木	pondland memecylon; umbandi
1971	*Memecylon lateriflorum*	科特迪瓦	侧花谷木	komiligbe
1972	*Memecylon lopezianum*	加蓬	镂泊谷木	pendo
1973	*Memecylon myrianthum*	乌干达	群花谷木	ntukuza
1974	*Memecylon natalense*	南非	紫被谷木	isikwelamfene esikulu; natal memecylon

序号	学名	主要产地	中文名称	地方名
1975	*Memecylon polyanthemos*	科特迪瓦、利比里亚	多花谷木	miligbe; tai; taisin; te-ay-chu
1976	*Memecylon trinerve*	毛里求斯	特里谷木	bois canne
	Metrosideros **(MYRTACEAE)** **铁心木属（桃金娘科）**		**HS CODE 4403. 99**	
1977	*Metrosideros angustifolia*	南非	狭叶铁心木	smalblad
	Michelsonia **(CAESALPINIACEAE)** **米奇豆属（苏木科）**		**HS CODE 4403. 99**	
1978	*Michelsonia microphylla*	刚果、扎伊尔	小叶米奇豆木	musisi
	Microberlinia **(CAESALPINIACEAE)** **小鞋木豆属（苏木科）**		**HS CODE 4403. 49**	
1979	*Microberlinia bisulcata*	喀麦隆、赤道几内亚、加蓬、非洲中部	二槽小鞋木豆	allenele; amouk; enuk-enug; izingana; sebrano; sebratra; zebrano; zingana
1980	*Microberlinia brazzavillensis*	非洲中部、喀麦隆、赤道几内亚、加蓬	小鞋木豆	african zebrawood; allen ele; allene; amouk; ele; enuk-enug; izingana; nkomi; okwen; sebrano; sebratra; zebrano; zebrawood; zingana; zinganga
	Microcos **(TILIACEAE)** **布渣叶属（椴树科）**		**HS CODE 4403. 99**	
1981	*Microcos coriacea*	喀麦隆	革叶布渣叶	akendeng; mfedak
1982	*Microcos oligoneura*	喀麦隆	少脉布渣叶	afendek
	Microdesmis **(PANDACEAE)** **小盘木属（油树科）**		**HS CODE 4403. 99**	
1983	*Microdesmis keayana*	科特迪瓦	科亚小盘木	kokoi
1984	*Microdesmis puberula*	加纳、喀麦隆、科特迪瓦、利比里亚	毛小盘木	afuma; ewoe; ewoei; katakyidua; kokoi; nikli; ofoabiti
	Mildbraediodendron **(FABACEAE)** **殷脂檀属（蝶形花科）**		**HS CODE 4403. 99**	
1985	*Mildbraediodendron excelsum*	乌干达	大殷脂檀	muyati
	Millettia **(FABACEAE)** **崖豆属（蝶形花科）**		**HS CODE 4403. 49**	
1986	*Millettia alurentii*	刚果盆地	刚果崖豆木	awong

序号	学名	主要产地	中文名称	地方名
1987	*Millettia atite*	非洲西部	阿泰崖豆木	sso abalu
1988	*Millettia drastica*	扎伊尔	德拉崖豆木	ikenekene
1989	*Millettia glabra*	非洲	光滑崖豆木	balocbalco
1990	*Millettia grandis*	南非	大崖豆木	kaffir ironwood; umzimbeet; umzimbete; umzimbuit
1991	*Millettia lane-poolei*	利比里亚、科特迪瓦	普尔崖豆木	ju-ehn-jrah; sointa; tog-beli
1992	*Millettia laurentii*	赤道几内亚、喀麦隆、刚果、扎伊尔、加蓬	非洲崖豆木	anong; bokonghe; dikela; kiboto; kundu baenge; mboto; mokonge; monkonge; motoko; mundambi; palisandro del congo; palissandre; tshikalakala; wenge; zai-wenge
1993	*Millettia mannii*	喀麦隆	曼氏崖豆木	mfakoue
1994	*Millettia oblata*	非洲	供品崖豆木	mhafa
1995	*Millettia pallens*	利比里亚	淡色崖豆木	ju-ehn-jray
1996	*Millettia rhodantha*	加纳、科特迪瓦	紫红崖豆木	okuro-sante; pem; sointa
1997	*Millettia stuhlmannii*	莫桑比克、坦桑尼亚、津巴布韦、非洲中部、非洲东部	斯图崖豆木	jambire; kushela; mpande; mutsara; panga panga; partridgewood; umkunye; wenge
1998	*Millettia versicolor*	安哥拉、扎伊尔、刚果	花斑崖豆木	bobata; bobota; bota; mbota; mboto
1999	*Millettia zechiana*	科特迪瓦、加纳	泽奇崖豆木	dologaha; frafrah
	***Mimosa* (MIMOSACEAE)** **含羞草属（含羞草科）**		**HS CODE** **4403. 99**	
2000	*Mimosa asperata*	尼日利亚	粗糙含羞草	gumbi; kaidaji; kardaji
	***Mimusops* (SAPOTACEAE)** **子弹木属（山榄科）**		**HS CODE** **4403. 49**	
2001	*Mimusops affinis*	非洲	近缘子弹木	
2002	*Mimusops africana*	喀麦隆、加蓬	非洲子弹木	duka
2003	*Mimusops andongensis*	科特迪瓦	安根子弹木	boblofou
2004	*Mimusops caffra*	南非	南非子弹木	coastal red milkwood; moepel
2005	*Mimusops calophylloides*	留尼汪岛	石竹子弹木	bulletwood; petit natte
2006	*Mimusops coriacea*	马达加斯加	革叶子弹木	nato
2007	*Mimusops djave*	非洲	贾韦子弹木	
2008	*Mimusops ebolowensis*	安哥拉	埃博子弹木	bungulo; muabi

序号	学名	主要产地	中文名称	地方名
2009	*Mimusops kummel*	非洲西部、科特迪瓦	库姆子弹木	eweli somu；foumbo
2010	*Mimusops maxima*	马达加斯加、留尼汪岛、毛里求斯	马克子弹木	bois de natte；bois grande natte；grand natte；nato；natte；natte grand；nattier
2011	*Mimusops obovata*	南非	倒卵叶子弹木	bulletwood；red milkwood；rooimelkhout；umthunzi
2012	*Mimusops obtusifolia*	肯尼亚	钝叶子弹木	mugau
2013	*Mimusops petiolaris*	毛里求斯、留尼汪岛	佩蒂子弹木	bois makak；natte petite；white makak
2014	*Mimusops pierreana*	喀麦隆、加蓬	皮耶子弹木	adjop；adza；ahia；aza；bedjabi；bodjabe；djave；moabi；mojabi；mouabi；moyabi；muyavi；muyebi；n'djave；njabi；oerere；usa；usi；wabe
2015	*Mimusops zeyheri*	津巴布韦、南非	泽耶里子弹木	muchechete；muchirinje；mukaurura；mushapahla；mutunzi；transvaal milkwood；transvaal red milkwood；umbumbulu；umpushane
	***Mitragyna*（RUBIACEAE）** **帽柱木属（茜草科）**		**HS CODE** **4403.49**	
2016	*Mitragyna africana*	非洲西部、几内亚、尼日利亚	非洲帽柱木	akpakossa；diou；giyaiya；giyeya；sesseu
2017	*Mitragyna ciliata*	非洲	毛帽柱木	abura；bahia；baya；elolom；maza；mvuku；nzam；nzing；subaha；vuku
2018	*Mitragyna inermis*	塞内加尔、几内亚、非洲西部	异叶帽柱木	diou；dioumo；djou；intyu；shero
2019	*Mitragyna rubrostipulata*	坦桑尼亚、乌干达	托红叶帽柱木	abura；mromberombe；nazingu；nzin；nzingu
2020	*Mitragyna stipulosa*	非洲西部	托叶帽柱木	abura；subaha；suboseme
	***Monodora*（ANNONACEAE）** **假肉豆蔻属（番荔枝科）**		**HS CODE** **4403.99**	
2021	*Monodora brevipes*	利比里亚、尼日利亚	短柄假肉豆蔻木	kray-bu；yellow-flowering nutmeg
2022	*Monodora crispata*	非洲	密花假肉豆蔻木	
2023	*Monodora junodii*	南非	朱诺假肉豆蔻木	ntsivila；umkotshi

序号	学名	主要产地	中文名称	地方名
2024	*Monodora myristica*	加纳、扎伊尔、利比里亚、喀麦隆、科特迪瓦、非洲西部、非洲中部、加蓬、乌干达	木浆果假肉豆蔻木	ayikui; ayirewamba; calabash nutmeg; dzin; efuaba; feup; gboite; hane; kotokorowa; lakoshe; liberia nutmeg; mbong; mombende; mpoussa; nutmeg africain; nutmeg africano; pebe; suren; uyu; yikwi; zing
2025	*Monodora preussii*	非洲	普氏假肉豆蔻木	
2026	*Monodora tenuifolia*	尼日利亚、加蓬、科特迪瓦	细叶假肉豆蔻木	african nutmeg; mouzingu; mpevi; pitimoue
	Monopetalanthus (CAESALPINIACEAE) **单瓣豆属（苏木科）**		**HS CODE 4403.49**	
2027	*Monopetalanthus coriaceus*	赤道几内亚、加蓬	革质单瓣豆	andjung; andoung; andoung de morei; andyung; ekop; ekop-mayo; n'douma
2028	*Monopetalanthus durandii*	赤道几内亚、加蓬、喀麦隆	杜氏单瓣豆	andjung; andoung; andoung de durand; andyung; ekop; ekop-mayo; n'douma; zoele
2029	*Monopetalanthus hedinii*	加蓬	赫氏单瓣豆	andoung
2030	*Monopetalanthus heitzii*	赤道几内亚、加蓬、非洲西部	海氏单瓣豆	adoung; adoung de heitz; andjung; andoung; andoung de heitz; andoung ekop; andyung; angoung; ekop; ekop-mayo; mayo; n'douma; zoele
2031	*Monopetalanthus letestui*	加蓬、赤道几内亚、喀麦隆、刚果	泰勒单瓣豆	andjung; andoung; andoung de letestui; andoung mayo; andyung; ekop; ekop andoung; ekop mayo; ekop-mayo; kikakayi; mangolo; mayo; n'douma; zoele
2032	*Monopetalanthus microphyllus*	刚果、扎伊尔	小叶单瓣豆	koto eba; koto-afou; mbabangu; mpangu; wenseleke
2033	*Monopetalanthus pellegrini*	加蓬、喀麦隆	佩尔单瓣豆	andoungde pellegrin; eko andoung; ekop mayo; mayo
2034	*Monopetalanthus sapinii*	刚果盆地	萨氏单瓣豆	monotes sapinii
	Monotes (DIPTEROCARPACEAE) **非洲香属（龙脑香科）**		**HS CODE 4403.99**	
2035	*Monotes elegans*	南非、津巴布韦	细非洲香	chindarara; mgukuti; muaraara; mubaravashava; munete; munyunya; murasha; mushava; muvara; pink-fruited monotes

序号	学名	主要产地	中文名称	地方名
2036	*Monotes glaber*	津巴布韦、扎伊尔	平滑非洲香	chindarara; inyunya; kimpampa; muaraara; mubaravashava; munete; munyunya; murasha; mushava; muvara; pale-fruited monotes
2037	*Monotes katangensis*	扎伊尔	卡坦非洲香	kimpampa
2038	*Monotes kerstingii*	几内亚、尼日利亚、非洲西部	克氏非洲香	dion konkon; farin rura; gasa kura; kesang; kesau; wasane; wasani
2039	*Monotes sapinii*	扎伊尔	萨氏非洲香	sapinii monotes
	Morinda **(RUBIACEAE)** **鸡眼藤属（茜草科）**		**HS CODE** **4403. 99**	
2040	*Morinda citrifolia*	喀麦隆、加蓬、科特迪瓦、非洲西部、加纳	橘叶鸡眼藤	akian; alongua; atchang; atjeng; bvoule; katyilenga; konkruma; maticki; sangongo
2041	*Morinda geminata*	科特迪瓦、利比里亚	双子鸡眼藤	ouanda; sbay-chu
2042	*Morinda lucida*	加纳、科特迪瓦	亮叶鸡眼藤	ake; atiati; kouaia; sima
	Moringa **(MORINGACEAE)** **辣木属（辣木科）**		**HS CODE** **4403. 99**	
2043	*Moringa drouhardi*	马达加斯加	德鲁辣木	maroserano
2044	*Moringa hildebrandti*	马达加斯加	希尔辣木	maroserano
2045	*Moringa oleifera*	尼日利亚、苏丹	油辣木	bagaruwar makka; benoil; zogalagandi
2046	*Moringa ovalifolia*	南非	卵圆叶辣木	meelsakboom; moringa
	Moronobea **(GUTTIFERAE)** **默罗藤黄属（藤黄科）**		**HS CODE** **4403. 49**	
2047	*Moronobea coccinea*	喀麦隆、加蓬	朱红默罗藤黄	ossol
	Morus **(MORACEAE)** **桑属（桑科）**		**HS CODE** **4403. 49**	
2048	*Morus alba*	摩洛哥、留尼汪岛	桑树	murier; murier blanc
2049	*Morus lactea*	莫桑比克、乌干达	乳白桑	difou; east african mulberry; mecodze
2050	*Morus mesozygia*	科特迪瓦、加蓬、加纳、莫桑比克、尼日利亚、非洲中部、乌干达、扎伊尔、非洲东部、刚果、坦桑尼亚、安哥拉、埃塞俄比亚、利比里亚、塞内加尔、南非	黑桑	adsoumapou; apia; cecerui; difou; dwini; east african mulberry; kambala jaune; kesse; kivukevule; lifokpe; manuku; mecobze; muambalolo; mukimbu; ndongosan; nyakatoma; odakum; sacio; sanda; shanto; turoro; umduli; wonton

序号	学名	主要产地	中文名称	地方名
	Mundulea (**FABACEAE**) **软木豆属（蝶形花科）**		**HS CODE** **4403.99**	
2051	*Mundulea chapelieri*	非洲	秃花软木豆	
2052	*Mundulea laxiflora*	非洲	疏花软木豆	
2053	*Mundulea sericea*	津巴布韦、南非	绢毛软木豆	cowbush; inkiza emaqaqa; lifuhu; mundulea; mupumhamhene; murondanez ezuru; rhodesia silverleaf; silverbush; skunkbush; umpandula; umsindandlovu
	Murraya (**RUTACEAE**) **九里香属（芸香科）**		**HS CODE** **4403.99**	
2054	*Murraya paniculata*	留尼汪岛	锥花九里香	bois buis; bois de chine; bois jasmin; buis de inde
	Musanga (**URTICACEAE**) **原伞树属（荨麻科）**		**HS CODE** **4403.99**	
2055	*Musanga cecropioides*	喀麦隆、科特迪瓦、刚果、加纳、赤道几内亚、加蓬、非洲西部、利比里亚、非洲中部、扎伊尔、几内亚、尼日利亚	科洛原伞树	abome; african corkwood; bosengue; corkwood; diseng; djuna; doe; dwuma; egbesu; egeun; guima; ikomba; juma; kilimbela; lisengi; moussinga; nsingha; odwuma; odzuma; ogyamba; parasolier; schirmbaum; uno; west african corkwood
2056	*Musanga leo-errerae*	非洲	利奥原伞树	
2057	*Musanga smithii*	非洲	史氏原伞树	
	Mussaenda (**RUBIACEAE**) **玉叶金花属（茜草科）**		**HS CODE** **4403.99**	
2058	*Mussaenda afzelii*	利比里亚、非洲西部	细叶玉叶金花	jee-ieray-fiay; kaowui
	Myrianthus (**URTICACEAE**) **巨葚树属（荨麻科）**		**HS CODE** **4403.99**	
2059	*Myrianthus arboreus*	科特迪瓦、非洲中部、加蓬、喀麦隆、刚果、肯尼亚、扎伊尔、尼日利亚、加纳	乔木巨葚树	agniere; agnon; atolaie; bouba; buba; egakom; engakom; engokom; gakil; grand wounian; mboba; moubouba; mutuya; mwamba; ndgokom; niankuma; oguon; okomokoma
2060	*Myrianthus holstii*	津巴布韦、扎伊尔	霍氏巨葚树	denya; guvu; muteswa; mwamba
2061	*Myrianthus libericus*	利比里亚、科特迪瓦	利亚巨葚树	fofoi; vahn-nohn; vahn-vehn; wounian

序号	学名	主要产地	中文名称	地方名
2062	*Myrianthus serratus*	科特迪瓦、利比里亚、塞拉利昂、刚果	锯巨葚树	diancongue; fofoi; gode; mbuda; nianga; niangamagni; vahn-vehn; wounian des rivieres; wouniana feuilles entiere
	Myrica (**MYRICACEAE**) **杨梅属（杨梅科）**		**HS CODE** **4403. 99**	
2063	*Myrica faya*	加那利群岛	法亚杨梅	faya
2064	*Myrica integra*	南非	整叶杨梅	waxberry
2065	*Myrica kandtiana*	乌干达	康德杨梅	nkikimbo
2066	*Myrica pilulifera*	津巴布韦、南非	团花杨梅	broad-leaved waxberry; nyamvura; wasbes; waxberry; waxberry-tree
2067	*Myrica salicifolia*	非洲东部	柳叶杨梅	mshegeshe; nawi
2068	*Myrica serrata*	南非	齿叶杨梅	gammabos; glasswood; ilethi; maloleha; monnamotho; murandela; wasbessie; waxberry
	Myrsine (**MYRSINACEAE**) **铁仔属（紫金牛科）**		**HS CODE** **4403. 99**	
2069	*Myrsine africana*	非洲东部、非洲西部	非洲铁仔	m'gaiyita; marmolan
2070	*Myrsine canariensis*	加那利群岛	加那利铁仔	marmolan; marmolano; mermalon
	Myrtus (**MYRTACEAE**) **香桃木属（桃金娘科）**		**HS CODE** **4403. 99**	
2071	*Myrtus nivelli*	非洲北部	尼韦香桃木	myrte
2072	*Myrtus obcordata*	非洲	倒心香桃木	
2073	*Myrtus tenuifolia*	非洲	细叶香桃木	
	Napoleonaea (**LECYTHIDACEAE**) **围裙花属（玉蕊科）**		**HS CODE** **4403. 99**	
2074	*Napoleonaea vogelii*	扎伊尔、科特迪瓦、利比里亚	佛氏围裙花	eele; eelm; gaigai; wedi wadoon; wedi-quah-dro; wedi-wa-doon
	Nauclea (**RUBIACEAE**) **黄胆属（茜草科）**		**HS CODE** **4403. 49**	
2075	*Nauclea badi*	非洲中部	巴迪黄胆木	badi; kusia; opepe
2076	*Nauclea* (=*Sarcocephalus*) *diderrichii*	喀麦隆、科特迪瓦、加蓬、南非、非洲中部、几内亚、扎伊尔、刚果、加纳、塞拉利昂、利比里亚、尼日利亚、安哥拉、乌干达	狄氏黄胆木	abonko; aloma; andinding; boke; bonkankangu; bonkese; busuma; dibegri; doeyah; ebengiku; kussiaba; linzi; moukonia mamundi; nguebe; obiache; odosi; okiakhe; tebotue; ubulu; wangwata; yellow-wood; zerongo

序号	学名	主要产地	中文名称	地方名
2077	*Nauclea gilletii*	喀麦隆、加蓬、非洲西部、科特迪瓦、刚果、塞拉利昂、利比里亚、乌干达、加纳	吉莉乌檀	akondoc; akondok; andingding kusia; bedo; bonkango; brimstone; bundui; eke; ekusamba; gluu; issula; kilingi; konkangu; kussia; mokese; mukonia; opepe; tebotue; zeronga
2078	*Nauclea pobeguinii*	喀麦隆、马达加斯加、科特迪瓦、几内亚、刚果、加蓬	波氏乌檀	akondoc; badi; coula; doundore; ekcng; ekusamba; ko badi; kobadi; mukonia mamoundi; n'hulu; n'toma; ndebere; radi; sibo; zerongo
2079	*Nauclea trillesii*	非洲	鹊尔乌檀	
2080	*Nauclea vanderguchtii*	喀麦隆	范氏乌檀	andidin
2081	*Nauclea* (=*Sarcocephalus*) *xanthoxylon*	科特迪瓦	黄乌檀	badi d'eau; badi des marais
	Necepsia (**EUPHORBIACEAE**) **尖药桐属（大戟科）**		**HS CODE** **4403. 99**	
2082	*Necepsia afzelii*	科特迪瓦、利比里亚	细叶尖药桐	meshirie; zah
	Neoboutonia (**EUPHORBIACEAE**) **新野桐属（大戟科）**		**HS CODE** **4403. 99**	
2083	*Neoboutonia glabrescens*	利比里亚	光滑新野桐	bo-ah; boah
2084	*Neoboutonia macrocalyx*	肯尼亚、莫桑比克、乌干达	大萼新野桐	m'tundu; mozambique mahogany; mutundu; mutuntuki; mwaganza
	Neodypsis (**PALMAE**) **三角椰属（棕榈科）**		**HS CODE** **4403. 99**	
2085	*Neodypsis gracilis*	马达加斯加	细三角椰	fitsiriky
	Neonauclea (**RUBIACEAE**) **新黄胆属（茜草科）**		**HS CODE** **4403. 99**	
2086	*Neonauclea foveolata*	马达加斯加	金叶新黄胆木	molompangady
	Neostenanthera (**ANNONACEAE**) **窄药花属（番荔枝科）**		**HS CODE** **4403. 99**	
2087	*Neostenanthera gabonensis*	利比里亚	加蓬窄药花	blahn
2088	*Neostenanthera yalensis*	利比里亚	雅利窄药花	je-ah-chu
	Nerium (**APOCYNACEAE**) **夹竹桃属（夹竹桃科）**		**HS CODE** **4403. 99**	
2089	*Nerium oleander*	非洲北部	夹竹桃	defla; elel; laurier rose

序号	学名	主要产地	中文名称	地方名
	Nesogordonia **(STERCULIACEAE)** **尼索桐属（梧桐科）**		**HS CODE** **4403. 49**	
2090	*Nesogordonia crassipes*	马达加斯加	粗梗尼索桐	hafotra akora
2091	*Nesogordonia decandra*	马达加斯加	十雄蕊尼索桐	fanondambo
2092	*Nesogordonia fouassieri*	加蓬、安哥拉、刚果、乌干达、扎伊尔	尼索桐	aborbora; kissinhungo; kondo-findo; kotibe; mut sanya
2093	*Nesogordonia kabingaensis*	刚果	卡宾尼索桐	kouomzie
2094	*Nesogordonia normandi*	非洲中部	诺曼尼索桐	fanondambo
2095	*Nesogordonia papaverifera*	加蓬、科特迪瓦、加纳、非洲西部、尼日利亚、利比里亚、非洲中部、安哥拉、扎伊尔、刚果、喀麦隆	罂粟尼索桐	aborbora; abumana; akuamma; akumadua; akumba; bakabakue; bello; danta; kissinhungo; kotibe; kuapa; moussoke; mutsanya; naouya; olborbora; orborbora; ovoui; papa; redwood; senhungo; sinani; tsanya
2096	*Nesogordonia parvifolia*	非洲西部	小叶尼索桐	meheru; mrunza; muheru
2097	*Nesogordonia stylosa*	马达加斯加	长柱尼索桐	hazomena vavy
2098	*Nesogordonia thouarsii*	马达加斯加	亚西尼索桐	fanondambo
	Newbouldia **(BIGNONIACEAE)** **圣篱木属（紫葳科）**		**HS CODE** **4403. 99**	
2099	*Newbouldia laevis*	加纳、科特迪瓦、喀麦隆、尼日利亚	平滑圣篱木	asisimansa; aturonsu; avia; balie; lifui; mbikam; ogrisi; oji karisi; okurimai; sasanemasa; susamasa
	Newtonia **(MIMOSACEAE)** **纽敦豆属（含羞草科）**		**HS CODE** **4403. 49**	
2100	*Newtonia aubrevillei*	科特迪瓦	奥布纽敦豆	atembre
2101	*Newtonia* (= *Piptadenia*) *buchananii*	非洲东部、南非、非洲中部、乌干达、津巴布韦、莫桑比克、刚果、肯尼亚	布氏纽敦豆	acacia; chikwani; east african newtonia; forest newtonia; kweranyani; lokundu; mafamuti; mkufi; mkwerenyani; mnyassa; muchenche; mujerairo; mukunga; newtonia; niassa; nkweranyani; umukerekwa
2102	*Newtonia duparquetiana*	加蓬、科特迪瓦	杜帕纽敦豆	elondo; ketou; ntioubou

序号	学名	主要产地	中文名称	地方名
2103	*Newtonia glandulifera*	刚果、安哥拉	腺状纽敦豆	dabema; dahoma; dikuru; kassa-kassa; mboza; mukali; ncali
2104	*Newtonia griffoniana*	加蓬	金银花纽敦豆	musinga; nchiumba
2105	*Newtonia hildebrandtii*	非洲东部、南非	希尔纽敦豆	mkame; udongoloka madilika; umfomothi; umfomoti
2106	*Newtonia leucocarpa*	加蓬、非洲中部、扎伊尔	白果纽敦豆	eseng; ossimiale; ozisale; singa; tsoumbou
2107	*Newtonia paucijuga*	坦桑尼亚、非洲西部	纽敦豆	mdadalika; miovu; mkunguni
2108	*Newtonia suaveolens*	非洲	香甜纽敦豆	
	Nuxia **(STILBACEAE)** **瑞仙木属（耀仙木科）**		**HS CODE** **4403.99**	
2109	*Nuxia congesta*	津巴布韦、南非	密花瑞仙木	bogwood; brittlewood; musimbati; wit salie
2110	*Nuxia coriacea*	马达加斯加	革叶瑞仙木	lambinana
2111	*Nuxia floribunda*	津巴布韦、南非	众花瑞仙木	forest nuxia; kite-tree; vlier; vlies; white elder; wild elder
2112	*Nuxia glomerulata*	南非	球状瑞仙木	rock nuxia
2113	*Nuxia oppositifolia*	津巴布韦	对叶瑞仙木	bushveld nuxia; ilotshane; river nuxia; rutsanzuti
2114	*Nuxia siebenlisti*	非洲	利斯瑞仙木	mvutiruanda
2115	*Nuxia spaerocephala*	毛里求斯	黑穗瑞仙木	valanirana
2116	*Nuxia verticillata*	毛里求斯、留尼汪岛	轮叶瑞仙木	bois maigre; maigre; malbrouc
	Ochna **(OCHNACEAE)** **金莲木属（金莲木科）**		**HS CODE** **4403.99**	
2117	*Ochna afzelii*	非洲西部	细叶金莲木	fanam; tanam
2118	*Ochna arborea*	津巴布韦、南非	树状金莲木	african boxwood; boxwood; cape plane; redwood; roodhout
2119	*Ochna atropurpurea*	南非	暗紫金莲木	ilitye; rooihout
2120	*Ochna calodendron*	刚果	卡洛金莲木	mbann noir
2121	*Ochna gambleoides*	津巴布韦	甘博金莲木	large-leaved ochna
2122	*Ochna holstii*	津巴布韦	何氏金莲木	cape plane; common forest ochna; m'muaga; mtakula; real red pear; regterrooi peer; rooihout; takula; tonso
2123	*Ochna mauritiana*	毛里求斯	毛里求斯金莲木	bois de jasmin; bois mamzelle

序号	学名	主要产地	中文名称	地方名
2124	*Ochna natalitia*	南非	多子金莲木	coast boxwood；umbovu
2125	*Ochna oconnorii*	南非	奥氏金莲木	morelle；transvaal boxwood
2126	*Ochna ovata*	非洲	卵圆金莲木	cape plane；tonso
2127	*Ochna puberula*	津巴布韦	毛叶金莲木	granite ochna
2128	*Ochna pulchra*	津巴布韦、南非	美丽金莲木	lekkerbreek；morsaf；mulundu；muminu；munzeramanga；muswe；muvezeramhanga；peeling-bark ochna；pypsteel
2129	*Ochna schweinfurthiana*	津巴布韦	野稻金莲木	brick-red ochna；muhara；muminu；muparamhosva；murambabare；muvezeramhnga；umdlonza
2130	*Ochna stuhlmannii*	非洲东部	斯图金莲木	m'ngarima
	***Ochrocarpus*（GUTTIFERAE）** **格脉树属（藤黄科）**		**HS CODE** **4403. 99**	
2131	*Ochrocarpus orthocladus*	马达加斯加	长石格脉树	laka fotsy
2132	*Ochrocarpus taratananae*	马达加斯加	塔纳格脉树	laka mena
	***Ochroma*（BOMBACACEAE）** **轻木属（木棉科）**		**HS CODE** **4403. 49**	
2133	*Ochroma lagopus*	非洲	拉格普斯轻木	balsa；corcho；enea；gatillo；lana；palo de balsa；pung；tami
	***Ochrosia*（APOCYNACEAE）** **玫瑰树属（夹竹桃科）**		**HS CODE** **4403. 99**	
2134	*Ochrosia borbonica*	留尼汪岛	玫瑰树	bois jaune
	***Ochthocosmus*（IXONANTHACEAE）** **莽柴木属（粘木科）**		**HS CODE** **4403. 99**	
2135	*Ochthocosmus calothyrsus*	喀麦隆	卡鲁莽柴木	moka
2136	*Ochthocosmus congolensis*	刚果	刚果莽柴木	ekoung
2137	*Ochthocosmus longipedicellatus*	非洲	长柄莽柴木	
2138	*Ochthocosmus senensis*	非洲	白莽柴木	
2139	*Ochthocosmus sessiliflorus*	刚果	无柄莽柴木	mokila

序号	学名	主要产地	中文名称	地方名
	***Ocotea*（LAURACEAE） 绿心樟属（樟科）**		**HS CODE 4403. 49**	
2140	*Ocotea bullata*	南非	水泡绿心樟	african acorn；black stinkwood；cape laurel；cape olive；laurel；noce del capo；ocotea africana；stinkhout；stinktra；stinkwood；svart stinktra；swartstink hout；umhlungulu；umnukane；zwart stinkhout
2141	*Ocotea comoriensis*	科摩罗群岛、非洲东部	柯氏绿心樟	camphre noir；camphre ordinaire；east african black camphorwood；mcamphora
2142	*Ocotea cupularis*	毛里求斯、留尼汪岛	杯状绿心樟	bleu；canellier marron；canellier sauvage
2143	*Ocotea cymosa*	马达加斯加	小果绿心樟	black barongy；varongy；varongy mainty；varongy noir
2144	*Ocotea faucherei*	马达加斯加	弗尔绿心樟	varongy；varongy fotsy
2145	*Ocotea kenyensis*	卢旺达、南非	肯尼亚绿心樟	ingomwa；motshekga；muzura；stinkhout；transvaal stinkwood
2146	*Ocotea macrocarpa*	马达加斯加	大果绿心樟	varongy；varongy noir
2147	*Ocotea madagascariensis*	马达加斯加	马达加斯加绿心樟	
2148	*Ocotea nervosa*	马达加斯加	多脉绿心樟	varongy
2149	*Ocotea obtusata*	留尼汪岛	钝绿心樟	bois de cannelle；cannelle marron；cannelle sauvage
2150	*Ocotea phoetens*	加那利群岛	紫红绿心樟	canarias til；til
2151	*Ocotea platydisca*	马达加斯加	普氏绿心樟	varongy；varongy fotsy
2152	*Ocotea racemosa*	马达加斯加	聚果绿心樟	varongy；varongy jaune；varongy mana；varongy-mana；yellow varongy
2153	*Ocotea tapak*	马达加斯加	树皮绿心樟	varongy noir
2154	*Ocotea thouvenotii*	马达加斯加	胡氏绿心樟	black varongy；vargony；varongy；varongy noir
2155	*Ocotea trichophlebia*	马达加斯加	毛脉绿心樟	black varongy；svart varongy；varongy；varongy jaune；varongy negro；varongy nero；varongy noir；yellow varongy；zwarte varongy

序号	学名	主要产地	中文名称	地方名
2156	*Ocotea usambarensis*	非洲东部、肯尼亚、坦桑尼亚、非洲中部、刚果、扎伊尔	东非绿心樟	african camphorwood；camphor；east african camphor；ibean camphor；kikenzi；legno canfora africano；maasi；mkulo；mtoa mada；munganga；musuruti；mutunguru；muwong；muzaiti；ocotea
2157	*Ocotea viridis*	肯尼亚	翠绿绿心樟	muzura
	Octoknema (OCTOKNEMACEAE) 近缘八铁青属（蚊母檀科）		**HS CODE 4403. 99**	
2158	*Octoknema affinis*	科特迪瓦	近缘八铁青	m'guanfua
2159	*Octoknema borealis*	利比里亚、科特迪瓦	北方近缘八铁青	doe pu；doe-pu；gbagba；vahn-te-ohn
	Odyendea (SIMAROUBACEAE) 奥迪苦木属（苦木科）		**HS CODE 4403. 99**	
2160	*Odyendea gabonensis*	加蓬、喀麦隆、非洲中部、利比里亚	加蓬奥迪苦木	benzeng；bondjengi；dibindi；disengo；dondagueenngo；esson；gboundou；kohope；lebvola；moussiguiri；musigiri；noka；odieneje；odyendie；onzeng；onzon；osendje；ozendje；zauh
2161	*Odyendea zimmermannii*	非洲	齐氏苦木	bankhu；mbanko；shamba
	Olax (OLACACEAE) 铁青木属（铁青树科）		**HS CODE 4403. 99**	
2162	*Olax dissitiflora*	津巴布韦	分花铁青木	chikwakwani；kamasa；mapunzana；mutandahva；small-fruited olax
2163	*Olax glabriflora*	马达加斯加	光花铁青木	maitso ririnina；maitsohehy；maitsoriri nina
2164	*Olax lanceolata*	马达加斯加	剑叶铁青木	ambihotsa
2165	*Olax mannii*	利比里亚	曼氏铁青木	play-je-nee
2166	*Olax pseudoleia*	马达加斯加	假足铁青木	maitsoriri nina
2167	*Olax psittacorum*	留尼汪岛	红铁青木	bois d'effort
2168	*Olax subscorpioidea*	科特迪瓦	矮铁青木	acagnibaka；akagnibaka
2169	*Olax wightiana*	毛里求斯、留尼汪岛	铁青木	ecorce blanc；perroqueta petites feuill

序号	学名	主要产地	中文名称	地方名
	Oldfieldia （**EUPHORBIACEAE**） **奥德大戟属（大戟科）**		**HS CODE** **4403. 49**	
2170	*Oldfieldia africana*	利比里亚、科特迪瓦、刚果、非洲中部	热非奥德大戟木	african oak；angouaran；angouran；esson；esson angouaran；esui；etui；fou；fu；kouezing；lib-kpaolai；pau-lai；paulai；paulati；saye；turtosa；vesambata
2171	*Oldfieldia orientalis*	坦桑尼亚	东方奥德大戟木	mtaboa
2172	*Oldfieldia somalensis*	肯尼亚	索马里奥德大戟木	barabara
	Olea （**OLEACEAE**） **木犀榄属（木犀科）**		**HS CODE** **4403. 49**	
2173	*Olea africana*	坦桑尼亚、肯尼亚、乌干达、南非	南非油橄榄	mrown olive；wild olive
2174	*Olea capensis*	非洲中部、南非、津巴布韦、肯尼亚	月桂叶木犀榄	abura；bahia；bastard black ironwood；baster swartyster hout；black ironwood；elelon；iggwanxe；ijzerhout；ironwood；ironwood olive；msharagi；olivenhout；south african ironwood；umsinjane；ysterhout
2175	*Olea cernua*	留尼汪岛	垂花木犀榄	bois de senteur galet
2176	*Olea europaea*	阿尔及利亚、留尼汪岛、南非、埃塞俄比亚	油橄榄	aceituno；azemmour；brown olive；eghersa；oleastro sudafricano；olijf；olijfboom；olivastro；olivetree；olivewood；olivier sauvage；olivtrad；vildolivtrad；wild olive；wilde olijfboom
2177	*Olea exasperata*	南非	粗糙木犀榄	glashoutolien；slanghout
2178	*Olea hochstetteri*	肯尼亚、坦桑尼亚、津巴布韦	东非木犀榄	east african olive；musheragi
2179	*Olea lancea*	留尼汪岛、毛里求斯	肉果木犀榄	bois de olive blanc；bois d'olive；bois d'olive blanc；seychelles olivewood
2180	*Olea laperrini*	非洲北部	佩里木犀榄	aleo
2181	*Olea latifolia*	南非	阔叶木犀榄	black ironwood
2182	*Olea*（= *Steganthus*）*welwitschii*	埃塞俄比亚、非洲东部、坦桑尼亚、肯尼亚	韦氏木犀榄	bara；black ironwood；east african olive；elgon；elgon olive；elgon-olive；loliondo；mutukuyu；olivewood

序号	学名	主要产地	中文名称	地方名
2183	*Olea woodiana*	南非	阔木犀榄	bosolienhout；forest olive
	Olinia (**OLINIACEAE**) **硬梨木属（方枝树科）**		**HS CODE** **4403.99**	
2184	*Olinia cymosa*	南非	小果硬梨木	hard pear；hardpeer；olinia；ongenalahle；rooibessie boom
2185	*Olinia emarginata*	南非	顶凹硬梨木	rooibessie；transvaal hard pear；uqudu
2186	*Olinia radiata*	南非	辐射硬梨木	natal hard pear；pondoland hard pear
2187	*Olinia usambarensis*	南非	乌桑巴硬梨木	mvambe；olinia；sando-tree
2188	*Olinia vanguerioides*	津巴布韦	格丽硬梨木	rhodesian olinia
	Omphalea (**EUPHORBIACEAE**) **脐戟属（大戟科）**		**HS CODE** **4403.99**	
2189	*Omphalea biglandulosa*	马达加斯加	大腺脐戟	hafotra fotsy
	Oncoba (**FLACOURTIACEAE**) **鼻烟盒树属（大风子科）**		**HS CODE** **4403.99**	
2190	*Oncoba spinosa*	南非、非洲西部	多刺鼻烟盒树	ishungu elikhulu；kafferklap per；kpoe；krutu；snuffbox-tree
	Oncostemum (**MYRSINACEAE**) **环蕊金牛属（紫金牛科）**		**HS CODE** **4403.99**	
2191	*Oncostemum botryoides*	马达加斯加	串果环蕊金牛	hazontoho
2192	*Oncostemum leprosum*	马达加斯加	红斑环蕊金牛	hazontoho
2193	*Oncostemum lucens*	马达加斯加	光亮环蕊金牛	hazontoho
2194	*Oncostemum pendulum*	科摩罗群岛	垂花环蕊金牛	bankouze；mdevou
	Ongokea (**OLACACEAE**) **西非铁青属（铁青树科）**		**HS CODE** **4403.49**	
2195	*Ongokea gore*	加蓬、喀麦隆、刚果、安哥拉、科特迪瓦、扎伊尔、非洲西部、利比里亚、赤道几内亚	西非铁青木	abingue；angeuk；angueux；anjek；anzeuk；baoelebako；bongeke；bwelebako；dingeko；isanu；kosin；kouero；kuoto；kuwi；lonbongo；mongege；moungueke；mungeka；musanu；nsanu；okeka；ongei；ongeke；ozove；sanou
	Ormocarpum (**FABACEAE**) **链荚木属（蝶形花科）**		**HS CODE** **4403.99**	
2196	*Ormocarpum bibracteatum*	尼日利亚	包片链荚木	faskara giwa；tsa

序号	学名	主要产地	中文名称	地方名
2197	*Ormocarpum kirkii*	津巴布韦	柯尔链荚木	kapurupuru；kasankanak utcha；mukomanzou；munyadza；mupotanzou；muputaderere；mutsikanzou；small caterpillar-pod
2198	*Ormocarpum trichocarpum*	南非	毛果链荚木	isithibane；umsindandl ovana
	***Ormosia*（FABACEAE）** **红豆属（蝶形花科）**		**HS CODE** **4403. 99**	
2199	*Ormosia brasseuriana*	扎伊尔	布拉红豆	mubanga
2200	*Ormosia laxiflora*	非洲西部、苏丹	落花红豆	kekpili；kodelea；kolo-kolo；obri
	***Osyris*（SANTALACEAE）** **沙针属（檀香科）**		**HS CODE** **4403. 99**	
2201	*Osyris compressa*	非洲	矮沙针	east african sandalwood；mukumita；watta
2202	*Osyris lanceolata*	布隆迪、埃塞俄比亚、肯尼亚、卢旺达、乌干达和坦桑尼亚联合共和国种群	非洲沙针②	
2203	*Osyris lanceolata*	南非	非洲沙针	basbessie；bergbas；looibos；transvaal sumach
2204	*Osyris tenuifolia*	非洲东部、坦桑尼亚	细叶沙针	african sandalwood；east african sandalwood；mzulu；ostafrikan isches sabdelholz；ostafrikan ishe sandelholz
	***Oubanguia*（LECYTHIDACEAE）** **韦瓣花属（玉蕊科）**		**HS CODE** **4403. 99**	
2205	*Oubanguia africana*	加蓬	非洲韦瓣花	mboro；mbourou；mbourwe
2206	*Oubanguia laurifolia*	非洲中部	月桂叶韦瓣花	menyminsi
	***Ouratea*（OCHNACEAE）** **番金莲木属（金莲木科）**		**HS CODE** **4403. 99**	
2207	*Ouratea anceps*	马达加斯加	剑形番金莲木	menahy
2208	*Ouratea calophylla*	喀麦隆	海棠叶番金莲木	ampang；mfass
2209	*Ouratea hiernii*	非洲	希氏番金莲木	cape plane
2210	*Ouratea reticulata*	科特迪瓦	网纹番金莲木	findia
2211	*Ouratea schoenleiniama*	科特迪瓦	舍恩番金莲木	mebeti
2212	*Ouratea vionei*	喀麦隆	维奥番金莲木	dolley

序号	学名	主要产地	中文名称	地方名
	Oxyanthus（RUBIACEAE） 氧鹦属（茜草科）		**HS CODE** **4403.99**	
2213	*Oxyanthus gerrardii*	南非	老花氧鹦	broad-leaved oxyanthus；whipstick-tree；wild loquat
2214	*Oxyanthus pyriformis*	南非	梨形氧鹦	isibinda esingakhali-amasi；natal oxyanthus
2215	*Oxyanthus speciosus*	科特迪瓦、刚果、津巴布韦	美丽氧鹦	cafe la brousse；dialamassi mo；faux cafeier；msala；whipstick-tree
2216	*Oxyanthus unilocularis*	扎伊尔	单眼氧鹦	lomba
	Oxystigma（CAESALPINIACEAE） 尖柱苏木属（苏木科）		**HS CODE** **4403.49**	
2217	*Oxystigma buchholzii*	加蓬	布氏尖柱苏木	mbao
2218	*Oxystigma mannii*	喀麦隆、利比里亚、扎伊尔、非洲西部	曼氏尖柱苏木	bidou；bidu；bohipi；bosipi；bosipi ba lamba；bossipi；bussipi；copal；elongo；koba；nkop；ntufiak；tchitola
2219	*Oxystigma msoo*	非洲东部	莫索尖柱苏木	msoho；msoo
2220	*Oxystigma*（=*Pterygopodium*）*oxyphyllum*	安哥拉、扎伊尔、尼日利亚、加蓬、刚果	尖柱苏木	akwakwa；copal；emola；kitola；lolagbola；lolagbolo；maranda；mbao；nigerian cedar；red tola；rotes tola；tchitola；tola chimfuta；tola chinfu；tola mafuta；tola manfutu；tschibudimbu；tuba
	Ozoroa（ANACARDIACEAE） 曜果漆属（漆树科）		**HS CODE** **4403.99**	
2221	*Ozoroa concolor*	南非	单色曜果漆	richtersveld ozoroa
2222	*Ozoroa crassinervia*	南非	厚脉曜果漆	thick-veined ozoroa
2223	*Ozoroa dispar*	南非	异形曜果漆	namaqualand ozoroa
2224	*Ozoroa engleri*	南非	棕曜果漆	makatini ozoroa
2225	*Ozoroa insignis*	非洲	显著曜果漆	sansai
2226	*Ozoroa longipetiolata*	南非	长叶曜果漆	great dyke raisinberry
2227	*Ozoroa mucronata*	南非	尖头曜果漆	cape ozoroa
2228	*Ozoroa obovata*	南非	倒卵叶曜果漆	harpuisboom；resin-tree
2229	*Ozoroa paniculosa*	南非	圆锥曜果漆	bushman ozoroa；isifico senhlanze
2230	*Ozoroa pulcherrima*	非洲东部	粉蕊曜果漆	mlago
2231	*Ozoroa reticulata*	南非	网状曜果漆	isifico；shinungu
2232	*Ozoroa sphaerocarpa*	南非	球果曜果漆	round-fruit ozoroa

序号	学名	主要产地	中文名称	地方名
	Pachyelasma **（CAESALPINIACEAE）** **厚腔苏木属（苏木科）**		**HS CODE** **4403. 49**	
2233	*Pachyelasma tessmannii*	刚果、扎伊尔、喀麦隆、非洲中部、加蓬	厚腔苏木	bilou；boliko；ediouk；eyec；gabela；mekogho；mzork；ndiai
	Pachylobus **（BURSERACEAE）** **梨榄属（橄榄科）**		**HS CODE** **4403. 49**	
2234	*Pachylobus buettneri*	加蓬	布埃梨榄	
2235	*Pachylobus ebo*	加蓬	埃博梨榄	ebo；ebomali
2236	*Pachylobus fraxinifolius*	加蓬	柃叶梨榄	gangala；mouganga；nganga
2237	*Pachylobus pubescens*	扎伊尔、安哥拉	短柔毛梨榄	kapatupatu；mubaya；nkala；safocala；safoukala；safukala
	Pachypodanthium **（ANNONACEAE）** **粗柄花木属（番荔枝科）**		**HS CODE** **4403. 99**	
2238	*Pachypodanthium confine*	加蓬、喀麦隆、赤道几内亚、科特迪瓦	界限粗柄花木	aniouketi；atome；bohingo；ekango；moulombo；n'tom；ntom；ntouma；okianga
2239	*Pachypodanthium staudtii*	加纳、科特迪瓦、利比里亚	施氏粗柄花木	anioketi；aniokouety；anionketi；aniouketi；ashanti pay-yadi-asa；emiengre；miedzo；niango；ntom；okianga；zree-chu
	Pachystela **（SAPOTACEAE）** **粗柱山榄属（山榄科）**		**HS CODE** **4403. 99**	
2240	*Pachystela cinerea*	科特迪瓦、加蓬	灰质粗柱山榄	aborobie；kaka；kernegue；mbimo；mfantu
2241	*Pachystela subverticillata*	肯尼亚	轮生粗柱山榄木	mchambi
	Pachytrophe **（MORACEAE）** **楹铁木属（桑科）**		**HS CODE** **4403. 99**	
2242	*Pachytrophe dimepate*	马达加斯加	迪佩楹铁木	dipaty
	Palaquium **（SAPOTACEAE）** **胶木属（山榄科）**		**HS CODE** **4403. 49**	
2243	*Palaquium vitilevuense*	几内亚	黄胶木	kousse
	Pancovia **（SAPINDACEAE）** **假木患属（无患子科）**		**HS CODE** **4403. 99**	
2244	*Pancovia floribunda*	刚果	众花假木患	kila kumbi；kilakoumbi
2245	*Pancovia golungensis*	南非	戈隆假木患	pancovia；umuthionzi ma

序号	学名	主要产地	中文名称	地方名
2246	*Pancovia harmsiana*	非洲	哈夏假木患	
2247	*Pancovia laurentii*	非洲中部、扎伊尔	劳氏假木患	bezelago；botende
	Panda （**PANDACEAE**） **油树属（油树科）**		**HS CODE** **4403. 99**	
2248	*Panda oleosa*	喀麦隆、刚果、加蓬、科特迪瓦、加纳	油木	abfan；aoukoua；apurokuma；boasa；bokol；bovanda；ewawa；krakun；mubaka；muguba；muvamba；nkuba；ouando；ovanda；panda；tana；upando；uvando
	Pappea （**SAPINDACEAE**） **谋木患属（无患子科）**		**HS CODE** **4403. 99**	
2249	*Pappea capensis*	津巴布韦、南非	好望角谋木患	bushveld cherry；chitununu；indaba-tree；judgement-tree；mfunuguru；munguchuru；muodzo；uzagogwane；wild plum
	Paraberlinia （**CAESALPINIACEAE**） **赛鞋木豆属（苏木科）**		**HS CODE** **4403. 49**	
2250	*Paraberlinia bifoliolata*	喀麦隆、加蓬	赛鞋木豆	awoura；beli；ekop beli；ekop-beli；zebrali；zebreli
	Paramacrolobium （**CAESALPINIACEAE**） **赛大裂豆属（苏木科）**			**HS CODE** **4403. 99**
2251	*Paramacrolobium coeruleum*	扎伊尔、喀麦隆、刚果、肯尼亚、加蓬	赛大裂豆木	bamanga；bomanga；bombanga；bonghei；bongheli；evene；icke；manga；mbanga；mkua；mukua；yegna
	Parinari （**CHRYSOBALANACEAE**） **姜饼木属（金橡实科）**		**HS CODE** **4403. 49**	
2252	*Parinari bequaerti*	赞比亚	贝氏姜饼木	mukuwe；mutokelebwe
2253	*Parinari chrysophylla*	科特迪瓦	金叶姜饼木	kioro
2254	*Parinari congensis*	非洲西部、科特迪瓦	康均姜饼木	pekire；sougoue；sougoue des rivieres；sougue
2255	*Parinari curatellifolia*	非洲中部、马达加斯加、津巴布韦、南非、非洲西部、非洲东部、莫桑比克、赞比亚、扎伊尔、安哥拉、尼日利亚、科特迪瓦	安吉利姜饼木	abo-idofun；amba；angili；corktree；grijsappel；grysappel；kokou；mbula；mobola plum；molemole；muala；mubuni；muchakata；muhacho；muisha；mupundu；noch；potepote；sand apple；toutou；umkhuna；yafo

序号	学名	主要产地	中文名称	地方名
2256	*Parinari excelsa*	几内亚、加纳、喀麦隆、科特迪瓦、尼日利亚、非洲中部、刚果、利比里亚、几内亚比绍、非洲西部、乌干达、加蓬、安哥拉	大姜饼木	afam; aramon; assain; bobombi; bonzole; catesima; cotesima; dawe; distschia; kotossouma; koura; kwanedua; manpataz; mubara; mulanga; mwasa; ndjano; ofam; oheke; panda; pemba; pembe; simua
2257	*Parinari glabra*	非洲	光滑姜饼木	sougue
2258	*Parinari goetzeniana*	南非	戈茨姜饼木	nganga
2259	*Parinari hypochrysea*	喀麦隆	菊苣姜饼木	akoungele; assila; dombali; minkoka
2260	*Parinari kerstingii*	科特迪瓦	克氏姜饼木	aramon
2261	*Parinari macrophylla*	尼日利亚	大叶姜饼木	gawasa; gingerbread plum
2262	*Parinari sargosii*	科特迪瓦	萨氏姜饼木	bonmbi
2263	*Parinari tenuifolia*	非洲	细叶姜饼木	
	Parkia **(MIMOSACEAE)** **球花豆属（含羞草科）**		**HS CODE** **4403. 49**	
2264	*Parkia bicolor*	科特迪瓦、加纳、喀麦隆、利比里亚、几内亚、刚果、加蓬	二色球花豆	asaina; asama; asoma; assama; atoul; boe; dego; dogo; ekombolo; essang; gumni; kongui; locust-bean; locustbaum-bean; mupepesi; parkia; pata fouanga; tombi; tome; tsoumbou
2265	*Parkia biglobosa*	非洲中部、几内亚、科特迪瓦、塞内加尔、非洲西部	二球球花豆	afiti; caindah; caindawood; farroba; nere; nete; owati; sorono; ssulo; wo
2266	*Parkia filicoidea*	尼日利亚、扎伊尔、苏丹、乌干达、莫桑比克、利比里亚、科特迪瓦	蕨状球花豆	dorowa; igba; locust-beantree; mombo; mudus; ngega; nkundi; ogba; ogirili-okpi; paoeh; pipigbele; umdus
2267	*Parkia timoriana*	塞舌尔群岛	湤文球花豆	parkia
	Parkinsonia **(CAESALPINIACEAE)** **肩轴木属（苏木科）**		**HS CODE** **4403. 99**	
2268	*Parkinsonia aculeata*	安哥拉	肩轴木	verde mesquite
2269	*Parkinsonia africana*	南非	非洲肩轴木	lemoenboom; lemoendoring; lemoenhout
2270	*Parkinsonia praecox*	南非	幼龄肩轴木	
	Paullinia **(SAPINDACEAE)** **醒神藤属（无患子科）**		**HS CODE** **4403. 99**	
2271	*Paullinia pinnata*	利比里亚	羽状醒神藤	gbeh-seh

序号	学名	主要产地	中文名称	地方名
	***Pausinystalia*（RUBIACEAE）** **怀春檀属（茜草科）**		**HS CODE** **4403.49**	
2272	*Pausinystalia angolensis*	非洲	安哥拉怀春檀	sanha
2273	*Pausinystalia brachythyrsa*	喀麦隆	短序怀春檀	akel; akel sagne; tsanya
2274	*Pausinystalia ealbotii*	刚果	莱氏怀春檀	endone
2275	*Pausinystalia gabonensis*	喀麦隆	加蓬怀春檀	nloue
2276	*Pausinystalia johimbe*	喀麦隆、加蓬、刚果	约西姆怀春檀	atzek; djombe oua; ebvoughounzo; gabo; johimbe; lokodiolo; n'looue; nloue; timboa; yohimbe
2277	*Pausinystalia lane-poolei*	利比里亚、尼日利亚	兰池怀春檀	bibowali; gibowali; idagbon; nikiba; troehn-dru-plohn
2278	*Pausinystalia macroceras*	喀麦隆、加蓬、刚果、扎伊尔、安哥拉	卡宾达怀春檀	akel; akel tsanya; akeul; aque; djombe oua; gulu; luenga; mutsanya; ngonhugoue; nloue; omponede; pamprana; sakala; sanha; sanha rosada
2279	*Pausinystalia paniculata*	扎伊尔、安哥拉	锥花怀春檀	mutsanya; sanha; tsanya
2280	*Pausinystalia talbotii*	喀麦隆	塔氏怀春檀	akela endone; akola
2281	*Pausinystalia yoimba*	非洲	月英怀春檀	johimbe; tchiculi
2282	*Pausinystalia zenkeri*	喀麦隆	森柯儿怀春檀	ake; akel; akelene
	***Pavetta*（RUBIACEAE）** **大沙叶属（茜草科）**		**HS CODE** **4403.99**	
2283	*Pavetta crassipes*	非洲西部	粗柄大沙叶	fasero
2284	*Pavetta edentula*	南非	缺齿大沙叶	isamunyane; isimuncwane
2285	*Pavetta eylesii*	南非	艾氏大沙叶	bushveld pavetta
2286	*Pavetta lanceolata*	南非	剑叶大沙叶	christmas-bush; kaffir bride
2287	*Pavetta natalensis*	南非	南非大沙叶	natal pavetta
2288	*Pavetta revoluta*	南非	外卷大沙叶	coastal pavetta; umhlabambaza
2289	*Pavetta schumanniana*	南非	舒曼大沙叶	poison pavetta; usawoti
2290	*Pavetta zeyheri*	南非	泽耶里大沙叶	matiadule; tshitabanna-tree

序号	学名	主要产地	中文名称	地方名
	Peddiea (THYMELAEACEAE) 毒槐属（瑞香科）		**HS CODE** **4403. 99**	
2291	*Peddiea africana*	南非	非洲毒榄	fibrebark-tree; sterkbos
	Peltophorum (CAESALPINIACEAE) 双翼苏木属（苏木科）		**HS CODE** **4403. 49**	
2292	*Peltophorum africanum*	津巴布韦	非洲双翼苏木	african wattle; dzedze; huilbos; kahla; mujiza; mupumhamakuva; mutandarombo; muzeze; nyakambariro; nyamanyoka; rhodesian black wattle; umsehla
	Pentaclethra (MIMOSACEAE) 五柳豆属（含羞草科）		**HS CODE** **4403. 49**	
2293	*Pentaclethra eetveideana*	刚果、扎伊尔、加蓬、喀麦隆	五柳豆木	esili; kasase; mdouebene; nsass; quissala; samo; tsim
2294	*Pentaclethra macrophylla*	安哥拉、刚果、几内亚、加纳、非洲西部、喀麦隆、加蓬、利比里亚、扎伊尔、科特迪瓦、尼日利亚	大叶五柳豆	africana sicupira; akuamma; bombaha; dimbalo; kommott; mabula; mpanza; mubala; mupandji; muvandji; obaa; owalam bala; panza; sicupira africana; tsaklo; tshibamba; ukana; wild locust
	Pentadesma (GUTTIFERAE) 奶油藤黄属（藤黄科）		**HS CODE** **4403. 49**	
2295	*Pentadesma butyracea*	加蓬、加纳、喀麦隆、利比里亚、刚果、科特迪瓦、几内亚、尼日利亚	串果奶油藤黄	agnuhe; agyiapa; arbre beurre; avoum; bromabine; kandika; kiansonso; kiasose; kiasoso; lami; ossol; otelimo; ouotelimo; pegya; suankyi; tallow-tree; waye; waye-kpay
2296	*Pentadesma lebrunii*	扎伊尔	勒氏奶油藤黄	kandika; kiasose; otelimo
2297	*Pentadesma lecomteana*	加蓬	莱孔奶油藤黄	faux bondso
2298	*Pentadesma leptonema*	加蓬、喀麦隆	莱普奶油藤黄	abameke; ebongo angoa; kandika; nsangome; nyon
2299	*Pentadesma leucantha*	科特迪瓦	白花奶油藤黄	alabanunu; allabahnunu; beletone; otelimo; piche aboko; pissaleboko; tia koube bia
2300	*Pentadesma parviflorum*	刚果	小花奶油藤黄	kandika

序号	学名	主要产地	中文名称	地方名
2301	*Pentadesma reyndersii*	卢旺达	润氏奶油藤黄	pentadesma
	***Pericopsis*（FABACEAE）** **美木豆属（蝶形花科）**		**HS CODE** **4403.49**	
2302	*Pericopsis angolensis*	津巴布韦、坦桑尼亚、安哥拉、扎伊尔、非洲中部、赞比亚	安哥拉美木豆	afrormosia；chianga；east african afrormosia；maco；mbanga；moobanga；mubamku；mubanga；mulanga；umbango
2303	*Pericopsis elata*（=*Afrormosia elata*）#	非洲中部、刚果、加纳、尼日利亚、科特迪瓦、扎伊尔、喀麦隆	大美木豆②	afrormosia；anyeran；awawai；benin satinwood；bohala；bohalala；bohele；bonsamdua；duabay；duakobin；ghana asamela；kokorodua；mohole；molole；obang；oleo pardo；wahala
2304	*Pericopsis laxiflora*	加纳、科特迪瓦、尼日利亚、塞内加尔、几内亚	疏花美木豆	abonsannua；afrormosia；afrormosia blanc；afrormosia blanco；anyeran；bafini；bonsamdua；dienva；dua abae；duabai；dua kobin；ehoronvian；makarfo；vit afrormosia；white afrormosia
	***Periploca*（ASCLEPIADACEAE）** **杠柳属（萝藦科）**		**HS CODE** **4403.99**	
2305	*Periploca laevigata*	非洲北部	金樱子杠柳	hallab；selouf
2306	*Periploca nigrescens*	利比里亚	暗黑杠柳	doe-doo
	***Persea*（LAURACEAE）** **鳄梨属（樟科）**		**HS CODE** **4403.99**	
2307	*Persea americana*	刚果、喀麦隆	鳄梨木	avocat；avocatier；mfia
2308	*Persea indica*	加那利群岛、非洲东部	印迪卡鳄梨木	caoba de canarias；madeira mahogany；madeira-lorbeer
	***Petersianthus*（LECYTHIDACEAE）** **玉风车属（玉蕊科）**		**HS CODE** **4403.49**	
2309	*Petersianthus*（=*Petersia*）*africanus*	非洲中部、加蓬、科特迪瓦、喀麦隆、加纳、扎伊尔	非洲玉风车	abale；abimpe；abine；agni；ashanti；assiga；bine；djiladjila；dosso；esia；esive；essiah；essive；idewa；kan；kati；koit；koti；mbimo；mbosse；minzu

Afrormosia elata 为《品目注释》中的异名，但该异名在 CITES 濒危木材树种附录中未查到，在进口报关时需提请有关主管部门认定。

序号	学名	主要产地	中文名称	地方名
2310	*Petersianthus macrocarpus*	刚果、几内亚、科特迪瓦、非洲中部、加蓬、喀麦隆、尼日利亚、扎伊尔、加纳、利比里亚、非洲西部、安哥拉、塞拉利昂	大果玉风车	abale; abimpe; angwushi; awewe; bangale; bayombi; biz; bossoho; ekorubene; esia-kokobin; esiape; kpa; minza; mubwabwa; musow; oswa; owewe; peh; tifei; tuhain; tutwo; vulo; wulo
	Petracovitex (**VERBENACEAE**) **东巴藤属（马鞭草科）**		**HS CODE** **4403.99**	
2311	*Petracovitex multiflora*	非洲	多花东巴藤	
	Philippia (**ERICACEAE**) **联臂石南属（杜鹃科）**		**HS CODE** **4403.99**	
2312	*Philippia chamissonis*	南非	卡密联臂石南	heath-tree; kabinethout
2313	*Philippia pallidiflora*	南非	白花联臂石南	
2314	*Philippia simii*	南非	西米联臂石南	sam philippia
	Phyllanthus (**EUPHORBIACEAE**) **油柑属（大戟科）**		**HS CODE** **4403.99**	
2315	*Phyllanthus discoidea*	科特迪瓦	盘状油柑	adjanse; adjansi; adjensi; brakassa
2316	*Phyllanthus inflatus*	津巴布韦、南非	膨胀油柑	balloon-fruited phyllanthus; bladder-fruit
2317	*Phyllanthus polyanthus*	非洲	多花油柑	kadimba
2318	*Phyllanthus reticulatus*	南非、非洲西部	网纹油柑	intaba yengwelant; mgogondi; roat-potato-plant
	Phyllarthron (**BIGNONIACEAE**) **节叶木属（紫葳科）**		**HS CODE** **4403.99**	
2319	*Phyllarthron articulatum*	马达加斯加	节叶木	zahana
2320	*Phyllarthron bojeranum*	马达加斯加	博杰节叶木	
2321	*Phyllarthron madagascariense*	马达加斯加	马达加斯加节叶木	zahana
	Phyllogeiton (**RHAMNACEAE**) **象牙木属（鼠李科）**		**HS CODE** **4403.99**	
2322	*Phyllogeiton zeyheri*	非洲东部及南部	南非象牙木	dina; red ivorywood
	Phylloxylon (**FABACEAE**) **翼木蓝属（蝶形花科）**		**HS CODE** **4403.99**	
2323	*Phylloxylon decipiens*	马达加斯加	解密翼木蓝	harahara
2324	*Phylloxylon perrieri*	马达加斯加	佩林氏翼木蓝	arahara

序号	学名	主要产地	中文名称	地方名
2325	*Phylloxylon xylophylloides*	马达加斯加	木叶翼木蓝	
	Picralima (APOCYNACEAE) **赤非夹竹桃属（夹竹桃科）**		**HS CODE** **4403. 49**	
2326	*Picralima elliotti*	非洲	艾利赤非夹竹桃	
2327	*Picralima klaineana*	非洲	克莱赤非夹竹桃	
2328	*Picralima nitida*	刚果、非洲西部、喀麦隆、加蓬、加纳、非洲中部、科特迪瓦	密茎赤非夹竹桃	bab; buis ibero; ebam; ebammi; ekuama; erin; kahana; kanwini; limeme; limeme petite feuille; obero; panwe
	Pierreodendron (SAPOTACEAE) **多蕊苦木属（山榄科）**		**HS CODE** **4403. 99**	
2329	*Pierreodendron africanum*	刚果、科特迪瓦	非洲多蕊苦木	dikondo; hate; sotibia
2330	*Pierreodendron kerstingii*	科特迪瓦	柯氏多蕊苦木	blenodiro
	Pinus (PINACEAE) **松属（松科）**	**HS CODE** **4403. 21（截面尺寸≥15cm）或 4403. 22（截面尺寸<15cm）**		
2331	*Pinus brutia*	南非	土耳其松	cyprus pine
2332	*Pinus canariensis*	加那利群岛	加那利松	canarian pine; canarian pine; canario pijn; canario pijn; canario-tall; canary pine; pin canario; pin des canaries; pino canario; pino tea; tea pine; teawood
2333	*Pinus elliottii*	马拉维	湿地松	american pitch pine; ellotti-tall; gulf coast pitch pine; pino grasso; pino pece; pino tea; pitchpin americain; slash pine
2334	*Pinus halepensis*	非洲北部、南非	地中海松	aleppo den; aleppo pijn; aleppo pine; aleppo-tall; calabrische pijn; halepensis pine; kadj; kreta-tall; pin d'alep; pincarrasco; pino carrasco; pino di cipro
2335	*Pinus insularis*	马达加斯加	岛松	northern burma pine; pin; pin du langbian; pin thong; sonsambai

序号	学名	主要产地	中文名称	地方名
2336	*Pinus patula*	马达加斯加、马拉维、乌干达	展叶松	jelicote pine; mexicaanse patula pijn; mexican pine; ocote; ocote-tall; pino colorado; pino de mejico; pino messicano; spreading-leaved pine
2337	*Pinus pinaster*	阿尔及利亚、留尼汪岛	海岸松	pin maritime
2338	*Pinus radiata*	南非、肯尼亚	辐射松	insignis; insignis pine; insignis-pijn; insignispijn; monterey pine; pin radiata; pino de monterey; pino insegne; radiata pijn; radiata pine; radiata-tall
2339	*Pinus roxburghii*	南非	西藏长叶松	long-leaved indian pine
	Piper **(PIPERACEAE)** **胡椒属（胡椒科）**		**HS CODE** **4403. 99**	
2340	*Piper guineense*	利比里亚	几内亚胡椒	pehn
	Piptadenia **(MIMOSACEAE)** **落腺豆属（含羞草科）**		**HS CODE** **4403. 99**	
2341	*piptadenia buchananii*	非洲中部	布氏落腺豆	mafamuti
2342	*Piptadenia chevalieri*	科特迪瓦	戚氏落腺豆	bissaboko
2343	*Piptadenia colubrina*	非洲	蛇状落腺豆	
2344	*Piptadenia communis*	非洲	共生落腺豆	
2345	*Piptadenia kerstingi*	非洲西部	克斯汀落腺豆	kapansulo; kapaussulo; kapaussuto; kupanssulo
2346	*Piptadenia peregrina*	非洲	硬皮落腺豆	
2347	*Piptadenia pervillei*	马达加斯加	佩维落腺豆	fanamponga; sevalahy; sevelahy
2348	*Piptadenia schweinfurthi*	非洲	施氏落腺豆	mkufi
	Piptadeniastrum **(MIMOSACEAE)** **腺瘤豆属（含羞草科）**		**HS CODE** **4403. 49**	
2349	*Piptadeniastrum* (= *Piptadenia*) *africana*	科特迪瓦、非洲西部、加蓬、尼日利亚、扎伊尔、喀麦隆、塞拉利昂、非洲中部、加纳、非洲东部、利比里亚、赤道几内亚、乌干达、莫桑比克、刚果、安哥拉	腺瘤豆	abangjeme; african greenheart; agboin; bohambo; bokombolo; bokundu; dabbema; ebbome; edundu; erundi; erundu; ikkimi; jondo; odahoma; odani; osaga; paomuneunza; redwood; sanga; shagham; shaghan; singa; touambo; ubam

序号	学名	主要产地	中文名称	地方名
	Piptostigma (ANNONACEAE) 鼎瓣木属（番荔枝科）		**HS CODE** **4403.99**	
2350	*Piptostigma fasciculatum*	非洲	束状鼎瓣木	baouefou；baouefoua grandes feuilles；boybengoul ouma
2351	*Piptostigma fouryi*	喀麦隆	四邑鼎瓣木	amvoutbokoue
2352	*Piptostigma glabrescens*	非洲西部	光滑鼎瓣木	nom otungui
2353	*Piptostigma multinervium*	喀麦隆	多纳鼎瓣木	amfut bokoue
	Pistacia (ANACARDIACEAE) 黄连木属（漆树科）		**HS CODE** **4403.99**	
2354	*Pistacia atlantica*	阿尔及利亚、利比亚	大西洋黄连木	atlas pistacia；betoum
	Pittosporum (PITTOSPORACEAE) 海桐花属（海桐花科）		**HS CODE** **4403.99**	
2355	*Pittosporum abyssinicum*	非洲	阿比西尼亚海桐花	mbuzungo
2356	*Pittosporum ochrosiaefolium*	马达加斯加	黄叶海桐花	hazombary
2357	*Pittosporum stenopetalum*	马达加斯加	狭茎海桐花	ambovitsika
2358	*Pittosporum verticillatum*	马达加斯加	轮叶海桐花	hazombary
2359	*Pittosporum viridiflorum*	津巴布韦	绿花海桐花	bosboekenhout；kasuur；mubanda；muchemedza mbuya；mukwenukwenu；murunganyama；rooiboeken hout；umkwenkwe
	Placodiscus (SAPINDACEAE) 盾盘木属（无患子科）		**HS CODE** **4403.99**	
2360	*Placodiscus bancoensis*	科特迪瓦	班科盾盘木	gbena
2361	*Placodiscus boya*	科特迪瓦、非洲中部	博亚盾盘木	boya；ndessen dima
2362	*Placodiscus glandulosus*	非洲	腺柱盾盘木	
2363	*Placodiscus pseudostipularis*	喀麦隆、加蓬、非洲西部、利比里亚、科特迪瓦	托叶盾盘木	beb vouo；bedou angouna；bidou；chieli；esoula；essoula；evamba；fah；paradakue

序号	学名	主要产地	中文名称	地方名
	Plagiostyles **（EUPHORBIACEAE）** **斜柱大戟属（大戟科）**		**HS CODE** **4403.49**	
2364	*Plagiostyles africana*	喀麦隆、加蓬、刚果	非洲斜柱大戟	alomba；essaula；essoula；kagouea ptes fles；liboula；libula；mvoula；n'gue-ngue；ogourra
2365	*Plagiostyles klaineana*	刚果	克莱斜柱大戟	kagoue agdes fles
	Platylophus **（CUNONIACEAE）** **水条梅属（火把树科）**		**HS CODE** **4403.99**	
2366	*Platylophus trifoliatus*	南非	三叶水条梅	whiteels；witels
	Platysepalum **（FABACEAE）** **突齿豆属（蝶形花科）**		**HS CODE** **4403.99**	
2367	*Platysepalum chevalieri*	扎伊尔	切氏突齿豆	bofote；dukwa；kongolo mutchi；laanga；lubota；mbotu；motoko；mumpala；mutoko；niotoko；tagbwabwon；wimon
	Plecospermum **（MORACEAE）** **曲蕊柘属（桑科）**		**HS CODE** **4403.99**	
2368	*Plecospermum laurifolium*	马达加斯加	桂叶曲蕊柘	tsipatik
2369	*Plecospermum spinosum*	非洲	棘曲蕊柘	
	Plectronia **（RUBIACEAE）** **白簕属（茜草科）**		**HS CODE** **4403.99**	
2370	*Plectronia lamprophylla*	非洲	亮叶白簕	kimba
	Pleiokirkia **（KIRKIACEAE）** **八合椿属（四合椿科）**		**HS CODE** **4403.99**	
2371	*Pleiokirkia leandri*	马达加斯加	利安德八合椿	mafaipoty
	Pleurostylia **（CELASTRACEAE）** **盾柱卫矛属（卫矛科）**		**HS CODE** **4403.99**	
2372	*Pleurostylia africana*	津巴布韦	非洲盾柱卫矛	northern coffee pear
2373	*Pleurostylia capensis*	南非	好望角盾柱卫矛	bastard saffron；coffee pear；hard mountain pear；umkwankwa
2374	*Pleurostylia leucocarpa*	毛里求斯	白果盾柱卫矛	bois olive seychelles
2375	*Pleurostylia wightii*	毛里求斯	魏氏盾柱卫矛	panaka

序号	学名	主要产地	中文名称	地方名
***Podocarpus*（PODOCARPACEAE） HS CODE** 罗汉松属（罗汉松科） **4403. 25**（截面尺寸≥**15cm**）或 **4403. 26**（截面尺寸<**15cm**）				
2376	*Podocarpus capuronii*	马达加斯加	卡氏罗汉松	capuron podoberry
2377	*Podocarpus coriaceus*	肯尼亚、乌干达、马拉维	皮质罗汉松	british honduras yellowwood; mukeke; museneka; musenene; musengera; mutarai; muvengea; muyuniui; nkachi; saptet
2378	*Podocarpus dawei*	乌干达、非洲东部、非洲中部	中非罗汉松	mse-mohunga; musenene; musenenezi; podo
2379	*Podocarpus elatus*	南非、乌干达、肯尼亚、马拉维	高大罗汉松	bastard yellowwood; kolander; mukeke; museneka; musenene; mutarai; muyuniui; nietlander; nikolander; outeniqua yellowwood; outeniqua yellowwood; saptet; yellowwood outeniqua
2380	*Podocarpus elongatus*	南非、津巴布韦	伸展罗汉松	afrikanskt gultra; bastard yellowwood; breerivier geelhout; common yellowwood; geelhout; gultra; legno giallo africano; outeniqua; outeniqua yellowwood; south african podoberry; westelike geelhout
2381	*Podocarpus ensiculus*	非洲东部	恩西罗汉松	african podocarpus; podo
2382	*Podocarpus falcatus*	非洲南部	镰形罗汉松	bastard yellowwood; falcate yellowwood; outeniqua yellowwood; outeniqua-geelhout
2383	*Podocarpus gracilior*	肯尼亚、乌干达、马拉维、埃塞俄比亚、非洲西部、坦桑尼亚、非洲东部	细长罗汉松	bastard yellowwood; east african yellowwood; mse-mawe; mufu; musangira; museneka; musengera; musengerawood; mutarai; muvengea; nkachi; nokim; obwipe; omufu; podocarpus; saptet; tawaso; umnfu; zigba
2384	*Podocarpus gracillimus*	非洲	细罗汉松	bastard yellowwood; kalander
2385	*Podocarpus guatemalensis*	乌干达、肯尼亚、马拉维	危地马拉罗汉松	musenene; musengera; mutarai; muvengea; muyuniui; nkachi; saptet
2386	*Podocarpus henckelii*	埃塞俄比亚、南非、坦桑尼亚、马拉维、乌干达、肯尼亚	纳塔尔罗汉松	birbisa; east griqualand yellowwood; falcate yellowwood; henkel podo; henkel yellowwood; mkute; mukeke; museneka; musenene; mutarai; muvengea; muyuniui; nkachi; podo henkel; podo yellowwood; saptet; umsonti

序号	学名	主要产地	中文名称	地方名
2387	*Podocarpus humbertii*	马达加斯加	胡氏罗汉松	humbert podoberry
2388	*Podocarpus latifolius*	非洲东部、乌干达、津巴布韦、马达加斯加、喀麦隆、刚果、南非、苏丹、坦桑尼亚、扎伊尔、马拉维、肯尼亚、非洲西部、莫桑比克	阔叶罗汉松	african podocarpus; akikache; gumuhalamwa; hetatra; kenya podoberry; kiringi; mnoge; mtokosi; museneka; musenene; mutarai; muvengea; mwipe; nkachi; nyalulasi; obwipe; real yellowwood; ruhombwe; saptet; sydafrikan skpodo; tawaso; umgeya
2389	*Podocarpus madagascariensis*	马达加斯加	马达加斯加罗汉松	babitsipay; hetatar; hetatra; hetratra; madagascar podoberry
2390	*Podocarpus mannii*	非洲东部	马氏罗汉松	african podocarpus; podo
2391	*Podocarpus milanjianus*	乌干达、卢旺达、赞比亚、津巴布韦	米兰罗汉松	tawaso
2392	*Podocarpus minor*	非洲	次罗汉松	
2393	*Podocarpus nubigenus*	乌干达、肯尼亚、马拉维	云雾罗汉松	musenene; musengera; mutarai; muvengea; muyuniui; nkachi; saptet
2394	*Podocarpus oleifolius*	乌干达、肯尼亚、马拉维	橄榄叶罗汉松	musenene; musengera; mutarai; muvengea; muyuniui; nkachi; saptet
2395	*Podocarpus rostratus*	马达加斯加	尖喙罗汉松	andringitra podoberry
2396	*Podocarpus ulugurensis*	非洲东部	乌鲁古罗汉松	podo d'africa
2397	*Podocarpus usambarensis*	非洲东部、马拉维、乌干达、肯尼亚、非洲西部、坦桑尼亚、埃塞俄比亚东北部	乌桑巴罗汉松	african podocarpus; mkute; mukeke; museneka; musenene; musenenezi; musengera; musse; mutarai; muvengea; muyuniui; mvusse; nkachi; podo; saptet; wipe; zigba
2398	*Podocarpus wallichianus*	非洲	肉托竹柏	
	***Poga*（ANACARDIACEAE）** **赤非红树木属（漆树科）**		**HS CODE** **4403.49**	
2399	*Poga oleosa*	赤道几内亚、加蓬、喀麦隆、刚果、尼日利亚、非洲中部、非洲西部	油赤非红树木	afo; angala; avogo; bepobo; bovo; ekom; enoi; iku; imono; inoi-nut; inyere; mogouba; mpfo; mpoga; mpoi; muleko; muvoga; ngale; ngali; oeko; oleko; ovogo; povo; uwowo
	***Polyalthia*（ANNONACEAE）** **暗罗属（番荔枝科）**		**HS CODE** **4403.99**	
2400	*Polyalthia emarginata*	马达加斯加	边缘暗罗	ambavy

序号	学名	主要产地	中文名称	地方名
2401	*Polyalthia henricii*	马达加斯加	亨氏暗罗	ambavy
2402	*Polyalthia leandrii*	马达加斯加	莱安暗罗	ambavy；polyalthia
2403	*Polyalthia oligosperma*	马达加斯加	少籽暗罗	ambavy
2404	*Polyalthia oliveri*	科特迪瓦、刚果、利比里亚	奥氏暗罗	baouefou；muemba ufiota；pe-ohn
2405	*Polyalthia suaveolens*	科特迪瓦	香甜暗罗	moamba；moemba；otoungui；otunga
	***Polyceratocarpus*（ANNONACEAE）** **聚锥果属（番荔枝科）**		**HS CODE** **4403. 99**	
2406	*Polyceratocarpus parviflorus*	科特迪瓦	小花聚锥果	flavefou
	***Polygala*（POLYGALACEAE）** **远志属（远志科）**		**HS CODE** **4403. 99**	
2407	*Polygala myrtifolia*	南非	番樱桃叶远志	augusbossie
	***Polyscias*（ARALIACEAE）** **南洋参属（五加科）**		**HS CODE** **4403. 99**	
2408	*Polyscias fulva*	刚果、津巴布韦、肯尼亚、扎伊尔、乌干达	黄褐南洋参	ekowko；lunga；monge；moukobo；mutengambiya；mwadzi；ndongi；parasol-tree；setala
2409	*Polyscias kikuyuensis*	非洲	基尤南洋参	mutati
2410	*Polyscias ornifolia*	马达加斯加	茱萸叶南洋参	voantsilana
	***Popowia*（ANNONACEAE）** **嘉陵花属（番荔枝科）**		**HS CODE** **4403. 99**	
2411	*Popowia ferruginea*	利比里亚	绣色嘉陵花	ne-bor-vah
	***Populus*（SALICACEAE）** **杨属（杨柳科）**		**HS CODE** **4403. 97**	
2412	*Populus alba*	非洲北部	白杨	abele；alamo blanco；alamo bolleana；gattice；peupleir blanc；peuplier blanc；pioppo bianco；steile abeel；vit-poppel；white poplar
2413	*Populus deltoides*	南非	美洲黑杨	deltoides popular
2414	*Populus ilicifolia*	肯尼亚	冬青叶杨	alamo malalai；kenya populier；kenya-poppel；peuplier malatai；pioppo malalai；tanariver poplar
2415	*Populus nigra*	非洲北部	钻天杨	alamo negro；black poplar；european black poplar；liardier；peuplier noir；pioppo albero；poplar；svart-poppel；zwarte populier

序号	学名	主要产地	中文名称	地方名
2416	*Populus tremula*	非洲北部	欧洲山杨	alamo temblon; asp; esp; lamparilla; peuplier tremble; pioppo tremulo; ratelpopulier; swedish aspen; tremble; tril-populier; vanligasp
2417	*Populus* X *canadensis*	非洲北部	加拿大杨	alamo euramericano; canada populier; euramerican poplar; euramericano-poppel; peuplier euramericain; pioppo del canada; pioppo euramericano
2418	*Populus* X *canescens*	非洲北部	灰红树杨	gra poppel; grauwe abeel; grey poplar; grijze abeel; peuplier grisaille; peuplier grisard; picardian poplar; picardische populier; pioppo grigio
	Porterandia **(RUBIACEAE)** **绢冠茜属（茜草科）**		**HS CODE** **4403. 99**	
2419	*Porterandia cladantha*	喀麦隆、加蓬	枝花绢冠茜	angouann; angwane; mgurangurane; mongo
	Potameia **(LAURACEAE)** **河樟属（樟科）**		**HS CODE** **4403. 99**	
2420	*Potameia antavaratra*	马达加斯加	安塔拉河樟	tavaratra
2421	*Potameia capuronii*	马达加斯加	卡氏河樟	autavaratra
2422	*Potameia chartacea*	马达加斯加	纸叶河樟	kangy
2423	*Potameia crassifolia*	马达加斯加	厚叶河樟	
2424	*Potameia eglandulosa*	马达加斯加	腺叶河樟	mataviavar atralahy
2425	*Potameia thouarsii*	马达加斯加	图氏河樟	mitavaratra
2426	*Potameia velutina*	马达加斯加	绒毛河樟	autavaratra grandes feuilles
	Poupartia **(ANACARDIACEAE)** **红白木属（漆树科）**		**HS CODE** **4403. 49**	
2427	*Poupartia birrea*	塞内加尔、苏丹	红白木	beur; bir; homeid
2428	*Poupartia chapelieri*	马达加斯加	秃花红白木	famatsilakana
2429	*Poupartia fasciculatum*	南非	束状红白木	marula
	Pouteria **(SAPOTACEAE)** **桃榄属（山榄科）**		**HS CODE** **4403. 49**	
2430	*Pouteria adolfi-friedericii*	非洲	阿氏桃榄	
2431	*Pouteria alnifolia*	加纳、非洲西部	桤叶桃榄	afraba; fafaraha; muna; pusum

序号	学名	主要产地	中文名称	地方名
2432	*Pouteria altissima*	喀麦隆、加蓬、科特迪瓦、非洲东部、非洲西部、埃塞俄比亚、安哥拉、刚果、尼日利亚、非洲中部、肯尼亚、乌干达、加纳、扎伊尔	高桃榄	abam; alokotimon; alokutumon; aniegre; aniegre blanc; aningeria; asamfona; bebama; grogoli; kali; kararo; kombe; landosan; mukali; mukangu; nkalate; osan; sanfena; tanganica; tanganyika; tebi
2433	*Pouteria lauterbachiana*	非洲	劳特桃榄	
	Pouzolzia (URTICACEAE) 雾水葛属（荨麻科）		**HS CODE** **4403. 99**	
2434	*Pouzolzia hypoleuca*	南非、莫桑比克	下白雾水葛	isikukuku; lichopwa; wildebraam
	Premna (LAMIACEAE) 臭黄荆属（唇形科）		**HS CODE** **4403. 99**	
2435	*Premna angolensis*	非洲东部	安哥拉臭黄荆	mungalikoro
2436	*Premna hispida*	科特迪瓦	粗毛臭黄荆	alambi
2437	*Premna maxima*	非洲	顶高臭黄荆	muchichio
2438	*Premna mooiensis*	南非	美贵臭黄荆	stinkboom; stinker; umcacabane
	Prosopis (MIMOSACEAE) 牧豆属（含羞草科）		**HS CODE** **4403. 99**	
2439	*Prosopis africana*	几内亚、非洲西部、塞内加尔、苏丹、尼日利亚、安哥拉、几内亚比绍、乌干达	非洲牧豆木	abusurug; akaba; akaka; guele; ir; kaki; kiriya; kpanena; palo; pangi; pau carvao; stenkoltra; zingili
2440	*Prosopis juliflora*	塞内加尔	牧豆木	prosopis de mexique
	Protea (PROTEACEAE) 帝王花属（山龙眼科）		**HS CODE** **4403. 99**	
2441	*Protea angolensis*	津巴布韦	安哥拉帝王花	chirapanzungu; isiqalaba; mubonda; musitsuru; northern protea; sugarbush
2442	*Protea barbigera*	南非	鳞毛帝王花	baardsuike rkan; woolly beard
2443	*Protea bismarcki*	非洲西部	俾斯麦帝王花	dedule; dudurede
2444	*Protea caffra*	南非	南非帝王花	highveld protea; isiqalaba-sentaba; sekila
2445	*Protea curvata*	南非	弯叶帝王花	curved-leaf protea
2446	*Protea dykei*	南非	迪基帝王花	dyke protea
2447	*Protea eximia*	南非	奇异帝王花	waboom

序号	学名	主要产地	中文名称	地方名
2448	*Protea gaguedi*	津巴布韦、南非	加盖帝王花	african protea; chirapanzungu; groot suikerbos; isiqalaba; mubonda; musitsuru; sugarbush
2449	*Protea glabra*	南非	光滑帝王花	kaiingbos
2450	*Protea laurifolia*	南非	月桂叶帝王花	laurel-leaved protea
2451	*Protea longiflora*	南非	长花帝王花	geelsuikerbos; waterlily protea
2452	*Protea multibracteata*	南非	多苞帝王花	suikerbos
2453	*Protea neriifolia*	南非	夹竹桃叶帝王花	blousuiker bos; blue sugarbush
2454	*Protea nitida*	南非	密茎状帝王花	brandhout; waboom; wagen-boom
2455	*Protea obtusifolia*	南非	钝叶帝王花	bredasdorp sugarbush
2456	*Protea repens*	南非	白帝王花	sugarbush; suikerbos; zucker-bos
2457	*Protea roupelliae*	南非	鲁佩帝王花	drakensber gprotea; isiqalaba
2458	*Protea rubropilosa*	南非	鲁平帝王花	velvet protea
2459	*Protea subvestita*	南非	亚维斯帝王花	seqalabase sesweu; white sugarbush; witsuikerbos
	Protomegabaria **(EUPHORBIACEAE)** **普罗大戟属（大戟科）**		**HS CODE** **4403. 99**	
2460	*Protomegabaria stapfiana*	非洲西部、科特迪瓦、利比里亚	普罗大戟木	agyahere; assa-bogue; bapi; blekore; braoua; ddjivica; djilika; djirika; elnuinquim; mbraoua; sania; sanie; senan; siedzo; soulo koba; tuanga; tuenga; wah
	Prunus **(ROSACEAE)** **樱桃属（蔷薇科）**		**HS CODE** **4403. 49**	
2461	*Prunus africana*	喀麦隆、埃塞俄比亚、肯尼亚、南非、津巴布韦、非洲东部、坦桑尼亚、乌干达、非洲中部	非洲李②	almond; alumty; bitter mueri; blackwood; chati; gwame; ironwood; mgambo; mkomahoya; muchambati; ntasesa; nuwehout; pypeum; rood stinkhout; stinkwood; tenduet; tukur inchet
2462	*Prunus cerasifera*	非洲北部	紫叶樱桃	myrobalan; prunier myrobolan
2463	*Prunus lusitanica*	加那利群岛	葡萄牙桂樱	hija

序号	学名	主要产地	中文名称	地方名
	Pseudocedrela **(MELIACEAE)** **假洋椿属（楝科）**		**HS CODE** **4403.99**	
2464	*Pseudocedrela kotschyi*	加纳、尼日利亚、非洲西部、非洲中部、科特迪瓦	寇氏假洋椿	alu; dry-zone cedar; dututure; emigbegcri; hard cedar mahogany; krubeta; krubete; lombo; siadiri; soissina; tonam; tonas; tuman; zingan
	Pseudolachnostylis **(EUPHORBIACEAE)** **羚棠属（大戟科）**		**HS CODE** **4403.99**	
2465	*Pseudolachnostylis maprouneifolia*	南非、扎伊尔、津巴布韦	马勃羚棠	duikerberry; kuduberry; moosaalie; mudyamhembwe; mukumuku; mupambari; mutototo; mutsonzwa; muzilawa; shojowa; siloka; umqhobampunzi; zingililo
	Pseudospondias **(ANACARDIACEAE)** **假槟榔青属（漆树科）**		**HS CODE** **4403.99**	
2466	*Pseudospondias gigantea*	加蓬	巨大假槟榔青	ntogolo; okam; togolo; zambili; zembili
2467	*Pseudospondias longifolia*	加蓬	长叶假槟榔青	ofoss; osongobady; ozozo
2468	*Pseudospondias microcarpa*	喀麦隆、科特迪瓦、扎伊尔、加蓬、刚果、乌干达、非洲西部、利比里亚	小果假槟榔青	andok tom; blekoure; bosow; esasanghi; esensau; esongosongo; esosanga; konghele; konhle; muziru; nkanguele; nzuza; onyangba; pohn; suza
	Psidium **(MYRTACEAE)** **番石榴属（桃金娘科）**		**HS CODE** **4403.99**	
2469	*Psidium guajava*	加纳	番石榴	aduaba; eguaba; goa; gua
	Psiloxylon **(MYRTACEAE)** **光桃木属（桃金娘科）**		**HS CODE** **4403.99**	
2470	*Psiloxylon mauritianum*	毛里求斯	毛里求斯光桃木	bigaignon; bigaignon rouge
	Psychotria **(RUBIACEAE)** **九节木属（茜草科）**		**HS CODE** **4403.99**	
2471	*Psychotria capensis*	南非	好望角九节木	izele-tree; umgonogono
2472	*Psychotria dermathophylla*	加蓬	德玛叶九节木	medzimkogho
2473	*Psychotria gabonensis*	加蓬	大加蓬九节木	medzimkogo

序号	学名	主要产地	中文名称	地方名
2474	*Psychotria gabonica*	加蓬	加蓬九节木	eyonguinan inego; medzimkouro; mendzimo koghe; nyoryibele
2475	*Psychotria klaineana*	加蓬	克莱九节木	avoane; avouana
2476	*Psychotria monticola*	喀麦隆	山地九节木	tata
2477	*Psychotria rufipila*	利比里亚	红色九节木	sdyo-chu
2478	*Psychotria vellosiana*	科特迪瓦	韦洛九节木	
2479	*Psychotria venosa*	科特迪瓦、加蓬	细脉九节木	aplati; medzimekou ghe
2480	*Psychotria zombamontana*	南非	佐姆巴九节木	zomba psychotria
	Psydrax **(RUBIACEAE)** **鱼骨木属（茜草科）**		**HS CODE** **4403. 99**	
2481	*Psydrax acutiflora*	利比里亚	尖花鱼骨木	jor-wee
2482	*Psydrax arnoldiana*	科特迪瓦	阿诺鱼骨木	tekbe
2483	*Psydrax obovata*	科特迪瓦	倒卵叶鱼骨木	
2484	*Psydrax parviflora*	津巴布韦	小花鱼骨木	giant canthium
2485	*Psydrax subcordata*	喀麦隆、科特迪瓦	籽鱼骨木	mbasuma; tekbe; tekbea grande feuil; tekbea grandes feuilles
	Ptaeroxylon **(SAPINDACEAE)** **喷嚏楝属（无患子科）**		**HS CODE** **4403. 49**	
2486	*Ptaeroxylon obliquum*	南非、安哥拉、津巴布韦	喷嚏楝	kapensisches mahagoni; muandara-mahagoni; mwandara; nies hout; nieshout; opaco; sneezewood; ubhaqa; umbengawah onye; umnembu; umpandula; umtata; umthathi
	Pteleopsis **(COMBRETACEAE)** **类榆橘属（使君子科）**		**HS CODE** **4403. 99**	
2487	*Pteleopsis albidiflora*	非洲	白花类榆橘	
2488	*Pteleopsis diptera*	非洲	双翅类榆橘	
2489	*Pteleopsis hylodendron*	喀麦隆、扎伊尔、刚果、科特迪瓦	树状类榆橘	assilikong; bokongola; dikenie; koframire; miong; osanga; sikon
2490	*Pteleopsis kerstingi*	非洲西部	克尔斯类榆橘	ssissina
2491	*Pteleopsis myrtifolia*	南非、莫桑比克、安哥拉、非洲东部、津巴布韦	番樱桃叶类榆橘木	makwenzi; menangara; mhovu; mufundabalu; musikanyemba; musungawad zimba; sunganhemba; two-winged pteleopsis; umandla; umsunganyama
2492	*Pteleopsis ovatum*	马达加斯加	卵类榆橘	lamokana

序号	学名	主要产地	中文名称	地方名
	***Pterocarpus*（FABACEAE）** **紫檀属（蝶形花科）**		**HS CODE** **4403. 49**	
2493	*Pterocarpus angolensis*	非洲西部、津巴布韦、非洲中部、非洲东部、南非、莫桑比克、坦桑尼亚、安哥拉、刚果、扎伊尔、赞比亚	安哥拉紫檀	african padauk；ambila；bloodwood；girassonde；imbilo；kajatenhout；kiaat bloodwood；kwanambila；moroto；mubvamakovo；mukwirambira；mushambaropa；mutete；mutondo；muzwamaloa；mvagasi；rhodesian teak；thondo；umbila；umvangazi
2494	*Pterocarpus antunesii*	非洲中部、非洲东部、赞比亚	安氏紫檀	chiviri；mwangula；mwangura
2495	*Pterocarpus brenanii*	南非、津巴布韦	布雷氏紫檀	bloodwood；large-leaved bloodwood
2496	*Pterocarpus bussei*	非洲东部	巴塞紫檀	mininga；mninga
2497	*Pterocarpus cabrae*	加蓬、扎伊尔	卡布雷紫檀	gula；ngula；nkula
2498	*Pterocarpus erinaceus*（=*africanus*）#	加纳、尼日利亚、非洲中部、几内亚、塞内加尔、苏丹、南非、利比里亚、莫桑比克、非洲东部、扎伊尔、安哥拉、几内亚比绍、冈比亚、加蓬、非洲西部	刺猬紫檀②	african kino；african rosewood；afrikanisch rosenholz；ambila；goni；guenou；kajatenhout；krayie；madobia；mninga；moolumbwa；mtumball；mutondo；rosewood；segbe；senva；tandasi；tim；upeka；vene
2499	*Pterocarpus indicus*	非洲	印度紫檀	muninga
2500	*Pterocarpus lucens*	津巴布韦、南非、塞内加尔	光亮紫檀	antune kiaat；bloodwood；galadjiri；mudadima；mukambo；mukonazhou；sangare；small-leaved bloodwood
2501	*Pterocarpus mildbraedii*	科特迪瓦	米氏紫檀	aguaya
2502	*Pterocarpus osun*	非洲西部、扎伊尔、喀麦隆、加蓬、刚果、赤道几内亚、尼日利亚、安哥拉	奥孙紫檀	african padauk；africann padouk；bosulu；camwood；corail；kisese；kisesi；mbel kisese；mogondo；mongola；muenge；mukula；osun；padauk；padouk；padouk africanno；palo rojo；tacula

Pterocarpus erinaceus 为《品目注释》中的异名，但该异名在 CITES 濒危木材树种附录中未查到，在进口报关时需提请有关主管部门认定。

序号	学名	主要产地	中文名称	地方名
2503	*Pterocarpus rotundifolius*	南非、津巴布韦	圆叶紫檀	bloodwood；dopperkiaat；muchirara；mumhungu；munungu；muwayawaya；muyataha；round-leaf kiaat；round-leaved bloodwood；umdlandlovu；white mukwa
2504	*Pterocarpus santalinoides*	非洲西部、加纳、科特迪瓦、几内亚、喀麦隆、非洲中部、利比里亚	散状紫檀	african padauk；apehiripe；asante；assihaoteau；barwood；batwi；esukatia；forest groundnut；gedar kurumi；gyamantoa；kerewowo；khambo；mbel blanc；nsaki；ouokisse；padouk；totohote；zahn
2505	*Pterocarpus soyauxii*	刚果、加蓬、非洲中部、非洲东部、非洲西部、尼日利亚、喀麦隆、扎伊尔、几内亚、赤道几内亚、安哥拉	非洲紫檀	abili；africaans padoek；african padouk；afrik padouk；afrikaans padoek；afrikanisch rotholz；afrikanisches padouk；afrikansk padouk；arapka；bois corail；boisulu；mbeu；ohinego；padauk；paduk africano；redwood；takula；tisseze；ukpa；vermillion；wele；yomo kisese
2506	*Pterocarpus tessmannii*	扎伊尔	特斯曼紫檀	bossulu lifelefele
2507	*Pterocarpus tinctorius*	扎伊尔、喀麦隆、几内亚、安哥拉、加蓬、刚果、赤道几内亚、尼日利亚	染料紫檀②	bosulu；corail；hula；issigu；kisese；mbel；mkurungu；mogondo；mongola；muenge；ngula；onecht sandelhout；osun；padauk；padouk；padouk africano；papita；red sandalwood；red sanders；rott sandeltra；sandalo rojo；tacula
	Pterocelastrus **（CELASTRACEAE）** **炬樱木属（卫矛科）**		**HS CODE 4403.99**	
2508	*Pterocelastrus echinatus*	南非	具刺炬樱木	hedgehog pterocelas trus；isihlulamanye
2509	*Pterocelastrus rostratus*	南非	尖头炬樱木	beaked perocelastrus；rooikershout；white pearwood；witpeer
2510	*Pterocelastrus tricuspidatus*	南非	三峰炬樱木	african cherry；candlewood；cherrywood；kers；kersehout；kershout；kirschhout；spekboom
2511	*Pterocelastrus variabilis*	南非	多变炬樱木	

序号	学名	主要产地	中文名称	地方名
	Pterygota **(STERCULIACEAE)** **翅苹婆属（梧桐科）**		**HS CODE** **4403.49**	
2512	*Pterygota bequaertii*	非洲西部、刚果、加蓬、尼日利亚、科特迪瓦、加纳、喀麦隆、扎伊尔、非洲中部	贝氏翅苹婆	african pterygota; ake; akodiakede; awari; bofo-ouale; bontue; efok; ikame; impa; kakainde; kefe; keyre; kion; kyere; poroporo; pterygota; ware; wawampe
2513	*Pterygota cordifolia*	科特迪瓦	心叶翅苹婆	ape; sounoun; ware
2514	*Pterygota kamerunensis*	喀麦隆	喀麦隆翅苹婆	etub; kahoung; kion
2515	*Pterygota macrocarpa*	非洲西部、加蓬、科特迪瓦、喀麦隆、加纳、利比里亚、尼日利亚、扎伊尔、非洲中部	大果翅苹婆	african pterygota; ake; akodiakede; anoeh; apog; awari; bofo ouale; bontue; epfog; ikame; impa; kakende; keyre; koto; kyere; oporipo; pohoura; poroporo; pterygota; ware; wawampe
2516	*Pterygota mildbraedii*	非洲	米氏翅苹婆	mukoko
	Ptychopetalum **(OLACACEAE)** **皱瓣铁青树属（铁青树科）**		**HS CODE** **4403.99**	
2517	*Ptychopetalum anceps*	利比里亚	剑形皱瓣铁青树	plor-plor
	Pycanthus **(MYRISTICACEAE)** **丛花树属（肉豆蔻科）**		**HS CODE** **4403.99**	
2518	*Pycanthus angolensis*	非洲西部至东部	安哥拉丛花树	akomu; gboyei; ilomba; lomba; nulak; otie; pycnantus; welele
	Pycnanthus **(MYRISTICACEAE)** **蜜花楠属（肉豆蔻科）**		**HS CODE** **4403.49**	
2519	*Pycnanthus angolensis*	喀麦隆、科特迪瓦、尼日利亚、加纳、塞拉利昂、加蓬、非洲西部、利比里亚、非洲中部、赤道几内亚、乌干达、安哥拉、扎伊尔、刚果、多哥	安哥拉蜜花楠	abora; african nutmeg; anakue; atenli; bakondo; bosenga; boxboard; cardboard; cardwood; deehn; diehn; gboyei; hetere; ikoum; ilimba; lusenga; moghan; moulomba; oualele; pomponi; pycnanthus; tamarkwa; teng; thsimbuku; walele; white cedar
2520	*Pycnanthus dinklagei*	利比里亚	迪科蜜花楠	bay-doo
2521	*Pycnanthus kombo*	非洲	康博蜜花楠	

序号	学名	主要产地	中文名称	地方名
2522	*Pycnanthus marchalianus*	刚果、扎伊尔	玛加蜜花楠	bounda；likoka；mbouol
2523	*Pycnanthus sphaerocarpa*	喀麦隆、加蓬	球果蜜花楠	itang；iteng
	Pygeum（**ROSACEAE**） **臀果木属（蔷薇科）**		**HS CODE** **4403.49**	
2524	*Pygeum africanum*	肯尼亚、埃塞俄比亚至南非	非洲臀果木	bitter almond；mueri
	Quassia（**SIMAROUBACEAE**） **夸斯苦木属（苦木科）**		**HS CODE** **4403.99**	
2525	*Quassia africana*	加蓬	非洲夸斯苦木	kanyongo；yato yotombo
2526	*Quassia indica*	马达加斯加	印度夸斯苦木	farafatra；mangafotsy
	Quercus（**FAGACEAE**） **栎属（壳斗科）**		**HS CODE** **4403.91**	
2527	*Quercus canariensis*	阿尔及利亚	地中海栎	chene mediterraneen；kabyleneik；mediterran ian oak；quercia mediterranea；roble mediterraneo
2528	*Quercus ilex*	摩洛哥、非洲北部	冬青栎	chene vert；quarush
2529	*Quercus mirbeckii*	摩洛哥	米氏栎	chene zeen
2530	*Quercus suber*	阿尔及利亚	洋栓皮栎	alcornoque；chene liege；cork oak；corktree；izgi；kork-ek；kurkboom；kurk-eik；quercia da sughero；sobreiro；sughera；surier；tafran
	Rapanea（**MYRSINACEAE**） **密花树属（紫金牛科）**		**HS CODE** **4403.49**	
2531	*Rapanea melanophloeos*	南非、津巴布韦	黑皮密花树	beukenhout；boekenhout；bukenwood；cape beech；chikuma；dogplum；eddongera；mufuro；mukwiramakoko；murwiti；mutomo；rapanea；umaphipha
2532	*Rapanea rhododendroides*	坦桑尼亚、肯尼亚、非洲东部	杜鹃状密花树	mlimangombe；mugaita；rapanea
2533	*Rapanea usambarensis*	非洲东部	桑曼密花树	mshwizo

序号	学名	主要产地	中文名称	地方名
	Rauvolfia **(APOCYNACEAE)** **萝芙木属（夹竹桃科）**		**HS CODE** **4403.99**	
2534	*Rauvolfia caffra*	喀麦隆	南非萝芙木	bandongue; dzurungu; esoma; esombi; essomba; essombe; essombo; issombe; kinaboom; mukamamasanhi; mukashu; musingwiswi; mutowamakaka; muzungurwi; ndongue; nsossongo; ompegwe; quinine-like-tree; rauvolfia
2535	*Rauvolfia mannii*	扎伊尔	曼氏萝芙木	ituku-moke
2536	*Rauvolfia vomitoria*	科特迪瓦、利比里亚、非洲西部	催吐萝芙木	dechavi; embi-siembi; gonguonkiur; gonguonkur; kawogei; swizzlestick
	Ravenala **(STRELITZIACEAE)** **旅人蕉属（旅人蕉科）**		**HS CODE** **4403.99**	
2537	*Ravenala madagascariensis*	马达加斯加	马达加斯加旅人蕉	arbre duvoyageur
	Ravensara **(LAURACEAE)** **洋樟属（樟科）**		**HS CODE** **4403.99**	
2538	*Ravensara aromatica*	马达加斯加	香洋樟	avozo; havozo; hazomanitra; tavolo
2539	*Ravensara crassifolia*	马达加斯加	厚叶洋樟	tavolo
2540	*Ravensara flavescens*	马达加斯加	苦参洋樟	tavolo malama
2541	*Ravensara floribunda*	马达加斯加	多花洋樟	tavolo
2542	*Ravensara gracilis*	马达加斯加	细枝洋樟	hazandrano
2543	*Ravensara helicina*	马达加斯加	赫利洋樟	tavolo
2544	*Ravensara laevis*	马达加斯加	平滑洋樟	tavolo pina
2545	*Ravensara lastelii*	马达加斯加	拉氏洋樟	tavolo
2546	*Ravensara ovalifolia*	马达加斯加	圆叶洋樟	tavolo
2547	*Ravensara perrieri*	马达加斯加	佩里洋樟	kabijalahy; manavodreva
2548	*Ravensara pervillei*	马达加斯加	佩维尔洋樟	tavolo
2549	*Ravensara polyneura*	马达加斯加	多脉洋樟	tavolo
2550	*Ravensara retusa*	马达加斯加	微凹洋樟	tavolopina
	Reissantia **(CELASTRACEAE)** **星刺属（卫矛科）**		**HS CODE** **4403.99**	
2551	*Reissantia indica*	利比里亚	非洲星刺木	wehn-flay

序号	学名	主要产地	中文名称	地方名
	Rhamnus **（RHAMNACEAE）** **鼠李属（鼠李科）**		**HS CODE** **4403. 49**	
2552	*Rhamnus alaternus*	非洲	互叶鼠李木	nerprun alaterne
2553	*Rhamnus glandulosa*	加那利群岛	腺叶鼠李木	sanguino
2554	*Rhamnus prinoides*	南非	栎叶鼠李木	camdeboom; dark blinkblaar; dogwood; mofifi
	Rheedia **（GUTTIFERAE）** **雷德藤黄属（藤黄科）**		**HS CODE** **4403. 99**	
2555	*Rheedia laka*	马达加斯加	莱卡雷德藤黄木	laka fotsy
2556	*Rheedia mangorensis*	马达加斯加	芒果雷德藤黄木	disaka
	Rhigozum **（BIGNONIACEAE）** **刺钟木属（紫葳科）**		**HS CODE** **4403. 99**	
2557	*Rhigozum brevispinosum*	南非	灯盏刺钟木	mohurukwana
2558	*Rhigozum obovatum*	南非	倒卵刺钟木	wild pomegranate; wildegranaat
2559	*Rhigozum zambesiacum*	南非	赞比亚刺钟木	iqaqamba; transvaal wild pomegranate
	Rhizophora **（RHIZOPHORACEAE）** **红树属（红树科）**		**HS CODE** **4403. 99**	
2560	*Rhizophora mangle*	非洲中部、喀麦隆、加蓬、留尼汪岛、安哥拉、扎伊尔、非洲西部	美国红树	african mangrove; afrikaanse mangrove; afrikansk mangrove; itanda; mangle; mangue roxo; muema; mukala tanda; paletuvier; paletuvier mauve; paletuvier rouge; rizofora africana; rizoforea africana; tangle; woto
2561	*Rhizophora mucronata*	马达加斯加、南非、非洲东部、莫桑比克、坦桑尼亚	尖头红树	anabovahatra; beebasboom; belukap; gorongo; honka; honkolafy; honkovavy; infize; mkonko; nhatanzira; paletuvier incarnat; paletuvier male; red mangrove; umhluma; voandrano
2562	*Rhizophora racemosa*	加纳、非洲中部、加蓬、喀麦隆、利比里亚、科特迪瓦、刚果、非洲西部	聚果红树	abin; adzuro; african mangrove; amutsi; asopro; bonabela tanda; dingi; godo; kinsi; koghia bera; mikosa; muema; ntanda; paletuvier rouge; red mangrove; rizofora africana; rizoforea africana; tanda

序号	学名	主要产地	中文名称	地方名
	***Rhodognaphalon*（BOMBACACEAE）** **红木棉属（木棉科）**		**HS CODE** **4403.49**	
2563	*Rhodognaphalon brevicuspe*	科特迪瓦、刚果、加蓬、扎伊尔、喀麦隆、非洲中部、利比里亚、加纳、乌干达、莫桑比克	红木棉	akagaouan; alone bombax; buma; condrotti; ebam mimbe; gabon bombax; kingue; koma; kondroti; kuntunkun; mboli; miraguana de gabon; muari; muwaka; ogoumalanga; red bombax
2564	*Rhodognaphalon schumannianum*	加蓬、科特迪瓦、莫桑比克	罗帕红木棉	alone; east african bombax; kondroti; mguza; megusa
	***Rhodolaena*（SARCOLAENACEAE）** **红杯花属（苞杯花科）**		**HS CODE** **4403.99**	
2565	*Rhodolaena bakeriana*	马达加斯加	红杯花木	fotona; fotona apetites feuilles
	***Rhoicissus*（VITACEAE）** **菱叶藤属（葡萄科）**		**HS CODE** **4403.99**	
2566	*Rhoicissus digitata*	南非	类菱叶藤木	baboon grape
2567	*Rhoicissus revoilii*	津巴布韦	罗氏菱叶藤木	muchenarota; mufukamhunze; mufukazviyo; mugodzonga; mukwidzi; musikavakadzi; pesa; warty grape
2568	*Rhoicissus tridentata*	南非	重齿菱叶藤木	bobbejaantou; droog-my-keel grape; dry-my-throat grape; wild grape
	***Rhopalocarpus*（SPHAEROSEPALACEAE）** **龙眼茶属（龙眼茶科）**		**HS CODE** **4403.99**	
2569	*Rhopalocarpus breteleri*	非洲	布雷特龙眼茶	
2570	*Rhopalocarpus louvelii*	马达加斯加	卢氏龙眼茶	lombizy
2571	*Rhopalocarpus lucidus*	非洲	光亮龙眼茶	
2572	*Rhopalocarpus roseum*	非洲	粉红龙眼茶	
2573	*Rhopalocarpus similis*	非洲	肉刺龙眼茶	
2574	*Rhopalocarpus thouarsianus*	马达加斯加	千叶龙眼茶	lombiry
2575	*Rhopalocarpus triplinervis*	马达加斯加	三脉龙眼茶	manondroala
	***Rhus*（ANACARDIACEAE）** **漆树属（漆树科）**		**HS CODE** **4403.99**	
2576	*Rhus chirindensis*	南非	火炬漆木	afrikaanse fluweelboom; afrikansk sumak; boledhout; jarrah-bush; red currant; sommaco africano; sumac africain; sumaco africano

序号	学名	主要产地	中文名称	地方名
2577	*Rhus chirindensis*	南非	火炬漆木	african sumak
2578	*Rhus dentata*	南非	重齿漆木	inholokosh iyane; nanabessie
2579	*Rhus dura*	南非	硬漆木	hard taaibos
2580	*Rhus engleri*	南非	棕漆木	karaa
2581	*Rhus erosa*	南非	锯齿漆木	besembos
2582	*Rhus fastigiata*	南非	直枝漆木	intlokolot shane yedobo
2583	*Rhus gueinzii*	南非	古氏漆木	thorny taaibos
2584	*Rhus insignis*	尼日利亚	显著漆木	kasheshi
2585	*Rhus laevigata*	南非	金樱子漆木	bosganna
2586	*Rhus lancea*	津巴布韦	兰斯漆木	bastard willow; chisawu; inhlokotsh iyane; kareeboom; mufokosiana; mutepe; uchane
2587	*Rhus legati*	非洲南部	红醋栗漆木	red currant
2588	*Rhus leptodictya*	南非	细叶漆木	false karee; mountain karee
2589	*Rhus longipes*	津巴布韦	长柄漆木	mutungahove
2590	*Rhus longispina*	南非	长轴漆木	buffalsdoring
2591	*Rhus macowanii*	南非	马氏漆木	intlokolot shane ephacathi
2592	*Rhus montana*	南非	山地漆木	mountain taaibos
2593	*Rhus natalensis*	乌干达、南非	南非漆木	musese; natal taaibos
2594	*Rhus pentaphylla*	非洲北部	五叶漆木	tizerah; tizra; tizrah
2595	*Rhus pentheri*	南非	彭里漆木	thornveld taaibos
2596	*Rhus pyroides*	津巴布韦、乌干达	焦比德漆木	brandtaaibos; fire-thorned rhus; inhlokotsh iyane; mufokosiana; musekera; uchane; umukengeri
2597	*Rhus rehmanniana*	南非	地黄漆木	rehmann taaibos
2598	*Rhus taratana*	马达加斯加	塔拉漆木	marovola
2599	*Rhus tenuinervis*	津巴布韦	纤细漆木	commiphora rhus; hyaena taaibos; inhlokotsh iyane; modipaphiri; mufokosiana; murungamunyu; uchane
2600	*Rhus thunbergi*	南非	虎纹漆木	rock ash
2601	*Rhus tomentosa*	南非	毛漆木	hairy taaibos; wild currant
2602	*Rhus transvaalensis*	南非	特兰斯漆木	transvaal rhus
2603	*Rhus undulata*	南非	波状漆木	kunibos
2604	*Rhus villosus*	南非	柔毛漆木	isihlokosh iyane

序号	学名	主要产地	中文名称	地方名
2605	*Rhus viminalis*	南非	多枝漆木	kareeboom
	Rhynchocalyx (RHYNCHOCALYCACEAE) 喙萼花属（喙萼花科）			HS CODE 4403. 99
2606	*Rhynchocalyx lawsonioides*	南非	劳森喙萼花木	rhynchocalyx
	Ricinodendron (EUPHORBIACEAE) 乔蓖麻属（大戟科）		HS CODE 4403. 49	
2607	*Ricinodendron africanum*	科特迪瓦、喀麦隆、加纳、非洲西部、几内亚、加蓬、利比里亚、莫桑比克、乌干达、扎伊尔、安哥拉、尼日利亚	非洲乔蓖麻	agqui; andjejang; ensesang; erimado; essasanga; hapi; issanguila; kitililundu; mongongome; mugela; mungembe; osongosongo; ozangilya; putuputu; sanga; timboa mounganga; wonjangasanga
2608	*Ricinodendron gracillor*	喀麦隆	纤细乔蓖麻	
2609	*Ricinodendron heudelotii*	扎伊尔、刚果、科特迪瓦、尼日利亚、塞拉利昂、加纳、非洲中部、乌干达、喀麦隆、加蓬、利比里亚、赤道几内亚	黑乔蓖麻	bofeko; epi; epuwi; erimado; esezang; gbolei; issanguila; itani; katotou; koor; mulela; musodo; musodoi; musonga; musuku; njansang; okhuen; potopoto; sosali; timboa; wama
2610	*Ricinodendron rautanenii*	喀麦隆、非洲中部、津巴布韦、乌干达、莫桑比克、赞比亚、扎伊尔、博茨瓦纳、南非、坦桑尼亚	劳氏乔蓖麻	ehan; erimado; false balsa; kisongo; mkusu; mongongome; mpapua; mukusu; mundalama; mungomo; mungongo; ngoma; rhodesian balsa; sanga sanga; umgongo; wild almond
	Ricinus (EUPHORBIACEAE) 蓖麻属（大戟科）		HS CODE 4403. 99	
2611	*Ricinus communis*	非洲中部	蓖麻	castorbean-tree
	Rinorea (VIOLACEAE) 三角车属（堇菜科）		HS CODE 4403. 99	
2612	*Rinorea anguifera*	非洲	波状三角车	
2613	*Rinorea angustifolia*	南非	狭叶三角车	sweet rinorea; ukutyakwem fene
2614	*Rinorea ferruginea*	津巴布韦	锈色三角车	hairy-leaved rinorea
2615	*Rinorea ilicifolia*	南非	冬青叶三角车	holly-leaved rinorea
2616	*Rinorea longicuspis*	科特迪瓦	尖叶三角车	ehoue
2617	*Rinorea oblongifolia*	扎伊尔	长圆叶三角车	siyasiya ou ilombo

序号	学名	主要产地	中文名称	地方名
	Rothmannia **(RUBIACEAE)** **石榴茜属（茜草科）**		**HS CODE** **4403.99**	
2618	*Rothmannia capensis*	南非	好望角石榴茜	aapsekos；candlewood；kershout
2619	*Rothmannia fischeri*	津巴布韦	费氏石榴茜	isiphindemuva；rhodesian gardenia；woodland rothmannia
2620	*Rothmannia globosa*	南非	球形石榴茜	isiqhoba；kafferklap per；september bells
2621	*Rothmannia hispida*	科特迪瓦	粗毛石榴茜	tivi
2622	*Rothmannia lujae*	非洲	尖叶石榴茜	
2623	*Rothmannia macromera*	非洲	硬石榴茜	
2624	*Rothmannia urcelliformis*	津巴布韦、科特迪瓦	石榴茜	forest rothmannia；meteatakain；mutamba webungu
2625	*Rothmannia whitfieldi*	利比里亚	怀特石榴茜	mehr
	Royena **(EBENACEAE)** **水条柿属（柿树科）**		**HS CODE** **4403.99**	
2626	*Royena lucida*	南非	亮叶水条柿	
2627	*Royena macrocalyx*	南非	大萼水条柿	
2628	*Royena nitida*	南非	密茎水条柿	blackwood
	Sacoglottis **(HUMIRIACEAE)** **囊舌木属（香膏木科）**		**HS CODE** **4403.49**	
2629	*Sacoglottis gabonensis*	刚果、赤道几内亚、加蓬、科特迪瓦、南非、尼日利亚、喀麦隆、利比里亚、非洲西部	加蓬囊舌木	akouapo；amuan；bibvouo；cherry；dauh；edoue；essoua；esua；idou；ilouye；issoua；kpowuli；mahogany；mosoukouga；niouka；ntala；ozonga；tiabutuo；tssoua
	Salix **(SALICACEAE)** **柳属（杨柳科）**		**HS CODE** **4403.99**	
2630	*Salix capensis*	南非	刺柳	cape willow；river willow；rivierwilg；umgcunube；umswi；vaal river willow
2631	*Salix hutchinsii*	非洲	哈氏柳	kambezo
2632	*Salix mucronata*	南非	南非短柳	wild willow；wilgeboom
2633	*Salix subserrata*	津巴布韦、苏丹	齿叶柳	mushambang wena；mutepe；mutungahore；sifsaf；umnyezane；wild willow

序号	学名	主要产地	中文名称	地方名
2634	*Salix woodii*	南非	伍氏柳	hangtakkies; modunae; mogocaro; umnyezene; wood willow
	Salvadora **(SALVADORACEAE)** **牙刷树属（刺茉莉科）**		**HS CODE 4403. 99**	
2635	*Salvadora persica*	非洲北部、津巴布韦、安哥拉、非洲东部	牙刷树	abezguen; baboul; charlijal; irak; mustard-tree; omungambu; oyou; siwak; tehoq; toothbrush-tree; zahnburste nholz
	Samanea **(MIMOSACEAE)** **雨树属（含羞草科）**		**HS CODE 4403. 99**	
2636	*Samanea dinklagei*	几内亚、刚果、科特迪瓦	丁克拉雨木	gongoi; konere; musinda; ta
	Sandoricum **(MELIACEAE)** **山道楝属（楝科）**		**HS CODE 4403. 99**	
2637	*Sandoricum koetjape*	毛里求斯	山道楝	santol
	Santiria **(BURSERACEAE)** **斜榄属（橄榄科）**		**HS CODE 4403. 99**	
2638	*Santiria balsamifera*	加蓬	香脂斜榄	ebap
2639	*Santiria trimera*	科特迪瓦、加蓬、非洲中部、喀麦隆、几内亚	三节斜榄	adjouaba aracines aeriennes; apoupe; beaume de san tome; bolo; divavira; ebap; epopa; iba; n'tombo; oghounghou; pao oleo; tom; tombo
	Sapindus **(SAPINDACEAE)** **无患子属（无患子科）**		**HS CODE 4403. 99**	
2640	*Sapindus saponaria*	塞内加尔	皂荚无患子	mboull
	Sapium **(EUPHORBIACEAE)** **乌桕属（大戟科）**		**HS CODE 4403. 99**	
2641	*Sapium aubrevillei*	科特迪瓦	奥氏乌桕	cocoti
2642	*Sapium ellipticum*	加蓬、喀麦隆、津巴布韦、非洲中部、乌干达	椭圆乌桕	asep; ebusok; jumping-bean-seeds; mben; mbombasse; mugarawirite; munyeredzi; muruku; musanvuma; musasa; mushasha; umhlampunzi; umhongolo
2643	*Sapium intergerrimum*	南非	互通乌桕	duikerberry; umhlepa
2644	*Sapium melanostictum*	马达加斯加	黑乌桕	doroa

序号	学名	主要产地	中文名称	地方名
	Sarcocephalus **（RUBIACEAE）** **荔桃属（茜草科）**		**HS CODE** **4403.99**	
2645	*Sarcocephalus cordatus*	非洲	心叶荔桃	kanluang
2646	*Sarcocephalus crassa*	喀麦隆	毛荔桃	etoan
2647	*Sarcocephalus latifolius*	喀麦隆、加蓬、塞拉利昂、几内亚、科特迪瓦、扎伊尔、加纳、利比里亚、尼日利亚、安哥拉、非洲西部、刚果、马达加斯加	阔叶荔桃	acundum；akondoc；amelliki；badi；bodi；bonkangu；hwenchwenti；ikaka；jadali；kantate；kedyetyelo；kisiaba；kobadi；kussiaba；maza；mbulubikasi；nguebe；odosi；okiakhe；opepe；osupawa；ouhan；owoso；supua；tefarshia；terete
	Schefflera **（ARALIACEAE）** **鸭脚木属（五加科）**		**HS CODE** **4403.49**	
2648	*Schefflera umbellifera*	南非、津巴布韦	伞状鸭脚木	forest cabbage-tree；forest kiepersol；muchaka；mukisiso；mushenjetsoka；umgesisa；umsenge
	Schinopsis **（ANACARDIACEAE）** **破斧木属（漆树科）**		**HS CODE** **4403.49**	
2649	*Schinopsis molle*	尼日利亚	软破斧木	peppermint-tree
	Schismatoclada **（RUBIACEAE）** **萃节木属（茜草科）**		**HS CODE** **4403.99**	
2650	*Schismatoclada farahimpensis*	马达加斯加	法拉萃节木	farahimpa
2651	*Schismatoclada psychotryoides*	马达加斯加	赛可萃节木	faraimpa
	Schotia **（FABACEAE）** **挂钟豆属（蝶形花科）**		**HS CODE** **4403.99**	
2652	*Schotia afra*	南非	非洲挂钟豆	karooboerboon；umgxam；umqaqoba
2653	*Schotia brachypetala*	津巴布韦	腕足挂钟豆	african walnut；boerboom；fuchsia-tree；huilboerboon；mutondochuru；mutondosvi；nyamari；weeping boerboon
2654	*Schotia capitata*	南非	头状挂钟豆	dwarf boerboon；transvaal boerboon；uvovovwana
2655	*Schotia latifolia*	南非	阔叶挂钟豆	boerbone；bosberboon；bosch boerboom；forest boerboon；umgxam

序号	学名	主要产地	中文名称	地方名
	Schrebera **(OLEACEAE)** **施雷木犀属（木犀科）**		**HS CODE** **4403.99**	
2656	*Schrebera alata*	南非、津巴布韦	翼状施雷木犀	forest jasmine-tree; forest tree-jasmine; kobva; muti-usina-zita; mutoma; umdakane; umnetazulu; umphokopho kwane
2657	*Schrebera arborea*	几内亚、科特迪瓦、几内亚比绍	树状施雷木犀	legno goiaba; madera goiaba; oualio; paugoiaba
2658	*Schrebera argyrotricha*	南非	银毛施雷木犀	bushveld tree-jasmine; mokauke
2659	*Schrebera holsti*	非洲东部	霍尔施雷木犀	mlazi
2660	*Schrebera trichoclada*	津巴布韦	毛枝施雷木犀	kobva; mbudika; mukakato; mupatupatu; wooden pear
	Sclerocarya **(ANACARDIACEAE)** **硬果漆木属（漆树科）**		**HS CODE** **4403.99**	
2661	*Sclerocarya birrea*	尼日利亚、津巴布韦、肯尼亚、南非、坦桑尼亚、马达加斯加	伯尔硬果漆木	danya; ganyi; maroela; marula; meroola; mgongo; mufuna; mungongo; mutsomo; ngongho; sakoa; sclerocarya; umganu
2662	*Sclerocarya caffra*	南非	南非硬果漆木	maroela; marula; mgongo; unganu
	Sclerosperma **(PALMAE)** **硬子椰属（棕榈科）**		**HS CODE** **4403.99**	
2663	*Sclerosperma walkeri*	加蓬	沃氏硬子椰	akora; amanga; angokolo; dikotseke; ipovo; kondjo; lekutuku; manga; mbego; mvie
	Scolopia **(FLACOURTIACEAE)** **箣柊属（大风子科）**		**HS CODE** **4403.99**	
2664	*Scolopia flanaganii*	南非	弗氏箣柊	bastard mountain saffron; flanagan thorn pear
2665	*Scolopia heterophylla*	留尼汪岛	异叶箣柊	bois de bassin noir; bois de prune; bois de tisane rouge; prune marron
2666	*Scolopia mundii*	南非	红梨箣柊	klipdoorn; klipdoring; mohlono; mountain saffron; red pear; south african red pear
2667	*Scolopia stuhlmanni*	非洲	斯图箣柊	mtulla-mpalla
2668	*Scolopia thouvenotii*	马达加斯加	胡氏箣柊	hazomby

序号	学名	主要产地	中文名称	地方名
2669	*Scolopia zeyheri*	津巴布韦、南非	南非箣柊	doringpeer; iqumza elinameva; red pear; thorn pear; wolf pear; wolfs-thorn
	Scorodophloeus **(CAESALPINIACEAE)** 蒜味豆属（苏木科）		**HS CODE 4403.49**	
2670	*Scorodophloeus zenkeri*	喀麦隆、加蓬、扎伊尔、非洲中部、刚果	森柯儿苏木	arbrea ail; bobimbi; diuida; divida; essoun; foundi; lioczo; liviza; muniengili; nsigna; olom; surdyacolo; syndiakolo; ufili; yomi
	Scottellia **(ACHARIACEAE)** 须鳞木属（青钟麻科）		**HS CODE 4403.49**	
2671	*Scottellia chevalieri*	科特迪瓦、加纳	切氏须鳞木	akossika; akossika grandes feuilles; edde; koroko; odoko; tiabutuo
2672	*Scottellia coriacea*	科特迪瓦、加纳、尼日利亚、非洲西部、加蓬、刚果、利比里亚、喀麦隆	革叶须鳞木	aburuhi; akossikaa petit feuilles; akporo; bakaza; benarbinekele; edde; emwenfuohai; endele; koronkon; kruku; makaza; memor bode; merchu; nemor bode; ngobisolo; odoko; uguorpa
2673	*Scottellia kamerunensis*	科特迪瓦、尼日利亚、加蓬	须鳞木	akisika; akossika; akossikaa petites feuilles; bilorkbing kele; edde; timbania; tsoukoby
	Scutia **(RHAMNACEAE)** 对刺藤属（鼠李科）		**HS CODE 4403.99**	
2674	*Scutia myrtina*	南非	米蒂娜对刺藤	cat-thorn; drogies; droog-my-keel; dry-my-throat; katdoorn; spingle
2675	*Scutia spicata*	非洲	穗花对刺藤	
	Scyphocephalium **(MYRISTICACEAE)** 杯头蔻属（肉豆蔻科）		**HS CODE 4403.99**	
2676	*Scyphocephalium grandifolium*	加蓬	大叶杯头蔻	n'soro
2677	*Scyphocephalium mannii*	喀麦隆	曼氏杯头蔻	akurna; eteng oswe; ossoko
2678	*Scyphocephalium ochocoa*	喀麦隆、加蓬	杯头蔻	akouna; etan; izombe; mousoukou; nometen; noum-etan; noumeten; ochoco; otsoko; otsuku; sogho; sokoue; sokwe; sorho; soro; tsisombo; tsogo; usoro

序号	学名	主要产地	中文名称	地方名
2679	*Scyphocephalium tieghemii*	科特迪瓦	蒂氏杯头蔻	moussagoue
	***Scytopetalum*（LECYTHIDACEAE）** **革瓣花属（玉蕊科）**		**HS CODE** **4403.49**	
2680	*Scytopetalum klaineanum*	加蓬、刚果、非洲西部	克莱革瓣花	adzakouma；bumbulu；moussangouve；oingo
2681	*Scytopetalum tieghemii*	科特迪瓦、利比里亚	蒂氏革瓣花	adjansi；moussanghoue；moussangoue；odzikouna；sourwood；zeb-blo
	***Securinega*（EUPHORBIACEAE）** **叶底珠属（大戟科）**		**HS CODE** **4403.99**	
2682	*Securinega autsingyae*	马达加斯加	奥特叶底珠	anatsiko
2683	*Securinega capuronii*	非洲	卡氏叶底珠	
2684	*Securinega croomeana*	毛里求斯	克罗米叶底珠	manahe
2685	*Securinega durissima*	留尼汪岛、毛里求斯	强硬叶底珠	bois dur；bois manahe；corce rouge；manahe
2686	*Securinega seyrigii*	马达加斯加	塞氏底珠	anatsiko
	***Senna*（CAESALPINIACEAE）** **决明属（苏木科）**		**HS CODE** **4403.49**	
2687	*Senna meridionalis*	马达加斯加	南方决明②	mother of the forest
2688	*Senna occidentalis*	加纳、尼日利亚	西方决明	amanseidua；rere
2689	*Senna petersiana*	南非	彼得决明	dwarf cassia；eared cassia；lijoyi
2690	*Senna siamea*	留尼汪岛、科特迪瓦、扎伊尔	铁刀木	casse du siam；cassia；djohar；ironwood
2691	*Senna singueana*	津巴布韦、尼日利亚	辛圭决明	isihaqa esincinyane；kasakwe；mudyamhunu；mudyanungu；mukundanyoka；munzungu；mupumhamakuva；mutsumbudzi；nahanyama；rumfu；runhu；winter cassia
	***Sideroxylon*（SAPOTACEAE）** **铁榄木属（山榄科）**		**HS CODE** **4403.99**	
2692	*Sideroxylon bojeranum*	毛里求斯	博杰铁榄木	manglier
2693	*Sideroxylon borbonicum*	留尼汪岛	博尔铁榄木	boisde fer；boisde ferbatard；boisde ferblanc；natte batard
2694	*Sideroxylon grandiflorum*	毛里求斯	大花铁榄木	bois tambalacoque；tambalacoque

序号	学名	主要产地	中文名称	地方名
2695	*Sideroxylon inerme*	津巴布韦、南非、非洲东部	平滑铁榄木	fingo milkwood-tree; jakkalsbessie; milkwood; mogongoongo; mtunda; sea oak; treaty-tree; white milkwood; witmelkhout
2696	*Sideroxylon majus*	留尼汪岛	大枝铁榄木	boisde fer; boisde ferbatard; boisde ferblanc; natte batard
2697	*Sideroxylon portoricense*	非洲西部	波多铁榄木	congotali
2698	*Sideroxylon puberulum*	毛里求斯	毛叶铁榄木	bois manglier rouge
	Sindora **(CAESALPINIACEAE)** **油楠属（苏木科）**		**HS CODE** **4403. 49**	
2699	*Sindora klaineana*	加蓬	克莱油楠	banda rouge; bicnedora; bienedoro; copal; copalier; ebana; ibanda; kitola tola; n'gom; ngom; ngome; ovengkol; tchitola; tola
	Sindoropsis **(CAESALPINIACEAE)** **赛油楠属（苏木科）**		**HS CODE** **4403. 99**	
2700	*Sindoropsis letestui*	加蓬、刚果	赛油楠	diguira; geombi; gheombi; gheombiec epaisse; n'gom; ngom; olumi noir
	Sloanea **(ELAEOCARPACEAE)** **猴欢喜属（杜英科）**		**HS CODE** **4403. 99**	
2701	*Sloanea rhodantha*	马达加斯加	红花猴欢喜	voanana
	Smeathmannia **(PASSIFLORACEAE)** **涩树莲属（西番莲科）**		**HS CODE** **4403. 99**	
2702	*Smeathmannia pubescens*	利比里亚、科特迪瓦	短柔毛涩树莲	ju-wrah; lokoma
	Smodingium **(ANACARDIACEAE)** **彩漆藤属（漆树科）**		**HS CODE** **4403. 99**	
2703	*Smodingium argutum*	南非	尖齿彩漆藤	tovane; utovani
	Solanum **(SOLANACEAE)** **茄属（茄科）**		**HS CODE** **4403. 99**	
2704	*Solanum acropterum*	南非	顶蕨茄	
2705	*Solanum aculeastrum*	南非	刺茄	bitter apple; goat apple; murulwa
2706	*Solanum aculeatissimum*	乌干达	喀西茄	mutobotobo
2707	*Solanum appendiculatum*	非洲	附属茄	

序号	学名	主要产地	中文名称	地方名
2708	*Solanum campylacanthum*	乌干达	坎皮拉茄	mutobotobo
2709	*Solanum gayanum*	非洲	加亚茄	
2710	*Solanum giganteum*	南非	甘特茄	giant bitter apple; groot bitterappel
	***Sonneratia*（LYTHRACEAE）** **海桑属（千屈菜科）**		**HS CODE** **4403.99**	
2711	*Sonneratia alba*	马达加斯加	白海桑	farafaka; farafata
	***Sophora*（FABACEAE）** **槐属（蝶形花科）**		**HS CODE** **4403.99**	
2712	*Sophora denudata*	留尼汪岛	齿叶槐	petir tamarin des hauts
2713	*Sophora inhambanensis*	南非	南非槐	sophora
	***Sorindeia*（ANACARDIACEAE）** **葡萄漆属（漆树科）**		**HS CODE** **4403.99**	
2714	*Sorindeia acutifolia*	非洲西部	尖叶葡萄漆	cedro africano
2715	*Sorindeia deliciosa*	利比里亚	美味葡萄漆	pohn; see
2716	*Sorindeia juglandifolia*	喀麦隆	核桃叶葡萄漆	boo; ebap
2717	*Sorindeia longifolia*	利比里亚	长叶葡萄漆	blimah
2718	*Sorindeia madagascariensis*	非洲东部	马达加斯加葡萄漆	mkunguna
2719	*Sorindeia maxima*	扎伊尔	大葡萄漆	mbula
2720	*Sorindeia ochracea*	喀麦隆	赭色葡萄漆	engan; gandal; n'gon; olonvogo du cameroun; timba moundi
	***Soyauxia*（PERIDISCACEAE）** **围药树属（围盘树科）**		**HS CODE** **4403.99**	
2721	*Soyauxia floribunda*	科特迪瓦	多花围药树	boahinou bonahouin
2722	*Soyauxia gabonensis*	刚果	加蓬围药树	mpassa missassa
2723	*Soyauxia grandifolia*	喀麦隆、科特迪瓦、利比里亚	大叶围药树	awonong; dagbe; don-doh
	***Spartium*（FABACEAE）** **鹰爪豆属（蝶形花科）**		**HS CODE** **4403.99**	
2724	*Spartium junceum*	加那利群岛	鹰爪豆	genet d'espagne; ginesta; ginestra; ginestra odorosa; retama espana; retama olor; spanish broom

序号	学名	主要产地	中文名称	地方名
	Spathodea（BIGNONIACEAE） 火焰树属（紫葳科）		**HS CODE** **4403.99**	
2725	*Spathodea campanulata*	加纳、尼日利亚、非洲中部、刚果、喀麦隆、加蓬、肯尼亚、几内亚、莫桑比克、科特迪瓦、乌干达、非洲西部	钟状火焰木	adatsigo；african tuliptree；afrikanskt tulpantrad；dogom；essussouk；evonlvonle；folonko；kifabakasi；kokomayur；murogoro；mutsurio；osisiriw；tchogo；todouk；tuliptree；tulpenbaum
2726	*Spathodea nilotica*	肯尼亚	火焰木	flame of the forest
	Spirostachys（EUPHORBIACEAE） 螺穗木属（大戟科）		**HS CODE** **4403.49**	
2727	*Spirostachys africana*	莫桑比克、非洲东部、坦桑尼亚、津巴布韦、南非、非洲西部	非洲螺穗木	african sandaleenwood；african sandalo；green sandalwood；helengomaash；msaraka；mtomboti；munhiti；mushalaka；mutovoti；omupapa；sandaleen；sandalwood；sandelholz；sandolo；tambotie；tomboti；ubande；umthombothi
	Spondianthus（EUPHORBIACEAE） 毒漆茶属（大戟科）		**HS CODE** **4403.99**	
2728	*Spondianthus preussii*	加蓬、利比里亚、科特迪瓦、喀麦隆、扎伊尔	普氏毒漆茶	ategue；bu-ehn-waye；djilika；djlika；gouahimbon dou；mfoum；okombokuij；senan；tamboti；tshipanda
	Spondias（ANACARDIACEAE） 槟榔青属（漆树科）		**HS CODE** **4403.49**	
2729	*Spondias mombin*	非洲西部、科特迪瓦、加蓬、喀麦隆	黄槟榔青	agliko；akiko；hapcnic；haperrie；kingelu；monbin；mouganga；nayile；ngando；ngua；ningo；yellow mombin
	Stachyothyrsus（CAESALPINIACEAE） 塔穗豆属（苏木科）		**HS CODE** **4403.99**	
2730	*Stachyothyrsus stapfiana*	利比里亚、科特迪瓦	斯塔菲塔穗豆	kahn；kahu；kaoue；kaowyh；red pine
	Staudtia（MYRISTICACEAE） 西非肉豆蔻属（肉豆蔻科）		**HS CODE** **4403.49**	
2731	*Staudtia congensis*	扎伊尔	刚果西非肉豆蔻	lusenga
2732	*Staudtia damerunensis*	喀麦隆	达梅西非肉豆蔻	bounjie

序号	学名	主要产地	中文名称	地方名
2733	*Staudtia gabonensis*	加蓬、喀麦隆、安哥拉、扎伊尔、非洲西部、尼日利亚	加蓬西非肉豆蔻	arbre pagaies; bobe; bocapi; camashi; gnoue; ikop; kamashi; kamashii; mbonda; mogoubi; moourn; mulanga; ngakombo; ngobye; ninegone; nkafi; nyowe; somve menge; susumengai; todo; ungubu; wanga
2734	*Staudtia kamerunensis*	非洲中部、喀麦隆、刚果、扎伊尔、加蓬	喀麦隆西非肉豆蔻	bocapi; bongongi; bope bambale; guebe; hikob; kamashi; kimme; koye; mbouda; mbounde; menga-menga; minga; mpotan kabi; niove
2735	*Staudtia niohue*	喀麦隆、扎伊尔、加蓬、安哥拉、非洲中部、尼日利亚	尼奥西非肉豆蔻	ekop; kamashi; m'bonda; m'boun; menga; mogoubi; n'kafi; niove; oropa
2736	*Staudtia stipitata*	刚果、非洲中部、赤道几内亚、喀麦隆、扎伊尔、加蓬、安哥拉、尼日利亚	具柄西非肉豆蔻	bocapi; bope; bope bambale; camashi; ekop; kamashi; m'bonda; mbassina; memenga; mogoubi; n'bonda; niove; ohobe; oropa; sunzu; susumenga; wanga
	Steganotaenia **(APIACEAE)** **胡萝卜树属（伞形科）**		**HS CODE 4403.99**	
2737	*Steganotaenia araliacea*	南非	阿拉利胡萝卜树	carrot-tree; morobolo
	Stemonocoleus **(CAESALPINIACEAE)** **小花苏木属（苏木科）**		**HS CODE 4403.99**	
2738	*Stemonocoleus micranthus*	科特迪瓦、刚果、扎伊尔、非洲中部	小花苏木	ahianana; kivala; moudomba; tengi
	Stenanthera **(ANNONACEAE)** **松叶石南属（番荔枝科）**		**HS CODE 4403.99**	
2739	*Stenanthera hamata*	科特迪瓦	钩柱松叶石南	surua; t'sainfi
	Stephania **(MENISPERMACEAE)** **千金藤属（防己科）**		**HS CODE 4403.99**	
2740	*Stephania dinklagei*	利比里亚	丁克拉千金藤	drehn-gbar-doo
	Sterculia **(STERCULIACEAE)** **苹婆属（梧桐科）**		**HS CODE 4403.49**	
2741	*Sterculia africana*	莫桑比克、津巴布韦	非洲苹婆	mjare; mopopoja-tree; mulele; munera; mungoza; mupoposia; murere; mutsvedza; tick-tree
2742	*Sterculia albidiflora*	非洲	白花苹婆	

序号	学名	主要产地	中文名称	地方名
2743	*Sterculia alexandri*	南非	亚历山大苹婆	cape sterculia
2744	*Sterculia appendiculata*	津巴布韦	附录苹婆	tall sterculia
2745	*Sterculia bequaertii*	非洲	中非苹婆	kombuluka
2746	*Sterculia cinerea*	乌干达	灰质苹婆	tzagwodo
2747	*Sterculia cordifolia*	非洲	心叶苹婆	bamba
2748	*Sterculia dawei*	乌干达	达威苹婆	kitoro
2749	*Sterculia murex*	南非	莫瑞苹婆	laeveldcas taiing; lowveld chestnut
2750	*Sterculia oblonga*	科特迪瓦、尼日利亚、非洲中部、喀麦隆、刚果、赤道几内亚、非洲西部	黄苹婆	akodiakede; assasodau; azodo; bongele; bopumbanji; dototo; ebenebe; eujong; gele sterculia; kokoniko; mvang; njong; okoko; ongele; sterculia; white sterculia; yellow sterculia
2751	*Sterculia pruriens*	加纳	痒痒苹婆	yahu
2752	*Sterculia quinqueloba*	津巴布韦、坦桑尼亚、赞比亚、莫桑比克、扎伊尔	五裂苹婆	five-lobed sterculia; kukubuyu; large-leaved sterculia; mbalamwezi; mecuirande de; moabi; munera; mungoza; murera; mutsvedza; mwabi; umkukubuyu
2753	*Sterculia rhinopetala*	加纳、喀麦隆、尼日利亚、科特迪瓦、非洲中部、非洲西部	褐苹婆	awabima; awasea; bohindi; bonjanga; brown sterculia; donkere sterculia; ekko; enkana; litoue; lotofa; nkanang; nkanna; nkannang; pokodom; sterculia scura; wawabima
2754	*Sterculia rogersii*	南非	罗氏苹婆	inkuphenhu phe; ulumbu-tree
2755	*Sterculia rupestris*	加纳	岩生苹婆	binkey
2756	*Sterculia setigera*	非洲西部、尼日利亚、塞内加尔	卡拉牙胶树	kelipoto; kukuki; lalambep; m'bepp; mbepp; mondelu; oduduku
2757	*Sterculia subviolacea*	扎伊尔	亚维苹婆	lintulu; luntulu
2758	*Sterculia tragacantha*	加纳、尼日利亚、非洲西部、科特迪瓦、非洲中部、刚果、安哥拉、喀麦隆	树胶苹婆	african tragacanth; avoane; batopoua; botopoua; efok afum; gbolagola; kivunga; kodohure; kotekyi; kotokie; loloe; lomburu; nespera; nespero; osofoa; pore-pore; sobou
	Stereospermum **(BIGNONIACEAE)** **羽叶楸属（紫葳科）**		**HS CODE 4403. 99**	
2759	*Stereospermum acuminatissimum*	科特迪瓦	尖锐羽叶楸	fara; kourima

序号	学名	主要产地	中文名称	地方名
2760	*Stereospermum arcuatum*	马达加斯加	弓状羽叶楸	fangalitra；mangarahara
2761	*Stereospermum dentatum*	非洲	齿状核羽叶楸	mkande
2762	*Stereospermum euphorioides*	马达加斯加	大戟羽叶楸	mangarahara
2763	*Stereospermum katangensis*	扎伊尔	加丹加羽叶楸	kikobwa
2764	*Stereospermum kunthianum*	非洲西部、科特迪瓦、尼日利亚、津巴布韦、苏丹、几内亚、乌干达、塞内加尔	昆蒂羽叶楸	essobelia；fehr；jiri；kabvevesango；kash-kash；mogo；mukuku；mutandangozi；ndebera；pink jacaranda；sansami；soula-seli balo
2765	*Stereospermum variabile*	马达加斯加	多变羽叶楸	madagascar stereosper mum
2766	*Stereospermum zenkeri*	喀麦隆	森柯儿羽叶楸	angossa；edzozongui
	***Strelitzia*（STRELITZIACEAE）** **鹤望兰属（旅人蕉科）**		**HS CODE** **4403. 99**	
2767	*Strelitzia alba*	南非	白鹤望兰	bird-of-paradise-flower；crane-flower；piesang；wild banana；wild mealie
2768	*Strelitzia caudata*	南非	尾状鹤望兰	inkamanga；transvaal wild banana；wildepiesang
2769	*Strelitzia nicolai*	南非	尼古拉鹤望兰	isiguide；natal strelitzia
	***Strombosia*（STROMBOSIACEAE）** **润肺木属（润肺木科）**		**HS CODE** **4403. 49**	
2770	*Strombosia gossweileri*	非洲	高斯润肺木	kumunu-kum unu
2771	*Strombosia grandifolia*	喀麦隆、加蓬、刚果	大叶润肺木	adjip；djib；edoup-bazoa；edzig mbazoa；esonousoua；findi；kamba；komondip；mbang mbazoa；mbangbazoa evele；mbasa；mogameba；nghila；nsone-essoue；nsone-so
2772	*Strombosia nigropunctata*	扎伊尔	黑叶润肺木	botutampono

序号	学名	主要产地	中文名称	地方名
2773	*Strombosia pustulata*	加蓬、刚果、加纳、科特迪瓦、尼日利亚、喀麦隆、非洲西部、利比里亚	灰润肺木	abondo; afina; agouele; badjibri; bazoa; biem; feranga; kumunu babongo; linvini; lisungi; mbazogha; mbazork; mbesi; mbeza; mpohe; munyankono; otingbo; patuba; pouo; ubelu
2774	*Strombosia scheffleri*	安哥拉、坦桑尼亚、肯尼亚、津巴布韦	肯尼亚润肺木	m'senha; msangana; mtora; munyankono; musiringu; mutsahware; omuhika
	Strychnos **(LOGANIACEAE)** **马钱子属（马钱科）**		**HS CODE** **4403.99**	
2775	*Strychnos aculeata*	非洲	尖刺马钱子	
2776	*Strychnos angolensis*	非洲	安哥拉马钱子	
2777	*Strychnos asperula*	非洲	宿苞马钱子	
2778	*Strychnos asterantha*	非洲	星花马钱子	
2779	*Strychnos atherstonei*	南非	艾瑟斯马钱子	cape teak; umhlamalha
2780	*Strychnos buettneri*	非洲西部	布埃特马钱子	kongofura
2781	*Strychnos campicola*	非洲	坎皮马钱子	
2782	*Strychnos camptoneura*	非洲	坎普顿马钱子	
2783	*Strychnos chromatoxylon*	非洲	染色马钱子	
2784	*Strychnos chrysophylla*	非洲	金叶马钱子	
2785	*Strychnos cocculoides*	南非、津巴布韦	小莓马钱子	bitter monkey-orange; muono; mutambamu zhinyu; suurklapper; umkhemeths wane; umkhemetsane
2786	*Strychnos congolana*	非洲	刚果马钱子	
2787	*Strychnos cuniculina*	扎伊尔	库尼马钱子	bokilona nsamba
2788	*Strychnos dale*	非洲	戴尔马钱子	
2789	*Strychnos decussata*	南非	十字马钱子	capeteak; chakaswood; pandas walkingstick; umhlamala; umhlamalha
2790	*Strychnos dinklagei*	非洲	科特迪瓦马钱子	
2791	*Strychnos dolichothyrsa*	非洲	长花柱马钱子	
2792	*Strychnos elaeocarpa*	非洲	杜英马钱子	
2793	*Strychnos engleri*	非洲	恩氏马钱子	mgurunguja; mtonga
2794	*Strychnos erichsonii*	非洲	埃氏马钱子	

序号	学名	主要产地	中文名称	地方名
2795	*Strychnos henningsii*	南非	亨氏马钱子	coffee hard pear；hard pear；natal teak
2796	*Strychnos innocua*	几内亚、津巴布韦	无害马钱子	conde coule；dull-leaved mukwakwa；monkey-orange；mukwakwa
2797	*Strychnos jobertiana*	非洲	厄伯马钱子	
2798	*Strychnos johnsonii*	非洲	约氏马钱子	
2799	*Strychnos longicaudata*	非洲	长尾马钱子	
2800	*Strychnos lucens*	非洲	发亮马钱子	
2801	*Strychnos lucida*	非洲	亮叶马钱子	
2802	*Strychnos madagascariensis*	津巴布韦	蕉状马线子	kwakwa；monkey-orange；muteme；nkwakwa；shiny-leaved mukwakwa；umkwa；umteme；umwawa
2803	*Strychnos malchairii*	非洲	马氏马钱子	
2804	*Strychnos mellodora*	津巴布韦	梅洛多马钱子	chitonga；forest strychnos
2805	*Strychnos memecyloides*	非洲	梅洛伊马钱子	
2806	*Strychnos millepunctata*	非洲	多点状马钱子	
2807	*Strychnos mimfiensis*	非洲	姆菲米马钱子	
2808	*Strychnos mitis*	南非、科摩罗群岛、津巴布韦	轻型马钱子	hard pear；kouloukou；mutambabungu；umngqunquti；umphathank osi
2809	*Strychnos ngouniensis*	非洲	恩古涅马钱子	
2810	*Strychnos nigritana*	非洲	黑马钱子	
2811	*Strychnos potatorum*	津巴布韦	波塔马钱子	grape strychnos；kyapeni；mgwagwe；mudanapfunye；mudyagudo；mudyakuwe；mudyambira；mukaki；nsupa；umlombelombe
2812	*Strychnos pungens*	津巴布韦、非洲东部	菱状马钱子	klapper；mkome；mudo；mugwati；mumbumi；mutamba-usiku；spiny-leaved monkey-orange；umgwadi
2813	*Strychnos samba*	津巴布韦	桑巴马钱子	
2814	*Strychnos schefferi*	津巴布韦	舍弗里马钱子	
2815	*Strychnos schultesiana*	津巴布韦	舒尔蒂马钱子	

序号	学名	主要产地	中文名称	地方名
2816	*Strychnos spinosa*	津巴布韦、尼日利亚、非洲西部、塞内加尔	多刺马钱子	dambakalota; hlala; kokiya; msala; mutamba; mutamba-munono; naprampogo; pata-kouleou; spiny monkey-orange; umgono; umhlali; umtamba; wagbebe; yokharaugu
2817	*Strychnos splendens*	非洲	发亮马钱子	
2818	*Strychnos tchibangensis*	非洲	奇班马钱子	
2819	*Strychnos ternata*	非洲	三叶马钱子	
2820	*Strychnos tricalysioides*	非洲	三角马钱子	
2821	*Strychnos trichilioides*	尼日利亚	毛状马钱子	kokiya
2822	*Strychnos trinervis*	非洲	三脉马钱子	
2823	*Strychnos urceolata*	非洲	桶状马钱子	
2824	*Strychnos usambarensis*	肯尼亚、津巴布韦	肯尼亚马钱木	dingaans-wood; little monkey orange; mutamba wehlanzi; mutikani
	***Suregada* (EUPHORBIACEAE)** **白树属（大戟科）**		**HS CODE** **4403. 99**	
2825	*Suregada africana*	南非	非洲白木	isitubi-tree; ithambo lempaka
2826	*Suregada laurina*	马达加斯加	桂叶白木	kalavelo
2827	*Suregada procera*	津巴布韦	高大白木	forest suregada; tall suregada
2828	*Suregada zanzibariensis*	南非	桑给巴尔白木	ikhushwane elikhulu; zanzibar suregada
	***Swartzia* (CAESALPINIACEAE)** **铁木豆属（苏木科）**		**HS CODE** **4403. 49**	
2829	*Swartzia* (= *Bobgunnia*) *fistuloides*	非洲中部、加蓬、刚果、科特迪瓦、扎伊尔、安哥拉、莫桑比克	葱叶状铁木豆	akite; asomanini; awong; boto; dina; doudoum; kiela; kiela kusu; kissassamba; kusu; ndina; n'guessa; nsakala; oken; pau ferro; pau rosa
2830	*Swartzia* (=*Bobgunnia*) *madagascariensis*	尼日利亚、津巴布韦、扎伊尔、赞比亚、安哥拉、马达加斯加、非洲西部	马达加斯加铁木豆	bayama; bogo zage; gamma fada; gwazkiya; ironheart-tree; kabi; kasanda; mucherekese; mukosho; mushakashela; ndale; pampi; pao rosa; pau ferro; pau rosa; snake-bean tree; subando; umketsheke tshe; umtsakatsha
2831	*Swartzia multijuga*	非洲	多对铁木豆	

序号	学名	主要产地	中文名称	地方名
	Symphonia **（GUTTIFERAE）** **西姆藤黄属（藤黄科）**		**HS CODE** **4403. 49**	
2832	*Symphonia acuminata*	马达加斯加	披针叶西姆藤黄	kiji sarondrana；kijy sarondrana
2833	*Symphonia clusioides*	马达加斯加	西姆藤黄	kijy
2834	*Symphonia fasciculata*	马达加斯加	束状西姆藤黄	hazina；kiji；kijiy；kijy bonaka
2835	*Symphonia globulifera*	尼日利亚、利比里亚、非洲西部、加纳、刚果、加蓬、科特迪瓦、扎伊尔、喀麦隆、几内亚、乌干达	球形西姆藤黄	agberibedi；anani；arquane；aruane；beta；boarwood；cerillo；chewstick；choucli；gambodge；karamanni；machare；muyanja；numgundo；onja；ossoudou；sambogum；tshilunga；usempe；usonghia；vanani；yellow mangue
2836	*Symphonia laevis*	马达加斯加	平滑西姆藤黄	kizalahy
2837	*Symphonia louvelii*	马达加斯加	卢氏西姆藤黄	kijy bonaka；kizavavy
2838	*Symphonia pauciflora*	马达加斯加	少花西姆藤黄	kiji lahy
2839	*Symphonia tanalensis*	马达加斯加	塔氏西姆藤黄	kijy bonaka；kijy sarondra；kijy sarondrana
2840	*Symphonia urophylla*	马达加斯加	尾叶西姆藤黄	kiji sarondrana
	Symplocos **（SYMPLOCACEAE）** **灰木属（灰木科）**		**HS CODE** **4403. 99**	
2841	*Symplocos cochinchinensis*	塞内加尔	交趾灰木	debargua
	Synsepalum **（SAPOTACEAE）** **神秘果属（山榄科）**		**HS CODE** **4403. 99**	
2842	*Synsepalum afzelii*	科特迪瓦	细叶神秘果	adan；akouedao；akouidao；akuedao；diangue
2843	*Synsepalum brevipes*	几内亚、科特迪瓦、乌干达	短柄神秘果	koace；nkalate
2844	*Synsepalum cerasiferum*	非洲中部	樱果神秘果	gba
2845	*Synsepalum longecuneatum*	刚果	长楔形神秘果	bel
2846	*Synsepalum msolo*	非洲东部	姆索神秘果	msolo

序号	学名	主要产地	中文名称	地方名
2847	*Synsepalum subcordatum*	扎伊尔	亚心神秘果	bofunga
2848	*Synsepalum subverticillata*	肯尼亚	轮花神秘果	mchambi
	Syzygium **(MYRTACEAE)** **蒲桃属(桃金娘科)**		**HS CODE 4403.99**	
2849	*Syzygium alliiligneum*	马达加斯加、加蓬	细叶蒲桃	kivala; ntioumbo; rotra
2850	*Syzygium cordatum*	非洲东部、南非、津巴布韦	心形蒲桃	coast mdoni; gihlu; imiswi; mnyowe; muisu; mukute; um doni; umdoni; waterberry; waterboom; waterwood
2851	*Syzygium cymosum*	毛里求斯	聚伞花序蒲桃	pomme
2852	*Syzygium gerrardii*	津巴布韦、南非	格氏蒲桃	forest umdoni; forest waterberry; mdoni; mukute; waterpeer; waterwood; waterwood-bush
2853	*Syzygium guineense*	津巴布韦、几内亚、科特迪瓦、苏丹、尼日利亚、非洲东部、乌干达、非洲西部、南非	几内亚蒲桃	gihlu; kayo; kokissa; malmo; mshihui; mshiwi; mukute; oloque; sinti; tschapea; water pear; waterberry; white umdoni; woodland waterberry
2854	*Syzygium jambos*	留尼汪岛、马达加斯加	蒲桃	jambosier; jamrosa; zaham borizano
2855	*Syzygium owariense*	扎伊尔	奥瓦里蒲桃	chifuwa; senghelele; swamp waterberry; water berry
2856	*Syzygium paniculatum*	留尼汪岛	圆锥花蒲桃	bois de peche
2857	*Syzygium parkeri*	马达加斯加	帕克蒲桃	rotra
2858	*Syzygium rowlandii*	非洲中部、刚果、科特迪瓦	若氏蒲桃	banda; eguim; guessiguie-ako; kouboulou
2859	*Syzygium sayeri*	加蓬、毛里求斯、科摩罗群岛、马达加斯加	塞耶蒲桃	abangboua; bois clou; eugenia; mrimehou; ntioumbo; ropandrola tra; rotra; small-leaf rotra
	Tabernaemontana **(APOCYNACEAE)** **狗牙花属(夹竹桃科)**		**HS CODE 4403.99**	
2860	*Tabernaemontana africana*	几内亚	非洲狗牙花	bokoroni
2861	*Tabernaemontana brachyantha*	喀麦隆	短花狗牙花	ekoako; etoan; etonn; etoue; touey

序号	学名	主要产地	中文名称	地方名
2862	*Tabernaemontana crassa*	科特迪瓦、利比里亚、扎伊尔、刚果、加蓬	粗厚狗牙花	akotombo-atoin; apukur; bonkeka; choha; dungohame; dungohami; dungomi; goueloukou; itue; kenghe vumba; monkeka; piegba; weh-boh
2863	*Tabernaemontana elegans*	津巴布韦	秀丽狗牙花	kahlane; muchanga; muchengwa; muchesa; mugotanzou; mukadhlu; mukashu; ruchena; toad-tree; umkhalu
2864	*Tabernaemontana pachysiphon*	非洲东部、乌干达、加纳	厚管狗牙花	m'werere; mkoko; mwelele; namukagu; obonawa
2865	*Tabernaemontana penduliflora*	刚果、喀麦隆	悬钩狗牙花	duli duli; obaeton
2866	*Tabernaemontana persicariifolia*	毛里求斯	桃叶狗牙花	bois de lait
2867	*Tabernaemontana ventricosa*	津巴布韦、扎伊尔	紫萼狗牙花	fever-tree; mutendi; mutondi; nomfi-tree; ruchena
	Tamarindus **(CAESALPINIACEAE)** **酸豆属（苏木科）**		**HS CODE** **4403. 99**	
2868	*Tamarindus aphylla*	摩洛哥	无叶酸豆木	ethel
2869	*Tamarindus indica*	非洲中部、塞内加尔、尼日利亚、加纳、非洲西部、乌干达、赞比亚、津巴布韦、苏丹、留尼汪岛	酸豆木	chita; dakar; imli; indian tamarind; keditia; kopu; magyi; mkwadju; mukoge; musika; samia; tamarcse; tamarind; tamrisi; tombi; tsamia; tsamiya; yevutsitoe
	Tamarix **(TAMARICACEAE)** **柽柳属（柽柳科）**		**HS CODE** **4403. 99**	
2870	*Tamarix aphylla*	索马里	无叶柽柳	dur
2871	*Tamarix gallica*	摩洛哥、非洲北部、莫桑比克、佛得角群岛	法国柽柳	ahammam; amemmai; fersig; tamargueira; tarfa; tarrafe
2872	*Tamarix nilotica*	非洲东部、肯尼亚	尼罗河柽柳	aziatische tamarisk; egyptian tamarisk; nile tamarisk; tamarice egiziano; tamarisco egipcio; tamarisk egyptien
2873	*Tamarix senegalensis*	塞内加尔	塞内加尔柽柳	thioh
2874	*Tamarix usneoides*	南非、埃及、利比亚、非洲北部、摩洛哥	细花柽柳	abiekwasge elhout; atuel; aziatische tamarisk; dawee; egyptian tamarisk; tabrakat; tamarice egiziano; tamarisco egipcio; tamarisk egyptien; tlaia

序号	学名	主要产地	中文名称	地方名
	Tambourissa **(MONIMIACEAE)** **铃鼓属（玉盘桂科）**		**HS CODE** **4403.99**	
2875	*Tambourissa amplifolia*	留尼汪岛	广叶铃鼓	boisde bombarde
2876	*Tambourissa thouvenotii*	马达加斯加	小鼓铃鼓	ambora
2877	*Tambourissa tricophylla*	马达加斯加	毛叶铃鼓	ambora
	Tapura **(DICHAPETALACEAE)** **泡花李属（毒鼠子科）**		**HS CODE** **4403.99**	
2878	*Tapura fischeri*	南非	费氏泡花李	tapura；umahlosane
	Tarenna **(RUBIACEAE)** **乌口树属（茜草科）**		**HS CODE** **4403.99**	
2879	*Tarenna barbertonensis*	南非	巴伯顿乌口树	barberton tarenna；mufhanza
2880	*Tarenna neurophylla*	津巴布韦	细叶乌口树	common tarenna；mujemedzam buy；mupfupa；murambahonye；nyonyamansi；umgebe；umhlahlampetu
2881	*Tarenna pavettoides*	津巴布韦	帕维乌口树	large-leaved tarenna
	Taxus **(TAXACEAE)** **红豆杉属（红豆杉科）**	**HS CODE** **4403.25（截面尺寸≥15cm）或 4403.26（截面尺寸<15cm）**		
2882	*Taxus baccata*	非洲东部	欧洲红豆杉	barma；deutsches ebenholz；eibe；english yew；gemeine-eibe
	Teclea **(RUTACEAE)** **特克芸香属（芸香科）**		**HS CODE** **4403.99**	
2883	*Teclea boiviniana*	科摩罗群岛	博威特克芸香木	mriali
2884	*Teclea gerrardii*	南非	杰氏特克芸香木	umbozane
2885	*Teclea nobilis*	肯尼亚、乌干达、津巴布韦、南非	显著特克芸香木	munderendu；muzo；muzu；nzo；ruanziti；small-fruited teclea；umzane；white bastard ironwood
2886	*Teclea simplicifolia*	肯尼亚	单叶特克芸香木	kurionde；kwati；munderendu；teraling
2887	*Teclea verdoorniana*	科特迪瓦	德克特克芸香木	dzeze
	Tecoma **(BIGNONIACEAE)** **黄钟花属（紫葳科）**		**HS CODE** **4403.99**	
2888	*Tecoma capensis*	南非	绿叶黄钟花木	cape honeysuckle

序号	学名	主要产地	中文名称	地方名
2889	*Tecoma heterophylla*	塞舌尔群岛	异叶黄钟花木	calico du pape
	Tectona (VERBENACEAE) 柚木属（马鞭草科）		HS CODE 4403. 49	
2890	*Tectona grandis*	加蓬、非洲中部	柚木	djatti; moulmein; sakerdaanhout
	Tephrosia (FABACEAE) 灰毛豆属（蝶形花科）		HS CODE 4403. 99	
2891	*Tephrosia vogelii*	非洲	西非灰毛豆木	mtunungu
	Terminalia (COMBRETACEAE) 榄仁属（使君子科）		HS CODE 4403. 49	
2892	*Terminalia aemula*	坦桑尼亚	坦桑尼亚榄仁	mkurungu
2893	*Terminalia ankaranensis*	马达加斯加	阿兰榄仁	mantaliala
2894	*Terminalia avicennioides*	尼日利亚、塞内加尔	艾维斯榄仁	baushi; oualo dishon
2895	*Terminalia baumanni*	非洲西部	宝曼妮榄仁	opati
2896	*Terminalia bentzoe*	毛里求斯、留尼汪岛	本特榄仁	benjoin; boisde benjoin
2897	*Terminalia boivinii*	马达加斯加	博氏榄仁	amaninomby
2898	*Terminalia brachystemma*	南非	短瓣榄仁	kalahari sand terminalia
2899	*Terminalia brownii*	非洲东部	南方榄仁	tiggec; woiwa
2900	*Terminalia catappa*	科摩罗群岛、塞内加尔、马达加斯加	榄仁	amandier; amandier pays; badamier; badomier; etagenbaum; pied z'amande; tropical almond
2901	*Terminalia cycloptera*	乌干达	巨大榄仁	museta
2902	*Terminalia dictyoneura*	非洲西部	网脉榄仁	ssua
2903	*Terminalia gazensis*	津巴布韦	非洲榄仁	fringe-leaved terminalia; mukonono
2904	*Terminalia glaucescens*	尼日利亚、埃塞俄比亚、几内亚、加纳	白变榄仁	baushi; koma; nwa; ongoo; wangu
2905	*Terminalia guyanensis*	加纳、尼日利亚、苏丹、乍得	库马榄仁	guyabo de monte; koma
2906	*Terminalia ivorensis*	非洲西部、科特迪瓦、塞拉利昂、利比里亚、尼日利亚、加纳、非洲中部、喀麦隆	科特迪瓦榄仁	ada; ada boumbia; afara; amhidja; bblack idigbo; blackbark terminalia; blie; boumbia; bouna; frameri; ireme; kokango; mboti; nkombe; ouhidji; oweive; satinwood; trema; tuhidja; ubiri; yapi; yellow terminalia

序号	学名	主要产地	中文名称	地方名
2907	*Terminalia kilimandscharica*	肯尼亚、非洲西部	肯尼亚榄仁	mbambaro; nbambaro
2908	*Terminalia laxiflora*	苏丹	小苞榄仁	darot
2909	*Terminalia macroptera*	塞内加尔、尼日利亚、几内亚、苏丹、非洲西部	大翅榄仁	balibout; kandari; macete; ouolo; ouolotie; ouoro; ssua dau
2910	*Terminalia mantaly*	马达加斯加	马达加斯加榄仁	mantaly
2911	*Terminalia mauritiana*	留尼汪岛、毛里求斯	掌叶榄仁	benjoin; bois benjoin
2912	*Terminalia mollis*	津巴布韦、乌干达	软榄仁	large-leaved terminalia; opuk
2913	*Terminalia neotaliala*	马达加斯加	新塔利榄仁	mantaliala
2914	*Terminalia ombrophilla*	马达加斯加	伞式榄仁	antafanala
2915	*Terminalia orbicularis*	索马里	双目榄仁	bassec
2916	*Terminalia parvula*	非洲东部	条叶榄仁	messere gevis
2917	*Terminalia phanerophlebia*	南非	显脉榄仁	amangwe
2918	*Terminalia polycarpa*	非洲东部	多果榄仁	harar
2919	*Terminalia prunioides*	南非、肯尼亚、非洲东部	桃状榄仁	hardekoolboom; hareri; lowveld terminalia; mwangati; sterkbos
2920	*Terminalia randii*	津巴布韦	多刺榄仁	ivikane elincinyane; musosahwai; spiny terminalia
2921	*Terminalia sambesiaca*	坦桑尼亚、非洲东部	锈红榄仁	mkurungu; mvumba; mwangati; terminalia
2922	*Terminalia scutifera*	尼日利亚	扣形榄仁	shinglewood
2923	*Terminalia sericea*	南非、赞比亚、津巴布韦、莫桑比克、非洲东部、非洲中部	绢毛榄仁	kalunguti; mangwe; moumba; mpini; msima; muhonono; mukonono; mutabvu; nakasanga; napini; sandvaalboom; sandvalbos; silver-tree; vaal bosch; vaalboom; wild quince; yellow-wood
2924	*Terminalia somalensis*	非洲东部	索马里榄仁	hereri
2925	*Terminalia spinosa*	非洲	尖刺榄仁	mtakale
2926	*Terminalia stenostachya*	津巴布韦	狭叶榄仁	mahanka; mukononomu kadzi; mukononomu kuru; musussumukuru; rosette-leaved terminalia; umangwe omkulu; umangwe wenduna

序号	学名	主要产地	中文名称	地方名
2927	*Terminalia stuhlmannii*	津巴布韦	斯氏榄仁	bana bamugaluwa kubi；ivikane；mugalamakubi；zigzag terminalia
2928	*Terminalia superba*	刚果、加纳、尼日利亚、非洲西部、喀麦隆、加蓬、塞拉利昂、科特迪瓦、利比里亚、扎伊尔、非洲中部、安哥拉	艳丽榄仁	afara；akom；aubier；bukome；dark afara；gelbes mahagoni；guwing；kojagei；korina；limba scura；limbo；moulimba；mukonia weiss；mukonja weiss；mukonjaholz；mulimba；shinglewood；umwonron；white limba；yara；yassa
2929	*Terminalia tetrandra*	马达加斯加	四雄蕊榄仁	antafanala；beranoampo；tafanala
	Tessmannia （CAESALPINIACEAE） 特斯苏木属（苏木科）		**HS CODE 4403. 49**	
2930	*Tessmannia africana*	刚果	特斯苏木	banie apio；kiliakamba；nkagha；waka；wamba
2931	*Tessmannia anomala*	喀麦隆、扎伊尔、刚果	异味特斯苏木	abaij；etendele；kiliakamba；nkagha；waka；wamba
2932	*Tessmannia baikiaeoides*	科特迪瓦	贝吉亚特斯苏木	ziopou
2933	*Tessmannia dewildemaniana*	扎伊尔	德曼特斯苏木	etendele
2934	*Tessmannia claessensii*	非洲	克氏森特斯苏木	
2935	*Tessmannia lescrauwaetii*	刚果、扎伊尔	莱氏特斯苏木	mangolo；nkagha；waka；wamba
2936	*Tessmannia parvifolia*	刚果盆地	小叶特斯苏木	wamba
2937	*Tessmannia yangambiensis*	刚果、扎伊尔	卡萨特斯苏木	kasasesase；waka
	Testulea （OCHNACEAE） 特斯金莲木属（金莲木科）		**HS CODE 4403. 49**	
2938	*Testulea gabonensis*	加蓬、喀麦隆、刚果	特斯金莲木	ake；akewe；isombe；izombe；magnenti；magneti；n'gron；n'gwaki；n'rone；ngron；ngwaki；rone
	Tetraberlinia （CAESALPINIACEAE） 四鞋木属（苏木科）		**HS CODE 4403. 49**	
2939	*Tetraberlinia bifoliolata*	刚果、加蓬、扎伊尔、尼日利亚、非洲中部、利比里亚、喀麦隆、赤道几内亚	二小叶四鞋木	andoung；apado；awoura；beli；berlinia；ekaba；eko；eko-andoung；ekop-ribi；ekopribi；hoh；kotoapio；lianu；moundoungou；mubangu；mugangeni；mukuru；sikon；tetraberlinia；zebreli

序号	学名	主要产地	中文名称	地方名
2940	*Tetraberlinia polyphylla*	刚果	多叶四鞋木	kikakayi
2941	*Tetraberlinia tubmaniana*	利比里亚	塔布四鞋木	african pine；blo-tu；ekaba；eko-andoung；ekop-ribi；gola；hoh；liberian pine；sikon；sikon ekop；tetraberli nia
	***Tetraclinis*（CUPRESSACEAE）** **山达脂柏属（柏科）**	**HS CODE** **4403. 25（截面尺寸≥15cm）或 4403. 26（截面尺寸<15cm）**		
2942	*Tetraclinis articulata*	非洲北部、非洲西部、阿尔及利亚、摩洛哥、突尼斯	山达脂柏	african thuya；afrikansk thuja；alerce；ararwood；aratree；atlas cypress；sandarac-tree；sandarak；sandarakbaum；sandarus；santrak；sundarus；thuja；thuya africain；thuya burl；thuyamaser；thymewood；tisswood；tuya espanola；vernix
	***Tetrapleura*（MIMOSACEAE）** **甘馥榄属（含羞草科）**		**HS CODE** **4403. 99**	
2943	*Tetrapleura chevalieri*	科特迪瓦	白喉甘馥榄	esehese
2944	*Tetrapleura tetraptera*	喀麦隆、刚果、科特迪瓦、加蓬、加纳、非洲西部	四翼甘馥榄	aka；akpa；badiok；belfou；cocso；dawo；eisesse；enkagouma；esehese；essanga sanga；heiseheise；hessehesse；kpwa；mba；mbaghesa；ogagoume；ouogueso；prekese；tchiekboue
	***Tetrorchidium*（EUPHORBIACEAE）** **特戳大戟属（大戟科）**		**HS CODE** **4403. 99**	
2945	*Tetrorchidium didymostemon*	喀麦隆、科特迪瓦、刚果、加蓬	双杆特戳大戟木	afoblo；echirna；echirua；etchi；eti；nguepe；okouem；ouologpaoue；pau gamela
	***Theobroma*（STERCULIACEAE）** **可可木属（梧桐科）**		**HS CODE** **4403. 99**	
2946	*Theobroma cacao*	莫桑比克	可可木	cacaoeiro
	***Thespesia*（MALVACEAE）** **桐棉属（锦葵科）**		**HS CODE** **4403. 99**	
2947	*Thespesia acutiloba*	南非	尖锐桐棉木	ibhicongo；tuliptree
2948	*Thespesia garckeana*	津巴布韦、南非	加西桐棉木	caglacagla；chipahlani；hibiscus-tree；mugurura；munego；mutohwe；snot apple；tree-hibiscus；uxakuxaku；wild hibiscus

序号	学名	主要产地	中文名称	地方名
2949	*Thespesia populnea*	加纳、非洲中部、留尼汪岛、塞舌尔群岛	杨叶桐棉木	ayedru; eijan; fez; fref; frefi; popp-tree; porcher; tamsi
	Tieghemella (**SAPOTACEAE**) **猴子果属（山榄科）**		**HS CODE** **4403.49**	
2950	*Tieghemella* (=*Dumoria*) *africana*	加蓬、南非、喀麦隆、非洲中部、刚果、科特迪瓦、非洲西部、几内亚	非洲猴子果	akala; bavili; bekolo; douka; dumori; makore; mambali; moudouka; muduka; ndonka; noumgou; nungu; odjunge; oduka; ogonendjogou; okolo; omoungou; onkolla; ukola
2951	*Tieghemella heckelii*	加纳、非洲中部、尼日利亚、科特迪瓦、喀麦隆、加蓬、利比里亚、扎伊尔、塞拉利昂、非洲东部、赤道几内亚、非洲西部	猴子果	abacu; african cherry; agamokwe; aganope; akpa; bagwain; beujabi; djika; douka; garesu; gwah; makore; makwe; moabiere; okulaholz; opepe; rubbertree; west african cherry; wosime
	Tilia (**TILIACEAE**) **椴木属（椴树科）**		**HS CODE** **4403.99**	
2952	*Tilia cordata*	埃及	心形椴	lipa; lipa malolista; tilo
	Tina (**SAPINDACEAE**) **提纳属（无患子科）**		**HS CODE** **4403.99**	
2953	*Tina fulvinervis*	马达加斯加	黄脉提纳木	marodona
2954	*Tina madagascariensis*	马达加斯加	马达加斯加提纳木	hazompoza
2955	*Tina striata*	马达加斯加	纹状提纳木	felaborona
	Toddalia (**RUTACEAE**) **飞龙掌血属（芸香科）**		**HS CODE** **4403.99**	
2956	*Toddalia asiatica*	毛里求斯	亚洲飞龙掌血木	patte poule piquante
	Toona (**MELIACEAE**) **香椿属（楝科）**		**HS CODE** **4403.49**	
2957	*Toona ciliata*	南非、加那利群岛	红椿	moulmein; red cedar; tunda
	Trachylobium (**CAESALPINIACEAE**) **粗裂苏木属（苏木科）**		**HS CODE** **4403.49**	
2958	*Trachylobium verrucosum*	非洲东部	疣状粗裂苏木	masandarusi

序号	学名	主要产地	中文名称	地方名
	Treculia (MORACEAE) 非洲面包树属（桑科）		**HS CODE** **4403. 99**	
2959	*Treculia africana*	科特迪瓦、喀麦隆、加纳、加蓬、刚果、乌干达、尼日利亚	非洲面包树	acajou; adinding; african breadfruit; arbre pain; bambama onfoussa; beberimi-itu; bibiritim; bleblendon; etou; etoup; isaquente; izaquente; memrentim; muvava; muzinda; okwa; yuhngo
2960	*Treculia obovoidea*	非洲	倒卵非洲面包树	muvava
	Trema (ULMACEAE) 山黄麻属（榆科）		**HS CODE** **4403. 99**	
2961	*Trema affinis*	非洲	山黄麻	pigeonwood
2962	*Trema africana*	尼日利亚	非洲山黄麻	offun
2963	*Trema bracteolata*	非洲	小苞山黄麻	pigeonwood
2964	*Trema guineensis*	加纳、南非、乌干达	几内亚山黄麻	pigeonwood
2965	*Trema orientalis*	科特迪瓦、马达加斯加、留尼汪岛、喀麦隆、刚果、津巴布韦、科摩罗群岛、莫桑比克、非洲东部、肯尼亚、乌干达、扎伊尔、加纳、南非	东方山黄麻	adaschia; andrarezina; aveuk; dissouessoue; evek; guburuka; hophout; mbessilangany; mshinga; mufefeti; mugubvura; musisa; mwehera; nkulajo; osesea; pigeonwood; sisier; umvangazi; uphakane
	Trichilia (MELIACEAE) 海木属（楝科）		**HS CODE** **4403. 49**	
2966	*Trichilia candollei*	科特迪瓦	短花海木	fe; tanua; tanuba; tenuba
2967	*Trichilia dregeana*	科特迪瓦、津巴布韦	德瑞海木	aribanda des montagnes; cape mahogany; forest mahogany; mukuthlu; musikili; mutigbanay eduveteux; mutsikiri; thunder-tree; white mahogany
2968	*Trichilia emetica*	非洲中部、南非、尼日利亚、津巴布韦、非洲东部、非洲西部、赞比亚、肯尼亚、乌干达	艾梅海木	adyanya peso; cape mahogany; gwanja kusa; kuhlu; mafoureire; mawa; mtshigizi; muchichire; mushikishi; mutwati; natal mahogany; sekoba; thunder-tree; woodland mahogany
2969	*Trichilia gilgiana*	刚果、非洲中部	三唇楝	guetsimou afou; mupele; quissoco
2970	*Trichilia gilleti*	加蓬	吉莱蒂海木	eyou

序号	学名	主要产地	中文名称	地方名
2971	*Trichilia heudelotii*	科特迪瓦、利比里亚、加纳	赫氏三唇楝	banaye；bo-in-dah；ebangbemwa oswe；kisoko；ovalo；tendru；tenduri；tenuro
2972	*Trichilia kisoko*	加蓬、刚果	科斯海木	bosse kisoko；kisoko
2973	*Trichilia martineaui*	科特迪瓦	米坦海木	mietandabo
2974	*Trichilia megalantha*	科特迪瓦、乌干达	巨花海木	konangbri；mutigbanaya；sekoba
2975	*Trichilia monadelpha*	刚果	单苞海木	kisoko
2976	*Trichilia peltostylis*	马达加斯加	薄叶海木	ramaindafa
2977	*Trichilia prieuriana*	加纳、科特迪瓦、非洲西部	热非三唇楝	aboya；asamoiake；dilifu；kakadikro；owoe
2978	*Trichilia retusa*	喀麦隆	微凹海木	egbegbemva osoe
2979	*Trichilia roka*	肯尼亚、南非、马拉维	若氏三唇楝	natal mahogany
2980	*Trichilia rubescens*	扎伊尔	红海木	eteteke
2981	*Trichilia splendida*	乌干达	美丽海木	ouagon
2982	*Trichilia tessmannii*	科特迪瓦、刚果	特氏海木	aribanda；dibembe
2983	*Trichilia welwitschii*	刚果、科特迪瓦	魏氏海木	guetsimou aba；pubescent banaye
	***Trichoscypha*（ANACARDIACEAE）** 毛杯漆属（漆树科）		**HS CODE** **4403.99**	
2984	*Trichoscypha abut*	喀麦隆	阿布毛杯漆	amvout
2985	*Trichoscypha acuminata*	非洲中部、加蓬、喀麦隆、扎伊尔	披针叶毛杯漆	abambe；mvouta；parent du bondola
2986	*Trichoscypha arborea*	科特迪瓦、喀麦隆	树状毛杯漆木	dao；ekong；ekum；ekun；kopal
2987	*Trichoscypha ferruginea*	喀麦隆、利比里亚	锈色毛杯漆	amvout；gbeh
2988	*Trichoscypha oba*	科特迪瓦	奥巴毛杯漆	oba-oba
2989	*Trichoscypha oddoni*	喀麦隆	奥多尼毛杯漆	abut
2990	*Trichoscypha septentrionalis*	刚果	钝叶毛杯漆	kissoko
2991	*Trichoscypha yapoensis*	科特迪瓦	褐色毛杯漆	daokro
	***Tridesmostemon*（SAPOTACEAE）** 束蕊榄属（山榄科）		**HS CODE** **4403.99**	
2992	*Tridesmostemon claessensii*	扎伊尔	克氏束蕊榄	wanga

序号	学名	主要产地	中文名称	地方名
2993	*Tridesmostemon congoense*	刚果	刚果束蕊榄	bel
2994	*Tridesmostemon omphalocarpoides*	非洲中部	细束蕊榄	bongoforo
	Trilepisium **(MORACEAE)** **鳞桑属（桑科）**		**HS CODE 4403. 99**	
2995	*Trilepisium madagascariense*	扎伊尔、肯尼亚、科特迪瓦、津巴布韦、马达加斯加、喀麦隆、刚果、非洲东部、南非	马达加斯加鳞桑木	bofonghe; bosquiea; daocou; fotsidity; issogbe; kid; lonjo; lubela kaya; lubelakaya; mahanoro; mballakaya; metchi; mugwi; mungagnya; muphopha-madi; muvhadela-phanga; sakagnya; triwa
	Triplochiton **(STERCULIACEAE)** **白梧桐属（梧桐科）**		**HS CODE 4403. 49**	
2996	*Triplochiton nigericum*	尼日利亚	尼日利亚白梧桐	obeche
2997	*Triplochiton scleroxylon*	加纳、尼日利亚、喀麦隆、赤道几内亚、科特迪瓦、利比里亚、非洲西部、扎伊尔、非洲中部、刚果	白梧桐	abachi; african maple; african primavera; african whitewood; houetin; kafa; larana; lomangene; lou; mbado; nigerian whitewood; nkom; obachi; obeche; obeki; owowa; paschaholz; pataboa; samba-ayous; samkamba; satinwood; serama; wawa
	Turraea **(MELIACEAE)** **杜楝属（楝科）**		**HS CODE 4403. 99**	
2998	*Turraea floribunda*	南非	众花杜楝	umadlozana; wild honeysuckle-tree
2999	*Turraea nilotica*	津巴布韦	尼罗杜楝	chipindura; chirambaga vakava; chitsvimbo varisa; chitunguru; isidlamvun dala; mudyakuwe; mukundanyoka; muzaramhanga; small mahogany
3000	*Turraea robusta*	非洲	大杜楝	dwayu
3001	*Turraea sericea*	马达加斯加	绢毛杜楝	fafara; fanazava; farafa
3002	*Turraea thouvenotii*	马达加斯加	特氏杜楝	hazomafana
3003	*Turraea zambesica*	南非	南非杜楝	motulu; zambezi turraea

序号	学名	主要产地	中文名称	地方名
	Turraeanthus **（MELIACEAE）** **杜华楝属（楝科）**		**HS CODE** **4403. 49**	
3004	*Turraeanthus africnus*	非洲西部、科特迪瓦、加纳、尼日利亚、安哥拉、刚果、扎伊尔、利比里亚、喀麦隆、加蓬	非洲杜华楝	african satinwood；afrikanisc herle；agbe；agbouain；agboue；agboui；appayia；avodire；blimahpu；dingoumba；engan；hakue；kisanda；kwadwuma；lusamba；payee；songo；sunkroasu；wansawa；white mahogany
3005	*Turraeanthus klainei*	科特迪瓦、尼日利亚、加纳、喀麦隆、刚果、扎伊尔	极硬杜华楝	agbe；apaya；apcya；engan；esu；lusamba
3006	*Turraeanthus vignei*	科特迪瓦、加纳、刚果、尼日利亚、喀麦隆、扎伊尔	刚果杜华楝	agbe；apapaye；apaya；apcya；avodire；engan；esu；lusamba；wansenwa
3007	*Turraeanthus zenkeri*	科特迪瓦、尼日利亚、加纳、喀麦隆、刚果、扎伊尔	森柯儿杜华楝	agbe；apaya；apcya；engan；esu；lusamba
	Tylostemon **（LAURACEAE）** **茧蕊琼楠属（樟科）**		**HS CODE** **4403. 99**	
3008	*Tylostemon crassifolius*	喀麦隆	厚叶茧蕊琼楠	akok
3009	*Tylostemon kweo*	非洲东部	毛茧蕊琼楠	mkweo
3010	*Tylostemon membranaceus*	喀麦隆	黄茧蕊琼楠	ovan
	Uapaca **（EUPHORBIACEAE）** **异态木属（大戟科）**		**HS CODE** **4403. 49**	
3011	*Uapaca benguelensis*	科特迪瓦	本格异态木	chene d'afrique；cosomon；niondobi；rikio；sannaba
3012	*Uapaca bingervillensis*	科特迪瓦	宾格异态木	alaba；alahua；alebie；alobo；alokoba；caure；edan；edjibari；elekhua；enebien；giembe；giombi；kayo；nan；orobo；rikio
3013	*Uapaca brieyi*	非洲	布莱异态木	samfi
3014	*Uapaca chevalieri*	科特迪瓦	切瓦异态木	rikio des montagnes
3015	*Uapaca densiflora*	马达加斯加	密花异态木	voapaka
3016	*Uapaca esculenta*	科特迪瓦	埃斯库异态木	borikio；rikio

序号	学名	主要产地	中文名称	地方名
3017	*Uapaca guineensis*	喀麦隆、利比里亚、马达加斯加、非洲中部、扎伊尔、乌干达、尼日利亚、几内亚、科特迪瓦、苏丹	几内亚异态木	assam; beyor; bossenghe; gag-assam; kafafogo; kindi; kisamfi; kobotoue; koondi; koudi; kuntan; makala; molengo; ndzara; redcedar; rikio; samfi; somo; sugar plum
3018	*Uapaca heudelotii*	非洲中部、加纳、利比里亚、加蓬、非洲西部、科特迪瓦	赫氏异态木	akun; assam; bosenge; ile; kindi; kuntan; mole; ntiombi; oli; rikio de rivieres; rikio des rivieres; rikio riviere; rikio rivieres; sugar plum
3019	*Uapaca kirkiana*	非洲中部、扎伊尔、赞比亚、莫桑比克、津巴布韦	柯吉异态木	makoom-makooba; mduku; msuku; muhobohobo; mushuku; musuku; mutongoro; muzhanje; umhobohobo; wild loquat
3020	*Uapaca louvelii*	马达加斯加	卢氏异态木	voapaka
3021	*Uapaca nitida*	津巴布韦、扎伊尔	密茎异态木	mukono-we-muzhanje; mutongoro; mutsangidze; muzhanjeka budya; narrow-leaved muhobohobo; sokolobe
3022	*Uapaca paludosa*	利比里亚、科特迪瓦	沼泽异态木	dambrohia; rikio des marais; rikioa grandes feuilles
3023	*Uapaca sansibarica*	津巴布韦	桑西异态木	lesser muhobohobo; mutongoro; muzhanje
3024	*Uapaca staudtii*	尼日利亚、加蓬、喀麦隆、非洲中部	斯氏异态木	akun; asam; assam; bihambi; bimba; bosambi; lissamba; rikio; sam
3025	*Uapaca thouarsii*	科特迪瓦、马达加斯加	图氏异态木	voapaka
3026	*Uapaca togoensis*	非洲西部、科特迪瓦	多格异态木	kidgelin; kidgelung; nagudi; rikio des montagnes; somon
	***Ulmus*（ULMACEAE）** **榆属（榆科）**		**HS CODE** **4403. 99**	
3027	*Ulmus minor*	非洲北部	小叶榆	rusche
	***Uncaria*（RUBIACEAE）** **钩藤属（茜草科）**		**HS CODE** **4403. 99**	
3028	*Uncaria africana*	非洲	非洲钩藤	
	***Urera*（URTICACEAE）** **红珠麻属（荨麻科）**		**HS CODE** **4403. 99**	
3029	*Urera tenax*	南非	硬红珠麻	bergbrandnetel; giant nettle; imbadi unkulu; stinging nettle-tree

序号	学名	主要产地	中文名称	地方名
	Urophyllum **（RUBIACEAE）** **尖叶木属（茜草科）**		**HS CODE** **4403. 99**	
3030	*Urophyllum linderi*	利比里亚	林德尖叶木	je-ray-war-be-deh；monkey-fruit
	Uvaria **（ANNONACEAE）** **紫玉盘属（番荔枝科）**		**HS CODE** **4403. 99**	
3031	*Uvaria afzelii*	利比里亚	细叶紫玉盘	gbar-bee-mleh
3032	*Uvaria busgeni*	喀麦隆、尼日利亚	布斯紫玉盘	bopande；bope；paddlewood
3033	*Uvaria caffra*	南非	南非紫玉盘	umavumba；umazwenda omnyama
3034	*Uvaria chamae*	加纳、非洲西部	香紫玉盘	agbana；liasa；padiwin；pereng
	Uvariodendron **（ANNONACEAE）** **桃面玉盘属（番荔枝科）**		**HS CODE** **4403. 99**	
3035	*Uvariodendron mirabile*	科特迪瓦	米拉桃面玉盘	misitia grandes feuilles
	Uvariopsis **（ANNONACEAE）** **单性玉盘属（番荔枝科）**		**HS CODE** **4403. 99**	
3036	*Uvariopsis le-testui*	刚果	莫温单性玉盘	mianga nbissy；ngon bekok
	Vaccinium **（ERICACEAE）** **越橘属（杜鹃科）**		**HS CODE** **4403. 99**	
3037	*Vaccinium exul*	南非	渗出越橘	vaccinium
	Vangueria **（RUBIACEAE）** **斑嘉果属（茜草科）**		**HS CODE** **4403. 99**	
3038	*Vangueria apiculata*	乌干达	红树斑嘉果	mutugunda
3039	*Vangueria esculenta*	津巴布韦	可食斑嘉果	mispel
3040	*Vangueria infausta*	南非、津巴布韦	福斯斑嘉果	mgualo；mispel；mkam；umviyo
3041	*Vangueria madagascariensis*	非洲	马达加斯加斑嘉果	mviru
3042	*Vangueria randii*	津巴布韦	兰氏斑嘉果	antheap wild medlar；mububuzuka；munjiro；munzvirwa；musililing wa；nzvigwa；umthofu；umviyo
	Vateria **（DIPTEROCARPACEAE）** **瓦蒂香属（龙脑香科）**		**HS CODE** **4403. 99**	
3043	*Vateria seychellarum*	塞舌尔群岛	塞舌尔瓦蒂香	bois de fer；ironwood
	Ventilago **（RHAMNACEAE）** **翼核木属（鼠李科）**		**HS CODE** **4403. 99**	
3044	*Ventilago africana*	加纳	非洲翼核木	homakutupon

序号	学名	主要产地	中文名称	地方名
	Vepris **（RUTACEAE）** **白铁木属（芸香科）**		**HS CODE** **4403.99**	
3045	*Vepris calcicola*	马达加斯加	岩生白铁木	ampoly
3046	*Vepris glomerata*	非洲东部	聚花白铁木	mlunguschigiti
3047	*Vepris louisii*	非洲	路氏白铁木	
3048	*Vepris macrophylla*	马达加斯加	大叶白铁木	mampody
3049	*Vepris polymorpha*	马达加斯加	多形白铁木	mampody fotsy
3050	*Vepris reflexa*	南非	类伐白铁木	drooping-leaved vepris
3051	*Vepris undulata*	南非、留尼汪岛	白铁木	bois de fer blanc; bois patte de pule; legno ferrigno bianco; madera de hierro; umzane; umzani; vit jarntra; weisses-eisenholz; white ironwood; wit ijzerhout
	Vernicia **（EUPHORBIACEAE）** **油桐属（大戟科）**		**HS CODE** **4403.99**	
3052	*Vernicia fordiiAiry*	马达加斯加	油桐	bakoly
	Vernonia **（COMPOSITAE）** **斑鸠菊属（菊科）**		**HS CODE** **4403.99**	
3053	*Vernonia amygdalina*	南非、尼日利亚	杏仁斑鸠菊	monqo; olubu; shiwaka
3054	*Vernonia cinerea*	尼日利亚	香斑鸠菊	orungo
3055	*Vernonia colorata*	非洲西部、科特迪瓦、南非	密花斑鸠菊	avenja; kouosafina; tingma; tusima; vernonia
3056	*Vernonia conferta*	喀麦隆、加蓬、利比里亚、科特迪瓦、尼日利亚	密伞斑鸠菊	abanak; abinga; abingac; cabbage-tree; glabe; konfoli; poupouia; soap-tree; ujuju
3057	*Vernonia merana*	马达加斯加	马达加斯加斑鸠	merana
	Virgilia **（FABACEAE）** **维吉豆属（蝶形花科）**		**HS CODE** **4403.99**	
3058	*Virgilia divaricata*	南非	展枝维吉豆	keurboom
3059	*Virgilia oroboides*	南非	南非维吉豆木	keur; keurboom
	Vismia **（HYPERICACEAE）** **封蜡树属（金丝桃科）**		**HS CODE** **4403.99**	
3060	*Vismia billbergiana*	科特迪瓦	比尔封蜡树	ouombehiapi
3061	*Vismia guineensis*	利比里亚	几内亚封蜡树	ge-ahn-dc-pay

序号	学名	主要产地	中文名称	地方名
	***Visnea*（THEACEAE）** **簇珠桐属（山茶科）**		**HS CODE** **4403.99**	
3062	*Visnea mocanera*	加那利群岛	莫卡簇珠桐	mocan
	***Vitellaria*（SAPOTACEAE）** **乳油木属（山榄科）**		**HS CODE** **4403.49**	
3063	*Vitellaria paradoxa* (= *Butyrospermum paradoxum*) (= *Butyrospermum park*)	非洲西部、苏丹、尼日利亚、几内亚、科特迪瓦、非洲中部、乌干达	乳木果	albero di burro; arbol de mantiquilla; boterboom; butter-tree; kadai; kadanya; kade; karite; karrei; kedanja; loro; lulu; schiebutte rbaum; shea butter-tree; ssomu; tango; yotsa
	***Vitex*（VERBENACEAE）** **牡荆属（马鞭草科）**		**HS CODE** **4403.49**	
3064	*Vitex amboniensis*	南非	安博牡荆	amboni vitex; mupfumbu-pfumbu
3065	*Vitex camporum*	非洲西部	香牡荆	panyero buda
3066	*Vitex chrysomallum*	马达加斯加	金黄色牡荆	mandravy; odihara
3067	*Vitex ciliata*	安哥拉、加蓬、非洲中部、喀麦隆、刚果	纤毛牡荆	angona; evino; evoula; evow; m'bota; m'vindo; mboto; moumfilou; mouvindou; mwindo; mwindou; vindou
3068	*Vitex cuneata*	科特迪瓦	楔形牡荆	koro
3069	*Vitex doniana*	加纳、科特迪瓦、几内亚、尼日利亚、非洲西部、塞内加尔、苏丹、坦桑尼亚、扎伊尔、乌干达	道尼牡荆	abisoa; afetewa; coudou; dunya; gidjiko; koro; koutoumboulo; koutoundis sion; kurnyuk; lubei; meru oak; mfuru; mgwobe; muhomozi; munyamazi; mutala; narenga; oak; oyalo; panyero; samanibir; uoli
3070	*Vitex fischeri*	乌干达	费氏牡荆	moru; mutala
3071	*Vitex fosteri*	科特迪瓦	福斯特牡荆	paintou
3072	*Vitex gilletii*	刚果	吉氏牡荆	difundu
3073	*Vitex grandifolia*	喀麦隆、加蓬	大叶牡荆	asila yangba; bicona; evoui; evoula; evous; evu; ewu; llieng; lokoubo; m'voule; mvouli; touendo
3074	*Vitex harveyana*	南非	哈维牡荆	umbendula
3075	*Vitex keniensis*	津巴布韦、肯尼亚、非洲东部	肯尼牡荆	large-leaved vitex; meru; meru-oak; moru; muhuru; mukubvu

序号	学名	主要产地	中文名称	地方名
3076	*Vitex madiensis*	塞内加尔、扎伊尔	马迪牡荆	boume; isengala
3077	*Vitex micrantha*	利比里亚、科特迪瓦、非洲西部	小花牡荆	andofiti; andofitii; kiangu; sah-sah
3078	*Vitex mombassae*	南非	蒙巴牡荆	mpulu-genge; msungui; mtalali; wild cherry
3079	*Vitex obovata*	南非	倒卵叶牡荆	cape vitex
3080	*Vitex oxycuspis*	利比里亚	变色牡荆	kpar-seh
3081	*Vitex pachyphylla*	安哥拉、加蓬、喀麦隆、非洲中部、刚果	厚叶牡荆	angona; evino; evoula; evow; ewu; koudou; mvindu; m'bota; m'vindou; mbota; mboto; moufilou; moumfilou; mouvindou; mvindou; mwindou; n'tu; ori; vindou
3082	*Vitex panshiniana*	非洲	潘希牡荆	
3083	*Vitex payos*	津巴布韦、南非	加格牡荆	chikubai; chikubvusike; chocolateberry; mudyagava; mukubvu; mutsere; mutsubvu; umtshwankela
3084	*Vitex phaeotricha*	利比里亚	黑毛牡荆	kpar-she
3085	*Vitex pooara*	南非	帕拉牡荆	mphuru; stinkbessie
3086	*Vitex rehmannii*	南非	曼氏牡荆	pypsteel; umduli; vaalbosl
3087	*Vitex rivularis*	喀麦隆	岸生牡荆	ewu
3088	*Vitex shirensis*	非洲中部	希伦斯牡荆	mpindimbi
3089	*Vitex simplicifolia*	尼日利亚	单叶牡荆	dinya biri; dunyar biri
3090	*Vitex wilmsii*	南非	威氏牡荆	umluthu; wilm vitex
3091	*Vitex zeyheri*	南非	南非牡荆	mokwele
	Voacanga **(APOCYNACEAE)** **马铃果属（夹竹桃科）**		**HS CODE** **4403. 99**	
3092	*Voacanga africana*	非洲西部	非洲马铃果	kongkong
3093	*Voacanga bracteata*	利比里亚	具苞马铃果	voo-fohn
3094	*Voacanga obtusa*	利比里亚	钝叶马铃果	jc-ray-krehn
3095	*Voacanga thouarsii*	南非	千年马铃果	umtomvi; wild frangipani
	Warburgia **(CANELLACEAE)** **类樟属（假樟科）**		**HS CODE** **4403. 49**	
3096	*Warburgia salutaris*	津巴布韦、非洲东部、乌干达、肯尼亚	治愈类樟	fever-tree; isibaha; masuka; mukunzanume; mulanga; muranga; muziga; pepper-root; pepperbark-tree; sterkbos

序号	学名	主要产地	中文名称	地方名
3097	*Warburgia stuhlmannii*	非洲东部	斯氏类樟	east african greenheart；karambaki；mlifu
3098	*Warburgia ugandensis*	非洲	乌干达类樟	kenya greenheart；muziga
	***Weinmannia*（CUNONIACEAE）** **恩曼火把树属（火把树科）**		**HS CODE 4403. 99**	
3099	*Weinmannia bojeriana*	马达加斯加	恩曼火把木	lalana；lalomaka；lalona
3100	*Weinmannia comorensis*	科摩罗群岛	科莫罗恩曼火把木	bois rouge；mkindikindi；mniricoudi；mricoudi
3101	*Weinmannia hildebrandtii*	马达加斯加	希尔恩曼火把木	lalona
3102	*Weinmannia lucens*	马达加斯加	光亮恩曼火把木	lalona
3103	*Weinmannia macrostachya*	留尼汪岛	大穗恩曼火把木	bois de tan；tan rouge
3104	*Weinmannia minutiflora*	马达加斯加	微花恩曼火把木	lalona；lalona lalondrevaca；lalondrevaka
3105	*Weinmannia rutenbergii*	马达加斯加	鲁氏恩曼火把木	hazomena；herehitsika；heritsika；lalona
3106	*Weinmannia tinctoria*	留尼汪岛	染料恩曼火把木	bois de tan；tan rouge
	***Widdringtonia*（CUPRESSACEAE）** **南非柏属（柏科）**		**HS CODE 4403. 25（截面尺寸≥15cm）或 4403. 26（截面尺寸<15cm）**	
3107	*Widdringtonia cedarbergensis*	南非	热带香柏	cape cedar；cedar-tree；cedarboom；clanwilliam cedar；clanwilliam cypress；clanwilliam widdringtonia；sederbom；sederhout；widdringto nia sudafricana；zuidafrika anse widdringtonia
3108	*Widdringtonia juniperoides*	非洲南部	桧状南非柏	clabwillian celar
3109	*Widdringtonia nodiflora*	南非、津巴布韦	节花南非柏	berg cypress；bergsapree；bergsipress；bobbejaankers；cape cypress；dupresknop；mlanje cedar；mountain cypress；mountain widdringtonia；muranga；musheza；sapreewood；sipresboom；thaululo
3110	*Widdringtonia schwarzii*	南非	施氏南非柏	willomore widdringtonia；willowmore cedar

序号	学名	主要产地	中文名称	地方名
3111	*Widdringtonia whytei*	非洲东部、马拉维、非洲中部、莫桑比克	姆兰杰南非柏②	cedar; cypress; m'lanie; milanji cedar; mkuguza; mkungusa; mlanje; mlanje cedar; mlanje cypress; nkungusa; widdringtonia
	Wrightia **(APOCYNACEAE)** **倒吊笔属（夹竹桃科）**		**HS CODE 4403.99**	
3112	*Wrightia natalensis*	南非	南非倒吊笔木	saddlepod; umbengende
	Xanthocercis **(FABACEAE)** **羚豆属（蝶形花科）**		**HS CODE 4403.99**	
3113	*Xanthocercis madagascariensis*	马达加斯加	马达加斯加羚豆	voankazome loka
3114	*Xanthocercis zambesiaca*	津巴布韦	赞比亚羚豆	hloro; hoenderspoor; muchetuchetu; muhlati; musharo; mutsha; nhlahu; nyala-tree
	Xeroderris **(FABACEAE)** **红皮鱼豆属（蝶形花科）**		**HS CODE 4403.99**	
3115	*Xeroderris stuhlmannii*	塞内加尔、尼日利亚、几内亚、非洲东部、莫桑比克、津巴布韦、非洲西部	斯图红皮鱼豆	bago; banidane; durbi; missa aurandan; mninga; mulonde; mululwe; mumwambizi; murumanyama; musorokoto; muzamalowa; muzwaganzi; tgeloware; tshaloware; umthundulu; wing-pod; zungu
	Ximenia **(OLACACEAE)** **海檀木属（铁青树科）**		**HS CODE 4403.99**	
3116	*Ximenia americana*	非洲西部、加蓬、刚果、南非、莫桑比克、安哥拉、喀麦隆	美洲海檀木	african sandalwood; bois puant; citron de mer; gangi; mnemwua; monpeque; muhinge; oufo; umpeque
3117	*Ximenia caffra*	津巴布韦、南非	南非海檀木	large sour plum; menampeli; mutengeni; mutsvanzva; nengeni; nswanja; sour plum; suurpruim; umthundulu ka; umthundulu kwa
3118	*Ximenia perrieri*	马达加斯加	佩里海檀木	kotro
	Xylia **(MIMOSACEAE)** **木荚豆属（含羞草科）**		**HS CODE 4403.49**	
3119	*Xylia evansii*	加纳、科特迪瓦	伊氏木荚豆	bamanta; mpowuo; samanta; tchiebuessain
3120	*Xylia torreana*	津巴布韦	托里木荚豆	hairy xylia

序号	学名	主要产地	中文名称	地方名
	***Xylocarpus*（MELIACEAE）** **木果楝属（楝科）**		**HS CODE** **4403. 99**	
3121	*Xylocarpus australasicus*	坦桑尼亚	南方木果楝	tanganyika
3122	*Xylocarpus moluccensis*	马达加斯加	倒卵木果楝	antakaloatra；fobo；foby
	***Xylopia*（ANNONACEAE）** **木瓣树属（番荔枝科）**		**HS CODE** **4403. 99**	
3123	*Xylopia acutiflora*	科特迪瓦、刚果、喀麦隆、非洲西部	瑞齿木瓣树	elo a petites feuilles；lukanga lufiote；mvomba；ojankuij；ojobi
3124	*Xylopia aethiopica*	喀麦隆、加蓬、扎伊尔、利比里亚、科特迪瓦、刚果、津巴布韦、莫桑比克、非洲西部、塞内加尔、尼日利亚、乌干达	埃塞木瓣树	acoui；african peppertree；akola；bikuwe；bossanghe；bossanghi；efomu；fonde；guinea pepper；inkala；kanifing；mokwa；mossanghe；mpeza；mukwa；ndunga；nsagalane；ogana；ssosi；unien
3125	*Xylopia africana*	非洲西部、喀麦隆	非洲木瓣树	inhe branco；odjoue；unnue bollina
3126	*Xylopia bemarivensis*	马达加斯加	贝马里木瓣树	moranga
3127	*Xylopia buxifolia*	马达加斯加	黄杨叶木瓣树	hazoambo
3128	*Xylopia chrysophylla*	非洲	金叶木瓣树	lukangua
3129	*Xylopia cupularis*	刚果	木瓣树	lukanga
3130	*Xylopia elliotii*	科特迪瓦	椭圆木瓣树	fonde a petit feuilles；fonde a petites feuilles
3131	*Xylopia humboltiana*	马达加斯加	胡布尔木瓣树	fotsiavava
3132	*Xylopia hypolampra*	加蓬、喀麦隆、刚果	背面光亮木瓣树	aban；abies；abiess；akoui；biez；ekui；lukanga；lukanga luvembuka
3133	*Xylopia katangensis*	扎伊尔	卡坦木瓣树	bolonda
3134	*Xylopia lamii*	马达加斯加	拉氏木瓣树	hazoambo
3135	*Xylopia odoratissima*	南非	馨香木瓣树	mogohlo；muvhula-vhusiku
3136	*Xylopia parviflora*	非洲西部、塞内加尔、科特迪瓦	小花木瓣树	baliboup；bunda；diar；fonde des rivieres；n'diar
3137	*Xylopia phloiodora*	刚果	多毛木瓣树	mbeb
3138	*Xylopia pseudolemurica*	马达加斯加	假性木瓣树	hazoambo

序号	学名	主要产地	中文名称	地方名
3139	*Xylopia quintasii*	非洲西部、喀麦隆、科特迪瓦、利比里亚、加蓬	昆氏木瓣树	bombaya; bose; brala; gbay; gbay-dee; imbaya; mban; mfoenga; mvomba; mvouma; njie; omveyala; otouan; otungui; pene; woma; womba
3140	*Xylopia richardii*	留尼汪岛	里氏木瓣树	bois banane; bois de banane
3141	*Xylopia rubescens*	喀麦隆、科特迪瓦	红木瓣树	bana bahan; bobom; fonde des marais; m'bambana; ndunka; ntouleng; odiobozam; odjobi; odzobi
3142	*Xylopia staudtii*	非洲西部、利比里亚、科特迪瓦、刚果	斯氏木瓣树	bushpepper; drehn; fonde; mbamba; odjobi; pepper-bush
3143	*Xylopia toussaintii*	安哥拉	图氏木瓣树	lucanga
3144	*Xylopia wilwerthii*	非洲	韦氏木瓣树	bengedele
	***Xymalos* (MONIMIACEAE)** **野柠檬属（玉盘桂科）**		**HS CODE** **4403.99**	
3145	*Xymalos monospora*	南非、津巴布韦、坦桑尼亚、肯尼亚	单仔野柠檬	bogabog-u-veto; borriehout; chebanatit; lemoen; lemoenhout; lemon; lemonwood; mburuno; mfuru; muvheti; nyagazani; omuhotora; umbethi; wildlemon
3146	*Xymalos usambarensis*	非洲	野柠檬	ji-ndimu
	***Zanha* (SAPINDACEAE)** **赞哈属（无患子科）**		**HS CODE** **4403.99**	
3147	*Zanha africana*	坦桑尼亚、非洲东部、津巴布韦	非洲赞哈	mkalja; mkalya; msapala; muchenya; mugarashe; velvet-fruited zanha
3148	*Zanha golungensis*	津巴布韦、非洲西部、科特迪瓦	哥伦根赞哈	mugarayezhe; smooth-fruited zanha; woagbum; zanha
	***Zanthoxylum* (RUTACEAE)** **花椒属（芸香科）**		**HS CODE** **4403.49**	
3149	*Zanthoxylum aubertium*	留尼汪岛	奥伯坦花椒	poivrier catafaye
3150	*Zanthoxylum capense*	南非、非洲东部	硬叶花椒	knobhout; knobthorn; knobwood; paardepram; umnunquazi; wild cardamon; woodland knobwood
3151	*Zanthoxylum chalybaea*	非洲东部	斑花椒	mlungulungu
3152	*Zanthoxylum clava-herculis*	喀麦隆	鞘花椒	epineux jaune

序号	学名	主要产地	中文名称	地方名
3153	*Zanthoxylum gilletii*	坦桑尼亚、非洲西部、津巴布韦、加纳、尼日利亚、科特迪瓦、喀麦隆、刚果、非洲中部、扎伊尔、南非、加蓬、肯尼亚、乌干达、利比里亚、塞拉利昂	吉列花椒	ahenkyen; atogbo; boungou; east african satinwood; elongo; hangwa; kengue; kimpanga; lisumba; lomvoura; menehane; mungutsende; olonvogo; pahe; sagli; satinwood; shikkuma; timba eyidi; witkoran
3154	*Zanthoxylum heitzii*	加蓬、喀麦隆、刚果、扎伊尔、尼日利亚、非洲中部	海氏花椒	bokokouani; bongo; boungou; gong petites feuilles; kamasumu; leichtesolon; lomvoura; mbanza; mongo; nongo; ntorwol; nungo; okanham; olon; olong; olontendre; softolon; zachteolon
3155	*Zanthoxylum heterophyllum*	留尼汪岛	异叶花椒	bois blanc rouge
3156	*Zanthoxylum leprieurii*	刚果	乐氏花椒	goung
3157	*Zanthoxylum macrophyllum*	莫桑比克、肯尼亚	大叶花椒	marapia; olon; olondur; sagawoita; satinwood
3158	*Zanthoxylum madagascariense*	马达加斯加	马达加斯加花椒	fahavalonkazo
3159	*Zanthoxylum melanacanthum*	莫桑比克	黑花椒	paco-bala
3160	*Zanthoxylum mildbraedii*	肯尼亚	米氏花椒	simbari
3161	*Zanthoxylum parviflorum*	科特迪瓦	小花花椒	hendje; hengue; kanton; mbon; mingki
3162	*Zanthoxylum rhetsa*	利比亚	印度北格纳拉州花椒	jummina; rhetsa-tree
3163	*Zanthoxylum rubescens*	科特迪瓦	红花椒	kaingue
3164	*Zanthoxylum tsihanimposa*	非洲	尖花椒	favalonkaz
3165	*Zanthoxylum zanthoxyloides*	加纳、非洲西部、几内亚、科特迪瓦	亚花椒	ake; eche; houo; kanfu; kelengmau; klongbau; ouo; schirafinsa; uche; xetsi; yea
	***Ziziphus*（RHAMNACEAE）** **枣木属（鼠李科）**		**HS CODE 4403.99**	
3166	*Ziziphus abyssinica*	津巴布韦、留尼汪岛	枣木	jujube; jujubier; jujubier de l'lnde; musawu

序号	学名	主要产地	中文名称	地方名
3167	*Ziziphus lotus*	非洲北部	莲枣	cedra; jeiubier; jujubier sauvage; lotier; lotos; lotos des anciens; sada; sedeur; seedra; sidra; tabakat; thazzougart
3168	*Ziziphus mauritiana*	非洲中部、留尼汪岛、尼日利亚、莫桑比克、毛里求斯、马达加斯加、津巴布韦、塞内加尔	台湾青枣	chinese date; indian juiube; jujube; kurna; maccira brava; magariya; masson; mkunazi; mokonary; musawu; prunier femelle; siddem; sindeme
3169	*Ziziphus mucronata*	津巴布韦、尼日利亚、非洲西部、塞内加尔	尖头枣木	buffalothorn; chinanga; jejeni; magariyar kura; mangu; muchecheni; muchechete; pangbainga; sansanyebui; sidembouki; umpasamala; umphafa
3170	*Ziziphus rivularis*	南非	岸生枣木	river blinkblar
3171	*Ziziphus spina-christi*	尼日利亚、非洲北部	丝皮娜枣木	kurna; nabk; nebga
3172	*Ziziphus vulgaris*	突尼斯	普通子叶枣木	acajou d'afrique; anneb

欧洲篇

商用木材名称及产地

序号	学名	主要产地	中文名称	地方名
	Abies **(PINACEAE)** **冷杉属（松科）**	**HS CODE** **4403.23（截面尺寸≥15cm）或 4403.24（截面尺寸<15cm）**		
3173	*Abies alba*	欧洲	欧洲冷杉	european silver fir; sifer fia; whitewood
3174	*Abies borisii-regis*	希腊	鲍里西冷杉	abete del balcani; king boris's fir; konig-bori s-tanne
3175	*Abies bracteata*	瑞典、德国	具苞冷杉	borstaktig gran; bracteata tanne
3176	*Abies cephalonica*	希腊、意大利、德国	希腊冷杉	abete apollineo; abete greco; abeto apolineo; elatos koukounaria; grecian fir; greco abete; greek silver fir; greek silver silverfir; grek-gran; grekisk gran; griechische tanne; kukunaria; sapin apollon; sapin de cephalonie
3177	*Abies cilicica*	土耳其、意大利	纤毛冷杉	abete cilicico; abete del cilicia; abeto de cilicia; cilician fir; cilicische den; illeden; sapin cilicien; sapin de cilicie; tannub; turkisk gran
3178	*Abies fraseri*	英国	南方香脂冷杉	double balsam fir
3179	*Abies grandis*	丹麦	北美冷杉	kaempegran
3180	*Abies nebrodensis*	意大利	白灵冷杉	silician fir
3181	*Abies nordmanniana*	土耳其、荷兰、瑞典、法国	高加索冷杉	abete del caucaso; abete di nordmann; abeto de nordmann; caucasian fir; crimean fir; kaukasisk adel-gran; nordmann den; nordmann den; nordmann's fir; nordmanns gran; nordmanns-gran; sapin de nordmann; sapin du caucase
3182	*Abies numidica*	地中海地区	阿尔及利亚冷杉	abete algerino; abete d'algeria; abete numidico; abeto de algeria; afrikansk gran; algerian fir; algerijnse den; berber taoumert; pinsapo des babors; sapin d'algerie; sapin de numidie; sapin des babors

序号	学名	主要产地	中文名称	地方名
3183	*Abies pinsapo*	西班牙、荷兰	西班牙冷杉	abete de spagna; abete di spagna; abete spagnolo; abeto azul de espana; abeto de espana; abeto triste de espana; apansk hanggran; spaanse treur-den; spaanse zilver-den; spaanse zilverden; spanische tanne; spanische tanne; spanische weisstanne; spansk bla-gran; spansk gran
3184	*Abies procera*	英国	壮丽红冷杉	noble fir
3185	*Abies tazaotana*	西班牙	塔扎冷杉	abeto de marruecos
3186	*Abies veitchii*	瑞典	威氏银冷杉	fuji gran
3187	*Abies* X *bornmuelleriana*	土耳其	土耳其冷杉	turkey fir
	Abutilon **(MALVACEAE)** **苘麻属（锦葵科）**		**HS CODE 4403.99**	
3188	*Abutilon hybridum*	葡萄牙	杂交苘麻	abuliton
	Acacia **(MIMOSACEAE)** **相思树属（含羞草科）**		**HS CODE 4403.49**	
3189	*Acacia dealbata*	南欧	银荆相思	silberakazie
3190	*Acacia farnesiana*	南欧	金合欢	antillen-akazie; sweet acacia
3191	*Acacia longifolia*	南欧	长叶相思	langblatt rige akazie
3192	*Acacia mearnsii*	南欧	米氏相思	grune akazie
3193	*Acacia melanoxylon*	西班牙、英国	黑相思	acacia negra; australian black acacia; blackwood acacia
3194	*Acacia pycnantha*	南欧	密花相思	goldene akazie
	Acer **(ACERACEAE)** **槭属（槭树科）**		**HS CODE 4403.99**	
3195	*Acer campestre*	西班牙、中欧、德国、奥地利、克罗地亚、斯洛文尼亚、波兰、瑞典、芬兰、英国	栓皮槭	acero campestre; arce silvestre; auzerole; bergahorn; common maple; european maple; feld ahorn; harewood; hedge maple; kleiner ahorn; massellerh olz; massholder; naverlonn; spitzahorn; sylvan maple; testucchio; veldesdoorn
3196	*Acer ginnala*	德国	茶条槭	ginnala maple

序号	学名	主要产地	中文名称	地方名
3197	*Acer heldreichii*	欧洲	巴尔干槭	acero dei balcani；arce de los balcanes；balkan esdoorn；balkans-maple；erable des balkans
3198	*Acer hyrcanum*	希腊	里海槭	balkanahorn；balkan maple
3199	*Acer lobelii*	意大利	单氏槭	acero italiano；arce italiano；erable italien；italiaanse esdoorn；italian maple；italiensk lonn
3200	*Acer monspessulanum*	地中海地区、西班牙、南欧	蒙彼利埃槭	acero minore；acero trilobo；arce；china maple；chinese esdoorn；erable de montpellier；franzosisc her ahorn；japanese maple；karku；kinesisk lonn；mundillo
3201	*Acer monspiculanum*	西班牙	单刺槭	acer de montpelier
3202	*Acer negundo*	意大利、西班牙、英国、瑞典、中欧	梣叶槭	acero americano；acero negundo；arce fresno；arce negundo；ash-leaf maple；ash-leaved maple；asklonn；aune-buis；boxelder；eschenahorn；eschenblat triger ahorn；manitoba maple；vederesdoorn
3203	*Acer obtusatum*	法国、希腊、意大利、克罗地亚、斯洛文尼亚	钝槭	erable rouge；sumpfblatt riger；upbeh jabop
3204	*Acer opalus*	意大利、西班牙、南欧、德国、荷兰	意大利槭	acero napolitano；acero opalo；arce napolitano；asar；asiatischer ahorn；erable aux feuilles d'obier；erable d'obier；italiaanse esdoorn；italian maple；italiensk lonn；kaukasische esdoorn；kaukasische esdoorn；loppo；oppio
3205	*Acer palmatum*	荷兰	鸡爪槭	japanese esdoorn
3206	*Acer platanoides*	意大利、德国、捷克、斯洛伐克、英国、法国、波兰、瑞士、丹麦、芬兰、瑞典、奥地利	挪威槭	acero piano；acero riccio；arce noruego；arce platanoides；bergahorn；bosnian maple；cerfico；cvikov；erable champetre；feldahorn；iserone；javor；kleiner ahorn；klon；laytura；skogslonn；spidslon；spitz ahorn；sycomore；vaahtera；vanlig lonn

序号	学名	主要产地	中文名称	地方名
3207	*Acer pseudoplatanus*	意大利、丹麦、西班牙、克罗地亚、斯洛文尼亚、德国、瑞士、荷兰、中欧、英国、波兰、匈牙利、罗马尼亚、瑞典、芬兰	欧亚槭	acero montano; arce fico; artificial harewood; begahorn; berg ahorn; ehranbaum; english harewood; english maple; english sycamore; erable sycomore; esdoorn; feldahorn; gewone esdoorn; gray harewood; great maple; plane sycamore; platano falso; sicomoro; spitzahorn; white harewood; yugoslavian maple
3208	*Acer rubrum*	英国	红花槭	pacific maple; soft maple
3209	*Acer sempervirens*	希腊	常绿槭	cretan maple; immergruner ahorn
3210	*Acer tataricum*	南欧、波兰	鞑靼槭	acero di tartaria; arce de tartaria; erable de tartarie; klon tatarski; rysk lonn; tartaarse esdoorn; tatarian maple
	***Aesculus*（HIPPOCASTANACEAE）** **七叶树属（七叶树科）**		**HS CODE** **4403. 99**	
3211	*Aesculus carnea*	欧洲	红七叶树	castano indico rojo; ippocastan orosso; marronnier rouge des indes; red horsechest nut; rod hast-kastanje; rode paarde-kastanje
3212	*Aesculus hippocastanum*	奥地利、意大利、法国、英国、瑞典、丹麦、芬兰、土耳其、荷兰、德国	欧洲七叶树	bois de spa; buckeye; castagno; chataigne de cheval; common horsechest nut; european horsechest nut; gemeine rosscastanie; haest kastanie; hastkastanje; ippocastano; jabani kestane; madal; marronnier; pferdekast anie; ross kastanie; vadgeszten ye; wilde kastanje
	***Afzelia*（CAESALPINIACEAE）** **缅茄属（苏木科）**		**HS CODE** **4403. 49**	
3213	*Afzelia africana*	英国	非洲缅茄	afzelia; counterwood
3214	*Afzelia bella*	英国	雅洁缅茄	counterwood
3215	*Afzelia bipindensis*	德国、英国	喀麦隆缅茄	afrikanisc hes afzelia; counterwood
3216	*Afzelia pachyloba*	德国、英国	厚裂缅茄	afrikanisc hes afzelia; counterwood
3217	*Afzelia quanzensis*	德国	安哥拉缅茄	afrikanisc hes afzelia
	***Agathis*（ARAUCARIACEAE）** **贝壳杉属（南洋杉科）**	**HS CODE** **4403. 25（截面尺寸≥15cm）或 4403. 26（截面尺寸<15cm）**		
3218	*Agathis philippinensis*	英国	菲律宾贝壳杉	malayan kauri

序号	学名	主要产地	中文名称	地方名
	Ailanthus **(SIMAROUBACEAE)** **臭椿属（苦木科）**		**HS CODE** **4403. 99**	
3219	*Ailanthus altissima*	英国、瑞典、意大利、西班牙、奥地利、法国	臭椿	ailante; ailanthus; ailanto; ailantus; albero del paradiso; arbol del cielo; falso zumaque; gotterbaum; tree-of-heaven; verno
	Albizia **(MIMOSACEAE)** **合欢属（含羞草科）**		**HS CODE** **4403. 49**	
3220	*Albizia gummifera*	英国	胶状合欢	west african albizia
3221	*Albizia schimperana*	英国	辛佩合欢	west african albizia
	Alnus **(BETULACEAE)** **桤木属（桦木科）**		**HS CODE** **4403. 99**	
3222	*Alnus cordata*	意大利、法国、丹麦、德国	心形桤木	aliso napolitano; antano; aune cordiforme; aunea fuillesen cur; aunefeuillesen coeur; hartbladige els; italiaanse els; italian alder; italienskal; napolitani sche erle; occhiano; ontano napolitano
3223	*Alnus glutinosa*	西班牙、罗马尼亚、法国、荷兰、德国、丹麦、匈牙利、克罗地亚、斯洛文尼亚、芬兰、瑞典、波兰、奥地利、瑞士	欧洲桤木	aliso; ameneiro; anin negru; black alder; common alder; erle; european alder; fekete eger; gemeine erie; klebrige erie; ontano nero; rodal; rot erle; roterle; schwarz erle; schwarzerle; tervaleppa; weisserle
3224	*Alnus incana*	北欧、意大利、罗马尼亚、法国、英国、荷兰、德国、芬兰	灰赤杨	aliso blanco; alno blanco; aulne blanc; aulne grisatre; aune glutineux; black alder; grauerle; gray alder; harmaa leppa; hoary alder; ontano bianco; schwarzerle; speckled alder; weiss erle
3225	*Alnus viridis*	中欧、波兰	绿桤木	aliso verde; alpen els; alpine erle; aune alpin; aune vert; berg erle; european green alder; european green ash; groene els; gronal; grun erle; grunerle; kosa olcha; ontano verde
	Alstonia **(APOCYNACEAE)** **鸡骨常山属（夹竹桃科）**		**HS CODE** **4403. 49**	
3226	*Alstonia gilletii*	英国	纪氏灯架	stoolwood

序号	学名	主要产地	中文名称	地方名
	***Amelanchier*（ROSACEAE）** **唐棣属（蔷薇科）**		**HS CODE** **4403. 99**	
3227	*Amelanchier lamarckii*	荷兰	拉氏唐棣	drents krenteboompje
3228	*Amelanchier ovalis*	法国、德国、西班牙、波兰	卵形唐棣	amelanchier; deutsche mispel; gemeine felsenbirne; guillomo; kernobstge wachse; neflier; snowy mespilus; swidosliwka; tribu du pommier
	***Amorpha*（FABACEAE）** **紫穗槐属（蝶形花科）**		**HS CODE** **4403. 99**	
3229	*Amorpha fruticosa*	欧洲	灌木状紫穗槐	falscher indigo; false indigo
	***Andromeda*（ERICACEAE）** **青姬木属（杜鹃科）**		**HS CODE** **4403. 99**	
3230	*Andromeda polifolia*	波兰	灰叶青姬木	marsh rosemary; modrzewnica zwyczajna; rosmarinheide
	***Aningeria*（SAPOTACEAE）** **阿林山榄属（山榄科）**		**HS CODE** **4403. 49**	
3231	*Aningeria adolfi-friedericii*	意大利	阿氏阿林山榄	noce del tanganica
3232	*Aningeria robusta*	意大利	粗状阿林山榄	noce del tanganica
	***Aralia*（ARALIACEAE）** **楤木属（五加科）**		**HS CODE** **4403. 99**	
3233	*Aralia elata*	荷兰	辽东楤木	duivelswan delstok
	***Arbutus*（ERICACEAE）** **乔杜鹃木属（杜鹃科）**		**HS CODE** **4403. 99**	
3234	*Arbutus andrachne*	希腊、土耳其	安德拉乔杜鹃木	greek strawberry-tree; komeiros; madrone; ostlicher erdbeerbaum
3235	*Arbutus menziesii*	欧洲	太平洋乔杜鹃木	arbutus
3236	*Arbutus procera*	欧洲	高大乔杜鹃木	arbutus; strawberry-tree
3237	*Arbutus unedo*	法国、西班牙、意大利、南欧、地中海地区	埃内多乔杜鹃木	arbousier; arbousier commun; borrachin; corbezzolo; erdbeerbaum; herbedo; komeiros nyeros; madrono; strawberry madrone; strawberry-tree; westlicher erdbeerbaum
	***Aristolochia*（ARISTOLOCHIACEAE）** **马兜铃属（马兜铃科）**		**HS CODE** **4403. 99**	
3238	*Aristolochia durior*	波兰	硬马兜铃	kokornak

序号	学名	主要产地	中文名称	地方名
	Artemisia **(COMPOSITAE)** **蒿属（菊科）**		**HS CODE** **4403. 99**	
3239	*Artemisia abrotanum*	波兰、南欧	南蒿	boze drzewko；eberrauten-beifus
3240	*Artemisia arborescens*	地中海地区	树蒿	wormwood
3241	*Artemisia campestris*	欧洲	荒野蒿	feldbeifuss；field wormwood
3242	*Artemisia herba-alba*	西班牙	白草蒿	ontina
3243	*Artemisia reptans*	西班牙	青蒿	kriechender beifuss
3244	*Artemisia vulgaris*	波兰	普通蒿	bylica
	Atriplex **(CHENOPODIACEAE)** **滨藜属（藜科）**		**HS CODE** **4403. 99**	
3245	*Atriplex glauca*	西班牙	青冈滨藜	blaugrune strauchmelde；blue-green orache
3246	*Atriplex halimus*	南欧	滨藜	shrubby orache；strauchmelde
	Autranella **(SAPOTACEAE)** **奥特山榄属（山榄科）**		**HS CODE** **4403. 49**	
3247	*Autranella congolensis*	欧洲	奥特山榄	autracon；kongo-makore
	Baikiaea **(CAESALPINIACEAE)** **红苏木属（苏木科）**		**HS CODE** **4403. 49**	
3248	*Baikiaea plurijuga*	意大利	多小叶红苏木	teck dello zambia
	Baillonella **(SAPOTACEAE)** **毒籽山榄属（山榄科）**		**HS CODE** **4403. 49**	
3249	*Baillonella toxisperma*	法国	毒籽山榄	poirier d'afrique
	Berberis **(BERBERIDACEAE)** **小檗属（小檗科）**		**HS CODE** **4403. 99**	
3250	*Berberis aetnensis*	意大利	埃特纳小檗	aetnean barberry；atna-berbe ritze
3251	*Berberis cretica*	希腊	克里蒂小檗	cretan barberry；kreta-berb eritze
3252	*Berberis hispanica*	西班牙	西班牙小檗	espino cambron；spanische berberitze；spanish barberry
3253	*Berberis vulgaris*	西班牙、法国、波兰、荷兰	普通小檗	arlo；barberry；berberise；berberitze；common barberry；epine vinette；gemeiner sauer-dorn；gemeiner sauerdorn；kwasnica；sauerdorn；zuurbes
	Berlinia **(CAESALPINIACEAE)** **鞋木属（苏木科）**		**HS CODE** **4403. 49**	
3254	*Berlinia acuminata*	英国	尖叶鞋木	rose zebrano

序号	学名	主要产地	中文名称	地方名
3255	*Berlinia bracteosa*	英国	多苞鞋木	rose zebrano
3256	*Berlinia confusa*	英国	鞋木	rose zebrano
3257	*Berlinia grandiflora*	英国	大花鞋木	rose zebrano
	Betula **（BETULACEAE）** **桦木属（桦木科）**	**HS CODE** **4403.95（截面尺寸≥15cm）或 4403.96（截面尺寸<15cm）**		
3258	*Betula concinna*	欧洲	整洁桦	european birch; lundbjork
3259	*Betula coriacea*	欧洲	革叶桦	angsbjork; european birch
3260	*Betula humilis*	波兰	匍生桦	brzoza niskorosla
3261	*Betula lenta*	英国	黑桦	canadian yellow birch; quebec birch
3262	*Betula nana*	波兰	矮桦	abedul enano; betulla nana; bouleau nain; brzoza karlowata; dvarg-bjork; dwarf birch; dwerg-berk
3263	*Betula obscura*	波兰	模糊桦	brzoza czarna
3264	*Betula odorata*	欧洲	香桦	common birch; european birch
3265	*Betula oycoviensis*	波兰	卵圆桦	brzoza ojcowska
3266	*Betula pendula*	西班牙、土耳其、意大利、瑞典、法国、捷克、斯洛伐克、波兰、芬兰、匈牙利、北欧、德国、罗马尼亚、荷兰、奥地利、英国	垂枝桦	abedul; abedul pendula; bedoll; betula bianca; bjork; bouleau; bouleau commun; brzoza bodawkowata; common birch; curly birch; english birch; european birch; feher nyir; finnish birch; flammbjork; silver birch; swedish birch; visakoivu; warzenbirk; white birch
3267	*Betula pubescens*	北欧、葡萄牙、意大利、法国、英国、芬兰、瑞典、德国、波兰、荷兰	欧洲桦	abedul europeo; bereza; betulla pubescente; bouleau blanc; english birch; europaische birke; european white birch; europees berken; finnish birch; hieskoivu; nordische weiss-birke; omszonej; pubescent birch; ruchbirke; russian birch; white birch; zachte berk
	Brosimum **（MORACEAE）** **饱食桑属（桑科）**	**HS CODE** **4403.49**		
3268	*Brosimum rubescens*	德国	红饱食桑	satinholz
	Bulnesia **（ZYGOPHYLLACEAE）** **维腊木属（蒺藜科）**	**HS CODE** **4403.49**		
3269	*Bulnesia arborea*	法国	树状维腊木	gayac de caracas

序号	学名	主要产地	中文名称	地方名
	Bupleurum **(APIACEAE)** **柴胡属(伞形科)**		**HS CODE** **4403. 99**	
3270	*Bupleurum foliosum*	西班牙	多叶柴胡	blattreich es hasenohr
3271	*Bupleurum fruticescens*	西班牙	浓密柴胡	fenoll de rabosa; halbstrauc higes hasenohr
3272	*Bupleurum fruticosum*	南欧	簇花柴胡	shrubby hares-ear; strauchart iges hasenohr
3273	*Bupleurum spinosum*	西班牙	刺毛柴胡	cuchilleja; pendejo
	Buxus **(BUXACEAE)** **黄杨属(黄杨科)**		**HS CODE** **4403. 99**	
3274	*Buxus balearica*	西班牙、英国	巴利黄杨木	balearic box; balearic box-tree; balearisch buchs; balearisch er buchsbaum; bossolo gentile; boxwood; buis de mahon; buis de minorque; buis des baleares
3275	*Buxus sempervirens*	英国、南欧、土耳其、希腊、德国、波兰、荷兰	欧洲黄杨木	abassian boxwood; anatolian box; aziatische buxus; buksboom; circassian boxwood; english boxwood; european box; feasshur; gemeiner boxbaum; gemeiner buchs; genuine boxwood; iranian box; legno martello; nordisches ebenholz; orientalisch buchs; palmboompje; persian box; turkish boxwood; turks palmhout
	Caesalpinia **(CAESALPINIACEAE)** **苏木属(苏木科)**		**HS CODE** **4403. 49**	
3276	*Caesalpinia echinata*#	法国、意大利	巴西苏木②	bois de bresil; verzino del brasile
	Calluna **(ERICACEAE)** **帚石楠属(杜鹃科)**		**HS CODE** **4403. 99**	
3277	*Calluna vulgaris*	西班牙、波兰	帚石楠	argana; besenheide; brezo; heather; heide gemeine; heidekraut; wrzos
	Canarium **(BURSERACEAE)** **橄榄属(橄榄科)**		**HS CODE** **4403. 49**	
3278	*Canarium schweinfurthii*	法国、英国	非洲橄榄	elemier du gabon; gaboon mahogany
	Caragana **(FABACEAE)** **锦鸡儿属(蝶形花科)**		**HS CODE** **4403. 99**	
3279	*Caragana arborescens*	中欧	树锦鸡儿	erbsenstrauch; grochownik; pea-tree

Caesalpinia echinata 是 2019 年之前 CIETS 濒危木材树种附录中的学名，2019 年之后变更为 *Paubrasilia echinata*。

序号	学名	主要产地	中文名称	地方名
	Carpinus **（BETULACEAE）** **鹅耳枥属（桦木科）**		**HS CODE** **4403.99**	
3280	*Carpinus betulus*	土耳其、罗马尼亚、意大利、法国、奥地利、波兰、德国、中欧、瑞士	欧洲鹅耳枥	avenbok; carpe; carpe blanco; carpen; carpino bianco; carpino blanco; charme; dyed hornbeam; european hornbeam; gem weissbuche; gemeine-weib-buche; gewone haagbeuk; hagebuche; hainbuche; hojaranzo; hornbeam; steinbuch; vitavenbok; vitbok; weissbuche
3281	*Carpinus caucasia*	欧洲	高加索鹅耳枥	caucasian hornbeam
3282	*Carpinus orientalis*	南欧、土耳其	东方鹅耳枥	carpinella; charme d'orient; eastern hornbeam; hojaranzo; oosterse haagbeuk; orientalisk avenbok
	Carya **（JUGLANDACEAE）** **山核桃属（胡桃科）**		**HS CODE** **4403.99**	
3283	*Carya cordiformis*	波兰	心果山核桃	prreorzech piciolistk owy; przeorzech gorzki
3284	*Carya glabra*	荷兰、德国、瑞典	光滑山核桃	echte hickory; echtes hickoryholz; svinnotshi ckory
3285	*Carya illinoensis*	荷兰、德国	剥壳山核桃	noothickory; nusshickory
3286	*Carya laciniosa*	瑞典、荷兰、德国	条裂山核桃	akta hickory; echte hickory; echtes hickoryholz
3287	*Carya ovata*	荷兰、德国、瑞典	卵圆山核桃	echte hickory; echtes hickoryholz; shidhickory; zottelbork ige hickory
	Casearia **（FLACOURTIACEAE）** **嘉赐属（大风子科）**		**HS CODE** **4403.99**	
3288	*Casearia praecox*	德国	雷嘉赐	westindisc hes buchs
	Castanea **（FAGACEAE）** **栗属（壳斗科）**		**HS CODE** **4403.99**	
3289	*Castanea sativa*	瑞典、地中海地区、法国、德国、芬兰、克罗地亚、斯洛文尼亚、奥地利、荷兰	欧洲栗木	akta kastanj; akta kastanje; castagno; chataigniez commun; chataignier; chestnut; european chestnut; europees kastanje; europese kastanje; jalokastanja; kastanienbaum; kastanje; koctehot; spanish chestnut; sweet chestnut; szeldgeszt enye; tamme kastanje

序号	学名	主要产地	中文名称	地方名
	Cedrus **(PINACEAE)** 雪松属（松科）	**HS CODE** **4403.25（截面尺寸≥15cm）或 4403.26（截面尺寸<15cm）**		
3290	*Cedrus brevifolia*	塞浦路斯	短叶雪松	cedar; cyprus cedar
3291	*Cedrus deodara*	德国	雪松	deodarzeder
3292	*Cedrus libani*	土耳其、地中海地区、塞浦路斯	黎巴嫩雪松	cedar of lebanon; cedre du liban; cedro de salomon; cedro del libano; cedro di salomone; deodar cedar of lebanon; kateran nujus; klassieke ceder; lebanon cedar; lebanon zeder; libanon-ceder
	Celtis **(ULMACEAE)** 朴属（榆科）		**HS CODE** **4403.49**	
3293	*Celtis australis*	土耳其、地中海地区、西班牙、英国、南欧、法国	南方朴	almez; arcidiavolo; bagolaro; european hackberry; latonero; micocoulier; micocoulier de provence; nasslatrad; nettle-tree; nicocoulier de provence; south european hackberry; spaccassassi; sudlicher zurgelbaum; zurgelbaum
3294	*Celtis gomphophylla*	英国	特拉朴	african celtis
	Ceratonia **(CAESALPINIACEAE)** 角豆苏木属（苏木科）		**HS CODE** **4403.99**	
3295	*Ceratonia siliqua*	南欧、意大利、法国、德国、英国、塞浦路斯	长角豆苏木	algarrobo europeo; baccelo greco; beantree; cariybuera sukuqyes; carob; carob-bean; carob-tree; caroubier; caroubiera siliques; carrubo; dolce; guainelle; johannisbr otbaum; karobenbaum; st. johns-bread carob
	Cercidiphyllum **(CERCIDIPHYLLACEAE)** 连香树属（连香树科）			**HS CODE** **4403.99**
3296	*Cercidiphyllum japonicum*	奥地利	连香树	judasbaum; redbud
	Cercis **(CAESALPINIACEAE)** 紫荆属（苏木科）		**HS CODE** **4403.99**	
3297	*Cercis siliquastrum*	地中海地区、意大利、南欧、土耳其	地中海紫荆	alberodi giuda; arbol de judas; arbre de judee; civirizzo; europaischer judasbaum; fiordi maria; gainier; judasbaum; judasboom; judastrad; love-tree; pancuco legno maledetto; siliquastro

序号	学名	主要产地	中文名称	地方名
	Chamaedaphne （**ERICACEAE**） **地桂属（杜鹃科）**		**HS CODE** **4403.99**	
3298	*Chamaedaphne calyculata*	芬兰、德国、挪威、瑞典、波兰	萼状地桂	leather-leaf; modrzewnica polnocna; moosbeere
	Chrysophyllum （**SAPOTACEAE**） **金叶树属（山榄科）**		**HS CODE** **4403.49**	
3299	*Chrysophyllum lacourtianum*	意大利	拉库金叶树	aniegre rosso
3300	*Chrysophyllum subnudum*	意大利	波状金叶树	aniegre rosso
	Cistus （**CISTACEAE**） **岩蔷薇属（半日花科）**		**HS CODE** **4403.99**	
3301	*Cistus albidus*	西班牙、意大利	白岩蔷薇	estepa; jara blanca; silberweis sbehaarte zistrose
3302	*Cistus clusii*	西班牙	克氏岩蔷薇	tamarilla
3303	*Cistus crispus*	西班牙、意大利	管岩蔷薇	juargarzo prieto; krausblatt rige zistrose; wrinkle-leaf rock-rose
3304	*Cistus incanus*	西班牙	灰白岩蔷薇	rock rose
3305	*Cistus ladanifer*	西班牙	岩蔷薇	jara comun; laurel-leaved rock-rose; lorbeerblatt rige zistrose
3306	*Cistus laurifolius*	西班牙、意大利	桂叶岩蔷薇	estepa; gum cistus; harzliefer nde zistrose
3307	*Cistus monspeliensis*	西班牙、地中海地区	聚伞岩蔷薇	jaguarzo; schmalblatt rige zistrose
3308	*Cistus populifolius*	西班牙	胡杨岩蔷薇	jaron
3309	*Cistus psilosepalus*	西班牙	帕鲁斯岩蔷薇	carparo
3310	*Cistus salvifolius*	地中海地区、西班牙	丹参岩蔷薇	rock rose; sage-leaved rock-rose; salbeiblatt rige zistrose; tomillo blanco
3311	*Cistus villosus*	西班牙	绒毛岩蔷薇	rock rose
	Citrus （**RUTACEAE**） **柑橘属（芸香科）**		**HS CODE** **4403.99**	
3312	*Citrus aurantium*	南欧、意大利、西班牙	酸橙木	apelsintrad; arancio; melarancio; naranja silvestre; naranjo; orange-tree; oranger; pomeranzen baum; seville orange-tree; sinaasappe lboom

序号	学名	主要产地	中文名称	地方名
3313	*Citrus limon*	英国、西班牙、荷兰、瑞典、南欧	柠檬	acid lime; arbol de limon; citoenboom; citron; citronnier; citrontrad; lemon-tree; limonero; limonier; sweet lime; zitronenbaum
3314	*Citrus medica*	地中海地区	大花柑橘	arbol de limon; cedratier; cedro; citroenboom; citronnier; citrontrad; lemon-tree; limone
3315	*Citrus sinensis*	南欧	中华柑橘	apfelsinen baum; orange-tree
	Clematis **(RANUNCULACEAE)** **铁线莲属（毛茛科）**		**HS CODE** **4403.99**	
3316	*Clematis alpina*	东欧、芬兰、意大利、挪威	高山铁线莲	alpen waldrebe; alpine clematis
3317	*Clematis cirrhosa*	南欧	川铁线莲	hairy clematis; macchien waldrebe
3318	*Clematis flammula*	南欧、西班牙	金针铁线莲	brennende waldrebe; fragrant clematis; vidraria de hojas estrecha
3319	*Clematis vitalba*	荷兰、法国、波兰、西班牙	葡叶铁线莲	bosrank; clematite; gemeine waldrebe; old-mans-beard; powojnik pnacy; vidana; waldrebe
3320	*Clematis viticella*	希腊、意大利、克罗地亚、斯洛文尼亚	意大利铁线莲	blue clematis; italienisc he waldrebe
	Clusia **(GUTTIFERAE)** **克拉藤黄属（藤黄科）**		**HS CODE** **4403.99**	
3321	*Clusia flava*	意大利	黄花克拉藤黄	higua amate
	Copaifera **(CAESALPINIACEAE)** **香脂苏木属（苏木科）**		**HS CODE** **4403.49**	
3322	*Copaifera religiosa*	德国	香脂苏木	ntene
	Cordia **(BORAGINACEAE)** **破布木属（紫草科）**		**HS CODE** **4403.49**	
3323	*Cordia glabrata*	德国	光滑破布木	louro preto
3324	*Cordia myxa*	土耳其	毛叶破布木	bukampaada ruka
	Coriaria **(CORIARIACEAE)** **马桑属（马桑科）**		**HS CODE** **4403.99**	
3325	*Coriaria myrtifolia*	法国、意大利、西班牙	番樱桃叶马桑	mediterran ean coriaria; myrtenblatt rige gerber-strauch

序号	学名	主要产地	中文名称	地方名
	Cornus （**CORNACEAE**） **梾木属（山茱萸科）**		**HS CODE** **4403.99**	
3326	*Cornus mas*	德国、地中海地区、法国、波兰、中欧	地中海梾木	blutroter hartriegel; cornel; cornelian cherry; crognolo; deren pospolity; gelber hartriegel; gele cornel; gele kornoelje; gemeine-kornelkirsdle; gemeiner-hartriegel; kornel kirsche; kornelkirsche
3327	*Cornus sanguinea*	德国、英国、意大利、地中海地区、西班牙、法国、波兰、瑞典、荷兰	红梾木	blutroter hartriegel; blutroter hornstrauch; common dogwood; cornouiller sanguin; deren swidwa; gelber hartriegel; gemeiner-hartriegel; hardved; hartriegel; hornstrauch; kornelkirsche; red dogwood; rote hartriegel; sanguinello
	Corylus （**BETULACEAE**） **榛属（桦木科）**		**HS CODE** **4403.99**	
3328	*Corylus avellana*	西班牙、地中海地区、英国、德国、奥地利、芬兰、瑞典、波兰	本色榛	avellaneiro; avellano; avellano europeo; boomhazelaar; european hazelnut; filbert; gemeine hasel; gewone hazelaar; hazel-tree; hazelwood; leszczyna; mediterranian hazel; noisetier; nutwood; pahkinapensas; turkische hasel; turkisk hassel; vanlig hassel
3329	*Corylus maxima*	希腊、意大利	大果榛	filbert hazel; weisse hasel
	Corymbia （**MYRTACEAE**） **伞房桉属（桃金娘科）**		**HS CODE** **4403.99**	
3330	*Corymbia maculata*	意大利	斑皮伞房桉	eucalitto macchiato; prickig eukalyptus
3331	*Corymbia viminalis*	西班牙、意大利、瑞典	多枝伞房桉	eucalipto manna gum; eucalitto manna gum; manna gum eukalyptus
	Cotinus （**ANACARDIACEAE**） **黄栌属（漆树科）**		**HS CODE** **4403.99**	
3332	*Cotinus coggygria*	波兰	黄栌	fisettholz; peruckenst rauch; perukowiec; smoketree; wigtree
	Cotoneaster （**ROSACEAE**） **栒子属（蔷薇科）**		**HS CODE** **4403.99**	
3333	*Cotoneaster acutifolius*	波兰	灰栒子	irga ostrolistna
3334	*Cotoneaster dielsianus*	波兰	木帚栒子	irga

序号	学名	主要产地	中文名称	地方名
3335	*Cotoneaster divaricatus*	波兰	散生栒子	irga
3336	*Cotoneaster granatensis*	西班牙	格拉栒子	granada medlar；guillomo
3337	*Cotoneaster integerrimus*	法国、德国、波兰	全缘栒子	alisier nain；common wild cotoneaster；cotoneaster commun；cotoneaster cotonneux；filzige steinmispel；gemeine berg-mispel；gemeine steinmispel；gemeine zwergmispel；irga zwyczajna；kernobstge wachse；tribu du pommier；zwergmispel
3338	*Cotoneaster nebrodensis*	法国、德国	蘑栒子	alisier nain；cotoneaster commun；cotoneaster cotonneux；downy medlar；filz-zwerg mispel；filzige berg-mispel；filzige steinmispel；gemeine steinmispel；kernobstge wachse；tribu du pommier；zwergmispel
3339	*Cotoneaster niger*	波兰	尼日尔栒子	irga czarna
3340	*Cotoneaster nitens*	波兰	光泽栒子	irga
3341	*Cotoneaster nummularius*	希腊、土耳其	努穆栒子	coin-shaped medlar；munzenarti ge zwergmispel
3342	*Cotoneaster racemosa*	波兰	聚果栒子	irga
	***Crataegus*（ROSACEAE）** **山楂属（蔷薇科）**		**HS CODE** **4403.99**	
3343	*Crataegus calycina*	东欧	宿萼山楂	korallhagtorn；langkelch-weissdorn；maytree
3344	*Crataegus curvisepala*	东欧	弯曲山楂	maytree；spetshagtorn
3345	*Crataegus laciniata*	南欧	裂叶山楂	oriental hawthorn；orientalis cher weissdorn
3346	*Crataegus laevigata*	法国、西班牙、波兰、德国、英国	金樱子山楂	aubepine；aubepine commun；epine ecarlate；espino blanco；gemeine weissdorn；ghunza；glog dwuszyjkowy；hagedorn；hawtorn；meidoorn；midland hawthorn；quickmay；rossospino；rotdorn；rundhagtorn；tweestijli ge meidoorn；whitethorn

序号	学名	主要产地	中文名称	地方名
3347	*Crataegus monogyna*	地中海地区、西班牙、英国	单子山楂	biancospino; common hawthorn; eenstijlige meidoorn; eingriffelig weiss-dorn; eingriffliger weissdorn; einweibiger weiss-dorn; epine blanche; espino; espino albar; espino blanco; hawthorn; may; maytree; trubbhagtorn
3348	*Crataegus nigra*	波兰	黑山楂	glog czarny
3349	*Crataegus oxyacantha*	欧洲	尖刺山楂	hawtorn; may tree
3350	*Crataegus pinnatifida*	波兰	山楂	glog pierzasty
3351	*Crataegus pycnoloba*	希腊	密裂山楂	schmallappiger weissdorn
	Cupressus (**CUPRESSACEAE**) **柏木属（柏科）**	**HS CODE** **4403. 25（截面尺寸≥15cm）或 4403. 26（截面尺寸<15cm）**		
3352	*Cupressus lusitanica*	葡萄牙	墨西哥柏木	cedre de goa; cipres portugues; cipresso del portogallo; cipresso messicano; cypres du mexique; cypres du portugal; portuguese cypress
3353	*Cupressus sempervirens*	地中海地区、土耳其、英国	常绿柏木	akta-cypress; altijdgroene cypres; cipresso columnare; cipresso comune; cipresso sempreverde; cypres commun; echte zypresse; funeral cypress; immergrune zypress; italiaanse cypres; italian cypress; mediterran ean cypress; saruboke; saulenformige cypresse; true cypress; vanlig cypress; zypresse
	Cydonia (**ROSACEAE**) **榅桲属（蔷薇科）**		**HS CODE** **4403. 99**	
3354	*Cydonia oblonga*	德国、法国、西班牙、南欧	榅桲	apfelbaum; apfelkquitte; apple quince; aubepine; birnbaum; cognassier commun; kernobstge wachse; membrillo; poirier; pommier; quince; tribu du pommier; weissdorn
	Dacryodes (**BURSERACEAE**) **蜡烛木属（橄榄科）**		**HS CODE** **4403. 49**	
3355	*Dacryodes buettneri*	意大利	中非蜡烛木	okume grigio

序号	学名	主要产地	中文名称	地方名
	Dalbergia **(FABACEAE)** **黄檀属（蝶形花科）**		**HS CODE** **4403. 49**	
3356	*Dalbergia baroni*	意大利	巴罗尼黄檀②	palissandro bruno di madagascar
3357	*Dalbergia frutescens*	法国	灌木黄檀②	bois de rose
3358	*Dalbergia nigra*	法国、意大利、英国	巴西黑黄檀①	palissandre du brazil; pallissandro; pianowood
3359	*Dalbergia normandii*	英国、法国	诺曼底黄檀②	
3360	*Dalbergia retusa*	德国	微凹黄檀②	cocoboloholz
	Daniellia **(CAESALPINIACEAE)** **西非苏木属（苏木科）**		**HS CODE** **4403. 49**	
3361	*Daniellia klainei*	英国、德国	西非苏木	benin gum copal; blue bessie; daniellia
3362	*Daniellia ogea*	英国	干地西非苏木	benin gum copal; blue bessie
3363	*Daniellia thurifera*	英国	乳香西非苏木	benin gum copal; blue bessie
	Daphne **(THYMELAEACEAE)** **瑞香属（瑞香科）**		**HS CODE** **4403. 99**	
3364	*Daphne alpina*	德国、法国、意大利、瑞士	高山瑞香	alpen-seid elbast; alpenseid elbast; alpine spurge; bois gentil; daphne camelee; daphne des alpes; flaumiger seidelbast; gestreifter seidelbast; joli bois; kellerhals; laureole; laurier des bois; loorbeer-s eidelbast; seidelbast
3365	*Daphne cneorum*	欧洲	北瑞香	daphne rose; garland-flower; rosmarin seidelbast
3366	*Daphne gnidium*	南欧、西班牙	金边瑞香	herbst seidelbast; torvisco
3367	*Daphne laureola*	西班牙、德国、法国	桂叶瑞香	adelfilla; alpen-seid elbast; bois gentil; daphne camelee; daphne des alpes; flaumiger seidelbast; gestreifter seidelbast; joli bois; kellerhals; laureole; laurier des bois; seidelbast; spurge-laurel
3368	*Daphne mezereum*	德国、法国、西班牙、波兰	欧亚瑞香	alpen-seid elbast; bois gentil; daphne camelee; daphne des alpes; flaumiger seidelbast; gemeiner seidelbast; gestreifter seidelbast; joli bois; kellerhals; lauier des bois; laureole; loorbeer-seidelbast; mezereon; olivera; seidelbast; wilcze lyko

序号	学名	主要产地	中文名称	地方名
3369	*Daphne oleoides*	南欧	油瑞香	oelbaumblatt rige seidelbast；olivetree-leaved spurge
3370	*Daphne petraea*	意大利	岩生瑞香	felsen seidelbast
3371	*Daphne pontica*	土耳其	黑海瑞香	pontischer seidelbast；pontus spurge
3372	*Daphne striata*	德国、法国、意大利、瑞士、克罗地亚、斯洛文尼亚	条纹瑞香	alpen-seid elbast；bois gentil；daphne camelee；daphne des alpes；flaumiger seidelbast；gestreifter seidelbast；joli bois；kellerhals；laureole；laurier des bois；loorbeer-seidelbast；seidelbast；steinroschen；striated mezereon
	Diospyros（EBENACEAE） **柿属（柿树科）**		**HS CODE** **4403. 49**	
3373	*Diospyros celebica*	英国	苏拉威西乌木	calamander-wood；coromandel
3374	*Diospyros crassiflora*	德国、意大利、英国	厚瓣乌木	afrikanisc hes ebenholz；grenadillo africano；king ebony；kribi ebony；old calabar；schwarzes ebenholz
3375	*Diospyros kaki*	意大利	柿木	diospiro
3376	*Diospyros lotus*	荷兰	黑枣柿木	dadelpruim
3377	*Diospyros marmorata*	英国	安达曼乌木	zebrawood
3378	*Diospyros piscatoria*	英国	加蓬乌木	cameroon ebony；kribi ebony
	Distemonanthus（CAESALPINIACEAE） **双蕊苏木属（苏木科）**		**HS CODE** **4403. 49**	
3379	*Distemonanthus benthamianus*	英国	双蕊苏木	yellow satinwood
	Dracontomelon（ANACARDIACEAE） **人面子属（漆树科）**		**HS CODE** **4403. 49**	
3380	*Dracontomelon dao*	英国	人面子	pacific walnut；papuan walnut
	Dryas（ROSACEAE） **仙女木属（蔷薇科）**		**HS CODE** **4403. 99**	
3381	*Dryas integrifolia*	欧洲	全缘仙女木	
3382	*Dryas octopetala*	欧洲	仙女木	mountain avens；silberwurz
	Echium（BORAGINACEAE） **蓝蓟属（紫草科）**		**HS CODE** **4403. 99**	
3383	*Echium pininana*	欧洲	羽叶蓝蓟	
3384	*Echium vulgare*	欧洲	蓝蓟	

序号	学名	主要产地	中文名称	地方名
	Elaeagnus（ELAEAGNACEAE） 胡颓子属（胡颓子科）		HS CODE 4403. 99	
3385	*Elaeagnus angustifolia*	南欧、西班牙、葡萄牙、波兰	沙枣	arabia；cinamomo；ol-weide；oleaster；oleastre；olijf-wilg；oliveira do paraiso；olivier de boheme；olivo de bohemia；olivo di boemia；oliwnik；panjino；russian olive；waskolistny
	Empetrum（EMPETRACEAE） 岩高兰属（岩高兰科）		HS CODE 4403. 99	
3386	*Empetrum atropurpureum*	欧洲	翼豆岩高兰	
3387	*Empetrum eamesii*	欧洲	埃氏岩高兰	
3388	*Empetrum hermaphroditum*	欧洲	两性岩高兰	
3389	*Empetrum nigrum*	欧洲	黑岩高兰	black-berried heath；schwarze krahenbeere
3390	*Empetrum rubrum*	欧洲	红岩高兰	
	Endiandra（LAURACEAE） 土楠属（樟科）		HS CODE 4403. 99	
3391	*Endiandra baillonii*	法国	含笑土楠	bois blanc
	Entandrophragma（MELIACEAE） 非洲楝属（楝科）		HS CODE 4403. 49	
3392	*Entandrophragma angolense*	德国、英国	安哥拉非洲楝	acuminata；edinam
3393	*Entandrophragma candollei*	法国	大非洲楝	bouboussou rouge
3394	*Entandrophragma delevoyi*	英国	莱沃非洲楝	edinam
3395	*Entandrophragma dolicarpum*	英国	长果楝	edinam
3396	*Entandrophragma utile*	德国	良木非洲楝	sipo mahagoni
	Ephedra（EPHEDRACEAE） 木贼麻黄属（麻黄科）		HS CODE 4403. 99	
3397	*Ephedra distachya*	南欧	双穗木贼麻黄	common ephedra；gemeines meertraubchen；meertraube；sea-grape
3398	*Ephedra fragilis*	地中海地区	脆木贼麻黄	fragile ephedra；zerbrechli ches meertraubchen

序号	学名	主要产地	中文名称	地方名
3399	*Ephedra funerea*	地中海地区	谷茶木贼麻黄	
3400	*Ephedra major*	地中海地区	大木贼麻黄	large sea-grape；sizilianis ches meertraubchen
	Erica **(ERICACEAE)** **欧石楠属（杜鹃科）**		**HS CODE** **4403. 99**	
3401	*Erica arborea*	地中海地区、南欧、西班牙、英国、希腊	树状欧石楠	baumheide；brezo；brezo blanco；briar；briar-root；bruyere；bruyere arborescente；giant heath；heiwortel；racine de bruyere；scopa grande；tree-heath
3402	*Erica australis*	西班牙	南方欧石楠	brezo negro；brezo rubio
3403	*Erica ciliaris*	西班牙	纤毛欧石楠	garroncha
3404	*Erica cinerea*	西班牙	苏格兰欧石楠	bell heather；carrascina；graue heide；queiroca
3405	*Erica herbacea*	欧洲	爱里欧石楠	heide fleischrote；mediterran ean heather；schneeheide
3406	*Erica multiflora*	地中海地区	密花欧石楠	vielblutige heide
3407	*Erica scoparia*	西班牙	因尘欧石楠	brezo de escobas
3408	*Erica tetralix*	西班牙、波兰	沼泽欧石楠	cross-leaved heath；garroncha；sumpfheide；wrzosiec
3409	*Erica umbellata*	西班牙	伞状欧石楠	mogariza；quirola
3410	*Erica vagans*	西班牙、法国、英国	漂泊欧石楠	bicrcol；brezo；bruco；cornish heather；wander heide
	Eriobotrya **(ROSACEAE)** **枇杷属（蔷薇科）**		**HS CODE** **4403. 99**	
3411	*Eriobotrya japonica*	南欧	枇杷	japanische mispel
	Eucalyptus **(MYRTACEAE)** **桉属（桃金娘科）**		**HS CODE** **4403. 98**	
3412	*Eucalyptus amygdalina*	欧洲	杏仁桉	pepparmynta eukalyptus
3413	*Eucalyptus camaldulensis*	西班牙、意大利、法国	赤桉	eucalipto rojo；eucalitto rosso；eucalitto rostrato；eucalyptus rostrata；eucalyptus rouge
3414	*Eucalyptus dalrympleana*	西班牙、意大利、英国	火桉	eucalipto de montana；eucalitto di montagna；mountain gum
3415	*Eucalyptus delegatensis*	欧洲	高山桉	jatte eukalyptus

序号	学名	主要产地	中文名称	地方名
3416	*Eucalyptus francisii*	法国	法国桉	
3417	*Eucalyptus glaucescens*	英国	白变桉	cider eucalypt; cider gum
3418	*Eucalyptus globulus*	德国、西班牙、葡萄牙、意大利、法国	蓝桉	blaue eukalyptus; blauer gummibaum; blaugummibaum; eucalipto azul; eucalipto globulo; eucalitto blu; eucalitto globuloso; eucalyptus bleu; fieberbaum; gommier bleu
3419	*Eucalyptus moluccana*	英国	马六甲桉	australian canarywood; grey box; gum-topped box; white gum; yellow box
3420	*Eucalyptus stellulata*	英国	星形桉	sally
3421	*Eucalyptus tereticornis*	瑞典	细叶桉	red gum eukalyptus; rouge eucalyptus
	Euonymus **(CELASTRACEAE)** **卫矛属（卫矛科）**		**HS CODE 4403. 99**	
3422	*Euonymus europaea*	法国、意大利、荷兰、波兰	欧洲卫矛	benved; bois carre; bois de lardoire; bois loustau; bonnet carre; bonnet de pretre; dogwood; european spindle-tree; fusaggine; fusain; fusain d'europe; garais; papenhoed; trzmielina zwyczajna; wilde karkinaals muts
3423	*Euonymus latifolius*	南欧	阔叶卫矛	breitblatt rige spindelbaum; breitblatt riges pfaffenhut chen; broad-leaved spindle-tree
3424	*Euonymus lutchuensis*	南欧	卢氏卫矛	
3425	*Euonymus nanus*	波兰	矮卫矛	trzmiclina niska
3426	*Euonymus verrucosus*	南欧	瘤枝卫矛	rough-stemmed spindle-tree; warzen-spindelstrauch; warziger spindelbaum
	Euphorbia **(EUPHORBIACEAE)** **大戟属（大戟科）**		**HS CODE 4403. 99**	
3427	*Euphorbia dendroides*	南欧	欧洲大戟	baumformige wolfsmilch; tree-like spurge
3428	*Euphorbia squamigera*	西班牙	鳞毛大戟	schuppentr agende wolfsmilch
	Fagus **(FAGACEAE)** **水青冈属（壳斗科）**	**HS CODE 4403. 93（截面尺寸≥15cm）或 4403. 94（截面尺寸<15cm）**		
3429	*Fagus moesiaca*	克罗地亚、斯洛文尼亚、英国	莫塞水青冈	balkanska bukva; jugoslavian beech; yugoslavian beech
3430	*Fagus orientalis*	土耳其	东方水青冈	asiatic beech

序号	学名	主要产地	中文名称	地方名
3431	*Fagus sylvatica*	奥地利、捷克、斯洛伐克、瑞典、英国、荷兰、波兰、匈牙利、克罗地亚、斯洛文尼亚、丹麦、罗马尼亚、西班牙、葡萄牙、法国、土耳其、德国、意大利	欧洲水青冈	asiatic beech；asiatische buche；beech；bukva；carpathian beech；common beech；copper beech；danish beech；english beech；european beech；evropska bukva；faggio purpureo；gewone beuk；haya purpurea；oriental beech；rodbok；turkish beech；vanlig bok；weeping beech
3432	*Fagus sylvatica* var. *pendula*	捷克、斯洛伐克	悬垂水青冈	buk；copperbeech；purple beech
3433	*Fagus taurica*	克罗地亚、斯洛文尼亚	塔乌里水青冈	krimska bukva
	***Ficus*（MORACEAE）** **榕树属（桑科）**		**HS CODE** **4403. 99**	
3434	*Ficus carica*	地中海地区、西班牙、南欧	无花果	akta fikontrad；cabra-higo；common fig；echter feigenbaum；figuier；figuier commun；fikontrad；gewone vijg；higuera comun；vardag fikontrad；vijgeboom
3435	*Ficus sycomorus*	南欧	西科榕	echte sykomore；maulbeerfeige；sycamore；sycomore fig
	***Flueggea*（EUPHORBIACEAE）** **白饭树属（大戟科）**		**HS CODE** **4403. 99**	
3436	*Flueggea suffruticosa*	西班牙	独叶萩	tamujo
3437	*Flueggea tinctoria*	西班牙	染料白饭树	tamujo
	***Forsythia*（OLEACEAE）** **连翘属（木犀科）**		**HS CODE** **4403. 99**	
3438	*Forsythia suspensa*	波兰	连翘	forsycja
	***Frangula*（RHAMNACEAE）** **裸芽鼠李属（鼠李科）**		**HS CODE** **4403. 99**	
3439	*Frangula alnus*	西班牙、法国、地中海地区、德国	欧裸芽鼠李	alder buckthorn；arraclan；bourgene；brakved；buckthorn alder；dogwood；faulbaum；gemeiner faulbaum；gewone vuilboom；pulverbaum；pulverholz；sporkehout vuilboom
3440	*Frangula azorica*	马德拉群岛	阿佐里裸芽鼠李	breitblatt rige faulbaum

序号	学名	主要产地	中文名称	地方名
	Fraxinus **（OLEACEAE）** **白蜡树属（木犀科）**		**HS CODE 4403. 99**	
3441	*Fraxinus angustifolia*	地中海地区	狭叶白蜡木	frassino del sud; frene du sud; fresno del sur; southern ash; sydlig ask; zuidelijkees
3442	*Fraxinus excelsior*	土耳其、奥地利、罗马尼亚、意大利、法国、英国、西班牙、捷克、斯洛伐克、波兰、匈牙利、芬兰	欧洲白蜡木	ash; ask; common ash; english ash; european ash; europesees; frasin comun; frene olivier; fresno olivo; gemeine esche; hungarian ash; jesion wyniosly; magas koris; polish ash; saarni; slavonian ask; vanlig ask
3443	*Fraxinus nigra*	英国	黑白蜡木	canadian ash
3444	*Fraxinus ornus*	南欧、荷兰、瑞典、德国、英国、波兰、意大利	花白蜡木	ask; bloemes; blom-ask; blomask; blumen esche; blumenesche; flowering ash; jesion mannowy; manna ash; manna-ash; manna-eskn bloemes; orinello; orniello; pluimes
3445	*Fraxinus pennsylvanica*	英国	宾州白蜡木	canadian ash
	Gambeya **（SAPOTACEAE）** **甘比山榄属（山榄科）**		**HS CODE 4403. 49**	
3446	*Gambeya africana*	意大利	非洲甘比山榄	aniegre rosso
	Gleditsia **（CAESALPINIACEAE）** **皂荚木属（苏木科）**		**HS CODE 4403. 99**	
3447	*Gleditsia triacanthos*	西班牙、荷兰、德国、法国	三刺皂荚木	acacia tres puas; christusdoorn; dreidornige gleditschie; feviera trois epines; gleditschie; schotendorn; valsa christusdoorn
	Gluta **（ANACARDIACEAE）** **胶漆树属（漆树科）**		**HS CODE 4403. 49**	
3448	*Gluta curtisii*	英国	柯氏胶漆树	black varnish-tree
	Glycyrrhiza **（FABACEAE）** **洋甘草属（蝶形花科）**		**HS CODE 4403. 99**	
3449	*Glycyrrhiza glabra*	地中海地区	洋甘草木	bois de reglisse; liquirizia; liquorice; palo dulce; regaliza; reglisse; sottra; sweetroot; zoethout
	Gossweilerodendron **（CAESALPINIACEAE）** **红桃豆属（苏木科）**			**HS CODE 4403. 49**
3450	*Gossweilerodendron balsamiferum*	德国	红桃豆	agba

序号	学名	主要产地	中文名称	地方名
	Guaiacum（ZYGOPHYLLACEAE） 愈疮木属（蒺藜科）		**HS CODE** **4403.49**	
3451	*Guaiacum officinale*	法国	药用愈疮木②	bois sant
3452	*Guaiacum sanctum*	法国、西班牙	神圣愈疮木②	bahama lignum-vitae；bois de gaiac；guaiacan
	Guarea（MELIACEAE） 驼峰楝属（楝科）		**HS CODE** **4403.49**	
3453	*Guarea cedrata*	英国	白驼峰楝	scented guarea
3454	*Guarea thompsonii*	英国	黑驼峰楝	black guarea
	Guibourtia（CAESALPINIACEAE） 古夷苏木属（苏木科）		**HS CODE** **4403.49**	
3455	*Guibourtia arnoldiana*	意大利、法国	阿诺古夷苏木	noce del congo；noce jaspis；noce paradiso；paradies
3456	*Guibourtia ehie*	意大利	爱里古夷苏木	noce mongoy；palissandro di guinea
	Gymnocladus（CAESALPINIACEAE） 肥皂荚属（苏木科）		**HS CODE** **4403.99**	
3457	*Gymnocladus chinensis*	中欧	肥皂荚	fei-tsao-tou
	Mitragyna（RUBIACEAE） 帽柱木属（茜草科）		**HS CODE** **4403.49**	
3458	*Mitragyna ledermannii*	德国、英国	莱氏帽柱木	abura；african poplar
	Haloxylon（CHENOPODIACEAE） 梭梭属（藜科）		**HS CODE** **4403.99**	
3459	*Haloxylon articulatum*	西班牙	扁枝梭梭木	gegliederter saxaul；saxau
	Hedera（ARALIACEAE） 常春藤属（五加科）		**HS CODE** **4403.99**	
3460	*Hedera helix*	波兰、西班牙、荷兰、法国	常春藤	bluszcz；efeu；english ivy；hedra；ivy；klimop；lierre commun；yedra
	Hibiscus（MALVACEAE） 木槿属（锦葵科）		**HS CODE** **4403.99**	
3461	*Hibiscus rosa-sinensis*	南欧	朱槿	chinese hibiscus；chinesischer eibisch；hibiscus
3462	*Hibiscus syriacus*	希腊	木槿	shrubby althea；syrischer eibisch

序号	学名	主要产地	中文名称	地方名
	Hippophae **(ELAEAGNACEAE)** **沙棘属(胡颓子科)**		**HS CODE 4403.99**	
3463	*Hippophae rhamnoides*	法国、罗马尼亚、西班牙、英国、波兰	沙棘	argousier; catinii de riu; cinamomo; espino amarillo; gemeiner sand-dorn; gemeiner sanddorn; havetorn; havtorn; rokitni; sand dorn; sanddorn; sea buckthorn
	Hypericum **(GUTTIFERAE)** **金丝桃属(藤黄科)**		**HS CODE 4403.99**	
3464	*Hypericum androsaemum*	西班牙	浆果金丝桃	mannsblut; todabuena
3465	*Hypericum balearicum*	西班牙	巴利阿里金丝桃	balearisches hartheu
3466	*Hypericum empetrifolium*	希腊	艾米金丝桃	rauschbeer blatt riges hartheu
3467	*Hypericum ericoides*	西班牙	欧石楠金丝桃	pinsell
	Hyssopus **(LAMIACEAE)** **神香草属(唇形科)**		**HS CODE 4403.99**	
3468	*Hyssopus officinalis*	西班牙	神香草	hisopo; officinal hyssop; ysop
	Ilex **(AQUIFOLIACEAE)** **冬青属(冬青科)**		**HS CODE 4403.99**	
3469	*Ilex aquifolium*	西班牙、西欧、意大利、法国、南欧、英国、波兰	圣诞树	acebo; agrifoglio; bois franc; chiragni; english holly; european holly; europese hulst; gemeiner hulst; greou; holly; hulzenboom; kristtorn; meslier epineux; ostokrzen; pardon; stikpalme
3470	*Ilex perado*	西班牙	佩拉冬青	acebino; acebo; acevino
	Intsia **(CAESALPINIACEAE)** **印茄属(苏木科)**		**HS CODE 4403.49**	
3471	*Intsia crithmoides*	欧洲	克里斯印茄	golden samphire; salzalant
	Juglans **(JUGLANDACEAE)** **核桃属(胡桃科)**		**HS CODE 4403.99**	
3472	*Juglans ailanthifolia*	英国	臭椿叶核桃	japanese claro walnut
3473	*Juglans cinerea*	瑞典、德国、荷兰	白核桃	amerikanskt svart notstra; butternuss; grauer walnussbaum; graunuss; witte noot

序号	学名	主要产地	中文名称	地方名
3474	*Juglans nigra*	荷兰	黑核桃	zwarte walnoot
3475	*Juglans regia*	法国、南欧、希腊、土耳其、匈牙利、英国、荷兰、德国、塞浦路斯	核桃	auvergne walnut; basilikon; black sea walnut; british walnut; circassian walnut; common walnut; dordogne; english walnut; gladbladige treuriep; nogal europeo; orzech wloski; persian walnut; persicon; royal walnut; spanish walnut; valnotstra; walnut
	Juniperus **(CUPRESSACEAE)** **刺柏属（柏科）**	**HS CODE** **4403.25（截面尺寸≥15cm）或4403.26（截面尺寸<15cm）**		
3476	*Juniperus brevifolia*	葡萄牙	短叶刺柏	azores juniper
3477	*Juniperus communis*	波兰、瑞典、葡萄牙	欧洲刺柏	common juniper; enebro comun de suecia; genevrier commun de suede; genevrier sabine; gewone jeneverbes; ginepro; jalowiec halny; jeneverbes; kataja; machandelbaum; modsdsewel inik; petron; sarru gabali; zimbro; zweedse jeneverbes
3478	*Juniperus deppeana*	欧洲	墨西哥圆柏	alligator enebro; alligator genevier
3479	*Juniperus drupacea*	土耳其、希腊	叙利亚圆柏	andys; andys jeneverboom; andys juniper; enebro de siria; genevrier andys; genevrier de syrie; ginepro di siria; syrian juniper; syrische jeneverboom; syrisken
3480	*Juniperus excelsa*	希腊、地中海地区、克罗地亚、斯洛文尼亚、德国、土耳其、阿尔巴尼亚、保加利亚	乔桧	asiatisken; enebro griego; ffriechischer wacholder; genevrier de grece; grecian cedar; grecian juniper; hoher sadebaum; kaukasische jeneverbes; tall juniper; west asian cedar; westaziati sche jeneverboom
3481	*Juniperus foetidissima*	土耳其、克罗地亚、斯洛文尼亚、西班牙、希腊、塞浦路斯	臭刺柏	crimean juniper; pitomaga; sabina real; stinkender wacholder; stinking juniper; stinkwacholder
3482	*Juniperus oxycedrus*	西班牙、地中海地区、土耳其	刺柏	enebro; enebro de la miera; ginepro coccolone; ginepro rosso; mediterran ean juniper; prickly juniper; zedernwacholder

序号	学名	主要产地	中文名称	地方名
3483	*Juniperus sabina*	西班牙	圆柏状刺柏	chaparra; cipresso dei maghi; common juniper; genevrier commun; genevrier de sabine; genevrier sabine; ginepro sabina; sabina; savin; savin juniper; savinier; sawina; sevenboom; sevi
3484	*Juniperus thurifera*	南欧、西班牙	香桧	enebro espanol; enebro incienso; genevrier a l'encens; genevrier porte-encens; ginepro d'incenso; ginepro spagnuolo; incense juniper; rokelse-en; spanish juniper; weihrauch sadebaum; weihrauchwacholder; wierook-jeneverbes; wierookjeneverbes
	Khaya **(MELIACEAE)** **卡雅楝属（楝科）**		**HS CODE** **4403.49**	
3485	*Khaya anthotheca*	法国、英国	白卡雅楝	acajou blanc; ghana mahogany; grand bassam mahogany
3486	*Khaya grandifoliola*	法国、英国	大叶卡雅楝	acajou a grandes feuilles; grandifoli ola
	Koeberlinia **(KOEBERLINIACEAE)** **刺枝木属（刺枝木科）**		**HS CODE** **4403.99**	
3487	*Koeberlinia spinosa*	英国	多刺枝木	allthorn; crucifixion-bush
	Laburnum **(FABACEAE)** **毒豆属（蝶形花科）**		**HS CODE** **4403.99**	
3488	*Laburnum alpinum*	德国、意大利、克罗地亚、斯洛文尼亚、法国	阿尔卑斯山毒豆木	alpen-bohnenbaum; alpine laburnum; berggouden regen; berggullregn; citiso di monte; cytise aubour; cytise des alpes; gemeiner goldregen; laburno de la montana; laburno di monte; mountain goldenchain; scotch laburnum
3489	*Laburnum anagyroides*	德国、法国、奥地利、波兰	毒豆木	aubours; avorniello; beantree; bohnenbaum; citiso; common laburnum; cytise aubour; cytise des alpes; ebenier faux; gemeiner goldregen; gouden regen; laburnum; maggiocion dolo; sydgullregn; zlotokap

序号	学名	主要产地	中文名称	地方名
	***Larix*（PINACEAE）** **落叶松属（松科）**	**HS CODE** **4403. 25（截面尺寸≥15cm）或 4403. 26（截面尺寸<15cm）**		
3490	*Larix decidua*	西班牙、克罗地亚、斯洛文尼亚、中欧、捷克、斯洛伐克、波兰	欧洲落叶松	alerce de europa; alerce europeo; aris evropski; common larch; europese lork; fenyo; gemeine-larche; hrotovice; lahtikuusi; melez; modrin; modrin obecny; modrzew; pino alerce; tyrolese larch; weisslarch
3491	*Larix eurolepis*	欧洲	高代落叶松	dunkeld larch; hybrid larch
3492	*Larix kaempferi*	西欧、土耳其	日本落叶松	alerce japones; altun camag; goldlarche; goudlork; japanese larch; japanse lariks; japansk lark; karamatsu larch; larice giapponese; meleze du japon
3493	*Larix russica*	北欧、荷兰、瑞典、德国	新疆落叶松	alerce siberiano; archangel-lork; larice siberiano; meleze d'archangel; meleze siberien; siberian larch; siberische lariks; siberische lariks; siberisk lark; sibirische larche
3494	*Larix* X *pendula*	北欧	垂枝落叶松	red larch; tamarack larch
	***Laurus*（LAURACEAE）** **月桂属（樟科）**		**HS CODE** **4403. 99**	
3495	*Laurus azorica*	英国、马德拉群岛、西班牙	阿佐里月桂	canary island laurel; kanarischer lorbeerbaum; laurel; lora
3496	*Laurus nobilis*	南欧、英国、荷兰、德国、希腊	月桂	alloro; bay; bay laurel; comon laurel; echte laurier; echter lorbeerbaum; echtes; european laurel; lagertrad; laurel; laurel de condimento; laurier; sweet bay; sweetbay
	***Lavatera*（MALVACEAE）** **花葵属（锦葵科）**		**HS CODE** **4403. 99**	
3497	*Lavatera arborea*	南欧	树状花葵	velvet mallow-tree
3498	*Lavatera olbia*	南欧	奥尔比亚花葵	lavatera-tree; lavatere
	***Ledum*（ERICACEAE）** **杜香属（杜鹃科）**		**HS CODE** **4403. 99**	
3499	*Ledum palustre*	波兰、德国、斯堪的纳维亚	杜香	bagno; marsh tea; sumpfporst

序号	学名	主要产地	中文名称	地方名
	Ligustrum **(OLEACEAE)** **女贞属（木犀科）**		**HS CODE** **4403.99**	
3500	*Ligustrum lucidum*	南欧	女贞	glanzligus ter; glossy privet
3501	*Ligustrum vulgare*	西班牙、地中海地区、德国、南欧	茶蘼子属女贞	aligustre; common privet; european privet; gemeine liguster; gewone liguster; griebholz; griesholz; liguster; ligustr; ligustro comun; ligustro comune; privet; rainweide; reinweide; troene commun
	Liquidambar **(HAMAMELIDACEAE)** **枫香属（金缕梅科）**		**HS CODE** **4403.99**	
3502	*Liquidambar orientalis*	土耳其	东方枫香木	rhodiumholz
	Liriodendron **(MAGNOLIACEAE)** **鹅掌楸属（木兰科）**		**HS CODE** **4403.99**	
3503	*Liriodendron tulipifera*	法国、德国、波兰	北美鹅掌楸	arbreaux tulipes; kanarienholz; tulipanowiec amerykanski; tuliptree
	Loiseleuria **(ERICACEAE)** **蔓山鹃属（杜鹃科）**		**HS CODE** **4403.99**	
3504	*Loiseleuria procumbens*	欧洲	平伏蔓山鹃	mountain azalea; niederlieg ende azalee
	Lonicera **(CAPRIFOLIACEAE)** **忍冬属（忍冬科）**		**HS CODE** **4403.99**	
3505	*Lonicera alpigena*	南欧	高山忍冬	alpen doppelbeere; alpen-hecken-kirsche; alpine honeysuckle
3506	*Lonicera caerulea*	法国	天蓝忍冬	blaue doppelbeere; chevrefeuille; sweetberry honeysuckle
3507	*Lonicera caprifolium*	波兰	果叶忍冬	garden honeysuckle; geissblatt; jelangerje lieber; wohlrieche ndes geissblatt
3508	*Lonicera coerulea*	德国	蔚蓝忍冬	geissblatt; heckenkirsche
3509	*Lonicera etrusca*	地中海地区、西班牙	伊特鲁里亚忍冬	etruscan honeysuckle; etruskisches geissblatt; madreselva
3510	*Lonicera implexa*	地中海地区	灰木忍冬	evergreen honeysuckle; macchien-g eissblatt
3511	*Lonicera nigra*	东欧、法国、德国、中欧	黑忍冬	black honeysuckle; chevrefeui lle; geissblatt; heckenkirsche; schwarze hecken-kirsche; schwarze heckenkirsche

序号	学名	主要产地	中文名称	地方名
3512	*Lonicera periclymenum*	西班牙、荷兰	香忍冬	common honeysuckle; madreselva; waldgeissblatt; waldhecken kirsche; wilde kamperfoelie; wildes geissblatt
3513	*Lonicera pyrenaica*	西班牙	比利忍冬	pyrenaen doppelbeere; pyrenean honeysuckle
3514	*Lonicera tatarica*	波兰	鞑靼忍冬	sachodrzew tatarski
3515	*Lonicera xylosteum*	西班牙、法国、德国、英国	金焰忍冬	bein-weide; beinholz; cerecillo; chevrefeui lle; fly honeysuckle; geissblatt; gemeine hecken-kirsche; gemeine heckenkisrsche; heckenkirsche; honeysuckle; rote heckenkirsche
	***Lophira*（OCHNACEAE）** **红铁木属（金莲木科）**		**HS CODE** **4403. 49**	
3516	*Lophira alata*	西班牙	翼红铁木	akoga
	***Loranthus*（LORANTHACEAE）** **桑寄生属（桑寄生科）**		**HS CODE** **4403. 99**	
3517	*Loranthus europaeus*	东欧	欧桑寄生	eichenmistel; yellow-berried mistletoe
	***Lysiloma*（MIMOSACEAE）** **马肉豆属（含羞草科）**		**HS CODE** **4403. 49**	
3518	*Lysiloma latisiliquum*	法国	宽长果马肉豆木	bois de sabicu
	***Malus*（ROSACEAE）** **苹果属（蔷薇科）**		**HS CODE** **4403. 99**	
3519	*Malus domestica*	德国、法国、西班牙、意大利	圆顶苹果木	apfelbaum; apple; aubepine; birnbaum; cognassier commun; kernobstge wachse; manzano silvestre; melo; poirier; pommier; quitte; tribu du pommier; weissdorn; wild apfel
3520	*Malus pumila*	荷兰、英国	苹果木	apple; common apple-tree; gewone appelboom; manzano comun; melo comune; pommier commun; vanligt apeltrad
3521	*Malus sylvestris*	英国、波兰、西欧	野生苹果木	apple; birnbaum herber; jablon plonka; manzano silvestre; melo selvatico; pommier sauvage; vildapeltrad; wild apple-tree; wild crab; wild vildapel; wilde appelboom

序号	学名	主要产地	中文名称	地方名
	***Mammea*（GUTTIFERAE） 黄果藤黄属（藤黄科）**		**HS CODE 4403. 99**	
3522	*Mammea africana*	意大利、英国	非洲黄果藤黄木	albiococo africano；mahogany；mammee apple；mammy apple
	***Mansonia*（STERCULIACEAE） 曼森梧桐属（梧桐科）**		**HS CODE 4403. 49**	
3523	*Mansonia altissima*	意大利	曼森梧桐	noce africano；noce mansonia
	***Marmaroxylon*（MIMOSACEAE） 大理石豆属（含羞草科）**		**HS CODE 4403. 49**	
3524	*Marmaroxylon racemosum*	英国	总状大理石豆	zebrawood
	***Melia*（MELIACEAE） 楝属（楝科）**		**HS CODE 4403. 49**	
3525	*Melia azedarach*	南欧	苦楝	china-tree；indian bead-tree；paternoste rbaum
	***Mespilus*（ROSACEAE） 欧楂果属（蔷薇科）**		**HS CODE 4403. 99**	
3526	*Mespilus germanica*	法国、德国、南欧、波兰	欧楂果木	amelanchier；deutsche mispel；echte mispel；gemeine felsenbirne；gemeiner mispelbaum；kernobstge wachse；medlar；neflier；nieszpulka zwyczajna；tribu du pommier
	***Metasequoia*（TAXODIACEAE） 水杉属（杉科）**	**HS CODE 4403. 25（截面尺寸≥15cm）或 4403. 26（截面尺寸<15cm）**		
3527	*Metasequoia glyptostroboides*	意大利、荷兰、英国	水杉	metasequoia
	***Millettia*（FABACEAE） 崖豆属（蝶形花科）**		**HS CODE 4403. 49**	
3528	*Millettia laurentii*	意大利	非洲崖豆木	palissandro del congo
	***Mimusops*（SAPOTACEAE） 子弹木属（山榄科）**		**HS CODE 4403. 49**	
3529	*Mimusops heckelii*	欧洲	赫氏子弹木	makore
	***Morus*（MORACEAE） 桑属（桑科）**		**HS CODE 4403. 49**	
3530	*Morus alba*	意大利、西班牙	桑树	gelso blanco；maulbeerbaum；moral；moral blanco；moro blanco；mulberry；murier；murier blanc；vitt mullbartrad；weisser maulbeerbaum；white mulberry；witte moerbezie

序号	学名	主要产地	中文名称	地方名
3531	*Morus nigra*	英国、意大利、南欧、法国、德国、瑞典	黑果桑	black mulberry; english mulberry; gelso; gelso nero; moerbei; moral negro; moro nero; murier noir; persian mulberry; schwarzer maulbeerbaum; svart mullbar; svart mullbarstrad; zwarte moerbeiboom; zwarte moerbezie
	Musanga（URTICACEAE） **原伞树属（荨麻科）**		**HS CODE 4403.99**	
3532	*Musanga cecropioides*	西班牙	科洛原伞树	palomero
	Myoporum（MYOPORACEAE） **苦槛蓝属（苦槛蓝科）**		**HS CODE 4403.99**	
3533	*Myoporum cunninghamii*	葡萄牙	康氏苦槛蓝	mioporo
	Myrica（MYRICACEAE） **杨梅属（杨梅科）**		**HS CODE 4403.99**	
3534	*Myrica faya*	西班牙	法亚杨梅	faya; gagel; waxmyrtle
3535	*Myrica gale*	北欧、荷兰、波兰	大风杨梅	echter gagel; gagel; sweet gale; woskownica
	Myricaria（TAMARICACEAE） **水柏枝属（柽柳科）**		**HS CODE 4403.99**	
3536	*Myricaria bracteata*	欧洲	具苞水柏枝	
3537	*Myricaria germanica*	波兰	德日水柏枝	deutsche tamariske; german tamarisk; wrzesnia
	Myrtus（MYRTACEAE） **香桃木属（桃金娘科）**		**HS CODE 4403.99**	
3538	*Myrtus communis*	西班牙、地中海地区、南欧、意大利	香桃木	arrayan; common myrtle; gemeiner myrtebaum; gewohnlich e myrte; martellin; mirtentrad; mirto; murta; murtidda; murtilla; myrte; myrte commun; myrtle; myrtle commun
	Nauclea（RUBIACEAE） **黄胆属（茜草科）**		**HS CODE 4403.49**	
3539	*Nauclea* (= *Sarcocephalus*) *diderrichii*	法国、英国	狄氏黄胆木	bois d'or; yellow-wood
3540	*Nauclea gilletii*	法国、英国	吉氏乌檀	bilinga; boisd'or; yellow-wood

序号	学名	主要产地	中文名称	地方名
	Nerium **(APOCYNACEAE)** **夹竹桃属(夹竹桃科)**		**HS CODE** **4403.99**	
3541	*Nerium oleander*	西班牙、地中海地区	夹竹桃	adelfa; laurier rose; oleander; oleandro
	Nesogordonia **(STERCULIACEAE)** **尼索桐属(梧桐科)**		**HS CODE** **4403.49**	
3542	*Nesogordonia papaverifera*	英国	罂粟尼索桐	dante; redwood
	Nothofagus **(NOTHOFAGACEAE)** **假水青冈属(南青冈科)**		**HS CODE** **4403.99**	
3543	*Nothofagus procera*	德国、瑞典	高大假水青冈	antarktisc he buche; antarktisk bok
	Olea **(OLEACEAE)** **木犀榄属(木犀科)**		**HS CODE** **4403.49**	
3544	*Olea europaea*	西班牙、南欧、意大利、德国、芬兰、瑞典、地中海地区	油橄榄	acebuche; aceituno; common olive; european olive; ivo; olbaum; oliivipuuta; olive; olivenbaum; olivenholz; oliver d'europe; oljypuu; ulivo; zeitun
3545	*Olea* (= *Steganthus*) *welwitschii*	英国	韦氏木犀榄	elgon olive
	Ostrya **(BETULACEAE)** **铁木属(桦木科)**		**HS CODE** **4403.99**	
3546	*Ostrya carpinifolia*	南欧、土耳其、意大利、奥地利、德国、瑞典、英国	鹅耳枥叶铁木	carpe negro; carpino nero; charme houblon; charme noir; cherpu; european hophornbeam; europeisk; europeisk humlebok; europese hopbeuk; hip hophornbeam; hopfenbuche; humlebok; ironwood; kayadjik; ostrya
3547	*Ostrya vulgaris*	南欧、土耳其	普通铁木	hopfen-buche; schwarz buche
	Osyris **(SANTALACEAE)** **沙针属(檀香科)**		**HS CODE** **4403.99**	
3548	*Osyris alba*	西班牙、南欧	白沙针	guardalobo; poet cassia; weiss harnstrauch
3549	*Osyris quadripartita*	西班牙	四方沙针	lanzettlic her harnstrauch
	Oxandra **(ANNONACEAE)** **剑木属(番荔枝科)**		**HS CODE** **4403.99**	
3550	*Oxandra lanceolata*	法国、德国	剑木	bois de lance; lanzenhola

序号	学名	主要产地	中文名称	地方名
	Oxystigma（CAESALPINIACEAE） 尖柱苏木属（苏木科）		**HS CODE** **4403. 49**	
3551	*Oxystigma*（=*Pterygopodium*）*oxyphyllum*	法国、英国、意大利	尖柱苏木	tchitola; tola rossa
	Pandanus（PANDANACEAE） 露兜树属（露兜树科）		**HS CODE** **4403. 99**	
3552	*Pandanus odoratissimus*	英国	芬芳露兜树	marita
	Paratecoma（BIGNONIACEAE） 赛黄钟花属（紫葳科）		**HS CODE** **4403. 99**	
3553	*Paratecoma peroba*	英国	赛黄钟花	golden peroba
	Paulownia（SCROPHULARIACEAE） 泡桐属（玄参科）		**HS CODE** **4403. 99**	
3554	*Paulownia tomentosa*	英国	毛泡桐	foxglove-tree
	Pericopsis（FABACEAE） 美木豆属（蝶形花科）		**HS CODE** **4403. 49**	
3555	*Pericopsis elata*（=*Afrormosia elata*）#	德国、英国	大美木豆②	afrormosia; yellow satinwood
	Periploca（ASCLEPIADACEAE） 杠柳属（萝藦科）		**HS CODE** **4403. 99**	
3556	*Periploca graeca*	希腊、意大利	希腊杠柳	griechische baumschlinge; silkvine
3557	*Periploca laevigata*	意大利	金樱子杠柳	glatte baumschlinge
	Persea（LAURACEAE） 鳄梨属（樟科）		**HS CODE** **4403. 99**	
3558	*Persea indica*	马德拉群岛、西班牙	印迪卡鳄梨木	madeira bay persea; madeiralor beer; venatico; vinatico; vinatigo
	Petersianthus（LECYTHIDACEAE） 玉风车属（玉蕊科）		**HS CODE** **4403. 49**	
3559	*Petersianthus macrocarpus*	意大利	大果玉风车	abale
	Philadelphus（HYDRANGEACEAE） 山梅花属（绣球科）		**HS CODE** **4403. 99**	
3560	*Philadelphus coronarius*	德国、意大利	冠状山梅花	blasser pfeiffenst rauch; white syringa

Afrormosia elata 为《品目注释》中的异名，但该异名在CITES濒危木材树种附录中未查到，在进口报关时需提请有关主管部门认定。

序号	学名	主要产地	中文名称	地方名
	Picea **(PINACEAE)** **云杉属（松科）**	**HS CODE** **4403.23（截面尺寸≥15cm）或 4403.24（截面尺寸<15cm）**		
3561	*Picea abies*	德国、挪威、瑞典、荷兰、芬兰、匈牙利、奥地利、克罗地亚、斯洛文尼亚、捷克、斯洛伐克、瑞士、意大利、西班牙	欧洲云杉	abete; abete rosso; baltic whitewood; common spruce; european spruce; finnish whitewood; gemeine fichte; lucfenyo; picea; picea comune; pinabete de noruega; sapin rouge; serpentine spruce; violinwood; vlastnosti smreka; weissfichte; whitewood
3562	*Picea obovata*	北欧	倒卵叶云杉	epicea de siberie; picea siberiana; sapinette de siberie; siberian spruce; siberische fijn-spar; siberisk gran
3563	*Picea omorika*	南欧、克罗地亚、斯洛文尼亚	塞尔维亚云杉	bolle spar; epicea de serbie; omorika-gran; picea de servia; picea di serbia; rosso dei balcani abete; serbian spruce; serbisk gran; servian spruce; servische spar
3564	*Picea orientalis*	土耳其	东方云杉	eastern spruce; epicea d'orient; kaukasische spar; kaukasus spar; oriental spruce; orientalisk gran; osterlandsk gran; picea asiatica; picea orientale; sapinette d'orient
3565	*Picea sitchensis*	荷兰	西加云杉	menzies spar
	Pinus **(PINACEAE)** **松属（松科）**	**HS CODE** **4403.21（截面尺寸≥15cm）或 4403.22（截面尺寸<15cm）**		
3566	*Pinus brutia*	地中海地区、南欧、土耳其、希腊、意大利	土耳其松	aleppo pine; aleppo-kiefer; brutia pine; calabrian pine; cyprus pine; kadj; pino calabrese; zypernkiefer
3567	*Pinus canariensis*	英国、法国、西班牙	加那利松	canarian pine; canary island pine; pin des canaries; pino tea
3568	*Pinus cembra*	中欧、瑞典、意大利、罗马尼亚、德国	瑞士石松	alpen pijn; alpenpijn; cedar; cembran pine; cembrat; cembratall; cembrean pine; cirmolo; nouve; orfe; pin alvier; schember; siberian yellow pine; swiss stone pine; zimbrul; zirbel kiefer; zirbelkiefer
3569	*Pinus contorta*	荷兰、瑞典、德国	扭叶松	contorta pijn; contorta tall; lodgepole kiefer; lodgepole pijn

序号	学名	主要产地	中文名称	地方名
3570	*Pinus halepensis*	希腊、地中海地区、南欧、西班牙、意大利、塞浦路斯	地中海松	aleppo den; aleppo pijn; aleppokiefer; calabrische pijn; cyprus pine; jerusalem pine; kiefer; kreta-tall; pino d'aleppo; pino de chipre; pino de gerusalemme; seestrand; silver fir
3571	*Pinus heldreichi*	保加利亚、希腊、意大利、克罗地亚、斯洛文尼亚、德国	白皮巴尔干松	albanese pijn; albanisk tall; alpenspeie ring; baltisk tall; calabrische pijn; greybark pine; heldreich pine; mynikata; ormskinn-tall; panzerkiefer; pin d'ecorce blanche; pin d'italie; pin de calabre; pino loricato; whitebark pine
3572	*Pinus holfordiana*	英国	霍尔福松	holford's pine
3573	*Pinus koraiensis*	英国	红松	manchurian pine
3574	*Pinus mugo*	中欧、南欧、法国、意大利、地中海地区、芬兰、德国	欧洲山松	berg-den; bergpijn; dwarf mountain pine; kromhout-pijn; latsche; moosfhore; mugo pine; opgaande berg-pijn; pi-negre; pin acrochets; pio da gatti; scrub mugo pine; spaanse pijn; swiss pine; vuorimanty; zwergkiefer
3575	*Pinus nigra*	土耳其、奥地利、匈牙利、南欧、克罗地亚、斯洛文尼亚、保加利亚、希腊、意大利、地中海地区、法国、西班牙、瑞典	欧洲黑松	akcam; australian black pine; balkan-tall; calabria-tall; calabrian black pine; crimian pine; korsikansk svart-tall; laricio de caramanie; osterreicher schwartzki efer; pino corso; pino de corcega; rysk tall; svarttall; taurische pijn; zwart pijn; zwarte pijn
3576	*Pinus patula*	阿尔巴尼亚	展叶松	spreading-leaved pine
3577	*Pinus peuce*	阿尔巴尼亚、保加利亚、希腊、克罗地亚、斯洛文尼亚	扫帚松	balkan pijn; macedonian pine; macedonian white pine; makedonisk tall; mazedonisc he kiefer; pin de grece; pin des balkans; pino de los balkanes; pino dei balconi
3578	*Pinus pinaster*	地中海地区、葡萄牙、西班牙、瑞典、意大利	海岸松	cluster pine; havstall; heksenmast boom; igel kiefer; igelfohre; maritime pine; pin maritime; pinastro; pinho; pinho bravo; pino bravo; pino selvatico; rannikkomanty; sea pine; sternkieffer; zeeden

序号	学名	主要产地	中文名称	地方名
3579	*Pinus pinea*	地中海地区、荷兰、意大利、西班牙、匈牙利	意大利伞松	italian stone pine；parasol pine；pino de pinoli；pino di pietri；pino domestico；pino doncel；pino italico；pino manso；pino pinea；pino pinomero；pinonero；schirmfohre；steinkiefer；stone pine；table pine；umbrella pine
3580	*Pinus radiata*	西班牙	辐射松	pino di monterey；pino insegne；pino insigne；radiata pine；radiata-tall
3581	*Pinus sibirica*	英国	西伯利亚红松	kedr；manchurian pine
3582	*Pinus strobus*	英国	北美乔松	eastern white pine；pin baliveau；pin du lord；pin weymouth；pino canadiense；pino stobo；pino weymouth；soft pine；strobus；weymouth pine；weymouth-pijn；weymouth-tall；weymut-tall；white pine；yellow pine
3583	*Pinus sylvestris*	北欧、捷克、斯洛伐克、德国、芬兰、瑞典、英国、法国、意大利、西班牙	欧洲赤松	archangel fir；archangel redwood；baltic pine；common pine；dale；fadcelbaum；gammal skotsk tall；honka；kichne；kiefer；lapland pijn；northern pine；pin chetif；pino ecoces；sanawbar iqusya；swedish redwood；whitewood；yellow deal
3584	*Pinus thunbergiana*	西班牙、德国	黑松	bergfohre；kiefer；pino negro japones；waldfohre
	Piptadeniastrum **（MIMOSACEAE）** **腺瘤豆属（含羞草科）**		**HS CODE** **4403. 49**	
3585	*Piptadeniastrum*（= *Piptadenia*）*africana*	德国	腺瘤豆	afrikanisc her eiche
	Pistacia **（ANACARDIACEAE）** **黄连木属（漆树科）**		**HS CODE** **4403. 99**	
3586	*Pistacia lentiscus*	地中海地区、西班牙、南欧	乳香黄连木	lentisco；lentisk pistache；lentistique；mastictree；mastikboom；mastixstrauch；mastixtrad；sondro
3587	*Pistacia terebinthus*	西班牙、地中海地区、意大利	笃耨香黄连木	cornicabra；erebinthe；scornabecco；terebinth；terebinto
3588	*Pistacia vera*	南欧、地中海地区	真黄连木	fustuk；green mastic；groene pistache；mastic-tree；mastixboom；pistacchio；pistachier；pistacia；real mastictree

序号	学名	主要产地	中文名称	地方名
	***Plantago*（PLANTAGINACEAE）** **车前属（车前科）**		**HS CODE** **4403. 99**	
3589	*Plantago arborescens*	马德拉群岛	树状车前	plantain; wegerich
	***Platanus*（PLATANACEAE）** **悬铃木属（悬铃木科）**		**HS CODE** **4403. 99**	
3590	*Platanus hispanica*	欧洲	悬铃木	european plane; london plane; platane
3591	*Platanus hybrida*	英国	杂种悬铃木	ahornblatt rige platane; english plane; french plane; gewone plataan; hybrid platan; lacewood; london plane; plane; platane commun; platantrad; platero; vanlig platan
3592	*Platanus occidentalis*	德国、南欧、瑞典、法国、英国	一球悬铃木	abendlandische platane; amerikanische platane; amerikanskt platantrad; bois puant; buttonwood; orient-pla tane
3593	*Platanus orientalis*	德国、芬兰、荷兰、土耳其、法国、塞浦路斯	三球悬铃木	abendlandische platane; european plane; itamaaplat aani; kleiderbaum; morgenlandische platane; oosterse plataan; orientalisk platan; plane; planetree; platane; platane oriental; platano; platano oriental; platano orientale
	***Podocarpus*（PODOCARPACEAE）** **罗汉松属（罗汉松科）**		**HS CODE** **4403. 25（截面尺寸≥15cm）或 4403. 26（截面尺寸<15cm）**	
3594	*Podocarpus coriaceus*	西班牙	皮质罗汉松	wild pitch pine
	***Polygonum*（POLYGONACEAE）** **萹蓄属（蓼科）**		**HS CODE** **4403. 99**	
3595	*Polygonum equisetiforme*	南欧	等位萹蓄	knoterich; knotweed
	***Populus*（SALICACEAE）** **杨属（杨柳科）**		**HS CODE** **4403. 97**	
3596	*Populus alba*	荷兰、南欧、意大利、德国、克罗地亚、斯洛文尼亚、西班牙、芬兰、罗马尼亚、东欧、瑞典、英国、奥地利	白杨	abeel; alamo piramidal; allerbaum; bela topola; chope blanco; english poplar; gattice; hopeapoppeli; lombardy poplar; peupleir blanc; piramidale populier; schwarzpappel; silber pappel; steile abeel; white poplar; witte abeel; witte populier; zitterpappel

序号	学名	主要产地	中文名称	地方名
3597	*Populus americana*	波兰	美国杨	topola amerykanska
3598	*Populus canadensis*	欧洲	加杨	black italian poplar; peuplier; serotina poplar
3599	*Populus deltoides*	南欧、瑞典、德国	美洲黑杨	alamo angulata; angulata populier; carolina poplar; engelsk poppel; jamtland-poppel; peuplier angulata; pioppo angulata; pioppo balsamico svedese; swedish balsam poplar; zweedse balsem-populier
3600	*Populus dilatata*	欧洲	扩杨	
3601	*Populus euphratica*	西班牙	胡杨	alamo charab; charab poplar; charab populier; charab-poppel; euphrat-pappel; india poplar; peuplier charab; pioppo charab
3602	*Populus nigra*	西班牙、法国、意大利、德国、荷兰、塞浦路斯	钻天杨	alamo criollo; alamo vereecken; black poplar; bouillard; chope; english poplar; liardier; lombardy poplar; peuplier blanc; pioppo; pioppo albero; piramidale populier; silberpappel; vereecken poplar; zitterpappel; zwartepopulier
3603	*Populus nigra* cv. 'Vereecken'	欧洲	贝雷黑肯杨	vereecken poplar
3604	*Populus tremula*	荷兰、德国、西班牙、芬兰、克罗地亚、斯洛文尼亚、波兰、法国、罗马尼亚、匈牙利、意大利、瑞典、奥地利	欧洲山杨	abeel espen; chope tremblon; espe; french aspen; jatteasp; lamparilla; osika; peuplier blanc; poplar; ratelpopulier; rezgo nyar; schwarzpappel; silberpappel; trembling poplar; trilpopulier; vanligash; zitterpappel
3605	*Populus tremuloides*	欧洲	美洲山杨	aspen; white poplar
3606	*Populus* X *androscoggin*	欧洲	安德罗斯科金杨	alamo androscoggin; androscogg in poplar; androscogg in populier; androscogg in-poppel; peuplier androscoggin; pioppo androscoggin
3607	*Populus* X *berolinensis*	欧洲	中东杨	alamo berolinensis; berlijnse populier; berlin poplar; berlin-poppel; peuplier de berlin; pillar poplar; pioppo berolinensis; zuil-populier

序号	学名	主要产地	中文名称	地方名
3608	*Populus* X *canadensis*	西班牙、西欧、英国、荷兰、德国、瑞典、法国、意大利	加拿大杨	alamo bachelieri; alamo bleu d'exaerde; alamo brabantica; alamo dromling; alamo marilandica; alamo negro suizo; alamo neupotz; alamo robusta; alamo sarotina de champagne; black poplar; serotina de selsys poplar; swiss black poplar; virginiana de frignicour t-poppel; yvonnand populier; zeeland poplar; zeeland-populier; zeeuwse blauwe
3609	*Populus* X *canescens*	西班牙、南欧、芬兰、荷兰、克罗地亚、斯洛文尼亚	灰红树杨	alamo gris de picardia; gra poppel; grapoppel; grau-pappel; graupappel; grauwe abeel; gray poplar; grey poplar; grijze abeel; grijze populier; harmaa poppeli; peuplier de picardie; peuplier grisaille; peuplier grisard; picardian poplar; picardische populier; pioppo grigio; siva topola
3610	*Populus* X *dorskapm*	欧洲	多斯卡杨	dorskamp poplar
3611	*Populus* X *euramericana*	欧洲	欧美杨（加杨）	euramerican poplar
3612	*Populus* X *euramericana* cv. 'Bachelieri'	欧洲	巴舍利耶杨	bachelieri poplar
3613	*Populus* X *euramericana* cv. 'Berolinensis'	欧洲	柏林杨	berlin poplar; pillar-poplar
3614	*Populus* X *euramericana* cv. 'Bl Costanzo'	欧洲	科斯坦佐杨	bllcostanzo poplar
3615	*Populus* X *euramericana* cv. 'Bleud Exaerde'	欧洲	德克萨厄德杨	bleu d'exaerde poplar
3616	*Populus* X *euramericana* cv. 'Brabantica'	欧洲	布拉班特杨	brabantica poplar
3617	*Populus* X *euramericana* cv. 'Cappa Bigliona'	欧洲	比格拉杨	bigliona poplar

序号	学名	主要产地	中文名称	地方名
3618	*Populus* X *euramericana* cv. ‘Cima’	欧洲	西玛杨	cima poplar
3619	*Populus* X *euramericana* cv. ‘Dromling’	欧洲	德龙林杨	dromling poplar
3620	*Populus* X *euramericana* cv. ‘Eckhof’	欧洲	埃克霍夫杨	eckhof poplar
3621	*Populus* X *euramericana* cv. ‘Eugenei’	欧洲	尤金杨	eugenei poplar
3622	*Populus* X *euramericana* cv. ‘Flachslanden’	欧洲	弗拉赫斯兰登杨	flachslanden poplar
3623	*Populus* X *euramericana* cv. ‘Gattoni’	欧洲	格拖尼杨	gattoni poplar
3624	*Populus* X *euramericana* cv. ‘Gelrica’	欧洲	格里卡杨	gelrica poplar
3625	*Populus* X *euramericana* cv. ‘Grandis’	欧洲	格拉迪斯杨	grandis poplar
3626	*Populus* X *euramericana* cv. ‘Heidemij’	欧洲	海德密杨	heidemıȷ poplar
3627	*Populus* X *euramericana* cv. ‘Leipzig’	欧洲	莱比锡杨	leipzig poplar
3628	*Populus* X *euramericana* cv. ‘Lons’	欧洲	伦斯杨	lons poplar
3629	*Populus* X *euramericana* cv. ‘Luisa Avanzo’	西欧	阿万佐杨	luisa avanzo poplar
3630	*Populus* X *euramericana* cv. ‘Marilandica’	欧洲	马里兰杨	marilandica poplar

序号	学名	主要产地	中文名称	地方名
3631	*Populus* X *euramericana* cv. 'Neupotz'	欧洲	诺伊泼兹杨	neupotz poplar
3632	*Populus* X *euramericana* cv. 'Regenerata Deutschland'	欧洲	哈夫杨	harff poplar
3633	*Populus* X *euramericana* cv. 'Robusta'	欧洲	健杨	zeeland poplar
3634	*Populus* X *euramericana* cv. 'Robusta Zeeland'	欧洲	泽兰杨	robusta poplar
3635	*Populus* X *euramericana* cv. 'Sacrau 79'	欧洲	沙兰杨	sacrau poplar
3636	*Populus* X *euramericana* cv. 'Serotina de Champagne'	欧洲	香巴尼杨	serotina de champagne poplar
3637	*Populus* X *euramericana* cv. 'Serotina de Poitou'	欧洲	普瓦图杨	serotina de poitou poplar
3638	*Populus* X *euramericana* cv. 'Serotina de Selsys'	欧洲	德塞尔西斯杨	serotina de selsys poplar
3639	*Populus* X *euramericana* cv. 'Serotina Erecta'	欧洲	瑞士黑杨	swiss black poplar
3640	*Populus* X *euramericana* cv. 'Serotina Hartig'	欧洲	晚花杨	serotina poplar
3641	*Populus* X *euramericana* cv. 'Virginiana de Frignicourt'	欧洲	费里库尔特杨	virginiana de frignicourt poplar

序号	学名	主要产地	中文名称	地方名
3642	*Populus* X *euramericana* cv. 'Virginiana de Nancy'	欧洲	南锡杨	virginiana de nancy poplar
3643	*Populus* X *geneva*	欧洲	日内瓦杨	alamo geneva; geneva poplar; geneva populier; peuplier geneva; pioppo geneva; veneva poppel
3644	*Populus* X *oxford*	德国、瑞典、荷兰	牛津杨	alamo oxford; oxford pappel; oxford poplar; oxford poppel; oxford populier; oxford-poppel; peuplier oxford; pioppo oxford
3645	*Populus* X *rochester*	欧洲	罗切斯特杨	alamo rochester; peuplier rochester; pioppo rochester; rochester poplar; rochester populier; rochester-poppel
	Pouteria **(SAPOTACEAE)** **桃榄属（山榄科）**		**HS CODE 4403. 49**	
3646	*Pouteria altissima*	意大利	高桃榄	noce del tanganica
	Prunus **(ROSACEAE)** **樱桃属（蔷薇科）**		**HS CODE 4403. 49**	
3647	*Prunus armeniaca*	德国	杏树	abricotier; albaricoquero; albicocco; aprico; apricosenbaum; apricot-wood; aprikose; aprikostrad; bois d'abricotier; madera de albaricoque; steinobstg ewachse; stone-fruit; tribu du prunier
3648	*Prunus avium*	法国、捷克、斯洛伐克、荷兰、英国、意大利、德国、匈牙利	甜樱桃	cerezo silvestre; cerisier sauvage; cherry; ciliegio montano; ciliegio salvatico; european cherry; fagelbar; kirsche; kriek zoete kers; mazzard; susskirsch baum; susskirsche; sweet cherry; tribu du prunier; vogel kirsche; vogelkirsche; waldkirsche; wilde kers; zoete kers
3649	*Prunus brigantina*	法国	欧洲杏木	abricotier de france; albaricoqu ero europeo; albicocco europeo; european apricot-tree; europeiskt aprikostrad; europese abrikoos
3650	*Prunus cerasifera*	英国	紫叶樱桃	cherry plum; kirschpflaume; myrobalan; myrobalan plum; plum cherry

序号	学名	主要产地	中文名称	地方名
3651	*Prunus cerasus*	南欧、法国、土耳其	樱桃	baumwichsel；cerezo acedo；cerisiera fruits acides；ciliego agerotto；european cherry；french cherry；griottier；korsbar；korsbarstrad；marasca；sauer kirsche；sour cherry；surkorsbar；zure kers
3652	*Prunus domestica*	德国	西洋樱桃	cerezo domestico；common pear；european plum；garden plum；kwetspruim；pflaume；plommontrad；plum；plum-tree；prugno；prunier domestique；susino；zwetschenbaum；zwetschge
3653	*Prunus dulcis*	地中海地区、西班牙、南欧、法国	巴旦杏木	almendrero；almendro；almon；almond；almond-tree；amandelboom；amandier；mandelbaum；mandeltrad；mandorlo commune
3654	*Prunus fruticosa*	东欧	灌樱桃	ground cherry；zwergkirsche
3655	*Prunus gazelle-peninsulae*	欧洲	羚羊半岛樱桃	
3656	*Prunus laurocerasus*	意大利、克罗地亚、斯洛文尼亚	鬼樱桃	cherry-laurel；gemeiner kirschlorbeer
3657	*Prunus lusitanica*	西班牙、葡萄牙	葡萄牙桂樱	hija；palo de loro；portugal laurel；portugiesi scher kirschlorbeer
3658	*Prunus mahaleb*	西欧、英国、土耳其	圆叶樱桃	cerezo de st. lucia；cerisier de st. lucie；ciliego canino；english cherry；felsen kirsche；mahaleb cherry；steinweichsel；turkische weichsel；vejkseltrad；weichsel；weichselboom；weidlsel-kirsche
3659	*Prunus padus*	芬兰、西班牙、法国、德国	稠李	ahl kirsche；bird cherry；bird cherry-tree；cerezo aliso；cerezo pado；ciliego a grappoli；ciliego pado；european bird cherry；hagg；putier；steinobstg ewachse；stone-fruit；trauben kirsche；traubenkir sche；tribu du prunier；tuomi；vanlig hagg；vogelkers

序号	学名	主要产地	中文名称	地方名
3660	*Prunus persica*	南欧	桃李	duraznero; peach-tree; pecher; persico; persiketrad; perzik; perzikboom; pesco; pfirsich; pfirsichba umholz; pieach-tree
3661	*Prunus prostrata*	西班牙、南欧	山樱桃	cerezo silvestre; europaische strauchkirsche; prostrate cherry; sanguina
3662	*Prunus ramburii*	西班牙	瑞氏樱桃	baldschuan pflaume
3663	*Prunus serotina*	荷兰	野黑樱桃	amerikaanse vogelkers
3664	*Prunus spinosa*	地中海地区、法国、德国	黑刺李	blackthorn; blackthorn sloe; ciruelo silvestre; endrino; epine noire; prugnolo; prunellier; schwarzdorn; slan; slanbuske; sleedoorn; steinobstgewachse; stone-fruit; tribu du pommier; zwartedoorn
3665	*Prunus tenella*	南欧	俄罗斯矮杏	russian dwarf almond; zwergmandel
3666	*Prunus webbii*	希腊、意大利、克罗地亚、斯洛文尼亚	网氏樱桃	webb almond; webbs mandelstrauch
	Pseudotsuga **(PINACEAE)** **黄杉属（松科）**	**HS CODE** **4403.25（截面尺寸≥15cm）或 4403.26（截面尺寸<15cm）**		
3667	*Pseudotsuga menziesii*	英国、葡萄牙	北美黄杉	british columbian pine; pinho de douglas; yellow fir
	Pterocarpus **(FABACEAE)** **紫檀属（蝶形花科）**		**HS CODE** **4403.49**	
3668	*Pterocarpus macrocarpus*	英国	大果紫檀	false amboyna
3669	*Pterocarpus osun*	英国	奥孙紫檀	barwood
3670	*Pterocarpus tinctorius*	英国	染料紫檀②	barwood; camwood
	Punica **(LYTHRACEAE)** **石榴属（千屈菜科）**		**HS CODE** **4403.99**	
3671	*Punica granatum*	地中海地区、土耳其、南欧、希腊	石榴木	granaatapp elboom; granado; granatapfel; granatappe ltrad; granodoro; graoado; grenadier; melagrana; pomegranate; pomegranate-tree
	Pycnanthus **(MYRISTICACEAE)** **蜜花楠属（肉豆蔻科）**		**HS CODE** **4403.49**	
3672	*Pycnanthus angolensis*	英国、意大利	安哥拉蜜花楠	qualele; rosatello

序号	学名	主要产地	中文名称	地方名
	Pyracantha **(ROSACEAE)** 火棘属（蔷薇科）		**HS CODE 4403.99**	
3673	*Pyracantha coccinea*	希腊、意大利、克罗地亚、斯洛文尼亚	朱红火棘	firethorn; scharlachroter feuerdorn
	Pyrus **(ROSACEAE)** 梨属（蔷薇科）		**HS CODE 4403.99**	
3674	*Pyrus amygdaliformis*	南欧	杏叶梨	almond-leaf pear; mandelblatt rige birnbaum
3675	*Pyrus communis*	德国、法国、英国、捷克、斯洛伐克、西班牙	西洋梨	apfelbaum; aubepine; birnbaum; burnbaum; european pear; gewone peer; holzbirnbaum; kernobstge wachse; parontrad; pear; pommier; quitte; schweizer birnbaum; vanligt parontrad; weissdorn; wild pear
3676	*Pyrus scandica*	挪威、瑞典	斯蒂坎梨	nordische mehlbeere; oxelbeere; schwedisch e-mehlbeere
	Quercus **(FAGACEAE)** 栎属（壳斗科）		**HS CODE 4403.91**	
3677	*Quercus aegilops*	希腊、地中海地区	亚洲栎	asiatic oak; chene de valonia; grecian oak; griekse eik; roble de valonia; valoniaeik; valonian oak
3678	*Quercus alnifolia*	土耳其、塞浦路斯	桤叶栎	cyprian golden oak; dwarf oak; erlenblatt rige eiche; golden oak
3679	*Quercus canariensis*	地中海地区	地中海栎	chene mediterraneen; mediterran ian oak; quercia mediterranea; roble mediterraneo
3680	*Quercus castaneaefolia*	土耳其、地中海地区	栗叶栎	afazer; boland masu; chene de perse; kastanienblatt rige-eiche; kastanjebl adigeeik; persian oak; persiskek; quercia persiana; roble perse
3681	*Quercus cerris*	南欧、德国、土耳其、芬兰、法国、意大利、荷兰、英国、奥地利	苦栎	adriatic oak; chene chevelu; chene de bourgogne; european turkey oak; galleiche; mossy oak; osterreich ische eiche; quercia cerro; quercia vellutata; turkey oak; turkseeik; wainscot oak; zerreiche

序号	学名	主要产地	中文名称	地方名
3682	*Quercus coccifera*	地中海地区、西班牙、希腊	深红栎	chaparro; chene au kermes; cocifera oak; cociferaeik; cociferaek; coscoja; encina de cochenilla; kermes oak; quercia del chermes; quercia spinosa
3683	*Quercus faginea*	法国、德国、西班牙、芬兰、英国	山毛榉叶栎	chene a galles; chene zang; galleiche; iberische eiche; lusitanian tammi; mirbeck'oak; nut gall oak; portuguese oak; quejigo; roble enciniego
3684	*Quercus frainetto*	地中海地区、德国、南欧、荷兰	稠密栎	chene hongrois; dichtfruch tige eiche; encina hungara; farnetto; gedrangtfr uichtige-eiche; hongaarseeik; hungarian oak; quercia ungherese; ungarische eiche; ungerskek
3685	*Quercus fruticosa*	西班牙	金露栎	lusitanian oak; portugiesi sche eiche
3686	*Quercus hispanica*	地中海地区	西班牙栎	chene espagnol; chene lucombe; lucombe eik; lucombe ek; lucombe oak; quercia lucombe; quercia spagnuola; roble espanol; roble lucombe; spaanse eik; spanish oak
3687	*Quercus hispanica* cv. 'Lucombeana'	地中海地区	卢孔布栎	lucombe oak
3688	*Quercus ilex*	地中海地区、荷兰、葡萄牙、西班牙、德国、意大利、瑞典、芬兰、法国	冬青栎	alltidgron; alltidgronk; azinho; ballote; carrasca; chaparr; common evergreen oak; echte steineiche; evergreen oak; gruneiche; holly oak; holm oak; jernek; leccio; quercia; rautatammi; stenek; vintergronek; yeuse
3689	*Quercus libani*	土耳其	黎巴嫩栎	asiatic oak; asiatisk ek; aziatische eik; chene asiatique; quercia asiatica; roble asiatico
3690	*Quercus lusitanica*	塞浦路斯	卢西塔栎	cyprus oak; qejigo
3691	*Quercus macrolepis*	希腊	大鳞栎	chene de valonia
3692	*Quercus muricata*	欧洲	柃栎	que jigo
3693	*Quercus petraea*	瑞典、法国、波兰、英国、意大利、德国、罗马尼亚、克罗地亚、斯洛文尼亚、匈牙利、西班牙、芬兰、荷兰	无梗花栎	bergek; british oak; brown oak; chene blanc; durmast oak; english oak; french oak; gorun; graden; hrast kitnjak; pollard oak; quercia; robel comun; sessile oak; stieleiche; talvitammi; winter eiche; wintereik

序号	学名	主要产地	中文名称	地方名
3694	*Quercus pubescens*	法国、地中海地区、英国、奥地利、德国、南欧、希腊、瑞典、芬兰、荷兰	短柔毛栎	chene pedoncule; downy oak; encina pubescente; flaumeiche; kurdistan oak; quercia lanuginosa; roble de kurdistan; rovere peloso; ulligek; villakarva inen tammi; weichhaari ge eiche; zachte eik
3695	*Quercus pyrenaica*	法国、西班牙	比利牛斯栎	chene tozzier; olmo; pyrenaische eiche; pyrenean oak; pyreneisk ek; pyrenese eik; quercia pireneica; rebollo; roble negro; roble pirenaico; roble rebollo; roble tozio; robollo
3696	*Quercus robur*	英国、西班牙、法国、地中海地区、波兰、瑞典、德国、克罗地亚、斯洛文尼亚、捷克、斯洛伐克、芬兰、匈牙利、意大利、荷兰、奥地利、罗马尼亚	欧洲栎	bog oak; british oak; chene rouvre; common oak; english oak; european oak; fruheiche; gravelin; hrast poletni; hrotovice; kesatammi; kocsanyos tolgy; sommer eiche; sommereiche; stieleiche; traubeneiche; zomereik
3697	*Quercus rotundifolia*	欧洲	圆叶栎	haselnuss-eiche
3698	*Quercus rubra*	荷兰、法国、波兰、芬兰	红栎	amerikaans e eik; chene rouge d'amerique; dab czerwony; punatammi
3699	*Quercus suber*	地中海地区、西班牙、荷兰、法国、德国、瑞典、芬兰、意大利	洋栓皮栎	alcornoque; burkboom; chene liege; cork oak; corktree; kork eiche; korkbaum; korkeiche; korkek; quercia da sughero; saro; sobreiro; sughera; sughera occidentale; surier
3700	*Quercus texana*	欧洲	纳塔栎	nuttall oak
3701	*Quercus trojana*	德国、希腊、西班牙、意大利、瑞典、芬兰	马其顿栎	amerikanische sumpfeiche; chene macedonien; encina macedonica; fragna; fragno; galleiche; karrek; lusitanian tammi; macedonian oak; macedonische eik; makedonisk ek; quercia della galla; spiesseiche; suotammi
	Rhamnus **(RHAMNACEAE)** 鼠李属（鼠李科）		**HS CODE 4403.49**	
3702	*Rhamnus alaternus*	南欧、西班牙、中欧	互叶鼠李木	barren privet; bois debourgepine; bois denerprun; bois denoirprun; immergrune rkreuzdorn; italian buckthorn; ladierna; mediterran eanbuckthorn; nerprun alaterne

序号	学名	主要产地	中文名称	地方名
3703	*Rhamnus alnifolia*	欧洲	桤叶鼠李木	
3704	*Rhamnus alpinus*	南欧、西班牙	高山鼠李木	alpen kreuzdorn; alpine buckthorn; figuera borda
3705	*Rhamnus cathartica*	西班牙、德国、法国	药鼠李木	buckthorn; common buckthorn; espino cerval; european buckthorn; gemeiner kreuzdorn; kreuz dorn; kreuzdorn; nerprun; nerprun purgatif; purgier-kreuzdorn; vagtorn; waythorn
3706	*Rhamnus chugokuensis*	欧洲	鼠李木	
3707	*Rhamnus frangula*	地中海地区	欧洲鼠李木	alder buckthorn; glossy buckthorn
3708	*Rhamnus glandulosa*	西班牙	腺叶鼠李木	sanguino
3709	*Rhamnus insularis*	西班牙	岛鼠李木	
3710	*Rhamnus japonica*	西班牙	日本鼠李木	
3711	*Rhamnus lycioides*	西班牙	小果鼠李木	bocksdornf ormiger kreuzdorn; espino prieto
3712	*Rhamnus pumilus*	西班牙、意大利、克罗地亚、斯洛文尼亚	短小鼠李木	chopera; dwarf buckthorn; zwerg kreuzdorn
3713	*Rhamnus saxatilis*	欧洲	黑眉鼠李木	felsen kreuzdorn; rock buckthorn
3714	*Rhamnus zeyheri*	英国	泽伊赫鼠李木	pink ivory
	Rhododendron **(ERICACEAE)** **杜鹃花属（杜鹃科）**		**HS CODE 4403. 99**	
3715	*Rhododendron ferrugineum*	中欧	铁锈杜鹃花木	alpine rose; rostblatt rige alpenrose; rusty-leaved rhododendron
3716	*Rhododendron hirsutum*	中欧	多毛杜鹃花木	behaarte alpenrose; hairy-leaved rhododendron
3717	*Rhododendron lapponicum*	北欧、芬兰、挪威、瑞典	北欧杜鹃花木	lappish rhododendron; lapplandische alpenrose
3718	*Rhododendron myrtifolium*	保加利亚、希腊、罗马尼亚、克罗地亚、斯洛文尼亚	紫杜鹃花木	myrtenblatt rige alpenrose; transylvan ian rhododendron
	Rhus **(ANACARDIACEAE)** **漆树属（漆树科）**		**HS CODE 4403. 99**	
3719	*Rhus coggygria*	法国、德国、英国	黄栌漆木	bois jaune; faerberaum; fustik; gelbholz; peruckenbaum; venetian sumach; wild olive; young fustic; zante fustic

序号	学名	主要产地	中文名称	地方名
3720	*Rhus coriaria*	地中海地区、南欧	鞣料麸杨木	azijnboom；garvarsumak；garvartrad；gerber sumach；sommacco；sumac des corroyeurs；sumach；sumaque；tanner sumac；tanners sumach
	Ricinodendron（**EUPHORBIACEAE**） **乔蓖麻属（大戟科）**		**HS CODE** **4403.49**	
3721	*Ricinodendron rautanenii*	西班牙、法国	劳氏乔蓖麻	ekok；essang
	Ricinus（**EUPHORBIACEAE**） **蓖麻属（大戟科）**		**HS CODE** **4403.99**	
3722	*Ricinus communis*	南欧	蓖麻	castorbean；rizinus
	Robinia（**FABACEAE**） **刺槐属（蝶形花科）**		**HS CODE** **4403.99**	
3723	*Robinia pseudoacacia*	英国、法国、西班牙、意大利、波兰、荷兰、克罗地亚、斯洛文尼亚、德国、瑞典、匈牙利、罗马尼亚	刺槐	acacia；akacja biala；akazia；bagrem；black locust；common robinia；falsa acacia；feher akac；gaggaia；gewone robinia；onechte acacia；robiniasazlcam；schotendorn；vanlig robinia；witte acacia
	Rosa（**ROSACEAE**） **蔷薇属（蔷薇科）**		**HS CODE** **4403.99**	
3724	*Rosa arvensis*	西班牙	野蔷薇	ayrshire rose；feldrose；gavarrera
3725	*Rosa canina*	西班牙	狗牙蔷薇	dog rose；gemeine heckenrose；rosal perruno；rosal silvestre；wilde rose
3726	*Rosa glauca*	欧洲	青冈蔷薇	milky-green rose；rotblatt rige rose
3727	*Rosa pendulina*	欧洲	雪山蔷薇	alpenrose；alpine rose
3728	*Rosa rubiginosa*	西班牙	锈红蔷薇	zarza escaramujera
3729	*Rosa sempervirens*	南欧、西班牙	常绿蔷薇	evergreen rose；immergrune rose；mosqueta
3730	*Rosa tomentosa*	西班牙	毛蔷薇	calambrujo
	Rosmarinus（**LAMIACEAE**） **迷迭香属（唇形科）**		**HS CODE** **4403.99**	
3731	*Rosmarinus officinalis*	南欧	迷迭香	echter rosmarin；rosemary
	Rubus（**ROSACEAE**） **悬钩子属（蔷薇科）**		**HS CODE** **4403.99**	
3732	*Rubus candicans*	西班牙	白悬钩子	zarzamora
3733	*Rubus chamaemorus*	北欧	云莓悬钩子	cloudberry；moltebeere

序号	学名	主要产地	中文名称	地方名
3734	*Rubus discolor*	西班牙	变色悬钩子	zarza
3735	*Rubus idaeus*	西班牙	悬钩子	frambueso; himberre; raspberry
3736	*Rubus saxatilis*	欧洲	黑眉悬钩子	rock bramble; steinbeere
	***Sabina* （CUPRESSACEAE）** **圆柏属（柏科）**	**HS CODE** **4403.25（截面尺寸≥15cm）或 4403.26（截面尺寸<15cm）**		
3737	*Sabina vulgaris*	高加索	普通圆柏	sabina juniper; savin; savin juniper
	***Salacia*（CELASTRACEAE）** **五层龙属（卫矛科）**		**HS CODE** **4403.99**	
3738	*Salacia germainii*	欧洲	日耳曼五层龙	
	***Salix*（SALICACEAE）** **柳属（杨柳科）**		**HS CODE** **4403.99**	
3739	*Salix acutifolia*	南欧、东欧	尖叶柳	kaspische weide; kaspische zand-wilg; kaspisk pil; pointedlea ved willow; salice russo; sauce ruso; saule caspien; spetsbladigt daggvide
3740	*Salix alba*	克罗地亚、斯洛文尼亚、英国、地中海地区、匈牙利、德国、芬兰、荷兰、瑞士、法国、意大利、罗马尼亚、西班牙、瑞典	白柳	bela vrba; closebark willow; common willow; cricket-batpil; dorf-weide; dotter-weide; european white willow; feher fur; felbe; gewone wilg; saule argente; saule blanc; saule bleu; treur-wilg; vitellina wilg; white willow; yellowstem white willow
3741	*Salix arbuscula*	挪威	丛柳	baumchenweide; little willow
3742	*Salix aurita*	西班牙	耳状柳	aurecled willow; geoorde wilg; ohr-weide; oor-wilg; orapil; salgueiro; salice aurita; sauce aurita; sauce espigado; sauce salgueiro; saule a oreillettes
3743	*Salix babylonica*	欧洲	垂柳	babylonian willow; babylonisc he wilg; groene treurwilg; gron hang-pil; gron sorg pil; grune trauerweide; salice babilonese; salice piangente; sauce de babilonia; sauce lloron; saule pleureur; treur-wilg; weeping willow

序号	学名	主要产地	中文名称	地方名
3744	*Salix caprea*	法国、德国、英国、芬兰、意大利、罗马尼亚、捷克、斯洛伐克、荷兰	黄花柳	capree; goat willow; palm-weide; palmweide; pussy willow; raita; sal-weide; salcie capresca; salcio selvatico; salg; salica; salice caprino; salicone; sallow; sallow willow; vanlig salg; waterwilg; willow
3745	*Salix cinerea*	西班牙、德国、法国	灰毛柳	aschweide; bardaguera; gra-pil; grauwe wilg; grey willow; grijze wilg; korbweide; osier blanc; salice grigio; salweide; sauce bardaquera; saule de suisse; schweizerw eide; silberweide
3746	*Salix daphnoides*	欧洲	欧洲紫柳	reif-weide; schimmel-weide
3747	*Salix elaeagnos*	南欧、西班牙	沙柳	lavendel-weide; sarga
3748	*Salix fragilis*	芬兰、英国、德国、荷兰、西班牙、法国	爆竹柳	arrow willow; bedford willow; brittle willow; common willow; glasweide; knack-weide; knackepil; kraakwilg; piilipuu; sauce fragil; sauce mimbrera; saule; white willow; wilg; witby willow
3749	*Salix glabra*	意大利	光滑柳	glabron willow; kahle weide
3750	*Salix helvetica*	德国、法国、意大利	海柳	korbweide; osier blanc; salweide; saule blanc; saule cendre; saule de suisse; schwarzer weide; schweizerw eide; silberweide; swiss willow
3751	*Salix herbacea*	德国、法国	矮柳	dwarf willow; gestutzte weide; krautweide; kriechweiden; netzblatt rige weide; saule a feuilles obtuses; saule herbacea; saule reticule; saules rampants
3752	*Salix myrsinifolia*	芬兰	杨柳	paju; schwarz-weide
3753	*Salix nigra*	法国	黑柳	saule; weide; wilg
3754	*Salix pedicellata*	西班牙	花梗柳	bardaguera; sauce bardaquera
3755	*Salix pentandra*	中欧	五雄柳	bay willow; jolster; laurier-wilg; lorbeer-weide; salice lauro; sauce-laurel; sweet willow
3756	*Salix pruinosa*	欧洲	里海柳	caspian willow; kaspische wilg; osterlandsk pil; salice del mare caspio; sauce pruinoso; saule caspien

序号	学名	主要产地	中文名称	地方名
3757	*Salix purpurea*	中欧、地中海地区、西班牙	紫柳	bach-weide; bitter-pil; bittere wilg; purple osier; purple willow; purpur-pil; purpur-weide; purpurweide; rodvide; salcio rosso; salice rosso; sarga; sauce purpureo; saule pourpre
3758	*Salix repens*	欧洲	匍匐柳	moor-weide
3759	*Salix reticulata*	德国、法国	网脉柳	gestutzte weide; krautweide; kriechweiden; netzblattrige weide; netzweide; reticulate willow; salue reticule; saule herbace; saulea feuilles obtuses; saules rampants
3760	*Salix retusa*	德国、法国、南欧	微凹柳	gestutzte weide; krautweide; kriechweiden; netzblattrige weide; saule a feuilles obtuses; saule herbace; saule reticule; saules rampants; stumpfblat trige weide; stunted willow
3761	*Salix salvifolia*	西班牙	西班牙沙柳	barberry blanca
3762	*Salix silesiaca*	欧洲	西里西亚柳	schlesische weide
3763	*Salix triandra*	西班牙	三蕊柳	amandel-wilg; mandel-pil; mandel-weide; peachleaved willow; salice da ceste; salice de ceste; sarga; sargatilla negra; sauce mimbrero; saule amandier
3764	*Salix viminalis*	法国、德国	蒿柳	basket willow; common osier; kat-wilg; katgrauw; korb-weide; korbweide; mimbrera; osier blanc; osier des vanniers; osier vert; sauce verde; saule blanc; saule cendre; saule de suisse; schweizerw eide; silberweide; vetrice; vinco
3765	*Salix waldsteiniana*	意大利、克罗地亚、斯洛文尼亚	华德斯柳	waldstein weide; waldstein willow
	Sambucus **(ADOXACEAE)** **接骨木属（五福花科）**		**HS CODE** **4403.99**	
3766	*Sambucus ebulus*	欧洲	欧洲接骨木	attich

序号	学名	主要产地	中文名称	地方名
3767	*Sambucus nigra*	英国、地中海地区、法国、西班牙、德国	黑接骨木	black elder; common elder; elder; european elder; europese vlier; europese vlier; flader; gemeiner-hollunder; hieble; sabuco; sambuco aboreo; schwarzer holunder; sureau rouge; traubiger holunder; vanlig flader
3768	*Sambucus racemosa*	荷兰、德国、法国	聚果接骨木	alpine elder; berg vlier; berg-hollunder; schwarzer holunder; sureau noir; trauben-hollunder; traubenhol under; traubiger holunder
	***Sarcopoterium*（ROSACEAE）** **刺地榆属（蔷薇科）**		**HS CODE** **4403. 99**	
3769	*Sarcopoterium spinosum*	南欧	蝶骨棘刺地榆	dornige bibernelle; thorny burnet
	***Scyphocephalium*（MYRISTICACEAE）** **杯头蔻属（肉豆蔻科）**		**HS CODE** **4403. 99**	
3770	*Scyphocephalium ochocoa*	法国	杯头蔻	cedre du gabon
	***Solanum*（SOLANACEAE）** **茄属（茄科）**		**HS CODE** **4403. 99**	
3771	*Solanum dulcamara*	欧洲	苦茄	bittersusser nachtschat ten; bittersweet nightshade
3772	*Solanum nigrum*	欧洲	黑茄	black nightshade; schwarzer nachtschat ten
3773	*Solanum pseudocapsicum*	南欧	假辣椒茄	judenkirsche
	***Sophora*（FABACEAE）** **槐属（蝶形花科）**		**HS CODE** **4403. 99**	
3774	*Sophora tetraptera*	英国	四脉槐	pagoda-tree
	***Sorbus*（ROSACEAE）** **花楸属（蔷薇科）**		**HS CODE** **4403. 99**	
3775	*Sorbus aria*	法国、英国、德国、中欧、意大利、西班牙	白花楸	alisier blanc; allouchier; chess apple; cormier; eberesche; farinaccio; gemeine mehlbeere; kernobstge wachse; matallo; meelbes; sorbo montano; spierling; vitoxel; vitronn; vogelbeere; whitebeam

序号	学名	主要产地	中文名称	地方名
3776	*Sorbus aucuparia*	法国、英国、德国、匈牙利、奥地利、芬兰、丹麦、西班牙、意大利	欧亚花楸	alisier blanc; allouchier; bog rowan; cormier; eberesche; european mountain ash; gewone lijsterbes; kernobstge wachse; madar berkenye; mountain ash; pihlaja; quickbeam; rowantree; spierling; tamarin; vogelbeerbaum; vogelbeere; wilde lijsterbes
3777	*Sorbus chamaemespilus*	法国、南欧、德国	查梅花楸	alisier nain; cotoneaster commun; cotoneaster cotonneux; dwarf medlar; filzige steinmispel; kernobstge wachse; tribu du pommier; zwerg mehlbeere
3778	*Sorbus domestica*	法国、瑞典、地中海地区、德国、西班牙、南欧	地中海花楸	alistier blanc; allouchier; cormier; ebersche; kernobstge wachse; mehlbeere; serbal domestico; sorbeboom; speierling; spierling; vogelbeere; zahme eberesche
3779	*Sorbus edulis*	欧洲	食用花楸	alpen lijsterbes; serbal alpino; sorbier des alpes; sorbo alpino
3780	*Sorbus gracilis*	欧洲	细花楸	
3781	*Sorbus hybrida*	欧洲	杂交花楸	finnoxel; ronnoxel
3782	*Sorbus intermedia*	德国、捷克、斯洛伐克、瑞典、法国	中性花楸	eberesche; ersisk ronn; merab; nordischer mehlbeerbaum; oxelbirn; perzische lijsterbes; schwedishe mehlbeere; serbal de persia; sorbier de perse; vanlig oxel; zweedse lijsterbes
3783	*Sorbus latifolia*	欧洲	阔叶花楸	breitblatt ri mehlbeerbaum; saubirne
3784	*Sorbus torminalis*	土耳其、法国、德国、中欧、匈牙利、捷克、斯洛伐克、克罗地亚、斯洛文尼亚、奥地利、西班牙、地中海地区	野果花楸	atlasbeerbaum; baccarello; barkocafa; brek; ciavardello; elsbeere; haagappel; maple maple; mostajo; seidenbaum; tyskoxel; vildronn; wild service; wilde sorbeboom
	Spartium **(FABACEAE)** **鹰爪豆属（蝶形花科）**		**HS CODE** **4403.99**	
3785	*Spartium junceum*	西班牙、南欧	鹰爪豆	gayumba; genet d'espagne; ginesta; ginestra; ginestra odorosa; retama espana; retama olor; spanischer binsenginster; spanischer ginster; spanish broom

序号	学名	主要产地	中文名称	地方名
	Spiraea **（ROSACEAE）** **绣线菊属（蔷薇科）**		**HS CODE** **4403.99**	
3786	*Spiraea altaiensis*	克罗地亚、斯洛文尼亚	阿尔泰绣线菊	siberian spirea
3787	*Spiraea dasyantha*	欧洲	毛花绣线菊	
3788	*Spiraea douglasii*	欧洲	圆叶绣线菊	
3789	*Spiraea hypericifolia*	西班牙、南欧	金丝桃叶绣线菊	escobilla；kleinblatt riger spierstrauch；st. john wort-leaved spiraea
3790	*Spiraea nipponica*	欧洲	小花绣线菊	
3791	*Spiraea salicifolia*	欧洲	柳叶绣线菊	weiden spierstrauch；willow spiraea
	Spondias **（ANACARDIACEAE）** **槟榔青属（漆树科）**		**HS CODE** **4403.49**	
3792	*Spondias mombin*	英国	黄槟榔青	yucatan plum
	Staphylea **（STAPHYLEACEAE）** **省沽油属（省沽油科）**		**HS CODE** **4403.99**	
3793	*Staphylea pinnata*	土耳其	羽状省沽油	bladdernut-tree；fusara；gemeine pimpernuss；pimpernuss
	Sterculia **（STERCULIACEAE）** **苹婆属（梧桐科）**		**HS CODE** **4403.49**	
3794	*Sterculia oblonga*	英国	黄苹婆	sterculia oblonga
	Styphnolobium **（FABACEAE）** **槐属（蝶形花科）**		**HS CODE** **4403.99**	
3795	*Styphnolobium japonicum*	欧洲	槐树	japanese pagoda-tree；schnurbaum
	Styrax **（STYRACACEAE）** **野茉莉属（野茉莉科）**		**HS CODE** **4403.99**	
3796	*Styrax officinalis*	希腊、意大利、克罗地亚、斯洛文尼亚	药用安息香树	echter storaxbaum；storax；styrax-tree
	Swietenia **（MELIACEAE）** **桃花心木属（楝科）**		**HS CODE** **4403.49**	
3797	*Swietenia humilis*	法国	矮桃花心木②	acajou；acajou d'amerique centrale
3798	*Swietenia macrophylla*	法国	大叶桃花心木	acajou；acajou d'amerique centrale
	Syringa **（OLEACEAE）** **丁香属（木犀科）**		**HS CODE** **4403.99**	
3799	*Syringa vulgaris*	荷兰	普通丁香	bois de lilas；common lilac；flieder；gemeiner flieder；gewong sering；lilacwood；syren；syringa

序号	学名	主要产地	中文名称	地方名
	Tamarix **（TAMARICACEAE）** **柽柳属（柽柳科）**		**HS CODE** **4403. 99**	
3800	*Tamarix gallica*	地中海地区、西班牙	法国柽柳	bruca; common tamarisk; fransk tamarisk; french tamarisk; gallische tamariske; tamarice; tamarin; tamaris; tamarisco; tamarisk; tamarix; tamarix commun; tamarix defrance; taray
3801	*Tamarix parviflora*	希腊、克罗地亚、斯洛文尼亚	小花柽柳	kleinbluti ge tamariske
	Taxodium **（CUPRESSACEAE）** **落羽杉属（柏科）**	**HS CODE** **4403. 25（截面尺寸≥15cm）或 4403. 26（截面尺寸<15cm）**		
3802	*Taxodium distichum*	法国、英国	落羽杉	cypres chauve; louisiana cypress
	Taxus **（TAXACEAE）** **红豆杉属（红豆杉科）**	**HS CODE** **4403. 25（截面尺寸≥15cm）或 4403. 26（截面尺寸<15cm）**		
3803	*Taxus baccata*	地中海地区、土耳其、希腊、法国、西班牙、匈牙利、瑞典	欧洲红豆杉	alberodella morte; barma; caucasian yew; common yew; deutsches ebenholz; eibenbaum; english yew; gewone venijnboom; idegran; ifcommun; jutry; maurelatos; melos; tasso; tejonegro; vanlig idegran; venijnboom
	Terminalia **（COMBRETACEAE）** **榄仁属（使君子科）**		**HS CODE** **4403. 49**	
3804	*Terminalia superba*	英国、法国、意大利	艳丽榄仁	afara; akom; noce del mayombe
	Tetraclinis **（CUPRESSACEAE）** **山达脂柏属（柏科）**	**HS CODE** **4403. 25（截面尺寸≥15cm）或 4403. 26（截面尺寸<15cm）**		
3805	*Tetraclinis articulata*	西班牙、英国、法国、马耳他	山达脂柏	african thuya; cipres ramoso; mediterran ean sandarac cypress; thuja; thuya burr; thuya de berberie; thymewood; tuya africana; tuya espanola
	Thymus **（LAMIACEAE）** **百里香属（唇形科）**		**HS CODE** **4403. 99**	
3806	*Thymus capitatus*	南欧	头状百里香	conehead thyme; kopfthymian
3807	*Thymus hirtus*	西班牙	多毛百里香	tomillo
3808	*Thymus serpyllum*	北欧、西班牙	百里香	fledthymian; mother-of-thyme; serpol
3809	*Thymus villosus*	西班牙	绒毛百里香	zottiger thymian

序号	学名	主要产地	中文名称	地方名
3810	*Thymus vulgaris*	意大利、西班牙	普通百里香	common thyme; echter thymian; tomillo salsero
3811	*Thymus zygis*	西班牙	洋百里香	tomillo aceitumero
	Tilia **(TILIACEAE)** 椴木属（椴树科）		**HS CODE 4403. 99**	
3812	*Tilia americana*	英国	美国椴	american lime
3813	*Tilia cordata*	英国、奥地利、德国、匈牙利、荷兰、芬兰、丹麦、瑞典、波兰、罗马尼亚、法国、捷克、斯洛伐克	心形椴	bass; basswood; bast-tree; common lime; english lime; europeisk lind; kleinblatt rige linde; littleleaf linden; niinipuu; parklind; steinlinde; teiucu frunza mica; tilleul des bois; tilleula petites feuilles; tilo silvestre; winterlinde
3814	*Tilia euchlora*	黑海克里木半岛、高加索	深绿椴木	caucasian lime; crimea lime
3815	*Tilia europaea*	欧洲	欧洲椴木	european lime
3816	*Tilia japonica*	欧洲	日本椴	european basswood; oba-shina
3817	*Tilia maxinowictziana*	欧洲	紫椴	european basswood; oba-shina
3818	*Tilia petiolaris*	土耳其	垂枝椴	silver pendent limetree; silver-lind; tiglio argento; tilleul argente; tilo argentino; zilver-linde
3819	*Tilia platyphyllos*	英国、瑞典、荷兰、德国、法国、匈牙利、罗马尼亚、中欧、捷克、斯洛伐克	阔叶椴	basswood; bohuslind; europees linden; grootbladi gelinde; grossblatt rige linde; hollandsk lind; large-leaved lime; nagylevelu hars; sommerlinde; tilleul de hollande; winterlinde; zomerlinde
3820	*Tilia tomentosa*	南欧、土耳其、希腊、克罗地亚、斯洛文尼亚	银叶椴	hungarian limetree; silberlinde; silver lime; silver linden; silver pendent limetree; silver-lind; tiglio argento; tiglio argento ungherese; tilo argentino hungaro; zilver-linde
3821	*Tilia* X *europaea*	欧洲	欧罗椴	english lime; european lime; limewood; parklind; shina

序号	学名	主要产地	中文名称	地方名
3822	*Tilia X vulgaris*	西欧、荷兰、瑞典	平滑椴	common lime；english lime；european basswood；european lime；gemeine linde；hollandsk lind；japanese basswood；linden；shinanoki；tiglio comune；tiglio olandese；tilo intermediario；vanlig lind
	Trachylobium **（CAESALPINIACEAE）** **粗裂苏木属（苏木科）**		**HS CODE** **4403.49**	
3823	*Trachylobium verrucosum*	英国	疣状粗裂苏木	east african copal
	Triplochiton **（STERCULIACEAE）** **白梧桐属（梧桐科）**		**HS CODE** **4403.49**	
3824	*Triplochiton scleroxylon*	英国	白梧桐	african yellow-wood
	Tsuga **（PINACEAE）** **铁杉属（松科）**	**HS CODE** **4403.25（截面尺寸≥15cm）或 4403.26（截面尺寸<15cm）**		
3825	*Tsuga canadensis*	法国	加拿大铁杉	pruche de l'est；tsuga du canada
3826	*Tsuga heterophylla*	德国	异叶铁杉	martens hemlock
	Ulex **（FABACEAE）** **荆豆属（蝶形花科）**		**HS CODE** **4403.99**	
3827	*Ulex europaeus*	法国、荷兰、西欧、中欧	荆豆	ajonc；ajone；aulaga；furze；gaspeldoorn；gemeine-heckensame；ginestrone；gorse；hecksame；stechginster；whin
	Ulmus **（ULMACEAE）** **榆属（榆科）**		**HS CODE** **4403.99**	
3828	*Ulmus canescens*	地中海地区	苍榆	medelhavet-alm；mediterran ian elm；olmo mediterraneo；orme mediterran een；zuideuripe seiep
3829	*Ulmus elliptica*	土耳其	湿地榆	asiatic elm；asiatisk alm；aziatische iep；olmo asiatico；orme asiatique
3830	*Ulmus glabra*	芬兰、德国、荷兰、中欧、匈牙利、捷克、斯洛伐克、西班牙、意大利、法国、英国、奥地利、罗马尼亚	光滑榆	alm；bergolm；bergruster；bergulme；dutchelm；europees iepen；feldulme；flatterulme；hegyi szil；jilm horni；mountainelm；orme pleureur；paraply alm；ruwe iep；scotch elm；skogsalm；whych elm

序号	学名	主要产地	中文名称	地方名
3831	*Ulmus laevis*	奥地利、中欧、德国、芬兰、意大利、法国、英国、荷兰、克罗地亚、斯洛文尼亚、瑞典	欧洲白榆	alm; bast-ruster; bergulme; effe; fatterulme; iffe; kynajalava; kynneppaa; olmo a fiori sparsi; olmo laevis; olmo levis; oorme difus; orme pedoncule; russian white elm; spreading elm; vres-alm; vresalm
3832	*Ulmus major*	荷兰	大榆	sand elm
3833	*Ulmus minor*	西班牙、德国、西欧、法国、奥地利、地中海地区、北欧、英国	小叶榆	alamo negro; bergulme; christine english common elm; european weeping elm; fhorsholm-alm; lund-alm; olmo; olmo alamo; orme champetre; orme champetres ubereux; rot-ruster; rusche; sarniens elm; scotch elm; skogsalm; vanlig; vanlig alm
3834	*Ulmus procera*	英国、德国、荷兰、西欧、法国	英国榆树	cork elm; english elm; feldruster; gemeine ulme; iep; korkulme; nave elm; olmo campestre; olmo comune; olmo de campo; orme viminalis; redelm; rusche; ulme; vanlig alm; viminaliselm; viminalisiep
3835	*Ulmus pumila*	西班牙、地中海地区、荷兰、瑞典、德国	白榆	olmo; olmo de canada; olmo siberiano; orme siberien; siberian elm; siberischeiep; siberiskalm; sibirischeulme
3836	*Ulmus rubra*	欧洲	红榆	redelm
3837	*Ulmus thomasii*	英国	美国岩榆	canadian rockelm; corkelm
3838	*Ulmus hollandica*	西欧、英国、法国、荷兰、德国	比利时榆	belgianelm; belgischeiep; corkbarkelm; dutchelm; hollandseiep; major-alm; majoriep; olmo belgico; olmo commelin; olmo vegeta; orme; orme belgique; orme commelin; orme vegeta; ulme; vegetaiep
	***Vaccinium*（ERICACEAE）** **越橘属（杜鹃科）**		**HS CODE** **4403.99**	
3839	*Vaccinium myrtillus*	西班牙、法国、西欧	欧洲越橘	arandano; bilberry; heidelbeere; heidelbeere gemeine; lucet; mauret; myrtille; pouriots; raisin des bois; raisin d'ours; vaciet
3840	*Vaccinium oxycoccos*	欧洲	红莓越橘	cranberry; gemeine moosbeere

序号	学名	主要产地	中文名称	地方名
3841	*Vaccinium uliginosum*	欧洲	沼泽越橘	bog whortleberry; echte moorbeere; rauschbeere; trunkelbeere
3842	*Vaccinium vitis-idaea*	丹麦、瑞典、中欧	伊达越橘	cowberry; kroesaberry; kronsbeere; lingon; preiselbeere; tyttebar
	Viburnum **(CAPRIFOLIACEAE)** **荚蒾属（忍冬科）**		**HS CODE 4403.99**	
3843	*Viburnum lantana*	英国、西班牙、中欧	黑果荚蒾	gemeiner schneeball; mealy guelder rose; morrionera; viorne flexible; viorne lantane; viorne obier; wayfaring-tree; wollige schlinge; wolliger schneeball
3844	*Viburnum opulus*	荷兰	欧洲荚迷	bush cranberry-bush; gelderse roos; gemeiner schneeball; guelder rose; mundillos; viorne flexible; viorne lantane; viorne obier; wolliger schneeball
3845	*Viburnum phlebotrichum*	欧洲	毛脉荚蒾	
3846	*Viburnum plicatum*	欧洲	皱褶荚蒾	
3847	*Viburnum tinus*	西班牙、地中海地区	地中海荚蒾	durillo; gemeine lorbeersch linge; laurestinus
	Viscum **(LORANTHACEAE)** **槲寄生属（桑寄生科）**		**HS CODE 4403.99**	
3848	*Viscum album*	法国	白槲寄生	gui commun; mistletoe; nordische mistel; weisse mistel
	Vitex **(VERBENACEAE)** **牡荆属（马鞭草科）**		**HS CODE 4403.49**	
3849	*Vitex agnus-castus*	葡萄牙	凤尾鱼牡荆	arvore
	Wisteria **(FABACEAE)** **紫藤属（蝶形花科）**		**HS CODE 4403.99**	
3850	*Wisteria sinensis*	意大利	紫藤	glicine; glyzine
	Ziziphus **(RHAMNACEAE)** **枣木属（鼠李科）**		**HS CODE 4403.99**	
3851	*Ziziphus mauritiana*	欧洲	台湾青枣	juden dorn; judendorn; jujube

大洋洲篇

商用木材名称及产地

序号	学名	主要产地	中文名称	地方名
	Acacia **(MIMOSACEAE)** **相思树属（含羞草科）**		**HS CODE** **4403.49**	
3852	*Acacia acradenia*	澳大利亚	滑叶相思	silky wattle
3853	*Acacia acuminata*	澳大利亚	披针叶相思	jamwood; raspberry jam; raspberry jamwood; raspberry-jamwood
3854	*Acacia ampliceps*	澳大利亚	大花柱相思	jila jila; salt wattle
3855	*Acacia ancistrocarpa*	澳大利亚	鱼钩果相思	fish hook wattle; fitzroy wattle
3856	*Acacia aneura*	澳大利亚	无脉相思	acacia australiana; acacia d'australie; australian wattle; australische acacia; mulga; myall; spearwood
3857	*Acacia argyrodendron*	澳大利亚	银相思	belyando blackwood; black gidyea
3858	*Acacia argyrophylla*	澳大利亚	银叶相思	silver mulga
3859	*Acacia aulacocarpa*	澳大利亚、巴布亚新几内亚	沟果相思	black wattle; blue wattle; brown salwood; brush ironbark wattle; hickory wattle; new guinea brown wattle; new guinea wattle
3860	*Acacia auriculiformis*	澳大利亚、巴布亚新几内亚	抱茎相思	acacia; black wattle; northern black wattle; papuan wattle
3861	*Acacia austfeldii*	澳大利亚	安氏相思	austfeld's wattle
3862	*Acacia baileyana*	澳大利亚	贝利氏相思	cootamundra wattle
3863	*Acacia bakeri*	澳大利亚	编条相思	acacia australiana; acacia d'australie; australian acacia; australische echte acacia; australisk akacia; baker wattle; marble wattle; marblewood; scrub wattle; white marblewood; white salwood; white wattle
3864	*Acacia bidwillii*	澳大利亚	广叶相思	corkwood wattle
3865	*Acacia binervata*	澳大利亚	双脉相思	two veined hickory
3866	*Acacia binervia*	澳大利亚	薄叶相思	coast myall
3867	*Acacia brachybotrya*	澳大利亚	短序相思	grey mulga
3868	*Acacia brachystachya*	澳大利亚	短穗相思	turpentine mulga; umbrella mulga
3869	*Acacia burkittii*	澳大利亚	布氏相思	burkitt wattle
3870	*Acacia burrowii*	澳大利亚	布伦相思	burrow wattle
3871	*Acacia buxifolia*	澳大利亚	黄杨叶相思	box leaf wattle
3872	*Acacia calamifolia*	澳大利亚	芦叶相思	wallowa

序号	学名	主要产地	中文名称	地方名
3873	*Acacia calcicola*	澳大利亚	岩生相思	grey myall; myall gidgee; northern myall
3874	*Acacia cambagei*	澳大利亚	坎巴盖相思	gidga; gidgee; gidya; gidyea; gidya spearwood; spearwood
3875	*Acacia cana*	澳大利亚	迦南相思	boree
3876	*Acacia cardiophylla*	澳大利亚	心叶相思	wyalong wattle
3877	*Acacia carnei*	澳大利亚	卡尼相思	dead-finish; purplewood wattle
3878	*Acacia catenulata*	澳大利亚	链状相思	bendee
3879	*Acacia cheelii*	澳大利亚	奇氏相思	motherum-bung; motherumbah
3880	*Acacia cognata*	澳大利亚	毛缘相思	bower wattle; narrow leaf bower wattle
3881	*Acacia colletioides*	澳大利亚	共生相思	spine bush; wait-a-while
3882	*Acacia concurrens*	澳大利亚	普里相思	bastard myall; black wattle; curracabah
3883	*Acacia confusa*	夏威夷群岛、帕劳群岛、密克罗尼西亚	相思树	formosa koa; ianangi; philippine acacia; pilampwoia; yanangi
3884	*Acacia coriacea*	澳大利亚	革叶相思	desert oak; wirewood; wiry wattle
3885	*Acacia crassicarpa*	澳大利亚、巴布亚新几内亚	粗果相思	brown salwood; lancewood; northern territory wattle; northern wattle; red wattle
3886	*Acacia crombiei*	澳大利亚	克龙比相思	pink gidgee; purple gidgee
3887	*Acacia cultriformis*	澳大利亚	三角相思	knife-leaved wattle
3888	*Acacia cyclops*	澳大利亚	近缘相思	western coastal wattle
3889	*Acacia cyperophylla*	澳大利亚	环叶相思	minneritchie; red mulga
3890	*Acacia dallachiana*	澳大利亚	达拉奇相思	catkin wattle
3891	*Acacia dawsonii*	澳大利亚	道氏相思	poverty wattle
3892	*Acacia dealbata*	澳大利亚	变白相思	australian acacia; silver wattle
3893	*Acacia deanei*	澳大利亚	狄奈相思	deane wattle
3894	*Acacia decurrens*	澳大利亚	下延金合欢	feather-leaved wattle; green wattle; silver wattle
3895	*Acacia discolor*	澳大利亚	变色相思	cedar wattle; sunshine wattle
3896	*Acacia dodonaeifolia*	澳大利亚	多诺相思	sticky wattle
3897	*Acacia doratoxylon*	澳大利亚	尖相思	brown lancewood; lancewood; spearwood
3898	*Acacia elata*	澳大利亚	高山相思	cedar wattle
3899	*Acacia estrophiolata*	澳大利亚	埃斯特相思	ironwood; ironwood wattle

序号	学名	主要产地	中文名称	地方名
3900	*Acacia excelsa*	澳大利亚	高大相思	ironwood；ironwood wattle；rosenholz；rosewood
3901	*Acacia falcata*	澳大利亚	镰形相思	hickory；lignum vitae；lignum vitae hickory；myall；salee
3902	*Acacia falciformis*	澳大利亚	镰状相思	broad leaf hickory wattle；hickory wattle
3903	*Acacia fasciculifera*	澳大利亚	法西库相思	rose wattle；scalybark
3904	*Acacia filicifolia*	澳大利亚	蕨叶相思	fern leaf wattle
3905	*Acacia flavescens*	澳大利亚	淡黄相思	red wattle；yellow wattle
3906	*Acacia frigescens*	澳大利亚	弗里格相思	montane wattle
3907	*Acacia georginae*	澳大利亚	乔治亚相思	georgina gidgee
3908	*Acacia gillii*	澳大利亚	吉氏相思	gill wattle
3909	*Acacia hakeoides*	澳大利亚	哈基奥相思	black wattle；western black wattle
3910	*Acacia harpophylla*	澳大利亚	镰叶相思	brigalow；brigalow spearwood；walking-stick wattle
3911	*Acacia havilandii*	澳大利亚	哈氏相思	needle wattle
3912	*Acacia hemignosta*	澳大利亚	赫米相思	clubleaf wattle
3913	*Acacia homalophylla*	澳大利亚	平展叶相思	yarran
3914	*Acacia howittii*	澳大利亚	豪氏相思	howitt's wattle；sticky wattle
3915	*Acacia implexa*	澳大利亚	内普萨相思	black wattle；lightwood；new south wales hickory；sally wattle；scrub wattle
3916	*Acacia irrorata*	澳大利亚	加岛相思	green wattle；sydney green wattle
3917	*Acacia jennerae*	澳大利亚	詹纳相思	coonavittra wattle
3918	*Acacia kempeana*	澳大利亚	肯培纳相思	witchetty bush
3919	*Acacia koa*	夏威夷群岛	夏威夷相思	black koa；curly koa；figured koa；koa；koaia；round-log koa；square-log koa
3920	*Acacia koaia*	夏威夷群岛	科亚相思	koaia
3921	*Acacia latzii*	澳大利亚	拉氏相思	latz's wattle
3922	*Acacia leiocalyx*	澳大利亚	平萼相思	black wattle；curracabah
3923	*Acacia leprosa*	澳大利亚	团扇相思	native hickory
3924	*Acacia leucoclada*	澳大利亚	白芽相思	northern silver wattle
3925	*Acacia linophylla*	澳大利亚	线叶相思	horse mulga

序号	学名	主要产地	中文名称	地方名
3926	*Acacia loderi*	澳大利亚	洛德里相思	broken hill gidgee
3927	*Acacia longifolia*	澳大利亚	长叶相思	sydney golden wattle
3928	*Acacia longissima*	澳大利亚	长距相思	narrow-leaved wattle
3929	*Acacia mabellae*	澳大利亚	马贝拉相思	mabel's wattle
3930	*Acacia maidenii*	澳大利亚	梅氏相思	maiden's wattle
3931	*Acacia mangium*	澳大利亚	马占相思	black wattle; brown salwood; coast myall; hickory wattle; mountain brigalow; sally wattle
3932	*Acacia mearnsii*	澳大利亚、夏威夷群岛	米氏相思	australian acacia; black wattle; black wattle acacia; early black wattle; green wattle; green wattle acacia
3933	*Acacia melanoxylon*	澳大利亚、夏威夷群岛	黑相思	acacia d'australie; acacia negra australiana; acacia nera australiana; australian blackwood; australische blackwood; australisk svart akacia; black acacia; black wattle; blackwood; blackwood acacia; blackwood d'australie; paluma blackwood;
3934	*Acacia microbotrya*	澳大利亚	小序相思	badjong
3935	*Acacia microsperma*	澳大利亚	小籽相思	bowyakka; bowyakka wattle
3936	*Acacia mollissima*	澳大利亚	柔毛相思	black wattle
3937	*Acacia mucronata*	澳大利亚	短尖相思	long leaf sallow wattle
3938	*Acacia neriifolia*	澳大利亚	夹竹桃叶相思	bastard yarran; oleander wattle
3939	*Acacia obliquinervia*	澳大利亚	斜脉相思	mountain hickory wattle
3940	*Acacia omalophylla*	澳大利亚	平叶相思	acacia australiana; acacia d'australie; acacia viola; australische acacia; australisk akacia; gidia; gidya; mayallwattle; mayallwood; myall; myallwood; wattle; yarran
3941	*Acacia oraria*	澳大利亚	海岸相思	suli
3942	*Acacia oshanesii*	澳大利亚	奥氏相思	ferny wattle
3943	*Acacia oswaldii*	澳大利亚	奥斯相思	miljea; nelia; oswald's wattle; umbrella wattle
3944	*Acacia oxycedrus*	澳大利亚	奥塞德相思	spike wattle
3945	*Acacia papyrocarpa*	澳大利亚	纸皮果相思	western myall
3946	*Acacia paradoxa*	澳大利亚	奇异相思	hedge wattle; kangaroo thorn

序号	学名	主要产地	中文名称	地方名
3947	*Acacia parramattensis*	澳大利亚	帕拉曼相思	parramatta green wattle
3948	*Acacia pendula*	澳大利亚	垂枝相思	boree；myall
3949	*Acacia penninervis*	澳大利亚	钝齿相思	hickory wattle；mountain hickory
3950	*Acacia peuce*	澳大利亚	佩塞相思	ironwood；waddy；waddywood
3951	*Acacia platycarpa*	澳大利亚	宽果相思	ghost wattle
3952	*Acacia plectocarpa*	澳大利亚	扭果相思	black wattle
3953	*Acacia podalyriifolia*	澳大利亚	银叶金合欢	mount morgan wattle
3954	*Acacia pravissima*	澳大利亚	极弯相思	ovens wattle
3955	*Acacia prominens*	澳大利亚	显现相思	golden rain-wattle
3956	*Acacia pruinocarpa*	澳大利亚	粉果相思	black gidgee
3957	*Acacia pubescens*	澳大利亚	短柔毛相思	acacia del centenario；acacia del tanino；acacia nera australiana；australische blackwood；australisk svart akacia；black wattle；blackwood d'australie
3958	*Acacia pycnantha*	澳大利亚	密花相思	broad-leaved wattle；golden wattle
3959	*Acacia ramulosa*	澳大利亚	多枝相思	bowgada；horse mulga
3960	*Acacia rhodoxylon*	澳大利亚	罗德相思	brown spearwood；rosewood；spear wattle
3961	*Acacia riceana*	澳大利亚	里萨相思	rice's wattle
3962	*Acacia richii*	斐济	里氏相思	loaloa；qumu
3963	*Acacia rigens*	澳大利亚	里根相思	nealie
3964	*Acacia rivalis*	澳大利亚	比里瓦相思	silver wattle
3965	*Acacia rothii*	澳大利亚	罗氏相思	tooroo
3966	*Acacia rubida*	澳大利亚	鲁比达相思	red stem wattle
3967	*Acacia salicina*	澳大利亚	李相思	cooba；murray willow；willow acacia；willow wattle
3968	*Acacia saligna*	澳大利亚	柳叶相思	golden wreath wattle；orange wattle
3969	*Acacia shirleyi*	澳大利亚	雪莉相思	lancewood
3970	*Acacia silvestris*	澳大利亚	林生相思	bodella wattle；red wattle
3971	*Acacia simplex*	新赫布里底群岛、斐济	单瓣相思	maru；maruru；tatagia；tatangia
3972	*Acacia spectabilis*	澳大利亚	美丽相思	golden wattle；pillaga wattle

序号	学名	主要产地	中文名称	地方名
3973	*Acacia spirorbis*	新喀里多尼亚、新赫布里底群岛	螺旋相思	faux gaiac; gaiac faux; imery; koure; lamalubi; mali; maliu; mari; mariu; men; meri; miripal; mori; murv; namali; namariu; nemalu; vumariu
3974	*Acacia stenophylla*	澳大利亚	狭叶相思	dalby myall; eumung; river cooba; wattle
3975	*Acacia stricta*	澳大利亚	密枝相思	hop wattle
3976	*Acacia suberosa*	澳大利亚	苏格相思	corkbark wattle
3977	*Acacia subporosa*	澳大利亚	亚波相思	bower wattle
3978	*Acacia sutherlandii*	澳大利亚	苏氏相思	corkwood wattle
3979	*Acacia tephrina*	澳大利亚	灰相思	boree
3980	*Acacia terminalis*	澳大利亚	终末相思	cedar wattle
3981	*Acacia tetragonophylla*	澳大利亚	四棱叶相思	dead finish; kurrara
3982	*Acacia torulosa*	澳大利亚	扭曲相思	deep gold wattle; torulosa wattle
3983	*Acacia trineura*	澳大利亚	三出脉相思	three veined wattle
3984	*Acacia tumida*	澳大利亚	膨出相思	pindan wattle; sickle leaf wattle
3985	*Acacia verniciflua*	澳大利亚	漆树相思	varnish wattle
3986	*Acacia verticillata*	澳大利亚	轮叶相思	whorl-leaved acacia
3987	*Acacia victoriae*	澳大利亚	维多利亚相思	bramble wattle; prickly wattle
3988	*Acacia xiphophylla*	澳大利亚	剑叶相思	snakewood
	Acalypha **（EUPHORBIACEAE）** **铁苋菜属（大戟科）**		**HS CODE** **4403.99**	
3989	*Acalypha amentacea*	斐济	宽带铁苋菜	kalabucidamu
3990	*Acalypha hispida*	密克罗尼西亚、帕劳群岛	红穗铁苋菜	cat's tail; chenille-plant; puchunigatu
3991	*Acalypha insulana*	斐济	岛叶铁苋菜	kalabuci
3992	*Acalypha longispica*	美拉尼西亚	长穗铁苋菜	kaikoai; tavis
3993	*Acalypha rivularis*	斐济	岸生铁苋菜	kadakada
3994	*Acalypha wilkesiana*	斐济	威氏铁苋菜	labucidamu
	Aceratium **（ELAEOCARPACEAE）** **林阳桃属（杜英科）**		**HS CODE** **4403.99**	
3995	*Aceratium concinnum*	澳大利亚	皱序林阳桃	hard carabeen; highroot quandong
3996	*Aceratium doggrellii*	澳大利亚	多氏林阳桃	buff carabeen

序号	学名	主要产地	中文名称	地方名
3997	*Aceratium megalospermum*	澳大利亚	巨籽林阳桃	bolly carabeen
	Ackama **（CUNONIACEAE）** **澳桤属（火把树科）**		**HS CODE** **4403. 99**	
3998	*Ackama*（= *Caldeluvia*）*rosaefolia*	新西兰	玫瑰叶澳桤	makamaka
3999	*Ackama australiensis*	澳大利亚	红澳桤	marara；australian rose alber
4000	*Ackama paniculata*	澳大利亚	锥花澳桤	australian brown alber
	Acmena **（MYRTACEAE）** **肖蒲桃属（桃金娘科）**		**HS CODE** **4403. 99**	
4001	*Acmena acuminatissima*	澳大利亚	肖蒲桃	blush satinash；cassowary gum；eungella white gum；rose satinash；water gum
4002	*Acmena divaricata*	澳大利亚	展枝肖蒲桃	cassowary gum；cassowary satinash；water gum
4003	*Acmena graveolens*	澳大利亚	臭肖蒲桃	cassowary gum；cassowary satinash；cassowary watergum；water gum
4004	*Acmena ingens*	澳大利亚	硕大肖蒲桃	red apple；southern satinash；water gum
4005	*Acmena resa*	澳大利亚	里萨肖蒲桃	red eungella gum；red eungella satinash；water gum
4006	*Acmena smithii*	澳大利亚	史氏肖蒲桃	coast satinash；coochin-coochin；eugenia；lillipilli；lillipilli satinash；red apple；satinash lillipilli；water gum
	Acradenia **（RUTACEAE）** **腺骨木属（芸香科）**		**HS CODE** **4403. 99**	
4007	*Acradenia euodiiformis*	澳大利亚	异形腺骨木	bosistoa；yellow satinheart
4008	*Acradenia frankliniae*	澳大利亚	弗兰克腺骨木	whiteywood；wirewood
	Acronychia **（RUTACEAE）** **山油柑属（芸香科）**		**HS CODE** **4403. 99**	
4009	*Acronychia aberrans*	澳大利亚	异形山油柑	acidberry；lemon aspen
4010	*Acronychia acidula*	澳大利亚	酸山油柑	hard aspen；lemon aspen；lemonwood
4011	*Acronychia acronychioides*	澳大利亚	顶生山油柑	white aspen
4012	*Acronychia andrewsi*	圣诞岛	安德鲁山油柑	christmas island acronychia

序号	学名	主要产地	中文名称	地方名
4013	*Acronychia laevis*	澳大利亚	平滑山油柑	bois petrole; ecorce jaune; hard aspen; moreton bay yellow-wood
4014	*Acronychia petiolaris*	斐济	长柄山油柑	doqotuva; kaisiga; mariko; ndongotuva; quarikalevu
4015	*Acronychia retusa*	美拉尼西亚	微凹山油柑	kalakalal
4016	*Acronychia vestita*	澳大利亚	锈脉山油柑	lemon aspen; white aspen
4017	*Acronychia wilcoxiana*	澳大利亚	威尔科山油柑	doughwood; mushyberry; silver aspen; snow-wood
	Adansonia **（MALVACEAE）** **猴面包属（锦葵科）**		**HS CODE** **4403.99**	
4018	*Adansonia gibbosa*	澳大利亚	斜叶猴面包	gouty-stem-tree; gouty-tree; tallow-tree
	Adenanthera **（MIMOSACEAE）** **孔雀豆属（含羞草科）**		**HS CODE** **4403.99**	
4019	*Adenanthera novoguineensis*	巴布亚新几内亚	巴新孔雀豆	coralwood
4020	*Adenanthera pavonina*	巴布亚新几内亚、美拉尼西亚、新赫布里底群岛、斐济、密克罗尼西亚、帕劳群岛	孔雀豆	agati; asian coralwood; coralwood; dividivola; hivis; lera; maramara; metekam; metkam; mutuk; namara; nandu; napiu; narabilbru; naramatwen wen; nimismis; nisimbru; red bead-tree; telengtungd; telentundalel; vipisu; wunwun
	Adinandra **（THEACEAE）** **杨桐属（山茶科）**		**HS CODE** **4403.99**	
4021	*Adinandra forbesii*	巴布亚新几内亚	宽叶杨桐	oriomo-red wood
	Aegiceras **（MYRSINACEAE）** **蜡烛果属（紫金牛科）**		**HS CODE** **4403.99**	
4022	*Aegiceras corniculatum*	澳大利亚	蜡烛果	black mangrove; river mangrove
	Aegle **（RUTACEAE）** **木橘属（芸香科）**		**HS CODE** **4403.99**	
4023	*Aegle marmelos*	斐济	木橘	bael; bel
	Agapetes **（ERICACEAE）** **树萝卜属（杜鹃科）**		**HS CODE** **4403.99**	
4024	*Agapetes mannii*	巴布亚新几内亚	白花树萝卜	
4025	*Agapetes moorei*	巴布亚新几内亚	树萝卜	
4026	*Agapetes moorhousiana*	巴布亚新几内亚	摩尔树萝卜	biliki

序号	学名	主要产地	中文名称	地方名
4027	*Agapetes odontocera*	斐济	齿状树萝卜	
4028	*Agapetes saligna*	斐济	柳叶树萝卜	
4029	*Agapetes sikkimensis*	斐济	锡金树萝卜	
4030	*Agapetes vitiensis*	斐济	斐济树萝卜	lerani mbuisa；vunga
	Agathis **（ARAUCARIACEAE）** **贝壳杉属（南洋杉科）**	**HS CODE** **4403.25（截面尺寸≥15cm）或 4403.26（截面尺寸<15cm）**		
4031	*Agathis atropurpurea*	澳大利亚	黑贝壳杉	black kauri；blue kauri；kauri；mountain kauri；north queensland kauri；queensland kauri pine
4032	*Agathis australis*	新西兰、澳大利亚	新西兰贝壳杉	abeto australiano；australisk agathis；black kauri；cowdie；cowdie pine；kauri australiano；kauri pine；kauri-fichte；kawri；kowdie；medium kauri；mottled kauri；mottled-heart kauri；new zealand pine；new zealand pitch-tree；nieuwzeelandse kauri；white kauri
4033	*Agathis brownii*	澳大利亚东部	南方贝壳杉	queensland kauri
4034	*Agathis communis*	澳大利亚东部	普通贝壳杉	
4035	*Agathis corbassonii*	澳大利亚	科氏贝壳杉	corbasson kauri
4036	*Agathis labillardierii*	巴布亚新几内亚	新几内亚贝壳杉	agathis de la nouvelle-guinee；agathis de nueva guinea；agathis di nuova guinea；bianggraai；biyanggini；damar poetih；kauri；kauri pine；new guinea kauri；nieuw-guinea agathis；western new guinea kauri
4037	*Agathis lanceolata*	新喀里多尼亚、澳大利亚	剑叶贝壳杉	kaori；kauri；koghis kauri；noumean kauri
4038	*Agathis macrophylla*	新赫布里底群岛、斐济、所罗门群岛、澳大利亚	大叶贝壳杉	agathis；dakua；dakua makadre；fiji kauri；fijian kauri pine；kaori；kauri；kauri vanikoro；malayan kauri；nandu；ndakua；ndakua makandre；neichet

序号	学名	主要产地	中文名称	地方名
4039	*Agathis microstachya*	澳大利亚	小穗贝壳杉	albero della gomma；atherton kauri；australische agathis；australisk agathis；black kauri；black kauri pine；black pine；bull kauri；kaori；kauri；kauri du queenslande；kauri pine；north queensland kauri；queensland kauri；queensland kauri pine
4040	*Agathis montana*	新喀里多尼亚	山地贝壳杉	panie kauri
4041	*Agathis moorei*	新喀里多尼亚	新喀里多尼亚贝壳杉	agathis；kaori；kauri；moore kauri
4042	*Agathis obtusa*	瓦努阿图	钝叶贝壳杉	kauri
4043	*Agathis ovata*	澳大利亚、新喀里多尼亚	卵圆贝壳杉	kaori；kaoris；scrub kauri
4044	*Agathis palmerstonii*	澳大利亚	帕氏贝壳杉	north queensland kauri
4045	*Agathis philippinensis*	巴布亚新几内亚	菲律宾贝壳杉	agathis indiano；agathis indico；agathis indien；borneo kauri；damar；east indian kauri；in de kauri；indische agathis；indisk agathis；kauri pine；pin de kauri
4046	*Agathis robusta*	澳大利亚	南昆士兰贝壳杉	albero coppalo；albero della gomma；australian agathis；australische agathis；australisk agathis；dundatho；dundatho kauri；kauri australiano；kauri d'australie；kauri de la nouvelle-zelande；kauri de queenslande；kauri de queenslandia；kauri pine；northern kauri pine；queensland kauri；queensland kauri pine；south queens kauri pine
4047	*Agathis spathulata*	巴布亚新几内亚	匙叶贝壳杉	eastern new guinea kauri；kauri；kauri pine
4048	*Agathis vitiensis*	斐济	斐济贝壳杉	fijian kauri
	Aglaia **（MELIACEAE）** 米籽兰属（楝科）		**HS CODE** **4403.49**	
4049	*Aglaia archboldiana*	斐济	大花米籽兰	kali；sasawira
4050	*Aglaia axillaris*	斐济	腋脉米籽兰	lidiyaqo；qiliyaqo
4051	*Aglaia basiphylla*	斐济	基叶米籽兰	kambibikoro

序号	学名	主要产地	中文名称	地方名
4052	*Aglaia cucullata*	巴布亚新几内亚、所罗门群岛	兜帽状米籽兰	aglaia; amoora; new guinea amoora; solomon islands amoora
4053	*Aglaia elaeagnoidea*	澳大利亚	橄榄米籽兰	bois de foret; bois des foret
4054	*Aglaia elegans*	斐济	秀丽米籽兰	kautoa; kula; maladamu; misi; thavuthavu
4055	*Aglaia greenwoodii*	斐济	常绿米籽兰	maladamu; tawatawa; tobuce; waicavucavu
4056	*Aglaia odoratissima*	富图纳群岛	馨香米籽兰	langikali
4057	*Aglaia palauensis*	帕劳群岛	共生米籽兰	meseoes
4058	*Aglaia ponapensis*	密克罗尼西亚	波纳米籽兰	karasyau; karasyu; marasau; marasaw
4059	*Aglaia saltatorum*	斐济	舞者米籽兰	lagakali; langakali; langakali thavuthavu
4060	*Aglaia samoensis*	萨摩亚群岛、斐济	萨莫米籽兰	laga'ali; langikali
4061	*Aglaia sapindina*	巴布亚新几内亚	萨宾米籽兰	red bean
4062	*Aglaia venusta*	斐济	多花米籽兰	kula
	Agonis **(MYRTACEAE)** **香柳梅属（桃金娘科）**		**HS CODE** **4403.99**	
4063	*Agonis flexuosa*	澳大利亚	曲枝香柳梅	western australian myrtle; western australian peppermint; willow myrtle
4064	*Agonis juniperina*	澳大利亚	桧叶香柳梅	warren river cedar
	Aidia **(RUBIACEAE)** **茜树属（茜草科）**		**HS CODE** **4403.99**	
4065	*Aidia cochinchinensis*	帕劳群岛、密克罗尼西亚、澳大利亚	交趾茜树	chomail; kahmant; kehnmant; kerumes; ti; yellow gardenia
4066	*Aidia racemosa*	澳大利亚	聚果茜树	yellow gardenia
	Ailanthus **(SIMAROUBACEAE)** **臭椿属（苦木科）**		**HS CODE** **4403.99**	
4067	*Ailanthus integrifolia*	密克罗尼西亚、巴布亚新几内亚	全缘叶臭椿	kokop; kopkop; white siris
4068	*Ailanthus triphysa*	澳大利亚	岭南臭椿	ferntop ash; white bean; white siris
	Akania **(AKANIACEAE)** **叠珠树属（叠珠树科）**		**HS CODE** **4403.99**	
4069	*Akania bidwillii*	澳大利亚	广叶叠珠树	
4070	*Akania hillii*	澳大利亚	希氏叠珠树	
4071	*Akania lucens*	澳大利亚	光亮叠珠树	turnipwood

序号	学名	主要产地	中文名称	地方名
	Alangium **(ALANGIACEAE)** **八角枫属（八角枫科）**		**HS CODE** **4403.99**	
4072	*Alangium villosum*	澳大利亚	绒毛八角枫	black muskheart; canary muskheart; muskheart; muskwood
4073	*Alangium vitiense*	斐济	藤八角枫	aiula ni sala; kau ni sau; kauni sau
	Albizia **(MIMOSACEAE)** **合欢属（含羞草科）**		**HS CODE** **4403.49**	
4074	*Albizia basaltica*	澳大利亚	玄武合欢	red lancewood
4075	*Albizia falcataria*	所罗门群岛、巴布亚新几内亚、美拉尼西亚、夏威夷群岛、帕劳群岛	南洋楹	fai; gaganu; haiede; maliwian; mamafai; moluccan albizia; sau; tarane; tonimu; ukall ra ngebard; white albizia
4076	*Albizia lebbeck*	密克罗尼西亚、新赫布里底群岛、斐济	大叶合欢	gumorninga bchey; nabenoa; namalipun; namarobe; ngumorrnin gobchey; raintree; siris; vaivai ni vavalagi
4077	*Albizia procera*	巴布亚新几内亚、澳大利亚、斐济	白格	brown albizia; forest siris; gurrar; rain siris; silverbark raintree; vaivai ni vavalagi
4078	*Albizia retusa*	帕劳群岛	微凹合欢	ukallra ngebard
4079	*Albizia salomonensis*	所罗门群岛	所罗门合欢	nuli; nunuli
4080	*Albizia saman*	所罗门群岛	萨满合欢	
4081	*Albizia toona*	澳大利亚	红合欢	red siris
	Alchornea **(EUPHORBIACEAE)** **山麻杆属（大戟科）**		**HS CODE** **4403.49**	
4082	*Alchornea ilicifolia*	澳大利亚	冬青叶山麻杆	native holly
	Alectryon **(SAPINDACEAE)** **红冠果属（无患子科）**		**HS CODE** **4403.99**	
4083	*Alectryon dodonaeifolia*	新西兰	多诺红冠果	te ake
4084	*Alectryon excelsus*	新西兰	秀丽红冠果	tikoki; titoki
4085	*Alectryon grandifolius*	斐济	大叶红冠果	masa
4086	*Alectryon macrococcus*	夏威夷群岛	大球红冠果	mahoe
4087	*Alectryon oleifolius*	澳大利亚	橄榄叶红冠果	boonery; buchs; bullock-bush; cattlebush; inland rosewood; western rosewood
4088	*Alectryon samoensis*	萨摩亚群岛	萨摩红冠果	tapu toi

序号	学名	主要产地	中文名称	地方名
4089	*Alectryon tomentosum*	萨摩亚群岛	毛红冠果	
	Aleurites **(EUPHORBIACEAE)** **石栗属(大戟科)**		**HS CODE** **4403.99**	
4090	*Aleurites moluccana*	澳大利亚、斐济、夏威夷群岛、巴布亚新几内亚、萨摩亚群岛、密克罗尼西亚	石栗	candlenut; candlenut siris; candlenut-tree; kukui; kukui candlenut; lama; lauci; laucia; lauthe; marashau; ngerengere; nuez; qereqere; sakan; shakan; sikeci; tiairi; toboai; toto; tutui
	Allamanda **(APOCYNACEAE)** **黄蝉属(夹竹桃科)**		**HS CODE** **4403.99**	
4091	*Allamanda cathartica*	斐济	软枝黄蝉	allamanda
	Allophylus **(SAPINDACEAE)** **异木患属(无患子科)**		**HS CODE** **4403.99**	
4092	*Allophylus cobbe*	密克罗尼西亚	卡贝异木患	haupea
4093	*Allophylus ternatus*	美拉尼西亚	三叶异木患	ru
4094	*Allophylus timorensis*	密克罗尼西亚、帕劳群岛、斐济、美拉尼西亚	帝汶异木患	angel; chebeludes; ebeludes; kitak; lah; nga; nga ngu; nge; ngo; ngoi; ngu; nguh; nguner; sedamu; tara; vanagukaku
4095	*Allophylus umbrinus*	斐济	暗色异木患	sita
	Alnus **(BETULACEAE)** **桤木属(桦木科)**		**HS CODE** **4403.99**	
4096	*Alnus nepalensis*	夏威夷群岛	西南桤木	nepal alder
	Alphitonia **(RHAMNACEAE)** **麦珠子属(鼠李科)**		**HS CODE** **4403.99**	
4097	*Alphitonia carolinensis*	帕劳群岛、密克罗尼西亚	卡罗来纳麦珠子	chalebiob; chelebiob; elebiob; elebiong; karabiob
4098	*Alphitonia excelsa*	澳大利亚、斐济、萨摩亚群岛	大麦珠子	coopers-wood; doi; kauai; murr-rung; red almond; red ash; sarsaparilla; toi
4099	*Alphitonia franguloides*	斐济	弗朗麦珠子	doi damu; ndoi ndamu
4100	*Alphitonia incana*	巴布亚新几内亚	灰麦珠子	white almond
4101	*Alphitonia macrocarpa*	巴布亚新几内亚	大果麦珠子	pink almond
4102	*Alphitonia neo-caledonica*	新喀里多尼亚	新喀里麦珠子	pomaderiss

序号	学名	主要产地	中文名称	地方名
4103	*Alphitonia petriei*	澳大利亚	佩特里麦珠子	pink almond; pink ash; red almond; red ash; sarsaparilla; white ash; white leaf; whiteleaf
4104	*Alphitonia ponderosa*	夏威夷群岛	庞氏麦珠子	kauila
4105	*Alphitonia sizyphoides*	密克罗尼西亚	西辛麦珠子	toi
4106	*Alphitonia whitei*	澳大利亚	白麦珠子	northern red ash; red almond; red ash; sarsaparilla
4107	*Alphitonia zizphoides*	新赫布里底群岛	齐兹麦珠子	huremi; nahmah; nampou; napwath; neho; ningaat; vihuremi; whitewood
4108	*Alphitonia zizyphoides*	斐济、美拉尼西亚、库克群岛、富图纳群岛	枣叶麦珠子	doi; kiakiala; ndoi; selavua; toi
	***Alstonia*（APOCYNACEAE）** **鸡骨常山属（夹竹桃科）**		**HS CODE** **4403. 49**	
4109	*Alstonia actinophylla*	澳大利亚	掌叶灯架木	cape milkwood; northern territory milkwood; white cheesewood
4110	*Alstonia angustiloba*	巴布亚新几内亚	裂叶灯架木	light alstonia
4111	*Alstonia brassii*	所罗门群岛	巴氏灯架木	solomon islands cheesewood
4112	*Alstonia constricta*	澳大利亚	澳洲灯架木	bitterbark; feverbark; quinine
4113	*Alstonia costata*	南太平洋地区、斐济	脉状灯架木	atahe; ndranga
4114	*Alstonia montanta*	斐济	蒙坦灯架木	dregadrega; rerese; sorua
4115	*Alstonia muellerana*	澳大利亚	穆勒灯架木	bitterbark; hard cheesewood; hard milkwood; jack apple; leather-jacket; milky yellow-wood; yellow-jacket
4116	*Alstonia plumosa*	斐济、澳大利亚	羽状灯架木	bois jaune; bulei; meh; rerese; sorualada
4117	*Alstonia scholaris*	巴布亚新几内亚、所罗门群岛、澳大利亚	糖胶树	aijapo; aitonga kengeri; amika; boava; bua; devoru; didima; gogodu; hambaga; hambara; itig; kenummau; light alstonia; milkwood; milky pine; moi; rubber; sambara; suala; tangovo; white cheesewood
4118	*Alstonia spatulata*	密克罗尼西亚	匙形灯架木	gumaan

序号	学名	主要产地	中文名称	地方名
4119	*Alstonia spectabilis*	澳大利亚、所罗门群岛、巴布亚新几内亚、美拉尼西亚	托叶灯架木	bitterbark; gwatasaliu; hard cheesewood; hard milkwood; itawa; jack apple; leather-jacket; milky yellow-wood; miru; siliu'u; solomon islands cheesewood; yellow-jacket
4120	*Alstonia vitiensis*	斐济、所罗门群岛	斐济灯架木	bulei; drega; drega quru; gwatasaliu; ndranga nggurungguru; siliu'u; sorou; sorouia
	Altingia (**HAMAMELIDACEAE**) **蕈树属（金缕梅科）**		**HS CODE** **4403.99**	
4121	*Altingia gracilipes*	斐济	细柄蕈树	
	Alyxia (**APOCYNACEAE**) **链珠藤属（夹竹桃科）**		**HS CODE** **4403.99**	
4122	*Alyxia bracteolosa*	斐济	小苞链珠藤	vono matailelevu
4123	*Alyxia scandens*	社会群岛	攀茎链珠藤	maire
4124	*Alyxia stellata*	南太平洋地区、斐济	星形链珠藤	maire; vono matailalai
	Amanoa (**EUPHORBIACEAE**) **阿马大戟属（大戟科）**		**HS CODE** **4403.99**	
4125	*Amanoa congesta*	斐济	密花阿马大戟木	
	Amoora (**MELIACEAE**) **阿摩楝属（楝科）**		**HS CODE** **4403.49**	
4126	*Amoora* (= *Aglaia*) *balansaeana*	新喀里多尼亚	巴兰萨阿摩楝	lilas de foret
4127	*Amoora* (= *Aglaia*) *calcutta*	巴布亚新几内亚	兜状阿摩楝	pacific maple
	Anacardium (**ANACARDIACEAE**) **腰果属（漆树科）**		**HS CODE** **4403.49**	
4128	*Anacardium occidentale*	斐济	西方腰果	cashew-nut
	Angophora (**MYRTACEAE**) **杯果木属（桃金娘科）**		**HS CODE** **4403.99**	
4129	*Angophora bakeri*	澳大利亚	巴氏杯果木	narrow-leaved apple
4130	*Angophora costata*	澳大利亚、夏威夷群岛	悉尼红树胶	cabbage gum; lance-leaf gum-myrtle; red gum; rusty gum; smoothbark apple; sugar gum; sydney red gum

序号	学名	主要产地	中文名称	地方名
4131	*Angophora floribunda*	澳大利亚	多花杯果木	apple; boondah; myrtle gum; narrow-leaved apple; roughbark apple; rusty gum; spurious apple
4132	*Angophora hispida*	澳大利亚	刚毛杯果木	dwarf apple
4133	*Angophora intermedia*	澳大利亚	中性杯果木	
4134	*Angophora lanceolata*	澳大利亚	剑叶杯果木	
4135	*Angophora subvelutina*	澳大利亚	亚韦杯果木	apple; australian broad-leaved apple; broad-leaved apple; illarega
4136	*Angophora woodsiana*	澳大利亚	伍德杯果木	roughbark apple; smudgy; smudgy apple
	Aniba **(LAURACEAE)** **安尼樟属（樟科）**		**HS CODE** **4403. 49**	
4137	*Aniba percoriacea*	斐济	革叶安尼樟	
	Anisophyllea **(ANISOPHYLLEACEAE)** **异叶树属（四柱木科）**		**HS CODE** **4403. 99**	
4138	*Anisophyllea fallax*	斐济	拟异叶树	
4139	*Anisophyllea manausensis*	斐济	马纳森异叶树	
	Anisoptera **(DIPTEROCARPACEAE)** **异翅香属（龙脑香科）**		**HS CODE** **4403. 49**	
4140	*Anisoptera megistocarpa*	巴布亚新几内亚	巨果异翅香	mersawa
4141	*Anisoptera thurifera*	巴布亚新几内亚	香味异翅香	anisoptera; mersawa; soft dipterocarp
	Annona **(ANNONACEAE)** **番荔枝属（番荔枝科）**		**HS CODE** **4403. 99**	
4142	*Annona glabra*	斐济	光滑番荔枝	kaitabo; pond apple; uto ni bulumakau
4143	*Annona muricata*	巴布亚新几内亚、密克罗尼西亚、帕劳群岛、斐济	刺果番荔枝	kaiedi; sae; sasaf; sausab; sausau; sei; seremaia; sosap; soursop; truka shai
4144	*Annona reticulata*	斐济、帕劳群岛	牛心果	bullocks-heart; custard apple; ngel ra ngebard; uto ni bulumakau
4145	*Annona squamosa*	斐济、帕劳群岛	鳞状番荔枝	apeli; ngelra ngebard; sugar apple; sweetsop

序号	学名	主要产地	中文名称	地方名
	Anodopetalum **(CUNONIACEAE)** **平枝梅属（火把树科）**		**HS CODE 4403.99**	
4146	*Anodopetalum biglandulosum*	澳大利亚	大腺平枝梅	coachwood; horizontal
	Anopterus **(ESCALLONIACEAE)** **欧洲鼠刺属（南鼠刺科）**		**HS CODE 4403.99**	
4147	*Anopterus glandulosus*	澳大利亚	腺柱欧洲鼠刺	laurel; native-laurel
4148	*Anopterus macleayanus*	澳大利亚	麦克利欧洲鼠刺	anopterus
	Anthocephalus **(RUBIACEAE)** **黄梁木属（茜草科）**		**HS CODE 4403.49**	
4149	*Anthocephalus chinensis*	斐济、巴布亚新几内亚	黄梁木	anthocephalus; henhja; klampeyan; labula; white cheesewood
	Antiaris **(MORACEAE)** **箭毒木属（桑科）**		**HS CODE 4403.49**	
4150	*Antiaris toxicaria* (=*africana*) (=*welwitschii*)	新赫布里底群岛	箭毒木	aso; ilai; lagema; mano; milktree; milkwood; namaliava; nambalangawo; napalo; nasausau; nauhula; nevrumbe; nuwhendama; vipalakoligi; vutomi
	Antidesma **(EUPHORBIACEAE)** **五月茶属（大戟科）**		**HS CODE 4403.99**	
4151	*Antidesma bunius*	澳大利亚、美拉尼西亚、帕劳群岛	布尼五月茶	herbert river cherry; hipala malivi; jiam; wild cherry
4152	*Antidesma dallachyanum*	澳大利亚	达拉希五月茶	currantwood; herbert river cherry; wild cherry
4153	*Antidesma elassophyllum*	斐济	小叶五月茶	molau; naca
4154	*Antidesma erostre*	澳大利亚	埃罗斯五月茶	currantwood
4155	*Antidesma gillespieanum*	斐济	吉莱斯五月茶	poro poro; sau kalabuci
4156	*Antidesma insulare*	斐济	岛生五月茶	malau; naca; natha; saukalambu thi
4157	*Antidesma messianianum*	新赫布里底群岛	马塞尼五月茶	nama
4158	*Antidesma montanum*	美拉尼西亚	山地五月茶	domu; hinuha
4159	*Antidesma platyphyllum*	夏威夷群岛	阔叶五月茶	ha'a; ha'amaile; haa; hame; hamehame; mehame; mehamehame

序号	学名	主要产地	中文名称	地方名
4160	*Antidesma trichophyllum*	斐济	毛叶五月茶	molaca
	Antirhea (**RUBIACEAE**) **毛茶属（茜草科）**		**HS CODE** **4403. 99**	
4161	*Antirhea inconspicua*	斐济	平常毛茶	tabutasia
4162	*Antirhea jamaicensis*	斐济	牙买加毛茶	
4163	*Antirhea smithii*	斐济	史氏毛茶	kaulobo
	Aphanamixis (**MELIACEAE**) **斐赛山楝属（楝科）**		**HS CODE** **4403. 99**	
4164	*Aphanamixis polystachya*	所罗门群岛	多穗斐赛山楝	ruhogowo
	Aphananthe (**CANNABACEAE**) **糙叶树属（大麻科）**		**HS CODE** **4403. 99**	
4165	*Aphananthe philippinensis*	澳大利亚	菲律宾糙叶树	axehandle-wood; grey handlewood; native elm; wild holly
	Aphanopetalum (**APHANOPETALACEAE**) **隐瓣藤属（隐瓣藤科）**			**HS CODE** **4403. 99**
4166	*Aphanopetalum resinosum*	澳大利亚	脂隐瓣藤	blue ash
	Apodytes (**ICACINACEAE**) **柴龙属（茶茱萸科）**		**HS CODE** **4403. 99**	
4167	*Apodytes brachystylis*	澳大利亚	短柱柴龙	buff alder
4168	*Apodytes clusiifolia*	澳大利亚	山竹叶柴龙	anisomallon; faux ralia; koka
	Aporrhiza (**SAPINDACEAE**) **阿波里属（无患子科）**		**HS CODE** **4403. 99**	
4169	*Aporrhiza paniculata*	斐济	锥花阿波里	
	Aporusa (**EUPHORBIACEAE**) **银柴属（大戟科）**		**HS CODE** **4403. 99**	
4170	*Aporusa papuana*	美拉尼西亚	巴布亚银柴	napanirug; talinga
	Aquilaria (**THYMELAEACEAE**) **沉香属（瑞香科）**		**HS CODE** **4403. 99**	
4171	*Aquilaria malaccensis*	澳大利亚	沉香②	bois d'aigle
	Araucaria (**ARAUCARIACEAE**) **南洋杉属（南洋杉科）**	**HS CODE** **4403. 25（截面尺寸≥15cm）或 4403. 26（截面尺寸<15cm）**		
4172	*Araucaria angustifolia*	夏威夷群岛	狭叶南洋杉	candelabra-tree; parana araucaria; parana-pine

序号	学名	主要产地	中文名称	地方名
4173	*Araucaria bernieri*	新喀里多尼亚	贝尼南洋杉	bernier araucaria
4174	*Araucaria bidwillii*	澳大利亚	大叶南洋杉	bunya; bunya bunya pine; bunya pine; bunya-bunya; bunya-bunya araucaria; bunya-tall; pin bunya; pinkos knolle; pinkosknolle; pino bunya; queensland pine
4175	*Araucaria biramulata*	新喀里多尼亚	比拉穆南洋杉	biramule araucaria
4176	*Araucaria columnaris*	波利尼西亚、夏威夷群岛、新喀里多尼亚、澳大利亚	柱状南洋杉	captain cook's pine; columnar araucaria; cook araucaria; cook-pine; coral reef araucaria; norfolk pine; pin colonnaire; saulenzypr esse
4177	*Araucaria cunninghamii*	澳大利亚、巴布亚新几内亚、夏威夷群岛	南洋杉	australian hoop araucaria; australisk tall; colonial pine; coonam; cumburtu; cunningham araucaria; dorrigo pine; hawaiian star-pine; hoop pine; klinki; moreton bay pine; pin d'australie; pino americano; queensland pine; queensland plywood; richmond river pine; white pine
4178	*Araucaria heterophylla*	诺福克岛、澳大利亚、密克罗尼西亚	异叶南洋杉	araucaria de norfolk; araucaria di norfolk; island pine; norfolk araucaria; norfolk den; norfolk island araucaria; norfolk island pine; norfolk pine; norfolk-island pine; norfolk-tall; norfolk-tanne; pine; rums-gran
4179	*Araucaria humboltensis*	新喀里多尼亚	洪博南洋杉	humbolt araucaria
4180	*Araucaria hunsteinii*	澳大利亚、巴布亚新几内亚	克氏南洋杉	hoop pine; hunstein araucaria; klinki; klinki pine; pin klinki; pino klinki
4181	*Araucaria laubenfelsii*	新喀里多尼亚	劳氏南洋杉	de laubenfels araucaria
4182	*Araucaria luxurians*	新喀里多尼亚	莱克南洋杉	araucaria; coast araucaria
4183	*Araucaria montana*	新喀里多尼亚	山地南洋杉	mountain araucaria
4184	*Araucaria muelleri*	新喀里多尼亚	穆氏南洋杉	mueller araucaria
4185	*Araucaria nemorosa*	新喀里多尼亚	尼莫南洋杉	port boise araucaria
4186	*Araucaria rulei*	新喀里多尼亚	鲁里南洋杉	rule araucaria
4187	*Araucaria schmidii*	新喀里多尼亚	斯氏南洋杉	schmid araucaria
4188	*Araucaria scopulorum*	新喀里多尼亚	岩生南洋杉	rock araucaria

序号	学名	主要产地	中文名称	地方名
4189	*Araucaria subulata*	新喀里多尼亚	尖叶南洋杉	araucaria; araucaria de nueva caledonia; araucaria di nuova caledonia; narrow-leaf araucaria; new caledonia araucaria; nieuwcalod onische araucaria; nykaledonisk araucaria; sapin de montagne
	Archidendron (MIMOSACEAE) 猴耳环属（含羞草科）		**HS CODE 4403.99**	
4190	*Archidendron grandiflorum*	澳大利亚	大花猴耳环	laceflower-tree; snow-wood; tulip siris
4191	*Archidendron hendersonii*	澳大利亚	赫氏猴耳环	tulip siris
4192	*Archidendron lovelliae*	澳大利亚	洛维猴耳环	baconwood; tulip siris
4193	*Archidendron muellerianum*	澳大利亚	穆勒猴耳环	ash
4194	*Archidendron muricarpum*	澳大利亚	疣果猴耳环	
4195	*Archidendron oblongum*	所罗门群岛	长圆猴耳环	lamilami
4196	*Archidendron vaillantii*	澳大利亚	瓦氏猴耳环	red bean; salmon-bean
	Archidendropsis (MIMOSACEAE) 瓶刷楹属（含羞草科）		**HS CODE 4403.99**	
4197	*Archidendropsis basaltica*	澳大利亚	巴萨瓶刷楹	dead-finish
4198	*Archidendropsis granulosa*	澳大利亚、新喀里多尼亚	粒状瓶刷楹	acacia blond; acacia de montagne; acacia noir; chau; jeugaou; kerikouen
4199	*Archidendropsis oblonga*	大洋洲	长圆瓶刷楹	
4200	*Archidendropsis thozetiana*	澳大利亚	特泽瓶刷楹	brown lancewood; brown siris; scrub tea-tree
4201	*Archidendropsis xanthoxylon*	澳大利亚	黄木瓶刷楹	flin; flindosy; golden-bean; yellow siris; yellowbean
	Archontophoenix (PALMAE) 假槟榔属（棕榈科）		**HS CODE 4403.99**	
4202	*Archontophoenix alexandrae*	澳大利亚	假槟榔	bangalow palm; piccabeen palm
4203	*Archontophoenix cunninghamiana*	澳大利亚	细枝假槟榔	bangalow palm; piccabeen palm

序号	学名	主要产地	中文名称	地方名
	Ardisia **（MYRSINACEAE）** **紫金牛属（紫金牛科）**		**HS CODE** **4403. 99**	
4204	*Ardisia brackenridgei*	斐济	布拉肯紫金牛	thondo
4205	*Ardisia elliptica*	夏威夷群岛	椭圆叶紫金牛	elliptical-leaf ardisia；shoebutton ardisia
	Areca **（PALMAE）** **槟榔属（棕榈科）**		**HS CODE** **4403. 99**	
4206	*Areca catechu*	密克罗尼西亚、帕劳群岛、美拉尼西亚	槟榔	bu；bu buuch；buoch；buu；buuch；buw；mali mosi；poo；pu；puw；pwuh
4207	*Areca macrocalyx*	美拉尼西亚	大萼槟榔	bok；mirakupi
	Argyrodendron **（STERCULIACEAE）** **郁香桐属（梧桐科）**		**HS CODE** **4403. 99**	
4208	*Argyrodendron actinophyllum*	澳大利亚	辐射叶郁香桐	black jack；blackjack；blush tulip oak；blush tulip-oak；booyong；crowsfoot elm；mackay tulip oak；stavewood；tulip blush oak
4209	*Argyrodendron peralatum*	澳大利亚	袋郁香桐	crowsfoot redelm；red crowsfoot elm；red tulip oak；red tulip-oak
4210	*Argyrodendron polyandrum*	澳大利亚	多花郁香桐	black tulip oak；booyong；brown crowsfoot elm；brown oak；brown tulip oak；crowsfoot elm；hickory；highroot；stavewood
4211	*Argyrodendron trifoliolatum*	澳大利亚	三叶郁香桐	boiong；bois de fer；boyung；brown oak；brown tulip-oak；hickory；ironwood；red ash；red tulip oak；royal tartan；stavewood
	Aristotelia **（ELAEOCARPACEAE）** **酒果属（杜英科）**		**HS CODE** **4403. 99**	
4212	*Aristotelia serrata*	新西兰	齿叶酒果	mako；mako-mako；makomako；titirangi；wineberry
	Artocarpus **（MORACEAE）** **波罗蜜属（桑科）**		**HS CODE** **4403. 49**	
4213	*Artocarpus altilis*	帕劳群岛、夏威夷群岛、密克罗尼西亚、巴布亚新几内亚、斐济、新赫布里底群岛、美拉尼西亚、南太平洋地区、社会群岛	面包树	arandu；arbol de pan；aroyas；arudo；kula；kuruko；mai；maiore；maogwiang；maouli；maye；meduu；mei chon；mous；tagomelyu；thow；tirokur；uto asalea；uto balekana；uto sawesawe；uto sore；uto varaka；uto varaqa；uto vono

序号	学名	主要产地	中文名称	地方名
4214	*Artocarpus heterophyllus*	帕劳群岛、斐济	菠萝蜜	baramits；jackfruit；uto ni idia
4215	*Artocarpus mariannensis*	帕劳群岛、密克罗尼西亚	马岛波罗密	ebiei；maifai；mailifachi lap；maipah；maisilog；meduuliou；sowaig
4216	*Arundinaria macrosperma*	斐济	北美箭竹	bamboo
	***Arytera*（SAPINDACEAE）** **滨木患属（无患子科）**		**HS CODE** **4403. 99**	
4217	*Arytera brackenridgei*	斐济	布拉肯滨木患	ndrausasa
4218	*Arytera collina*	新喀里多尼亚	黄花滨木患	bois de gaulette
4219	*Arytera concolor*	斐济	纯色滨木患	duvuduvu；marasa；sauva；tobilito
4220	*Arytera densiflora*	大洋洲	密花滨木患	
4221	*Arytera divaricata*	澳大利亚	展枝滨木患	rose tamarind
4222	*Arytera lautereriana*	澳大利亚	劳特里滨木患	corduroy tamarind；rose tamarind
4223	*Arytera samoensis*	萨摩亚群岛	萨摩滨木患	ega
	***Ascarina*（CHLORANTHACEAE）** **蛔囊花属（金莉兰科）**		**HS CODE** **4403. 99**	
4224	*Ascarina lanceolata*	斐济、萨摩亚群岛	剑叶蛔囊花	lagolago；togovao
4225	*Ascarina lucida*	新西兰	亮叶蛔囊花	hutu
	***Aspidosperma*（APOCYNACEAE）** **盾籽木属（夹竹桃科）**		**HS CODE** **4403. 49**	
4226	*Aspidosperma auriculatum*	斐济	耳叶盾籽木	
4227	*Aspidosperma cruentum*	斐济	血红盾籽木	kopi；kromanti
	***Atalaya*（SAPINDACEAE）** **椒木患属（无患子科）**		**HS CODE** **4403. 99**	
4228	*Atalaya hemiglauca*	澳大利亚	澳洲椒木患	cattlebush；whitewood
4229	*Atalaya multiflora*	澳大利亚	多花椒木患	whitewood
4230	*Atalaya salicifolia*	澳大利亚	柳叶椒木患	whitewood
	***Atherosperma*（ATHEROSPERMATACEAE）** **香皮檫属（香皮檫科）**			**HS CODE** **4403. 99**
4231	*Atherosperma moschatum*	澳大利亚	香皮檫	falso sasafras；falso sassafrasso；faux sassafras；onecht sassafras；sassafras；southern sassafras；tasmanian sassafras

序号	学名	主要产地	中文名称	地方名
	Athertonia **(PROTEACEAE)** **栎山龙眼属（山龙眼科）**		**HS CODE** **4403. 99**	
4232	*Athertonia diversifolia*	澳大利亚	众叶栎山龙眼	cream silky oak
	Atriplex **(CHENOPODIACEAE)** **滨藜属（藜科）**		**HS CODE** **4403. 99**	
4233	*Atriplex cinerea*	澳大利亚	灰毛滨藜	gray saltbush
	Atuna **(ROSACEAE)** **灯罩李属（蔷薇科）**		**HS CODE** **4403. 99**	
4234	*Atuna racemosa*	巴布亚新几内亚、所罗门群岛、斐济、密克罗尼西亚、富图纳群岛	聚果灯罩李	agaritin; ais; atita; gritting; ifi-ifi; jij; makita; makiti; markita; oso; saia; tavai; tita
	Austrobuxus **(EUPHORBIACEAE)** **黄杨桐属（大戟科）**		**HS CODE** **4403. 99**	
4235	*Austrobuxus swainii*	澳大利亚	黄杨桐	pink cherry
	Austrotaxus **(TAXACEAE)** **南紫杉属（红豆杉科）**		**HS CODE** **4403. 25（截面尺寸≥15cm）或 4403. 26（截面尺寸<15cm）**	
4236	*Austrotaxus spicata*	新喀里多尼亚	穗花南紫杉	new calidonean flowering yew
	Averrhoa **(OXALIDACEAE)** **阳桃属（酢浆草科）**		**HS CODE** **4403. 99**	
4237	*Averrhoa bilimbi*	斐济、帕劳群岛、密克罗尼西亚	红阳桃	bilimbi; imekurs; imukure; kumim; oterebekii
4238	*Averrhoa carambola*	密克罗尼西亚、斐济、帕劳群岛	阳桃	ansu; arfath; carambola; kemim; ouderteboteb
	Avicennia **(VERBENACEAE)** **海榄雌属（马鞭草科）**		**HS CODE** **4403. 99**	
4239	*Avicennia marina*	巴布亚新几内亚、澳大利亚、新西兰、美拉尼西亚	海榄雌	avi-avi; bois manglier; grey mangrove; manawa; manglier blanc; mangrove; paletuvier blanc; togorikabag; white mangrove
	Baccaurea **(EUPHORBIACEAE)** **木奶果属（大戟科）**		**HS CODE** **4403. 99**	
4240	*Baccaurea obtusa*	斐济	钝叶木奶果	sinu buta; sinu mbuta
4241	*Baccaurea papuana*	巴布亚新几内亚	巴布亚木奶果	baccaurea
4242	*Baccaurea seemanni*	萨摩亚群岛	西氏木奶果	fua feti'i

序号	学名	主要产地	中文名称	地方名
	Backhousia **(MYRTACEAE)** **石木属（桃金娘科）**		**HS CODE** **4403.99**	
4243	*Backhousia bancroftii*	澳大利亚	班氏石木	johnstone river hardwood; langdon hardwood
4244	*Backhousia citriodora*	澳大利亚	柠檬石木	lemon ironwood; lemon-scented backhousia; lemon-scented verbena; sweet varnish-tree
4245	*Backhousia hughesii*	澳大利亚	石木	limewood; stentra; stonewood; stony backhousia; stony stonewood
4246	*Backhousia myrtifolia*	澳大利亚	番樱桃叶石木	carrol; carrol ironwood; grey myrtle; grey myrtle carrol; ironwood
	Badusa **(RUBIACEAE)** **灌星木属（茜草科）**		**HS CODE** **4403.99**	
4247	*Badusa corymbifera*	斐济	伞枝灌星木	belebele
4248	*Badusa palauanensis*	斐济	帕劳灌星木	
	Baeckea **(MYRTACEAE)** **岗松属（桃金娘科）**		**HS CODE** **4403.99**	
4249	*Baeckea behrii*	澳大利亚	贝氏岗松	broom-bush
	Balaka **(PALMAE)** **巴拉卡椰属（棕榈科）**		**HS CODE** **4403.99**	
4250	*Balaka cuneata*	斐济	库内塔巴拉卡椰	mbalaka
	Balanops **(BALANOPACEAE)** **橡子木属（橡子木科）**		**HS CODE** **4403.99**	
4251	*Balanops australiana*	澳大利亚	澳大利亚橡子木	pimplebark; pimply ash
4252	*Balanops vitiensis*	斐济	斐济橡子木	wailaga
	Banksia **(PROTEACEAE)** **澳洲山龙眼属（山龙眼科）**		**HS CODE** **4403.99**	
4253	*Banksia aemula*	澳大利亚	花蜜班克	banksia wallum; banyalla; wallum banksia; wallum bottlebrush
4254	*Banksia integrifolia*	澳大利亚	全缘叶澳州山龙眼	banksia; coast banksia; coast honeysuckle; honeysuckle; white banksia; white bottlebrush; white honeysuckle
4255	*Banksia littoralis*	澳大利亚	滨澳洲山龙眼	banksia

序号	学名	主要产地	中文名称	地方名
4256	*Banksia marginata*	澳大利亚	边缘澳洲山龙眼	honeysuckle; silver banksia; tasmania honeysuckle; warrock
4257	*Banksia serrata*	澳大利亚	齿叶澳洲山龙眼	banksia; banyalla; honeysuckle; red banksia; red honeysuckle; rouge banksia; saw banksia
4258	*Banksia serratifolia*	澳大利亚	枹叶澳洲山龙眼	banksia; banksia wallum; wallum bottlebrush
4259	*Banksia verticillata*	澳大利亚	轮叶澳洲山龙眼	banksia; river banksia
	Barringtonia **(LECYTHIDACEAE) 玉蕊属（玉蕊科）**		**HS CODE 4403. 49**	
4260	*Barringtonia acutangula*	澳大利亚	尖玉蕊	barringtonia; mango pine; mangobark; mangopine
4261	*Barringtonia asiatica*	密克罗尼西亚、新赫布里底群岛、澳大利亚、帕劳群岛、富图纳群岛、南太平洋地区、社会群岛、甘比尔岛、巴布亚新几内亚、斐济	亚洲玉蕊	angaiha; barringtonia; bduul; buiywoll; bus bus; futu; hutu; kauahutu; kuun; lakaeya; mango pine; mangobark; nanorum; napou; nowhumbu; nuwham; puspus; telakaeya; vutuvula
4262	*Barringtonia calyptrata*	澳大利亚	卡利普玉蕊	barringtonia; cassowary pine; china pine; mango; mango pine
4263	*Barringtonia edulis*	新赫布里底群岛、斐济	可食玉蕊	aroth; kurki; nautag; navel; navenin; navil; navila; navingng; ndapi; nimo os; numblrus; vihorota; vuta kana; vutu; vutukana; vuvale; wata; windor
4264	*Barringtonia petiolata*	斐济	叶柄玉蕊	vutu; vutu dina
4265	*Barringtonia procera*	巴布亚新几内亚	高大玉蕊	poawutug
4266	*Barringtonia racemosa*	澳大利亚、帕劳群岛、密克罗尼西亚、巴布亚新几内亚、斐济	聚果玉蕊	barringtonia; cassowary pine; china pine; derbyshire pine; freshwater mangrove; goragas; guon; kaengal; kaengul; kaiengal; kange; koranges; kun; mango; mango pine; sun; tataelam; wihnmoar; winmarr
4267	*Barringtonia samoensis*	萨摩亚群岛	萨摩玉蕊	fia oli
	Bauhinia **(CAESALPINIACEAE) 羊蹄甲属（苏木科）**		**HS CODE 4403. 99**	
4268	*Bauhinia carronii*	澳大利亚	卡氏羊蹄甲	queensland ebony

序号	学名	主要产地	中文名称	地方名
4269	*Bauhinia galpinii*	斐济	嘉氏羊蹄甲	red butterfly-tree
4270	*Bauhinia monandra*	密克罗尼西亚、斐济	单雄蕊羊蹄甲	flamboyant；pink butterfly-tree
4271	*Bauhinia purpurea*	斐济	紫羊蹄甲	purple butterfly-tree
4272	*Bauhinia variegata*	斐济	斑状羊蹄甲	butterfly-tree
	***Beauprea*（PROTEACEAE）** **荷枫李属（山龙眼科）**		**HS CODE** **4403.99**	
4273	*Beauprea balansae*	新喀里多尼亚	长梗荷枫李	hetre blanc；naoue
4274	*Beauprea spathulaefolia*	澳大利亚	剑叶荷枫李	hetre leger；hetre rouge
	***Bedfordia*（COMPOSITAE）** **线绒菊属（菊科）**		**HS CODE** **4403.99**	
4275	*Bedfordia salicina*	澳大利亚	李线绒菊	dogwood；native dogwood
	***Beilschmiedia*（LAURACEAE）** **琼楠属（樟科）**		**HS CODE** **4403.49**	
4276	*Beilschmiedia baillonii*	新喀里多尼亚	白氏琼楠	noyre
4277	*Beilschmiedia bancroftii*	澳大利亚	班氏琼楠	canary ash；yellow walnut；yellow-nut
4278	*Beilschmiedia elliptica*	澳大利亚	椭圆琼楠	grey walnut
4279	*Beilschmiedia macrophylla*	新喀里多尼亚	大叶琼楠	robusta
4280	*Beilschmiedia obtusifolia*	澳大利亚	钝叶琼楠	blush walnut；bolly gum；hard bolly gum；hard bollygum；medium bollygum；she beech；tormenta
4281	*Beilschmiedia oligandra*	澳大利亚	寡蕊琼楠	blush walnut；boonjie blush walnut；dogwood；ivory walnut
4282	*Beilschmiedia opposita*	澳大利亚	对叶琼楠	
4283	*Beilschmiedia ovalis*	澳大利亚	卵形琼楠	
4284	*Beilschmiedia tarairi*	新西兰	新西兰琼楠	taraire；tarairi；tarami
4285	*Beilschmiedia tawa*	新西兰、澳大利亚	昆士兰琼楠	new zealand chestnut；new zealand oak；taua；tawa
	***Berrya*（TILIACEAE）** **浆果椴属（椴树科）**		**HS CODE** **4403.99**	
4286	*Berrya pacifica*	斐济	太平洋浆果椴	tovau
	***Beyeria*（EUPHORBIACEAE）** **袋鼠桐属（大戟科）**	**HS CODE** **4403.95（截面尺寸≥15cm）或 4403.96（截面尺寸<15cm）**		
4287	*Beyeria viscosa*	澳大利亚	维斯袋鼠桐	pinkwood；rosewood

序号	学名	主要产地	中文名称	地方名
	Bikkia **(RUBIACEAE)** **东星木属（茜草科）**		**HS CODE** **4403.99**	
4288	*Bikkia grandiflora*	斐济	大花东星木	gigia
4289	*Bikkia palauensis*	帕劳群岛	帕劳东星木	rur
	Bischofia **(EUPHORBIACEAE)** **秋枫属（大戟科）**		**HS CODE** **4403.99**	
4290	*Bischofia javanica*	新赫布里底群岛、澳大利亚、巴布亚新几内亚、斐济、库克群岛、富图纳群岛、所罗门群岛、萨摩亚群岛	秋枫	auka; aukoko; beefwood; himena; ighogha; imiel; inhalc; java cedar; kau ka; koka; koka damu; likutan; masami; nakoka; namalmalim omo; rosewood; toga toga; togo; vugaighogha
	Bixa **(BIXACEAE)** **红木树属（红木科）**		**HS CODE** **4403.99**	
4291	*Bixa orellana*	帕劳群岛、富图纳群岛、密克罗尼西亚	红木树	burek; burk; lo'a; rang
	Blepharocarya **(ANACARDIACEAE)** **木姜漆属（漆树科）**		**HS CODE** **4403.99**	
4292	*Blepharocarya depauperata*	澳大利亚	疏花木姜漆	northern bollygum; rose butternut
4293	*Blepharocarya involucrigera*	澳大利亚	因沃木姜漆	north queensland bollygum; northern bollygum; rose butternut
	Blighia **(SAPINDACEAE)** **阿开木属（无患子科）**		**HS CODE** **4403.99**	
4294	*Blighia laurentii*	斐济	劳氏阿开木	
	Bobea **(RUBIACEAE)** **黄舵木属（茜草科）**		**HS CODE** **4403.99**	
4295	*Bobea brevipes*	夏威夷群岛	短柄黄舵木	ahakea laulii; akupa
4296	*Bobea elatior*	夏威夷群岛	埃拉蒂黄舵木	ahahea; ahakea launui
4297	*Bobea hookeri*	夏威夷群岛	独花黄舵木	
4298	*Bobea mannii*	夏威夷群岛	曼氏黄舵木	
4299	*Bobea sandwicensis*	夏威夷群岛	夏威夷黄舵木	
	Boehmeria **(URTICACEAE)** **苎麻属（荨麻科）**		**HS CODE** **4403.99**	
4300	*Boehmeria cylindrica*	斐济	圆叶苎麻	
4301	*Boehmeria excelsa*	斐济	大苎麻	

序号	学名	主要产地	中文名称	地方名
4302	*Boehmeria nivea*	帕劳群岛	妮维雅苎麻	rami
4303	*Boehmeria virgata*	斐济	长枝苎麻	ndongo sele
	Bombax **（BOMBACACEAE）** **木棉属（木棉科）**		**HS CODE** **4403. 49**	
4304	*Bombax ceiba*	澳大利亚	木棉	fromage de hollande; kapok; kapok-tree
4305	*Bombax flammeum*	斐济	火焰色木棉	east african bombax
	Bosistoa **（RUTACEAE）** **热非桑属（芸香科）**		**HS CODE** **4403. 99**	
4306	*Bosistoa transversa*	澳大利亚	横向热非桑	bosistoa; yellow satinheart
	Brachychiton **（STERCULIACEAE）** **酒瓶树属（梧桐科）**		**HS CODE** **4403. 99**	
4307	*Brachychiton acerifolius*	澳大利亚	槭叶酒瓶树	flame kurrajong; flame-tree
4308	*Brachychiton australis*	澳大利亚	南方酒瓶树	bottle-tree; broad-leaved bottle-tree; ketev; road-leaved bottle-tree
4309	*Brachychiton carruthersii*	澳大利亚	卡氏酒瓶树	brachychiton
4310	*Brachychiton discolor*	澳大利亚	变色酒瓶树	brush kurrajong; lacebark; scrub bottle-tree; white kurrajong; white poplar
4311	*Brachychiton diversifolius*	澳大利亚	异叶酒瓶树	northern kurrajong
4312	*Brachychiton gregorii*	澳大利亚	格氏酒瓶树	desert kurrajong; kurrajong
4313	*Brachychiton populneus*	澳大利亚	澳洲梧桐	black kurrajong; forest kurrajong; kurrajong; victorian bottle-tree
4314	*Brachychiton rupestris*	澳大利亚	石生酒瓶树	binkey; bottle-tree; narrow-leaved bottle-tree; queensland bottle-tree
4315	*Brachychiton velutinosus*	澳大利亚	毡毛酒瓶树	brush kurrajong
	Brackenridgea **（OCHNACEAE）** **银莲木属（金莲木科）**		**HS CODE** **4403. 99**	
4316	*Brackenridgea nitida*	斐济	密茎银莲木	bele bele; mbele
	Bridelia **（EUPHORBIACEAE）** **土密树属（大戟科）**		**HS CODE** **4403. 49**	
4317	*Bridelia exaltata*	澳大利亚	埃萨土密树	brown birch; brush ironbark; grey birch; scrub ironbark

序号	学名	主要产地	中文名称	地方名
4318	*Bridelia penangiana*	美拉尼西亚	槟城土密树	buruburua; matukurupu riri
	Brombya (RUTACEAE) **宽丝茱萸属（芸香科）**		**HS CODE** **4403.99**	
4319	*Brombya platynema*	澳大利亚	扁线宽丝茱萸	brombya
	Broussonetia (MORACEAE) **构树属（桑科）**		**HS CODE** **4403.99**	
4320	*Broussonetia papyrifera*	斐济、南太平洋地区、美拉尼西亚	构树	aimasi; aute; hiapo; malo
	Bruguiera (RHIZOPHORACEAE) **木榄属（红树科）**		**HS CODE** **4403.99**	
4321	*Bruguiera gymnorhiza*	帕劳群岛、密克罗尼西亚、澳大利亚、巴布亚新几内亚、斐济、萨摩亚群岛	木榄	adeges; adegis; alol; black mangrove; black nobble-rooted mangrove; bois manglier rouge; kodenges; som; song; sral; sraol; suong; togo; togor; tonga; tongo; tuatogo; wong
4322	*Bruguiera sexangula*	澳大利亚、斐济	海莲	grand paletuvier; men; ndogo; paletuvier; tiri
	Buchanania (ANACARDIACEAE) **山様子属（漆树科）**		**HS CODE** **4403.99**	
4323	*Buchanania arborescens*	澳大利亚、所罗门群岛	树状山様子	buchanania; lightwood; malakona auki; satinwood; utalaesau
4324	*Buchanania attenuata*	斐济	渐尖山様子	kaukaro
4325	*Buchanania engleriana*	帕劳群岛	恩格勒山様子	omail
4326	*Buchanania palawensis*	帕劳群岛	共生山様子	geloagl; omail
4327	*Buchanania vitiensis*	斐济	斐济山様子	damanu ni yaqaqa
	Buckinghamia (PROTEACEAE) **曲牙花属（山龙眼科）**		**HS CODE** **4403.99**	
4328	*Buckinghamia celsissima*	澳大利亚	高软曲牙花	buckinghamia silky oak; spotted silky oak
	Burckella (SAPOTACEAE) **伯克山榄属（山榄科）**		**HS CODE** **4403.99**	
4329	*Burckella brachypoda*	斐济	短柄伯克山榄	bulu
4330	*Burckella hillii*	斐济	希氏伯克山榄	bauvudi
4331	*Burckella obovata*	所罗门群岛、新赫布里底群岛	倒卵叶伯克山榄	faigona; kona; neimit; solomon islands burckella; vinato

序号	学名	主要产地	中文名称	地方名
4332	*Burckella polymera*	大洋洲	聚合伯克山榄	
4333	*Burckella sorei*	所罗门群岛	索雷伯克山榄	faigona；kona
4334	*Burckella thurstonii*	斐济	瑟斯顿伯克山榄	bausomi；bauvudi；bawaki；sacau
	***Bursaria*（PITTOSPORACEAE）** **群心木属（海桐花科）**		**HS CODE** **4403.99**	
4335	*Bursaria occidentalis*	澳大利亚	西方群心木	
4336	*Bursaria spinosa*	澳大利亚	多刺群心木	blackthorn；native blackthorn；native box；prickly box；sweet bursaria
4337	*Bursaria tenuifolia*	澳大利亚	细叶群心木	sweet bursaria
	***Cadellia*（SURIANACEAE）** **乌鳞树属（海人树科）**		**HS CODE** **4403.99**	
4338	*Cadellia pentastylis*	澳大利亚	乌鳞树	ooline；solidwood
	***Caesalpinia*（CAESALPINIACEAE）** **苏木属（苏木科）**		**HS CODE** **4403.49**	
4339	*Caesalpinia kauaiensis*	夏威夷群岛	卡恩斯苏木	uhiuhi
4340	*Caesalpinia pulcherrima*	斐济、密克罗尼西亚	粉蕊花木	pride-of-barbados；rapotin；repawtin；seh muatah；sehmwida；sem tah；semutha；shimatada；simmata
4341	*Caesalpinia sappan*	密克罗尼西亚	苏木	kasapal；sibukao
	***Caldcluvia*（CUNONIACEAE）** **栎珠梅属（火把树科）**		**HS CODE** **4403.99**	
4342	*Caldcluvia australiensis*	澳大利亚	澳大利亚栎珠梅	atherton pencil cedar；australian rose alder；brown alder；cedara；feathertop；marara；pencil cedar；rose alder
4343	*Caldcluvia paniculosa*	澳大利亚	异叶栎珠梅	australian brown alder；brown alder；pencil cedar；rose-leaved marara；sugarbark
	***Callicarpa*（VERBENACEAE）** **紫珠属（马鞭草科）**		**HS CODE** **4403.99**	
4344	*Callicarpa candicans*	帕劳群岛	白紫珠	dub
4345	*Callicarpa elegans*	帕劳群岛	秀丽紫珠	eruei；keruei；keruiau
4346	*Callicarpa erioclona*	巴布亚新几内亚	绵毛紫珠	ikabag

序号	学名	主要产地	中文名称	地方名
	Callicoma **(CUNONIACEAE)** **银枫梅属（火把树科）**		**HS CODE** **4403.99**	
4347	*Callicoma serratifolia*	澳大利亚	齿叶银枫梅	black wattle; butterwood; callicoma; coachwood; leather-jacket; lightwood; wild quince
	Callistemon **(MYRTACEAE)** **红千层属（桃金娘科）**		**HS CODE** **4403.99**	
4348	*Callistemon lanceolatus*	澳大利亚	剑叶红千层	red bottlebrush; water gum
4349	*Callistemon salignus*	澳大利亚	柳叶红千层	bood joong; white bottlebrush; willow bottlebrush
4350	*Callistemon viminalis*	澳大利亚	垂枝红千层	creek bottlebrush; drooping bottlebrush; red bottlebrush
	Callitris **(CUPRESSACEAE)** **澳柏属（柏科）**	**HS CODE** **4403.25（截面尺寸≥15cm）或 4403.26（截面尺寸<15cm）**		
4351	*Callitris baileyi*	澳大利亚	贝利氏澳柏	bailey cypress-pine
4352	*Callitris canescens*	澳大利亚	灰澳柏	kellerberrin cypress-pine; morrison's cypress pine
4353	*Callitris collimellaris*	澳大利亚	科利澳柏	australische callitris; australisk callitris; murray pine; murray river cypress; murray river pine; western cypress
4354	*Callitris columellaris*	澳大利亚	籽心柱澳柏	australian callitris; callitris areneux; coast cypress pine; coastal cypress; cypress pine; cypress-pinc; murray river pine; northern cypress pine; pine; queensland cypress pine; richmond river cypress-pine; white cypress; white cypress pine
4355	*Callitris cupressiformis*	澳大利亚	柏状澳柏	illawara callitris; illawarra callitris; illawarra mountain pine
4356	*Callitris drummondii*	澳大利亚	西南澳柏	drummond cypress-pine; drummond's cypress pine
4357	*Callitris endlicheri*	澳大利亚	有距澳柏	australian callitris; black cypress; black cypress pine; black cypress-pine; black pine; calcarata callitris; callitris calcarata; endlicher cypress-pine; mountain pine; murray pine; red pine

序号	学名	主要产地	中文名称	地方名
4358	*Callitris glaucophylla*	澳大利亚	华南澳柏	white cypress pine
4359	*Callitris gracilis*	澳大利亚东南部	纤细澳柏	mountain cyprees-pine
4360	*Callitris macleayana*	澳大利亚	麦加利澳柏	brush cypress pine; callitris grand; callitris grande; kerosene pine; macleay cypress-pine; port macquarie pine; queensland callitris; stor callitris; stringybark; stringybark cypress; stringybark pine
4361	*Callitris monticola*	澳大利亚	山地澳柏	wallangarr a cypress-pine
4362	*Callitris muelleri*	澳大利亚	新南威尔士澳柏	illawara pine; meuller cypress-pine
4363	*Callitris neocaledonica*	新喀里多尼亚	新喀澳柏	humbolt cypress-pine
4364	*Callitris oblonga*	澳大利亚	长圆澳柏	tasmanian cypress pine; tasmanian cypress-pine
4365	*Callitris preissii*	澳大利亚	南澳柏	bergcallitris; callitris commun; callitris comun; callitris comune; callitris de la montagne; callitris de la montana; callitris della montagna; mallee cypress-pine; marung; mountain cypress-pine; murray cypress-pine; murray white pine; preiss cypress-pine; rottnest island cypress pine; rottnest island pine; vanlig callitris
4366	*Callitris rhomboidea*	澳大利亚	澳柏	brorogery; cypress pine; cypress-pine; dune cypress; dune cypress pine; oyster bay cypress pine; oyster bay pine; oyster-bay cypress-pine; port jackson cypress pine; port jackson pine
4367	*Callitris robusta*	澳大利亚西部	大澳柏	common cypress-pine
4368	*Callitris roei*	澳大利亚	西澳柏	roe cypress-pine
4369	*Callitris sulcuta*	新喀里多尼亚	沟澳柏	camboui cypress-pine
4370	*Callitris verrucosa*	澳大利亚	疣澳柏	
	Calophyllum **(GUTTIFERAE)** **海棠木属（藤黄科）**		**HS CODE** **4403.49**	
4371	*Calophyllum australianum*	澳大利亚	澳洲海棠木	alligatorbark; blush touriga; ladderwood; pink calophyllum; pink touriga

序号	学名	主要产地	中文名称	地方名
4372	*Calophyllum burmanii*	斐济	阴香海棠木	damanu；fiji mahogany；ndamaru
4373	*Calophyllum caledonicum*	新喀里多尼亚	坚硬海棠木	pio；tamanou blanc de montagne；tamanou de montagna rouge clair；tamanou de montagne；uea
4374	*Calophyllum cerasiferum*	所罗门群岛	毛刺海棠木	kaumanu
4375	*Calophyllum cholobtaches*	密克罗尼西亚	艳丽海棠木	kashimorok
4376	*Calophyllum costatum*	澳大利亚	细枝海棠木	calophyllum；red touriga；satin mahogany；satin poonwood
4377	*Calophyllum inophyllum*	澳大利亚、夏威夷群岛、帕劳群岛、新赫布里底群岛、南太平洋地区、密克罗尼西亚、巴布亚新几内亚、所罗门群岛、斐济、富图纳群岛、美拉尼西亚、萨摩亚群岛	海棠木	alexandrian laurel；aptakas；atheru；ati tamanu；beach calophyllum；beauty-leaf；daou；fatau；fifau；fotoi；fregits；hefau；nambakrith；nambusoi；natokol；ndilo；nimbaurr；pink mahogany；rekich；ruckiss；satin touriga；sepang；setau
4378	*Calophyllum leucocarpum*	斐济	白果海棠木	damanu；fijian calophyllum
4379	*Calophyllum montanum*	新喀里多尼亚	山地红厚壳木	pio；tamanou
4380	*Calophyllum neo-ebudicum*	斐济、萨摩亚群岛	斐新海棠木	damanu；tamanu
4381	*Calophyllum paludosum*	所罗门群岛	棕榈海棠木	kaumanubala auki
4382	*Calophyllum papuanum*	巴布亚新几内亚	巴新海棠木	bintangor；calophyllum
4383	*Calophyllum peekelii*	所罗门群岛	凯利海棠木	baula；ba'ula；buni；buni buni；buni soloso；kalofilum；kioli；koila；koilo；kokilo；pagura bunu；solomon islands calophyllum；ureure
4384	*Calophyllum pelewense*	帕劳群岛	佩莱海棠木	chesemoroch
4385	*Calophyllum sil*	澳大利亚	葱郁海棠木	blush touriga

序号	学名	主要产地	中文名称	地方名
4386	*Calophyllum soualatti*	富图纳群岛、帕劳群岛、斐济、所罗门群岛	苏拉海棠木	chesemoroch；fiji mahogany；gwarogwaro oleole kwai；kaumanubala auki；ndamaru；olebtaches；oleole kwai；tamanu
4387	*Calophyllum spectabile*	斐济、萨摩亚群岛	显著红厚壳木	damanu；tamanu
4388	*Calophyllum tomentosum*	澳大利亚	毛红厚壳木	alligatorbark；pink touriga
4389	*Calophyllum vitiense*	所罗门群岛、斐济、新赫布里底群岛、萨摩亚群岛	乌塞海棠木	bintangor；gwaragwaro；kalofilum；kioli；mengeri；ndamanu；ndamanu kula；solomon islands calophyllum；tamanou；tamanu；vivinjolo
	***Camellia*（THEACEAE）** **茶属（山茶科）**		**HS CODE** **4403. 99**	
4390	*Camellia sinensis*	斐济	茶树	tea
	***Campnosperma*（ANACARDIACEAE）** **坎诺漆属（漆树科）**		**HS CODE** **4403. 49**	
4391	*Campnosperma brevipetiolatum*	所罗门群岛、巴布亚新几内亚、帕劳群岛、密克罗尼西亚	短柄籽漆	boloangsoga；campnosperma；charm；dohng；elak；girato；itivi；karimari；kelela charm；keralm；kete kete；nolumbi；noteniga；ramala；ramluw；ramulo；rramlluw；siruga；toile；tong；wel
	***Camptostemon*（BOMBACACEAE）** **海槿属（木棉科）**		**HS CODE** **4403. 99**	
4392	*Camptostemon schultzii*	巴布亚新几内亚	舒氏海槿	tamagama
	***Cananga*（ANNONACEAE）** **依兰属（番荔枝科）**		**HS CODE** **4403. 99**	
4393	*Cananga odorata*	美拉尼西亚、新赫布里底群岛、澳大利亚、巴布亚新几内亚、帕劳群岛、密克罗尼西亚、斐济、萨摩亚群岛、富图纳群岛	香依兰木	ailuga；aring；bina；cananga；chirang；makusui；melaron；mo'osoi；mokohoi；mokosoi；natouweden eye；negindrepi gwon；purn wai；pwanang；pwurenwai；rauru；viringori；vundinngor
	***Canarium*（BURSERACEAE）** **橄榄属（橄榄科）**		**HS CODE** **4403. 49**	
4394	*Canarium asperum*	所罗门群岛	粗橄榄	bulangali；malangali

序号	学名	主要产地	中文名称	地方名
4395	*Canarium australasicum*	澳大利亚	木犀橄榄	brown cudgerie; carrotwood; mango; mangobark
4396	*Canarium australianum*	澳大利亚	澳大利亚橄榄	mangobark; scrub turpentine
4397	*Canarium harveyi*	所罗门群岛	哈维橄榄	maladoa
4398	*Canarium hirsutum*	所罗门群岛	多毛橄榄	bulangali; malangali
4399	*Canarium indicum*	新赫布里底群岛、巴布亚新几内亚、美拉尼西亚、所罗门群岛	爪哇橄榄	anga; boga; galapuar; galip; garikoko; kalukalulu; kubika; mahei; ninge; ningie; nungi; okete; qalip; red canarium; tariapo; tugtugpurua; uagele; wawsi; yane
4400	*Canarium liguliferum*	所罗门群岛	香脂橄榄	bulangali; malangali
4401	*Canarium mafoa*	美拉尼西亚、萨摩亚群岛	亚橄榄	ai; mafao
4402	*Canarium muelleri*	澳大利亚	米勒橄榄	scrub turpentine
4403	*Canarium oleiferum*	新喀里多尼亚	油橄榄	absinthe; bois d'absinthe
4404	*Canarium salomonense*	所罗门群岛、美拉尼西亚	沙门橄榄	adoa; andea; arosi; finoa; ghajara; maria; pii; sangga; seni; solomon islands canarium; tovinia
4405	*Canarium samoense*	萨摩亚群岛	沙米橄榄	ma'ali
4406	*Canarium smithii*	斐济	斐济橄榄	fiji; gaugau; kauloa; kaunicia
4407	*Canarium vanikoroense*	斐济	卡尤橄榄	kaunicina; vusavusa
4408	*Canarium vitiense*	所罗门群岛、斐济、萨摩亚群岛	多果橄榄	bulangali; didi; fijian canarium; kaunicina; kaunigai; ma ali; vusavusa; yanga
4409	*Canarium vulgare*	斐济	大众橄榄	java almond
	Canthium **(RUBIACEAE)** **鱼骨木属（茜草科）**		**HS CODE** **4403. 99**	
4410	*Canthium odoratum*	夏威夷群岛、澳大利亚	香鱼骨木	alahe'e; alahee; alalee; canthium; plectronia; walahe'e
4411	*Canthium rectinervium*	斐济	美叶鱼骨木	quaqua
	Capparis **(CAPPARACEAE)** **山柑属（山柑科）**		**HS CODE** **4403. 99**	
4412	*Capparis arborea*	澳大利亚	树状山柑	native pomegranate; wild orange
4413	*Capparis carolinensis*	帕劳群岛	山梨山柑	kelel a mangerenger

序号	学名	主要产地	中文名称	地方名
4414	*Capparis mitchellii*	澳大利亚	马苋山柑	desert caper; mondo; native orange; native pomegranate; wild orange
4415	*Capparis nobilis*	澳大利亚	显著山柑	rarum
	Carallia (**RHIZOPHORACEAE**) **竹节树属（红树科）**		**HS CODE 4403.49**	
4416	*Carallia brachiata*	澳大利亚	竹节树	carallia; freshwater mangrove; maniawiga
	Cardwellia (**PROTEACEAE**) **昆士兰山龙眼属（山龙眼科）**		**HS CODE 4403.99**	
4417	*Cardwellia sublimis*	澳大利亚	昆士兰山龙眼	australian silky oak; bull oak; chene soyeux; goldsprink led silky oak; lacewood; northern silky oak; queensland silky oak; selano; silky bull oak; silky oak; silky oak australiano; silky oak de australia
	Carica (**CARICACEAE**) **番木瓜属（番木瓜科）**		**HS CODE 4403.99**	
4418	*Carica papaya*	帕劳群岛、密克罗尼西亚、斐济	番木瓜	babai; babaia; babay babae; baiwai waiwai; bobai; bwebwae; bwebwao kipwae; bweibwae; bweibwai; ebingel; kaineap; kippwau; mami; memiap; mohmiyap; mummy apple; pwayipway; seaki; weleti
	Carnarvonia (**PROTEACEAE**) **红银桦属（山龙眼科）**		**HS CODE 4403.99**	
4419	*Carnarvonia araliifolia*	澳大利亚	红银桦	atherton red oak; caledonian oak; caledonian silky oak; red oak; red silky oak; silky oak
	Carpodetus (**ROUSSEACEAE**) **彩栎花属（守宫花科）**		**HS CODE 4403.99**	
4420	*Carpodetus serratus*	新西兰	锯齿彩栎花	putaputaweta; titirangi
	Casearia (**FLACOURTIACEAE**) **嘉赐属（大风子科）**		**HS CODE 4403.99**	
4421	*Casearia cauliflora*	帕劳群岛	茎花嘉赐	kevert
4422	*Casearia dallachii*	澳大利亚	达氏嘉赐	silver birch
4423	*Casearia grayi*	澳大利亚	格氏嘉赐	silver birch
4424	*Casearia ledermannii*	新西兰	莱茵嘉赐	black teak; mamavua

序号	学名	主要产地	中文名称	地方名
4425	*Casearia procera*	斐济	高大嘉赐	bonukiwabu
	***Cassia*（CAESALPINIACEAE）** **铁刀木属（苏木科）**		**HS CODE** **4403.49**	
4426	*Cassia brewsteri*	澳大利亚	白铁刀木	brewster cassia；cassia；leichhardt-bean
4427	*Cassia fistula*	斐济	腊肠树	amaltas；golden-shower；indian laburnum
4428	*Cassia grandis*	斐济	大铁刀木	horse cassia；pinkshower
4429	*Cassia indigofera*	斐济	山铁刀木	mohawa
4430	*Cassia javanica*	斐济	爪哇铁刀木	pink-and-white-shower
4431	*Cassia marksiana*	澳大利亚	桂皮铁刀木	cassia；mark cassia
4432	*Cassia sturtii*	澳大利亚	云铁刀木	kangeroo-eye-bush
4433	*Cassia surattensis*	澳大利亚	黄槐铁刀木	
	***Cassine*（CELASTRACEAE）** **藏红卫矛属（卫矛科）**		**HS CODE** **4403.99**	
4434	*Cassine australis*	澳大利亚	南方藏红卫矛	blush boxwood；olivewood
4435	*Cassine melanocarpa*	澳大利亚	黑果藏红卫矛	black olive plum
	***Castanopsis*（FAGACEAE）** **锥木属（壳斗科）**		**HS CODE** **4403.49**	
4436	*Castanopsis acuminatissima*	巴布亚新几内亚	尖叶栲	new guinea oak；oak；white oak
	***Castanospermum*（FABACEAE）** **栗豆木属（蝶形花科）**		**HS CODE** **4403.99**	
4437	*Castanospermum australe*	澳大利亚、新赫布里底群岛	南方栗豆木	australian blackbean；australische kastanie；beantree；blackbean；huhuboi；ipile；irtalie；moreton bay-bean；morton bay chestnut；namba；naragrolunce；nas；naupoi；naveriatsa；nevrt；nymot；vundaraika；wuhbo
	***Casuarina*（CASUARINACEAE）** **木麻黄属（木麻黄科）**		**HS CODE** **4403.99**	
4438	*Casuarina collina*	新喀里多尼亚	黄花木麻黄	bois de fer；bois de fer de bord river；bois de fer de riviere；etetei heuria；n'demoo；tietang

序号	学名	主要产地	中文名称	地方名
4439	*Casuarina cunninghamiana*	澳大利亚、夏威夷群岛	细枝木麻黄	australian beefwood; beefwood; bois de fer; bois de fer riviere; chowku; cunningham casuarina; ironwood; pino australiano; river oak; river she oak; river-oak casuarina; roble hembra
4440	*Casuarina deplancheana*	新喀里多尼亚	德兰木麻黄	bois de fer; bois de fer du bord de riviere; etetei; faux bois de fer; n'demoo
4441	*Casuarina equisetifolia*	新赫布里底群岛、社会群岛、南太平洋地区、澳大利亚、夏威夷群岛、斐济、密克罗尼西亚、帕劳群岛、库克群岛、巴布亚新几内亚	木麻黄	aial; aito; beach she oak; beefwood; bois de fer; cau; horsetail casuarina; horsetail she oak; inya; manoui; nanearr; naru; nas; neier; nerr; neuru; ngas; ngasu; niar; niaro; nokonoko; pino australiano; qaro; she oak; shortleaf ironwood; yorsed
4442	*Casuarina fraseriana*	澳大利亚西部	弗氏木麻黄	she-oak
4443	*Casuarina glauca*	澳大利亚、夏威夷群岛	青冈木麻黄	billa; grey bull oak; grey bull-oak; longleaf casuarina; longleaf ironwood; marsh she oak; salt-marsh ironwood; she oak; swamp oak; swamp she oak
4444	*Casuarina lepidophloia*	澳大利亚	鳞翅木麻黄	belah; belar
4445	*Casuarina littoralis*	澳大利亚	滨木麻黄	black oak; black she oak; oak; she oak
4446	*Casuarina nodiflora*	新喀里多尼亚、斐济	节花木麻黄	bois de fer; bois de fer du bord de riviere; cau; caukuro; etetei; kucau; n'demoo; thaukuro; velau
4447	*Casuarina obesa*	澳大利亚	粗木麻黄	swamp she oak
4448	*Casuarina papuana*	巴布亚新几内亚	巴布亚那木麻黄	she oak
4449	*Casuarina poissoniana*	新喀里多尼亚	长舌木麻黄	bois de fer de montagne; petit bois de fer de montagne
4450	*Casuarina stricta*	夏威夷群岛	狭窄木麻黄	highland ironwood
4451	*Casuarina suberosa*	澳大利亚东部	直立木麻黄	forest beef wood; swamp oak
4452	*Casuarina sumatrana*	澳大利亚	苏门答腊木麻黄	ironwood
4453	*Casuarina tortulosa*	澳大利亚东部	链节木麻黄	necklace oak

序号	学名	主要产地	中文名称	地方名
	Cecropia **(MORACEAE)** **砂纸桑属(桑科)**		**HS CODE** **4403.99**	
4454	*Cecropia obtusifolia*	夏威夷群岛	聚蚁砂纸桑	guarumo; trumpet; trumpet-tree
	Cedrela **(MELIACEAE)** **洋椿属(楝科)**		**HS CODE** **4403.49**	
4455	*Cedrela australis*	澳大利亚	南方香洋椿	
4456	*Cedrela odorata*	澳大利亚、斐济	香洋椿	mexican cedar; spanish cedar; west indian cedar
	Ceiba **(BOMBACACEAE)** **吉贝属(木棉科)**		**HS CODE** **4403.49**	
4457	*Ceiba pentandra*	密克罗尼西亚、帕劳群岛	五雄吉贝	batte ni gan' ken; cotton; cutin; kalngebard; kerrekar ngebard; koatun
	Celtis **(CANNABACEAE)** **朴属(大麻科)**		**HS CODE** **4403.49**	
4458	*Celtis harperi*	斐济	塞尔朴	malanivia
4459	*Celtis kajewskii*	所罗门群岛、巴布亚新几内亚	斯氏朴	bautakate; dofala; kapahalombiti; lae lae; lailai; lausi; light celtis; propore; skatuku; tahupj; tavasu
4460	*Celtis latifolia*	巴布亚新几内亚、所罗门群岛	阔叶朴	hard celtis; kapahalombiti; la'usi; lae lae; lailai; propore; skatuku; solomon islands celtis; tahupj; tavasu
4461	*Celtis paniculata*	所罗门群岛、新赫布里底群岛、库克群岛、巴布亚新几内亚、澳大利亚、密克罗尼西亚	锥花朴	aifalisi auki; gwalofalisi kwai; hmau vindra; lau malaka; light celtis; new guinea celtis; silky celtis; tripewood; zahle
4462	*Celtis philippensis*	澳大利亚、巴布亚新几内亚、所罗门群岛	菲律宾朴	celtis; hard celtis; laelae lalae; solomon islands celtis
4463	*Celtis rigescens*	所罗门群岛、巴布亚新几内亚	硬朴	aifalisi auki; bau; gwalofalisi kwai; light celtis; new guinea celtis
4464	*Celtis vitiensis*	斐济	斐济朴	tadili
	Ceodes **(NYCTAGINACEAE)** **胶果木属(紫茉莉科)**		**HS CODE** **4403.99**	
4465	*Ceodes umbellifera*	巴布亚新几内亚、新赫布里底群岛、斐济、帕劳群岛	胶果木	baqonakansi; nabuka; nambig; namboko; nambruk; nambuka; napkapyk; roro; udeuidar bekai

序号	学名	主要产地	中文名称	地方名
	Ceratopetalum（**CUNONIACEAE**） **角瓣木属（火把树科）**		**HS CODE** **4403.99**	
4466	*Ceratopetalum apetalem*	澳大利亚	角瓣木	boola；ceratopeta lum；coachwood；leather-jacket；lightwood；rose mahogany；scented satinwood；tarwood
4467	*Ceratopetalum gummiferum*	澳大利亚	胶角瓣木	christmas-bush；lightwood
4468	*Ceratopetalum succirubrum*	澳大利亚、巴布亚新几内亚	乳青角瓣木	blood-in-the-bark；coachwood；new guinea coachwood；north queensland coachwood；satin sycamore
4469	*Ceratopetalum virchowii*	澳大利亚	绿柄角瓣木	pink sycamore；satin sycamore
	Cerbera（**APOCYNACEAE**） **海杧果属（夹竹桃科）**		**HS CODE** **4403.99**	
4470	*Cerbera dilatata*	密克罗尼西亚	宽叶海杧果	grey milkwood
4471	*Cerbera floribunda*	帕劳群岛、澳大利亚	多花海杧果	chemeridech；emeridech；grey milkwood；gympie messmate；rubbertree
4472	*Cerbera inflata*	澳大利亚	胀果海杧果	grey milkwood；rubbertree
4473	*Cerbera manghas*	澳大利亚、帕劳群岛、南太平洋地区、密克罗尼西亚、富图纳群岛、社会群岛、斐济、美拉尼西亚	海杧果	bouiee；chemeridech；emeridech；eva；grey milkwood；gympie messmate；hutureva；kamaridakka；reva；rewa；rubbertree；sos；vakokopa；vasa
4474	*Cerbera odollam*	新赫布里底群岛、斐济	奥多海杧果	nimborro；rewa；vasa
	Cercocarpus（**ROSACEAE**） **山红木属（蔷薇科）**		**HS CODE** **4403.99**	
4475	*Cercocarpus ledifolius*	夏威夷群岛	乳香叶山红木	curl-leaf-mountain mahogany；mountain mahogany
	Ceriops（**RHIZOPHORACEAE**） **角果木属（红树科）**		**HS CODE** **4403.99**	
4476	*Ceriops tagal*	帕劳群岛、澳大利亚	塔加尔角果木	biut；spurred mangrove
	Chamaecyparis（**CUPRESSACEAE**） **扁柏属（柏科）**		**HS CODE** **4403.25（截面尺寸≥15cm）或 4403.26（截面尺寸<15cm）**	
4477	*Chamaecyparis lawsoniana*	澳大利亚	美国扁柏	lawson cypress

序号	学名	主要产地	中文名称	地方名
	Charpentiera **(AMARANTHACEAE)** **炬苋树属（苋科）**		**HS CODE** **4403.99**	
4478	*Charpentiera obovata*	夏威夷群岛	倒卵叶炬苋树	papala
	Cheirodendron **(ARALIACEAE)** **柏叶枫属（五加科）**		**HS CODE** **4403.99**	
4479	*Cheirodendron platyphyllum*	夏威夷群岛	扁叶柏叶枫	lapalapa
4480	*Cheirodendron trigynum*	夏威夷群岛	三叶柏叶枫	common cheirodendron; kauila mahu; mahu; olapa
	Chionanthus **(OLEACEAE)** **流苏木属（木犀科）**		**HS CODE** **4403.99**	
4481	*Chionanthus ramiflorus*	澳大利亚	枝花流苏木	native olive; northern olive
4482	*Chionanthus vitiensis*	斐济	斐济流苏木	lolo vata
	Chisocheton **(MELIACEAE)** **溪杪属（楝科）**		**HS CODE** **4403.99**	
4483	*Chisocheton lasiocarpus*	澳大利亚	毛果溪杪	
4484	*Chisocheton longistipitatus*	澳大利亚	长柄溪杪	cream mahogany
4485	*Chisocheton schumannii*	巴布亚新几内亚	舒氏溪沙	kiso
	Choricarpia **(MYRTACEAE)** **褐香桃属（桃金娘科）**		**HS CODE** **4403.99**	
4486	*Choricarpia leptopetala*	澳大利亚	细根褐香桃	brisbane ironwood; brush turpentine; ironwood box
4487	*Choricarpia subargentea*	澳大利亚	亚果褐香桃	australiskt jarntra; bois de fer de queenslande; giant ironwood; ironwood box; lancewood; madera de hierro de queenslandia; scrub ironwood
	Chrysophyllum **(SAPOTACEAE)** **金叶树属（山榄科）**		**HS CODE** **4403.49**	
4488	*Chrysophyllum amieuanum*	新喀里多尼亚	阿伊乌金叶树	feuilles rousses
4489	*Chrysophyllum cainito*	帕劳群岛、斐济	藏红金叶树	kainito; star apple
4490	*Chrysophyllum roxburghii*	所罗门群岛	刺梨金叶树	buriakalo
4491	*Chrysophyllum sarlinii*	澳大利亚	沙氏金叶树	seve bleue

序号	学名	主要产地	中文名称	地方名
	Cinnamomum **（LAURACEAE）** **樟属（樟科）**		**HS CODE** **4403.99**	
4492	*Cinnamomum baileyanum*	澳大利亚	白花纳樟	bollywood; brown bollywood
4493	*Cinnamomum camphora*	夏威夷群岛	香樟	alcanfor; camphor-tree; japanese camphor-tree
4494	*Cinnamomum carolinense*	帕劳群岛、密克罗尼西亚	巴兰塞樟	chochod; masro; matieu; mattieu; ochod
4495	*Cinnamomum degeneri*	斐济	德格涅樟	macou
4496	*Cinnamomum fitianum*	斐济	飞蹄纳樟	baco; macou
4497	*Cinnamomum laubatii*	澳大利亚	劳氏樟	brown beech; native cinnamon; pepperwood
4498	*Cinnamomum oliveri*	澳大利亚	橄榄樟	australian camphorwood; black sassafras; camphorwood; cinnamonwood; oliver sassafras; sassafras
4499	*Cinnamomum pallidum*	斐济	螺旋樟	mbatho
4500	*Cinnamomum porrectum*	斐济、帕劳群岛	黄樟	macou; macouvu; matu; mou; ochod
4501	*Cinnamomum sessilifolium*	密克罗尼西亚	无梗樟	matieu
4502	*Cinnamomum solomonense*	美拉尼西亚	所罗门樟	enu
4503	*Cinnamomum verum*	帕劳群岛	斯里兰卡樟	cinnamon-tree; ochodra ngebard
4504	*Cinnamomum virens*	澳大利亚	维伦斯樟	australian camphorwood; black sassafras; camphorwood; native camphor; sassafras; scentless cinnamonwood
4505	*Cinnamomum xanthoneurum*	巴布亚新几内亚	桑托内樟	new guinea camphorwood
	Citharexylum **（VERBENACEAE）** **琴木属（马鞭草科）**		**HS CODE** **4403.49**	
4506	*Citharexylum caudatum*	夏威夷群岛	尾状核琴木	fiddlewood; juniperberry
4507	*Citharexylum flexuosum*	斐济	柔韧琴木	fiddlewood

序号	学名	主要产地	中文名称	地方名
	Citronella (**CARDIOPTERIDACEAE**) **橙榄属（心翼果科）**		**HS CODE** **4403.99**	
4508	*Citronella moorei*	澳大利亚	蛾橙榄	belbil; buff beech; churnwood; maple; silky beech; soap box; soapbox; waxberry; white maple
4509	*Citronella smythii*	澳大利亚	斯氏橙榄	northern silky beech; silky beech; silky northern beech; soapbox; white oak
4510	*Citronella vitiensis*	斐济	斐济橙榄	nuqa
	Citrus (**RUTACEAE**) **柑橘属（芸香科）**		**HS CODE** **4403.99**	
4511	*Citrus aurantifolia*	密克罗尼西亚、斐济、帕劳群岛	金叶柑橘	karer; karrer; kuruhkur; laim; laimi; lime; limes; malchianged; moli laimi; naimis; remong
4512	*Citrus aurantium*	库克群岛、社会群岛、斐济、澳大利亚	酸橙木	anani; moli jamu; oranger; seville orange
4513	*Citrus australis*	澳大利亚	南方柑橘	lime
4514	*Citrus grandis*	帕劳群岛、斐济	大柑橘	jabong; moli kana; pummelo; shaddock
4515	*Citrus hystrix*	密克罗尼西亚	榜柑橘	gurgur gurgurnima rech
4516	*Citrus limetta*	密克罗尼西亚	酸柑橘	tipolo
4517	*Citrus limon*	帕劳群岛、斐济、密克罗尼西亚	柠檬	debechel; lemon; limene; malchianged; moli karokaro; moli sosoriatia; molini vavalagi
4518	*Citrus macroptera*	密克罗尼西亚、斐济	巨翅柑橘	gurgurnuwaab; moli kau; moli kurukuru
4519	*Citrus maxima*	斐济	巨大柑橘	molikana
4520	*Citrus medica*	斐济、澳大利亚、密克罗尼西亚	大花柑橘	citron; limonier; taporo; tipolo patupatu
4521	*Citrus mitis*	密克罗尼西亚、帕劳群岛	轻柑橘	ginggang; gochol; kingkang
4522	*Citrus paradisi*	斐济	葡萄柚木	grapefruit
4523	*Citrus reticulata*	密克罗尼西亚、帕劳群岛、斐济	网纹柑橘	goligao; kerekur; madarini; mandarin; moli madarini; musrisrik
4524	*Citrus sinensis*	密克罗尼西亚、斐济	中华柑橘	gurgur; karrer; moli ni taiti; moli unumi; molidawa; molilecau; molitaiti; mu; orens; sweet orange

序号	学名	主要产地	中文名称	地方名
	***Claoxylon*（EUPHORBIACEAE）** **白桐树属（大戟科）**		**HS CODE** **4403.99**	
4525	*Claoxylon carolinianum*	密克罗尼西亚	卡罗来纳州白桐树	koee；koy；koyaet
4526	*Claoxylon cuneatum*	美拉尼西亚	楔形白桐树	ikikopo；maravo；nakukuuna
4527	*Claoxylon echinospermum*	斐济	刺籽白桐树	nisimanava nua
4528	*Claoxylon fallax*	斐济	拟白桐树	maramarawa；wouwou
4529	*Claoxylon longifolium*	密克罗尼西亚	长叶白桐树	koy
4530	*Claoxylon marianum*	密克罗尼西亚	马里亚纳白桐树	kattleknau
4531	*Claoxylon parvicoccum*	斐济	小球白桐树	vakacaredavui；vakatharen davui
4532	*Claoxylon vitiense*	斐济	斐济白桐树	male nivia
	***Cleidion*（EUPHORBIACEAE）** **棒柄花属（大戟科）**		**HS CODE** **4403.99**	
4533	*Cleidion spiciflorum*	美拉尼西亚	尖花棒柄花	ibibu；siwono
	***Cleistocalyx*（MYRTACEAE）** **水翁属（桃金娘科）**		**HS CODE** **4403.99**	
4534	*Cleistocalyx ellipticus*	斐济	椭圆水翁	yasi-yasi
4535	*Cleistocalyx eugenioides*	斐济	欧根尼水翁	yasi-yasi
4536	*Cleistocalyx longiflorus*	斐济	长花水翁	yasi-yasi
4537	*Cleistocalyx myrtoides*	斐济	迈尔托水翁	cleistocalyx
4538	*Cleistocalyx operculatus*	斐济	水翁	
4539	*Cleistocalyx seemanni*	斐济	西曼尼水翁	yasi-yasi
	***Clerodendrum*（VERBENACEAE）** **大青属（马鞭草科）**		**HS CODE** **4403.99**	
4540	*Clerodendrum buchanani*	巴布亚新几内亚	布坎南大青	bironauma
4541	*Clerodendrum inerme*	斐济	假大青	verevere
4542	*Clerodendrum paniculatum*	帕劳群岛	圆锥大青	butecherechar
	***Clidemia*（MELASTOMATACEAE）** **毛野牡丹属（野牡丹科）**		**HS CODE** **4403.99**	
4543	*Clidemia hirta*	帕劳群岛	毛野牡丹	kui

序号	学名	主要产地	中文名称	地方名
	Clusia **(GUTTIFERAE)** **克拉藤黄属（藤黄科）**		**HS CODE** **4403.99**	
4544	*Clusia pedicellata*	新喀里多尼亚	花梗克拉藤黄	mou
	Coccoloba **(POLYGONACEAE)** **海葡萄属（蓼科）**		**HS CODE** **4403.99**	
4545	*Coccoloba polystachya*	夏威夷群岛	多穗海葡萄	
4546	*Coccoloba uvifera*	夏威夷群岛	海葡萄	seagrape；uva de mar；uva de playa
	Cocos **(PALMAE)** **椰子属（棕榈科）**		**HS CODE** **4403.99**	
4547	*Cocos nucifera*	夏威夷群岛、澳大利亚、密克罗尼西亚、帕劳群岛、斐济、萨摩亚群岛、库克群岛	椰子	coco；coco palm；cocotier；koanu；kwanu；lius；niu dina；niunportagal；nius；nu nug；nu on；nu pwiniech；nu pwoch；nu sessen；nu umun；nui；tiniu
	Codiaeum **(EUPHORBIACEAE)** **变叶木属（大戟科）**		**HS CODE** **4403.99**	
4548	*Codiaeum variegatum*	斐济、美拉尼西亚	变叶木	maka；sacasaca；sacasacaloa；sathasatha；sazala；tatovo
	Codonocarpus **(PHYTOLACCACEAE)** **葵果木属（商陆科）**		**HS CODE** **4403.99**	
4549	*Codonocarpus attenuatus*	澳大利亚	细尾葵果木	bellbush；bellfruit-tree
4550	*Codonocarpus australis*	澳大利亚	南方葵果木	bell-top
4551	*Codonocarpus cotinifolius*	澳大利亚	小叶葵果木	bellfruit-tree
	Coffea **(RUBIACEAE)** **咖啡属（茜草科）**		**HS CODE** **4403.99**	
4552	*Coffea arabica*	斐济、夏威夷群岛、帕劳群岛	小果咖啡	arabn coffee；kohi；kona coffee
4553	*Coffea canephora*	斐济	中果咖啡	robusta coffee
4554	*Coffea liberica*	斐济	大果咖啡	liberian coffee
	Colona **(TILIACEAE)** **大泡火绳属（椴树科）**		**HS CODE** **4403.99**	
4555	*Colona burreti*	密克罗尼西亚	布雷蒂大泡火绳	uab

序号	学名	主要产地	中文名称	地方名
	Colubrina（RHAMNACEAE） **蛇藤属（鼠李科）**		**HS CODE 4403. 99**	
4556	*Colubrina asiatica*	巴布亚新几内亚、帕劳群岛、密克罗尼西亚、斐济	蛇藤	bububu；derikl；drikel；la；matandra；putaput；vere；vusolevu
4557	*Colubrina oppositifolia*	夏威夷群岛	对叶蛇藤	kanaka；kauila
	Colvillea（CAESALPINIACEAE） **垂花楹属（苏木科）**		**HS CODE 4403. 99**	
4558	*Colvillea racemosa*	斐济	聚果垂花楹	colvillea
	Combretum（COMBRETACEAE） **风车子属（使君子科）**		**HS CODE 4403. 99**	
4559	*Combretum tetralophum*	帕劳群岛	四分风车子	chochaol
	Commersonia（STERCULIACEAE） **山麻黄属（梧桐科）**		**HS CODE 4403. 99**	
4560	*Commersonia bartramia*	密克罗尼西亚、帕劳群岛、澳大利亚、斐济、南太平洋地区、美拉尼西亚、新赫布里底群岛	东南亚山麻黄	acarido；asbeeta；aspitan；brown kurrajong；chermalluc heang；eremallueang；gagu；kahil；lekesama；mao；marabiro；mau；nemal；nijma；sama；taraua；tupuchol；wapof
4561	*Commersonia fraseri*	澳大利亚	红叶山麻黄	blackfellow hemp
	Connarus（CONNARACEAE） **牛栓藤属（牛栓藤科）**		**HS CODE 4403. 99**	
4562	*Connarus pickeringii*	斐济	皮氏牛栓藤	katikatith anggala；ndawandawa；thengala ne mbune
	Copaifera（CAESALPINIACEAE） **香脂苏木属（苏木科）**		**HS CODE 4403. 49**	
4563	*Copaifera krukovii*	斐济	克氏香脂苏木	
4564	*Copaifera oblongifolia*	斐济	长圆叶香脂苏木	
	Coprosma（RUBIACEAE） **臭叶木属（茜草科）**		**HS CODE 4403. 99**	
4565	*Coprosma arborea*	新西兰	树状臭叶木	mamangi
4566	*Coprosma australis*	新西兰	南方臭叶木	raurekau
4567	*Coprosma foliosa*	新西兰	叶状臭叶木	
4568	*Coprosma linariifolia*	新西兰	亚麻臭叶木	karamu；yellow-wood

序号	学名	主要产地	中文名称	地方名
4569	*Coprosma lucida*	新西兰	亮叶臭叶木	karamu
4570	*Coprosma montana*	夏威夷群岛	山地臭叶木	hupilo；pilo；pilo kuahiwi
4571	*Coprosma persicaefolia*	斐济	桃叶臭叶木	timo
4572	*Coprosma repens*	新西兰	三叶臭叶木	taupata
4573	*Coprosma rhynchocarpa*	夏威夷群岛	沟臭叶木	pilo；pito
4574	*Coprosma robusta*	新西兰	大臭叶木	karamu
4575	*Coprosma rotundifolia*	新西兰	圆叶臭叶木	round-leaved coprosma
	***Cordia*（BORAGINACEAE）** **破布木属（紫草科）**		**HS CODE** **4403. 49**	
4576	*Cordia alliodora*	斐济	蒜味破布木	cordia
4577	*Cordia aspera*	斐济	金平氏破布子	tou
4578	*Cordia dichotoma*	澳大利亚、巴布亚新几内亚	破布木	gommier；new guinea cordia；papua new guinea cordia
4579	*Cordia myxa*	澳大利亚	毛叶破布木	cordia
4580	*Cordia sebestena*	帕劳群岛	核果破布木	kalau；kelau
4581	*Cordia subcordata*	密克罗尼西亚、帕劳群岛、新赫布里底群岛、夏威夷群岛、威克岛、菲尼克斯群岛、斐济、美拉尼西亚、巴布亚新几内亚、澳大利亚、萨摩亚群岛、库克群岛	心叶破布木	ahau；anau anikat anno；ano；anogut；baderirt；badrirs；bois porche；eekoh eek；eekwahk；gulu；ikwaiak；island walnut；mako；man'ava；marirare；rakaumi；salimoeli；tan；tauanave；tirakaumea；tirakaumi；volafolten tatas；yaaluw yaane
	***Cordyline*（AGAVACEAE）** **朱蕉属（龙舌兰科）**		**HS CODE** **4403. 99**	
4582	*Cordyline australis*	新西兰	南方朱蕉	cabbage-tree；ti
4583	*Cordyline banksii*	新西兰	班氏朱蕉	ti-ngahere；tingahere
4584	*Cordyline fruticosa*	夏威夷群岛、美拉尼西亚	朱蕉	common dracaena；dracaena；ki；la-i；luqa；taqete；tavea；ti
4585	*Cordyline indivisa*	新西兰	热带种蓝朱蕉	broad-leaf cabbage-tree；toii
	***Coriaria*（CORIARIACEAE）** **马桑属（马桑科）**		**HS CODE** **4403. 99**	
4586	*Coriaria arborea*	新西兰	树状马桑	tree-tutu；tupakahi
4587	*Coriaria ruscifolia*	新西兰	枝状叶马桑	titirangi

序号	学名	主要产地	中文名称	地方名
	Corymbia **(MYRTACEAE)** **伞房桉属（桃金娘科）**		**HS CODE** **4403.99**	
4588	*Corymbia abbreviata*	澳大利亚	伞形伞房桉	scraggy bloodwood
4589	*Corymbia abergiana*	澳大利亚	阿伯吉伞房桉	range bloodwood; rockingham bay bloodwood
4590	*Corymbia arenaria*	澳大利亚	沙蒿伞房桉	gum-topped bloodwood
4591	*Corymbia aspera*	澳大利亚	叶树伞房桉	brittle range gum; rough-leaved gum
4592	*Corymbia bleeseri*	澳大利亚	布雷塞伞房桉	smooth-stemmed bloodwood
4593	*Corymbia bloxsomei*	澳大利亚	抱茎伞房桉	yellow-jacket
4594	*Corymbia calophylla*	澳大利亚、夏威夷群岛	海棠叶伞房桉	marri; red gum
4595	*Corymbia citriodora*	夏威夷群岛、澳大利亚、斐济	柠檬伞房桉	lemon-gum eucalyptus; lemon-scented gum; lemon-scentediron gum; macula; spotted gum; spottediron gum
4596	*Corymbia clavigera*	澳大利亚	棒状伞房桉	apple gum; broad-leaved carbeen; cabbage gum
4597	*Corymbia collina*	澳大利亚	黄花伞房桉	frosted bloodwood; inland bloodwood; long-fruited bloodwood; pale bloodwood
4598	*Corymbia confertiflora*	巴布亚新几内亚、澳大利亚	聚花伞房桉	boroko gum; broad-leaved carbeen
4599	*Corymbia dichromophloia*	澳大利亚	重色伞房桉	gum-topped bloodwood; mt. cooper bloodwood; snow gum; variable-bark bloodwood
4600	*Corymbia eremaea*	澳大利亚	软伞房桉	gum-topped bloodwood; mt. cooper bloodwood; variable-bark bloodwood
4601	*Corymbia erythrophloia*	澳大利亚	红斑伞房桉	gum-topped bloodwood; mt. cooper bloodwood; variable-bark bloodwood
4602	*Corymbia eximia*	澳大利亚	外胚叶伞房桉	mountain bloodwood; smoothbark bloodwood; yellow bloodwood
4603	*Corymbia ferruginea*	澳大利亚	锈色伞房桉	rusty bloodwood
4604	*Corymbia ficifolia*	澳大利亚	榕叶伞房桉	red-floweringgum; scarlet-floweringgum
4605	*Corymbia foelscheana*	澳大利亚	福尔伞房桉	fan-leaved bloodwood; smoothbark bloodwood
4606	*Corymbia gilbertensis*	澳大利亚	吉尔伞房桉	gilbert river bloodwood
4607	*Corymbia grandifolia*	澳大利亚	大叶伞房桉	bastard bloodwood; large-leaved cabbagegum

序号	学名	主要产地	中文名称	地方名
4608	*Corymbia gummifera*	澳大利亚	胶状伞房桉	australische bloedhout; bloodwood; blutholzbaum; boona; bourrayero gourroo; pale bloodwood; red bloodwood; true box; yellow box
4609	*Corymbia haematoxylon*	大洋洲	苏木精伞房桉	
4610	*Corymbia henryi*	澳大利亚	绿花伞房桉	large-leaved spotted gum; spotted gum
4611	*Corymbia intermedia*	澳大利亚	中性伞房桉	pink bloodwood; red bloodwood
4612	*Corymbia jacobsiana*	澳大利亚	雅各伞房桉	stringybark bloodwood
4613	*Corymbia latifolia*	澳大利亚	阔叶伞房桉	round-leaved bloodwood
4614	*Corymbia leichhardtii*	澳大利亚	莱氏伞房桉	leichhardt rustyjacket
4615	*Corymbia longifolia*	澳大利亚	长叶伞房桉	wollybutt; woollybutt
4616	*Corymbia maculata*	澳大利亚	斑皮伞房桉	australian hickory; macula; maculata; maculata gum; marbled gum; spotted gum; spotted iron gum
4617	*Corymbia nesophila*	澳大利亚	喜草伞房桉	island bloodwood; melville island bloodwood
4618	*Corymbia papuana*	巴布亚新几内亚、澳大利亚	巴布亚伞房桉	boroko gum; cabbage gum; desert gum; drooping white gum; ghost gum; molloy white gum; puddingwood; sugar gum; tropical gum; white drooping gum; willow gum
4619	*Corymbia peltata*	澳大利亚	盾叶伞房桉	rustyjacket; yellow-jacket
4620	*Corymbia polycarpa*	澳大利亚、巴布亚新几内亚	多果伞房桉	kulcha; long-fruited bloodwood; pale bloodwood; red bloodwood; small-flowered bloodwood
4621	*Corymbia porrecta*	澳大利亚	毛蕊伞房桉	desert bloodwood; fitzroy river bloodwood
4622	*Corymbia ptychocarpa*	澳大利亚	红冠伞房桉	red bloodwood; spring bloodwood; swamp bloodwood
4623	*Corymbia setosa*	澳大利亚	刺毛伞房桉	rough-leaved bloodwood
4624	*Corymbia terminalis*	澳大利亚	终端伞房桉	blutholzbaum; inland bloodwood; long-fruited bloodwood; pale bloodwood
4625	*Corymbia tessellaris*	澳大利亚	苔藓伞房桉	carbeen; carbeen bloodwood; moreton bayash
4626	*Corymbia torelliana*	澳大利亚	托里伞房桉	cadaga; cadaghi

序号	学名	主要产地	中文名称	地方名
4627	*Corymbia trachyphloia*	澳大利亚	丛枝伞房桉	brown bloodwood; white bloodwood; yellow bloodwood
4628	*Corymbia viminalis*	澳大利亚	多枝伞房桉	australische manna gum; drooping gum; manna gum; manna gum d'australie; ribbon gum; ribbony gum; roughbark ribbon gum; swamp gum; white gum
4629	*Corymbia watsoniana*	澳大利亚	沃森伞房桉	brown bloodwood; large-fruited bloodwood; large-fruited yellow-jacket; watson yellow bloodwood
	Corynocarpus **(CORYNOCARPACEAE)** **毛利果属（毛利果科）**		**HS CODE 4403.99**	
4630	*Corynocarpus cribbianus*	澳大利亚	克里毛利果	cribwood
4631	*Corynocarpus dissimilis*	澳大利亚	异见毛利果	hetre noir
4632	*Corynocarpus laevigatus*	夏威夷群岛、新西兰	光滑毛利果	karaka; karaka-tree; karakanut; karatta; new zealand karakanut
4633	*Corynocarpus similis*	新赫布里底群岛	并羽毛利果	amako; asme; nakuruma; navau; vundondora
	Crescentia **(BIGNONIACEAE)** **葫芦树属（紫葳科）**		**HS CODE 4403.99**	
4634	*Crescentia cujete*	斐济	葫芦树	calabash-tree
	Croton **(EUPHORBIACEAE)** **巴豆属（大戟科）**		**HS CODE 4403.49**	
4635	*Croton insularis*	澳大利亚	绝缘巴豆	cascarilla-bark
4636	*Croton metallicus*	斐济	硬重巴豆	lengalenga
4637	*Croton triacros*	澳大利亚	特里巴豆	spear birch
	Cryptocarya **(LAURACEAE)** **厚壳桂属（樟科）**		**HS CODE 4403.99**	
4638	*Cryptocarya alleniana*	巴布亚新几内亚	大厚壳桂	massoia
4639	*Cryptocarya angulata*	澳大利亚	角状厚壳桂	acidwood; bulls-breath; ivory laurel; ivory walnut
4640	*Cryptocarya aristata*	澳大利亚	细叶厚壳桂	bois du diable
4641	*Cryptocarya cinnamomifolia*	澳大利亚	桂皮厚壳桂	cinnamon laurel; white laurel

序号	学名	主要产地	中文名称	地方名
4642	*Cryptocarya corrugata*	澳大利亚	皱叶厚壳桂	acidwood; bulls-breath; corduroy laurel; oak walnut; oak-walnut; walnut oak
4643	*Cryptocarya crassinervia*	巴布亚新几内亚	克氏厚壳桂	massoia
4644	*Cryptocarya cunninghamii*	澳大利亚	丛花厚壳桂	cunningham laurel
4645	*Cryptocarya elliptica*	新喀里多尼亚	椭圆厚壳桂	citronnelle; false santal; fausse citronnelle; faux santal; idou; kiwo
4646	*Cryptocarya erythroxylon*	澳大利亚	古柯厚壳桂	laurel rose; pigeonberryash; rose laurel; rose maple; rose walnut; southern maple; walnut-rose; whitebark
4647	*Cryptocarya foveolata*	澳大利亚	金叶厚壳桂	mountain walnut; small-leaved laurel
4648	*Cryptocarya fusca*	斐济	黑厚壳桂	kalinimacou; kaurivau; vorovoro
4649	*Cryptocarya glabella*	澳大利亚	格拉厚壳桂	poison laurel; poison walnut
4650	*Cryptocarya glaucescens*	澳大利亚	白变厚壳桂	brown beech; jackwood; she beech; silver sycamore
4651	*Cryptocarya hornei*	斐济	霍内厚壳桂	duvudu; ivi ivi; maco; ndrausasa; wawanunu
4652	*Cryptocarya hypoglauca*	澳大利亚	青冈厚壳桂	northern laurel
4653	*Cryptocarya hypospodia*	澳大利亚	孢子厚壳桂	pepperberry-tree; she beech; white walnut
4654	*Cryptocarya lanceolata*	新喀里多尼亚	剑叶厚壳桂	moustiquaire
4655	*Cryptocarya leptospermoides*	新喀里多尼亚	螺旋厚壳桂	citronnelle
4656	*Cryptocarya lifuensis*	新喀里多尼亚	利富厚壳桂	emelen
4657	*Cryptocarya mackinnoniana*	澳大利亚	麦金厚壳桂	mackinnon walnut; rusty laurel; rusty-leaved laurel
4658	*Cryptocarya macrocarpa*	新喀里多尼亚	大果厚壳桂	bois moustiquare; maustiquaire; moustiquaire
4659	*Cryptocarya mannii*	夏威夷群岛	曼氏厚壳桂	holio
4660	*Cryptocarya massoy*	巴布亚新几内亚	马索厚壳桂	cinnamomum
4661	*Cryptocarya meisneriana*	澳大利亚	梅氏厚壳桂	meissner laurel; northern rivers laurel

序号	学名	主要产地	中文名称	地方名
4662	*Cryptocarya microneura*	澳大利亚	密克厚壳桂	murrogun；murrogun laurel
4663	*Cryptocarya montana*	斐济	山地厚壳桂	cavuwaru；lidi
4664	*Cryptocarya multipaniculata*	美拉尼西亚	多核厚壳桂	nubiri；tukura
4665	*Cryptocarya oblata*	澳大利亚	扁壳厚壳桂	bolly silkwood；tarzali silkwood
4666	*Cryptocarya obovata*	澳大利亚	倒卵叶厚壳桂	north queens pepperberry；pepperberry-tree；purple laurel；rose alder；white walnut
4667	*Cryptocarya odorata*	新喀里多尼亚	香厚壳桂	citronelle；citronnelle；fausse citronnelle；faux santal；laurel；santal citrin；savonnette
4668	*Cryptocarya parinarioides*	斐济	白厚壳桂	malawaso
4669	*Cryptocarya pleurosperma*	澳大利亚	隐花厚壳桂	poison walnut
4670	*Cryptocarya pluricostata*	新喀里多尼亚	脉状厚壳桂	chene banian
4671	*Cryptocarya rigida*	澳大利亚	红厚壳桂	brown beech；pigeonberryash；rose maple；rose walnut；southern maple；walnut-rose
4672	*Cryptocarya triplinervis*	澳大利亚	三叶厚壳桂	brown laurel
4673	*Cryptocarya turbinata*	斐济、新赫布里底群岛	大花厚壳桂	baco；kali ni macou；karaua；liligi；lilingi；macou；mbatho；migia apen；narumbudwyn；nikiapen；vorovoro；voulitau；vurain tovu；wild natongtong
4674	*Cryptocarya turrilliana*	斐济	图里利厚壳桂	lidicevucevu；tubu ni vorovoro
	***Cryptomeria*（CUPRESSACEAE）柳杉属（柏科）**		**HS CODE 4403.25（截面尺寸≥15cm）或 4403.26（截面尺寸<15cm）**	
4675	*Cryptomeria japonica*	夏威夷群岛	日本柳杉	cryptomeria；japanese cedar；sugi
	***Cunonia*（CUNONIACEAE）合椿梅属（火把树科）**		**HS CODE 4403.99**	
4676	*Cunonia austrocaledonica*	新喀里多尼亚	澳大利亚合椿梅	chene rouge
	***Cupaniopsis*（SAPINDACEAE）鸮蜜莓属（无患子科）**		**HS CODE 4403.99**	
4677	*Cupaniopsis amoena*	斐济	美丽鸮蜜莓	dregadrega

序号	学名	主要产地	中文名称	地方名
4678	*Cupaniopsis anacardioides*	澳大利亚	无心鸮蜜莓	beach tamarind; burrunedura; green-leaved tamarind
4679	*Cupaniopsis apiocarpa*	新喀里多尼亚	梨果鸮蜜莓	chene blanc
4680	*Cupaniopsis concolor*	大洋洲	单色鸮蜜莓	aappo; marasa; nducunduvn; sauva; tombilito
4681	*Cupaniopsis foveolata*	澳大利亚	毛叶鸮蜜莓	white tamarind
4682	*Cupaniopsis leptobotrys*	斐济	小果鸮蜜莓	malatawa; malawaci
4683	*Cupaniopsis oxyetala*	澳大利亚	奥氏鸮蜜莓	
4684	*Cupaniopsis parvifolia*	澳大利亚	小叶鸮蜜莓	beach tamarind; green-leaved tamarind; tuckeroo
	***Cupressus*（CUPRESSACEAE） 柏木属（柏科）**	**HS CODE 4403.25（截面尺寸≥15cm）或 4403.26（截面尺寸<15cm）**		
4685	*Cupressus arizonica*	澳大利亚、夏威夷群岛	绿干柏木	arizona cypress; arizona rough cypress; arizona smooth cypress
4686	*Cupressus lusitanica*	夏威夷群岛	墨西哥柏木	mexican cypress
4687	*Cupressus macrocarpa*	新西兰、澳大利亚、夏威夷群岛	大果柏木	macrocarpa; monterey cypress
4688	*Cupressus sempervirens*	夏威夷群岛	常绿柏木	italian cypress
	***Cynometra*（CAESALPINIACEAE） 喃喃果属（苏木科）**		**HS CODE 4403.49**	
4689	*Cynometra carolinensis*	密克罗尼西亚	茎花喃喃果	kelenguit
4690	*Cynometra falcata*	斐济	断刺喃喃果	cibicibi; tataqia
4691	*Cynometra grandiflora*	斐济	大花喃喃果	cibicibi; togatu
4692	*Cynometra insularis*	斐济	单枝喃喃果	cibicibi; maniltoa; moivi
4693	*Cynometra ramiflora*	美拉尼西亚、密克罗尼西亚、帕劳群岛	枝花喃喃果	hapo; kahsilah; kalengui; kameu; kammau; kelengui; ketenguit; ketunguit; kumoh; maraasta; shingra
	***Cyphomandra*（SOLANACEAE） 树番茄属（茄科）**		**HS CODE 4403.99**	
4694	*Cyphomandra oblongifolia*	大洋洲	长圆形树番茄	gallinagopanga; shia
	***Dacrydium*（PODOCARPACEAE） 陆均松属（罗汉松科）**	**HS CODE 4403.25（截面尺寸≥15cm）或 4403.26（截面尺寸<15cm）**		
4695	*Dacrydium araucarioides*	新喀里多尼亚	南洋陆均松	araucaria-leaf dacrydium

序号	学名	主要产地	中文名称	地方名
4696	*Dacrydium balansae*	新喀里多尼亚	南岭陆均松	balansa dacrydium; dacrydium; new caledonian dacrydium
4697	*Dacrydium beccarii*	巴布亚新几内亚、所罗门群岛	加里曼丹陆均松	beccar dacrydium
4698	*Dacrydium bidwillii*	新西兰	毕氏陆均松	bog pine; mountain pine; tarwood
4699	*Dacrydium biforme*	新西兰	二型泪柏	manoao; pink pine; silver pine
4700	*Dacrydium colensoi*	新西兰	高山陆均松	colenso dacrydium; silver pine; westland pine; white silver pine
4701	*Dacrydium cupressinum*	新西兰	柏木陆均松	clean-heart; hars-taxus; new zealand red pine; red pine; red-pine rimu; rimiu; rimu; rimu dacrydium; sempilor
4702	*Dacrydium elatum*	巴布亚新几内亚、斐济	巨陆均松	belitzi; tagitagi; yaka
4703	*Dacrydium franklinii*	澳大利亚	塔洲陆均松	huon; huon dacrydium; huon pine; macquerie pine
4704	*Dacrydium guilluaminii*	新喀里多尼亚	瓦尼陆均松	guilluamin dacrydium
4705	*Dacrydium intermedius*	新西兰	黄银陆均松	nieuw-zeel and nieuw-zeel and dacrydiaum; red dacrydium; silver pine; yellow silver pine; yellow silver silver pine; yellow-siver pine
4706	*Dacrydium kirkii*	新西兰	柯氏陆均松	barrier pine; kirk pine; monoae; monoao; northern manoao; pine
4707	*Dacrydium laxifolium*	新西兰	宽叶陆均松	mountain rimu; pygmy pine; tongoriro dacrydium
4708	*Dacrydium leptophyllum*	巴布亚新几内亚	钩端陆均松	goliath dacrydium
4709	*Dacrydium lycopodioides*	新喀里多尼亚、斐济	石陆均松	mou dacrydium; yaka
4710	*Dacrydium nausoriensis*	斐济	纳索陆均松	nausori dacrydium; yaka
4711	*Dacrydium nidulum*	斐济、巴布亚新几内亚、密克罗尼西亚	奈氏陆均松	dakua salusalu; vogelkop dacrydium; yaka
4712	*Dacrydium novo-guineense*	巴布亚新几内亚	新几内亚陆均松	dacrydium; new guinea dacrydium
4713	*Dacrydium spathoides*	巴布亚新几内亚	匙形陆均松	indenberg river dacrydium

序号	学名	主要产地	中文名称	地方名
4714	*Dacrydium xanthandrum*	巴布亚新几内亚、所罗门群岛	黄蕊陆均松	morobe dacrydium
	Dalbergia **(FABACEAE)** **黄檀属(蝶形花科)**		**HS CODE 4403.49**	
4715	*Dalbergia albertisii*	巴布亚新几内亚、索罗门群岛	巴布亚黄檀②	
4716	*Dalbergia beccarii*	巴布亚新几内亚、索罗门群岛	贝氏黄檀②	
4717	*Dalbergia candenatensis*	澳大利亚	弯枝黄檀②	
4718	*Dalbergia densa*	澳大利亚、巴布亚新几内亚	密集黄檀②	
4719	*Dalbergia monosperma*	斐济	单子黄檀②	denimana
4720	*Dalbergia monticola*	斐济	山地黄檀②	
4721	*Dalbergia neoperrieri*	斐济	新佩利尔黄檀②	
4722	*Dalbergia oligophylla*	帕劳群岛	帕劳黄檀②	bangiroi
	Daphnandra **(ATHEROSPERMATACEAE)** **销枝檫属(香皮檫科)**			**HS CODE 4403.99**
4723	*Daphnandra dielsii*	澳大利亚	南方销枝檫	northern sassafras; sassafras
4724	*Daphnandra micrantha*	澳大利亚	小花销枝檫	canary sassafras; sassafras; socket sassafras; socketwood; tdandambia; yellow sassafras
4725	*Daphnandra repandula*	澳大利亚	销枝檫	grey sassafras; northern sassafras; sassafras; scentless sassafras
	Darlingia **(PROTEACEAE)** **榄仁桄属(山龙眼科)**		**HS CODE 4403.99**	
4726	*Darlingia darlingiana*	澳大利亚	达林榄仁桄	brown oak; brown silky oak; rose silky oak; silky oak
4727	*Darlingia ferruginea*	澳大利亚	锈色榄仁桄	brown silky oak; rose silky oak; silky oak
	Decaspermum **(MYRTACEAE)** **子楝树属(桃金娘科)**		**HS CODE 4403.99**	
4728	*Decaspermum fruticosum*	南太平洋地区、澳大利亚、巴布亚新几内亚、帕劳群岛、密克罗尼西亚、斐济	五瓣子楝树	anue; brown myrtle; iminil; kerdak; kertaku; nolgow; nonggonongo; nongo nongo; nunga-nunga; nuqanuqa

序号	学名	主要产地	中文名称	地方名
4729	*Decaspermum humile*	澳大利亚	矮子楝树	brown myrtle; silky myrtle
4730	*Decaspermum raymundii*	帕劳群岛	萼管子楝树	caltaccoo; chesiik; kertaku
	Degeneria **(DEGENERIACEAE)** **单室木兰属（单室木兰科）**		**HS CODE 4403. 99**	
4731	*Degeneria vitiensis*	斐济	斐济单室木兰	masiratu; vavaloa; yaranggele
	Delonix **(CAESALPINIACEAE)** **凤凰木属（苏木科）**		**HS CODE 4403. 99**	
4732	*Delonix regia*	帕劳群岛、密克罗尼西亚、斐济	凤凰木	nangiosakura; nangyo; pilampwoia weitahta; sakuranirow; sekoula
	Dendrocnide **(URTICACEAE)** **火麻树属（荨麻科）**		**HS CODE 4403. 99**	
4733	*Dendrocnide excelsa*	澳大利亚	大火麻树	fibrewood; giant stingingtree; goo mao mah; gympie-gympie
4734	*Dendrocnide kusaiana*	密克罗尼西亚	库塞火麻树	leles; lelesi
4735	*Dendrocnide moroides*	澳大利亚	毛刺火麻树	stinging-shrub
4736	*Dendrocnide photinophylla*	澳大利亚	光叶火麻树	fibrewood; gympie; gympie-gympie; mulberry-leaved stingingtree; shining-leaved stingingtree; small-leaved stingingtree
	Dendrolobium **(FABACEAE)** **假木豆属（蝶形花科）**		**HS CODE 4403. 99**	
4737	*Dendrolobium umbellatum*	美拉尼西亚、斐济	伞花假木豆	kukuvu; mothemothe; ndrala; sausautave; suweni matua; tokaibebe
	Deplanchea **(BIGNONIACEAE)** **金盖树属（紫葳科）**		**HS CODE 4403. 99**	
4738	*Deplanchea tetraphylla*	澳大利亚	四叶金盖树	bignonia
	Dillenia **(DILLENIACEAE)** **五桠果属（五桠果科）**		**HS CODE 4403. 49**	
4739	*Dillenia alata*	澳大利亚	翼状五桠果	red beech
4740	*Dillenia biflora*	斐济	双花五桠果	kukulava; kulava; kulukulu; kuluva
4741	*Dillenia crenata*	所罗门群岛	小籽五桠果	mudi
4742	*Dillenia ingens*	所罗门群岛	假硕五桠果	mudu
4743	*Dillenia salomonensis*	所罗门群岛	所罗门五桠果	dillenia; hembore; irawaru; kapuchu; mudi; mundo; sembere; simbiri; simpoh; visu visu

序号	学名	主要产地	中文名称	地方名
	Dimocarpus (SAPINDACEAE) 龙眼属（无患子科）		**HS CODE** **4403.99**	
4744	*Dimocarpus atoto*	斐济	阿托龙眼木	totolu; totoyava
4745	*Dimocarpus longan*	夏威夷群岛	龙眼木	longan
	Diospyros (EBENACEAE) 柿属（柿树科）		**HS CODE** **4403.49**	
4746	*Diospyros blancoi*	帕劳群岛	苞片柿木	matib
4747	*Diospyros elliptica*	斐济	椭圆柿木	tarutaru
4748	*Diospyros fasciculosa*	澳大利亚	束状柿木	ebony; grey ebony; long-tom
4749	*Diospyros ferrea*	密克罗尼西亚、澳大利亚、斐济、巴布亚新几内亚	铁乌木	aringal; australian ebony; black ebony; fau drai ni siga; galarigal; lato; long-tom; native ebony; papua new guinea black ebony; queensland ebony; sisiruwai; thimbithimbi
4750	*Diospyros foliosa*	斐济	小叶柿木	ulalo
4751	*Diospyros globosa*	斐济	全球柿木	kaukauloa; mula; mulu
4752	*Diospyros hillebrandii*	夏威夷群岛	斑点柿木	elama; hillebrand persimmon; lama; lama lau nui
4753	*Diospyros lateriflora*	斐济	侧花柿木	maba; mamba
4754	*Diospyros maritima*	巴布亚新几内亚	黄心柿木	white ebony
4755	*Diospyros montana*	澳大利亚	山地柿木	ebenier blanc
4756	*Diospyros papuana*	巴布亚新几内亚、澳大利亚	巴布亚柿木	new guinea ebony; notoa; papua new guinea whiteebony
4757	*Diospyros pentamera*	澳大利亚	五角柿木	black myrtle; grey persimmon; grey plum; myrtle; myrtle ebony
4758	*Diospyros samoensis*	萨摩亚群岛、斐济、新赫布里底群岛	山楂柿木	au'auli; kau loa; kaukauloa; mbulumate; minnow; mulo; nakapoa; neipeni; samoan ebony
4759	*Diospyros sandwicensis*	夏威夷群岛	沙维斯柿木	lama
	Diploglottis (SAPINDACEAE) 类酸豆属（无患子科）		**HS CODE** **4403.99**	
4760	*Diploglottis australis*	澳大利亚东部	类酸豆木	australian tamarind
4761	*Diploglottis bracteata*	澳大利亚	具苞类酸豆木	tamarind

序号	学名	主要产地	中文名称	地方名
4762	*Diploglottis cunninghamii*	澳大利亚	双枝类酸豆木	australian tamarind; australische tamarinde; australisk tamarind; broad-leaved tamarind; native tamarind; tamarind; tamarindo australiano; tamarindo de australia; tamarinier d'australie; tamorind-tree
	Dissiliaria **(EUPHORBIACEAE)** **卫矛桐属（大戟科）**		**HS CODE** **4403. 99**	
4763	*Dissiliaria baloghioides*	澳大利亚	澳大利亚卫矛桐	blackheart; hauer; lancewood; red heart; redheart
	Dodonaea **(SAPINDACEAE)** **车桑子属（无患子科）**		**HS CODE** **4403. 99**	
4764	*Dodonaea dioica*	新喀里多尼亚	异株车桑子	bois de casse-tete
4765	*Dodonaea triquetra*	澳大利亚	三角车桑子	hopbush
4766	*Dodonaea viscosa*	夏威夷群岛、新西兰、社会群岛、南太平洋地区、澳大利亚、帕劳群岛、密克罗尼西亚、巴布亚新几内亚、斐济	车桑子	aalii; aalii kumakani; aki rantangi; aki-aki; apiri; broad-leaf hopbush; haque-haque; hopbush; lignum vitae; masikirangl; mesechelangel; native birch; victorian lignum vitae; wausi; wosi
	Dolichandrone **(BIGNONIACEAE)** **猫尾木属（紫葳科）**		**HS CODE** **4403. 99**	
4767	*Dolichandrone spathacea*	所罗门群岛、密克罗尼西亚、帕劳群岛、巴布亚新几内亚	宽叶猫尾木	rairai; riu; rriu; rriyou; rui; siboruhu; tavituvitu; varasa
	Dolicholobium **(RUBIACEAE)** **滨茉莉属（茜草科）**		**HS CODE** **4403. 99**	
4768	*Dolicholobium acuminatum*	斐济	渐尖滨茉莉	
4769	*Dolicholobium latifolium*	斐济	阔叶滨茉莉	buabua ni baravi; buabua ni waitui
4770	*Dolicholobium macgregori*	斐济	滨茉莉	na ura
	Doryphora **(ATHEROSPERMATACEAE)** **矛蕊檫属（香皮檫科）**		**HS CODE** **4403. 99**	
4771	*Doryphora aromatica*	澳大利亚	香叶矛蕊檫	northern sassafras; sassafras

序号	学名	主要产地	中文名称	地方名
4772	*Doryphora sassafras*	澳大利亚	黄矛蕊檫	caalang; canary sassafras; coalong; golden deal; golden-deal; grey sassafras; new south wales sassafras; sassafras; tdjeundegong; yellow sassafras
	Dracaena (AGAVACEAE) **龙血树属（龙舌兰科）**		**HS CODE 4403. 99**	
4773	*Dracaena angustifolia*	帕劳群岛	狭叶龙血树	orodakl
4774	*Dracaena multiflora*	帕劳群岛	多花龙血树	orredakel; orredakl
	Dracontomelon (ANACARDIACEAE) **人面子属（漆树科）**		**HS CODE 4403. 49**	
4775	*Dracontomelon dao*	巴布亚新几内亚	人面子	dahu; dao; dar; guineawood; laup; loali; loup; lup; mon; new guinea walnut; nieuw-guinea noten; noyer de la nouvelle-guinee; papua new guinea walnut; senai
4776	*Dracontomelon vitiense*	新赫布里底群岛、斐济	小叶人面子	alau; atapol; ghatambloa; kalbol; lau; mal; melrumbus; naho; nakatambo; nakatambol; netabol; netepol; neye; nowul; tarawau; tarawau ndina; vihatabola; vuhatambol; wuring
	Dracophyllum (ERICACEAE) **龙血石南属（杜鹃科）**		**HS CODE 4403. 99**	
4777	*Dracophyllum involucratum*	新西兰	总苞龙血石南	
4778	*Dracophyllum latifolium*	新西兰	阔叶龙血石南	neinei; spiderwood
4779	*Dracophyllum longifolium*	新西兰	长叶龙血石南	inaka
4780	*Dracophyllum strictum*	新西兰	狭窄龙血石南	
4781	*Dracophyllum townsonii*	新西兰	具柄龙血石南	slender-neinei
4782	*Dracophyllum traversii*	新西兰	龙血石南	mountain-neinei
4783	*Dracophyllum verticillatum*	新西兰	轮叶龙血石南	

序号	学名	主要产地	中文名称	地方名
	Dryadodaphne **(ATHEROSPERMATACEAE)** 锥果檫属（香皮檫科）			**HS CODE 4403. 99**
4784	*Dryadodaphne novoguineensis*	澳大利亚、巴布亚新几内亚	锥果檫	grey sassafras; new guinea sassafras; northern sassafras; papua new guinea sassafras; sassafras
	Drymophloeus **(PALMAE)** 木果椰属（棕榈科）		**HS CODE 4403. 99**	
4785	*Drymophloeus normanbyi*	澳大利亚	木果椰	black palm
	Drypetes **(EUPHORBIACEAE)** 核果木属（大戟科）		**HS CODE 4403. 49**	
4786	*Drypetes australasica*	澳大利亚	澳大利亚核果木	grey box; yellow tulip
4787	*Drypetes lasiogyna*	澳大利亚	渐尖核果木	grey boxwood; yellow tulip; yellow tulipwood
4788	*Drypetes nitida*	帕劳群岛	密茎核果木	keuelt
4789	*Drypetes vitiensis*	斐济	斐济核果木	meme
	Duabanga **(LYTHRACEAE)** 八宝树属（千屈菜科）		**HS CODE 4403. 49**	
4790	*Duabanga moluccana*	巴布亚新几内亚	马六甲八宝树	new guinea duabanga
	Dubautia **(COMPOSITAE)** 轮菊属（菊科）		**HS CODE 4403. 99**	
4791	*Dubautia plantaginea*	夏威夷群岛	车前轮菊木	naenae
	Duboisia **(SOLANACEAE)** 软木茄属（茄科）		**HS CODE 4403. 99**	
4792	*Duboisia leichhardtii*	澳大利亚	软木茄	duboisia; yellow basswood
4793	*Duboisia myoporoides*	澳大利亚	杜氏软木茄	duboisia; eye-opening-tree; yellow basswood
	Duranta **(VERBENACEAE)** 假连翘属（马鞭草科）		**HS CODE 4403. 99**	
4794	*Duranta erecta*	新喀里多尼亚、澳大利亚	假连翘	troene d'amerique; vanillier faux
	Dysoxylum **(MELIACEAE)** 樫木属（楝科）		**HS CODE 4403. 99**	
4795	*Dysoxylum arborescens*	新赫布里底群岛	乔木樫木	vivasa; vumbuemarva
4796	*Dysoxylum bijugum*	新喀里多尼亚	重樫木	kiouna

序号	学名	主要产地	中文名称	地方名
4797	*Dysoxylum excelsum*	澳大利亚	大樫木	buff mahogany; cape york cedar
4798	*Dysoxylum fissum*	巴布亚新几内亚	软樫木	o-a-ubu
4799	*Dysoxylum fraseranum*	澳大利亚	澳大利亚樫木	australian cedar; australian mahogany; australian rosewood; australische rozenhout; bleistift-zeder; bois de rose d'australie; mahogany; rose mahogany; rosemay; rosenholz; rosewood
4800	*Dysoxylum gaudichaudianum*	巴布亚新几内亚、新赫布里底群岛、澳大利亚	金地樫木	anai; benaai; ivory mahogany; kimahing; macila; macileng; miva; miva mahogany; nakaupoa; nampou; narimbo; noqomat; npwis; numbos; onionwood; red bean; vitahipunstai; vugansa
4801	*Dysoxylum hornei*	斐济	霍内樫木	raidambo
4802	*Dysoxylum huntii*	萨摩亚群岛	亨氏樫木	maota mea
4803	*Dysoxylum lenticellare*	斐济	扁豆樫木	bausomi; bausoro; kautoa; mala; malamala
4804	*Dysoxylum lessertianum*	新喀里多尼亚	塞坦樫木	bois mouchete; rosewood
4805	*Dysoxylum macranthum*	新喀里多尼亚	大齿樫木	be maoui; bois d'ail
4806	*Dysoxylum maota*	美拉尼西亚	毛塔樫木	moota
4807	*Dysoxylum mollissimum*	澳大利亚	软樫木	miva; miva mahogany; onionwood; pencil cedar; red bean; stavewood
4808	*Dysoxylum muelleri*	澳大利亚	板条樫木	dysox; miva mahogany
4809	*Dysoxylum myriandrum*	斐济	斐济樫木	warokamici; warokamithi
4810	*Dysoxylum obliquum*	斐济	斜樫木	bausomi
4811	*Dysoxylum oppositifolium*	澳大利亚	对叶樫木	pink mahogany
4812	*Dysoxylum papuanum*	澳大利亚	巴布亚樫木	cream mahogany; spicy mahogany
4813	*Dysoxylum parasiticum*	所罗门群岛、巴布亚新几内亚、澳大利亚	大花樫木	aimokta'a; aindongado nga; airado; airande; aiwasu; baka baka; ghaimambulu; kirakira; kizama; marere; nomala; ulukwala; ulukwalobala; yellow mahogany

序号	学名	主要产地	中文名称	地方名
4814	*Dysoxylum pettigrewianum*	澳大利亚	小樫木	spur mahogany；spurwood
4815	*Dysoxylum quercifolium*	斐济	栎叶樫木	sasauira；tarawau
4816	*Dysoxylum richii*	斐济	里氏樫木	dodo tarawau；dodotarau；dodoturau；makota；sasauira；sau saura；tarawau；terawak kei rakaraka；vesida
4817	*Dysoxylum rubrum*	巴布亚新几内亚	红核樫木	kilaq
4818	*Dysoxylum rufescens*	新喀里多尼亚	红樫木	bois d'ail
4819	*Dysoxylum rufum*	澳大利亚	黄毛樫木	rusty mahogany
4820	*Dysoxylum samoense*	萨摩亚群岛、斐济	萨恩樫木	mamala；tarawau tangane；tokai；vulavula
4821	*Dysoxylum schiffneri*	巴布亚新几内亚、澳大利亚	西弗樫木	buk buk；dysox；yellow mahogany
4822	*Dysoxylum seemanni*	斐济	曼尼樫木	danidaniloa；kautoa；ndanindani；tarawau；tavai
4823	*Dysoxylum spectabile*	新西兰	八宝樫木	kohekoe；kohekohe；kohikohe；new zealand cedar；new zealand mahogany；redheart
	***Ehretia*（BORAGINACEAE） 厚壳树属（紫草科）**		**HS CODE 4403.99**	
4824	*Ehretia acuminata*	澳大利亚	披针叶厚壳树	australian silky ash；brown cedar；chrunwood；churnwood；koda；silky ash
	***Elaeagnus*（ELAEAGNACEAE） 胡颓子属（胡颓子科）**		**HS CODE 4403.99**	
4825	*Elaeagnus hinau*	新西兰	齿壮胡颓子	hinau
	***Elaeocarpus*（ELAEOCARPACEAE） 杜英属（杜英科）**		**HS CODE 4403.99**	
4826	*Elaeocarpus amplifolius*	巴布亚新几内亚	广叶杜英	new guinea quandong
4827	*Elaeocarpus angustifolius*	澳大利亚、新喀里多尼亚、新赫布里底群岛、所罗门群岛、巴布亚新几内亚	狭叶杜英	austral mountainash；blue fig；blue quandong；blueberry ash；callhoon；nawadh；new guinea quandong；quandong；silver quandong；tilleul；white quandong；zhio

序号	学名	主要产地	中文名称	地方名
4828	*Elaeocarpus arnhemicus*	澳大利亚	长叶杜英	arnhem land quandong；bony quandong
4829	*Elaeocarpus bancroftii*	澳大利亚	澳大利亚杜英	grey-nut；kuranda quandong；nutwood
4830	*Elaeocarpus bifidus*	夏威夷群岛	夏威夷杜英	kalia
4831	*Elaeocarpus cassinoides*	斐济	西诺杜英	wailoaloa
4832	*Elaeocarpus chelonimorphus*	斐济	车轴杜英	kabi；sivia
4833	*Elaeocarpus coorangooloo*	澳大利亚	古洛杜英	brown quandong；caloon
4834	*Elaeocarpus dentatus*	新西兰、澳大利亚	齿杜英	hinau；hinua；kirtonwood；kisi-hinau；nhiuau-bark；titirangi；uheuan
4835	*Elaeocarpus edulis*	美拉尼西亚	蓝靛杜英	marampi
4836	*Elaeocarpus eumundi*	澳大利亚	欧迪杜英	eumundi quandong
4837	*Elaeocarpus floridanus*	所罗门群岛	花杜英	aiende
4838	*Elaeocarpus foveolatus*	澳大利亚	凹叶杜英	northern quandong；white quandong
4839	*Elaeocarpus gillespianus*	斐济	刺果杜英	mamakara
4840	*Elaeocarpus graeffei*	斐济	白果杜英	drivi；midri；vacea；vathea
4841	*Elaeocarpus grandis*	巴布亚新几内亚	大杜英	silver quandong
4842	*Elaeocarpus holopetalus*	澳大利亚	全瓣杜英	black oliveberry；mountain quandong
4843	*Elaeocarpus hookerianus*	新西兰	粗毛杜英	pokaka
4844	*Elaeocarpus horitorum*	新赫布里底群岛	丝棉杜英	neban
4845	*Elaeocarpus joga*	帕劳群岛、密克罗尼西亚	乔加杜英	degemerir；dekemerir；nanek；sadak；settak；syatak
4846	*Elaeocarpus johnsonii*	澳大利亚	约氏杜英	kuranda quandong
4847	*Elaeocarpus kambi*	斐济	栀子杜英	kabi
4848	*Elaeocarpus kirtonii*	澳大利亚	托氏杜英	brown-hearted quandong；brownheart；mountain beech；mowbullan whitewood；quandong；silver quandong；white beech；white beech-of-bunya mountains；white quandong；whitewood
4849	*Elaeocarpus kusanoi*	密克罗尼西亚	圆叶杜英	maratte；marratte；opop

序号	学名	主要产地	中文名称	地方名
4850	*Elaeocarpus largiflorens*	澳大利亚	巨瓣杜英	tropical quandong
4851	*Elaeocarpus multisectus*	所罗门群岛、美拉尼西亚	多裂杜英	aisiko; ruhonai
4852	*Elaeocarpus obovatus*	澳大利亚	倒卵形杜英	blueberry ash; grey carabeen; grey carrobean; hard quandong; quandong
4853	*Elaeocarpus ovigerus*	新喀里多尼亚	欧杜英	poue
4854	*Elaeocarpus polyandrus*	所罗门群岛	多花杜英	raumende
4855	*Elaeocarpus pyriformis*	斐济	梨形杜英	basin waidinir; kesa
4856	*Elaeocarpus rarotongensis*	库克群岛	珍珠杜英	karaka; kuana; rare
4857	*Elaeocarpus reticulatus*	澳大利亚	网纹杜英	ash quandong; blueberry ash; koda; scrub ash
4858	*Elaeocarpus ruminatus*	澳大利亚	反刍杜英	brown quandong; caloon
4859	*Elaeocarpus samoensis*	美拉尼西亚	三叶杜英	malalava
4860	*Elaeocarpus schlechterianus*	巴布亚新几内亚	沙李杜英	mado
4861	*Elaeocarpus sericopetalus*	澳大利亚	白背杜英	hard quandong; northern hard quandong
4862	*Elaeocarpus speciosus*	新喀里多尼亚、所罗门群岛、巴布亚新几内亚	美丽杜英	azou; azou graines bleues; milo; new guinea quandong
4863	*Elaeocarpus sphaericus*	大洋洲	球形杜英	jenitri; sanga burong; sengkurat
4864	*Elaeocarpus storckii*	斐济	斯氏杜英	qaiqai
4865	*Elaeocarpus ulianus*	萨摩亚群岛	尤利杜英	taputoi
	Elaeodendron **(CELASTRACEAE)** **洋橄榄属（卫矛科）**		**HS CODE** **4403.99**	
4866	*Elaeodendron australe*	澳大利亚	南方洋橄榄	cassine; red fruited olive plum; red olive berry
4867	*Elaeodendron curtipendulum*	澳大利亚	圆锥洋橄榄	olivier
4868	*Elaeodendron vitiense*	斐济	黄洋橄榄	kauloa
	Elattostachys **(SAPINDACEAE)** **埃拉属（无患子科）**		**HS CODE** **4403.99**	
4869	*Elattostachys apetala*	新喀里多尼亚	无瓣埃拉	faux chene blanc

序号	学名	主要产地	中文名称	地方名
4870	*Elattostachys falcata*	美拉尼西亚、斐济、新赫布里底群岛、萨摩亚群岛	镰状埃拉	lautaha; marasa; masa; milayev; namtangot; narum; ndrausasa; nekulise; nguli; nogulous; samoa wewe; tandiri; vusamdao; wewe
4871	*Elattostachys xylocarpa*	澳大利亚	木果埃拉	white foambark; white tamarind
	***Elmerrillia* (MAGNOLIACEAE)** **埃梅木属(木兰科)**		**HS CODE 4403.99**	
4872	*Elmerrillia celebica*	巴布亚新几内亚	西里伯斯埃梅木	wasian
4873	*Elmerrillia mollis*	巴布亚新几内亚	埃梅木	arau; kaju arau; lintan; madang tupul betiung
4874	*Elmerrillia papuana*	巴布亚新几内亚	巴布亚埃梅木	wau beech
4875	*Elmerrillia tsiampacca*	巴布亚新几内亚	坦帕埃梅木	beech wau; magnolia; wau beech
	***Embothrium* (PROTEACEAE)** **洋翅籽属(山龙眼科)**		**HS CODE 4403.99**	
4876	*Embothrium wickhamii*	澳大利亚东部	昆士兰洋翅籽木	satin oak
	***Emmenosperma* (RHAMNACEAE)** **宿珠木属(鼠李科)**		**HS CODE 4403.99**	
4877	*Emmenosperma alphitonioides*	澳大利亚、巴布亚新几内亚	宿珠木	bonewood; pink ooline; yellow almond; yellow ash
	***Endiandra* (LAURACEAE)** **土楠属(樟科)**		**HS CODE 4403.99**	
4878	*Endiandra acuminata*	澳大利亚	披针叶土楠	brown walnut; brown-nut
4879	*Endiandra compressa*	澳大利亚	澳大利亚土楠	greenheart; queensland greenheart; whitebark; whitebark greenheart
4880	*Endiandra cowleyana*	澳大利亚	考利土楠	northern rose walnut; rose walnut
4881	*Endiandra crassiflora*	澳大利亚	厚瓣土楠	dorrigo maple; dorrigo walnut
4882	*Endiandra dichrophylla*	澳大利亚	二色叶土楠	brown walnut; coach walnut; rose walnut
4883	*Endiandra dieberi*	澳大利亚	迪贝土楠	
4884	*Endiandra djamuensis*	澳大利亚	达曼土楠	brown walnut; montana walnut
4885	*Endiandra elaeocarpa*	澳大利亚	杜英土楠	
4886	*Endiandra flavinervis*	澳大利亚	黄土楠	
4887	*Endiandra glauca*	澳大利亚	青冈土楠	brown walnut; coach walnut; mbaa; native orange

序号	学名	主要产地	中文名称	地方名
4888	*Endiandra globosa*	澳大利亚	球形土楠	ball-fruited walnut
4889	*Endiandra hypotephra*	澳大利亚	弗拉土楠	blue walnut; northern rose walnut; rose walnut
4890	*Endiandra introrsa*	澳大利亚	罗萨土楠	red plum
4891	*Endiandra longipedicellata*	澳大利亚	长柄土楠	buff walnut
4892	*Endiandra luteola*	斐济	黄叶土楠	qeleqai
4893	*Endiandra muelleri*	澳大利亚	异色土楠	domatia-tree; mueller walnut; murrogun; rose walnut
4894	*Endiandra palmerstonii*	澳大利亚	昆士兰土楠	australian endiandra; australian laurel; australian walnut; australische endiandra; australische noten; australisk endiandra; black mahogany; endiandra australiana; endiandra d'australie; medang walnut; oriental walnut; orientalwood; queensland laurel; queensland walnut; queenwood; walnut-bean
4895	*Endiandra papuana*	巴布亚新几内亚	巴布亚土楠	
4896	*Endiandra pubens*	澳大利亚	短柔毛土楠	hairy walnut; rusty walnut
4897	*Endiandra rubescens*	澳大利亚	红土楠	brown walnut; coach walnut; montana walnut
4898	*Endiandra sankeyana*	澳大利亚	山柑土楠	sankey walnut
4899	*Endiandra sieberi*	澳大利亚	粉红土楠	australian pink walnut; noce rosato australiano; nogal rosado de australia; noyer rose d'australie; pink walnut; rosafargad australisk calnot; rose australisch noten; rose walnut
4900	*Endiandra tooram*	澳大利亚	托拉土楠	australian walnut; brown walnut; coach walnut; tooram walnut
4901	*Endiandra virens*	澳大利亚	绿土楠	australian endiandra; australian walnut; australische noten; australiskt valnotstra; bat-and-ball; new south wales walnut; noce australiano; nogal de australia; noyer d'australie; plumwood

序号	学名	主要产地	中文名称	地方名
	Endospermum **（EUPHORBIACEAE）** **黄桐属（大戟科）**		**HS CODE** **4403. 49**	
4902	*Endospermum macrophyllum*	斐济、新赫布里底群岛	大叶黄桐	kauvula; kauvulavula; lekutu; whitewood
4903	*Endospermum medullosum*	所罗门群岛、新赫布里底群岛、斐济、巴布亚新几内亚	硬黄桐	aasia; ekur belangkor; endospermum; haikambo; hongopo; joemke joek; kaslab; kauvula; kombiri; milkwood; new guinea basswood; nonda; saimeua; whitewood
4904	*Endospermum murmecophilum*	澳大利亚	小花黄桐	endospermum; toywood
4905	*Endospermum peltatum*	澳大利亚	盾黄桐	endospermum; toywood
4906	*Endospermum robbieanum*	斐济	罗比黄桐	vulavula
	Engelhardia **（JUGLANDACEAE）** **黄杞属（胡桃科）**		**HS CODE** **4403. 99**	
4907	*Engelhardia nudiflora*	巴布亚新几内亚	裸花黄杞	dungun paya; engel
4908	*Engelhardia rigida*	巴布亚新几内亚	硬黄杞	engel
	Entada **（MIMOSACEAE）** **榼藤属（含羞草科）**		**HS CODE** **4403. 99**	
4909	*Entada phaseoloides*	美拉尼西亚、斐济	榼藤子	aija; buri; vinaunakete; walai; wataqiri; wawai
	Eremophila **（MYOPORACEAE）** **喜沙木属（苦槛蓝科）**		**HS CODE** **4403. 99**	
4910	*Eremophila alterniflora*	澳大利亚	互生花喜沙木	
4911	*Eremophila bignoniiflora*	澳大利亚	大花喜沙木	
4912	*Eremophila duttonii*	澳大利亚	艾美喜沙木	
4913	*Eremophila freelingii*	澳大利亚	弗氏喜沙木	ironstone fuschia
4914	*Eremophila latrobei*	澳大利亚	二乙喜沙木	
4915	*Eremophila longifolia*	澳大利亚	长叶喜沙木	native plum; plum-bush
4916	*Eremophila mitchellii*	澳大利亚	米氏喜沙木	budda; buddha; false sandalwood; sandalbox; sandalwood
4917	*Eremophila polyclada*	澳大利亚	多叶喜沙木	
4918	*Eremophila scoparia*	澳大利亚	野喜沙木	emu-bush; feather-tree; silvery

序号	学名	主要产地	中文名称	地方名
	***Erythrina*（FABACEAE）** **刺桐属（蝶形花科）**		**HS CODE** **4403.99**	
4919	*Erythrina fusca*	斐济、密克罗尼西亚、帕劳群岛	黑刺桐	dralakaka; pahr; roro
4920	*Erythrina lithosperma*	斐济	翅果刺桐	dadap
4921	*Erythrina merrilliana*	巴布亚新几内亚	羽叶刺桐	coraltree
4922	*Erythrina sandwicensis*	夏威夷群岛	夏威夷刺桐	hawaiian coraltree; hawaiian erythrina; wiliwili
4923	*Erythrina variegata*	南太平洋地区、巴布亚新几内亚、斐济、萨摩亚群岛、密克罗尼西亚、夏威夷群岛、新赫布里底群岛、富图纳群岛、所罗门群岛、帕劳群岛	斑状刺桐	atae; balbal; drala dina; gatae; gau-gau; indian coraltree; indian wiliwili; naramohoy; narara; narayang; ngatae; pahr; tigers-claw; variegated coralbean; variegated coraltree
4924	*Erythrina vespertilio*	澳大利亚	维氏刺桐	batswing coraltree; grey corkwood
	***Erythrophleum*（CAESALPINIACEAE）** **格木属（苏木科）**		**HS CODE** **4403.49**	
4925	*Erythrophleum chlorostachys*	澳大利亚	澳大利亚格木	ah-pill; cooktown ironwood; ironbark; leguminous; leguminous ironbark; red ironwood
	***Erythrospermum*（ACHARIACEAE）** **红子木属（青钟麻科）**		**HS CODE** **4403.99**	
4926	*Erythrospermum acuminatissimum*	斐济	尖角红子木	dulewa; mavida; mavinda; nggetata; qetata
4927	*Erythrospermum candidum*	巴布亚新几内亚	铁皮红子木	partalai
	***Erythroxylum*（ERYTHROXYLACEAE）** **古柯属（古柯科）**		**HS CODE** **4403.49**	
4928	*Erythroxylum ecarinatum*	澳大利亚、所罗门群岛	埃卡古柯	brown plum; coast fufudi; cooktown kerosene-wood; malmalaufi si inland
4929	*Erythroxylum ellipticum*	澳大利亚	椭圆古柯	brown plum; cooktown kerosene-wood
	***Eucalyptus*（MYRTACEAE）** **桉属（桃金娘科）**		**HS CODE** **4403.98**	
4930	*Eucalyptus acaciiformis*	澳大利亚	相思桉	wattle-leaved peppermint

序号	学名	主要产地	中文名称	地方名
4931	*Eucalyptus accedens*	澳大利亚	粒皮桉	powderbark wandoo
4932	*Eucalyptus acmenoides*	澳大利亚	白桃花心桉	australian white mahogany; australisk falsk mahogny; caoba amarilla falsa australiana; faux acajou jaune d'australie; gele stringybark; mogano giallo falso australiano; narrow-leaved white stringybark; weisses mahagoni; white mahogany; yellow box; yellow stringbark; yellow stringybark
4933	*Eucalyptus agglomerata*	澳大利亚	石板桉	blue-leaved stringybark
4934	*Eucalyptus aggregata*	澳大利亚	聚合桉	
4935	*Eucalyptus alba*	巴布亚新几内亚、澳大利亚	白桉	boroko gum; poplar gum; ridge gum; timor white gum; white gum; wongoola
4936	*Eucalyptus albens*	澳大利亚	白花桉	white box
4937	*Eucalyptus alpina*	澳大利亚	阿尔卑斯桉	grampians gum
4938	*Eucalyptus amplifolia*	澳大利亚	广叶桉	cabbage gum
4939	*Eucalyptus amygdalina*	澳大利亚	杏仁桉	black peppermint; brown peppermint; giant gum; pepermuntboom; peppermint; river peppermint; silver peppermint; white gum; white peppermint
4940	*Eucalyptus andrewsii*	澳大利亚	安氏桉	mountain blackbutt; new england ash; new england blackbutt; new england peppermint; peppermint; stringybark; stringybark peppermint
4941	*Eucalyptus angophoroides*	澳大利亚	红果桉	apple-topped box
4942	*Eucalyptus apodophylla*	澳大利亚	无叶桉	whitebark
4943	*Eucalyptus archeri*	澳大利亚	阿切尔桉	cider gum
4944	*Eucalyptus argillacea*	澳大利亚	银桉	kimberley grey box; northern grey box
4945	*Eucalyptus argophloia*	澳大利亚	剑叶桉	chinchilla white gum; scrub gum; western white gum; white gum
4946	*Eucalyptus aromaphloia*	澳大利亚	阿罗枫桉	apple-box; creswick apple-box; scentbark
4947	*Eucalyptus astringens*	澳大利亚	单宁桉	brown mallet

序号	学名	主要产地	中文名称	地方名
4948	*Eucalyptus badjensis*	澳大利亚	八枝桉	gully ash
4949	*Eucalyptus baileyana*	澳大利亚	白杨桉	bailey stringybark; baily gum; rough stringbark
4950	*Eucalyptus bancroftii*	澳大利亚	班氏桉	
4951	*Eucalyptus baueriana*	澳大利亚	鲍桉	blue box; box; fuzzy box; round-leaved box
4952	*Eucalyptus baxteri*	澳大利亚	巴克桉	brown stringbark; brown stringybark
4953	*Eucalyptus behriana*	澳大利亚	白芷桉	bull mallee
4954	*Eucalyptus benthamii*	澳大利亚	边氏桉	camden white gum; nepean river gum
4955	*Eucalyptus beyeri*	澳大利亚	拜厄桉	brogan ironbark; corky ironbark; tumbledown ironbark
4956	*Eucalyptus biakelyi*	澳大利亚	克利桉	
4957	*Eucalyptus bicolor*	澳大利亚	双色桉	
4958	*Eucalyptus bicostata*	澳大利亚	脉状桉	
4959	*Eucalyptus bigalerita*	澳大利亚	比格桉	adelaide river white gum; northern salmon gum
4960	*Eucalyptus blakelyi*	澳大利亚	布氏桉	blakely gum; blakely red gum; forest red gum; narrow-leaved cabbage gum; swamp blue gum
4961	*Eucalyptus blaxlandii*	澳大利亚	步氏桉	brown stringybark
4962	*Eucalyptus bosistoana*	澳大利亚	波士桉	bosisto box; coast grey box; gippsland box; gippsland grey box; grey box; grey-coast box
4963	*Eucalyptus botryoides*	澳大利亚、夏威夷群岛	串果桉	australian southern mahogany; bangalay; bangalay eucalyptus; bastard jarrah; bastard mahogany; binnak; falsches mahagoni; false mahogany; faux acajou d'australie; gippsland mahogany; mahogany gum; onecht australisch mahonie; southern mahogany
4964	*Eucalyptus brachyandra*	澳大利亚	短尾桉	tropical red box
4965	*Eucalyptus brassiana*	巴布亚新几内亚、澳大利亚	褐桉	boroko gum; brassiana gum; gum-topped peppermint
4966	*Eucalyptus brevifolia*	澳大利亚	短叶桉	snappy white gum; white mountain gum

序号	学名	主要产地	中文名称	地方名
4967	*Eucalyptus bridgesiana*	澳大利亚	金钱桉	apple-box；apple-scented gum；but-but；stanthorpe box
4968	*Eucalyptus brockwayi*	澳大利亚	布罗夷桉	dundas mahogany
4969	*Eucalyptus brownii*	澳大利亚	南方桉	brown's box；reid river box
4970	*Eucalyptus caleyi*	澳大利亚	桉树	caley ironbark
4971	*Eucalyptus caliginosa*	澳大利亚	香花桉	broad-leaved stringybark
4972	*Eucalyptus calophylla*	澳大利亚西部	海棠叶桉	marri
4973	*Eucalyptus camaldulensis*	澳大利亚、夏威夷群岛	赤桉	australian river gum；blue gum；flooded gum；murray red gum；red gum；river gum；river red gum；river redgum eucalyptus；rode eucalyptus；rote eukalyptus；rotgummibaum；yarrow
4974	*Eucalyptus camaldulensis* var. *camaldulensis*	澳大利亚	类赤桉	river red gum
4975	*Eucalyptus cambageana*	澳大利亚	巴格纳桉	coowarra box；dawson gum；dawson river blackbutt
4976	*Eucalyptus cameronii*	澳大利亚	异叶桉	diehard stringybark
4977	*Eucalyptus campaspe*	澳大利亚	坎帕斯桉	silver-topped gimlet
4978	*Eucalyptus camphora*	澳大利亚	樟脑桉	mountain swamp gum；swamp gum
4979	*Eucalyptus canaliculata*	澳大利亚	小管桉	brown grey gum；grey gum；large-fruited grey gum
4980	*Eucalyptus capitellata*	澳大利亚	头叶桉	brown stringbark；brown stringybark；bruine stringybark；stringbark；stringybark brun
4981	*Eucalyptus carnei*	澳大利亚	卡尼桉	australisk falsk mahogny；caoba falsa australiana；faux acajou d'australie；gele stringybark；mogano falso australiano；white mahogany；yellow stringybark
4982	*Eucalyptus celastroides*	澳大利亚	天南桉	ribbon-tree
4983	*Eucalyptus cephalocarpa*	澳大利亚	灰桉	argyle apple；mealy stringybark
4984	*Eucalyptus citriodora*	澳大利亚	柠檬桉	spotted gum
4985	*Eucalyptus cladocalyx*	澳大利亚	棒萼桉	sugar gum

序号	学名	主要产地	中文名称	地方名
4986	*Eucalyptus cloeziana*	澳大利亚	大花序桉	cloeziana gum; dead-finish; gympie messmate; queensland messmate; yellow messmate
4987	*Eucalyptus cneorifolia*	澳大利亚	东北桉	narrow-leaved mallee
4988	*Eucalyptus coccifera*	澳大利亚	虫胭脂桉	peppermint; snow gum
4989	*Eucalyptus comuta*	澳大利亚	科摩桉	
4990	*Eucalyptus concinna*	澳大利亚	整洁桉	victoria desert mallee; yellow-leaved mallee
4991	*Eucalyptus confertiflora*	澳大利亚	聚花桉	
4992	*Eucalyptus conica*	澳大利亚	尖锥桉	fuzzy box
4993	*Eucalyptus consideniana*	澳大利亚	阔叶桉	prickly stringybark; pricklybark; yertchuk
4994	*Eucalyptus cooperiana*	澳大利亚	库柏桉	cooper mallee; merrit
4995	*Eucalyptus cordata*	澳大利亚	心形桉	heart-leaved silver gum; silver gum
4996	*Eucalyptus cornuta*	澳大利亚西部	角蕾桉	yate
4997	*Eucalyptus cosmophylla*	澳大利亚	饰叶按	cup gum
4998	*Eucalyptus crebra*	澳大利亚	紫桉	ironbark; narrow-leaved ironbark; narrow-leaved red ironbark; red ironbark; red narrow-leaved ironbark
4999	*Eucalyptus crenulata*	澳大利亚	圆叶桉	buxton gum; victorian silver gum
5000	*Eucalyptus cugenioides*	澳大利亚	狭叶桉	
5001	*Eucalyptus cullenii*	澳大利亚	库氏桉	cullen ironbark
5002	*Eucalyptus cypellocarpa*	澳大利亚	灰山桉	bastard box; bastard gum; bundy; grey mountain gum; long-leaved box; monkey gum; mountain blue gum; mountain grey gum; mountain gum; silvertop; small-fruited mountain gum; spotted mountain gum; white gum
5003	*Eucalyptus dalrympleana*	澳大利亚	火桉	australische berggum; gum de montagne d'australie; kindling-bark; mountain gum; mountain white gum
5004	*Eucalyptus dawsonii*	澳大利亚	道氏桉	slaty box; slaty gum
5005	*Eucalyptus dealbata*	澳大利亚	银荆桉	red gum; silver gum; tumbledown gum
5006	*Eucalyptus deanei*	澳大利亚	迪恩桉	deane gum; round-leaved gum

序号	学名	主要产地	中文名称	地方名
5007	*Eucalyptus decipiens*	澳大利亚	长柄桉	white coastal gum
5008	*Eucalyptus decorticans*	澳大利亚	彩虹桉	broad-leaved ironbark; broad-leaved red ironbark; eisenrinde nbaum; grey ironbark; gum-topped ironbark; large-leaf-tree; red ironbark
5009	*Eucalyptus deglupta*	夏威夷群岛、斐济、巴布亚新几内亚	剥皮桉	amammanit eucalyptus; bagras eucalyptus; deglupta; kamarare; kamarere; komo; rouge eucalyptus
5010	*Eucalyptus delegatensis*	澳大利亚	高山桉	alpine ash; australian oak; eucalipto giganteo; gum-top stringybark; gum-topped stringbark; peppermint; red ash; red mountain ash; stringybark; tasmanian oak; whitetop; woollybutt
5011	*Eucalyptus diversicolor*	澳大利亚	异色桉	eucalitto diversicolore; karri; karri gum; karu; rouge eucalyptus
5012	*Eucalyptus diversifolia*	澳大利亚	众叶桉	coast gum; soap mallee
5013	*Eucalyptus dives*	澳大利亚	丰桉	broad-leaved peppermint; peppermint
5014	*Eucalyptus drepanophylla*	澳大利亚	镰叶桉	grey ironbark; ironbark; narrow-leaved ironbark; white ironbark
5015	*Eucalyptus dumosa*	澳大利亚	杜鹃桉	white mallee
5016	*Eucalyptus dundasii*	澳大利亚	邓氏桉	dundas blackbutt
5017	*Eucalyptus dunnii*	澳大利亚	邓恩桉	dunn white gum; killarney ash; ribbon gum; white gum
5018	*Eucalyptus dwyeri*	澳大利亚	德氏桉	dwyer mallee gum; dwyer red gum
5019	*Eucalyptus elata*	澳大利亚	高桉	andreana gum; river peppermint
5020	*Eucalyptus erythrocorys*	澳大利亚	红盔桉	illyarria; illyarrie
5021	*Eucalyptus eudesmioides*	澳大利亚	德米桉	desert gum; mallalie; myallie
5022	*Eucalyptus eugenioides*	澳大利亚	粗糙桉	blanco stringybark; small-leaved stringybark; stringybark; stringybark bianco; stringybark blanc; thin-leaved stringbark; thin-leaved stringybark; vit stringybark; white stringbark; white stringybark; wilkinson stringybark; witte stringybark
5023	*Eucalyptus eximia*	澳大利亚	美雅桉	

序号	学名	主要产地	中文名称	地方名
5024	*Eucalyptus exserta*	澳大利亚	窿缘桉	crista de galo; messmate; queensland peppermint; yellow messmate
5025	*Eucalyptus falcata*	澳大利亚	镰刀桉	silver mallet; white mallet
5026	*Eucalyptus fasciculosa*	澳大利亚	筋膜桉	pink gum
5027	*Eucalyptus fastigata*	澳大利亚	扫枝桉	brown barrel; brownbarrel; cuttail; silvertop; silvertop woollybutt; whitetop woollybutt
5028	*Eucalyptus fergusoni*	澳大利亚	弗格森桉	
5029	*Eucalyptus fibrosa*	澳大利亚	纤维桉	blue-leaved ironbark; broad-leaved ironbark; broad-leaved red ironbark; red ironbark
5030	*Eucalyptus ficifolia*	澳大利亚西南部	榕叶桉	red-flowering gum
5031	*Eucalyptus fitzgeraldii*	澳大利亚	菲氏桉	broad-leaved box
5032	*Eucalyptus flocktoniae*	澳大利亚西南部	弗洛顿桉	merrit
5033	*Eucalyptus forrestiana*	澳大利亚西南部	福蕾斯桉	fuchsia gum
5034	*Eucalyptus fraxinoides*	澳大利亚	莓叶桉	australian white ash; faux frene blanc d'australie; onechte australische wittees; whiteash
5035	*Eucalyptus gardneri*	澳大利亚	加德纳桉	blue mallet; gardner mallet
5036	*Eucalyptus gigantea*	澳大利亚	大秃桉	
5037	*Eucalyptus gillii*	澳大利亚	鳃桉	curly mallee
5038	*Eucalyptus glaucescens*	澳大利亚	白变桉	cider gum; tingiringi gum
5039	*Eucalyptus globoidea*	澳大利亚	球状桉	white stringbark; white stringybark
5040	*Eucalyptus globulus*	澳大利亚、夏威夷群岛	蓝桉	australische koortsboom; balluk; blue gum; blue spotted gum; blue-gum eucalyptus; brun a clair eucalyptus; buis batard; eurabbie; febertrad; gippsland blue gum; gommier bleu de tasmanie; maiden gum; southern blue gum; spotted blue gum; tasmania blue eucalyptus; tasmanian blue gum; tasmanian gum
5041	*Eucalyptus gomphocephala*	澳大利亚	棒头桉	rotes mahagoni; tooart; tuart
5042	*Eucalyptus gongylocarpa*	澳大利亚	贡桉	desert gum; marble gum
5043	*Eucalyptus goniocalyx*	澳大利亚	角桉	long-leaved box

序号	学名	主要产地	中文名称	地方名
5044	*Eucalyptus gracilis*	澳大利亚、夏威夷群岛	巨桉	black yate; flooded gum; rock gum; rose gum; rosegum eucalyptus; scrub gum; snap and rattle; yorrell
5045	*Eucalyptus griffithsii*	澳大利亚	格里桉	grey gum
5046	*Eucalyptus guilfoylei*	澳大利亚	桂桉	yellow tingle
5047	*Eucalyptus gummifera*	澳大利亚	胶状桉	bloodwood
5048	*Eucalyptus gunnii*	澳大利亚	古尼桉	cider gum; cider-tree; karri
5049	*Eucalyptus gustavioides*	澳大利亚	古斯塔桉	
5050	*Eucalyptus haemastoma*	澳大利亚	血桉	scribbly gum; snappy gum; spotted gum; white gum
5051	*Eucalyptus haematoxylon*	澳大利亚	苏木桉	
5052	*Eucalyptus hemiphloia*	澳大利亚	半皮桉	onecht australisch palmhout
5053	*Eucalyptus howittiana*	澳大利亚	荷叶桉	howitt box
5054	*Eucalyptus incrassata*	澳大利亚	细柄桉	lerp mallee; mallee box; yellow mallee
5055	*Eucalyptus intertexta*	澳大利亚	综桉	gumbark coolibah; western red box
5056	*Eucalyptus jacksonii*	澳大利亚	红桉	red tingle; red tingle-tingle
5057	*Eucalyptus jensenii*	澳大利亚	延森桉	isdell river ironbark; wandi ironbark
5058	*Eucalyptus johnstonii*	澳大利亚	约翰桉	brown gum; johnston gum; tasmanian yellow gum; yellow gum
5059	*Eucalyptus kitsoniana*	澳大利亚	北桉	bog gum; gippsland mallee
5060	*Eucalyptus kybeanensis*	澳大利亚	凯贝桉	kybean mallee ash
5061	*Eucalyptus laevopinea*	澳大利亚	光松桉	silver-top stringybark
5062	*Eucalyptus lanepoolei*	澳大利亚	蓝萼桉	powder-bark; salmonbark wandoo; white salmon gum
5063	*Eucalyptus largeana*	澳大利亚	落叶桉	craven grey box
5064	*Eucalyptus largiflorens*	澳大利亚	大花桉	black box; cooburu box; greenvale box; normanton box; river box
5065	*Eucalyptus lehmannii*	澳大利亚西部	莱氏桉	bushy yate
5066	*Eucalyptus leptophleba*	澳大利亚	钩刺桉	box box; brown box; molloy red box; red box
5067	*Eucalyptus leucophloia*	澳大利亚	白枝桉	snappy gum; snappy white gum

序号	学名	主要产地	中文名称	地方名
5068	*Eucalyptus leucoxylon*	澳大利亚	黄胶桉	blue gum；eisenrinde nbaum；south australian blue gum；white ironbark；yellow gum
5069	*Eucalyptus longicornis*	澳大利亚	长角桉	morrell；poot；red morrell
5070	*Eucalyptus longifolia*	澳大利亚	长叶桉	
5071	*Eucalyptus loxophleba*	澳大利亚	巨叶桉	york gum
5072	*Eucalyptus macarthurii*	澳大利亚	毛氏桉	camden woollybutt；macarthuri gum；paddy river box
5073	*Eucalyptus macrocarpa*	澳大利亚	大果桉	macrocarpa gum
5074	*Eucalyptus macrorhyncha*	澳大利亚	大喙桉	red stringbark；red stringybark；rode stringybark；stringybark rouge
5075	*Eucalyptus maculata*	澳大利亚	斑皮桉	spotted gum
5076	*Eucalyptus maidenii*	澳大利亚	直干蓝桉	
5077	*Eucalyptus mannifera*	澳大利亚	斑胶桉	brittle gum；manna gum；spotted gum；white brittle gum；white gum
5078	*Eucalyptus marginata*	澳大利亚	边缘桉	bastard mahogany；eucalipto caoba；jarrah
5079	*Eucalyptus megacarpa*	澳大利亚	巨果桉	bullich
5080	*Eucalyptus melanophloia*	澳大利亚	黑叶桉	isdell river ironbark；silver-leaved ironbark；silver-leaved stringybark
5081	*Eucalyptus melanoxylon*	澳大利亚	黑桉	black morrell
5082	*Eucalyptus melliodora*	澳大利亚	蜜味桉	australian yellow bastard box；bosso grigio falso australiano；dargan；faux buis jaune d'australia；honey box；honey-scented gum；onecht australisch geel palmout；yellow box
5083	*Eucalyptus microcarpa*	澳大利亚	小果桉	box a feuilles etroites；box a foglie strette；box de hojas estrechas；box mallee；grey box；gum-topped box；narrow-leaved box；smalbladige box；topped-box gum
5084	*Eucalyptus microcorys*	澳大利亚、夏威夷群岛	小帽桉	microcorys gum；talgtra；talkhout；tallow-wood；tallowwood eucalyptus
5085	*Eucalyptus microneura*	澳大利亚	乌拉桉	coolibah；flooded box；georgetown box；gilbert river box；western coolibah

序号	学名	主要产地	中文名称	地方名
5086	*Eucalyptus microtheca*	澳大利亚	小套桉	coolabah; coolibah; coolibar; coolybah tangoon; dwarf box; flooded box; narrow-leaved box; western coolibah
5087	*Eucalyptus miniata*	澳大利亚	君子桉	darwin woollybutt; melaleuca gum; northern woollybutt
5088	*Eucalyptus moluccana*	澳大利亚	马六甲桉	australian grey bastard box; bosso grigio falso australiano; box gum; buis batard; faux buis gris d'australie; grey box; gum-topped box; white box
5089	*Eucalyptus morrisbyi*	澳大利亚	莫里斯桉	morrisby gum
5090	*Eucalyptus morrisii*	澳大利亚	西奥桉	grey mallee
5091	*Eucalyptus muelleriana*	澳大利亚	黄纤皮桉	queenslandse gele stringybark; queensland yellow stringybark; stringybark jaune de queenslande; yellow stringbark; yellow stringybark
5092	*Eucalyptus neglecta*	澳大利亚	疏忽桉	omeo gum
5093	*Eucalyptus nesophila*	澳大利亚北部	海岛桉	meville island boodwood
5094	*Eucalyptus nitens*	澳大利亚	亮果桉	ribbon gum; shining gum
5095	*Eucalyptus nitida*	澳大利亚	密茎桉	peppermint; shining peppermint; smithton peppermint
5096	*Eucalyptus normantonensis*	澳大利亚	诺曼顿桉	grey box
5097	*Eucalyptus nortonii*	澳大利亚	托尼桉	bundy; long-leaved box
5098	*Eucalyptus notabilis*	澳大利亚	尖叶桉	blue mountains mahogany
5099	*Eucalyptus nova-anglica*	澳大利亚	新英格兰桉	black peppermint; new england peppermint
5100	*Eucalyptus obliqua*	澳大利亚	斜叶桉	ash; australian oak; brown-top; brown-top stringbark; brown-top stringybark; mesmate stringybark; messmate; messmate stringbark; messmate stringybark; stringybark; stringybark gum; stringybark messmate; tasmanian oak; woolly-bark; yuba
5101	*Eucalyptus occidentalis*	澳大利亚	西方桉	flat-topped yate; malletbark; swamp yate
5102	*Eucalyptus ochrophloia*	澳大利亚	嗜铬桉	lapunyah; napunyah; yapunyah

序号	学名	主要产地	中文名称	地方名
5103	*Eucalyptus odontocarpa*	澳大利亚	齿桉	sturt creek mallee
5104	*Eucalyptus odorata*	澳大利亚	香桉	peppermint box；peppermint gum；scented box
5105	*Eucalyptus oleosa*	澳大利亚	油桉	water-rooted gum
5106	*Eucalyptus oligantha*	澳大利亚	疏花桉	broad-leaved box
5107	*Eucalyptus oreades*	澳大利亚	蓝白蜡桉	altior gum；blue mountains ash；smoothbark mountain ash
5108	*Eucalyptus orgadophila*	澳大利亚	有机桉	coolibah mountain；gum-topped box；mountain coolibah
5109	*Eucalyptus ovata*	澳大利亚	卵圆桉	blue-leaved sally；swamp gum
5110	*Eucalyptus oxymitra*	澳大利亚	氧化桉	sharp-capped mallee
5111	*Eucalyptus pachycalyx*	澳大利亚	厚萼桉	mottled gum；poplar gum；pumpkin-bark gum；shinybark gum；wongoola
5112	*Eucalyptus pachyphylla*	澳大利亚	厚叶桉	thick-leaved mallee
5113	*Eucalyptus paniculata*	澳大利亚、夏威夷群岛	锥花桉	black ironbark；graue ironbark；gray ironbark；gray ironbark eucalyptus；grey ironbark；grijze ironbark；ironbark；ironbark gris；swamp gum；white ironbark
5114	*Eucalyptus parramattensis*	澳大利亚	拉帕桉	
5115	*Eucalyptus patellaris*	澳大利亚	髌桉	broad-leaved box；weeping box
5116	*Eucalyptus patens*	澳大利亚	伸展桉	western australian blackbutt；yarri
5117	*Eucalyptus pauciflora*	澳大利亚	少花桉	black sally；cabbage gum；giant snow gum；snow gum；white mountain gum；white sally
5118	*Eucalyptus pellita*	澳大利亚	粗皮桉	daintree stringybark；red mahogany；red stringybark
5119	*Eucalyptus perriniana*	澳大利亚	佩尼桉	dargo gum；round-leaved snow gum；spinning gum
5120	*Eucalyptus phloia*	澳大利亚东部	铁皮桉	silver-leaved ironbark
5121	*Eucalyptus phoenicea*	澳大利亚	石楠桉	gnainggar；ngainggar；scarlet gum
5122	*Eucalyptus pilligaensis*	澳大利亚	皮利甘桉	narrow-leaved grey box；pilliga grey box

序号	学名	主要产地	中文名称	地方名
5123	*Eucalyptus pilularis*	澳大利亚、夏威夷群岛	弹丸桉	benaroon；blackbutt；blackbutt eucalyptus；brun a clair eucalyptus；gray blackbutt；grey blackbutt；yarri
5124	*Eucalyptus piperita*	澳大利亚	黄连桉	sydney peppermint
5125	*Eucalyptus planchoniana*	澳大利亚	扁叶桉	bastard tallow-wood；long-leaved tallow-wood；needlebark stringybark；planchon stringybark；tallow-wood
5126	*Eucalyptus platyphylla*	澳大利亚	宽叶桉	broad-leaved poplar gum；poplar gum；timor white gum；white gum；wongoola
5127	*Eucalyptus platypus*	澳大利亚	鸭嘴桉	round-leaved moort
5128	*Eucalyptus polyanthemos*	澳大利亚	多花桉	brown box；grey box；poplar-leaved gum；red box
5129	*Eucalyptus polybractea*	澳大利亚	多苞桉	blue mallee
5130	*Eucalyptus populnea*	澳大利亚	杨叶桉	bimbil box；bimble box；brown's box；grey box；poplar box；poplar-leaved box；reid river box
5131	*Eucalyptus porrecta*	澳大利亚	孔雀桉	desert gum
5132	*Eucalyptus propinqua*	澳大利亚	小果灰桉	gray gum；grey gum；grey iron gum；small-fruited grey gum
5133	*Eucalyptus pruinosa*	澳大利亚	灰叶桉	kullingal；silver box；silver-leaved box
5134	*Eucalyptus pulchella*	澳大利亚	美丽桉	white peppermint
5135	*Eucalyptus pulverulenta*	澳大利亚东南部	银叶山桉	silver-leaved mountain gum
5136	*Eucalyptus punctata*	澳大利亚	斑叶桉	gray gum；grey gum；grey gum d'australie；grey iron gum
5137	*Eucalyptus quadrangulata*	澳大利亚	四棱桉	grey box；soft white box；white-topped box
5138	*Eucalyptus quadricostata*	澳大利亚	四尖桉	isdell river ironbark；wandi ironbark
5139	*Eucalyptus racemosa*	澳大利亚	聚果桉	ironbark；ironbark rojo；ironbark rosso；ironbark rouge；narrow-leaved ironbark；narrow-leaved red ironbark；red ironbark；rod ironbark；rode ironbark；scribbly gum；snappy gum；white gum
5140	*Eucalyptus radiata*	澳大利亚	辐射桉	arrow-leaved peppermint；narrow-leaved peppermint

序号	学名	主要产地	中文名称	地方名
5141	*Eucalyptus radiata* var. *robertsonii*	澳大利亚东南部	罗氏辐射桉	narrow-leaved peppermint
5142	*Eucalyptus raveretiana*	澳大利亚	黑铁桉	black ironbox；coolibah；flooded box；iron gum；thozet box；western coolibah
5143	*Eucalyptus regnans*	澳大利亚	王桉	ash；australian oak；giant gum；mountain ash；regnans；stringy gum；swamp gum；victorianash；white mountainash
5144	*Eucalyptus resinifera*	澳大利亚、夏威夷群岛	树脂桉	australian red mahogany；botany bay gum；faux acajou rouge d'australie；forest mahogany；kino-gum eucalyptus；mahogany；onecht australisch rood mahonie；red eucalypt mahogany；red mahogany；red stringybark；red-mahogany eucalyptus
5145	*Eucalyptus robusta*	澳大利亚、夏威夷群岛	大叶桉	australian swamp mahogany；beakpod eucalyptus；brown gum；gnorpin；mahogany swamp gum；mogno branco；onecht australisc h mahonie；red gum；robusta eucalyptus；swamp mahogany；swamp messmate；swamp stringybark；swamp-mahogany eucalyptus
5146	*Eucalyptus rodwayi*	澳大利亚	瓦伊桉	swamp peppermint
5147	*Eucalyptus rossii*	澳大利亚	罗西桉	scribbly gum；snappy gum；white gum
5148	*Eucalyptus rostrata*	澳大利亚	喙桉	
5149	*Eucalyptus rubida*	澳大利亚	河红桉	candlebark；kindling-bark；ribbon gum；rubida gum；white gum
5150	*Eucalyptus rudderi*	澳大利亚	德里桉	red box；rudder box
5151	*Eucalyptus rudis*	澳大利亚	野桉	estern australian flooded gum；western australian flooded gum
5152	*Eucalyptus rummeryi*	澳大利亚	细蓝桉	brown box；grey box；rummeryi gum；steel box；yellow box
5153	*Eucalyptus saligna*	澳大利亚、夏威夷群岛	柳叶桉	blue gum；eucalyptus saligna；flooded gum；rose gum；saligna；saligna eucalyptus；saligna gum；sydney blue gum；sydney blue-gum eucalyptus
5154	*Eucalyptus salmonophloia*	澳大利亚	红皮桉	salmon gum

序号	学名	主要产地	中文名称	地方名
5155	*Eucalyptus salubris*	澳大利亚	健全桉	gimlet
5156	*Eucalyptus sargentii*	澳大利亚	萨氏桉	salt river gum; salt river mallet; sargent mallet
5157	*Eucalyptus seeana*	澳大利亚	西亚纳桉	bancroft red gum; blue gum; forest red gum; narrow-leaved cabbage gum; narrow-leaved red gum; red gum
5158	*Eucalyptus sessilis*	澳大利亚	无梗桉	mcdonnell range mallee
5159	*Eucalyptus sheathiana*	澳大利亚	鞘桉	red gum
5160	*Eucalyptus shirleyi*	澳大利亚	雪莲桉	shirley silver-leaved ironbark
5161	*Eucalyptus siderophloia*	澳大利亚	铁叶桉	broad-leaved ironbark; grey ironbark; ironbark; ironbark rojo; ironbark rosso; ironbark rouge; rode ironbark
5162	*Eucalyptus sideroxylon*	澳大利亚、夏威夷群岛	铁木桉	black ironbark; ironbark; ironbark negro; ironbark nero; ironbark noir; mugga; mugga ironbark; red ironbark; red ironbark eucalyptus; red-flowering ironbark; svart ironbark; zwarte ironbark
5163	*Eucalyptus sieberi*	澳大利亚	银顶白蜡桉	coast ash; ironbark; sieberana gum; silvertop; silvertop ash; top gum; white mountain ash
5164	*Eucalyptus sieroxylon*	澳大利亚	西洛桉	
5165	*Eucalyptus signata*	澳大利亚	木桉	scribbly gum; snappy gum; white gum
5166	*Eucalyptus smithii*	澳大利亚	史氏桉	gully ash; gully gum; gully peppermint; white top
5167	*Eucalyptus socialis*	澳大利亚	聚生桉	giant mallee; grey mallee; red mallee
5168	*Eucalyptus spathulata*	澳大利亚	匙叶桉	swamp gimlet
5169	*Eucalyptus spenceriana*	澳大利亚	斯宾塞桉	
5170	*Eucalyptus sphaerocarpa*	澳大利亚	球果桉	blackdown stringybark
5171	*Eucalyptus squamosa*	澳大利亚	鳞状桉	ironwood
5172	*Eucalyptus staigeriana*	澳大利亚	柠檬铁皮桉	lemon-scented ironbark
5173	*Eucalyptus stellulata*	澳大利亚	星形桉	black gum; black sallee; black sally; box gum; green gum; lead gum; white gum; white sally
5174	*Eucalyptus stoatei*	澳大利亚西部	斯托特桉	eucalypt

序号	学名	主要产地	中文名称	地方名
5175	*Eucalyptus stricklandii*	澳大利亚	斯氏桉	yellow-flower goldfields gum
5176	*Eucalyptus stricta*	澳大利亚	多叶桉	blue mountains mallee
5177	*Eucalyptus subcrenulata*	澳大利亚	小叶桉	brown gum; johnston gum; tasmanian yellow gum; yellow gum
5178	*Eucalyptus tectifica*	澳大利亚	构造桉	darwin box; macarthur river box
5179	*Eucalyptus tenuipes*	澳大利亚	细桉	duaringa stringybark; narrow-leaved white mahogany; white mahogany
5180	*Eucalyptus tereticornis*	澳大利亚、巴布亚新几内亚	细叶桉	blue gum; flooded gum; forest red gum; red gum; red gum d'australie; red iron gum; slaty gum
5181	*Eucalyptus tesscllaris*	澳大利亚	苔丝桉	
5182	*Eucalyptus tetradonta*	澳大利亚	四齿桉	darwin stringbark; darwin stringybark; messmate
5183	*Eucalyptus thozetiana*	澳大利亚	塔尼亚桉	lapunyah; mountain yapunyah; napunyah; thozet box
5184	*Eucalyptus tierneyana*	澳大利亚	铁根桉	
5185	*Eucalyptus tindaliae*	澳大利亚	丁香桉	ramornie stringybark; tindale stringybark
5186	*Eucalyptus tinghaensis*	澳大利亚	廷哈桉	tingha stringybark
5187	*Eucalyptus tintinnans*	澳大利亚	廷南桉	poplar gum
5188	*Eucalyptus todtiana*	澳大利亚	毛叶桉	pricklybark
5189	*Eucalyptus torelliana*	澳大利亚	托里桉	
5190	*Eucalyptus torquata*	澳大利亚	火炬桉	coral gum; coral-flowered gum; red-flower goldfields gum
5191	*Eucalyptus trachyphloia*	澳大利亚	粗桉	
5192	*Eucalyptus transcontinentalis*	澳大利亚	跨洲桉	redwood
5193	*Eucalyptus umbra*	澳大利亚	影桉	narrow-leaved white stringybark; white mahogany; yellow stringbark
5194	*Eucalyptus umbrawarrensis*	澳大利亚	翁布桉	umbrawarra gum
5195	*Eucalyptus urnigera*	澳大利亚	乌尔桉	urn gum
5196	*Eucalyptus viminalis*	澳大利亚	多枝桉	manna gum; ribbon gum
5197	*Eucalyptus viridis*	澳大利亚	绿色桉	green mallee

序号	学名	主要产地	中文名称	地方名
5198	*Eucalyptus wandoo*	澳大利亚	万杜桉	wandoe；wandoo；white gum
5199	*Eucalyptus whitei*	澳大利亚	白心桉	white's ironbark
5200	*Eucalyptus youmanii*	澳大利亚	尤氏桉	youman stringybark
5201	*Eucalyptus youngiana*	澳大利亚	梨果桉	kullingal；silver-leaved box
	Eucryphia **（EUCRYPHIACEAE）** **船形果属（船形果科）**		**HS CODE** **4403.99**	
5202	*Eucryphia lucida*	澳大利亚	亮叶船形果	eucryphia；leather-jacket；leatherwood
5203	*Eucryphia moorei*	澳大利亚	穆氏船形果	eastern leatherwood；punkwood
5204	*Eucryphia wilkiei*	澳大利亚	黑斑船形果	
	Eugenia **（MYRTACEAE）** **番樱桃属（桃金娘科）**		**HS CODE** **4403.49**	
5205	*Eugenia angophoroides*	澳大利亚	风叶番樱桃	hard onion；hard onion satinash；mahogany satinash；onion satinash；ravenshoe satinash；rolypoly satinash；water gum
5206	*Eugenia brackenridgei*	斐济	布莱番樱桃	mbua re wai
5207	*Eugenia carolinensis*	密克罗尼西亚	灰番樱桃	kanpaap；kehnpap；kehnpapp
5208	*Eugenia cincta*	所罗门群岛	雪线番樱桃	jeremate
5209	*Eugenia clusiaefolia*	所罗门群岛、美拉尼西亚	细叶番樱桃	kieta；kolivao tuali；tuali；tutuvos
5210	*Eugenia dombeyi*	斐济	多尼番樱桃	brazil cherry
5211	*Eugenia heckelii*	澳大利亚	海氏番樱桃	damari；dumari
5212	*Eugenia inophylloides*	萨摩亚群岛、美拉尼西亚	叶状番樱桃	asi vai；kafika vao
5213	*Eugenia javanica*	帕劳群岛、密克罗尼西亚	爪哇番樱桃	arbottle；faliap；murop；rebotel
5214	*Eugenia maire*	新西兰	麦尔番樱桃	maire-tawake
5215	*Eugenia moluccensis*	萨摩亚群岛	莫氏番樱桃	nonuvao
5216	*Eugenia myriadena*	所罗门群岛	多瓣番樱桃	aingisogiso；malangiso
5217	*Eugenia nandarivatensis*	斐济	南达番樱桃	doida
5218	*Eugenia nutans*	美拉尼西亚	垂穗番樱桃	taguriva
5219	*Eugenia onesima*	所罗门群岛	小萼番樱桃	aibu；aimela；malamalarufa
5220	*Eugenia ovigera*	新喀里多尼亚	卵叶番樱桃	faux gaiac
5221	*Eugenia pancheri*	新喀里多尼亚	潘尼番樱桃	ravine

序号	学名	主要产地	中文名称	地方名
5222	*Eugenia rariflora*	斐济、库克群岛	杜加番樱桃	kavika niviti；nioi
5223	*Eugenia reinwarditana*	密克罗尼西亚、帕劳群岛	雷沃番樱桃	agashiel；alfanispan；kesiil
5224	*Eugenia simmondsiae*	澳大利亚	西蒙番樱桃	creek lillipilli
5225	*Eugenia stelechantha*	密克罗尼西亚	中柱番樱桃	attieu；fukunnes；kahkarak；kartenwiel；kirakinwahl；kirekinwel；kuraknowol
5226	*Eugenia stelechanthoides*	密克罗尼西亚	刺叶番樱桃	meis
5227	*Eugenia syzygium*	斐济	尖萼番樱桃	yasi-yasi
5228	*Eugenia thompsonii*	密克罗尼西亚	二世番樱桃	atoto
	***Euodia*（RUTACEAE）** **吴茱萸属（芸香科）**		**HS CODE 4403. 99**	
5229	*Euodia accedens*	澳大利亚	欧地吴茱萸	bunec-walwal
5230	*Euodia bonwickii*	巴布亚新几内亚、澳大利亚	尤迪吴茱萸	heavy euodia；heavy evodia；yellow evodia
5231	*Euodia capillacea*	斐济	毛吴茱萸	veliveli tabua
5232	*Euodia cucullata*	斐济	尖尾吴茱萸	drautolu
5233	*Euodia elleryana*	巴布亚新几内亚	艾勒吴茱萸	evodia；light euodia
5234	*Euodia evansensis*	斐济	埃文吴茱萸	drautolu
5235	*Euodia haplophylla*	澳大利亚	蝉叶吴茱萸	yellow aspen
5236	*Euodia hortensis*	斐济	易生吴茱萸	rauvula；sacasaca；uci
5237	*Euodia krukovii*	澳大利亚	克氏吴茱萸	
5238	*Euodia latifolia*	澳大利亚	阔叶吴茱萸	
5239	*Euodia micrococca*	澳大利亚	小欧地吴茱萸	white evodia
5240	*Euodia muelleri*	澳大利亚	灰吴茱萸	
5241	*Euodia nervosa*	澳大利亚	吴茱萸	
5242	*Euodia nitida*	帕劳群岛	密茎吴茱萸	kertub
5243	*Euodia palawensis*	帕劳群岛	帕劳吴茱萸	beror；bror
5244	*Euodia seemannii*	斐济	西氏吴茱萸	drautolu；rakalava；salusalu；tokatolu
5245	*Euodia speciosa*	澳大利亚	大叶吴茱萸	
5246	*Euodia vitiensis*	斐济	斐济吴茱萸	drautolu；kautabua；vure
5247	*Euodia vitiflora*	澳大利亚	紫吴茱萸	fishpoison-wood；leather-jacket；leatherwood；northern evodia

序号	学名	主要产地	中文名称	地方名
5248	*Euodia xanthoxyloides*	澳大利亚	黄吴茱萸	yellow evodia
	Euphorbia (EUPHORBIACEAE) **大戟属（大戟科）**		**HS CODE** **4403. 99**	
5249	*Euphorbia heita*	斐济	平太大戟	ovoku
5250	*Euphorbia neriifolia*	斐济	夹竹桃叶大戟	sinu
5251	*Euphorbia norfolkii*	斐济	诺氏大戟	soto
5252	*Euphorbia pulcherrima*	帕劳群岛	粉蕊大戟	becheselrak
	Eupomatia (EUPOMATIACEAE) **帽花木属（帽花木科）**		**HS CODE** **4403. 99**	
5253	*Eupomatia bennettii*	巴布亚新几内亚	昆士兰帽花木	
5254	*Eupomatia laurina*	澳大利亚	桂叶帽花木	
	Euroschinus (ANACARDIACEAE) **条纹漆属（漆树科）**		**HS CODE** **4403. 99**	
5255	*Euroschinus falcata*	澳大利亚	条纹漆木	blush cudgerie; maidens blush; maidens-blush; pink poplar; ribbonwood
5256	*Euroschinus obtusifolius*	澳大利亚	钝叶条纹漆木	
5257	*Euroschinus papuanus*	澳大利亚	虎尾条纹漆木	euroschinus
	Eurya (THEACEAE) **柃属（山茶科）**		**HS CODE** **4403. 99**	
5258	*Eurya rapensis*	所罗门群岛	油柃	pooto
	Excoecaria (EUPHORBIACEAE) **海漆属（大戟科）**		**HS CODE** **4403. 99**	
5259	*Excoecaria agallocha*	密克罗尼西亚、澳大利亚、帕劳群岛、巴布亚新几内亚、斐济、美拉尼西亚	海漆木	ayas; caju malta buta; ias; milky mangrove; sinu; sinu gage; tirai
5260	*Excoecaria dallachyana*	澳大利亚	大叶海漆木	blind-your-eyes; brown birch; milkweed; milkwood; milky birch; scrub poisontree
5261	*Excoecaria indica*	帕劳群岛	印度海漆木	maskerekur; masklegl
5262	*Excoecaria parviflora*	澳大利亚	小花海漆木	gutta-percha; northern brown birch
	Exocarpos (SANTALACEAE) **罗汉檀属（檀香科）**		**HS CODE** **4403. 99**	
5263	*Exocarpos cupressiformis*	澳大利亚	丝质罗汉檀	ballart cherry; cypress cherry; forest cherry; native cherry; wild cherry

序号	学名	主要产地	中文名称	地方名
5264	*Exocarpos latifolius*	澳大利亚	宽叶罗汉檀	broad-leaved cherry; sandalwood; scrub cherry
5265	*Exocarpos phyllanthoides*	诺福克岛	企枝罗汉檀	isaakwood
	Fagara **(RUTACEAE)** 崖椒属（芸香科）		**HS CODE 4403.49**	
5266	*Fagara gillespiana*	斐济	吉斯纳崖椒木	totowiwi
5267	*Fagara pinnata*	斐济	羽状崖椒木	warui
5268	*Fagara pinnatum*	斐济	羽茎崖椒木	warui
	Fagraea **(LOGANIACEAE)** 灰莉属（马钱科）		**HS CODE 4403.49**	
5269	*Fagraea berteriana*	澳大利亚、斐济、所罗门群岛、太平洋岛屿、美拉尼西亚、新赫布里底群岛、库克群岛、社会群岛、密克罗尼西亚	贝特灰莉	bois tabou; bua; fagraea; kaunomori; mbua; nabuas; nopou; pua; sair
5270	*Fagraea fagraeacea*	澳大利亚	法格灰莉	pink jitta; yellowheart
5271	*Fagraea gracilipes*	斐济、澳大利亚	细梗灰莉	buabua; pink jitta; yellowheart
5272	*Fagraea ksid*	密克罗尼西亚、帕劳群岛	克西灰莉	aksis; ksid
5273	*Fagraea racemosa*	巴布亚新几内亚	聚果灰莉	bao
	Faradaya **(VERBENACEAE)** 阳芋藤属（马鞭草科）		**HS CODE 4403.99**	
5274	*Faradaya ovalifolia*	斐济	卵叶阳芋藤	ngakawa; wamasi; wavundi
5275	*Faradaya splendens*	斐济	华丽阳芋藤	
5276	*Faradaya vitiensis*	斐济	斐济阳芋藤	wakoro-vudi
	Ficus **(MORACEAE)** 榕树属（桑科）		**HS CODE 4403.99**	
5277	*Ficus albipila*	澳大利亚	阿尔比榕	figwood; poison fig
5278	*Ficus aspera*	斐济、新赫布里底群岛、澳大利亚	小叶榕	aimasidraudrau; kerig; majarupe; nakerik; purple fig; rough fig
5279	*Ficus bambusaifolia*	斐济	竹叶榕	loselose ni wai
5280	*Ficus barclayana*	斐济	巴克纳榕	losilosi
5281	*Ficus barclayi*	斐济	巴克莱榕	drauniwamasi; lose; losilosi
5282	*Ficus begoniifolia*	斐济	秋海棠榕	nunu

序号	学名	主要产地	中文名称	地方名
5283	*Ficus benghalensis*	所罗门群岛	孟加拉榕	oiau
5284	*Ficus benjamina*	斐济	垂叶榕	weeping fig
5285	*Ficus bernaysii*	美拉尼西亚	白花榕	havona；iri
5286	*Ficus botryocarpa*	巴布亚新几内亚	束果榕	papua new guinea fig
5287	*Ficus bougainvillei*	美拉尼西亚	三角榕	bao；vabihubihu
5288	*Ficus carica*	帕劳群岛	无花果	kall uosech；uosech
5289	*Ficus coronata*	澳大利亚	冠状榕	creek fig；figwood；sandpaper fig
5290	*Ficus elastica*	密克罗尼西亚、帕劳群岛	印度橡皮	gak'iynigoma；komunoki；rapah
5291	*Ficus eulampra*	美拉尼西亚	乌兰榕	hikavaras；pohi
5292	*Ficus fraseri*	澳大利亚	弗雷塞里榕	figwood；sandpaper fig
5293	*Ficus fulvo-pilosa*	斐济	三叶榕	ai masei；losilosi；masi masi；masi ni ulutoa；masimasi；nunu
5294	*Ficus godeffroyi*	美拉尼西亚	金叶榕	mati
5295	*Ficus granatum*	美拉尼西亚	石榴皮榕	kakako；mono；rapa
5296	*Ficus greenwoodii*	斐济	青木榕	masimasi；nunu；vuaitamona
5297	*Ficus indigofera*	美拉尼西亚	槐蓝榕	hingjomu；kuunoae；ohele；rapapatu
5298	*Ficus kajewskii*	斐济	卡氏榕	duvuduvu；losilosi；nduvunduvu；nunu；nunu ni tuatua
5299	*Ficus leptoclada*	澳大利亚	细叶榕	figwood
5300	*Ficus lugoniifolia*	斐济	光叶榕	nunu
5301	*Ficus macrophylla*	澳大利亚	大叶榕	black fig；blue fig；figwood；moreton bay fig
5302	*Ficus masoni*	斐济	梅花榕	vuai tamana
5303	*Ficus microcarpa*	夏威夷群岛、密克罗尼西亚、帕劳群岛	小果榕	chinese banyan；india laurelfig；laurel de la india；lulk；malayan banyan
5304	*Ficus myriocarpa*	巴布亚新几内亚	万果榕	lovo
5305	*Ficus obliqua*	斐济、澳大利亚	斜纹榕	baka；figwood；mbaka；small-leaved fig
5306	*Ficus opposita*	澳大利亚	对叶榕	figwood
5307	*Ficus platypoda*	澳大利亚	太平洋榕	figwood；moreton bay green-leaved fig；moreton bay small-leaved fig
5308	*Ficus pleurocarpa*	澳大利亚	侧耳榕	figwood；johnston river rib fig；karpe

序号	学名	主要产地	中文名称	地方名
5309	*Ficus pritchardii*	斐济	普氏榕	lorolori; loroloro; losilosi; masi; nunu
5310	*Ficus prolixa*	南太平洋地区、帕劳群岛、美拉尼西亚	双生榕	aoa; lulk; pauliki
5311	*Ficus racemosa*	澳大利亚	聚果榕	cluster fig; figwood
5312	*Ficus rubiginosa*	澳大利亚	棕红榕	dthaaman; figwood; illawarra fig; port jackson fig; rusty fig
5313	*Ficus sagittata*	帕劳群岛	羊乳榕	gullul; gulul; kulul; kululu
5314	*Ficus septica*	美拉尼西亚	棱果榕	pidikula; tuturi; viviru
5315	*Ficus smithii*	斐济	史氏榕	bauaomi; bauvudi; mbauvundi
5316	*Ficus stephanocarpa*	澳大利亚	冠果榕	sandpaper fig
5317	*Ficus storckii*	斐济	斯氏榕	masimasi; nunu
5318	*Ficus subulata*	巴布亚新几内亚	假斜叶榕	naqala
5319	*Ficus theophrastioides*	斐济	黑叶榕	kuluva; kuluva vula; vula
5320	*Ficus tinctoria*	密克罗尼西亚、富图纳群岛、美拉尼西亚、斐济、帕劳群岛、所罗门群岛、巴布亚新几内亚	染料榕	ahwahn; apuris; awal awan; chasechad; chosekod; gawann hawan; geseked; guwan; hanal; konyah; mbaka; nunu; oseked; othoketsu; savirewa; shara; tagataga; tagatagi; wach'guy; yawan
5321	*Ficus virens*	密克罗尼西亚、澳大利亚、帕劳群岛	黄葛树	aawau; aiau; aou; au; ayau; figwood; giliav; hulio; ifaluk; kilee ant; kiliau; lulk; lulu; mountain fig; she; shra; white fig; yaawo yewan
5322	*Ficus virgata*	澳大利亚	岛榕	figwood
5323	*Ficus vitiensis*	斐济	斐济榕	lolo
5324	*Ficus watkinsiana*	澳大利亚	沃特榕	figwood; moreton bay green-leaved fig; moreton bay grey-leaved fig; watkin fig
	***Filicium* (SAPINDACEAE)** **蕨叶无患子属（无患子科）**		**HS CODE** **4403.99**	
5325	*Filicium decipiens*	斐济	蕨叶无患子	fern-tree
	***Finschia* (PROTEACEAE)** **核果银桦属（山龙眼科）**		**HS CODE** **4403.99**	
5326	*Finschia chloroxantha*	美拉尼西亚	绿花核果银桦	kanokele; togtua

序号	学名	主要产地	中文名称	地方名
	Firmiana （**STERCULIACEAE**） **梧桐属（梧桐科）**		**HS CODE** **4403. 99**	
5327	*Firmiana papuana*	巴布亚新几内亚	巴布亚梧桐	lacewood
	Flacourtia （**FLACOURTIACEAE**） **刺篱木属（大风子科）**		**HS CODE** **4403. 99**	
5328	*Flacourtia inermis*	帕劳群岛	无棘刺篱木	chamachong
5329	*Flacourtia vitiensis*	斐济	斐济刺篱木	tadruka
	Flindersia （**RUTACEAE**） **巨盘木属（芸香科）**		**HS CODE** **4403. 99**	
5330	*Flindersia acuminata*	澳大利亚	披针叶巨盘木	icewood；putt pine；silver beech；silver maple；silver silkwood；white silkwood
5331	*Flindersia amboinensis*	巴布亚新几内亚	安汶巨盘木	new guinea silverash；papuan silverash；silverash；zizanu
5332	*Flindersia australis*	澳大利亚	南方巨盘木	ash；beech；callcedra-wood；crow ash；flindersia；flindosa；flindosy；moahholz；native teak；new south wales teak；nutwood；rasppod；teak
5333	*Flindersia bennettiana*	澳大利亚	本内蒂巨盘木	bennett ash；bogum-bogum
5334	*Flindersia bourjotiana*	澳大利亚	银巨盘木	ash；flindersia；queensland silverash；silverash
5335	*Flindersia brassii*	澳大利亚	巴氏巨盘木	claudie river scented maple；hard scented maple
5336	*Flindersia brayleyana*	澳大利亚、夏威夷群岛	昆士兰巨盘木	australian maple；flindersia；linde flindersia；maple；maple silkwood；queensland maple；queensland silkwood；red beech；silkwood；silkwood maple；warriwood
5337	*Flindersia collina*	澳大利亚	黄花巨盘木	bastard crow ash；broad-leaved leopard-tree；leatherwood；leopardash；leopardwood
5338	*Flindersia fournieri*	新喀里多尼亚	弗氏巨盘木	chene blanc；manoue
5339	*Flindersia ifflaiana*	澳大利亚	易夫巨盘木	ash hickory；cairns hickory；hickory ash
5340	*Flindersia laevicarpa*	澳大利亚	平滑果巨盘木	roseash；scented maple
5341	*Flindersia maculosa*	澳大利亚	马库洛萨巨盘木	leopardwood；spotted-tree

序号	学名	主要产地	中文名称	地方名
5342	*Flindersia pimenteliana*	澳大利亚、巴布亚新几内亚	类槭巨盘木	australische silkwood; flindersia; maple silkwood; queensland maple; red beech; rose silkwood; silkwood; silkwood maple
5343	*Flindersia schottiana*	澳大利亚、巴布亚新几内亚	肖特巨盘木	ash; bumpy ash; cudgerie; flindersia; northern silver ash; silver ash; southern silver ash; white ash
5344	*Flindersia xanthoxyla*	澳大利亚	黄巨盘木	ash yellow-wood; australian yellow-wood; bois jaune de l'australie; flindersia yellow-wood; light yellow-wood; long jack; longjack; yellow ash; yellow-wood; yellow-wood ash
	***Fortunella*（RUTACEAE） 金橘属（芸香科）**		**HS CODE 4403.99**	
5345	*Fortunella japonica*	斐济	日本金橘	kumquat
	***Fraxinus*（OLEACEAE） 白蜡树属（木犀科）**		**HS CODE 4403.99**	
5346	*Fraxinus uhdei*	夏威夷群岛	墨西哥白蜡木	fresno; hawaiian ash; shamelash; tropical ash
	***Fuchsia*（ONAGRACEAE） 倒挂金钟属（柳叶菜科）**		**HS CODE 4403.99**	
5347	*Fuchsia excorticata*	新西兰	结皮倒挂金钟	fuchsia; kohutuhtu; kohutukuta; kotukutuku; tree-fuchsia
	***Galbulimima*（HIMANTANDRACEAE） 瓣蕊花属（瓣蕊花科）**		**HS CODE 4403.99**	
5348	*Galbulimima belgraveana*	巴布亚新几内亚、澳大利亚	贝格瓣蕊花	hodu; magnolia; mang; northern pigeonberr yash; pigeonberr yash
	***Gallesia*（PHYTOLACCACEAE） 巴秘商陆属（商陆科）**		**HS CODE 4403.99**	
5349	*Gallesia integrifolia*	澳大利亚	全缘叶巴秘商陆木	garlicwood; pau d'alho
	***Ganophyllum*（SAPINDACEAE） 甘欧属（无患子科）**		**HS CODE 4403.99**	
5350	*Ganophyllum falcatum*	澳大利亚、所罗门群岛、巴布亚新几内亚	镰叶甘欧木	daintree hickory; oaniara; scaly ash; scalybark ash
	***Garcinia*（GUTTIFERAE） 藤黄属（藤黄科）**		**HS CODE 4403.99**	
5351	*Garcinia collina*	新喀里多尼亚	黄花藤黄	houp faux; mou

序号	学名	主要产地	中文名称	地方名
5352	*Garcinia mangostana*	帕劳群岛、斐济	山竹子	mangkostin；mangosteen
5353	*Garcinia matudai*	帕劳群岛	松岛藤黄	tilol
5354	*Garcinia myrtifolia*	斐济	番樱桃叶山竹	laubu
5355	*Garcinia neglecta*	新喀里多尼亚	边生藤黄	acacia rouge；mangostan sauvage；mone；oseille
5356	*Garcinia pancheri*	新赫布里底群岛	潘切里藤黄	nahoj；netue；niere；nigiliake
5357	*Garcinia platyphylla*	所罗门群岛	宽叶藤黄	matumata
5358	*Garcinia ponapensis*	密克罗尼西亚	波纳彭藤黄	kehnpwil；konpuil；nigenpiri
5359	*Garcinia pseudoguttifera*	斐济	伪绿藤黄	bulievai；buliwai；bulumagaya lewa；kau yalewa；mbula；sarosaro；suere
5360	*Garcinia puat*	新喀里多尼亚	普特藤黄	oseille；oseille de montagne
5361	*Garcinia rumiyo*	所罗门群岛	鲁米藤黄	rumiyo
5362	*Garcinia scaphopetala*	所罗门群岛	舟形藤黄	pedeposa；sigu；tabutabun
5363	*Garcinia seesilis*	斐济	西西里藤黄	elata；rauba；raumba
5364	*Garcinia solomonensis*	所罗门群岛	所罗门藤黄	pinuhunuhunu
5365	*Garcinia vitiensis*	斐济	斐济藤黄	sarosaro
	***Gardenia*（RUBIACEAE）** **栀子属（茜草科）**		**HS CODE** **4403.99**	
5366	*Gardenia aubryi*	新喀里多尼亚	阿贝栀子	arbre cire；cire
5367	*Gardenia augusta*	密克罗尼西亚、帕劳群岛	栀子花	iohsep；iohsep sarani；kadenia；yosef sarami；yosef sarawi
5368	*Gardenia brighamii*	夏威夷群岛	白花栀子	nau
5369	*Gardenia candida*	斐济	假栀子	drega
5370	*Gardenia ovularis*	澳大利亚	胚珠栀子	gardenia
5371	*Gardenia remyi*	夏威夷群岛	雷米栀子	nanu
5372	*Gardenia taitensis*	斐济	泰斯栀子	bua
5373	*Gardenia tannaensis*	新赫布里底群岛	坦纳斯栀子	nitana；wild yaret
	***Garuga*（BURSERACEAE）** **嘉榄属（橄榄科）**		**HS CODE** **4403.99**	
5374	*Garuga floribunda*	新赫布里底群岛、澳大利亚、巴布亚新几内亚、所罗门群岛	多花白头树	analu；garuga；mala aio；malauhi；manandai；marimar；mormalau；nakumair；namalaus；namalmal；namalmaleai；naraurau；natuolu；neleoos；nemismis；nevlaiwi；nimismas；vimalaus；vumalaus

序号	学名	主要产地	中文名称	地方名
5375	*Garuga pacifica*	萨摩亚群岛	帕菲卡嘉榄木	magaui; magavi
	Gastonia (**ARALIACEAE**) **软皮枫属（五加科）**		**HS CODE** **4403.99**	
5376	*Gastonia waimeae*	夏威夷群岛	威米埃软皮枫	ohe kikoola
	Geijera (**RUTACEAE**) **钩瓣常山属（芸香科）**		**HS CODE** **4403.99**	
5377	*Geijera balansae*	新喀里多尼亚	南岭钩瓣常山	itinegue
5378	*Geijera paniculata*	澳大利亚	锥花钩瓣常山	green satinheart; satinheart; scrub wilga
5379	*Geijera parviflora*	澳大利亚	小花钩瓣常山	greenheart; wilga
5380	*Geijera salicifolia*	澳大利亚、巴布亚新几内亚	柳叶钩瓣常山	axegapper; balsam-of-capivitree; flintwood; glasswood; green satinheart; greenheart; ironwood; scrub wilga
	Geissois (**CUNONIACEAE**) **红荆梅属（火把树科）**		**HS CODE** **4403.99**	
5381	*Geissois balansae*	新喀里多尼亚	巴兰塞红荆梅	faux tamanou
5382	*Geissois benthamii*	澳大利亚	本氏红荆梅	brush mahogany; brush mararie; leather jacker; leather-jacket; pink marara; red bean; red carabeen; red carrabeen; red carrobean
5383	*Geissois biagiana*	澳大利亚	比亚吉红荆梅	brush mahogany; northern brush mahogany; northern brush mararie; red carabeen
5384	*Geissois hirsuta*	新喀里多尼亚	多毛红荆梅	faux tamanou; ma meo; mo; tamanou riviere
5385	*Geissois imthurnii*	斐济、新喀里多尼亚	伊氏红荆梅	faux tamanou; faux tamanou de montagne; vuga; vure
5386	*Geissois pruinosa*	新喀里多尼亚	粉叶红荆梅	faux moc; mac faux
5387	*Geissois racemosa*	新喀里多尼亚	聚果红荆梅	faux tamanou; ma meo; mo
5388	*Geissois superba*	斐济	艳丽红荆梅	vure
5389	*Geissois ternata*	斐济	三叶红荆梅	vota; vu re; vuga; vunga; vure
	Geniostoma (**LOGANIACEAE**) **髯管花属（马钱科）**		**HS CODE** **4403.99**	
5390	*Geniostoma micranthum*	斐济、所罗门群岛	小花髯管花	mboimboida; ongi

序号	学名	主要产地	中文名称	地方名
5391	*Geniostoma stenocarpum*	斐济	狭果髯管花	bati mara；batibati；buibuita
5392	*Geniostoma stenurum*	密克罗尼西亚	斯滕乌髯管花	kanmant
5393	*Geniostoma uninervium*	斐济	奇异髯管花	boiboida；kavika loa
5394	*Geniostoma vitiense*	斐济	维氏髯管花	bati boni；batimara；boiboida
	Geunsia **（VERBENACEAE）五蕊紫珠属（马鞭草科）**		**HS CODE 4403. 99**	
5395	*Geunsia pentandra*	美拉尼西亚	五雄五蕊紫珠	moikuro；nasikaku
	Gillbeea **（CUNONIACEAE）翅梅珠属（火把树科）**		**HS CODE 4403. 99**	
5396	*Gillbeea adenopetala*	澳大利亚	阿德诺翅梅珠	pink alder
	Gironniera **（CANNABACEAE）白颜属（大麻科）**		**HS CODE 4403. 99**	
5397	*Gironniera celtidifolia*	美拉尼西亚、密克罗尼西亚、斐济	朴叶白颜	hakaka；kehmut；kiaua；masivau；nunu；sirisiri；sisisi
	Glochidion **（EUPHORBIACEAE）算盘子属（大戟科）**		**HS CODE 4403. 99**	
5398	*Glochidion amentuligerum*	斐济	无茎算盘子	sova
5399	*Glochidion cordatum*	斐济	心形算盘子	galogalo；molau；qaloqalo；vosa
5400	*Glochidion ferdinandi*	澳大利亚	费迪南迪算盘子	buttonwood；cheese-tree；pencil cedar；red buttonwood；white beech
5401	*Glochidion gillespic*	斐济	吉莱斯算盘子	manono
5402	*Glochidion harveyanum*	澳大利亚	哈维亚算盘子	buttonwood；cheese-tree
5403	*Glochidion marianum*	密克罗尼西亚	马里亚纳算盘子	luhwikitohlol
5404	*Glochidion philippicum*	美拉尼西亚	甜叶算盘子	irikiris
5405	*Glochidion ramiflorum*	美拉尼西亚、富图纳群岛、斐济、新赫布里底群岛、密克罗尼西亚、帕劳群岛	茎花算盘子	kupigag；mahame；malau；malmalau；marapere；masame；molau；muek；mwehk；namalau；namalo；namilo；namomolo；ngolem；sihaku；veto；volu
5406	*Glochidion seemanii*	斐济	西氏算盘子	molau
5407	*Glochidion senyavinianum*	密克罗尼西亚	塞维努算盘子	efor；muekn ant；mwehken ant

序号	学名	主要产地	中文名称	地方名
5408	*Glochidion sumatranum*	澳大利亚	苏门答腊算盘子	buttonwood
	Gluta **(ANACARDIACEAE)** **胶漆树属（漆树科）**		**HS CODE** **4403. 49**	
5409	*Gluta papuana*	巴布亚新几内亚	巴布亚胶漆树	hekakoro
	Gmelina **(VERBENACEAE)** **石梓属（马鞭草科）**		**HS CODE** **4403. 49**	
5410	*Gmelina arborea*	巴布亚新几内亚、斐济	树状石梓	new guinea gmelina; yemane
5411	*Gmelina dalrympleana*	澳大利亚	火石梓	beech; grey teak; grey teak beech; white beech
5412	*Gmelina elliptica*	帕劳群岛	椭圆石梓	akulbne par reth; kalngebard rabelau
5413	*Gmelina fasciculiflora*	澳大利亚	簇花石梓	beech; grey teak; northern white beech; white beach; white beech
5414	*Gmelina leichhardtii*	澳大利亚	莱氏石梓	australische beech; beech; binburra; grey teak; queensland beech; white beech
5415	*Gmelina moluccana*	所罗门群岛、巴布亚新几内亚	马六甲石梓	arakoko; arokoko; buti; kangali; koko; loelaubaba; oarawaraha; pacific gmelina; qoloti; white beech
5416	*Gmelina palawensis*	帕劳群岛、密克罗尼西亚	腭裂石梓	blacheos; blancheos; brachios; brakios
5417	*Gmelina sessilis*	巴布亚新几内亚	无柄石梓	ah-ko; paio
5418	*Gmelina vitiensis*	斐济	斐济石梓	rosawa; white beech
	Gnetum **(GNETACEAE)** **买麻藤属（买麻藤科）**		**HS CODE** **4403. 99**	
5419	*Gnetum gnemon*	美拉尼西亚、斐济、巴布亚新几内亚	灌状买麻藤	kisupo; leqe; marewa; mbele sikau; mbui ni vondre; nula; sikau; su kaw; tulip
	Gomphandra **(ICACINACEAE)** **粗丝木属（茶茱萸科）**		**HS CODE** **4403. 99**	
5420	*Gomphandra australiana*	澳大利亚	澳大利亚粗丝木	buff beech; waxberry
	Gonioma **(APOCYNACEAE)** **南非夹竹桃属（夹竹桃科）**		**HS CODE** **4403. 99**	
5421	*Gonioma kamassi*	夏威夷群岛	南非夹竹桃木	kamani

序号	学名	主要产地	中文名称	地方名
	Gonystylus（**THYMELAEACEAE**） **棱柱木属（瑞香科）**		**HS CODE** **4403.49**	
5422	*Gonystylus forbesii*	斐济	宽叶棱柱木②	davota
5423	*Gonystylus macrophyllus*	所罗门群岛	大叶棱柱木②	ai nunura；ainunura；fungunigalo；latareko；petata
5424	*Gonystylus punctatus*	斐济	点状棱柱木②	fijian ramin；mavota
	Graptophyllum（**ACANTHACEAE**） **彩叶木属（海榄雌科）**		**HS CODE** **4403.99**	
5425	*Graptophyllum insularum*	斐济	岛状彩叶木	sausau
5426	*Graptophyllum pictum*	巴布亚新几内亚	彩叶木	gomagomor；malavig；singarata
	Grevillea（**PROTEACEAE**） **银桦属（山龙眼科）**		**HS CODE** **4403.99**	
5427	*Grevillea baileyana*	澳大利亚	贝利银桦	findlay silky oak
5428	*Grevillea banksii*	夏威夷群岛	红花银桦	banks grevillea；ha'iku；kahili-flower；silky oak
5429	*Grevillea breterochroma*	新喀里多尼亚	布雷特银桦	brossea dents
5430	*Grevillea gillivray*	澳大利亚	吉列夫银桦	hetre blanc；hetre gris argente；hetre rouge；hetregris
5431	*Grevillea glauca*	澳大利亚	青冈银桦	rose oak；silky oak
5432	*Grevillea heterochroma*	新喀里多尼亚	异色银桦	brossea dents
5433	*Grevillea hilliana*	澳大利亚	希尔利银桦	grey oak；hill silky oak；red silky oak；silky oak
5434	*Grevillea ilicifolia*	澳大利亚	冬青叶银桦	sombre grevillea
5435	*Grevillea papuana*	巴布亚新几内亚	巴新银桦	silky oak
5436	*Grevillea pinnatifida*	澳大利亚	羽状银桦	findlay silky oak
5437	*Grevillea pteridifolia*	澳大利亚	蕨叶银桦	ferny-leaved silky oak
5438	*Grevillea robusta*	澳大利亚、夏威夷群岛、斐济	银桦	afrikaans silky oak；australian silky oak；australische silky oak；east african silky oak；grevillea；ha'iku ke'oke'o；lacewood；queensland silky oak；roble de seda；selano；silky oak；silver oak；silver grecillia；southern silky oak
5439	*Grevillea rubiginosa*	新喀里多尼亚	鲁比格银桦	hetre rouge

序号	学名	主要产地	中文名称	地方名
5440	*Grevillea striata*	澳大利亚	条纹银桦	beef oak; beef silky oak; beefwood; western beefwood
5441	*Grevillea wickhamii*	澳大利亚	威氏银桦	wickham grevillea
	Grewia **(TILIACEAE)** **扁担杆属（椴树科）**		**HS CODE 4403. 99**	
5442	*Grewia crenata*	密克罗尼西亚、社会群岛、美拉尼西亚、斐济	克里纳扁担杆	angeelo; auere; lala; lala vao; siti
5443	*Grewia persicaefolia*	斐济	波斯扁担杆	siti
5444	*Grewia prunifolia*	斐济	桃叶扁担杆	siti
	Griselinia **(GRISELINIACEAE)** **夷茱萸属（南茱萸科）**		**HS CODE 4403. 99**	
5445	*Griselinia littoralis*	新西兰	滨山夷茱萸	papuamu
5446	*Griselinia lucida*	新西兰	亮叶夷茱萸	puka
	Guettarda **(RUBIACEAE)** **海岸桐属（茜草科）**		**HS CODE 4403. 99**	
5447	*Guettarda speciosa*	帕劳群岛、巴布亚新几内亚、密克罗尼西亚、斐济、澳大利亚、新赫布里底群岛	海岸桐	belau; belou; blow; buabua; figuier faux; koin lahk; mbuambua; mohor; mohosor; mvesor; nafanhu; panau; pelau; puwa; tipau; whunawhuna; wutu
	Guioa **(SAPINDACEAE)** **三蝶果属（无患子科）**		**HS CODE 4403. 99**	
5448	*Guioa capillacea*	斐济	毛三蝶果	drausasa
5449	*Guioa chrysea*	斐济	克莱斯三蝶果	drausasa; marasa levu
5450	*Guioa rhoifolia*	斐济	漆叶三蝶果	baka ni vudi; masa; ndrausasa; wive
5451	*Guioa subfalcata*	斐济	镰叶三蝶果	masa
	Gulubia **(PALMAE)** **单茎椰属（棕榈科）**		**HS CODE 4403. 99**	
5452	*Gulubia palauensis*	帕劳群岛	帕鲁单茎椰	akaboek; bochela uchererak; buchela uchererar; chebouch; chesebuuch
	Gymnema **(ASCLEPIADACEAE)** **匙羹藤属（萝藦科）**		**HS CODE 4403. 99**	
5453	*Gymnema stenophyllum*	斐济	细叶匙羹藤	yauyau

序号	学名	主要产地	中文名称	地方名
	Gynochthodes **（RUBIACEAE）** **巴戟天属（茜草科）**		**HS CODE** **4403.99**	
5454	*Gynochthodes ovalifolia*	帕劳群岛	椭圆叶巴戟天	daerrot
	Gynotroches **（RHIZOPHORACEAE）** **鲇目树属（红树科）**		**HS CODE** **4403.99**	
5455	*Gynotroches axillaris*	密克罗尼西亚	腋脉鲇目树	pef
	Gyrocarpus **（HERNANDIACEAE）** **旋翼果属（莲叶桐科）**		**HS CODE** **4403.99**	
5456	*Gyrocarpus jacquinii*	澳大利亚、新赫布里底群岛、斐济	雅克尼旋翼果	bois chou；gyro damson；iselwalen；kaop；mafay；mari；nanarara；napuka；naviloavilo；ndaukh；ndrul；nindiep；nintuwo；nitowop；vuvaighonai；vuvaltasi；wiriwire；wiriwiri
	Hakea **（PROTEACEAE）** **荣桦属（山龙眼科）**		**HS CODE** **4403.99**	
5457	*Hakea arborescens*	澳大利亚	树状荣桦	tree hakea
5458	*Hakea chordophylla*	澳大利亚	弦叶荣桦	bootlace oak；corkwood
5459	*Hakea cunninghamii*	澳大利亚	坎氏荣桦	beefwood
5460	*Hakea cycloptera*	澳大利亚	巨大荣桦	rough fruited hakea
5461	*Hakea divaricata*	澳大利亚	展枝荣桦	needlewood
5462	*Hakea ivoryi*	澳大利亚	伊沃利荣桦	corkbark tree；ivory needlewood
5463	*Hakea laurina*	澳大利亚	桂叶荣桦	gold dust hakea
5464	*Hakea leucoptera*	澳大利亚	白翅荣桦	needlewood
5465	*Hakea lissosperma*	澳大利亚	光籽荣桦	needlewood
5466	*Hakea lorea*	澳大利亚	灰籽荣桦	needlewood
5467	*Hakea rugosa*	澳大利亚	皱叶荣桦	wrinkle fruited hakea
5468	*Hakea salicifolia*	澳大利亚	柳叶荣桦	willow hakea
5469	*Hakea suberea*	澳大利亚	苏贝莱荣桦	corkbark needlewood
5470	*Hakea tephrosperma*	澳大利亚	特弗罗荣桦	hooked needlewood
5471	*Hakea vittata*	澳大利亚	维特塔荣桦	needlewood；striped hakea；striped needlewood

序号	学名	主要产地	中文名称	地方名
	Halfordia **（RUTACEAE）** **火油柑属（芸香科）**		**HS CODE** **4403.99**	
5472	*Halfordia kendack*	澳大利亚	肯达克火油柑	kerosene-wood；saffronheart；southern ghittoe
5473	*Halfordia papuana*	巴布亚新几内亚	巴布亚火油柑	saffron heart
5474	*Halfordia scleroxyla*	澳大利亚	硬木火油柑	ghittoe；ghittoe-of-north-queenslan；jitta；saffronheart
	Haploclathra **（GUTTIFERAE）** **红圣木属（藤黄科）**		**HS CODE** **4403.99**	
5475	*Haploclathra verticillata*	大洋洲	轮叶红圣木	
	Haplolobus **（BURSERACEAE）** **宿萼榄属（橄榄科）**		**HS CODE** **4403.99**	
5476	*Haplolobus floribundus*	斐济	多花宿萼榄	haplolobus；kaunicina
5477	*Haplolobus furfuraceus*	斐济	糠宿萼榄	
	Harpullia **（SAPINDACEAE）** **假山萝属（无患子科）**		**HS CODE** **4403.99**	
5478	*Harpullia arborea*	巴布亚新几内亚、斐济	树状假山萝	ikuka；onukai；tulipwood；vuvula
5479	*Harpullia cupanioides*	密克罗尼西亚	山木患	koenter gauwa
5480	*Harpullia hillii*	澳大利亚	希拉假山萝	tulipier d'ausralie
5481	*Harpullia mellea*	斐济	梅莱亚假山萝	vuvula
5482	*Harpullia pedicellaris*	斐济	花梗假山萝	
5483	*Harpullia pendula*	澳大利亚	垂枝假山萝	black tulip；tulip lancewood；tulipier d'ausralie；tulipwood
5484	*Harpullia ramiflora*	澳大利亚	枝花假山萝	
	Hartogia **（CELASTRACEAE）** **雄鹿形属（卫矛科）**		**HS CODE** **4403.99**	
5485	*Hartogia capensis*	大洋洲	开普雄鹿形	
	Harungana **（HYPERICACEAE）** **合掌树属（金丝桃科）**		**HS CODE** **4403.99**	
5486	*Harungana montana*	大洋洲	山地合掌树	
	Hebe **（SCROPHULARIACEAE）** **长阶花属（玄参科）**		**HS CODE** **4403.99**	
5487	*Hebe elliptica*	新西兰	椭圆长阶花	

序号	学名	主要产地	中文名称	地方名
5488	*Hebe glaucophylla*	新西兰	灰叶长阶花	
5489	*Hebe salicifolia*	新西兰	柳叶长阶花	koromiko
	Hedycarya (**MONIMIACEAE**) **蜜盘桂属（玉盘桂科）**		**HS CODE** **4403.99**	
5490	*Hedycarya angustifolia*	澳大利亚	狭叶蜜盘桂	australian mulberry; native mulberry
5491	*Hedycarya arborea*	澳大利亚、新西兰	树状蜜盘桂	pigeonwood; porokaiwhiri; titirangi
5492	*Hedycarya cupulata*	澳大利亚	桶状蜜盘桂	
5493	*Hedycarya dorstenioides*	斐济	多斯特蜜盘桂	thula ni vasua; vatumbua
5494	*Hedycarya loxocarya*	澳大利亚	洛索蜜盘桂	yellow beech
	Hedyosmum (**CHLORANTHACEAE**) **雪香兰属（金莉兰科）**		**HS CODE** **4403.99**	
5495	*Hedyosmum domingense*	大洋洲	多米尼雪香兰	
5496	*Hedyosmum luteynii*	大洋洲	卢氏雪香兰	
5497	*Hedyosmum nutans*	大洋洲	垂穗雪香兰	
	Hedyotis (**RUBIACEAE**) **耳草属（茜草科）**		**HS CODE** **4403.99**	
5498	*Hedyotis fruticulosa*	帕劳群岛	灌丛耳草	chemudelach; emudelach
5499	*Hedyotis hillebrandii*	夏威夷群岛	赫氏耳草	manono
5500	*Hedyotis korrorensis*	帕劳群岛	科罗斯耳草	chemudelach; emudelach
5501	*Hedyotis terminalis*	夏威夷群岛	终末耳草	manono
	Helicia (**PROTEACEAE**) **山龙眼属（山龙眼科）**		**HS CODE** **4403.99**	
5502	*Helicia lamingloniana*	澳大利亚	拉明山龙眼	lamington silky oak; silky oak
	Helicostylis (**MORACEAE**) **卷花桑属（桑科）**		**HS CODE** **4403.99**	
5503	*Helicostylis turbinata*	大洋洲	陀螺卷花桑	
	Henriettea (**MELASTOMATACEAE**) **嘉罐花属（野牡丹科）**		**HS CODE** **4403.99**	
5504	*Henriettea granulata*	大洋洲	颗粒嘉罐花	
5505	*Henriettea maroniensis*	大洋洲	马罗尼嘉罐花	
	Henriettella (**MELASTOMATACEAE**) **小嘉罐花属（野牡丹科）**		**HS CODE** **4403.99**	
5506	*Henriettella caudata*	大洋洲	尾状小嘉罐花	

序号	学名	主要产地	中文名称	地方名
	Heritiera **（STERCULIACEAE）** **银叶树属（梧桐科）**		**HS CODE** **4403.49**	
5507	*Heritiera actinophylla*	澳大利亚东部	掌叶银叶树	red bean; stavewood
5508	*Heritiera littoralis*	密克罗尼西亚、帕劳群岛、澳大利亚、巴布亚新几内亚、斐济、美拉尼西亚	滨银叶树	akabibukk; bois de table; chabibech; chebibech; ebibech; heritiera; kedraivina yalewakalou; marapinset; marapwenseth; marrup winship; merepwinsed; mworopwinsed; napera; pai-iru; red mangrove; tulip mangrove; zwobott
5509	*Heritiera novoguineensis*	巴布亚新几内亚	巴新银叶树	heritiera
5510	*Heritiera ornithocephala*	斐济	奥尼银叶树	caudamu; rogi; rosarosa
5511	*Heritiera trifoliolata*	澳大利亚、巴布亚新几内亚	三叶银叶树	booyong; brown crowsfoot elm; brown oak; brown tulip oak; brown tulip-oak; crowsfoot elm; hickory; highroot; silky elm; stavewood; tulip brown oak; white booyong
	Hernandia **（HERNANDIACEAE）** **莲叶桐属（莲叶桐科）**		**HS CODE** **4403.99**	
5512	*Hernandia bivalvis*	澳大利亚	双瓣莲叶桐	greasenut
5513	*Hernandia cordigera*	新喀里多尼亚、新赫布里底群岛	科迪莲叶桐	bois bleu; nehep
5514	*Hernandia moerenhoutiana*	斐济、萨摩亚群岛	莫雷诺莲叶桐	evu; nukualofa; pipi; tonga; vuvula
5515	*Hernandia nymphaefolia*	密克罗尼西亚、社会群岛、帕劳群岛、斐济、所罗门群岛、澳大利亚、新赫布里底群岛、富图纳群岛、美拉尼西亚	美丽莲叶桐	agran; akurang; bois blanc; evuevu; gachal; goromgoru; hernandia; hochoul; nukmano; penipinin; pingapin; pingaping; puka; puka kula; pung pung; tepenipinin; tianina; vipiripiri; vogovegove; yevuyevu
5516	*Hernandia olivacea*	斐济	橄榄莲叶桐	doinisau; wasauli
	Heteromeles **（ROSACEAE）** **柳石楠属（蔷薇科）**		**HS CODE** **4403.99**	
5517	*Heteromeles salicifolia*	大洋洲	柳叶柳石楠	

序号	学名	主要产地	中文名称	地方名
	Heterotrichum **(MELASTOMATACEAE)** **异旋毛膜属(野牡丹科)**		**HS CODE 4403. 99**	
5518	*Heterotrichum umbellatum*	大洋洲	伞花异旋毛膜	
	Hevea **(EUPHORBIACEAE)** **橡胶树属(大戟科)**		**HS CODE 4403. 49**	
5519	*Hevea confusa*	大洋洲	杂色橡胶木	
	Hexalobus **(ANNONACEAE)** **六裂番荔枝属(番荔枝科)**		**HS CODE 4403. 99**	
5520	*Hexalobus salicifolius*	大洋洲	柳叶六裂番荔枝	
	Hibiscus **(MALVACEAE)** **木槿属(锦葵科)**		**HS CODE 4403. 99**	
5521	*Hibiscus arnottianus*	夏威夷群岛	阿诺蒂木槿	keokea; kohio; koki'o ke'oke'o; pamakini; punaluu hibiscus; white native hibiscus
5522	*Hibiscus elatus*	夏威夷群岛	高槿	blue mahoe; majagua; majo
5523	*Hibiscus makinoi*	大洋洲	马基诺木槿	
5524	*Hibiscus papuodendron*	巴布亚新几内亚	巴布登木槿	bulolo ash; papuodendron; silver hibiscus
5525	*Hibiscus rosa-sinensis*	帕劳群岛、密克罗尼西亚	朱槿	bussonge; falus; floras; kalaun wai; keleun wai
5526	*Hibiscus tiliaceus*	帕劳群岛、库克群岛、澳大利亚、社会群岛、南太平洋地区、密克罗尼西亚、萨摩亚群岛、美拉尼西亚、夏威夷群岛、新赫布里底群岛、斐济	黄槿	aramal; beach hibiscus; bois de flot; bourahu; bourao; burao; burau; cheramal; coast cottonwood; coast hibiscus; fau maka; karamal; karaolinden hibiscus; peuh; purau; pureau; sapuo; tihau; volafo; xirifoi
	Hippobromus **(SAPINDACEAE)** **马木患属(无患子科)**		**HS CODE 4403. 99**	
5527	*Hippobromus alatus*	大洋洲	翼状马木患	
	Hippocratea **(CELASTRACEAE)** **化风藤属(卫矛科)**		**HS CODE 4403. 99**	
5528	*Hippocratea myriantha*	大洋洲	密花化风藤	
5529	*Hippocratea vignei*	大洋洲	维格纳化风藤	

序号	学名	主要产地	中文名称	地方名
	Hiraea （MALPIGHIACEAE） 藤翅果属（金虎尾科）		**HS CODE** **4403.99**	
5530	*Hiraea fagifolia*	大洋洲	水青冈叶藤翅果	
	Hoheria （MALVACEAE） 绶带木属（锦葵科）		**HS CODE** **4403.99**	
5531	*Hoheria angustifolia*	新西兰	狭叶绶带木	narrow-leaf lacebark
5532	*Hoheria glabrata*	新西兰	光滑绶带木	mountain ribbonwood
5533	*Hoheria lyallii*	新西兰	利氏绶带木	hoary mountain ribbonwood; mountain ribbonwood
5534	*Hoheria populnea*	新西兰	波普尔绶带木	hohere; hoheria; houhere; lacebark; powhiwhi; ribbonwood; thousand-jacket; whauwhi
5535	*Hoheria sexstylosa*	新西兰	六裂绶带木	houhere lacebark; long-leaf lacebark
	Holarrhena （APOCYNACEAE） 止泻木属（夹竹桃科）		**HS CODE** **4403.99**	
5536	*Holarrhena congolensis*	大洋洲	刚果止泻木	
	Homalanthus （EUPHORBIACEAE） 澳杨属（大戟科）		**HS CODE** **4403.99**	
5537	*Homalanthus arfakiensus*	澳大利亚	阿法基澳杨	
5538	*Homalanthus nutans*	萨摩亚群岛、密克罗尼西亚、斐济、美拉尼西亚	垂穗澳杨	foga mamala; keishia; kuh sawah; moamoa; paba; tadano
5539	*Homalanthus populneus*	斐济	波普澳杨	
5540	*Homalanthus stokesii*	所罗门群岛	斯氏澳杨	aliki
	Homalium （FLACOURTIACEAE） 天料木属（大风子科）		**HS CODE** **4403.99**	
5541	*Homalium acuminatum*	库克群岛	渐尖天料木	moto
5542	*Homalium alnifolium*	澳大利亚	桤叶天料木	brown boxwood
5543	*Homalium aylmeri*	澳大利亚	艾尔梅天料木	
5544	*Homalium circumpinnatum*	澳大利亚	环状天料木	brown boxwood

序号	学名	主要产地	中文名称	地方名
5545	*Homalium foetidum*	巴布亚新几内亚、所罗门群岛	烈味天料木	aranga; gia; kavea; malas; malasa; malasata
5546	*Homalium laurifolium*	斐济	月桂叶天料木	sakisakivuto
5547	*Homalium nitens*	斐济	尼滕斯天料木	molaca; tarotaro
5548	*Homalium pallidum*	斐济	苍白天料木	bolovatu; mbolavatu
5549	*Homalium vitiense*	斐济	维蒂斯天料木	molaca; molaca damu; molaca vula
	Hopea **(DIPTEROCARPACEAE)** **坡垒属（龙脑香科）**		**HS CODE** **4403. 49**	
5550	*Hopea celtidifolia*	巴布亚新几内亚	朴叶坡垒	jeruieh; katiau; keilmun; teh
5551	*Hopea forbesii*	巴布亚新几内亚	宽叶坡垒	emi sapu; light hopea; tatami; uvami; walei; yalayala
5552	*Hopea glabrifolia*	巴布亚新几内亚	光叶坡垒	heavy hopea; kapilatana; malabia; matapo
5553	*Hopea iriana*	巴布亚新几内亚	伊瑞安坡垒	heavy hopea
5554	*Hopea papuana*	巴布亚新几内亚	巴布亚坡垒	gointa; koka pilo pilo; light hopea
5555	*Hopea semicuneata*	巴布亚新几内亚	半楔形坡垒	yakalmolato
	Horsfieldia **(MYRISTICACEAE)** **风吹楠属（肉豆蔻科）**		**HS CODE** **4403. 99**	
5556	*Horsfieldia amklaal*	帕劳群岛	安克拉风吹楠	amklaal; chamklachal; chemeklachel; edumail; emeklachel
5557	*Horsfieldia glabra*	密克罗尼西亚	风吹楠	umklar
5558	*Horsfieldia irya*	所罗门群岛	伊利亚风吹楠	gigu
5559	*Horsfieldia novae-lauenburgiae*	巴布亚新几内亚	新劳恩风吹楠	olai; vadowudovuru
5560	*Horsfieldia novo-guineensi*	帕劳群岛	诺沃风吹楠	ersachel
5561	*Horsfieldia nunu*	密克罗尼西亚	努努风吹楠	nunu
5562	*Horsfieldia palauensis*	帕劳群岛	帕劳风吹楠	chersachal; ersachel
5563	*Horsfieldia sylvestris*	巴布亚新几内亚	野生风吹楠	mu
5564	*Horsfieldia tuberculata*	所罗门群岛、巴布亚新几内亚	瘤果风吹楠	aiqil; kagkag; tutupun; vadovodovuru
	Hovenia **(RHAMNACEAE)** **拐枣属（鼠李科）**		**HS CODE** **4403. 99**	
5565	*Hovenia tomentella*	大洋洲	柔毛拐枣	

序号	学名	主要产地	中文名称	地方名
	Huertea （TAPISCIACEAE） 腺椒树属（瘿椒树科）		**HS CODE** **4403.99**	
5566	*Huertea granadina*	大洋洲	格拉纳腺椒树	
	Hugonia （LINACEAE） 亚麻藤属（亚麻科）		**HS CODE** **4403.99**	
5567	*Hugonia platysepala*	大洋洲	阔萼亚麻藤	
	Hydnocarpus（FLACOUYTIACEAE） 大风子属（大风子科）		**HS CODE** **4403.99**	
5568	*Hydnocarpus wightianus*	斐济	维希提大风子	chaulmugra
	Hydrangea（HYDRANGEACEAE） 八仙花属（绣球科）		**HS CODE** **4403.99**	
5569	*Hydrangea oerstedii*	大洋洲	奥氏八仙花	
5570	*Hydrangea petiolaris*	大洋洲	叶柄八仙花	
5571	*Hydrangea serrata*	大洋洲	齿叶八仙花	
	Hymenaea（CAESALPINIACEAE） 孪叶苏木属（苏木科）		**HS CODE** **4403.99**	
5572	*Hymenaea intermedia*	大洋洲	局间孪叶苏木	
5573	*Hymenaea verrucosa*	大洋洲	疣状孪叶苏木	
	Hymenocardia（EUPHORBIACEAE） 心翼茶属（大戟科）		**HS CODE** **4403.99**	
5574	*Hymenocardia lyrata*	大洋洲	琴叶心翼茶	
5575	*Hymenocardia punctata*	大洋洲	斑点心翼茶	
	Hymenolobium（FABACEAE） 膜瓣豆属（蝶形花科）		**HS CODE** **4403.49**	
5576	*Hymenolobium complicatum*	大洋洲	复叶膜瓣豆	
5577	*Hymenolobium heterocarpum*	大洋洲	异果膜瓣豆	
	Hymenosporum（PITTOSPORACEAE） 香荫树属（海桐花科）		**HS CODE** **4403.99**	
5578	*Hymenosporum flavum*	澳大利亚	黄海桐花	native frangipani；queensland frangipani

序号	学名	主要产地	中文名称	地方名
	Idiospermum **(CALYCANTHACEAE)** **奇子树属（蜡梅科）**		**HS CODE** **4403.99**	
5579	*Idiospermum australiense*	澳大利亚	澳大利亚奇子树	idiospermum; ribbonwood
	Ilex **(AQUIFOLIACEAE)** **冬青属（冬青科）**		**HS CODE** **4403.99**	
5580	*Ilex anomala*	夏威夷群岛	铜绿冬青	aiea; hawaiian holly; ka'awa'u; kawa'u; kawau
5581	*Ilex arnhemensis*	澳大利亚	阿纳海姆冬青	ilex; northern holly
5582	*Ilex latifolia*	巴布亚新几内亚	阔叶冬青	holly
5583	*Ilex sebertii*	新喀里多尼亚	塞氏冬青	collier blanc
5584	*Ilex vitiensis*	斐济	斐济冬青	mutumutu; teleni ndrano
	Inocarpus **(FABACEAE)** **栗檀属（蝶形花科）**		**HS CODE** **4403.99**	
5585	*Inocarpus fagifer*	新赫布里底群岛、密克罗尼西亚、富图纳群岛、斐济、帕劳群岛、南太平洋地区	法吉尔栗檀	aias; amape; mambe; mape; marap; maropi; marup; mwoaroapw; mworopw; namam; namambe; namap; nowane; tahitian chestnut; vimape
5586	*Inocarpus papuanus*	大洋洲	巴布亚栗檀	
	Intsia **(CAESALPINIACEAE)** **印茄属（苏木科）**		**HS CODE** **4403.49**	
5587	*Intsia bijuga*	新赫布里底群岛、所罗门群岛、密克罗尼西亚、帕劳群岛、澳大利亚、萨摩亚群岛、美拉尼西亚、巴布亚新几内亚、南太平洋地区、新西兰、斐济	二对印茄	atora; bendora; bois de cohu clair; ipil-tree; island teak; kimau; mainava; melila; merbau; moluccan ironwood; nakima; nakumau; nitortor; nityanmis; noghuma; oumau; scrub mahogany; wantal; zolt
	Irvingbaileya **(ICACINACEAE)** **盘翼果属（茶茱萸科）**		**HS CODE** **4403.99**	
5588	*Irvingbaileya australis*	澳大利亚	南方盘翼果	buff beech
	Ixerba **(IXERBACEAE)** **龙柱花属（龙柱花科）**		**HS CODE** **4403.99**	
5589	*Ixerba brexioides*	新西兰	布雷龙柱花	tawari; yawari

序号	学名	主要产地	中文名称	地方名
	***Ixora*（RUBIACEAE）** **龙船花属（茜草科）**		**HS CODE** **4403.99**	
5590	*Ixora alba*	斐济	白龙船花	white ixora
5591	*Ixora amplexicaulis*	斐济	抱茎龙船花	katakata；qoro；salera
5592	*Ixora amplexifloia*	密克罗尼西亚	紧花龙船花	achiu；gacheu；gachiou；katio；katiu
5593	*Ixora casei*	密克罗尼西亚、帕劳群岛	卡塞伊龙船花	achen；achiou；achiu；atiu；gachio；gachiou；galsua；galusa；gatriou；hachio；hachiu；kahl shuh；kalesu；kalsru；kartieu；kasaw；katiu；kerdeu；ketieu；terdeo
5594	*Ixora coccinea*	帕劳群岛	朴叶龙船花	kerdeu；kerdeura ngebard
5595	*Ixora myrtifolia*	斐济	番樱桃叶龙船花	tukutuku
5596	*Ixora tubiflora*	斐济	管花龙船花	mocelutu
5597	*Ixora vitiensis*	斐济	斐济龙船花	bulidavo；bulidavui
	***Jacaranda*（BIGNONIACEAE）** **蓝花楹属（紫葳科）**		**HS CODE** **4403.49**	
5598	*Jacaranda acutifolia*	斐济	蓝花楹	jacaranda
	***Jagera*（SAPINDACEAE）** **雨沫树属（无患子科）**		**HS CODE** **4403.99**	
5599	*Jagera discolor*	澳大利亚	变色雨沫树	fern-leaved tamarind；pink tamarind
5600	*Jagera pseudorhus*	澳大利亚	假漆雨沫树	fern-tree；ferntop；foambark；foambark-tree；iccaaya；pink foambark；pink tamarind
	***Jatropha*（EUPHORBIACEAE）** **麻风树属（大戟科）**		**HS CODE** **4403.99**	
5601	*Jatropha curcas*	斐济	麻风树	banidakai；maqele；physic-nut；wiriwiri
	***Juniperus*（CUPRESSACEAE）** **刺柏属（柏科）**		**HS CODE** **4403.25（截面尺寸≥15cm）或 4403.26（截面尺寸<15cm）**	
5602	*Juniperus bermudiana*	夏威夷群岛	百慕大桧	bermuda cedar；bermuda juniper；bermuda red cedar
	***Kania*（MYRTACEAE）** **长隔水桉属（桃金娘科）**		**HS CODE** **4403.99**	
5603	*Kania eugenoides*	巴布亚新几内亚	尤金长隔水桉	metrosideros；ogeramang

序号	学名	主要产地	中文名称	地方名
	Kermadecia（**PROTEACEAE**） **红锈李属（山龙眼科）**		**HS CODE** **4403.99**	
5604	*Kermadecia ferruginea*	斐济	锈色红锈李	civea; kaubuta; vanuabalavu
5605	*Kermadecia leptophylla*	新喀里多尼亚	线叶红锈李	hetre blanc
5606	*Kermadecia rotundifolia*	新喀里多尼亚	圆叶红锈李	hetre
5607	*Kermadecia sinuata*	新喀里多尼亚	西努红锈李	hetre blanc; hetre gris
	Kigelia（**BIGNONIACEAE**） **吊灯树属（紫葳科）**		**HS CODE** **4403.99**	
5608	*Kigelia africana*	斐济	非洲吊灯树	sausage-tree
	Kingiodendron（**CAESALPINIACEAE**） **金苏木属（苏木科）**		**HS CODE** **4403.99**	
5609	*Kingiodendron micranthum*	美拉尼西亚	小花金苏木	panorug
	Kleinhovia（**STERCULIACEAE**） **鹧鸪麻属（梧桐科）**		**HS CODE** **4403.99**	
5610	*Kleinhovia hospita*	萨摩亚群岛、密克罗尼西亚、所罗门群岛、新赫布里底群岛、帕劳群岛、斐济、巴布亚新几内亚	鹧鸪麻	fuafua; guest-tree; kalauen ant; kalaun ant; keleun ant; kleinhovia; metal; namatal; namendal; nameric; nandek; nimbidang; nimindap; nimtange; parake; tan-ag; vanoi; vimatala; vumatal
	Knightia（**PROTEACEAE**） **新西兰山龙眼属（山龙眼科）**		**HS CODE** **4403.99**	
5611	*Knightia excelsa*	新西兰	新西兰山龙眼木	bottlebrush; honeysuckle; karimba; new zealand honeysuckle; rewa-rewa; rewarewa
	Koelreuteria（**SAPINDACEAE**） **栾树属（无患子科）**		**HS CODE** **4403.99**	
5612	*Koelreuteria elegans*	斐济	线状栾树	lobolobo; manawi; wiri; wiwi
	Lagerstroemia（**LYTHRACEAE**） **紫薇属（千屈菜科）**		**HS CODE** **4403.99**	
5613	*Lagerstroemia hypoleuca*	科科斯群岛	下白紫葳	kapali-pyinma
5614	*Lagerstroemia indica*	斐济	紫薇	christmas-bush; crapemyrtle
5615	*Lagerstroemia speciosa*	斐济	美丽紫薇	pride-of-india

序号	学名	主要产地	中文名称	地方名
	Lantana **（VERBENACEAE）** **马缨丹属（马鞭草科）**		**HS CODE** **4403.99**	
5616	*Lantana camara*	澳大利亚	卡马拉马缨丹	lantana
	Larix **（PINACEAE）** **落叶松属（松科）**	**HS CODE** **4403.25（截面尺寸≥15cm）或 4403.26（截面尺寸<15cm）**		
5617	*Larix decidua*	新西兰	欧洲落叶松	european larch
	Laurelia **（ATHEROSPERMATACEAE）** **类月桂属（香皮檫科）**		**HS CODE** **4403.99**	
5618	*Laurelia novae-zeelandiae*	新西兰、澳大利亚	新西兰类月桂	puhatea; pukatea
	Lecomtedoxa **（SAPOTACEAE）** **赤道西非山榄属（山榄科）**		**HS CODE** **4403.99**	
5619	*Lecomtedoxa klaineana*	巴布亚新几内亚	克莱赤道西非山榄	gum
	Leea **（LEEACEAE）** **火筒树属（火筒树科）**		**HS CODE** **4403.99**	
5620	*Leea guineensis*	美拉尼西亚、帕劳群岛、密克罗尼西亚	几内亚火筒树	piroko kurarama; sangall; sengall; sugal
5621	*Leea indica*	美拉尼西亚、密克罗尼西亚、斐济、帕劳群岛	印度火筒树	hodukalegi; ibung; koeikasi; nai mosa ninduna; piloro; sengall; yibung; yibungnipan
5622	*Leea tetramera*	美拉尼西亚	四数火筒树	bau; kuuku; tavuruvu
	Lepidopetalum **（SAPINDACEAE）** **鳞翅属（无患子科）**		**HS CODE** **4403.99**	
5623	*Lepidopetalum hebecladum*	美拉尼西亚	毛枝鳞翅	piraga; sikakore; tokakat
	Leptospermum **（MYRTACEAE）** **松红梅属（桃金娘科）**		**HS CODE** **4403.99**	
5624	*Leptospermum attenuatum*	澳大利亚	渐窄松红梅	slender tea-tree
5625	*Leptospermum grandiflorum*	澳大利亚	大花松红梅	mountain tea tree
5626	*Leptospermum laevigatum*	澳大利亚	光叶松红梅	coast tea-tree
5627	*Leptospermum lanigerum*	澳大利亚	拉尼松红梅	tea-tree; woolly tea-tree

序号	学名	主要产地	中文名称	地方名
5628	*Leptospermum liversidgei*	澳大利亚	利弗松红梅	citron-scented tea-tree
5629	*Leptospermum nitidum*	澳大利亚	光泽松红梅	shining tea-tree
5630	*Leptospermum petersonii*	澳大利亚	彼氏松红梅	lemon-scented tea-tree
5631	*Leptospermum polygalifolium*	澳大利亚	多边叶松红梅	tantoon; tea-tree
5632	*Leptospermum scoparium*	新西兰、夏威夷群岛、澳大利亚	细枝松红梅	black manuka; broom tea-tree; kahikatoa; manuka; red manuka; red tea-tree; tea-tree; white tea-tree
	Leucaena (**MIMOSACEAE**) **银合欢属（含羞草科）**		**HS CODE** **4403.99**	
5633	*Leucaena forsteri*	美拉尼西亚	福氏银合欢	agivana; gehala; geholo; koropoi
5634	*Leucaena leucocephala*	澳大利亚、夏威夷群岛、密克罗尼西亚、萨摩亚群岛、新赫布里底群岛、帕劳群岛、斐济	银合欢	acacia; acacia rouge; ekoa; falsekoa; ganitnityu wan tangantan; ipil-ipil; koa haole; leucaena; lili-koa; lopa-samoa; namas; tangan-tangan; telentund; vaivai; vaivai ni vavalagi; wild tamarind
	Leucopogon (**ERICACEAE**) **须石南属（杜鹃科）**		**HS CODE** **4403.99**	
5635	*Leucopogon cymbulae*	斐济	辛布须石南	seru seru
5636	*Leucopogon cymbuliae*	斐济	辛巴须石南	
5637	*Leucopogon parviflorus*	斐济	小花须石南	
5638	*Leucopogon salicifolius*	斐济	柳叶须石南	
	Leucosyke (**URTICACEAE**) **四脉麻属（荨麻科）**		**HS CODE** **4403.99**	
5639	*Leucosyke australis*	澳大利亚	南方四脉麻	
5640	*Leucosyke candidissima*	美拉尼西亚	白花四脉麻	isoiso; pava
5641	*Leucosyke capitellata*	美拉尼西亚	头状四脉麻	leqa
5642	*Leucosyke corymbulosa*	斐济、库克群岛、萨摩亚群岛	伞状四脉麻	dranigata; draunigata; drokonagata; korokarokuro; lautauli; lolo; magele; matadra; matandea; quarokarok uro; rokovukovu
	Levieria (**MONIMIACEAE**) **折盘桂属（玉盘桂科）**		**HS CODE** **4403.99**	
5643	*Levieria acuminata*	澳大利亚	披针叶折盘桂	straw beech

序号	学名	主要产地	中文名称	地方名
5644	*Levieria parvifolia*	澳大利亚	小叶折盘桂	
5645	*Levieria nilans*	澳大利亚	尼兰折盘桂	
5646	*Levieria squarrosa*	澳大利亚	粗糙折盘桂	
	***Libocedrus*（CUPRESSACEAE）** **肖柏属（柏科）**	**HS CODE** **4403.25（截面尺寸≥15cm）或 4403.26（截面尺寸<15cm）**		
5647	*Libocedrus arfakensis*	巴布亚新几内亚	阿法肖柏	arfak libocedar
5648	*Libocedrus austro-caledonica*	澳大利亚	奥肖柏	humbolt libocedar
5649	*Libocedrus bidwillii*	新西兰	比氏肖柏	bidwill libocedar; cedar; cedre de la nouvelle-zelande; cedro de nueva zelandia; cedro di nuova zelanda; cypres de la nouvelle-zelande; kaikawaka; kawkaka; libocedro dell'austr alia; mountain cedar; new zealand cedar; nieuw-zeeland ceder; nieuw-zeeland cypres; nysjoland-ceder; pahautea; paukatea
5650	*Libocedrus chevalieri*	新喀里多尼亚	新西兰肖柏	chevalier libocedar
5651	*Libocedrus papuana*	巴布亚新几内亚	巴布亚肖柏	papuan libocedar
5652	*Libocedrus plumosa*	新西兰、澳大利亚	羽叶肖柏	cypress; kawaka; kawaka libocedar; libocedro dell'australia; neuseeland zeder; pahautea; paukatea
5653	*Libocedrus yateensis*	新喀里多尼亚	亚特肖柏	yate river libocedar
	***Limonia*（RUTACEAE）** **象橘属（芸香科）**		**HS CODE** **4403.99**	
5654	*Limonia acidissima*	斐济	木苹果	applewood; vakadra
	***Lindsayomyrtus*（MYRTACEAE）** **紫金桃属（桃金娘科）**		**HS CODE** **4403.99**	
5655	*Lindsayomyrtus brachyandrus*	澳大利亚	红千层紫金桃	daintree penda
	***Linociera*（OLEACEAE）** **李榄属（木犀科）**		**HS CODE** **4403.99**	
5656	*Linociera vitiensis*	斐济	斐济李榄	lolovatu
	***Liriodendron*（MAGNOLIACEAE）** **鹅掌楸属（木兰科）**		**HS CODE** **4403.99**	
5657	*Liriodendron tulipifera*	新西兰	北美鹅掌楸	tuliptree

序号	学名	主要产地	中文名称	地方名
	Litchi **(SAPINDACEAE)** **荔枝属（无患子科）**		**HS CODE** **4403.99**	
5658	*Litchi sinensis*	南太平洋地区	中华荔枝	litchee
	Litsea **(LAURACEAE)** **木姜子属（樟科）**		**HS CODE** **4403.99**	
5659	*Litsea bindoniana*	澳大利亚	宾多木姜子	big-leaf bollywood; bollywood
5660	*Litsea calicaris*	新西兰	卡利木姜子	mangeao; tangeao
5661	*Litsea dielsiana*	巴布亚新几内亚	迪尔西木姜子	litsea
5662	*Litsea domarensis*	巴布亚新几内亚	多玛木姜子	kaviti; litsea; pulotabu
5663	*Litsea glutinosa*	澳大利亚	潺胶木姜子	bolly beech; bollygum; bollywood; brown beech; brown bollygum; brown bollywood; soft bollygum; sycamore
5664	*Litsea irianensis*	巴布亚新几内亚	伊里安木姜子	medang
5665	*Litsea leefeana*	澳大利亚	利费木姜子	bolly beech; bolly gum; bollygum; bollywood; brown beech; brown bolly gum; brown bollygum; brown bollywood; soft bollygum; sycamore
5666	*Litsea magnifolia*	斐济	大叶木姜	kasinga; mudari
5667	*Litsea mellifera*	斐济	西方木姜子	kasiga; lidi; vurutimoko
5668	*Litsea pickeringii*	斐济	皮氏木姜子	duvudu vulavula; kasiga; kasinga; lilidi; malomalo; matadavo; ndurundu vuvula; siga
5669	*Litsea reticulata*	澳大利亚	网状木姜子	bois d'absinthe; bolly beech; bolly brown beech; bolly gum; bollygum; bollywood; brown beech; brown bollygum; brown bollywood; soft bolly beech; soft bollygum; sycamore
5670	*Litsea vitiana*	斐济	维蒂木姜子	lidi
	Livistona **(PALMAE)** **蒲葵属（棕榈科）**		**HS CODE** **4403.99**	
5671	*Livistona australis*	斐济、澳大利亚	南方蒲葵	australia fan palm; cabbagetree palm
5672	*Livistona chinensis*	斐济	中华蒲葵	chinese fan palm
	Lomatia **(PROTEACEAE)** **洛马山龙眼属（山龙眼科）**		**HS CODE** **4403.99**	
5673	*Lomatia fraxinifolia*	澳大利亚	梣叶洛马山龙眼	lomatia silky oak

序号	学名	主要产地	中文名称	地方名
	Lonchocarpus **(FABACEAE)** 合生果属（蝶形花科）		**HS CODE**	
5674	*Lonchocarpus malaccensis*	斐济	异翅合生果	duva ni nuikini
5675	*Lonchocarpus trifoliata*	斐济	鳞叶合生果	duva；nduva；raurau；tuva；watuva
	Lophopetalum **(CELASTRACEAE)** 冠瓣木属（卫矛科）		**HS CODE 4403.99**	
5676	*Lophopetalum torricellense*	巴布亚新几内亚	托塞冠瓣木	lophopetalum
	Lophostemon **(MYRTACEAE)** 红胶木属（桃金娘科）		**HS CODE 4403.99**	
5677	*Lophostemon confertus*	澳大利亚、夏威夷群岛	丛生红胶木	bastard box；brisbane box；brushbox；red box；scrub box；vinegar-tree
5678	*Lophostemon grandiflorus*	澳大利亚	大花红胶木	northern swamp box
5679	*Lophostemon lactifluus*	澳大利亚	拉克红胶木	milky box；swamp mahogany
5680	*Lophostemon suaveolens*	澳大利亚、巴布亚新几内亚	香甜红胶木	apple；boolerchu；swamp；swamp box；swamp mahogany；swamp turpentine；turpentine
	Loranthus **(LORANTHACEAE)** 桑寄生属（桑寄生科）		**HS CODE 4403.99**	
5681	*Loranthus parasitic*	斐济	寄生桑寄生	kanithaba
	Lumnitzera **(COMBRETACEAE)** 榄李属（使君子科）		**HS CODE 4403.99**	
5682	*Lumnitzera littorea*	密克罗尼西亚、澳大利亚、帕劳群岛、斐济	深红榄李	achoro；ci；doekoek；griting；mekekad；nana；ngemoel；oi；red-flowering mangrove；sagali；sanggali；uei；wei；weingal；wengal；yiy yyiy
5683	*Lumnitzera racemosa*	澳大利亚	聚果榄李	paletuvier rouge；paletuviera petites fleurs blanches
	Lysiphyllum **(CAESALPINIACEAE)** 碟叶豆属（苏木科）		**HS CODE 4403.99**	
5684	*Lysiphyllum carronii*	澳大利亚	卡氏蝶叶豆	carron bauhinia；pegunny；thalmera
5685	*Lysiphyllum hookeri*	澳大利亚	胡克碟叶豆	hooker bauhinia；queensland ebony

序号	学名	主要产地	中文名称	地方名
	Macadamia (**PROTEACEAE**) **澳洲坚果属（山龙眼科）**		**HS CODE** **4403.99**	
5686	*Macadamia integrifolia*	澳大利亚	全缘叶澳洲坚果	australian-nut; bauple-nut nut; macadamia; nut oak; nut-bush; queensland-nut
5687	*Macadamia leptophylla*	新喀里多尼亚	落叶澳洲坚果	hetre blanc
5688	*Macadamia lowii*	澳大利亚	劳氏澳洲坚果	marrochie-nut
5689	*Macadamia minor*	澳大利亚	小澳洲坚果	small-fruit queensland-nut
5690	*Macadamia prealta*	澳大利亚	澳洲坚果	ball-nut; beefwood; bull-nut; macadamia; opossum-nut
5691	*Macadamia temifolia*	澳大利亚	铁木澳洲坚果	
5692	*Macadamia tetraphylla*	斐济	四叶澳洲坚果	queensland-nut
5693	*Macadamia whelanii*	澳大利亚	小麦澳洲坚果	silky oak; wellans silky oak; whelan silky oak
	Macaranga (**EUPHORBIACEAE**) **血桐属（大戟科）**		**HS CODE** **4403.99**	
5694	*Macaranga alchorneoides*	新喀里多尼亚	黄血桐	bois de sang
5695	*Macaranga aleuritoides*	美拉尼西亚	油血桐	banabana; manakei; vanavan
5696	*Macaranga dioica*	新赫布里底群岛	异株血桐	mosa; nafenua
5697	*Macaranga graeffeana*	斐济	格雷血桐	davo; kitinoku; tavotavo; vovotu
5698	*Macaranga harveyana*	库克群岛、美拉尼西亚、富图纳群岛、斐济	哈维血桐	enua; le; le hau; lepo; ovotu; rote
5699	*Macaranga inamoena*	澳大利亚	伊那莫血桐	buff macaranga; macaranga
5700	*Macaranga involucrata*	澳大利亚、巴布亚新几内亚	总苞血桐	brown macaranga; macaranga; sului
5701	*Macaranga macrophyllum*	斐济	大叶血桐	mavu
5702	*Macaranga magna*	斐济	麦格纳血桐	davo; davolutu
5703	*Macaranga marikoensis*	斐济	马里血桐	rote
5704	*Macaranga membranacea*	斐济	膜叶血桐	lutulutu; ovutu
5705	*Macaranga secunda*	斐济	次血桐	lutulutu; ovotu

序号	学名	主要产地	中文名称	地方名
5706	*Macaranga seemanni*	斐济	西曼尼血桐	davo；mama；tavotavo
5707	*Macaranga stipulosa*	萨摩亚群岛	托叶血桐	lau fatu
5708	*Macaranga tanarius*	澳大利亚、美拉尼西亚、巴布亚新几内亚、圣诞岛	塔纳血桐	blush macaranga；hikumutu；macaranga；mara；mek；nuavusi；qoqo；tabi；tampu puteh；tukihobu；tumkullum
5709	*Macaranga thompsonii*	巴布亚新几内亚	汤氏血桐	papua new guinea basswood
5710	*Macaranga vitiensis*	斐济	斐济血桐	davo；tavitilau
	***Macropiper*（PIPERACEAE）洋椒木属（胡椒科）**		**HS CODE 4403. 99**	
5711	*Macropiper excelsum*	新西兰	大洋椒木	kawa kawa；kawakawa
	***Maesa*（MYRSINACEAE）杜茎山属（紫金牛科）**		**HS CODE 4403. 99**	
5712	*Maesa densiflora*	斐济	密花杜茎山	drau bobosaga；drau ni makaka；monitona；tui ni duna
5713	*Maesa grandis*	斐济	大杜茎山	qiqi
5714	*Maesa lenticellata*	斐济	皮孔杜茎山	kuta
5715	*Maesa palauensis*	帕劳群岛	帕劳杜茎山	bleagd
5716	*Maesa persicaefolia*	斐济	桃叶杜茎山	mbumbu
5717	*Maesa samoana*	斐济	西蒙杜茎山	yaro
5718	*Maesa tabacifolia*	斐济	粉杜茎山	kolo ni mbeka；vorovoro kuro
	***Maesopsis*（RHAMNACEAE）类杜茎鼠李属（鼠李科）**		**HS CODE 4403. 99**	
5719	*Maesopsis emanii*	斐济	黑类杜茎鼠李木	maesopsis
	***Mallotus*（EUPHORBIACEAE）野桐属（大戟科）**		**HS CODE 4403. 99**	
5720	*Mallotus discolor*	澳大利亚	变色野桐	kamala
5721	*Mallotus floribundus*	美拉尼西亚	多花野桐	kotavan；louk；potomino
5722	*Mallotus mollissimus*	澳大利亚	软野桐	kamala
5723	*Mallotus philippensis*	澳大利亚、巴布亚新几内亚	菲律宾野桐	kamala；mamada
5724	*Mallotus polyadenos*	澳大利亚	聚腺苷野桐	kamala
5725	*Mallotus ricinoides*	美拉尼西亚	蓖麻毒野桐	kikinavuavuat
5726	*Mallotus tiliaefolia*	美拉尼西亚	椴叶野桐	ikapul；tiwotiwo；ukoiitiiti

序号	学名	主要产地	中文名称	地方名
	Malpighia（MALPIGHIACEAE） 金虎尾属（金虎尾科）		**HS CODE** **4403. 99**	
5727	*Malpighia glabra*	斐济、密克罗尼西亚	光滑金虎尾	acerola；apul
	Mammea（GUTTIFERAE） 黄果藤黄属（藤黄科）		**HS CODE** **4403. 99**	
5728	*Mammea glauca*	萨摩亚群岛	青冈黄果藤黄	pau
5729	*Mammea odorata*	帕劳群岛、密克罗尼西亚、斐济	香黄果藤黄	chodebisech；kodebisech；lifaus；lifos；livaus；luas；lubodal；luwas；ogoldveesak；ongolbeosa kel；uvitao；vetao
5730	*Mammea touriga*	澳大利亚	图力架黄果藤黄	alligatorbark；brown touriga；touriga
	Mangifera（ANACARDIACEAE） 杧果属（漆树科）		**HS CODE** **4403. 49**	
5731	*Mangifera indica*	夏威夷群岛、帕劳群岛、密克罗尼西亚、斐济	印第杧果	curly mango；edel；iedel；kangit；kanit；kehngid；manako；manga；mango；manko
5732	*Mangifera minor*	密克罗尼西亚、巴布亚新几内亚	小果杧果	kanit；mango
	Manihot（EUPHORBIACEAE） 木薯属（大戟科）		**HS CODE** **4403. 99**	
5733	*Manihot esculenta*	密克罗尼西亚、帕劳群岛、斐济	可食木薯	dapiohka；diokang；kav tuga；kehp tuhke；menioak；tapioca；tapioka；tavioka；telngot；thiogang；utonivavalagi；yabianivavalagi
	Manilkara（SAPOTACEAE） 铁线子属（山榄科）		**HS CODE** **4403. 49**	
5734	*Manilkara hoshinoi*	密克罗尼西亚	星野铁线子	koahre；kohle；kohreh
5735	*Manilkara kanosiensis*	巴布亚新几内亚	卡诺斯铁线子	manilkara
5736	*Manilkara pancheri*	澳大利亚	里克铁线子	bugny-buni
5737	*Manilkara udoido*	帕劳群岛	乌多铁线子	udeuid；uduid
5738	*Manilkara vitiensis*	斐济	斐济铁线子	boga
	Maniltoa（CAESALPINIACEAE） 纶巾豆属（苏木科）		**HS CODE** **4403. 99**	
5739	*Maniltoa brevipes*	斐济	短柄纶巾豆	cibicibi
5740	*Maniltoa floribunda*	斐济	众花纶巾豆	yamo

序号	学名	主要产地	中文名称	地方名
5741	*Maniltoa grandiflora*	斐济、巴布亚新几内亚	大花纶巾豆	cibicibi；maniltoa；moivi
5742	*Maniltoa lenticeliata*	大洋洲	伦蒂纶巾豆	
5743	*Maniltoa minor*	斐济、巴布亚新几内亚	小纶巾豆	cibicibi；maniltoa；moivi；thimbithimbi
5744	*Maniltoa plurijuga*	斐济	多厄纶巾豆	
5745	*Maniltoa polyandra*	斐济	多蕊纶巾豆	
5746	*Maniltoa psilogyne*	巴布亚新几内亚	斐罗纶巾豆	maniltoa
5747	*Maniltoa vestita*	斐济	维斯纶巾豆	cibicibi
	Maoutia **（URTICACEAE）** **水丝麻属（荨麻科）**		**HS CODE** **4403. 99**	
5748	*Maoutia australis*	斐济	南方水丝麻	dagasele；ndongo sali
	Maranthes **（ROSACEAE）** **象竹属（蔷薇科）**		**HS CODE** **4403. 99**	
5749	*Maranthes corymbosa*	所罗门群岛、帕劳群岛、巴布亚新几内亚、澳大利亚	伞房象竹	aisiksiki；apgau；bkau；busu plum；morigag；parinari
	Mastixiodendron **（RUBIACEAE）** **鞭茜草木属（茜草科）**		**HS CODE** **4403. 99**	
5750	*Mastixiodendron flavidum*	斐济	淡黄鞭茜草木	reiova
5751	*Mastixiodendron pachyclados*	巴布亚新几内亚	鞭茜草木	garo garo
5752	*Mastixiodendron smithii*	所罗门群岛	斯氏鞭茜草木	
5753	*Mastixiodendron stoddardii*	所罗门群岛	施氏鞭茜草木	kakarafua
	Maytenus **（CELASTRACEAE）** **美登卫矛属（卫矛科）**		**HS CODE** **4403. 99**	
5754	*Maytenus crenatus*	南太平洋地区	灵兰美登卫矛	koina
5755	*Maytenus disperma*	澳大利亚	散美登卫矛	orange boxwood；orangebark；yellowbark
5756	*Maytenus pitteriana*	大洋洲	皮特美登卫矛	
5757	*Maytenus sieberiana*	大洋洲	思贝美登卫矛	
5758	*Maytenus vitiensis*	斐济	斐济美登卫矛	matandra；ngila-ngila；rongga；rounda

序号	学名	主要产地	中文名称	地方名
	Medicosma **(RUTACEAE)** **红骨茱萸属(芸香科)**		**HS CODE** **4403.99**	
5759	*Medicosma cunninghamii*	澳大利亚	南洋红骨茱萸	bonewood; pinkheart
5760	*Medicosma fareana*	澳大利亚	粉红骨茱萸	white aspen
	Medinilla **(MELASTOMATACEAE)** **酸角杆属(野牡丹科)**		**HS CODE** **4403.99**	
5761	*Medinilla heterophylla*	斐济	异叶酸角杆	kambikambi; titiko ni kalau
5762	*Medinilla kambikambi*	斐济	凯姆酸角杆	kambikambi
5763	*Medinilla waterhousei*	斐济	沃特酸角杆	tangimethia
	Medusanthera **(ICACINACEAE)** **蛇丝木属(茶茱萸科)**		**HS CODE** **4403.99**	
5764	*Medusanthera vitiensis*	斐济	斐济蛇丝木	duvu
	Melaleuca **(MYRTACEAE)** **白千层属(桃金娘科)**		**HS CODE** **4403.99**	
5765	*Melaleuca alternifolia*	澳大利亚	互叶白千层	narrow-leaved paperbark; narrow-leaved tea-tree
5766	*Melaleuca argentea*	澳大利亚	银白千层	silver tea-tree
5767	*Melaleuca armillaris*	澳大利亚	圆白千层	bracelet honey myrtle
5768	*Melaleuca bracteata*	澳大利亚	具苞白千层	black tea-tree; prickly-leaved tea-tree; river tea-tree
5769	*Melaleuca decussata*	澳大利亚	交叉白千层	cross-leaf honey myrtle; totempole
5770	*Melaleuca ericifolia*	澳大利亚	石南叶白千层	paperbark tea-tree; swamp paperbark; swamp tea-tree
5771	*Melaleuca lanceolata*	澳大利亚	剑叶白千层	moonah; tea-tree
5772	*Melaleuca leucadendra*	澳大利亚、密克罗尼西亚	白千层	atchoourgo; broad-leaved tea-tree; brown tea-tree; cajeput-tree; gak'iyniba biyor; gelam; kajoe poetih; katjeputbaum; korkrinde; niaouli; niaouli blanc de plaine; niaouli rouge de montagne; noumie; paperbark; tram
5773	*Melaleuca linariifolia*	澳大利亚	亚麻叶白千层	narrow-leaved paperbark; narrow-leaved tea-tree

序号	学名	主要产地	中文名称	地方名
5774	*Melaleuca quinquenervia*	澳大利亚、巴布亚新几内亚、夏威夷群岛	五脉白千层	albero di caieput；bottlebrush；broad-leaved paperbark；broad-leaved tea-tree；cajeput-tree；cajeputier；cayeputi；kajapoetboom；kajaputtra；niouli；paperbark；paperbark-tree；punk-tree；tea-tree
5775	*Melaleuca squamea*	澳大利亚	鳞叶白千层	swamp honey myrtle；swamp paperbark
5776	*Melaleuca squarrosa*	澳大利亚	糙白千层	scented paperbark；tea-tree
5777	*Melaleuca styphelioides*	澳大利亚	硬白千层	prickly-leaved paperbark；prickly-leaved tea-tree
5778	*Melaleuca symphyocarpa*	澳大利亚	复果白千层	
5779	*Melaleuca uncinata*	澳大利亚	具钩白千层	broom honey myrtle；broom-bush
5780	*Melaleuca viridiflora*	澳大利亚	绿花白千层	broad-leaved paperbark；broad-leaved tea-tree；niaouli；paperbark
5781	*Melaleuca wilsonii*	澳大利亚	短叶白千层	violet myrtle
	***Melanolepis*（EUPHORBIACEAE）** **墨鳞属（大戟科）**		**HS CODE** **4403. 99**	
5782	*Melanolepis multiglandulosa*	美拉尼西亚	腺叶墨鳞	baribat
	***Melastoma*（MELASTOMATACEAE）** **野牡丹属（野牡丹科）**		**HS CODE** **4403. 99**	
5783	*Melastoma denticularum*	斐济	具齿野牡丹	derideriki lotu；dorodoroki latu；kaunisiga；sigadradra wa
5784	*Melastoma denticulata*	社会群岛、美拉尼西亚	粗齿野牡丹	motuu；tupainaraku
5785	*Melastoma malabathricum*	斐济	野牡丹	ndokorilote
	***Melia*（MELIACEAE）** **楝属（楝科）**		**HS CODE** **4403. 49**	
5786	*Melia azedarach*	夏威夷群岛、澳大利亚、密克罗尼西亚、巴布亚新几内亚、斐济、库克群岛	苦楝	alelaila；bead-tree；bois rouge；indian lilac；iqaramut；lelah；lilac；lilaila；lilas；nimwood；persian lilac；persian lilaç；prais；pride-of-india；taqataqal；ti'ra；tira；tulip cedar；umbrella-tree；white cedar

序号	学名	主要产地	中文名称	地方名
	Melicope **(RUTACEAE)** **蜜茱萸属（芸香科）**		**HS CODE** **4403.99**	
5787	*Melicope anisata*	夏威夷群岛	茴香蜜茱萸	mokihana
5788	*Melicope bonwickii*	夏威夷群岛	班氏蜜茱萸	
5789	*Melicope cinerea*	夏威夷群岛	灰蜜茱萸	alani
5790	*Melicope clusiifolia*	夏威夷群岛	山竹叶蜜茱萸	alani; clusia-leaf pelea
5791	*Melicope erythrococca*	澳大利亚	二丝蜜茱萸	nutmeg; tingle-tongue
5792	*Melicope grandifolia*	美拉尼西亚	大叶蜜茱萸	hongoponipo
5793	*Melicope homoeophylla*	斐济	厚木蜜茱萸	drautolu; ndrautolu; ngarikalavu; qarikalevu
5794	*Melicope melanophloia*	澳大利亚	木蓝蜜茱萸	hard aspen
5795	*Melicope octandra*	澳大利亚	八蕊蜜茱萸	doughwood; silver aspen
5796	*Melicope ponapensis*	密克罗尼西亚	短蜜茱萸	kahmet; painte; pehpe
5797	*Melicope robusta*	斐济	大茱萸	sauwaqa
5798	*Melicope sandwicensis*	夏威夷群岛	夏威夷蜜茱萸	alani
5799	*Melicope simplex*	新西兰	单蜜茱萸	poataniwha; wharangipiro
5800	*Melicope ternata*	新西兰	三叶蜜茱萸	wharangi
	Melochia **(STERCULIACEAE)** **马松子属（梧桐科）**		**HS CODE** **4403.99**	
5801	*Melochia compacta*	帕劳群岛、密克罗尼西亚	密苞马松子	garamal logeang; guguu; huruwel; kotol
5802	*Melochia degeneriana*	斐济	蒂根马松子	makou; semelo; seti
5803	*Melochia longipetiolata*	斐济	长柄马松子	tundrou
5804	*Melochia mollipila*	斐济	绒马松子	samalo
5805	*Melochia odorata*	巴布亚新几内亚、美拉尼西亚、社会群岛	香马松子	kopio; kumanga; ma'o
5806	*Melochia umbellata*	夏威夷群岛	伞花马松子	melochia
5807	*Melochia vitiensis*	斐济	斐济马松子	ivi loa; kuruloa; tanggalito; taqalito
	Memecylon **(MELASTOMATACEAE)** **谷木属（野牡丹科）**		**HS CODE** **4403.99**	
5808	*Memecylon vitiense*	斐济	维蒂谷木	kaukata; mauda; rawaruna; vuna; yuna

序号	学名	主要产地	中文名称	地方名
	***Metrosideros*（MYRTACEAE）** **铁心木属（桃金娘科）**		**HS CODE** **4403.99**	
5809	*Metrosideros excelsa*	新西兰	大铁心木	akibaum; new zealand christmas-tree; pohutikawa; pohutukawa
5810	*Metrosideros lucida*	新西兰	亮叶铁心木	ironwood; new zealand ironwood; northern rata; rata; southern rata
5811	*Metrosideros ovata*	大洋洲	卵圆铁心木	faux gaiac
5812	*Metrosideros parkinsonii*	新西兰	帕氏铁心木	slender-rata
5813	*Metrosideros polymorpha*	萨摩亚群岛、澳大利亚、新西兰、夏威夷群岛、斐济、社会群岛、密克罗尼西亚	多型铁心木	anume; lehua; lehua 'ohi'a; molau; ohia lehua; poarata; puarata; vunga
5814	*Metrosideros queenslandica*	澳大利亚	昆尼铁心木	myrtle satinash; pink myrtle
5815	*Metrosideros robusta*	新西兰	粗壮铁心木	ironwood; northern rata; rata
5816	*Metrosideros tomentosa*	新西兰	绒毛铁心木	pohutukawa
5817	*Metrosideros umbellata*	新西兰	伞花铁心木	southern rata
	***Micromelum*（RUTACEAE）** **小芸木属（芸香科）**		**HS CODE** **4403.99**	
5818	*Micromelum minutum*	斐济、新赫布里底群岛、巴布亚新几内亚、美拉尼西亚	小芸木	kau wai; nesse; ngingila; pisuai; qiqila; sangilingli; sasangilu; sawaqa; takatakapalu; tarfoi
	***Millettia*（FABACEAE）** **崖豆属（蝶形花科）**		**HS CODE** **4403.49**	
5819	*Millettia pinnata*	美拉尼西亚、斐济	羽状崖豆木	pes; vesi wai; vesivesiwai; visivisiwai
	***Mimusops*（SAPOTACEAE）** **子弹木属（山榄科）**		**HS CODE** **4403.49**	
5820	*Mimusops elengi*	新赫布里底群岛、澳大利亚	埃伦子弹木	mamalim; nabatinimarae; napumolua; natawu; nembo; nepping; red coondoo
5821	*Mimusops parvifolia*	澳大利亚	小叶子弹木	rapore
	***Mischocarpus*（SAPINDACEAE）** **柄果木属（无患子科）**		**HS CODE** **4403.99**	
5822	*Mischocarpus anodontus*	澳大利亚	阿诺柄果木	pear-fruited tamarind

序号	学名	主要产地	中文名称	地方名
5823	*Mischocarpus pyriformis*	澳大利亚	梨形柄果木	pear-fruited tamarind
	Monotoca **（ERICACEAE）** **地肤石南属（杜鹃科）**		**HS CODE** **4403. 99**	
5824	*Monotoca elliptica*	澳大利亚	椭圆地肤石南	
5825	*Monotoca glauca*	澳大利亚	青冈地肤石南	goldywood
	Morinda **（RUBIACEAE）** **鸡眼藤属（茜草科）**		**HS CODE** **4403. 99**	
5826	*Morinda citrifolia*	密克罗尼西亚、新赫布里底群岛、澳大利亚、夏威夷群岛、帕劳群岛、斐济、萨摩亚群岛	橘叶鸡眼藤	alin; brimstone-tree; dadi; gardenia hedionda; ghuraci; indian mulberry; kesengel; kura; nopur; nowiess; obul; painkiller; pukaria; ti nonu; wehmpul; weipwul; wempwul; weypul; woipel; wumpul; yellow-tree
5827	*Morinda latibracteata*	帕劳群岛	侧金叶鸡眼藤	kesengelen gel; ngel
5828	*Morinda pendunculata*	帕劳群岛	悬垂鸡眼藤	kesengelen gel; ngel
5829	*Morinda tinctoria*	澳大利亚	染料鸡眼藤	ti mono
	Moringa **（MORINGACEAE）** **辣木属（辣木科）**		**HS CODE** **4403. 99**	
5830	*Moringa oleifera*	斐济、帕劳群岛	油辣木	drunstick-tree; horseradish-tree; malungkai
	Mucuna **（FABACEAE）** **黧豆属（蝶形花科）**		**HS CODE** **4403. 99**	
5831	*Mucuna gigantea*	美拉尼西亚、斐济	大黧豆	trihiamu; wakore
	Muntingia **（MUNTINGIACEAE）** **文定果属（文定果科）**		**HS CODE** **4403. 99**	
5832	*Muntingia calabura*	密克罗尼西亚、帕劳群岛	文定果	budo
	Murraya **（RUTACEAE）** **九里香属（芸香科）**		**HS CODE** **4403. 99**	
5833	*Murraya paniculata*	巴布亚新几内亚	锥花九里香	satinwood
	Musgravea **（PROTEACEAE）** **绒银桦属（山龙眼科）**		**HS CODE** **4403. 99**	
5834	*Musgravea heterophylla*	澳大利亚	异叶绒银桦	briar oak; briar silky oak; white oak

序号	学名	主要产地	中文名称	地方名
5835	*Musgravea stenostachya*	澳大利亚	短柄绒银桦	briar silky oak; brown oak; crater oak; crater silky oak; grey oak; grey silky oak; silky oak; white oak
	Mussaenda **(RUBIACEAE)** **玉叶金花属（茜草科）**		**HS CODE 4403.99**	
5836	*Mussaenda frondosa*	密克罗尼西亚、帕劳群岛	多叶玉叶金花	bech amerok; charecheroi; erecheroi; ereroi
5837	*Mussaenda raiateensis*	斐济	瑞亚堤亚玉叶金花	bovu; vakacaredavu; vobo
	Myoporum **(MYOPORACEAE)** **苦槛蓝属（苦槛蓝科）**		**HS CODE 4403.99**	
5838	*Myoporum acuminatum*	大洋洲	渐尖苦槛蓝	
5839	*Myoporum crassifolium*	新喀里多尼亚	厚叶苦槛蓝	faux sautal
5840	*Myoporum laetum*	新西兰	高昂苦槛蓝	ngaio
5841	*Myoporum obscurum*	澳大利亚	暗苦槛蓝	sandalwood
5842	*Myoporum platycarpum*	澳大利亚	心翼果苦槛蓝	sandalwood; sugarwood
5843	*Myoporum rapense*	大洋洲	拉彭苦槛蓝	kermadec ngaio; ngaio
5844	*Myoporum sandwicense*	澳大利亚、夏威夷群岛、密克罗尼西亚	夏威夷苦槛蓝	amandier; false sandalwood; faux sandal; faux santalier; kounounou; naeo; naieo; naio; nato; sandalwood myoporum
5845	*Myoporum wilderi*	库克群岛	威尔苦槛蓝	ngaio
	Myrica **(MYRICACEAE)** **杨梅属（杨梅科）**		**HS CODE 4403.99**	
5846	*Myrica faya*	夏威夷群岛	法亚杨梅	fire-tree
	Myristica **(MYRISTICACEAE)** **肉豆蔻属（肉豆蔻科）**		**HS CODE 4403.49**	
5847	*Myristica buchneriana*	巴布亚新几内亚	台湾肉豆蔻	nutmeg
5848	*Myristica castaneifolia*	斐济	齿栗叶型肉豆蔻	kaudamu; kokandamu; male; male ndina
5849	*Myristica chartacea*	斐济	纸叶肉豆蔻	kau ylewa; kaudamu; male; wale
5850	*Myristica fatua*	新赫布里底群岛	野肉豆蔻	atou; ghauagha; indau; laragai; manguravi; mokoloa; naana; nandai; nandi; natal; natchet; natzits; ndaindai; nhajeng; nindende; virare; vusardahre

序号	学名	主要产地	中文名称	地方名
5851	*Myristica gillespieana*	斐济	吉莱肉豆蔻	kaudamu；male
5852	*Myristica globosa*	斐济	球状肉豆蔻	
5853	*Myristica grandiflora*	斐济	广肉豆蔻	male；mavota
5854	*Myristica insipida*	澳大利亚	淡肉豆蔻	nutmeg
5855	*Myristica insularis*	帕劳群岛、密克罗尼西亚、斐济	兰屿肉豆蔻	adepurot；karala；karara；kararah；kaudamu；male
5856	*Myristica inutilis*	萨摩亚群岛	具柄肉豆蔻	atone
5857	*Myristica kajewskii*	所罗门群岛	卡氏肉豆蔻	mu；voraga
5858	*Myristica macrantha*	斐济	大花肉豆蔻	male ni waqa；male waugga
	Myrsine **（MYRSINACEAE）** **铁仔属（紫金牛科）**		**HS CODE** **4403. 99**	
5859	*Myrsine australis*	新西兰	南方铁仔	mapoa；mapou；matipo；mopan
5860	*Myrsine lessertiana*	夏威夷群岛	莱瑟铁仔	kolea；kolea lau nui
5861	*Myrsine palavensis*	帕劳群岛	帕劳铁仔	gulsill
5862	*Myrsine salicina*	新西兰	李铁仔	toro
5863	*Myrsine sandwicensis*	夏威夷群岛	夏威夷铁仔	hawaiian rapanea；kolea；kolealau-li'i
5864	*Myrsine variabilis*	澳大利亚	多变铁仔	muttonwood；myrsine；rapanea
	Myrtus **（MYRTACEAE）** **香桃木属（桃金娘科）**		**HS CODE** **4403. 99**	
5865	*Myrtus beckleri*	澳大利亚	贝克香桃木	ginugal
5866	*Myrtus microphylla*	新喀里多尼亚	小叶香桃木	aouiou
	Nageia **（PODOCARPACEAE）** **竹柏属（罗汉松科）**	**HS CODE** **4403. 25（截面尺寸≥15cm）或 4403. 26（截面尺寸<15cm）**		
5867	*Nageia vitiensis*	巴布亚新几内亚、斐济、所罗门群岛	斐济竹柏	brown podocarp；dakua；dakua salusalu；dakua salusulu；fijian podocarp；ndakua salusalu；salusalu
5868	*Nageia wallachiana*	巴布亚新几内亚	瓦拉竹柏	brown podocarp；new guinea podo；new guinea podocarpus；wallich decussoberry
	Nauclea **（RUBIACEAE）** **黄胆属（茜草科）**		**HS CODE** **4403. 49**	
5869	*Nauclea mitragyna*	巴布亚新几内亚	帽柱木乌檀	nauclea

序号	学名	主要产地	中文名称	地方名
5870	*Nauclea orientalis*	澳大利亚、巴布亚新几内亚	东方乌檀	canarywood; cape york leichhardt; cheesewood; coobiaby; leichhardt; leichhardt pine; soft leichhardt; yellow cheesewood
5871	*Nauclea tenuiflora*	巴布亚新几内亚	细花乌檀	nauclea
	Neocallitropsis **(CUPRESSACEAE)** **灯台柏属（柏科）**		**HS CODE 4403.25（截面尺寸≥15cm）或 4403.26（截面尺寸<15cm）**	
5872	*Neocallitropsis pancheri*	新喀里多尼亚	灯台柏	pancher neocallitr opsis
	Neoguillauminia **(EUPHORBIACEAE)** **银梅戟属（大戟科）**		**HS CODE 4403.99**	
5873	*Neoguillauminia cleopatra*	新喀里多尼亚	克利银梅戟	euphorbe
	Neolitsea **(LAURACEAE)** **新木姜属（樟科）**		**HS CODE 4403.99**	
5874	*Neolitsea australiensis*	澳大利亚	澳新木姜	bollywood; grey bollywood
	Neonauclea **(RUBIACEAE)** **新黄胆属（茜草科）**		**HS CODE 4403.99**	
5875	*Neonauclea acuminata*	澳大利亚	披针叶新黄胆木	
5876	*Neonauclea forsteri*	萨摩亚群岛、斐济	福氏新黄胆木	afa; vutoro
5877	*Neonauclea gordoniana*	澳大利亚、巴布亚新几内亚	戈尔新黄胆木	hard leichhardt; moody gum; yellow hardwood; yellow hickory; yellow maple
5878	*Neonauclea maluensis*	巴布亚新几内亚	马鲁新黄胆木	yellow hardwood
5879	*Neonauclea obversifolia*	巴布亚新几内亚	柳叶新黄胆木	yellow hardwood
5880	*Neonauclea pallida*	巴布亚新几内亚	淡紫新黄胆木	kalamansanai; yellow hardwood
	Neoscortechinia **(EUPHORBIACEAE)** **新斯可属（大戟科）**		**HS CODE 4403.99**	
5881	*Neoscortechinia arborea*	所罗门群岛	树状新斯可	aiasila
	Neoveitchia **(PALMAE)** **纵花椰属（棕榈科）**		**HS CODE 4403.99**	
5882	*Neoveitchia storckii*	斐济	纵花椰	vuleito
	Nephelium **(SAPINDACEAE)** **山荔枝属（无患子科）**		**HS CODE 4403.99**	
5883	*Nephelium lappaceum*	帕劳群岛	山荔枝	rambotang

序号	学名	主要产地	中文名称	地方名
	Neraudia (URTICACEAE) **角被麻属（荨麻科）**		**HS CODE** **4403.99**	
5884	*Neraudia melastomifolia*	夏威夷群岛	野牡丹叶角被麻	maoloa; oloa
	Nerium (APOCYNACEAE) **夹竹桃属（夹竹桃科）**		**HS CODE** **4403.99**	
5885	*Nerium oleander*	斐济	夹竹桃	oleander
	Neuburgia (LOGANIACEAE) **檬油木属（马钱科）**		**HS CODE** **4403.99**	
5886	*Neuburgia celebica*	帕劳群岛、密克罗尼西亚	西里伯斯檬油木	aralm; kalm; toa; toua
5887	*Neuburgia collina*	斐济	黄花檬油木	neuburgia; theketheke
5888	*Neuburgia corynocarpa*	斐济	杆状果檬油木	bo; boloa; bonokonoko; bulei; cekeceke; lagaleka; ola
5889	*Neuburgia macrocarpa*	斐济	大果檬油木	bolda; bulei
5890	*Neuburgia neocaledonica*	澳大利亚、新喀里多尼亚	新喀檬油木	bois bouchon; graine blanche
	Notelaea (OLEACEAE) **澳樨榄属（木犀科）**		**HS CODE** **4403.99**	
5891	*Notelaea ligustrina*	澳大利亚、新西兰	女贞澳樨榄	axe-breaker; broad-leaved maire; ironwood; long-leaved olive; mock olive; native olive; olive; silkwood
	Nothaphoebe (LAURACEAE) **赛楠属（樟科）**		**HS CODE** **4403.99**	
5892	*Nothaphoebe umbelliflora*	斐济	伞花赛楠	
	Nothofagus (NOTHOFAGACEAE) **假水青冈属（南青冈科）**		**HS CODE** **4403.99**	
5893	*Nothofagus aequilateralis*	新喀里多尼亚	假水青冈	faux gaiac
5894	*Nothofagus carrii*	巴布亚新几内亚	卡氏假水青冈	new guinea beech
5895	*Nothofagus cliffortioides*	新西兰、澳大利亚	常绿假水青冈	australian nothofagus; australische nothofagus; australisk nothofagus; beech; evergreen beech; mountain beech; myrtle; myrtle beech; nothofagus d'australia; nothofagus de australia; sadde-tree; tasmanian beech; tasmanian false beech; tasmanian myrtle

序号	学名	主要产地	中文名称	地方名
5896	*Nothofagus fusca*	新西兰、澳大利亚	黑假水青冈	black birch; brown birch; hutu tawhai; new zealand beech; new zealand red beech; nieuwzeelandse rode beuk; nysjolandsk rod-bok; red beech; southern red beech; tawai; tawhai; tawhai-rau-nui; tooth-leaved beech; westland beech
5897	*Nothofagus grandis*	巴布亚新几内亚	大假水青冈	gripe; new guinea beech
5898	*Nothofagus gunniip*	澳大利亚	甘氏假水青冈	deciduous beech; tanglefoot; tanglefoot beech
5899	*Nothofagus menziesii*	澳大利亚、新西兰	银假水青冈	new zealand beech; new zealand silver beech; nieuwzeelandse zilver-beuk; nothofagus de la nouvelle-zelande; nothofagus neozelandes; nothofagus neozelandese; nysjolandsk nothofagus; silver beech; southland beech
5900	*Nothofagus moorei*	澳大利亚	穆氏假水青冈	antarctic beech; australian black beech; australian nothofagus; australische nothofagus; australisk nothofagus; negro-head beech; niggerhead beech; nothofagus d'australie; nothofagus de australia
5901	*Nothofagus perryi*	巴布亚新几内亚	佩里假水青冈	new guinea beech
5902	*Nothofagus solandri*	新西兰、澳大利亚	索兰假水青冈	australian black beech; australische zwarte beuk; australisk svart-bok; black beech; entire-leaved beech; faggionero australiano; faggionero australiano; haya negra australiana; mountain beech; mountain birch; nothofagus; tawai; tawhai-riki; white birch
5903	*Nothofagus truncata*	新西兰	坚硬假水青冈	clinker beech; hard beech; tawhai-rau-riki
	Nothopanax **（ARALIACEAE）** **梁王茶属（五加科）**		**HS CODE** **4403.99**	
5904	*Nothopanax multijugum*	斐济	多对梁王茶	danidani
	Ochrocarpus **（GUTTIFERAE）** **格脉树属（藤黄科）**		**HS CODE** **4403.99**	
5905	*Ochrocarpus ovalifolius*	圣诞岛	卵叶格脉树	ochrocarpus

序号	学名	主要产地	中文名称	地方名
	Ochrosia **(APOCYNACEAE)** **玫瑰树属（夹竹桃科）**		**HS CODE** **4403.99**	
5906	*Ochrosia compta*	夏威夷群岛	带状玫瑰树	holei
5907	*Ochrosia elliptica*	斐济	椭圆玫瑰树	vao; vaoko; vavakana; vavaoa
5908	*Ochrosia mariannensis*	密克罗尼西亚	马岛玫瑰树	langehte
5909	*Ochrosia oppositifolia*	新赫布里底群岛、帕劳群岛、密克罗尼西亚	对叶玫瑰树	hauhohoa; hiseel; lavou; navariva; niborrovat; uaoch; vivalovalo
5910	*Ochrosia parviflora*	萨摩亚群岛、斐济、富图纳群岛	小花玫瑰树	fago; fao
5911	*Ochrosia vitiensis*	斐济	斐济玫瑰树	dogodogo; ndongondongo
	Ochrothallus **(SAPOTACEAE)** **鞠枝榄属（山榄科）**		**HS CODE** **4403.99**	
5912	*Ochrothallus gordoniaefolius*	澳大利亚	戈登叶鞠枝榄	beccariella
5913	*Ochrothallus multipetalus*	澳大利亚	多瓣鞠枝榄	azou rouge
	Octomeles **(DATISCACEAE)** **八果木属（四数木科）**		**HS CODE** **4403.49**	
5914	*Octomeles sumatrana*	巴布亚新几内亚、所罗门群岛	苏门达腊八果木	binuang; erima; fote; goliti; ilimo; inimo; irimi; nong; rara; tup
	Olea **(OLEACEAE)** **木犀榄属（木犀科）**		**HS CODE** **4403.49**	
5915	*Olea cunninghamii*	新西兰	肯氏木犀榄	maire-rau-nui
5916	*Olea montana*	新西兰	山地木犀榄	narrow-leaved marie; orooro
5917	*Olea paniculata*	澳大利亚	锥花木犀榄	australian olive; billan-billan; cloveberry; native olive; pigeonberr yash
	Opisthiolepis **(PROTEACEAE)** **鳞背木属（山龙眼科）**		**HS CODE** **4403.99**	
5918	*Opisthiolepis heterophylla*	澳大利亚	异叶鳞背木	blush silky oak; brown silky oak; pink silky oak; rose silky oak
	Oreocallis **(PROTEACEAE)** **翅瓣花属（山龙眼科）**		**HS CODE** **4403.99**	
5919	*Oreocallis pinnata*	澳大利亚	羽状翅瓣花	dorrigo oak; queensland waratah; waratah silky oak

序号	学名	主要产地	中文名称	地方名
5920	*Oreocallis wickhamii*	澳大利亚、巴布亚新几内亚	威氏翘瓣花	pink silky oak; red silky oak; satin oak; satin silky oak; silky oak
	Orites (PROTEACEAE) 红丝龙眼属（山龙眼科）		**HS CODE 4403.99**	
5921	*Orites excelsa*	澳大利亚	大红丝龙眼木	australische rose silky oak; brown silky oak; mountain silky oak; northern silky oak; pink lacewood; pink silky oak; prickly ash; prickly-leaved silky oak; queensland silky oak; selano; silky oak; southern silky oak; white beefwood
	Ormocarpum (FABACEAE) 链荚木属（蝶形花科）		**HS CODE 4403.99**	
5922	*Ormocarpum cochinchinense*	巴布亚新几内亚	链荚木	kalawa
	Ormosia (FABACEAE) 红豆属（蝶形花科）		**HS CODE 4403.99**	
5923	*Ormosia calavensis*	帕劳群岛	红豆	adapsongel ket; adapsung erket; amansis; azaola; chadebsungelel ked; edebsungel ked; gadepsungelel ked
5924	*Ormosia ormondii*	澳大利亚	蝉翼红豆	yellowbean
	Osmanthus (OLEACEAE) 木犀属（木犀科）		**HS CODE 4403.99**	
5925	*Osmanthus sandwicensis*	夏威夷群岛	夏威夷木犀	pua; ulupua
	Osmoxylon (ARALIACEAE) 兰屿加属（五加科）		**HS CODE 4403.99**	
5926	*Osmoxylon oliveri*	帕劳群岛	橄榄兰屿加	kesiamel; kesiaml
5927	*Osmoxylon pachyphyllum*	帕劳群岛	厚叶兰屿加	kesiamel
5928	*Osmoxylon pulcherrimum*	密克罗尼西亚	美丽兰屿加	kashiamul
5929	*Osmoxylon truncatum*	帕劳群岛	截形兰屿加	kesiamel
	Osteomeles (ROSACEAE) 小石积属（蔷薇科）		**HS CODE 4403.99**	
5930	*Osteomeles anthyllidifolia*	夏威夷群岛	小石积	ulei

序号	学名	主要产地	中文名称	地方名
	Owenia（**MELIACEAE**） **鸸鹋果属（楝科）**		**HS CODE** **4403.99**	
5931	*Owenia acidula*	澳大利亚	酸鸸鹋果	emu apple；mooley apple
5932	*Owenia cepiodora*	澳大利亚	单苞鸸鹋果	bog onion；onion cedar；onionwood
5933	*Owenia reticulata*	澳大利亚	网状鸸鹋果	bargua；walnutwood
5934	*Owenia venosa*	澳大利亚	具脉鸸鹋果	crow apple；pyddharr；rose almond；rose apple；sour plum
5935	*Owenia vernicosa*	澳大利亚	毛边鸸鹋果	rose almond
	Pachira（**BOMBACACEAE**） **瓜栗属（木棉科）**		**HS CODE** **4403.99**	
5936	*Pachira aquatica*	帕劳群岛	水瓜栗	miich era ngebard
	Palaquium（**SAPOTACEAE**） **胶木属（山榄科）**		**HS CODE** **4403.49**	
5937	*Palaquium amboinense*	所罗门群岛、巴布亚新几内亚	安汶胶木	faibaru；maliolo；pencil cedar
5938	*Palaquium erythrospermum*	所罗门群岛	红球胶木	faibaru；maliolo
5939	*Palaquium ferox*	大洋洲	粗壮胶木	
5940	*Palaquium fidjiense*	斐济	菲吉胶木	bauvidi；bauvudi
5941	*Palaquium firmum*	所罗门群岛	弗姆胶木	faibaru；maliolo
5942	*Palaquium galactoxylum*	澳大利亚、所罗门群岛	乳汗胶木	cairns pencil cedar；faibaru；maliolo；red silkwood
5943	*Palaquium hornei*	斐济	霍内胶木	sacau
5944	*Palaquium karrak*	密克罗尼西亚	卡拉克胶木	kalak；karrak
5945	*Palaquium masuui*	所罗门群岛	马苏胶木	faibaru；maliolo
5946	*Palaquium morobense*	所罗门群岛	莫本胶木	faibaru；maliolo
5947	*Palaquium stehlinii*	萨摩亚群岛	施氏胶木	gasu
5948	*Palaquium vitilevuense*	斐济	维蒂胶木	bauvudi
	Panax（**ARALIACEAE**） **人参属（五加科）**		**HS CODE** **4403.99**	
5949	*Panax crenatum*	大洋洲	钝齿人参	
5950	*Panax elegans*	大洋洲	线状人参	
5951	*Panax sambucifolius*	澳大利亚	桑布西人参	elderberry ash

序号	学名	主要产地	中文名称	地方名
	***Pancheria*（CUNONIACEAE）** **轮枫梅属（火把树科）**		**HS CODE** **4403.99**	
5952	*Pancheria brunhesii*	新喀里多尼亚	布氏轮枫梅	chene rouge; pancheria
5953	*Pancheria sebertii*	新喀里多尼亚	赛氏轮枫梅	chene gris; faux teck; pancheria
5954	*Pancheria ternata*	新喀里多尼亚	三叶轮枫梅	bois rouge or moigno; chene rouge; chene rouge or kene; chene rouge or moigne; pancheria
	***Pandanus*（PANDANACEAE）** **露兜树属（露兜树科）**		**HS CODE** **4403.99**	
5955	*Pandanus aimiriikensis*	帕劳群岛	阿氏露兜树	chertochot; ertochet
5956	*Pandanus caricosus*	斐济	卡柯露兜树	kiekie; voivoi
5957	*Pandanus cominsii*	密克罗尼西亚	康氏露兜树	matal
5958	*Pandanus compressus*	帕劳群岛、密克罗尼西亚	扁露兜树	ongor; paeho; paho
5959	*Pandanus cylindricus*	密克罗尼西亚	圆柱露兜树	silaue; sinnau; siraue
5960	*Pandanus dilatatus*	密克罗尼西亚	宽身露兜树	kienpel
5961	*Pandanus divergens*	帕劳群岛	歧异露兜树	ongor
5962	*Pandanus dubius*	帕劳群岛、密克罗尼西亚	疑真露兜树	beku; kiparnai; meuyok; ongor; pakoa; poak; poko
5963	*Pandanus duriocarpus*	帕劳群岛	榴莲果露兜树	ongor
5964	*Pandanus eyesyes*	密克罗尼西亚	埃森露兜树	eyesyes
5965	*Pandanus fischerianus*	密克罗尼西亚	菲舍露兜树	hara; hara vau; pinu
5966	*Pandanus fragrans*	密克罗尼西亚	香露兜树	pakua; pogo; pukua
5967	*Pandanus hosinoi*	密克罗尼西亚	霍西露兜树	nane kejak; nenketak
5968	*Pandanus insularis*	密克罗尼西亚	圣岛露兜树	meu kosa
5969	*Pandanus jalvitensis*	密克罗尼西亚	贾维露兜树	bederik; feufol; musha musi; pacheren
5970	*Pandanus joskei*	斐济	约凯露兜树	draudreka; misi misi
5971	*Pandanus kanehirae*	帕劳群岛	卡内西露兜树	bok; buuk
5972	*Pandanus kororensis*	帕劳群岛、密克罗尼西亚	科罗露兜树	kosbia; ongor; syu
5973	*Pandanus macrocephalus*	密克罗尼西亚	巨头露兜树	intekul; pasyure
5974	*Pandanus macrojeanneretia*	帕劳群岛	大吉露兜树	ertochet; ongor

序号	学名	主要产地	中文名称	地方名
5975	*Pandanus odoratissimus*	斐济、密克罗尼西亚、萨摩亚群岛、南太平洋地区、夏威夷群岛、帕劳群岛	极香露兜树	balawa; choi; fach; fala; fara; fats; hala; hara; kipar; lauhala; mbalawa; moen; ongor; pandanus; puhala; screw pine; vadra; vandra
5976	*Pandanus palawensis*	帕劳群岛	帕劳露兜树	ongor
5977	*Pandanus patina*	密克罗尼西亚	绿锈露兜树	peet
5978	*Pandanus peliliuensis*	帕劳群岛	佩柳露兜树	ongor
5979	*Pandanus ponapensis*	密克罗尼西亚	波纳佩岛露兜树	alwan; kipal; taip
5980	*Pandanus pulposus*	密克罗尼西亚	髓露兜树	deipw; jomineia
5981	*Pandanus rotundatus*	密克罗尼西亚	圆形露兜树	magojokojok; majojokjok
5982	*Pandanus sinicolus*	斐济	西科露兜树	balaka; mbalaka
5983	*Pandanus thurstoni*	斐济	瑟斯露兜树	kiekie; varawa; voivoi
5984	*Pandanus tolotomensis*	密克罗尼西亚	托洛露兜树	kiparn wahl; kiparenwel
5985	*Pandanus trukensis*	密克罗尼西亚	特鲁露兜树	meua
5986	*Pandanus utiyamai*	密克罗尼西亚	乌亚露兜树	jajeperik; lajaperik
	Pangium **(ACHARIACEAE)** **黑羹树属（青钟麻科）**		**HS CODE** **4403. 99**	
5987	*Pangium edule*	帕劳群岛、密克罗尼西亚、新赫布里底群岛、巴布亚新几内亚	可食黑羹树	ariaml; ariyaml; drian; duhrien; durien; hamamba; hipol; kalikoli; marbrumba; naimule; nawahir; nawhyre; nethvek; nupnug; riamel; rowal; vilivek
	Pararchidendron **(MIMOSACEAE)** **雪合欢属（含羞草科）**		**HS CODE** **4403. 99**	
5988	*Pararchidendron pruinosum*	澳大利亚	雪样雪合欢	snow-wood; stinkwood; tulip siris
	Paraserianthes **(MIMOSACEAE)** **箭羽楹属（含羞草科）**		**HS CODE** **4403. 49**	
5989	*Paraserianthes toona*	澳大利亚	椿箭羽楹	acacia cedar; mackay; mackay cedar; red siris; rod siris; siris rojo; siris rosso; siris rouge
	Paratrophis **(MORACEAE)** **毛利桑属（桑科）**		**HS CODE** **4403. 99**	
5990	*Paratrophis microphylla*	新西兰	小叶毛利桑	milktree; turepo

序号	学名	主要产地	中文名称	地方名
5991	*Paratrophis opaca*	新西兰	暗毛利桑	large-leaf milk-tree
	Parinari **(ROSACEAE)** **姜饼木属（蔷薇科）**		**HS CODE** **4403.49**	
5992	*Parinari insulara*	富图纳群岛、斐济	伊赛姜饼木	hea; sa; se; se'a; sea; sere
5993	*Parinari laurina*	密克罗尼西亚、帕劳群岛、斐济	桂叶姜饼木	adidi; adith; ais; aset; charitem; eritem; makita; makita damu; yarado
5994	*Parinari nonda*	所罗门群岛、澳大利亚	农达姜饼木	merbatu; nunda plum; parinari
	Parkia **(MIMOSACEAE)** **球花豆属（含羞草科）**		**HS CODE** **4403.49**	
5995	*Parkia korom*	密克罗尼西亚	科罗球花豆	korom; kurum; maruh kuhlung
5996	*Parkia parvifoliola*	帕劳群岛	小叶球花豆	coomer; gmegumer; kmekumer
	Peltophorum **(LEGUMINOSAE)** **双翼豆属（豆科）**		**HS CODE** **4403.49**	
5997	*Peltophorum pterocarpum*	斐济、夏威夷群岛	盾柱双翼豆	golden flamboyant; yellow poinciana
	Pemphis **(LYTHRACEAE)** **水芫花属（千屈菜科）**		**HS CODE** **4403.99**	
5998	*Pemphis acidula*	密克罗尼西亚、澳大利亚、帕劳群岛	酸水芫花	chekis; gaingei; gaingi; hangi; kahengy; kasugel; kini; miki miki; ngis; nie; tru kees; truh kees; xangi; yeengiy
	Pennantia **(PENNANTIACEAE)** **毛柴木属（毛柴木科）**		**HS CODE** **4403.99**	
5999	*Pennantia corymbosa*	新西兰	伞房毛柴木	kaikomako
6000	*Pennantia cunninghamii*	澳大利亚	肯氏毛柴木	brown beech
	Pentaphalangium **(GUTTIFERAE)** **洋福木属（藤黄科）**		**HS CODE** **4403.99**	
6001	*Pentaphalangium carolinense*	密克罗尼西亚	卡罗洋福木	maren
	Pentaspadon **(ANACARDIACEAE)** **五列漆属（漆树科）**		**HS CODE** **4403.99**	
6002	*Pentaspadon motleyi*	巴布亚新几内亚	莫特五列漆	pelandjau

序号	学名	主要产地	中文名称	地方名
	Perrottetia （CELASTRACEAE） **核子木属（卫矛科）**		**HS CODE 4403. 99**	
6003	*Perrottetia sandwicensis*	夏威夷群岛	夏威夷核子木	olomea；pua'a olomea；waimea
	Persea （LAURACEAE） **鳄梨属（樟科）**		**HS CODE 4403. 99**	
6004	*Persea americana*	夏威夷群岛、斐济、密克罗尼西亚、帕劳群岛	鳄梨木	aguacate；alligator pear；avocado；avocado pear；bata；butter；pear
	Persoonia （PROTEACEAE） **金钗木属（山龙眼科）**		**HS CODE 4403. 99**	
6005	*Persoonia arborea*	澳大利亚	树状金钗木	geebung
6006	*Persoonia attenuata*	澳大利亚	渐尖金钗木	geebung
6007	*Persoonia cornifolia*	澳大利亚	茱萸叶金钗木	geebung
6008	*Persoonia falcata*	澳大利亚	钩状金钗木	booral；geebung
6009	*Persoonia lanceolata*	澳大利亚	剑叶金钗木	
6010	*Persoonia lavis*	澳大利亚	湿性金钗木	geebung
6011	*Persoonia linearis*	澳大利亚	线形金钗木	geebung
6012	*Persoonia longifolia*	澳大利亚	长叶金钗木	
6013	*Persoonia media*	澳大利亚	中脉金钗木	geebong
6014	*Persoonia mollis*	澳大利亚	软金钗木	geebung
6015	*Persoonia pinifolia*	澳大利亚	针叶金钗木	geebung
6016	*Persoonia toru*	新西兰	彻金钗木	toru
	Petalostigma （EUPHORBIACEAE） **秀柱桐属（大戟科）**		**HS CODE 4403. 99**	
6017	*Petalostigma pubescens*	澳大利亚	短柔毛秀柱桐	forest quinine；quinine-berry；quinine-tree；quinineberry；red-hearted forest quinine；wild quinine
6018	*Petalostigma quadriloculare*	澳大利亚	方形秀柱桐	bitterbark；emu apple
6019	*Petalostigma triloculare*	澳大利亚	三腔秀柱桐	forest quinine

序号	学名	主要产地	中文名称	地方名
	Phaleria（THYMELAEACEAE） **皇冠果属（瑞香科）**		**HS CODE** **4403. 99**	
6020	*Phaleria acuminata*	斐济	披针叶皇冠果	kaudamu；mataivi；sinini vanua；sinu mataivi；sogoniwai；toatoa
6021	*Phaleria angustifolia*	斐济	狭叶皇冠果	nubu
6022	*Phaleria glabra*	斐济	光滑皇冠果	buibuita
6023	*Phaleria ixoroides*	斐济	伊索皇冠果	tarutaru
6024	*Phaleria montana*	斐济	山地皇冠果	sinu mataivi
6025	*Phaleria nisidai*	帕劳群岛	尼西皇冠果	chongael；delalakar；ongael
	Phebalium（RUTACEAE） **杜南香属（芸香科）**		**HS CODE** **4403. 99**	
6026	*Phebalium squameum*	澳大利亚	鳞状杜南香	lancewood satinbox；satinbox；satinwood；stinkingbox
	Phyllanthus（EUPHORBIACEAE） **油柑属（大戟科）**		**HS CODE** **4403. 99**	
6027	*Phyllanthus marianus*	帕劳群岛、密克罗尼西亚	马里亚纳油柑	dudurs；hamasorolpipi
6028	*Phyllanthus palauensis*	斐济、帕劳群岛	帕劳油柑	molau；ukellela chedib
6029	*Phyllanthus seemanianus*	斐济	塞萨油柑	molau
6030	*Phyllanthus tahitensis*	大洋洲	塔希提岛油柑	bois dur
	Phyllocarpus（CAESALPINIACEAE） **叶状枝属（苏木科）**		**HS CODE** **4403. 99**	
6031	*Phyllocarpus septentrionalis*	大洋洲	北部叶状枝	
	Picea（PINACEAE） **云杉属（松科）**		**HS CODE** **4403. 23（截面尺寸≥15cm）或 4403. 24（截面尺寸<15cm）**	
6032	*Picea abies*	澳大利亚	欧洲云杉	baltic pine
	Pimelodendron（EUPHORBIACEAE） **培米属（大戟科）**		**HS CODE** **4403. 99**	
6033	*Pimelodendron amboinicum*	所罗门群岛、巴布亚新几内亚	安汶培米	aisubu；pimeleoden dron
	Pimenta（MYRTACEAE） **多香果属（桃金娘科）**		**HS CODE** **4403. 99**	
6034	*Pimenta acris*	斐济	众香果	bay-oil-tree
6035	*Pimenta dioica*	斐济	异株多香果	allspice

序号	学名	主要产地	中文名称	地方名
	Pinus **(PINACEAE)** **松属（松科）**	**HS CODE** **4403. 21（截面尺寸≥15cm）或 4403. 22（截面尺寸<15cm）**		
6036	*Pinus attenuata*	澳大利亚	瘤果松	knobcone pine
6037	*Pinus canariensis*	澳大利亚	加那利松	canary island pine
6038	*Pinus caribaea*	澳大利亚、斐济	加勒比松	caribaea pine；caribbean pine；fiji pine；yellow pine
6039	*Pinus contorta*	澳大利亚	扭叶松	lodgepole pine
6040	*Pinus coulteri*	澳大利亚	大果松	bigcone pine；coulter pine
6041	*Pinus echinata*	澳大利亚	多刺松	short-leaved pine；yellow pine
6042	*Pinus elliottii*	澳大利亚、夏威夷群岛	湿地松	florida pine；slash pine；yellow pine
6043	*Pinus halepensis*	澳大利亚	地中海松	aleppo pine
6044	*Pinus insularis*	澳大利亚	岛松	benguet pine；insularis pine；khasi pine
6045	*Pinus jeffreyi*	澳大利亚	黑材松	jeffrey pine
6046	*Pinus lambertiana*	澳大利亚	糖松	sugar pine
6047	*Pinus monticola*	澳大利亚	山地山松	western white pine
6048	*Pinus muricata*	澳大利亚	加州沼松	bishop pine；prickle pine
6049	*Pinus nigra*	澳大利亚	欧洲黑松	black pine
6050	*Pinus palustris*	澳大利亚	长叶松	longleaf pine；yellow pine
6051	*Pinus patula*	夏威夷群岛、澳大利亚	展叶松	jelecote pine；mexican weeping pine；patula pine
6052	*Pinus pinaster*	夏威夷群岛、澳大利亚	海岸松	cluster pine；maritime pine；seaside pine
6053	*Pinus pinea*	澳大利亚	意大利伞松	stone pine
6054	*Pinus ponderosa*	澳大利亚	西黄松	british columbia pine；bull pine；pino giallo；pino ponderoso；pino real；ponderosa pijn；ponderosa pine；vastamerik ansk langbarrig tall；western yellow pine；westerse gele pijn
6055	*Pinus quadrifolia*	新西兰	四针松	parry pinyon；pino pinonero
6056	*Pinus radiata*	澳大利亚、夏威夷群岛、新西兰	辐射松	insignis pine；insignis-pijn；monterey pine；pin de monterey；pin radiata；pino de monterey；pino di monterey；pino insegne；pino insigne；radiata pijn；radiata pine；radiata-tall

序号	学名	主要产地	中文名称	地方名
6057	*Pinus rigida*	澳大利亚、新西兰	杜松	pek-pijn; pin raide; pin rigida; pina l'aubier; pino bronco; pino rigido; pino rogido; pitch pine; pitchpin; regida pijn; soderns gul-tall; southern yellow pine
6058	*Pinus strobus*	新西兰	北美乔松	kahikatea
6059	*Pinus taeda*	澳大利亚、夏威夷群岛	火炬松	carolina pine; loblolly pine; oldfield pine; shortleaf pine; taeda pine; yellow pine
	Piper **(PIPERACEAE)** **胡椒属（胡椒科）**		**HS CODE** **4403. 99**	
6060	*Piper methysticum*	密克罗尼西亚	卡瓦胡椒	atva; kalaidong; kavakava; sakau; sawkaw; shakau
6061	*Piper novo-guineense*	巴布亚新几内亚	新几内亚胡椒	
	Pipturus **(URTICACEAE)** **落尾木属（荨麻科）**		**HS CODE** **4403. 99**	
6062	*Pipturus albidus*	夏威夷群岛	白落尾木	mamake; mamaki; waimea
6063	*Pipturus argenteus*	密克罗尼西亚、澳大利亚、帕劳群岛	银落尾木	alamang; alko; aroma; arome; coomeroo-coomeroo; guruwel; halkoh; iourama; oliula kerasus; olulgrasus; ormuh; orohmah; oroma; oromah; oronga; tiwarenga; warena; warenga; yaroma
6064	*Pipturus incanus*	大洋洲	灰白落尾木	
6065	*Pipturus micronesicus*	密克罗尼西亚	密克罗尼西亚落尾木	katakwot
	Pisonia **(NYCTAGINACEAE)** **腺果藤属（紫茉莉科）**		**HS CODE** **4403. 99**	
6066	*Pisonia grandis*	密克罗尼西亚、南太平洋地区、帕劳群岛	大腺果藤	adaburruni gak'kiy; buluh; emoi; mahk; mesbesebe; mesbesibech; mesbsebe; moch mog motr; moek; mok; mokh; monu; muk; mweek; mwog; mwuk; puka; puke; tipuka
6067	*Pisonia sandwicensis*	夏威夷群岛	夏威夷腺果藤	aulu; papala kepau
6068	*Pisonia umbellifera*	澳大利亚、夏威夷群岛、新西兰	皮孙木	bird limetree; cabbagewood; papala kepau; parapara; pisonia

序号	学名	主要产地	中文名称	地方名
	Pithecellobium **(MIMOSACEAE)** **围涎树属(含羞草科)**		**HS CODE 4403.99**	
6069	*Pithecellobium dulce*	夏威夷群岛、密克罗尼西亚、帕劳群岛、斐济	牛蹄豆木	gaumuchil; kamatsiri; madras-thorn
	Pittosporum **(PITTOSPORACEAE)** **海桐花属(海桐花科)**		**HS CODE 4403.99**	
6070	*Pittosporum arborescens*	斐济	树状海桐花	duva; duvakalou; qoliqoli; savu; tagikotoi; tinacevua; tuvakalou
6071	*Pittosporum arloreum*	斐济	阿洛海桐花	duva; duvakalou; qoliqoli; savu; tuvakalou
6072	*Pittosporum bicolor*	澳大利亚	双色海桐花	banyalla; pittosporum; tallow-wood; victorian cheesewood; whitewood
6073	*Pittosporum brackenridgei*	斐济	巴卡海桐花	bau
6074	*Pittosporum confertiflorum*	夏威夷群岛	密花海桐花	ha'awa; ho'awa
6075	*Pittosporum crassifolium*	新西兰	厚叶海桐花	karo
6076	*Pittosporum eugenioides*	新西兰	眼状海桐花	hedge laurel; tarata
6077	*Pittosporum ferrugineum*	密克罗尼西亚	铁锈海桐花	cane; kamal
6078	*Pittosporum melanospermum*	澳大利亚	黑精海桐花	pittosporum
6079	*Pittosporum phylliraeoides*	澳大利亚	菲利海桐花	native willow; pittosporum; poisonberry-tree; weeping pittosporum
6080	*Pittosporum pickeringii*	斐济	皮氏海桐花	tadiri
6081	*Pittosporum pullifolium*	巴布亚新几内亚	拖叶海桐花	min
6082	*Pittosporum rhombifolium*	澳大利亚	菱形海桐花	diamond pittosporum; pittosporum; white holly; white hollywood
6083	*Pittosporum rhytidocarpum*	斐济	皱果海桐花	vocevoce ni cagi
6084	*Pittosporum richii*	斐济	里氏海桐花	tadiri
6085	*Pittosporum ripicola*	大洋洲	里皮海桐花	
6086	*Pittosporum spathaceum*	大洋洲	匙形海桐花	

序号	学名	主要产地	中文名称	地方名
6087	*Pittosporum tenuifolium*	新西兰	狭叶海桐花	black mapau; black matipo; kohuhu
6088	*Pittosporum undulatum*	澳大利亚、新西兰、密克罗尼西亚	波状海桐花	australische buchs; cheesewood; haekaro; mock orange; ofeo; pittospore ondule; pittosporum; victorian laurel
	Placospermum **(PROTEACEAE)** **玫银桦属（山龙眼科）**		**HS CODE 4403.99**	
6089	*Placospermum coriaceum*	澳大利亚	革质玫银桦	rose silky oak
	Plagianthus **(MALVACEAE)** **缎带木属（锦葵科）**		**HS CODE 4403.99**	
6090	*Plagianthus betulinus*	新西兰	桶形缎带木	honi; houi; lacebark; lowland ribbonwood; manatu; powhiwhi; whauai
	Planchonella **(SAPOTACEAE)** **山榄属（山榄科）**		**HS CODE 4403.49**	
6091	*Planchonella amieuana*	新喀里多尼亚	亚眠山榄	feuille rousse; feuilles rousses
6092	*Planchonella anteridifera*	大洋洲	安特山榄	
6093	*Planchonella australis*	大洋洲	南方山榄	
6094	*Planchonella chartacea*	大洋洲	纸叶山榄	
6095	*Planchonella euphlebia*	澳大利亚	显脉山榄	hickory boxwood
6096	*Planchonella firma*	大洋洲	坚硬山榄	
6097	*Planchonella guillauminii*	所罗门群岛	圭氏山榄	faibaru; maliolo; oora; ororo
6098	*Planchonella kaernbachiana*	大洋洲	克恩山榄	
6099	*Planchonella keyensis*	所罗门群岛	基山榄	ainunura; lilibaiko
6100	*Planchonella laurifolia*	澳大利亚	月桂叶山榄	blush coondoo; coondoo; coondoo boxwood; plum box; sweetbark; tormenta
6101	*Planchonella macrocarpa*	澳大利亚	大果山榄	pink boxwood
6102	*Planchonella microphyllum*	澳大利亚、新喀里多尼亚	小叶山榄	me; ne; new caledonian planchonel la

序号	学名	主要产地	中文名称	地方名
6103	*Planchonella novo-zelandica*	新西兰	诺山榄	new zealand box; tawapou
6104	*Planchonella pyrulifera*	斐济	裂唇山榄	yawe
6105	*Planchonella thyrsoidea*	新不列颠岛至所罗门群岛	凯特山榄	kete
6106	*Planchonella vitiensis*	斐济	斐济山榄	fijian planchonel la; sarosaro
6107	*Planchonella xerocarpa*	澳大利亚	施果山榄	blush coondoo; coondoo; northern coondoo
	Planchonia **(LECYTHIDACEAE) 普朗金刀木属（玉蕊科）**		**HS CODE 4403.99**	
6108	*Planchonia careya*	澳大利亚	凯里普朗金刀木	go-onje; guntha-marrah
6109	*Planchonia papuana*	巴布亚新几内亚	巴布亚金刀木	aruntern; bibira; kaeda; paira; puri-iki
	Pleiogynium **(ANACARDIACEAE) 帝汶李属（漆树科）**		**HS CODE 4403.99**	
6110	*Pleiogynium timorense*	澳大利亚、斐济、巴布亚新几内亚	帝汶李	burdekin plum; dubudubu; manawai; manui; pleiogynium; sweet plum; totowiwi; tulip plum; tulip plumwood
	Plerandra **(ARALIACEAE) 托伞木属（五加科）**		**HS CODE 4403.99**	
6111	*Plerandra bakeriana*	斐济	贝克托伞木	sole
6112	*Plerandra insolita*	斐济	因索托伞木	sole; sole lailai
6113	*Plerandra pickeringii*	斐济	皮氏托伞木	sole; solekau; vola
	Plumeria **(APOCYNACEAE) 鸡蛋花属（夹竹桃科）**		**HS CODE 4403.99**	
6114	*Plumeria obtusa*	帕劳群岛、密克罗尼西亚	钝叶鸡蛋花	elilai ra ngebard; sauer
6115	*Plumeria rubra*	斐济、帕劳群岛、密克罗尼西亚	红鸡蛋花	bua ni vavalagi; elilaira ngebard; fohr; frangi pani; haiakai; pomaria; pwohmaria; rakau haiakai; sauer; serur yewur; seu; seur; seur soru; shodu; soulu; sour; tirakau
	Podocarpus **(PODOCARPACEAE) 罗汉松属（罗汉松科）**		**HS CODE 4403.25（截面尺寸≥15cm）或 4403.26（截面尺寸<15cm）**	
6116	*Podocarpus acutifolius*	新西兰	尖叶罗汉松	needle-leaved totara

序号	学名	主要产地	中文名称	地方名
6117	*Podocarpus affinis*	斐济	近缘罗汉松	baukiwaqa; fijian podoberry; kasi; kuasi
6118	*Podocarpus alpinus*	澳大利亚	山罗汉松	tasmanian podoberry
6119	*Podocarpus amarus*	澳大利亚东部	苦味罗汉松	sapi
6120	*Podocarpus archiboldii*	巴布亚新几内亚	阿氏罗汉松	archibold podoberry
6121	*Podocarpus atjehensis*	巴布亚新几内亚	亚奇罗汉松	atjeh podoberry
6122	*Podocarpus brassii*	巴布亚新几内亚	巴氏罗汉松	brass podoberry
6123	*Podocarpus comptonii*	新喀里多尼亚	康氏罗汉松	falso kauri; faux kaori; new caledonian podocarpus
6124	*Podocarpus crassigemmis*	巴布亚新几内亚	克拉西罗汉松	asaro podoberry
6125	*Podocarpus cunninghamii*	新西兰	肯氏罗汉松	cunningham podoberry; hall's totara; kotukutuku; mountain totara; paper-bark totara; thin-bark totara; totara
6126	*Podocarpus dacrydioides*	新西兰	泪柏罗汉松	kahikatea; new zealand white pine
6127	*Podocarpus decumbens*	新喀里多尼亚	倾伏罗汉松	decumbent podoberry
6128	*Podocarpus degeneri*	斐济	堕落罗汉松	degener podoberry
6129	*Podocarpus dispermus*	澳大利亚	分散罗汉松	atherton podoberry; broad-leaved brown pine; brown pine
6130	*Podocarpus drouyianus*	澳大利亚	德鲁罗汉松	drouyn podoberry
6131	*Podocarpus elatus*	澳大利亚	高大罗汉松	australisk podocarpe; brown pine; bruine podocarpus; damson; dyrren-dyrren; giant australian podoberry; kidney wallum; plum pine; podo; podocarpe brun; podocarpe moreno; she pine; yellow pine
6132	*Podocarpus ferruginens*	新西兰	锈色罗汉松	miro
6133	*Podocarpus glaucus*	巴布亚新几内亚、所罗门群岛	海绿罗汉松	blue podoberry
6134	*Podocarpus gnidioides*	新喀里多尼亚	格尼罗汉松	new caledonian podoberry
6135	*Podocarpus grayi*	澳大利亚	格氏罗汉松	brown pine; cape york podoberry; northern brown pine
6136	*Podocarpus insularis*	巴布亚新几内亚	岛罗汉松	sudest podoberry
6137	*Podocarpus lawrencii*	新西兰	罗氏罗汉松	lawrence podoberry

序号	学名	主要产地	中文名称	地方名
6138	*Podocarpus ledermannii*	巴布亚新几内亚	莱氏罗汉松	ledermann podoberry
6139	*Podocarpus levisde*	巴布亚新几内亚	莱维罗汉松	mariatu podoberry
6140	*Podocarpus longifoliolatus*	新喀里多尼亚	长叶蝉罗汉松	mou podoberry; new caledonian podo; new caledonian podocarpus; palissandre
6141	*Podocarpus lucienii*	新喀里多尼亚	鲁氏罗汉松	lucien podoberry
6142	*Podocarpus montanus*	新西兰	山地罗汉松	black pine; matai
6143	*Podocarpus neriifolius*	斐济、澳大利亚、巴布亚新几内亚、新赫布里底群岛、所罗门群岛	百日青	asibolo; bau; brown pine; gagali; gali; kuasi; low mountain podocarp; nimcal; oleander podoberry
6144	*Podocarpus nivalis*	新西兰	高山罗汉松	snow podoberry
6145	*Podocarpus novae-caledoniae*	澳大利亚	海星罗汉松	dore podoberry
6146	*Podocarpus pallidus*	波利尼西亚	苍白罗汉松	tongan podoberry
6147	*Podocarpus pilgeri*	巴布亚新几内亚、所罗门群岛	皮盖罗汉松	pilger podoberry
6148	*Podocarpus polyspermus*	澳大利亚	多孢罗汉松	two-seeded podoberry
6149	*Podocarpus polystachus*	巴布亚新几内亚	多穗罗汉松	indonesian podoberry
6150	*Podocarpus pseudobracteatus*	巴布亚新几内亚	假苞罗汉松	eastern bristlecone podoberry
6151	*Podocarpus rubens*	巴布亚新几内亚、所罗门群岛	罗宾罗汉松	red podoberry
6152	*Podocarpus salomoniensis*	所罗门群岛	所罗门罗汉松	solomon islands podoberry
6153	*Podocarpus smithii*	澳大利亚	史氏罗汉松	brown pine; smith podoberry
6154	*Podocarpus spathoides*	所罗门群岛	匙形罗汉松	malaysian bristlecone podoberry
6155	*Podocarpus spinulosus*	澳大利亚	刺罗汉松	native plum; spiny-leaf podoberry
6156	*Podocarpus sylvestris*	新喀里多尼亚	野生罗汉松	new caledonia podocarpus; woodland podoberry
6157	*Podocarpus totara*	新西兰、澳大利亚	新西兰罗汉松	burl totara; colonial deal; new zealand yew; totara; totara pine; totara podoberry

序号	学名	主要产地	中文名称	地方名
	Polyalthia **(ANNONACEAE)** **暗罗属（番荔枝科）**		**HS CODE** **4403.99**	
6158	*Polyalthia addiana*	斐济	阿迪暗罗	vuvudi
6159	*Polyalthia amoena*	斐济	美丽暗罗	sitiloa
6160	*Polyalthia australis*	澳大利亚	南方暗罗	canary beech; northern territory polyalthia
6161	*Polyalthia forbesii*	大洋洲	宽叶暗罗	
6162	*Polyalthia laddiana*	斐济	拉迪暗罗	vuvudi
6163	*Polyalthia michaelii*	澳大利亚	米氏暗罗	canary beech; china pine
6164	*Polyalthia nitidissima*	澳大利亚	及金暗罗	canary beech
6165	*Polyalthia subcordata*	新喀里多尼亚	籽暗罗	adoek; baloen adoek; baloen anjoek
	Polyosma **(ESCALLONIACEAE)** **多香木属（南鼠刺科）**		**HS CODE** **4403.99**	
6166	*Polyosma alangiacea*	澳大利亚	安兰吉多香木	white alder
6167	*Polyosma cunninghamii*	澳大利亚	肯氏多香木	featherwood
	Polyscias **(ARALIACEAE)** **南洋参属（五加科）**		**HS CODE** **4403.99**	
6168	*Polyscias Australiana*	澳大利亚	澳大利亚南洋参	ivory basswood
6169	*Polyscias aculeata*	大洋洲	刺南洋参	
6170	*Polyscias boivinii*	大洋洲	博氏南洋参	
6171	*Polyscias cissodendron*	澳大利亚	西索登南洋参	bois carotte
6172	*Polyscias duplicata*	澳大利亚	双重南洋参	
6173	*Polyscias elegans*	澳大利亚	秀丽南洋参	black pencil; black pencil cedar; cedar; celerywood; greyanger; mowbulan whitewood; silver basswood
6174	*Polyscias fruticosa*	密克罗尼西亚	灌状南洋参	manu rauriki; manurauriki; rakau humutarunga; tirakauhum utarunga; yibung
6175	*Polyscias grandifolia*	帕劳群岛、密克罗尼西亚	大叶南洋参	bungaruau; pgai; pngei; yabonnogab atyai
6176	*Polyscias guilfoylei*	密克罗尼西亚	福禄桐	yibung
6177	*Polyscias kiiuyuensis*	大洋洲	图恩南洋参	
6178	*Polyscias microcarpus*	澳大利亚	小果南洋参	bois carotte

序号	学名	主要产地	中文名称	地方名
6179	*Polyscias murrayi*	澳大利亚	穆氏南洋参	celerywood; chinky pine; pencilwood; umbrellatree; white basswood
6180	*Polyscias nodosa*	帕劳群岛	节状南洋参	bngei
6181	*Polyscias pinnata*	帕劳群岛	羽状南洋参	pngei
6182	*Polyscias scutellaria*	帕劳群岛、密克罗尼西亚	黄芩南洋参	chelebingel; kob; yibung
	Pomaderris **(RHAMNACEAE)** **牛筋茶属（鼠李科）**		**HS CODE 4403. 99**	
6183	*Pomaderris apetala*	澳大利亚	无瓣牛筋茶	coopers-wood; dogwood; hazel
	Pometia **(SAPINDACEAE)** **番龙眼属（无患子科）**		**HS CODE 4403. 49**	
6184	*Pometia acuminata*	巴布亚新几内亚	披针叶番龙眼木	matoa; megan
6185	*Pometia pinnata*	所罗门群岛、巴布亚新几内亚、新赫布里底群岛、斐济、南太平洋地区、密克罗尼西亚、萨摩亚群岛	番龙眼	aeno akwa; cuhing; dawa moli; dawadawa; gema; koiawo; matoa; megan; menda; nandau; natwen; ndaundau; ngelak; niai; nindoe; tauna; virau; vunsaria
6186	*Pometia tomentosa*	巴布亚新几内亚	毛番龙眼	
	Ponapea **(PALMAE)** **石坛椰属（棕榈科）**		**HS CODE 4403. 99**	
6187	*Ponapea hosinoi*	密克罗尼西亚	霍西石坛椰	kattai
6188	*Ponapea ledermanniana*	密克罗尼西亚	莱德曼石坛椰	kadei; kattai
	Pongamia **(FABACEAE)** **水黄皮属（蝶形花科）**		**HS CODE 4403. 99**	
6189	*Pongamia pinnata*	澳大利亚、帕劳群岛、密克罗尼西亚、斐济	羽状水黄皮	honge; indian beech; kisaks; lach; mirak; pongamia; vesi; vesivesi; vesiwai
	Populus **(SALICACEAE)** **杨属（杨柳科）**		**HS CODE 4403. 97**	
6190	*Populus nigra*	澳大利亚	钻天杨	black poplar; poplar
6191	*Populus* X *canadensis*	澳大利亚	加拿大杨	black poplar; poplar
	Pouteria **(SAPOTACEAE)** **桃榄属（山榄科）**		**HS CODE 4403. 49**	
6192	*Pouteria arnhemica*	澳大利亚	阿纳姆桃榄	gulf coondoo; northern yellow boxwood; yellow boxwood

序号	学名	主要产地	中文名称	地方名
6193	*Pouteria australis*	澳大利亚	南方桃榄	black apple; black plum; wild plum; yellow bulletwood; yellow marara
6194	*Pouteria calcarea*	帕劳群岛	钙质桃榄	elangel
6195	*Pouteria castanosperma*	澳大利亚	栗孢桃榄	milky plum; poison plum; saffron boxwood; yellow plum
6196	*Pouteria chartacea*	澳大利亚、所罗门群岛	纸叶桃榄	dugulla; fai ereru; planchonella
6197	*Pouteria endlicheri*	澳大利亚	恩德利桃榄	azou; yayoue
6198	*Pouteria firma*	所罗门群岛	芬玛桃榄	faibaru; maliolo; oora; ororo; solomon islands planchonella
6199	*Pouteria kaernbachiana*	巴布亚新几内亚	凯恩桃榄	new guinea planchonella; white planchonella
6200	*Pouteria linggensis*	新赫布里底群岛	陵桃榄	netue
6201	*Pouteria maclayana*	所罗门群岛	马克莱桃榄	ngduiafa; tala
6202	*Pouteria obovata*	澳大利亚、帕劳群岛、所罗门群岛	倒卵叶桃榄	black ash; chenangel; elangel; ngduiafa; northern yellow boxwood; tala; yellow boxwood; yellow teak
6203	*Pouteria obovoidea*	澳大利亚、所罗门群岛、巴布亚新几内亚	倒卵球桃榄	black ash; mumu; northern yellow boxwood; red planchonella; yellow boxwood; yellow teak
6204	*Pouteria papyracea*	澳大利亚	似纸桃榄	pink boxwood; pink planchonella
6205	*Pouteria pohlmaniana*	澳大利亚	波尔马桃榄	black apple; engraverswood; yellow boxwood
6206	*Pouteria sandwicensis*	夏威夷群岛	夏威夷桃榄	ala'a; aulu; kaulu
6207	*Pouteria sphaerocarpa*	新喀里多尼亚	球果桃榄	bois cochon
6208	*Pouteria superba*	所罗门群岛	艳丽桃榄	
6209	*Pouteria thyrsoidea*	所罗门群岛	长体桃榄	kete; solomon islands planchonella
6210	*Pouteria torricellensis*	所罗门群岛、南太平洋地区、萨摩亚群岛、巴布亚新几内亚、澳大利亚	托里桃榄	kete; maalava; mamalava; red planchonella
6211	*Pouteria wakere*	澳大利亚	尾流桃榄	azou; azou noir
	Premna **(LAMIACEAE)** **臭黄荆属（唇形科）**		**HS CODE** **4403.99**	
6212	*Premna acuminata*	澳大利亚	披针叶臭黄荆	vitex

序号	学名	主要产地	中文名称	地方名
6213	*Premna lignum-vitae*	澳大利亚	木血臭黄荆	hollywood; lignum vitae; satin hollywood; satinwood; yellow hollywood
6214	*Premna obtusifolia*	巴布亚新几内亚、密克罗尼西亚、帕劳群岛	钝叶臭黄荆	alo; dopwuk; eariar; fienkeek; fienkek; fienket; nior umukau; osem; sobuk; sokuk; subuk; topuk; topwuk; tubuk; umgau; umukau; vorovor; warowaro; woroworo
6215	*Premna tahitensis*	社会群岛	塔希提臭黄荆	avaro
6216	*Premna taitensis*	斐济	泰特臭黄荆	creona
	Prosopis **(MIMOSACEAE)** **牧豆属（含羞草科）**		**HS CODE** **4403.99**	
6217	*Prosopis pallida*	夏威夷群岛	淡紫牧豆木	algarroba; kiawe; mesquite
	Prunus **(ROSACEAE)** **樱桃属（蔷薇科）**		**HS CODE** **4403.49**	
6218	*Prunus schlechteri*	所罗门群岛	狭叶樱桃	aimangelo
6219	*Prunus turnerana*	澳大利亚	特纳纳樱桃	almond; almondbark; joonda; wild almond
	Pseudocarapa **(MELIACEAE)** **假蟹楝属（楝科）**		**HS CODE** **4403.99**	
6220	*Pseudocarapa nitidula*	澳大利亚	光叶假蟹楝	bois d'ail
	Pseudotsuga **(PINACEAE)** **黄杉属（松科）**	**HS CODE** **4403.25（截面尺寸≥15cm）或 4403.26（截面尺寸<15cm）**		
6221	*Pseudotsuga menziesii*	澳大利亚	北美黄杉	douglas fir; oregon
	Pseudoweinmannia **(CUNONIACEAE)** **假温曼属（火把树科）**		**HS CODE** **4403.99**	
6222	*Pseudoweinmannia lachnocarpa*	澳大利亚	绵果假温曼木	marara; mararie; rose marara; scrub redwood; scrub rosewood
	Psidium **(MYRTACEAE)** **番石榴属（桃金娘科）**		**HS CODE** **4403.99**	
6223	*Psidium cattleianum*	夏威夷群岛、斐济	卡特兰番石榴	purple strawberry guava; strawberry guava; waiaw
6224	*Psidium guajava*	斐济、夏威夷群岛、帕劳群岛、巴布亚新几内亚、密克罗尼西亚	番石榴	amrut; common guava; guabang; guahva; guava; kuabang; kuahpa; kuawa

序号	学名	主要产地	中文名称	地方名
	***Psychotria*（RUBIACEAE）** **九节木属（茜草科）**		**HS CODE** **4403. 99**	
6225	*Psychotria amoena*	斐济	美丽九节木	deqedeqe
6226	*Psychotria chrysophylla*	斐济	金叶九节木	kau sibala
6227	*Psychotria confertiloba*	斐济	会九节木	tabulina
6228	*Psychotria gillespieana*	斐济	吉莱斯九节木	wakau
6229	*Psychotria hawaiiensis*	夏威夷群岛	夏威夷九节木	kopiko；kopiko 'ula；opiko
6230	*Psychotria mauiensis*	夏威夷群岛	毛伊九节木	kopiko
6231	*Psychotria milnei*	斐济	赤尾九节木	kauwai
6232	*Psychotria tephrosantha*	斐济	特弗九节木	wa kau
	***Pterocarpus*（FABACEAE）** **紫檀属（蝶形花科）**		**HS CODE** **4403. 49**	
6233	*Pterocarpus dalbergiodes*	所罗门群岛	安达曼紫檀	andaman padauk
6234	*Pterocarpus indicus*	巴布亚新几内亚、密克罗尼西亚、新赫布里底群岛、斐济、帕劳群岛、所罗门群岛	印度紫檀	aiamani；amboina；kalelong；kautofa；linggi；linggoea；milikehe；narra-tree；nasaka pai；nasubul；nekautufe；new guinea rosewood；ngafin；nisumbul；nonalu；solomon islands padauk；whywuli
6235	*Pterocarpus macrocarpus*	所罗门群岛	大果紫檀	burma padauk
6236	*Pterocarpus soyauxii*	所罗门群岛	非洲紫檀	african padauk
	***Pterocymbium*（STERCULIACEAE）** **舟翅桐属（梧桐科）**		**HS CODE** **4403. 49**	
6237	*Pterocymbium beccarii*	巴布亚新几内亚	舟翅桐	amberoi
6238	*Pterocymbium tinctorium*	巴布亚新几内亚	染料舟翅桐	amberoi
	***Pterygota*（STERCULIACEAE）** **翅苹婆属（梧桐科）**		**HS CODE** **4403. 49**	
6239	*Pterygota horsfieldii*	巴布亚新几内亚、澳大利亚	新几内亚翅苹婆	impa；pterygota；white tulip oak；white tulip-oak
	***Pullea*（CUNONIACEAE）** **锥枫梅属（火把树科）**		**HS CODE** **4403. 99**	
6240	*Pullea glabra*	澳大利亚	光滑锥枫梅	
6241	*Pullea stutzeri*	澳大利亚	施氏锥枫梅	hard alder

序号	学名	主要产地	中文名称	地方名
6242	*Pullea versighil*	澳大利亚	韦尔西锥枫梅	
6243	*Pullea versteeghii*	澳大利亚	韦斯锥枫梅	
	Punica（**LYTHRACEAE**） **石榴属（千屈菜科）**		**HS CODE** **4403. 99**	
6244	*Punica granatum*	帕劳群岛	石榴木	keralladang
	Pycnandra（**SAPOTACEAE**） **多蕊榄属（山榄科）**		**HS CODE** **4403. 99**	
6245	*Pycnandra benthamii*	澳大利亚	本氏多蕊榄	arbre tabous；bois petrole
	Pycnanthus（**MYRISTICACEAE**） **蜜花楠属（肉豆蔻科）**		**HS CODE** **4403. 49**	
6246	*Pycnanthus comptonii*	澳大利亚	太古蜜花楠	marronnier
	Quassia（**SIMAROUBACEAE**） **夸斯苦木属（苦木科）**		**HS CODE** **4403. 99**	
6247	*Quassia indica*	帕劳群岛	印度夸斯苦木	eskeam
	Quintinia（**PARACRYPHIACEAE**） **负鼠木属（盔被花科）**		**HS CODE** **4403. 99**	
6248	*Quintinia acutifolia*	新西兰	尖叶负鼠木	westland quintinia
6249	*Quintinia serrata*	新西兰	齿叶负鼠木	common quintinia；tawheowheo
6250	*Quintinia sieberi*	澳大利亚	西伯里负鼠木	pink alder；possumwood
	Randia（**RUBIACEAE**） **山黄皮属（茜草科）**		**HS CODE** **4403. 99**	
6251	*Randia carolinensis*	密克罗尼西亚	罗西山黄皮木	asepar；kisinom
6252	*Randia fitzalanii*	澳大利亚	菲氏黄皮木	brown gardenia
6253	*Randia tenuiflora*	斐济	细花黄皮木	sulu
	Rapanea（**MYRSINACEAE**） **密花树属（紫金牛科）**		**HS CODE** **4403. 49**	
6254	*Rapanea achradifolia*	澳大利亚	莲叶密花树	muttonwood；rapanea
6255	*Rapanea variabilis*	澳大利亚	杂色密花树	muttonwood；rapanea
	Rauvolfia（**APOCYNACEAE**） **萝芙木属（夹竹桃科）**		**HS CODE** **4403. 99**	
6256	*Rauvolfia sandwicensis*	夏威夷群岛	夏威夷萝芙木	hawaiian rauvolfia
	Ravenala（**STRELITZIACEAE**） **旅人蕉属（旅人蕉科）**		**HS CODE** **4403. 99**	
6257	*Ravenala madagascariensis*	斐济	马达加斯加旅人蕉	travellers palm；travellers-tree

序号	学名	主要产地	中文名称	地方名
	Reynoldsia **(ARALIACEAE)** **雷诺木属（五加科）**		**HS CODE** **4403.99**	
6258	*Reynoldsia sandwicensis*	夏威夷群岛	夏威夷雷诺木	hawaiian reynoldsia
	Rhizophora **(RHIZOPHORACEAE)** **红树属（红树科）**		**HS CODE** **4403.99**	
6259	*Rhizophora apiculata*	密克罗尼西亚、帕劳群岛	红树	aak; aakapah; akapa; apgal; bngaol; sakasrik; tebechel
6260	*Rhizophora mangle*	美拉尼西亚、波利尼西亚、夏威夷群岛、斐济	美国红树木	african mangrove; afrikaanse mangrove; afrikansk mangrove; american mangrove; common mangrove; mangle; mangle africano; mangle colorado; mangrove; paletuvier d'afrique; paletuvier rouge; red mangrove; rizofora africana; rizoforea africana; tiriwai
6261	*Rhizophora mucronata*	密克罗尼西亚、澳大利亚、斐济、帕劳群岛	尖头红树	aak; aakalel; akelel; belukap; chia; karak; lailai; loop-root mangrove; paletuvier; pkngaol; red mangrove; roway; tebechel; tia; tiritabua
	Rhodamnia **(MYRTACEAE)** **玫瑰木属（桃金娘科）**		**HS CODE** **4403.99**	
6262	*Rhodamnia acuminata*	澳大利亚	披针叶玫瑰木	silver malletwood; white myrtle
6263	*Rhodamnia argentea*	澳大利亚	银玫瑰木	brown malletwood; malletwood; silver malletwood; white myrtle
6264	*Rhodamnia blairiana*	澳大利亚	黑玫瑰木	blair malletwood; iron malletwood; rhodamnia
6265	*Rhodamnia costata*	澳大利亚	脉状玫瑰木	malletwood; silver malletwood; white myrtle
6266	*Rhodamnia rubescens*	澳大利亚	红玫瑰木	brown malletwood; scrub stringybark; scrub turpentine
6267	*Rhodamnia sessiliflora*	澳大利亚	无柄玫瑰木	iron malletwood
6268	*Rhodamnia trincurnvar*	澳大利亚	特恩玫瑰木	
	Rhodomyrtus **(MYRTACEAE)** **桃金娘属（桃金娘科）**		**HS CODE** **4403.99**	
6269	*Rhodomyrtus macrocarpa*	澳大利亚	大果桃金娘	finger cherry

序号	学名	主要产地	中文名称	地方名
	Rhodosphaera **(ANACARDIACEAE)** **山楂漆属(漆树科)**		**HS CODE** **4403.99**	
6270	*Rhodosphaera rhodanthema*	澳大利亚	红山楂漆	deep yellow-wood; tulip satinwood; yellow cedar
	Rhopalostylis **(PALMAE)** **新西兰椰属(棕榈科)**		**HS CODE** **4403.99**	
6271	*Rhopalostylis sapida*	新西兰	新西兰椰木	nikau; nikau palm
	Rhus **(ANACARDIACEAE)** **漆树属(漆树科)**		**HS CODE** **4403.99**	
6272	*Rhus sandwicensis*	夏威夷群岛	夏威夷漆木	hawaiian sumac; neleau; neneleau
6273	*Rhus taitensis*	南太平洋地区、帕劳群岛、密克罗尼西亚、斐济、新赫布里底群岛	大漆木	apape; chaues; choes; eues; g'lad; garahde; manawi; wild mango
	Ricinus **(EUPHORBIACEAE)** **蓖麻属(大戟科)**		**HS CODE** **4403.99**	
6274	*Ricinus communis*	斐济、帕劳群岛	蓖麻	bele ni vavalagi; castorbean; castoroil; gelug; maskerekur; toto ni vavalagi; uluchula skoki
	Ristantia **(MYRTACEAE)** **木果水桉属(桃金娘科)**		**HS CODE** **4403.99**	
6275	*Ristantia pachysperma*	澳大利亚	厚木果水桉	johnstone river yellow-wood; sour hardwood; yellow penda
	Rockinghamia **(EUPHORBIACEAE)** **叉柱野桐属(大戟科)**		**HS CODE** **4403.99**	
6276	*Rockinghamia angustifolia*	澳大利亚	狭叶叉柱野桐	kamala
	Rosa **(ROSACEAE)** **蔷薇属(蔷薇科)**		**HS CODE** **4403.99**	
6277	*Rosa damascena*	斐济	突厥蔷薇	damask rose
	Roystonea **(PALMAE)** **王棕属(棕榈科)**		**HS CODE** **4403.99**	
6278	*Roystonea oleracea*	斐济	菜王棕	cabbage palm
6279	*Roystonea regia*	斐济	王棕	royal palm
	Rubus **(ROSACEAE)** **悬钩子属(蔷薇科)**		**HS CODE** **4403.99**	
6280	*Rubus moluccanus*	斐济	羽萼悬钩子	wagadogadro; wavuka

序号	学名	主要产地	中文名称	地方名
	Samanea **(MIMOSACEAE)** 雨树属（含羞草科）		**HS CODE** **4403.99**	
6281	*Samanea saman*	澳大利亚、密克罗尼西亚、夏威夷群岛、南太平洋地区、斐济	雨木	bois noir de haiti; gumor ni spanis; gumornispa nis; licorice; marumaru; mocemoce; monkey-pod; raintree; vaivai-ni-vavalagi; vaivainiva valagi
	Sambucus **(ADOXACEAE)** 接骨木属（五福花科）		**HS CODE** **4403.99**	
6282	*Sambucus xanthocarpus*	澳大利亚	大洋洲接骨木	native elderberry
	Santalum **(SANTALACEAE)** 檀香属（檀香科）		**HS CODE** **4403.49**	
6283	*Santalum acuminatum*	澳大利亚	渐尖檀香	native peach; western quandong
6284	*Santalum austrocaledonicum*	新喀里多尼亚	新喀里多尼亚檀香	bois de santal; santal; santal jaune; santal rouge; tapacae; tapakaia feuilles longues; topocai; wekessi
6285	*Santalum cuneatum*	夏威夷群岛	楔形檀香木	sandalwood
6286	*Santalum ellipticum*	夏威夷群岛	夏威夷檀香	coast sandalwood; iliahi; oahu sandalwood
6287	*Santalum freycinetianum*	夏威夷群岛、密克罗尼西亚	夏威夷弗氏檀香	fiji yellow sandalwood; freycinet sandalwood; hawaii sandalwood; iliahi; sandalwood; white sandalwood; yellow sandalwood
6288	*Santalum insulare*	南太平洋地区	岛生檀香	ahi tea
6289	*Santalum lanceolatum*	澳大利亚	披针叶檀香木	australian sandal; northern sandalbox; northern sandalwood; plumwood; queensland sandalwood; queensland sandelhout; queensland sandeltra; sandalo de queenslandia; sandalo di queenslandia; sandalwood; santalin de queenslande; santelholz
6290	*Santalum littorale*	斐济	海岸檀香	iliahi aloe
6291	*Santalum macregorii*	巴布亚新几内亚	麦氏檀香	papua new guinea sandalwood; sandalwood
6292	*Santalum murrayanum*	澳大利亚	穆拉亚檀香	native sandelwood

序号	学名	主要产地	中文名称	地方名
6293	*Santalum spicatum*	澳大利亚	穗花檀香木	australian sandal; australian sandalwood; australische sandelboom; australiskt sandeltrad; gelbes sandelholz; sandalo australiano; sandalo de australia; sandalwood; sandelholz; sandlewood; santalin d'australie; santelholz; weisses sandelholz
6294	*Santalum yasi*	斐济、密克罗尼西亚	斐济檀香	fiji sandalwood; iliahi; laau ala; sandalwood; yasi; yasi boi; yasi dina
	Sapindus **(SAPINDACEAE)** **无患子属（无患子科）**		**HS CODE 4403.99**	
6295	*Sapindus oahuensis*	夏威夷群岛	檀香山无患子	aulu; kaula; kaulu; oahu soapberry
6296	*Sapindus saponaria*	夏威夷群岛	皂荚无患子	a'e; manele; wingleaf soapberry
	Sarcopteryx **(SAPINDACEAE)** **沙波特属（无患子科）**		**HS CODE 4403.99**	
6297	*Sarcopteryx stipitata*	澳大利亚	小叶柄沙波特	corduroy
	Sarcotoechia **(SAPINDACEAE)** **肉蜜莓属（无患子科）**		**HS CODE 4403.99**	
6298	*Sarcotoechia lanceolata*	澳大利亚	肉蜜莓	foambark; pear tamarind; pink foambark; pink tamarind
	Saurauia **(ACTINIDIACEAE)** **水东哥属（猕猴桃科）**		**HS CODE 4403.99**	
6299	*Saurauia rubicunda*	斐济	红水东哥	kau ni yalewa; kau yalewa; mimila; susu
	Scaevola **(GOODENIACEAE)** **草海桐属（草海桐科）**		**HS CODE 4403.99**	
6300	*Scaevola chamissoniana*	夏威夷群岛	查米草海桐	naupaka
6301	*Scaevola crassifolia*	夏威夷群岛	厚叶草海桐	
6302	*Scaevola gaudichaudiana*	夏威夷群岛	古迪草海桐	gaudichaud scaevola; half-flower; mountain naupaka; naupaka; naupaka kuahiwi
6303	*Scaevola oppositifolia*	大洋洲	对生叶草海桐	
6304	*Scaevola plumieri*	大洋洲	普氏草海桐	

序号	学名	主要产地	中文名称	地方名
6305	*Scaevola taccada*	密克罗尼西亚、帕劳群岛	草海桐	amoloset; eenut; fremes; gorai; kusrosr; lath; manu kapasang; manukabasong; nat; natch; natu remaglat; nau; railechol; ramakaa; ramek; ramuk; romok; thoth; tinau
	Schefflera（**ARALIACEAE**） **鸭脚木属（五加科）**		**HS CODE 4403.49**	
6306	*Schefflera actinophylla*	夏威夷群岛、斐济、澳大利亚	掌叶鸭脚木	brassaia; octopus-tree; queensland umbrella-tree; schefflera; umbrella-tree; umbrellatree
6307	*Schefflera andreana*	新喀里多尼亚	安德里鸭脚木	ralia
6308	*Schefflera atttenuatus*	大洋洲	细小鸭脚木	
6309	*Schefflera barteri*	大洋洲	巴尔鸭脚木	
6310	*Schefflera bodinieri*	大洋洲	短序鹅掌柴	
6311	*Schefflera bojeri*	大洋洲	波基尔鸭脚木	
6312	*Schefflera digitata*	新西兰	指状鸭脚木	pate
6313	*Schefflera elegantissima*	大洋洲	优雅鸭脚木	
6314	*Schefflera odorata*	帕劳群岛	香鸭脚木	bugalwao; bungaloan; bungaruau; bungaruse
	Schinus（**ANACARDIACEAE**） **肖乳香属（漆树科）**		**HS CODE 4403.49**	
6315	*Schinus terebinthifolius*	夏威夷群岛、澳大利亚	巴西肖乳香	nani-o-hilo; poivrier; wilelaiki
	Schizomeria（**CUNONIACEAE**） **齿瓣李属（火把树科）**		**HS CODE 4403.99**	
6316	*Schizomeria ovata*	澳大利亚、所罗门群岛、巴布亚新几内亚	卵圆齿瓣李	australian white birch; bea bea; crab apple; hambia; humbug; malafelo; schizomeria; squeaker; white birch; white cherry; whitewood
6317	*Schizomeria serrata*	所罗门群岛	齿叶齿瓣李	bea; bea bea; beabea bebea; hambia; hapia; humbug; malafelo; pink birch; schizomeria; squeaker; white birch; white cherry
	Scolopia（**FLACOURTIACEAE**） **箣柊属（大风子科）**		**HS CODE 4403.99**	
6318	*Scolopia braunii*	澳大利亚	布氏箣柊	brown birch; scolopia

序号	学名	主要产地	中文名称	地方名
	Scyphiphora **(RUBIACEAE)** **瓶花木属（茜草科）**		**HS CODE** **4403. 99**	
6319	*Scyphiphora hydrophyllacea*	密克罗尼西亚、帕劳群岛	瓶花木	gause；guat；kuat；quat
	Securinega **(EUPHORBIACEAE)** **叶底珠属（大戟科）**		**HS CODE** **4403. 99**	
6320	*Securinega flexuosa*	新赫布里底群岛	曲折叶底珠	maman；mamaua；nameneua；vimemeua；vumamaua
6321	*Securinega samoana*	萨摩亚群岛	萨摩亚叶底珠	poumuli
	Semecarpus **(ANACARDIACEAE)** **肉托果属（漆树科）**		**HS CODE** **4403. 99**	
6322	*Semecarpus atra*	新喀里多尼亚、澳大利亚	黑肉托果	acajou；acajou blanc
6323	*Semecarpus australiensis*	澳大利亚	南方肉托果	cedar plum；markingnut-tree
6324	*Semecarpus venenosus*	密克罗尼西亚、帕劳群岛	毒性肉托果	changath changad；tohnget；tonget
6325	*Semecarpus vitiensis*	新赫布里底群岛、斐济	斐济肉托果	alausi；aulas；kaukau；lagowa；les；loolasi；malawahi；myi；naclath；nalas；naualasi；naullas；nila；nilah；nimbitip；nulas；oleh；viholasi；vuholas；walahi；walas；whala
	Senna **(CAESALPINIACEAE)** **决明属（苏木科）**		**HS CODE** **4403. 49**	
6326	*Senna alata*	密克罗尼西亚、斐济、帕劳群岛	翅果铁刀木	arakak；flayn sabouw；golden candelbra-tree；kerula besokel；rakau honuki；roman candle-tree；tirakahonuki；truken kilinwai；tuhkehn kilinwai；yult
6327	*Senna obtusifolia*	斐济	决明	kaumoce
6328	*Senna occidentalis*	密克罗尼西亚、斐济、帕劳群岛	西方决明	afanafan；apschoh；kaumoce；korriu；kurriu
6329	*Senna septemtrionalis*	斐济	光叶决明	winivinikau
6330	*Senna siamea*	夏威夷群岛	铁刀木	kassod-tree；kolomona；siamese cassia
6331	*Senna sophera*	密克罗尼西亚	槐叶决明	haeleng
6332	*Senna surattensis*	夏威夷群岛	黄槐决明	glossy-shower senna；kalamona；kolomona；scrambled-eggs

序号	学名	主要产地	中文名称	地方名
6333	*Senna timoriensis*	澳大利亚	帝汶决明	anemene
6334	*Senna X floribunda*	斐济	多花决明	winivinikau; yellow-shower
	Sequoia **(CUPRESSACEAE)** **北美红杉属（柏科）**	**HS CODE** **4403. 25（截面尺寸≥15cm）或 4403. 26（截面尺寸<15cm）**		
6335	*Sequoia sempervirens*	澳大利亚、夏威夷群岛	北美红杉	california redwood; coast redwood; ledwood
	Serianthes **(MIMOSACEAE)** **舟木檀属（含羞草科）**		**HS CODE** **4403. 99**	
6336	*Serianthes calycina*	密克罗尼西亚	大萼舟木檀	failfail
6337	*Serianthes kanehirae*	密克罗尼西亚、帕劳群岛	卡内舟木檀	gumol; gumor; gumor ngimorr; ugal; ukall
6338	*Serianthes melanesica*	澳大利亚、斐济、密克罗尼西亚	美拉尼舟木檀	acacia failfail de montagne; vaivai; vaivai-ni-veikau; vavai; veikau
6339	*Serianthes minahassae*	巴布亚新几内亚	米纳舟木檀	white albizia
6340	*Serianthes sachetae*	澳大利亚	香囊舟木檀	failfail
6341	*Serianthes vitiensis*	新赫布里底群岛、斐济	斐济舟木檀	naharr; narururuu; white cedar; vaivai
	Sesbania **(FABACEAE)** **田菁属（蝶形花科）**		**HS CODE** **4403. 99**	
6342	*Sesbania grandiflora*	帕劳群岛	大花田菁	katurai
	Shorea **(DIPTEROCARPACEAE)** **娑罗双属（龙脑香科）**		**HS CODE** **4403. 49**	
6343	*Shorea philippinensis*	巴布亚新几内亚	菲律宾白娑罗双	manggasinoro
	Siphonodon **(CELASTRACEAE)** **木瓜桐属（卫矛科）**		**HS CODE** **4403. 99**	
6344	*Siphonodon australe*	澳大利亚东部	南方木瓜桐	australian ivorywood; australian ivorywood; australische ivoorhout; australisk telfenbenstra; ivorywood; madera de marfil australiana; native guava; scrub guava; wild guava
6345	*Siphonodon membranaceus*	澳大利亚	膜荚木瓜桐	icewood; ivorywood
6346	*Siphonodon pendulus*	澳大利亚	悬垂木瓜桐	weeping ivorywood

序号	学名	主要产地	中文名称	地方名
	Sleumerodendron（PROTEACEAE） **琼楠李属（山龙眼科）**		**HS CODE 4403.99**	
6347	*Sleumerodendron austrocaledonicum*	澳大利亚	澳洲琼楠李	hetre rouge
	Sloanea（ELAEOCARPACEAE） **猴欢喜属（杜英科）**		**HS CODE 4403.99**	
6348	*Sloanea australis*	澳大利亚	南方猴欢喜	blush；blush alder；blush carrobean；maidens-blush
6349	*Sloanea forbesii*	巴布亚新几内亚	宽叶猴欢喜	sloanea
6350	*Sloanea langii*	澳大利亚	朗氏猴欢喜	white carabeen
6351	*Sloanea macbrydei*	澳大利亚	麦克猴欢喜	grey carabeen
6352	*Sloanea ramiflora*	澳大利亚	枝花猴欢喜	goudronnier
6353	*Sloanea sogerensis*	巴布亚新几内亚	索格猴欢喜	maidens-blush
6354	*Sloanea woollsii*	澳大利亚	沃氏猴欢喜	carrabin；carribin；grey carrobean；yellow carabeen；yellow caribeen
	Solanum（SOLANACEAE） **茄属（茄科）**		**HS CODE 4403.99**	
6355	*Solanum melongena*	帕劳群岛	茄子	nas
6356	*Solanum sandwicense*	夏威夷群岛	桑维茄	puananahonua
	Sonneratia（LYTHRACEAE） **海桑属（千屈菜科）**		**HS CODE 4403.99**	
6357	*Sonneratia alba*	密克罗尼西亚、帕劳群岛、澳大利亚、巴布亚新几内亚	白海桑	abruk；abrul；abrur；churur；flofol；folofol；kawtaw；koatoa；kotoh；kwat；paletuvier；red-brown mangrove；salas；sales；saras；taras；urur
	Sophora（FABACEAE） **槐属（蝶形花科）**		**HS CODE 4403.99**	
6358	*Sophora chrysophylla*	夏威夷群岛	金叶槐	mamane；mamani；mamano
6359	*Sophora tetraptera*	新西兰	四脉槐	kowhai；sophora
6360	*Sophora tomentosa*	帕劳群岛、密克罗尼西亚、新赫布里底群岛、斐济	绒毛槐	mudurs；hakapini；ingaye spev；kau ni yalewa；rakau haiko；ti rakauhaiko
	Sparattosyce（MORACEAE） **假榕属（桑科）**		**HS CODE 4403.99**	
6361	*Sparattosyce dioica*	新喀里多尼亚	迪奥尼假榕	faux figuier

序号	学名	主要产地	中文名称	地方名
	Spathodea **(BIGNONIACEAE)** **火焰树属（紫葳科）**		**HS CODE** **4403.99**	
6362	*Spathodea campanulata*	斐济、夏威夷群岛、新赫布里底群岛、密克罗尼西亚	钟状火焰树	african tuliptree; fire-bell; fountain-tree; nanara; rarningobchey; spathodea; tuliptree
	Sphalmium **(PROTEACEAE)** **缎银桦属（山龙眼科）**		**HS CODE** **4403.99**	
6363	*Sphalmium racemosum*	澳大利亚	总状缎银桦	buff silky oak; fishtail poor-mans oak; mt. lewis oak; satin silky oak
	Sphenostemon **(SPHENOSTEMONACEAE)** **楔药花属（楔药花科）**			**HS CODE** **4403.99**
6364	*Sphenostemon lobosporus*	澳大利亚	洛博楔药花	feather beech; sarsaparil la oak
6365	*Sphenostemon papuanus*	巴布亚新几内亚	巴布亚楔药花	keramwa; konge; kup
6366	*Sphenostemon pauciflorum*	大洋洲	少花楔药花	
	Spirostachys **(EUPHORBIACEAE)** **螺穗木属（大戟科）**		**HS CODE** **4403.49**	
6367	*Spirostachys acuminata*	斐济	披针叶螺穗木	manai vanua
	Spondias **(ANACARDIACEAE)** **槟榔青属（漆树科）**		**HS CODE** **4403.49**	
6368	*Spondias cytherea*	所罗门群岛、帕劳群岛、新赫布里底群岛、巴布亚新几内亚、密克罗尼西亚、斐济	神槟榔青	aioo; edel; great hog plum; kalata; koris; melkuskus; melmel; mesechoes; meseiedel; mon; namale; nenalulu; nevi; nouncs imel; nuai nue; spondias; uuli; viusi
6369	*Spondias mombin*	帕劳群岛	黄槟榔青	mesehezl
6370	*Spondias pinnata*	帕劳群岛	槟榔青	tetimul; titimel
	Stachytarpheta **(VERBENACEAE)** **假马鞭属（马鞭草科）**		**HS CODE** **4403.99**	
6371	*Stachytarpheta jamaicensis*	帕劳群岛	假马鞭	louch beluu
6372	*Stachytarpheta urticifolia*	帕劳群岛	荨麻叶假马鞭	louch beluu

序号	学名	主要产地	中文名称	地方名
	Stemonurus (ICACINACEAE) 鬐丝木属（茶茱萸科）		**HS CODE** **4403.99**	
6373	*Stemonurus ammui*	帕劳群岛	阿穆伊鬐丝木	ammui; ngmui
	Stenocarpus (PROTEACEAE) 狭果木属（山龙眼科）		**HS CODE** **4403.99**	
6374	*Stenocarpus reticulatus*	澳大利亚	网状狭果木	black oak; black silky oak
6375	*Stenocarpus salignus*	澳大利亚	柳状狭果木	beefwood; chene soyeux rouge; killarney beefwood; red silky oak; rood australisch silky oak; scrub beefwood; silky oak; silky oak rojo de australia; silky oak rosato australiano; silky oak rouge
6376	*Stenocarpus sinuatus*	澳大利亚	麻黄狭果木	fire-tree; grey silky oak; silky oak; tulip-flower; wheel-of-fire-tree; white beefwood; white oak; white silky oak
6377	*Stenocarpus trinervis*	新喀里多尼亚	三脉狭果木	hetre noir; hetre rouge
	Sterculia (STERCULIACEAE) 苹婆属（梧桐科）		**HS CODE** **4403.49**	
6378	*Sterculia banksiana*	新赫布里底群岛	班克苹婆	lahulahu; lehelehe; malao; nakaukovua; namla; vivurue; vundereka
6379	*Sterculia foetida*	澳大利亚	香苹婆	horse almond
6380	*Sterculia quadrifida*	澳大利亚	四裂苹婆	konvavola; kuman; orange-fruited kurrajong; orange-fruited sterculia
6381	*Sterculia shillinglawii*	澳大利亚、巴布亚新几内亚	希氏苹婆	lacewood; new guinea sterculia; sterculia; tulip sterculia
6382	*Sterculia vitensis*	新赫布里底群岛、斐济	维氏苹婆	fijian sterculia; na ailahalaha; neqei; vituvaha; waciwaci; wahi wahi; wahwah; wawa
	Streblus (MORACEAE) 鹊肾树属（桑科）		**HS CODE** **4403.99**	
6383	*Streblus anthropophagorum*	斐济	食人鹊肾树	malavaci; malawaci; ndravula
6384	*Streblus pendulinus*	夏威夷群岛、澳大利亚	悬垂鹊肾树	a'ia'i; axehandle-wood; false hawaiian mulberry; grey handlewood; ragwood; waddywood; whalebone-tree; white handlewood

序号	学名	主要产地	中文名称	地方名
	***Strychnos*（LOGANIACEAE）** **马钱子属（马钱科）**		**HS CODE** **4403. 99**	
6385	*Strychnos axillaris*	澳大利亚	腋花马钱子	sagowood；threaded boxwood；threadwood
	***Styphelia*（ERICACEAE）** **垂钉石南属（杜鹃科）**		**HS CODE** **4403. 99**	
6386	*Styphelia acerosa*	所罗门群岛	匍枝垂钉石南	mangie
6387	*Styphelia tameiameiae*	夏威夷群岛	普基阿伟	a'ali'i-mhu；aalii mahu；kamehameha styphelia；kanehoa；kawa'u；kawai；maiele；puakiawe；pukeawe；pukiawe；pupukiawe
	***Suriana*（SURIANACEAE）** **海人树属（海人树科）**		**HS CODE** **4403. 99**	
6388	*Suriana maritima*	密克罗尼西亚	海人树	wao；wau
	***Swietenia*（MELIACEAE）** **桃花心木属（楝科）**		**HS CODE** **4403. 49**	
6389	*Swietenia mahagoni*	帕劳群岛、密克罗尼西亚	桃花心木②	mahongani；moakumi
	***Symplocos*（SYMPLOCACEAE）** **灰木属（灰木科）**		**HS CODE** **4403. 99**	
6390	*Symplocos arborea*	新喀里多尼亚	树状灰木	curieux
6391	*Symplocos baptica*	新喀里多尼亚	巴氏灰木	curieux
6392	*Symplocos cochinchinensis*	斐济、澳大利亚	交趾灰木	buff hazelwood；ravulevu；white hazelwood
6393	*Symplocos leptophylla*	斐济	落叶灰木	ai susu；ravulevu；roro；vulawai；wainimari
6394	*Symplocos turrilliana*	斐济	图里灰木	kai-namo
	***Syncarpia*（MYRTACEAE）** **聚果木属（桃金娘科）**		**HS CODE** **4403. 99**	
6395	*Syncarpia glomulifera*	澳大利亚、夏威夷群岛	合心果木	luster；red luster；turpentine；turpentine myrtle；turpentine-tree
6396	*Syncarpia hillii*	澳大利亚	希氏聚果木	fraser island turpentine；red satinay；red stainay；satinay；turpentine
6397	*Syncarpia laurifolia*	澳大利亚东部	月桂叶聚果木	turpentine
6398	*Syncarpia leptopetala*	澳大利亚东南部	狭瓣聚果木	brisbane ironwood
6399	*Syncarpia procera*	澳大利亚	高大聚果木	luster；turpentine

序号	学名	主要产地	中文名称	地方名
6400	*Syncarpia subargentia*	澳大利亚东部	银白聚果木	giant ironwood
	Synoum（MELIACEAE） 檀楝属（楝科）		HS CODE 4403. 99	
6401	*Synoum glandulosum*	澳大利亚	腺叶檀楝	northern scentless rosewood; pencil cedar; red sycamore; rosewood; scentless rosewood
6402	*Synoum muelleri*	澳大利亚	穆利檀楝	
	Syzygium（MYRTACEAE） 蒲桃属（桃金娘科）		HS CODE 4403. 99	
6403	*Syzygium alliiligneum*	澳大利亚	细叶蒲桃	bark-in-wood; mission beach satinash; onion satinash; onionwood; paperbark satinash; pudden satinash; puddenwood; rolypoly; water gum
6404	*Syzygium angophoroides*	澳大利亚	黄蒲桃	bark-in-wood
6405	*Syzygium aqueum*	帕劳群岛、所罗门群岛	阿库蒲桃	chadebsungel; edebsachel; karikorisa
6406	*Syzygium aromaticum*	斐济	芳香蒲桃	clove-tree
6407	*Syzygium australe*	澳大利亚	南方蒲桃	brush cherry; brush cherry creek; creek cherry; creek lillipilli; creek satinash; lillipilli; scrub cherry; water gum
6408	*Syzygium brackenridgei*	斐济	布氏蒲桃	yasi-yasi
6409	*Syzygium buettnerianum*	所罗门群岛、澳大利亚、巴布亚新几内亚	水蒲桃	aibu; aimela; gum; kelat; malamalarufa; satinash
6410	*Syzygium bungadinnia*	澳大利亚	布加蒲桃	bungadinnia; bungadinnia satinash; water gum
6411	*Syzygium canicortex*	澳大利亚	尖角蒲桃	water gum; yellow satinash
6412	*Syzygium cinctum*	所罗门群岛	赤环蒲桃	eugenia cincta
6413	*Syzygium claviflorum*	澳大利亚	棒花蒲桃	grey satinash; trumpet satinash; water gum
6414	*Syzygium cormiflorum*	澳大利亚	残花蒲桃	bumpy satinash; water gum; wild apple
6415	*Syzygium corynanthum*	澳大利亚	红花蒲桃	killarney satinash; sour cherry; water gum

序号	学名	主要产地	中文名称	地方名
6416	*Syzygium crebrinerve*	澳大利亚	长苞蒲桃	black water gum；purple cherry；rose satinash
6417	*Syzygium cumini*	斐济、夏威夷群岛、帕劳群岛、密克罗尼西亚	乌墨蒲桃	jambolan；jambolan plum；java plum；mesegerak；mesekerrak；meshigerak；mesigerak；palama
6418	*Syzygium curvistylum*	斐济	黄花蒲桃	yasi-yasi
6419	*Syzygium effusum*	所罗门群岛、斐济	薄膜蒲桃	malamalarufa；yasi-yasi
6420	*Syzygium elusiifolium*	新赫布里底群岛	埃勒蒲桃	nakavika；neukemete；vungaibena koko；wilnungai
6421	*Syzygium endophloium*	澳大利亚	内生蒲桃	bark-in-wood；hard onion satinash；mahogany satinash；onion satinash；rolypoly satinash；water gum
6422	*Syzygium fijiense*	斐济	菲吉蒲桃	yasi-yasi
6423	*Syzygium forte*	澳大利亚	福瑞迪蒲桃	brown satinash；flakybark satinash；wadong；water gum；white apple
6424	*Syzygium francisii*	澳大利亚	弗氏蒲桃	giant water gum；pink satinash；rose satinash；satin rose ash；water gum；water-giant gum
6425	*Syzygium gracilipes*	斐济	细苞蒲桃	bogi balewa；kau ni thivatu；lutulutu；siliwai
6426	*Syzygium grayi*	斐济	灰蒲桃	drautagi
6427	*Syzygium guettnerianium*	巴布亚新几内亚	格特纳蒲桃	kelat
6428	*Syzygium gustavioides*	澳大利亚	宽叶蒲桃	grey satinash；grijs satinash；satinash grigio；satinash gris；water gum；yellow satinash
6429	*Syzygium inophylloides*	萨摩亚群岛、南太平洋地区	具脉蒲桃	asi toa；kokatuki
6430	*Syzygium jambos*	密克罗尼西亚、斐济、夏威夷群岛	蒲桃	faliap；faniap；iouen wai；kavika ni vavalagi；kidel；manzana malaya；mountain apple；paniap；rose apple；youenwai
6431	*Syzygium jambosoides*	澳大利亚	刺梨蒲桃	bark-in-wood；forest satinash；onionwood；rolypoly satinash；variegated apple；water gum
6432	*Syzygium johnsonii*	澳大利亚	约氏蒲桃	johnson satinash；rose satinash；water gum

序号	学名	主要产地	中文名称	地方名
6433	*Syzygium kuranda*	澳大利亚	库兰达蒲桃	cherry penda; cherry satinash; kuranda; kuranda satinash; satinash; tram; water gum
6434	*Syzygium lateriflorum*	新喀里多尼亚	侧花蒲桃	jamelonnier
6435	*Syzygium leucanthum*	斐济	白蒲桃	yasi-yasi
6436	*Syzygium luehmannii*	澳大利亚	卢氏蒲桃	cherry alder; cherry satinash; creek cherry; lillipilli; scrub cherry; small-leaved water gum; water gum
6437	*Syzygium malaccense*	南太平洋地区、密克罗尼西亚、新赫布里底群岛、斐济、帕劳群岛	马六甲蒲桃	ahia tahiti; apel; arfath; faanyaap; faliap; faniap; feniap; ghavika; harafath; khavika; kidel; malay apple; merel; na avi; naravik; navukh; ningarung; vuhaviga; weve
6438	*Syzygium moorei*	澳大利亚	莫雷里蒲桃	durobby; robby
6439	*Syzygium multipetalum*	新喀里多尼亚	多瓣蒲桃	jamblonnier; jamelonnier
6440	*Syzygium myriadenum*	所罗门群岛	米瑞蒲桃	eugenia myriadena
6441	*Syzygium nandarivatense*	斐济	南达蒲桃	kau ni civatu
6442	*Syzygium neepau*	新赫布里底群岛	尼帕蒲桃	nakavika
6443	*Syzygium neurocalyx*	斐济	脉萼蒲桃	leba
6444	*Syzygium nidie*	斐济	奈迪蒲桃	yasi-yasi
6445	*Syzygium oblongifolium*	斐济	长圆叶蒲桃	yasi-yasi
6446	*Syzygium oleosum*	澳大利亚	奥利蒲桃	coastal cherry; scented satinash; water gum
6447	*Syzygium onesimum*	所罗门群岛	尼西穆蒲桃	eugenia onesima
6448	*Syzygium operculatum*	澳大利亚	盖状蒲桃	cleistocalyx; northern territory satinash
6449	*Syzygium papyraceum*	澳大利亚	纸状蒲桃	paperbark satinash; water gum
6450	*Syzygium quadrangulatum*	斐济	四角蒲桃	vutoro
6451	*Syzygium richii*	斐济、新赫布里底群岛	瑞氏蒲桃	bokoi; neti; nikowrupon; novonuk; nuaitingum; oqori
6452	*Syzygium rubescens*	斐济	红蒲桃	yasi dravu
6453	*Syzygium sandwicense*	夏威夷群岛	夏威夷蒲桃	ha; hawaiian syzygium; pa'ihi

序号	学名	主要产地	中文名称	地方名
6454	*Syzygium sayeri*	富图纳群岛、萨摩亚群岛、所罗门群岛、美拉尼西亚、密克罗尼西亚、帕劳群岛、澳大利亚、斐济、巴布亚新几内亚	塞耶蒲桃	angai; grey satinash; hahairamram; matiaho; murimakuri; na vutoro; ndakandaka; paira; pink satinash; rebotil; rose satinash; satinash; songasonga; taipwa; tavakarara; tulian; uollungut; water gum; yasi-yasi
6455	*Syzygium seemannianum*	斐济	西曼蒲桃	olala; ulala; yasa ni wai
6456	*Syzygium suborbiculare*	澳大利亚	轮状蒲桃	bark-in-wood; forest satinash; onionwood; rolypoly satinash; variegated apple; water gum
6457	*Syzygium tierneyanum*	所罗门群岛、澳大利亚、新赫布里底群岛	蒂尔内蒲桃	aifau; bamaga satinash; creek satinash; nouwhan; water gum
6458	*Syzygium trachyphloium*	澳大利亚	粗面蒲桃	roughbark satinash; water gum
6459	*Syzygium wagapense*	新喀里多尼亚	瓦加彭蒲桃	bois barre amine
6460	*Syzygium wesa*	澳大利亚	韦萨蒲桃	water gum; white eungella gum; white eungella satinash
6461	*Syzygium wilsonii*	澳大利亚	短叶蒲桃	plum satinash; water gum
6462	*Syzygium wolfii*	斐济	沃氏蒲桃	yasi-yasi
	Tabernaemontana **(APOCYNACEAE)** **狗牙花属（夹竹桃科）**		**HS CODE** **4403. 49**	
6463	*Tabernaemontana pandacaqui*	斐济	潘达卡狗牙花	dregatalot alo; kolovesi; langaingai; meme; naselelevu; nasio
6464	*Tabernaemontana thurstonii*	斐济	塞氏狗牙花	tabua rakolavo; tabuasere; vueti naitasiri
	Tamarindus **(CAESALPINIACEAE)** **酸豆属（苏木科）**		**HS CODE** **4403. 99**	
6465	*Tamarindus indica*	夏威夷群岛	酸豆木	wi 'awa'awa
	Tarenna **(RUBIACEAE)** **乌口树属（茜草科）**		**HS CODE** **4403. 99**	
6466	*Tarenna sambucina*	斐济	桑纳乌口树	aicara davu
	Tasmannia **(WINTERACEAE)** **单性林仙属（假八角科）**		**HS CODE** **4403. 99**	
6467	*Tasmannia lanceolata*	澳大利亚	剑叶单性林仙木	mountain pepper

序号	学名	主要产地	中文名称	地方名
	Tectona (**VERBENACEAE**) **柚木属（马鞭草科）**		**HS CODE** **4403.49**	
6468	*Tectona grandis*	澳大利亚、密克罗尼西亚、帕劳群岛	柚木	teak; tik; tsik
	Teijsmanniodendron (**VERBENACEAE**) **蒂氏木属（马鞭草科）**		**HS CODE** **4403.99**	
6469	*Teijsmanniodendron ahernianum*	所罗门群岛	蒂氏木	felofelo
	Terminalia (**COMBRETACEAE**) **榄仁属（使君子科）**		**HS CODE** **4403.49**	
6470	*Terminalia archboldiana*	巴布亚新几内亚	淡黄榄仁	pale yellow terminalia
6471	*Terminalia archipelagi*	巴布亚新几内亚	大苞榄仁	red-brown terminalia
6472	*Terminalia arenicola*	澳大利亚	多瓣榄仁	brown damson
6473	*Terminalia brassii*	澳大利亚	巴氏榄仁	aghomba; ama; brown terminalia; gaukoko; ghomba; homba; kako; kopika; kwako; maranuri; marpopoli; pepeo nuli; sau; swamp talis; swamp terminalia; unangbatuma
6474	*Terminalia calamansanai*	所罗门群岛、巴布亚新几内亚	菲律宾榄仁	ama; gaba; gau; gaukoko; kako; kwako; marpopoli; sualisualo; unangbatuma; yellow terminalia; yellow-brown terminalia
6475	*Terminalia canaliculata*	巴布亚新几内亚	小榄仁	red-brown terminalia
6476	*Terminalia carolinensis*	密克罗尼西亚	卡罗来纳榄仁	ka; kehma; keima
6477	*Terminalia catappa*	所罗门群岛、夏威夷群岛、密克罗尼西亚、社会群岛、南太平洋地区、巴布亚新几内亚、新赫布里底群岛、帕劳群岛、萨摩亚群岛、斐济	榄仁	alita; almond; false kamani; gaba; kamani; kamani'ula; kamanihaole; kwako; malabar almond; marpopoli; red-brown terminalia; tavola; tavola lato; umbrella-tree; unangbatuma; vitavoa
6478	*Terminalia complanata*	所罗门群岛、巴布亚新几内亚	扁平榄仁	ama; amabala; amarodo; gaba; gau; gaukoko; kako; kwako; marpopoli; pale yellow terminalia; unangbatuma; yellow terminalia
6479	*Terminalia copelandii*	所罗门群岛	蔻氏榄仁	alita

序号	学名	主要产地	中文名称	地方名
6480	*Terminalia crassipes*	帕劳群岛	粗柄榄仁	esemiich
6481	*Terminalia eddowesii*	巴布亚新几内亚	巴布亚榄仁	red-brown terminalia
6482	*Terminalia impediens*	巴布亚新几内亚	光亮榄仁	terminalia
6483	*Terminalia kaernbachii*	巴布亚新几内亚	卡氏榄仁	brown terminalia；okari；red-brown terminalia
6484	*Terminalia katikii*	巴布亚新几内亚	灰棕榄仁	pale brown terminalia
6485	*Terminalia littoralis*	斐济	滨榄仁	tavola；tivi
6486	*Terminalia longespicata*	巴布亚新几内亚	灰黄榄仁	pale yellow terminalia；yellow terminalia
6487	*Terminalia macadamii*	巴布亚新几内亚	硬榄仁	pale brown terminalia
6488	*Terminalia megalocarpa*	巴布亚新几内亚、所罗门群岛	巨果榄仁	pale brown terminalia；to'oma；yellow terminalia
6489	*Terminalia microcarpa*	巴布亚新几内亚	小果榄仁	red-brown terminalia
6490	*Terminalia morobensis*	巴布亚新几内亚	小籽榄仁	red-brown terminalia
6491	*Terminalia myriocarpa*	夏威夷群岛	万果榄仁	jalna；jhalna
6492	*Terminalia oreadum*	巴布亚新几内亚	奥雷亚榄仁	pale brown terminalia
6493	*Terminalia platyphylla*	澳大利亚	宽叶榄仁	durin
6494	*Terminalia prunioides*	澳大利亚	桃状榄仁	brown damson
6495	*Terminalia pterocarpa*	斐济	翅果榄仁	almond；indian almond；indian tivi；tivi
6496	*Terminalia richii*	萨摩亚群岛	里氏榄仁	malili
6497	*Terminalia rubiginosa*	巴布亚新几内亚	皱叶榄仁	brown terminalia；red-brown terminalia
6498	*Terminalia salomonensis*	密克罗尼西亚	所罗门榄仁	red-brown terminalia
6499	*Terminalia samoensis*	帕劳群岛、密克罗尼西亚	山榄仁	chesemiich；esemiich；kil；kin；kon；lau taea；pua rakau；puarakau；rautarihia；sin；talia；tirautarihia；win
6500	*Terminalia sepicana*	所罗门群岛、巴布亚新几内亚	异花榄仁	ama；amabala；amafau；amarodo；pale brown terminalia；red-brown terminalia
6501	*Terminalia sericocarpa*	澳大利亚	丝状榄仁	bandicoot；damson；damson plum；sovereign-wood
6502	*Terminalia steenisiana*	巴布亚新几内亚	甜叶榄仁	yellow-brown terminalia

序号	学名	主要产地	中文名称	地方名
6503	*Terminalia vitiensis*	斐济	斐济榄仁	tivi
	Ternstroemia (**THEACEAE**) **厚皮香属（山茶科）**		**HS CODE** **4403. 99**	
6504	*Ternstroemia cherryi*	澳大利亚	樱桃厚皮香	cherry beech
	Tetradium (**RUTACEAE**) **四数花属（芸香科）**		**HS CODE** **4403. 99**	
6505	*Tetradium cucullata*	斐济	兜叶四数花	ndrautolu
6506	*Tetradium daniellii*	巴布亚新几内亚	臭檀四数花	evodia; swi-namu
6507	*Tetradium seemanni*	斐济	西氏四数花	salusalu rakalava
6508	*Tetradium vatiana*	斐济	多瓣四数花	ndrautolu; tokatolu
	Tetrameles (**DATISCACEAE**) **四数木属（四数木科）**		**HS CODE** **4403. 99**	
6509	*Tetrameles nudiflora*	澳大利亚、巴布亚新几内亚	四数木	tetrameles
	Theobroma (**STERCULIACEAE**) **可可木属（梧桐科）**		**HS CODE** **4403. 99**	
6510	*Theobroma cacao*	帕劳群岛	可可木	suklatei
	Thespesia (**MALVACEAE**) **桐棉属（锦葵科）**		**HS CODE** **4403. 99**	
6511	*Thespesia populnea*	帕劳群岛、澳大利亚、南太平洋地区、密克罗尼西亚、夏威夷群岛、萨摩亚群岛、社会群岛、斐济	杨叶桐棉木	badrirt; bois de rose; bois de rose faux; bois de rose i'oceanie; cmajaguilla; mulomulo; pakeena; panu; pehnuh; peneh; pingipingi; pollo; seaside mahoe; seychelles rosewood; tipingipingi; tuliptree; wiriwire
6512	*Thespesia populneoides*	澳大利亚	胡杨桐棉木	pacific rosewood
	Thevetia (**APOCYNACEAE**) **黄花夹竹桃属（夹竹桃科）**		**HS CODE** **4403. 99**	
6513	*Thevetia peruviana*	密克罗尼西亚	黄花夹竹桃	foreigners-tree; irelepsech; koneta
	Tibouchina (**MELASTOMATACEAE**) **蒂牡花属（野牡丹科）**		**HS CODE** **4403. 99**	
6514	*Tibouchina urvilleana*	夏威夷群岛	乌尔维蒂牡花木	glorybush; hawaiian glorybush; lasiandra; tibuchina; urville glorybush

序号	学名	主要产地	中文名称	地方名
	Timonius （RUBIACEAE） **海茜树属（茜草科）**		**HS CODE** **4403.99**	
6515	*Timonius affinis*	斐济	近缘海茜树	dogo ni vanua; dogodogo; mokamoka; tirivanua
6516	*Timonius ponapensis*	密克罗尼西亚	博纳海茜树	kehn
6517	*Timonius timon*	澳大利亚	迪蒙海茜树	timonius
	Toechima （SAPINDACEAE） **托希玛属（无患子科）**		**HS CODE** **4403.99**	
6518	*Toechima erythrocarpum*	澳大利亚	红果托希玛木	foambark; pink tamarind
	Toona（MELIACEAE） **香椿属（楝科）**		**HS CODE** **4403.49**	
6519	*Toona australis*	澳大利亚	南方香椿	
6520	*Toona calantas*	大洋洲	菲律宾香椿	kalantas
6521	*Toona ciliata*	澳大利亚、夏威夷群岛	红椿	australian cedar; australian red cedar; australian toon; australische cedar; australisk ceder; burma toon; cedre d'australie; suren
6522	*Toona sureni*	澳大利亚、巴布亚新几内亚	紫椿	australian cedar; cedar; queensland red cedar; red cedar; toon
	Touchardia（URTICACEAE） **鱼线麻属（荨麻科）**		**HS CODE** **4403.99**	
6523	*Touchardia latifolia*	夏威夷群岛	阔叶鱼线麻木	olona
	Tournefortia（BORAGINACEAE） **紫丹属（紫草科）**		**HS CODE** **4403.99**	
6524	*Tournefortia argentea*	密克罗尼西亚、帕劳群岛、夏威夷群岛、萨摩亚群岛	银紫丹木	amaloset; amoleset; amoloset chen; amoneset chen; amunusut; ccen yamolehat; emoloset; heliotrope-tree; kotokong; manu kirimau; manukirimau; shuhshun; sisin; sokotokong; tausuni; titin; velvetleaf
	Trema（ULMACEAE） **山黄麻属（榆科）**		**HS CODE** **4403.99**	
6525	*Trema cannabina*	帕劳群岛	卡纳山麻黄	cholodochoel; elodechoel; golodogoiel; oldooel

序号	学名	主要产地	中文名称	地方名
6526	*Trema orientalis*	夏威夷群岛、澳大利亚、斐济、密克罗尼西亚	东方山黄麻	charcoal-tree; charcoal-tree-of-india; dro; drou; droudrou; elodechoel; gunpowder-tree; peach cedar; poison peach; woolly cedar
6527	*Trema vieillardii*	新赫布里底群岛	维氏山黄麻	nendom
	Trichadenia **(ACHARIACEAE)** **油龙角属（青钟麻科）**		**HS CODE** **4403. 99**	
6528	*Trichadenia philippinensis*	所罗门群岛	菲律宾油龙角木	sa'a; sasto'o; takalofa
	Trichospermum **(TILIACEAE)** **多络麻属（椴树科）**		**HS CODE** **4403. 99**	
6529	*Trichospermum calyculatum*	斐济	花萼多络麻木	makuiloi
6530	*Trichospermum ikutai*	斐济、密克罗尼西亚	小多络麻木	mako; wapof; wopf
6531	*Trichospermum ledermannii*	帕劳群岛	莱氏多络麻木	chelsau; choliula karasus; elsau; kalusal; orayurukar asusu
	Tristania **(MYRTACEAE)** **红胶木属（桃金娘科）**		**HS CODE** **4403. 99**	
6532	*Tristania conferta*	澳大利亚东部及南部	红胶木	brisbanebox; brush box; pelawan; selunsur; tristania
6533	*Tristania laurina*	澳大利亚东北部	桂叶红胶木	kanuka
6534	*Tristania neriifolia*	澳大利亚	夹竹桃叶红胶木	water gum
	Tristaniopsis **(MYRTACEAE)** **水桉属（桃金娘科）**		**HS CODE** **4403. 99**	
6535	*Tristaniopsis exiliflora*	澳大利亚	埃利水桉	kanooka; kanuka; kanukabox; river gum; water gum
6536	*Tristaniopsis laurina*	澳大利亚	桂叶水桉	kanooka; kanuka; kanuka box; river gum; water gum
	Tristiropsis **(SAPINDACEAE)** **斯蒂罗属（无患子科）**		**HS CODE** **4403. 99**	
6537	*Tristiropsis canarioides*	巴布亚新几内亚	金丝斯蒂罗木	tristiropsis
6538	*Tristiropsis nativitalis*	圣诞岛	纳威斯蒂罗木	tristiropsis
	Trochocarpa **(ERICACEAE)** **轮果石南属（杜鹃科）**		**HS CODE** **4403. 99**	
6539	*Trochocarpa laurina*	澳大利亚	桂叶轮果石南	barranduna; beech; brush; brush cherry

序号	学名	主要产地	中文名称	地方名
	Trophis **(MORACEAE)** **牛头木属（桑科）**		**HS CODE** **4403.99**	
6540	*Trophis anthropophagorum*	斐济	牛头木	malavaci
	Uncaria **(RUBIACEAE)** **钩藤属（茜草科）**		**HS CODE** **4403.99**	
6541	*Uncaria korrensis*	帕劳群岛	钩藤	chongaitong; derikel; drikel; ongaitong
	Urera **(URTICACEAE)** **红珠麻属（荨麻科）**		**HS CODE** **4403.99**	
6542	*Urera glabra*	夏威夷群岛	光滑红珠麻	hona; hopue; opuhe
	Vatica **(DIPTEROCARPACEAE)** **青皮属（龙脑香科）**		**HS CODE** **4403.49**	
6543	*Vatica rassak*	巴布亚新几内亚	拉斯青皮	laguna
	Vavaea **(MELIACEAE)** **木莓楝属（楝科）**		**HS CODE** **4403.99**	
6544	*Vavaea amicorum*	密克罗尼西亚、澳大利亚	阿米木莓楝	mesei; vavaea
6545	*Vavaea australiana*	斐济	澳大利亚木莓楝	cevua; tubua ni cevua
6546	*Vavaea harveyi*	斐济	阿哈维木莓楝	cevua
6547	*Vavaea megaphylla*	斐济	万寿菊木莓楝	cevua; sevua
	Ventilago **(RHAMNACEAE)** **翼核木属（鼠李科）**		**HS CODE** **4403.99**	
6548	*Ventilago viminalis*	澳大利亚	蒿翼核木	supplejack; vine tree
6549	*Ventilago vitiensis*	斐济	斐济翼核木	qiriqirinawa
	Vernicia **(EUPHORBIACEAE)** **油桐属（大戟科）**		**HS CODE** **4403.99**	
6550	*Vernicia fordiiairy*	斐济	油桐	tung
	Vitex **(VERBENACEAE)** **牡荆属（马鞭草科）**		**HS CODE** **4403.49**	
6551	*Vitex coffassus*	帕劳群岛	圆叶牡荆	abiokl; afas; ahsang; aiululu fata; bai-ah; bars; beokel; beokl; bitum; garamut; hasara; hata; ka-ar; onoano; papua new guinea vitex; solomon islands vitex; vata; vitex

序号	学名	主要产地	中文名称	地方名
6552	*Vitex helogiton*	澳大利亚	海洛牡荆	vitex
6553	*Vitex lignum-vitae*	澳大利亚东部	坚硬牡荆	hollywood
6554	*Vitex lucens*	新西兰	光亮牡荆	kanere；new zealand teak；puriri
6555	*Vitex panshiniana*	大洋洲	潘希牡荆	
6556	*Vitex phaeofifolius*	大洋洲	黑叶牡荆	
6557	*Vitex quinata*	斐济	五叶牡荆	bo
6558	*Vitex trifolia*	斐济、密克罗尼西亚、帕劳群岛	三叶牡荆	dralakaka；gillieu；kasik；klsegathui；klsegedui；mengit；molokaka；tasik；volokaka
	***Voacanga*（APOCYNACEAE）马铃果属（夹竹桃科）**		**HS CODE 4403. 99**	
6559	*Voacanga papuana*	大洋洲	巴布亚马铃果	
	***Weinmannia*（CUNONIACEAE）恩曼火把树属（火把树科）**		**HS CODE 4403. 99**	
6560	*Weinmannia parviflora*	南太平洋地区	小花恩曼火把树	aito mua
6561	*Weinmannia racemosa*	新西兰	聚果恩曼火把树	black beech；kamahi；kamai；southland birch；tawhero；towahi；towai；towhai
6562	*Weinmannia richii*	斐济	里氏恩曼火把树	manawi；qalo；vota
6563	*Weinmannia rubifolia*	澳大利亚	红叶恩曼火把树	marara
6564	*Weinmannia silvicola*	新西兰	银恩曼火把树	tawhero
6565	*Weinmannia vitiensis*	斐济	斐济恩曼火把树	molaudamu
	***Wikstroemia*（THYMELAEACEAE）荛花属（瑞香科）**		**HS CODE 4403. 99**	
6566	*Wikstroemia elliptica*	帕劳群岛	椭圆荛花	rao；rau；tebudel；tobudol
6567	*Wikstroemia furcata*	夏威夷群岛	富尔荛花	akia
6568	*Wikstroemia oahuensis*	夏威夷群岛	奥胡荛花	akia；asasa
	***Wollemia*（ARAUCARIACEAE）瓦勒迈属（南洋杉科）**		**HS CODE 4403. 25（截面尺寸≥15cm）或 4403. 26（截面尺寸<15cm）**	
6569	*Wollemia nobilis*	澳大利亚	显著瓦勒迈	wollemia pine

序号	学名	主要产地	中文名称	地方名
	Xanthomyrtus **(MYRTACEAE)** 金桃木属（桃金娘科）		**HS CODE** **4403. 99**	
6570	*Xanthomyrtus hienghenensis*	新喀里多尼亚	希恩金桃木	chene gomme; chene gommea petite feuille
	Xanthophyllum **(POLYGALACEAE)** 黄叶树属（远志科）		**HS CODE** **4403. 99**	
6571	*Xanthophyllum octandrum*	澳大利亚	八蕊黄叶树	cheesewood; false jitta; macintyre boxwood; mareeba stonewood; mealybark yellow stonewood; milky jitta; sovereign-wood; yellow boxwood
6572	*Xanthophyllum papuanum*	巴布亚新几内亚、所罗门群岛	巴布亚黄叶树	boxwood; mole; new guinea boxwood; papua new guinea boxwood
	Xanthostemon **(MYRTACEAE)** 黄蕊木属（桃金娘科）		**HS CODE** **4403. 99**	
6573	*Xanthostemon brassii*	巴布亚新几内亚	巴氏黄蕊木	kasi-kasi
6574	*Xanthostemon chrysanthus*	澳大利亚	菊状黄蕊木	black penda; brown penda; johnstone river penda
6575	*Xanthostemon oppositifolius*	澳大利亚	对生黄蕊木	luya hardwood; penda; southern penda
6576	*Xanthostemon paradoxus*	澳大利亚	三趾黄蕊木	northern penda
6577	*Xanthostemon rubrum*	新喀里多尼亚	红色黄蕊木	nul ne s'yfrotte
6578	*Xanthostemon whitei*	澳大利亚	白黄蕊木	atherton penda; red penda
	Ximenia **(OLACACEAE)** 海檀木属（铁青树科）		**HS CODE** **4403. 99**	
6579	*Ximenia americana*	帕劳群岛、斐济	美洲海檀木	misimisi; somisomi; sosomi; tomotomi; tumitumi
	Xylocarpus **(MELIACEAE)** 木果楝属（楝科）		**HS CODE** **4403. 99**	
6580	*Xylocarpus australasicus*	澳大利亚、斐济、密克罗尼西亚	南方木果楝	cannonball-tree; cedar; dabi; yamgur
6581	*Xylocarpus moluccensis*	澳大利亚、密克罗尼西亚、斐济、帕劳群岛	倒卵木果楝	apple mangrove; cannonball mangrove; cannonball-tree; cedar mangrove; legilegi; mangrove; meduulokebong; mudurobogon; ploek brok; punopun; puzzlenut; pwulok; yamgul; yamgur

序号	学名	主要产地	中文名称	地方名
	Xylomelum **(PROTEACEAE)** **火木梨属（山龙眼科）**		**HS CODE** **4403. 99**	
6582	*Xylomelum occidentale*	澳大利亚	西方火木梨	native pear
6583	*Xylomelum pyriforme*	澳大利亚	梨形火木梨	native pear; pear oak; pear silky oak; woody pear
6584	*Xylomelum salicinum*	澳大利亚	火木梨	wooden pear
6585	*Xylomelum scottianum*	澳大利亚	苏格蒂火木梨	native pear; pear silky oak; woody pear
	Xylopia **(ANNONACEAE)** **木瓣树属（番荔枝科）**		**HS CODE** **4403. 99**	
6586	*Xylopia pacifica*	斐济	和平木瓣树	dulewa
6587	*Xylopia vieillardii*	新喀里多尼亚	维氏木瓣树	ebene
6588	*Xylopia vitiensis*	斐济	斐济木瓣树	todo
	Xylosma **(FLACOURTIACEAE)** **蒙子树属（大风子科）**		**HS CODE** **4403. 99**	
6589	*Xylosma hawaiiense*	夏威夷群岛	夏威夷蒙子树	mana; maua; xylosma
6590	*Xylosma simulans*	斐济	西木蒙子树	tui ni duna
	Zanthoxylum **(RUTACEAE)** **花椒属（芸香科）**		**HS CODE** **4403. 49**	
6591	*Zanthoxylum brachyacanthum*	澳大利亚	短花椒	bois de satin; satinwood; scrub mulga; thorny yellow-wood
6592	*Zanthoxylum kauaense*	夏威夷群岛	考安花椒	ae
6593	*Zanthoxylum oahuense*	夏威夷群岛	奥胡花椒	hea'e
6594	*Zanthoxylum parviflorum*	澳大利亚	小花花椒	small-flowered yellow-wood
	Ziziphus **(RHAMNACEAE)** **枣木属（鼠李科）**		**HS CODE** **4403. 99**	
6595	*Ziziphus angustifolius*	巴布亚新几内亚	狭叶枣	zizyphus
6596	*Ziziphus cinnamomum*	巴布亚新几内亚	樟枣	zizyphus
6597	*Ziziphus mauritiana*	澳大利亚	台湾青枣	chinesisch edattel; nabig
	Zygogynum **(WINTERACEAE)** **合林仙属（假八角科）**		**HS CODE** **4403. 99**	
6598	*Zygogynum haplopus*	美拉尼西亚	合林仙	ororo jenari; paru
6599	*Zygogynum semecarpoides*	澳大利亚	塞米合林仙	

附 录

CITES 濒危木材树种附录

（含 2019 年第 18 届缔约方大会公布的新增树种）

门		科名	种名	学名	管制级别
裸子植物 Gymnosperm	1	南洋杉科 Araucariaceae	智利南洋杉	*Araucaria araucana*	Ⅰ
	2	柏科 Cupressaceae	智利肖柏	*Fitzroya cupressoides*	Ⅰ
			皮尔格柏	*Pilgerodendron uviferum*	Ⅰ
			姆兰杰南非柏	*Widdringtonia whytei*	Ⅱ
	3	松科 Pinaceae	危地马拉冷杉	*Abies guatemalensis*	Ⅰ
			红松（俄罗斯）	*Pinus koraiensis*	Ⅲ
	4	罗汉松科 Podocarpaceae	弯叶罗汉松	*Podocarpus parlatorei*	Ⅰ
			百日青（尼泊尔）	*Podocarpus neriifolius*	Ⅲ
	5	紫杉科 Taxaceae#	红豆杉	*Taxus chinensis*	Ⅱ
			东北红豆杉	*Taxus cuspidata*	Ⅱ
			密叶红豆杉	*Taxus fuana*	Ⅱ
			苏门答腊红豆杉	*Taxus sumatrana*	Ⅱ
			喜马拉雅红豆杉	*Taxus wallichiana*	Ⅱ
被子植物 *Angiosperm*	6	多柱树科 Caryocaraceae	多柱树	*Caryocar costaricense*	Ⅱ
	7	柿树科 Ebenaceae	柿属所有种（马达加斯加种群）	*Diospyros* spp.	Ⅱ
	8	壳斗科 Fagaceae	蒙古栎（俄罗斯）	*Quercus mongolica*	Ⅲ
	9	胡桃科 Juglandaceae	枫桃	*Oreomunnea pterocarpa*	Ⅱ
	10	樟科 Lauraceae	玫瑰安妮樟	*Aniba rosaeodora*	Ⅱ
	11	豆科 Leguminosae（Fabaceae）	巴西苏木	*Paubrasilia echinata*	Ⅱ
			巴西黑黄檀	*Dalbergia nigra*	Ⅰ
			黄檀属所有种（巴西黑黄檀除外）	*Dalbergia* spp.	Ⅱ
			巴拿马天蓬树（哥斯达黎加、尼加拉瓜）	*Dipteryx panamensis*	Ⅲ
			德米古夷苏木	*Guibourtia demeusei*	Ⅱ
			佩莱古夷苏木	*Guibourtia pellegriniana*	Ⅱ
			特氏古夷苏木	*Guibourtia tessmannii*	Ⅱ
			大美木豆	*Pericopsis elata*	Ⅱ
			多穗阔变豆	*Platymiscium parviflorum*	Ⅱ
			刺猬紫檀	*Pterocarpus erinaceus*	Ⅱ

续表

门		科名	种名	学名	管制级别
被子植物 Angiosperm	11	豆科 Leguminosae（Fabaceae）	檀香紫檀	*Pterocarpus santalinus*	Ⅱ
			染料紫檀	*Pterocarpus tinctorius*	Ⅱ
			南方决明	*Senna meridionalis*	Ⅱ
	12	木兰科 Magnoliaceae	盖裂木（尼泊尔）	*Magnolia liliifera* var. *obovata*	Ⅲ
	13	锦葵科 Malvaceae	格氏猴面包树	*Adansonia grandidieri*	Ⅱ
	14	楝科 Meliaceae	洋椿属所有种（新热带种群）	*Cedrela* spp.	Ⅱ
			矮桃花心木	*Swietenia humilis*	Ⅱ
			大叶桃花心木（新热带种群）	*Swietenia macrophylla*	Ⅱ
			桃花心木	*Swietenia mahagoni*	Ⅱ
	15	木樨科 Oleaceae##	水曲柳（俄罗斯）	*Fraxinus mandshurica*	Ⅲ
	16	蔷薇科 Rosaceae	非洲李	*Prunus africana*	Ⅱ
	17	茜草科 Rubiaceae	巴尔米木	*Balmea stormiae*	Ⅰ
	18	檀香科 Santalaceae	非洲沙针（布隆迪、埃塞俄比亚、肯尼亚、卢旺达、乌干达和坦桑尼亚联合共和国种群）	*Osyris lanceolata*	Ⅱ
	19	瑞香科 Thymelaeaceae（Aquilariaceae）	沉香属所有种	*Aquilaria* spp.	Ⅱ
			棱柱木属所有种	*Gonystylus* spp.	Ⅱ
			拟沉香属所有种	*Gyrinops* spp.	Ⅱ
	20	水青树科 Trochodendraceae（Tetracentraceae）	水青树（尼泊尔）	*Tetracentron sinense*	Ⅲ
	21	蒺藜科 Zygophyllaceae	萨米维腊木	*Bulnesia sarmientoi*	Ⅱ
			愈疮木属所有种	*Guaiacum* spp.	Ⅱ

\# 此科名的拉丁名与国家标准（GB/T18513-2001）相同，但中文名称不同，国家标准中的中文名称为“红豆杉科”，商用木材名称及产地部分与国家标准保持一致。

\## 此科名的拉丁名与国家标准（GB/T18513-2001）相同，但中文名称不同，国家标准中的中文名称为“木犀科”，商用木材名称及产地部分与国家标准保持一致。

参考文献

[1] 全国木材标准化技术委员会. 中国主要进口木材名称：GB/T 18513—2001 [S]. 北京：中国标准出版社，2002.

[2] 全国木材标准化技术委员会. 红木：GB/T 18107—2017 [S]. 北京：中国标准出版社，2017.

[3] 刘鹏，杨家驹，卢鸿俊. 东南亚热带木材 [M]. 北京：中国林业出版社，1993.

[4] 刘鹏，姜笑梅，张立非. 非洲热带木材 [M]. 北京：中国林业出版社，1996.

[5] 姜笑梅，张立非，刘鹏. 拉丁美洲热带木材 [M]. 北京：中国林业出版社，1999.

[6] 成俊卿，杨家驹，刘鹏. 中国木材志 [M]. 北京：中国林业出版社，1992.

[7] 郑万钧. 中国树木志 [M]. 北京：中国林业出版社，第一册 1982，第二册 1985，第三册 1997，第四册 2004.

[8] 杨家驹，段新芳，卢鸿俊，等. 世界商品木材拉汉英名称 [M]. 北京：中国林业出版社，1993.

[9] 海关总署关税征管司. 进出口税则商品及品目注释 [M]. 北京：中国海关出版社，2017.

[10] 濒危野生动植物种国际贸易公约.

[11] 美国林产品实验室. 木材数据库 [DB/OL].

[12] 国际木材解剖学家协会. 木材图文数据库 [DB/OL].

[13] 国际植物园保护联盟. 全球树木查询数据库 [DB/OL].

[14] GéRARD J, MILLER R B, WELLE B J H. Major timber trees of Guyana: timber characteristics and utilization [J]. The commonwealth forestry review, 1997, 76 (2): 143.

[15] ILIC J. CSIRO Atlas of hardwoods [J]. The commonwealth forestry review, 1992, 71 (2): 61-62.

[16] COMVALIUS, L B. Surinamese timber species : characteristics and utilization [M]. Djinipi N. V, 2001.

[17] MALAYSIAN TIMBER INDUSTRY BOARD. 100 Malaysian timbers [M]. 1986.

[18] CHICHIGNOUD M, DéON G, DéTIENNE P, et al. Tropical timber atlas of Latin America [M]. 1990.

[19] BRYCE J M. The commercial timbers of Tanzania [J]. The commonwealth forestry review, 1969, 48 (3): 246.